音响工程设计
与音响调音技术

（第三版）

高维忠　编著

中国电力出版社
CHINA ELECTRIC POWER PRESS

内 容 提 要

　　本书系统、全面地介绍了音响工程和音响调音中所用的音响设备及其使用，重点介绍了声场设计方法以及抑制啸叫的方法，尤其对最新的数字调音台、数字音频工作站等数字音响设备进行了详细介绍。内容包括音响调音基础知识、电子电路基础知识、声学基础知识、音频线缆与接插件、电声器件、声源设备、调音台与信号处理系统以及音响系统、音响工程设计、扩声系统的调节和灯光基础知识。本书内容注重实际使用和实际设计方法，力求能解决实际问题。

　　本书适合从事现代音响工程设计的技术人员及音响调音人员阅读，也可供相关专业的技术人员参考。

图书在版编目（CIP）数据

音响工程设计与音响调音技术/高维忠编著. —3 版. —北京：中国电力出版社，2018.3（2023.7重印）
ISBN 978-7-5198-1408-3

Ⅰ.①音… Ⅱ.①高… Ⅲ.①音响设计②音频设备-调音 Ⅳ.①TN912.271

中国版本图书馆 CIP 数据核字（2017）第 293556 号

出版发行：中国电力出版社
地　　址：北京市东城区北京站西街 19 号（邮政编码 100005）
网　　址：http://www.cepp.sgcc.com.cn
责任编辑：丁　钊（zhao-ding@sgcc.com.cn）
责任校对：太兴华　马　宁
装帧设计：赵姗姗
责任印制：杨晓东

印　　刷：望都天宇星书刊印刷有限公司
版　　次：2007 年 2 月第一版　2018 年 3 月北京第三版
印　　次：2023 年 7 月北京第二十一次印刷
开　　本：787 毫米×1092 毫米　16 开本
印　　张：26.75
字　　数：725 千字
印　　数：41001—43000 册
定　　价：**68.00**元

第一版前言

随着社会的发展，音响系统的使用领域越来越广泛，包括文艺演出场所、文艺娱乐场所、各种会议活动场所、各类体育场馆、影视制作、广播电台、电视台以及机关、学校的多功能厅、校园广播以及其他各种公共广播等领域。目前已经完成、正在使用的音响系统数量已经非常大，将要建设的数量同样非常巨大。由于种种原因，大量正在使用的音响系统中有不少面临着更新改造任务，所以目前音响系统工程设计的项目非常多，并且对音响系统的质量要求也提高了；同时音响器材也在不断更新换代，新品种、新器材不断涌现，数字设备在很多领域将逐步替代模拟设备，综合性数字设备的出现改变了传统音响系统的构成，例如数字处理器、媒体矩阵的出现，大大减少了构成系统的设备台数，减少了系统接线，加上网络技术的应用，选择的余地增大很多。面对这种情况，要完成一项设计得当、安装规范、使用方便、性能良好的音响工程需要具有许多与音响工程、音响调音、各种设备基本工作原理、作用与性能等相关专业知识和丰富的实践经验。现代音响工程的设计、施工和调音工作者需要掌握必要的电子技术、电声、建筑声学方面的基础知识，音乐方面最基础的知识，常用音响设备的原理及使用知识，要初步掌握对声音质量的评价知识等，涉及的专业门类包括电子学、声学、电声学、建筑声学、光学、音乐和心理学等。本书的目的就是力图用较少的篇幅、较浅的专业理论介绍上述与音响系统工程及音响调音技术相关的知识。

音响工程设计首先要在可能的条件下创造一个符合音响扩声要求的环境，接着要设计一套满足相应功能要求的音响系统，然后按照规范施工安装，最后要将音响系统调整到能产生优美声音的状态，并且力争用比较经济的手段来完成。这里首先牵涉对现有建筑是否能满足音响扩声的声学要求评估，然后做出必要的补救措施设计，接着应该根据声场设计知识来计算，确定扬声器系统的布置与选型，再根据所选择扬声器系统的情况完成对功率放大器的选型，以及设计整套音响系统构成，画出系统方框图，决定音源、调音台、周边设备等各种设备的配置和选型，确定音控室的布置，画出设备安装、布置图，画出管线布置图，选择相应的线材、辅件，拟定施工、安装、调试、验收方案，计算工程总费用。如果是招、投标工程，还要制作投标书，参加投标活动，最后还需要完成、提交全套工程文件。大多数情况下，在安装、调试过程中还要同时对用户操作音响系统的具体人员进行操作、维护培训。

从事音响系统工程的人员必须对音响调音工作有相当程度的了解，否则不可能知道该音响系统是否能达到预期的要求。因为音响系统工程不是以"会出声音"，能够"响"作为验收标准的，也不是以达到测试指标作为最终验收标准的，还要通过主观音质评价，也就是声音响得好不好，来确定音响系统工程是否最终满足要求；同样对于音响调音员来说，如果想达到比较高的水平，就应该对音响系统工程的知识有相当程度的了解，否则就没有能力对现有系统做出改进、提高，更没有可能自己来完成增加一套新音响系统的设计、选型了。所以从事音响系统工程和音响调音操作的人员都应该掌握音响系统设计及音响调音技能知识，只是各有所侧重而已，那种认为从事音响系统工程的人员只要知道设备安装、调试就行了，或者认为从事音响调音的人员只要知道自己所用的这套系统如何操作就行了的思想是有欠缺的，是不利于业务提高的。

　　本书中列举了各类音响设备的典型产品举例，目的是通过举例说明该类设备的原理、功能以及使用。国内外生产同类音响设备的厂家非常多，同一类音响设备不同型号的产品就更多了。而在编写本书中每一类音响设备只能取一两个型号产品作为举例来说明，编者举例的原则是手头有该产品的资料，并且该型号产品在功能上具有一定的代表性，或者是该型号产品资料（使用手册、产品说明书）中有在其他型号同类产品资料中没有介绍到，而恰恰是编者认为需要介绍的内容，通过对该型号产品的介绍能使读者掌握对该类产品的使用，但不代表编者有意推荐此型号产品，也不说明举例的产品属于同类产品中最好的。

编　者

第二版前言

　　本书自 2007 年出版第一版以来，承蒙广大读者支持，先后三次印刷，销售近万册，编者在这里诚心诚意地感谢各位读者。鉴于本书出版到现在已历时四年，而在这四年中音响扩声技术及设备方面也发生了一些变化，出版社和编者商量后达成共识，决定对第一版做一些必要的修改和增加一些新的内容。在第二版中，编者对"第二章电子电路基础知识"的内容增加了数字电路基础知识、信号的输入、输出形式及传输方式等相关内容；对"第三章声学基础知识"内容重点增补了关于室内声场环境方面的一些知识；对"第四章音频线缆与接插件"内容增加了一些接插件接线知识等内容；对"第五章电声器件"内容的传声器部分和扬声器部分均增加了一些有用知识；对"第八章音响系统"、"第九章音响工程设计"的内容增加了一些内容，尤其是工程设计举例方面的说明更具体一些，便于读者按照书中内容自己完成声场设计，并对声场设计有理性认识；对"第十章扩声系统的调节"内容做了重点增补，将编者近四年来在培训中学员提出的代表性问题进行了详细分析，例如，扩声系统电平调节方法讨论、关于音响系统中设备间连接的阻抗关系以及对各种周边设备在系统中的作用等进行了分析，从而对系统统调从理论上进行了说明。实际上除了正规演出场所和演出团体配有专职灯光师外，大部分场合只有音响师，没有灯光师，灯光操作由音响师兼职，所以对于音响师而言，了解一些灯光的基础知识是非常必要的，因此再版时增加了第十一章灯光基础知识，介绍了光学的基础知识和灯具的基础知识。

　　希望本书第二版的修改对广大读者有一定帮助。

编　者

前　言

　　本书自 2007 年初版、2011 年第二版出书以来，承蒙广大读者支持，第一版共印刷了三次，第二版共印刷了九次，前两版总共印刷了十二次，印数已达二万六千五百本，编者在这里诚心诚意地感谢各位读者。鉴于本书第二版出版到现在已近七年，而在这七年中音响扩声技术及设备方面也有了一些变化，出版社编辑和编者商量后达成共识，决定对第二版再做一些必要的修改和增加一些新的内容后出版第三版。在第三版中，编者对第一～十章的内容都做了一些修改、调整和补充，增加了近几年在培训教育中学员们反映的一些容易误解问题的分析和说明，其中第七章主要是将比较陈旧的数字调音台，换成了比较新的数字调音台，第九章的工程设计内容做了比较大的修改，使得声场设计更为实用。

　　最后，希望本书第三版的修改对广大读者有一定帮助，谢谢广大读者的支持。

编　者

目 录

前言
第一版前言
第二版前言

音响调音基础知识

第一节 音响系统组成

最简单的音响系统（扩声系统）可以是由音源、前置放大器、功率放大器、扬声器组成的系统，如图1-1所示。该系统中的音源是一只传声器，用来将声信号转变成电信号，音源也可以是其他音源，例如磁带放音机、光盘播放机、MD机、电子乐器（如电吉他、电贝斯、电子鼓、键盘）等，如果音源不是传声器，甚至可以取消前置放大器。我们现在这个系统是作为会议用的最简单系统，要求有传声器，由于传声器的输出电压信号非常小，为0.1mV到几十毫伏，不足以直接推动功率放大器。功率放大器的灵敏度（额定输入）往往规定在0dB（0.775V）左右，所以需加入前置放大器，将传声器输出的微弱电压信号放大到足以推动功率放大器的电压信号，再经过功率放大器将此电压信号进行电压放大和电流放大，也就是功率放大。功率放大器将放大了的电功率信号输送给扬声器系统（我们通常称之为音箱），扬声器系统再将电功率信号转变成声信号辐射到空间，完成声音扩大作用，也就是扩声作用。

实际使用的绝大部分音响系统都比上述系统复杂得多，一般配备有好几种音源，例如卡座、CD机、DVD机、MD机、电子乐器、有线传声器、无线传声器等。专业场合通常用调音台代替前置放大器，因为调音台比前置放大

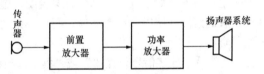

图1-1 最简单的音响系统

器的功能强大得多，它可以有比较多的输入通道，可以同时输入多路信号，能分别对输入到各输入通道的信号进行放大、加工处理及分配等，有比较多的输出通道。根据具体需要，也许要用好几台功率放大器，甚至数十台功率放大器，扬声器系统（音箱）通常要用好几对，甚至数十对。以上这些设备被统称为主设备，除了主设备外，往往还要配置不少周边设备，例如频率均衡器、压缩器、限幅器、噪声门、扩展器、效果器、延迟器、反馈抑制器、声音激励器、移频器、电子分频器等。当然并不是每套音响系统中都具备上述周边设备的全部品种，根据具体需要也许只配备两种或三种，并且也可能其中一种周边设备就配备好几台。这些周边设备各自都有各自的功能，我们需要对主设备和周边设备的工作原理、功能、性能指标、各功能件的作用、操作方法等都有相当程度的了解，只有这样我们才能准确地选择使用它们。图1-2就是一套投资不高的体育馆主音响系统方框图。

图1-2中音源配备了1台CD机、1台双卡座、4只有线传声器、2套无线传声器；配备了1台16路调音台、5台立体声功率放大器、8只为观众席服务的音箱和2只为场地服务的音箱；周边设备配备了1台双声道31段频率均衡器、1台双声道压限器、1台双声道反馈抑制器。设计将传声器先编入编组，将反馈抑制器插入编组通道中来抑制啸叫，控制室还配备了有源监听音箱和监听耳机。由于是体育馆，所以也不需要立体声扩声，每台立体声功率放大器带两只音箱，也就是每1路功率放大器带1只音箱。可以看出这是一个不大的体育馆，观众席座位不多，整套系统

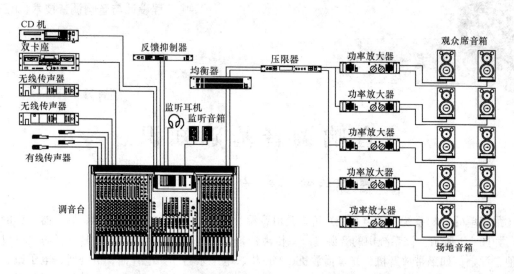

图1-2　一套投资不高的体育馆主音响系统方框图

的价格也不高。我们说图1-2的系统是体育馆主扩声系统是指该系统是为体育馆比赛大厅使用的，其实作为整个体育馆的音响系统除了主扩声系统外还应该有辅助扩声系统，辅助扩声系统主要为周围走廊、辅助用房间、运动员更衣室、休息室、门厅等场所播送比赛情况、注意事项、通知等用，另外还应该有检录处单独使用的扩声设备，根据实际情况也许还有新闻发布用扩声设备等。虽然这套系统不很复杂，但是如果设计者没有一定经验及相应的知识，也不可能设计出切实可行的方案。另外，如果没有详细的方案说明、施工资料，那么有了这张系统图，施工者也很难实现设计者的意图，所以设计者还应编写出详细的方案说明、采购清单、施工、安装、调试、验收方案等资料。

　　图1-3是用"数字信号处理器"或"数字音频媒体矩阵"之类的数字音频信号处理设备的体育馆主音响系统方框图，虚线框代表数字音频信号处理设备，实际上虚线框内还是图1-2中的周边设备，只不过包含在一台"数字音频信号处理设备"内了。数字音频信号处理设备的品牌、型

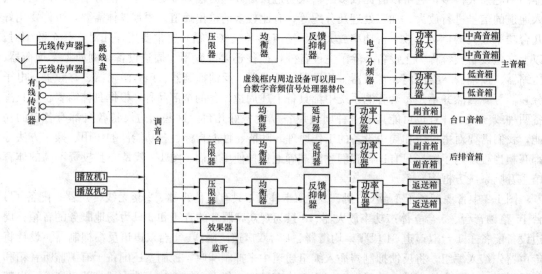

图1-3　采用数字音频信号处理设备的体育馆主音响系统方框图

号比较多，不同型号的数字音频信号处理设备功能会有差别，有的型号功能比较强大，包含的周边设备品种比较齐全、数量比较多，有的型号功能比较少，但是目前普遍包含有一些滤波器、路由功能。有的系统中使用了数字媒体矩阵后甚至可以不用调音台了，将音源直接输入到媒体矩阵。有的数字调音台功能非常强，一台数字调音台内可以包括若干周边设备，甚至包含数字混响效果器和反馈抑制器，使用这样的数字调音台就能节省周边设备的使用，使得系统更显简洁。使用了数字音频信号处理设备后，因为一台数字信号处理设备内已经包含了若干周边设备，所以减少了外部接线，在一定程度内可以说提高了系统可靠性。当然，数字设备偶尔可能会出现"死机"现象，如果这种现象出现在正式活动中，那么就会造成比较严重的不良后果，所以一般重要的系统中如果选用了数字设备，往往会配置一些模拟设备作为备用，当数字设备出现问题时，可以马上切换到备用的模拟设备应急。

第二节　音响调音工作简介

　　音响调音是在符合听音标准的声学环境中，根据听音要求，正确连接音响设备，运用调音技术、技巧来操作音响设备，对具有不同特色的声源音量、音调、音色进行合理的调整、处理、分配，最后得到符合预期要求的声音，也就是满足节目制作意图或现场听众的听音需求。采用一些技术手段可以将声音效果美化，给原来的节目增加新的色彩，使其扩声获得意外的美的效果。音响师将多种音响设备采取最佳连接方式，可以使整个系统达到高效率、高可靠、高保真、低噪声、大动态范围、优良音质的最佳状态。音响师可以利用自己的音乐知识和艺术修养对不同节目内容、不同演出人员的声音信号进行不同的调音处理。音响师利用扩声系统调出声音和调得声音好听，这之间有着很大差距，调出声来很容易，调得声音好听就有难度了。绝大多数的扩声工作是在现场体现操作水平的，一旦操作有误就很难再有改正的时间和机会了。所以要不断积累经验，在操作时做到胸有成竹。有时会出现这样的情况，当将音量推子往上推，使得音量增大时就发生啸叫，为了避免啸叫不得不将推子往下拉，但是音量明显偏小，而要解决这个技术问题，就需要相对比较全面的知识。

　　如果一台高雅、高水平的文艺演出，经技术不到位的扩声操作，增加了失真，提高了噪声，没有了原来节目的音色、音质，使原本一台很成功的演出通过扩声大为逊色，这当然会引起观众和演出者的不满。相反，音响师也可以在调音中利用高超的调音技能，弥补演出现场的各种缺陷，包括声场缺陷、演员演艺的某些方面不足、大型乐队演奏时的失衡等。还可以美化、加强或削弱各种声音以求整体节目的完美。

第三节　音响工程和音响调音中常用的工具、设备和焊接技术

一、电烙铁

　　电烙铁是在音响调音和工程中必不可少的焊接工具，应该根据不同焊接物，选用不同电功率、不同形状焊接头的电烙铁。

　　(1) 电烙铁的结构和工作原理。电烙铁分为外热式电烙铁、内热式电烙铁和速热式电烙铁。外热式电烙铁是比较老式的使用历史很久的电烙铁，目前焊接大焊点，时间用得比较长的加工制作，还在使用这种电烙铁，它经济、实用、耐用，但加热升温时间长，不适合间断性的短时间作业使用，额定电功率一般有 30、45、70、100、250W 等。内热式电烙铁，加热升温时间短，额定电功率一般有 20、30W 等，在日常维修和小型产品的批量装配中用得很多，使用很普遍。速

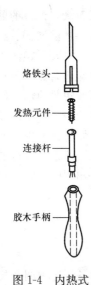

图 1-4　内热式
电烙铁结构图

热式电烙铁加热升温很快，快速升温立即使用，做抢修、急修使用很适合。

目前最适用的是内热式电烙铁，内热式电烙铁由于结构特点，使用时要精心。内热式电烙铁的内部组成部件如图 1-4 所示。

从图 1-4 中看出，内热式电烙铁是由烙铁头、发热元件、连接杆和胶木柄组成。发热元件装入烙铁头内，不像外热式的电烙铁，把发热元件装入传热筒，然后由传热筒将热量传给烙铁头。

内热式电烙铁将加热元件伸入烙铁头，这样加热升温快、加热效率高、体积小、自重轻、节省电能，使用很方便。但工程中还会有大面积的大型件焊接，外热式大功率电烙铁也是需要的。在拆焊中，还经常使用吸锡电烙铁，就是在电烙铁上安装一个带塑料活塞的吸管，可以将焊接处的焊锡熔化后吸走，以便拆下元器件和去掉残留的焊锡。另外，根据用途不同，可以选择或自制各种形状的焊接烙铁头，方便使用。

（2）电烙铁的使用和维护。操作人员在使用电烙铁时是带电操作，首要注意的就是安全，所以应避免发生触电事故，对电烙铁的电源线、电源插头座要经常检查有无破损、漏电；其次在电烙铁的烙铁头上易产生氧化物，要经常去除烙铁头上的氧化物，然后再镀上一层焊锡，以防烙铁头本身被氧化。电烙铁在长时间不用时，一定要切断电源，防止发生火灾，并且可以减少烙铁头的氧化或烧断电热丝。

在不进行焊接操作时，一定要将电烙铁放在耐热支架或烙铁盒上，保持电烙铁清洁，轻拿轻放电烙铁。这样，才能保证焊接操作的顺利、安全和可靠。

二、钳子、镊子、旋具

（1）钳子。在音响工程中，要经常用到的工具有尖嘴钳、斜口钳、克丝钳、镊子、旋具等，下面分别介绍。

1）尖嘴钳。顾名思义，在钳子的前端是一个细长的尖嘴，钳口上下互相吻合，可用于紧紧夹住元器件、引线或代替手来钳住手伸不到的位置或手力不够的零部件，同时可以起到焊接时帮助散热的功能。

2）斜口钳。有上下吻合的一对非常锐利的刀口，而且刀口外面为平面，在装配中用以剪掉多余的线头，在工程中剪掉细金属丝，都非常方便得手。

3）克丝钳。和斜口钳类似，它具有一对更钢硬的上下吻合的刀口，能够剪掉斜口钳承担不了的、更硬的金属丝等的材料，如钢丝，所以俗称钢丝钳。这种钳子在音响工程中是必备的，经常要用的。

以上所讲的这几种钳子，都是长度在 150mm 左右的灵巧工具，携带使用比较方便，钳子的手握处，应是耐高电压、电绝缘性能好的橡胶材料等包裹的。

（2）镊子。镊子是弹性很好的小型夹子，能轻巧地捡拾小物件、小零件，代替手夹住小件物品。在焊接小型元器件时，用镊子夹住物件焊接，镊子的作用是尖嘴钳代替不了的。另外在焊接屏蔽电缆时，屏蔽层的引线必须使用镊子进行挑装。在音响工程中用的镊子，一般是由弹性很好的钢材制成，回弹性好，有尖口和圆口两种夹口，但不管哪一种夹口，都必须保证夹口部分严密吻合。使用镊子时，用手紧紧捏住镊子，使夹口夹住物品，不用时，一松手镊子夹口立即回弹到原来分开的状态，这样的镊子才好用。

（3）旋具。旋具包括螺丝刀、套筒等。螺丝刀俗称起子，规格有一字形和十字形，尺寸按螺丝刀的长度来度量（不包括手柄）。在音响工程中最常用的有 50、100、250mm 等尺寸。另外，还有成套的小型螺丝刀，俗称"钟表起子"，在维修时也会用到。套筒用来紧固螺母，与螺母的规格相配套。在工程安装中，各种规格的螺钉、螺母都会遇到，现在市场上有规格比较齐全的成套的螺丝刀和套筒出售，使用方便，易于保管，在大型工程的安装中，还应配有电动旋具，省力省时，效率高、质量好。

旋具的手柄。有木质的、橡胶的、塑料的，不管什么材料，都要电绝缘性好，防触电，并且刚性好，利于手持。

三、试电笔

在音响工程安装中和音响扩声操作中，工作人员随时携带试电笔，用来检测电源插座、配电盘设备及音响系统设备的漏电、带电状态。在音响系统中常用 500V 以下的低电压试电笔，以满足检测漏电等不安全因素的要求。

（1）试电笔的构成。试电笔的结构如图 1-5 所示。试电笔前端为金属试电探头，一般做成小螺丝刀状，它后面接高阻值电阻、作为指示的氖灯、外罩，最后面是人手接触的导电金属笔夹。使用时将探头接触需要检测的部位，并用

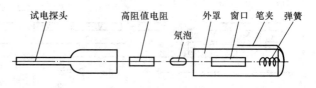

图 1-5 试电笔的结构

手触摸笔夹，氖灯通过窗口显示红色亮光，说明被探测处有电；氖灯不亮，说明被检测处没有电。现在还有 LED 显示的试电笔，有的还能粗略地显示电压值大小，使用更方便。

（2）安全使用试电笔。在使用试电笔时，只能用手触摸笔夹处，一定不要触摸探头，并且仔细观看氖灯窗口或 LED 显示，确认是否带电，千万不能误判。为确保安全，试电笔在使用之前，应先在正常供电的电源插座上试验，看氖灯是否红亮或 LED 显示是否正常，即确认试电笔能正常工作，然后再用这支试电笔去检测漏电，以防万一。

四、常用设备

万用表是一种测量电压、电流、电阻的便携式仪表，还可用来粗略判断电容器、半导体二极管、三极管等元器件的性能好坏。目前常见的有指针式万用表和数字式万用表两大类。有的数字式万用表还有示波和计算器功能。

1. 指针式万用表原理

图 1-6 是 MF10 型万用表总电路图。

（1）测量直流电压原理。测量直流电压时，电压表与被测电压是并联连接。如图 1-7 所示，红表笔接被测电压的正端（高电位端），黑表笔接被测电压的负端（低电位端），点画线方框代表电压表，它是一个简化的等效电路，由一块直流电流表头和一个分压电阻构成，这里我们把表头线圈的电阻也看成是分压电阻的一部分，每一块电流表头的满量程电流是一个定值，如 MF10 型万用表的直流电流表头满量程在 $9.2\mu A$ 左右。每个电压量程中所串分压电阻就是根据该量程满刻度电压值除以 $9.2\mu A$ 计算出来的。从此看出，在量程为 1、2.5、50、100V 这四挡时万用表的输入电阻约为每伏 100kΩ。对于 50V 挡其输入电阻约为 5MΩ。在 250、500V 挡由于有 $R_1 \sim R_6$ 构成分流电阻，所以输入电阻约为每伏 20kΩ。对于 250V 挡，其输入电阻约为 5MΩ。对于测电压来说，电压表的输入电阻越大，则电压表接入和不接入时被测电压的变化越小，也就是误差越小。

（2）测量直流电流原理。测量直流电流时要把被测回路断开，把电流表串联接到回路中，如图 1-8 所示，使电流从红测试笔流入电流表，再从黑测试笔流回到被测电流回路。上面已说明，MF10 型万用表的电流表头满刻度是 $9.2\mu A$ 左右，而本万用表的直流电流最小量程的满度值是

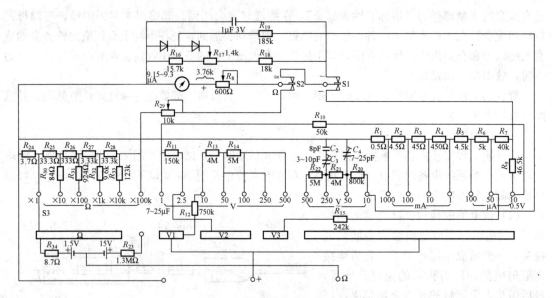

图 1-6   MF10 型万用表总电路图

$10\mu A$，为此要用分流电阻分走 $0.8\mu A$ 左右的电流。

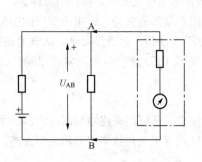

图 1-7   测量直流电压原理图

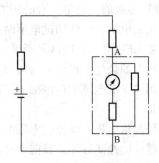

图 1-8   测量直流电流原理图

在图 1-6 中，$10\mu A$ 挡的分流电阻是 $R_1 \sim R_7$ 的串联电阻（50kΩ），10mA 挡的分流电阻是 $R_1 \sim R_3$ 的串联电阻（50Ω）。

（3）测量交流电压原理。前面已经说明，万用表的表头是一块直流电流表头，所以测量交流电压要把交流电先变成直流电流再由直流电流表头来指示。MF10 型万用表是用一个半波整流电路把交流变成直流的，其中 C_1（$1\mu F$）是滤波电容，其作用是滤去整流后的纹波。由于是半波整流，整流后的直流电压比全波整流后的直流电压低一半，所以串联的分压电阻与直流测量时相比就小得多，其输入电阻约为每伏 20kΩ。由于是测交流电压，所以红表笔和黑表笔可以随意接，如图 1-9 所示。

（4）测量电阻原理（见图 1-10）。从图中可以看到测量电阻时万用表中有一个电池作为测量用电源，被测电阻相当于测直流电压时的分压电阻的一部分。当外接被测电阻值为零时（也就是把红表笔和黑表笔短路时），通过调可变电阻 R_{29}，使表头指针指在电流满刻度位置，而对于电阻值刻度却指示为零，当接入一个电阻值不为零的电阻时，由于在整个回路中增加了串联电阻值，所以电流减小，表头指针就小于满刻度，电阻值刻度线上的电阻值就不为零而是有一定阻值。显然被测电阻的阻值越大，电流比满刻度下降得越多，显示的电阻值也越大。从图 1-10 中可以看出在测电阻时，黑表笔实际上是电万用表内部电池的正极方向，红表笔是内部电池的负极方向，所以在用电阻挡测半导体二极管、电容器等时，黑表笔与红表笔相比，黑表笔是高电位端，红表笔是低电位端。

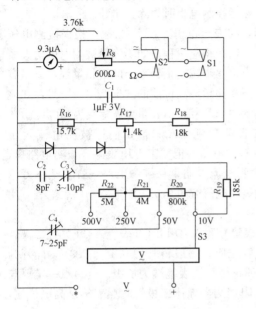

图 1-9　交流电压及音频电平测量电路　　　　　图 1-10　电阻测量电路

2. 数字万用表简介

数字万用表的优点是：不容易产生读数误差、准确度高、体积小、耗电省、功能多、附加测试功能多。所以现在数字万用表在越来越多的场合替代了指针式模拟万用表。虽然如此，但是数字万用表不能反映测量的连续变化过程，所以在有些场合还是用指针式模拟万用表较合适。

DT890D 型数字万用表是 DT890 系列之一，除 DT890D 外还有 DT890、DT890A、DT890B、DT890C 等。DT890D 型数字万用表上共有 30 个量程，直流电压有 200mV、2、20、200、1000V 五挡。交流电压有 2、20、200、700V 四挡；直流电流有 2、20、200mA 和 20A 四挡；交流电流有 20、200mA 和 20A 三挡；电阻有 200Ω 和 2、20、200kΩ 以及 2、20、200MΩ 七挡；还有一挡测二极管，一挡测晶体三极管，测电容有 2000PF、20nF、200nF、2μF、20μF 五挡。由于 DT890D 是 3 1/2 位数字显示。即最高位是 0 或 1，其余三位是 0~9，也就是满量程数字是 1999，所以每一挡的量程都是 2、20、200 等。

数字万用表的基本测电压、电流、电阻原理与指针式万用表原理相似，只不过数字万用表把这些被测量通过模数转换器（ADC）把模拟电压量变成了数字量。为了提高输入阻抗，除了用运算放大器外，电压挡的输入电阻也取得较大。

3. 数字万用表的使用：

(1) 为了提高测量精度，测电压、电流、电阻、电容等，尽可能在超量程前的一挡来测量，也就是说满量程是 1999，测量读数尽可能使有效显示位多一些。例如，测 18V 电压，如选 200V 量程则可能显示 018.1V，如选 20V 挡则显示 18.01V，当然后一种选择的测量精度高。因为最低位的 ±1 个字是数字测量必然会有的误差，这是因为对模拟量进行数字量化时在最低位必然有一个类似四舍五入的选择过程。

（2）数字万用表在刚测量时，显示屏的数值会有跳数现象，这是正常现象，所以要到显示数字稳定后（最后一位数仍有一个字的上下变动）才读数。

（3）电阻的测量。黑表笔插在公共端（COM端），红表笔插在电压/电阻端（V/Ω），测电阻前，先把红表笔和黑表笔相接，看初始读数是多少，然后在测电阻时扣除这个数。

（4）交直流电压的测量。黑表笔仍然在 COM 端，红表笔也仍然在 V/Ω 端，根据被测电压是交流电压还是直流电压，并且估计被测电压的大小，选择相应量程。如不知道被测电压的大概值，则先把量程放在最大量程，然后根据显示数值大小，逐步减小量程直至既不超量程，显示有效位数又尽可能多的量程，再读数。测直流电压时，还要注意最高位前的"＋"、"－"号，如显示"＋"号，则表明红表笔端为高电位；反之，如显示"－"号，则表明黑表笔端为高电位。

（5）电流的测量。黑表笔仍然接 COM 端，红表笔插到 mA 口，如估计被测电流大于200mA，则红表笔插到 20A 口。注意，测电流应断开被测电路，把数字万用表串到被测电路里，仍然要注意"＋"、"－"号。如显示"＋"号，则表明电流方向是从被测电路→红表笔→万用表→黑表笔，再回到被测电路；如显示"－"号，则表明电流方向是从被测电路→黑表笔→万用表→红表笔，再回到被测电路。

（6）半导体二极管的测量。表笔插 COM 口（黑表笔）和 V/Ω 口（红表笔），开关置二极管挡（◀▸）。反向时显示溢出数"1"，正向时显示二极管压降，一般锗管为 0.15～0.3V，硅管为0.5～0.7V。显示正向管压降时，红表笔端为二极管的正极，黑表笔端为负极。这一点一定要与指针式模拟万用表相区别。指针式模拟万用表在测电阻挡测半导体二极管时黑表笔是高电位端，红表笔是低电位端，正好与数字万用表相反。

五、音响调音中常用的焊接技术与焊接材料

音响工程的安装、连接、调试、维修中常因为出现一个焊接点的隐患，给一个大的音响工程带来很大麻烦。焊接点的虚焊，似接似不接，或者是错焊，需要花费很大力气去检查，若虚焊在完工后调试中或使用中不断出现问题才发现，再去逐点查找解决，则耽误时间，耽误工程进度，所以焊接看来简单，处理不好则会影响音响工程的进度和工程质量。

下面介绍音响工程、调音中常用的焊接——手工焊接

1. 对手工焊接的基本要求

（1）电接触良好，不能假焊或虚焊，在焊接前一定要把所要焊接的两个被焊部位的表面清洁干净，被焊物表面不要有氧化层，在每个被焊接面上先镀上一层焊锡，然后进行焊接。

（2）机械性能牢靠。拉力、振动都不能使焊接处开裂。

（3）外观清洁美观。焊点光滑、平圆，焊锡适量，焊点与焊点之间干净、不粘连。

2. 焊接方法

（1）焊前准备

1）根据焊接的材料、形状、位置选好电烙铁的功率大小和电烙铁头的形状。

2）将被焊物的表面进行清洁处理及镀锡。

3）按照被焊物的大小和位置备好尖嘴钳或镊子等辅助工具。

（2）焊接方法

1）小型焊接一般用手持小型 20W 内热式电烙铁进行焊接，并用镊子夹持小型元器件，这时镊子同时起到帮助元器件散热的作用。

2）焊接元器件时一定用镊子夹住元器件引线，焊接时间不宜过长。掌握一定熔化温度，当电烙铁把焊接料（焊锡丝）熔化后，电烙铁提起，但镊子稍等一会，待焊锡冷却凝固后再提起，以免焊点不正、变形，并且不牢靠。

（3）几种焊接件在焊接时的注意事项

1）印制电路板焊接 印制板上留下窄条的导电铜箔，并且每个焊盘只是一窄圈的覆铜箔，一般面积很小。当电烙铁时间烫得稍长，便会造成铜箔脱落，所以焊接时，电烙铁头一定要挫得很小，并镀上焊锡。焊接时间在1~2s为宜。

2）拆焊。在音响工程或音响设备的装接和维修中，拆焊是经常的，在复杂的线路中，拆换元器件比新焊接更麻烦。这种把原来焊好的元器件拆下来，换新的元器件再重新焊上去叫做拆焊。

拆焊时，必须用的工具除了电烙铁外，还要有吸锡器、镊子、起针、捅针等。因为在拆除元器件时，必须立刻将原焊点处的焊锡处理掉，起针和捅针一般用医用各号注射针头改制即可。

拆焊时，尤其是拆焊印制板上元器件，除了要注意元器件的引线不要断裂外，还要注意覆铜箔不要脱落、断裂，所以拆焊时，一定要谨慎，逐个焊点慢慢拆卸。

（4）焊接的几种结构形式

1）搭焊。两种被焊物搭接在一起直接焊接，焊锡在两件被焊物之间既起导电作用，又起机械连接作用。这种方法最常用，效率高，焊接省事、省时，但必须焊牢，若脱落，被焊接物之间会断开。

2）钩焊两件被焊物钩接在一起，如两根引线钩结后焊接。这种焊接具有双保险作用，两件被焊物之间的机械连接不全靠焊锡。

3）插焊。印制电路板上的元器件焊接都属于这种焊接，这种焊接是把元器件引线事先做好长度，将引线表面脏物去除并镀上焊锡。一般印制电路的表面已镀银或镀锡，这样将元器件引线按要求入位，过印制板孔处，点锡焊接，一定注意位置固定，地方适中。

4）绞焊。把两个引线的被焊处互相扭绞在一起再焊接，一般在要求精度高、安全系数大的工程和项目上采用。

5）露骨焊。这是插焊的一种。为保证没有虚焊，将被焊元器件的引线穿过印制电路板孔，并在焊接后露出引线尖端。这种焊接是现在普遍采用的焊接方法。

3. 焊料和焊剂

（1）焊料。在小型的电子线路中，焊接用的焊料为锡铅合成的松香芯焊锡丝，松香芯焊锡丝中间夹松香焊剂，并有ϕ1mm、ϕ1.5mm、ϕ2mm等不同规格的成轴卷绕的焊锡丝。使用方便，所以现在手工焊很少用大条的锡料焊条，这种焊锡丝熔点在300℃以下，熔化、凝固都很迅速，并且有一定的机械强度，焊出的焊点光亮平滑。

（2）焊剂。焊剂又称助焊剂。助焊剂有四个功能：①除去工件表面的氧化膜障壁；②防止氧化；③减小表面张力，使焊锡畅通地流动；④焊点美观。因为在空气中，金属表面会产生一层氧化层，这种氧化层即使已人工除掉过，但放一段时间还会产生。若焊接时，它就会阻碍与焊锡的牢固结合，易出现虚焊，而采用焊剂，它可以清除金属表面的氧化物及污物，保证焊接正常进行。但焊剂具有腐蚀性，不可乱用。一种俗称"王水"的助焊剂，是用来焊接比较大型金属表面的，千万不能用在元器件焊接中。最稳定的助焊剂是松香焊剂。

🔊 第四节 电声设备技术指标的意义和测量

一、技术指标

（一）额定输入阻抗

（1）特性说明。制造者规定的输入端子之间的内阻抗。

（2）物理意义。两台音频设备电气上相连，则可以把前级设备——输出电信号的设备看作信号源，后级设备——输入电信号的设备看作为负载。信号源内阻和负载电压分配如图1-11所示。

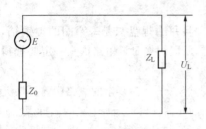

图 1-11 信号源内阻和
负载电压分配

负载阻抗 Z_L 上的电压可用式（1-1）求得

$$U_L = E \frac{Z_L}{Z_0 + Z_L} \tag{1-1}$$

式中：E 为信号源的开路电动势，V；Z_0 为信号源等效串联内阻抗，Ω；Z_L 为负载阻抗，Ω。

由于一般音频设备输出级的耦合电容器电容值都选得较大，以保证低频响应，所以可把信号源等效串联内阻抗看作是纯阻性的电阻 R_0。同理一般音频设备输入耦合电容器的电容值也选得较大，所以一般情况下，可以把输入阻抗也看作是纯阻性的电阻 R_L，于是可将式（1-1）改写成

$$U_L = E \frac{R_L}{R_0 + R_L} \tag{1-2}$$

由式（1-2）可知，在信号源开路电动势相同的情况下，R_L 越大，R_0 越小，则 U_L 越大。也就是说，后级设备的输入阻抗越高，前级设备的输出内阻越低，则后级设备可以得到的信号电压就越大，则对电压信号的传输越有利。

但是，任何事物均有其两面性，输入阻抗高，有利于电压信号的传输，即整个系统的电压增益能大一些；但是输入阻抗高，往往更易接收到外界的干扰电磁场信号，这是我们所不需要的信号，称其为噪声信号；而输入阻抗低，则接收到的噪声信号往往就小。噪声信号大，则信噪比降低，同时减小了动态范围。信噪比降低到一定程度，将使人不能容忍，这一点尤其在小信号传输时更为明显。

以调音台为例，中档以上的调音台，其通道输入口往往有低阻抗口和高阻抗口两个输入口。低阻抗口用以与传声器等小信号源相接，高阻抗口用以与线路输出等大信号源相接。一般来说，传声器的输出电压信号在几十微伏到几十毫伏之间，低声压级时甚至更小。高声压级时会大于几十毫伏的数量级，由于传声器输出电压信号小，所以要求噪声信号足够小，因此，调音台传声器输入口的输入阻抗不能太高；而线路输出的信号在几百毫伏到几伏之间，允许噪声信号稍大一些，所以调音台线路输入口的输入阻抗可以高一些。

（二）额定源电动势（输入灵敏度）

（1）特性说明。由制造者规定这个电动势，经与额定源阻抗串联后接到输入端，控制器置于适当位置，在额定负载阻抗上就能给出额定失真限制的输出电压。在很多音频设备中，这个额定源电动势，用输入灵敏度来表达，它是在额定输出时，需加在输入端的信号电压值。

（2）物理意义。在输出电压同样大小的情况下，额定源电动势小，即输入灵敏度高，则表明该设备的电压增益大；反之，额定源电动势大，即输入灵敏度低，则表明该设备的电压增益小。

就音频设备而言，有些设备是用来对信号做某种处理的，如对信息的成分进行改变，对信号进行一些分配等。这些设备一般为"零进零出"，如 0dB 信号输入、输出。一般不需要有电压增益；而另一些设备必须具有一定量的电压增益，如调音台、前置放大器、功率放大器等。这类设备的额定源电动势大小，即输入灵敏高低，在一定程度上反映了该设备的设计、制造工艺水平。例如有两种前置放大器，其额定输出相等，信噪比相等，则额定源电动势小的那种，其设计、制造工艺水平应该说更高一些，在实际使用中，对系统的信噪比贡献要大一些。

（三）额定负载阻抗

（1）特性说明。由制造者规定，为进行测量而接在输出端的阻抗称为额定负载阻抗。除非制造者另有规定，否则即认为额定负载阻抗是恒定的纯阻。

（2）物理意义。规定了额定负载阻抗，就对下级设备提出了要求，下一级设备的输入阻抗应等于或大于前一级设备规定的额定负载阻抗。

（四）额定最大输出电压

（1）特性说明。在额定负载上测得的，产生额定总谐波失真的电压称为额定最大输出电压。

（2）物理意义。这一指标规定了音响系统中，这一设备允许的最大输出电压，如超过规定值，则将产生明显的（削波）失真。实际使用中，根据实际情况，这一级的实际输出电压应比额定最大输出电压低若干 dB，以保证信号有足够的峰值因数和动态范围。

（五）额定电压增益

（1）特性说明。在正常工作条件下，输出电压 V_0 与输入电压 V_i 的比值，可以用比值或分贝表示，称为额定电压增益。

（2）物理意义。在音响设备中，有一些设备担负着电压放大的任务，以便把小电压信号放大到足够大，使整套系统达到预定的输出幅度。这就决定了这些设备应具有的电压放大能力——电压增益。电压增益大，则能放大足够小的输入信号，例如动圈传声器拾取的低声压级信号。

用分贝表示电压增益时有

$$G = 20 \lg \frac{U_o}{U_i} \quad (dB) \tag{1-3}$$

（六）额定增益频率响应（幅度频率响应）

（1）特性说明。

1）输出电压与源电动势的比值是频率的函数，它与规定频率处该比值的关系，用分贝表示。

2）在正常工作条件下，在该频率范围内，实际频响与所要求频响的偏差不得超过规定限度。

（2）物理意义。音频的范围为 20Hz～20kHz。宏观上说，音响系统的频率范围也应包括 20Hz～20kHz。当然，实际上不是每一个节目都涵盖了整个音频频段，有些节目频带较宽，有些节目频带较窄。要忠实地反映节目，那么就要求音响设备在整个音频频带内从最低频率到最高频率的电压放大量完全相等，而实际的音响设备，不可能做到从 20Hz 到 20kHz 各频率点上的电压放大量完全相等。所以，不同设备制造者给出了不同的有效频带宽度和在这个频带内允许的电压放大量随频率变化的范围。很明显，有效频带越宽，在有效频带内电压放大量随频率变化值越小，则至少说明该设备对节目的幅度——频率特性保真度越高。

图 1-12 是一条较理想的幅度—频率特性曲线。一般而言，其低频端下降，多半是由耦合电

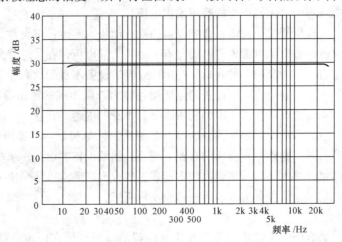

图 1-12　较理想的幅度—频率特性曲线

容引起的，而高频端的下降，多半是由器件的频率特性和分布电容引起的。当然，实际设备的频响曲线不一定如此平直，这与具体设备的电路有关。一些辅助功能电路，如频率均衡电路的存在，虽然从刻度上看似乎处于平直位置，但实际上有一定偏差，将使频响曲线不是理想的平直状态，但只要在允许范围内，将不会产生明显的声缺陷。

（七）额定总谐波失真

（1）特性说明。总谐波失真值由制造者或有关标准规定，超出这个规定值就认为不被接受来用于预期的目的。

1）谐波失真。输入正弦信号时，以输出信号中谐波总有效值与其基波的均方根值之比。实际用失真度测量仪测量时表现为信号中谐波总有效值与其总输出信号有效值之比，实际上是谐波总有效值与总输出信号有效值之比，属于"总谐波失真"。

2）总谐波失真。总谐波失真成分产生的输出信号有效值与总输出信号有效值之比来表示总谐波失真。

（2）物理意义。如果给一台音响设备输入一个 1kHz 的正弦信号（也称简谐信号，纯音信号），理想状态下，则该设备输出的也是一个 1kHz 的正弦信号，只是幅度按要求变大了，或变小了。但实际上在该设备输出端测得的除 1kHz 信号外，还测得 2、3、…、nkHz 的信号，这些信号叫做 1kHz 信号的谐波，而 1kHz 信号叫做基波。我们将频率是基波的偶数倍谐波叫做偶次谐波，奇数倍谐波叫做奇次谐波。人耳对谐波失真的辨别力，大多数情况下，失真的极限值在 1% 的量级。如果设备失真太大，则使人能感觉到失真的存在。显然，就保真的角度来说，设备的谐波失真越小越好。

（八）额定噪声（信噪比，等效噪声源电动势）

（1）特性说明。

1）噪声输出电压。由放大器内部和其他的额定源内阻而产生的噪声而引起的输出电压，按标准规定的合适的滤波器或计权网络的输出处测量此电压。

2）信号噪声比。放大器置于额定条件下，源电动势减小到零，额定输出电压与各种噪声分量在宽带输出电压之和的计权或倍频程与三分之一倍频程带宽时的输出电压之比，以分贝表示。测量仪器的计权曲线及特性应按标准的规定。

3）等效源噪声电动势。用一个特定频率（最好是标准参考频率 1kHz）的正弦信号源电动势，产生一个输出电压等于放大器产生的噪声输出电压。

（2）物理意义。在理想情况下，输入音响设备的源电动势为零时，该设备的输出应为零，但是在现实情况下，设备的输出不可能为零，而是有一个不大的电压存在，这就是噪声电压，这个噪声电压是由设备中有源、无源的各种元器件产生的，经过设备本身的放大环节将其放大，而在设备的输出端表现出来。一般而言，该设备的电压增益越大，则形成的输出端噪声电压就越大。而这种噪声是人们所不希望其存在的，因为它不是节目本身的内容。并且，一般而言，这种声音是人们所不喜欢的，所以叫噪声。如果设备的设计、制造工艺都很好，其噪声电压可以足够小，以至于在正常欣赏节目时，觉察不到噪声的存在。相反，如果设备的设计、制造工艺中存在一定缺陷，则其噪声电压也许很大，甚至达到人们不能容忍的程度。通常以信噪比来表达比较符合实际听感，即以噪声比信号小多少分贝来表示较符合实际听感。

（九）额定输出功率

（1）特性说明。失真限制的输出功率是在失真限制的输出电压在额定负载阻抗上产生的功率为

$$P_{\text{o}} = \frac{U_{\text{o}}^2}{R_{\text{L}}} \tag{1-4}$$

（2）物理意义。对于功率放大器而言，输出功率是其主要技术指标，一台功率放大器，其失真限制的输出功率大，则能提供给扬声器系统的功率就大，相应地产生的声压级高。需要说明的是，目前市场上销售的音响设备标注的输出功率好多是不规范的，受经济利益驱动，尽可能将功率标大，有以峰值功率标注的，有以 PMPO（音乐节目峰值功率）标注的，不一而足。对于音响工作来说，均以连续输出的有效值功率来衡量功率放大器的性能。

（十）多通道放大器中的串音衰减和通道分离度

（1）特性说明。串音衰减以分贝表示为

$$20 \lg \frac{(U_{\text{A}})_{\text{A}}}{(U_{\text{B}})_{\text{A}}} \ (\text{dB}) \tag{1-5}$$

式中：$(U_{\text{A}})_{\text{A}}$ 为 A 通道的额定输出电压，V；$(U_{\text{B}})_{\text{A}}$ 为由于加到 A 通道的额定输入电压，使 A 通道有额定输出电压，在 B 通道中所产生的输出电压，V。

或
$$20 \lg \frac{(U_{\text{B}})_{\text{B}}}{(U_{\text{A}})_{\text{B}}}$$

式中：$(U_{\text{B}})_{\text{B}}$ 为 B 通道的额定输出电压，V；$(U_{\text{A}})_{\text{B}}$ 为由于加到 B 通道的额定输入电压，使 B 通道有额定输出电压，在 A 通道中所产生的输出电压，V。

分离度以分贝表示

$$20 \lg \frac{(U_{\text{A}})_{\text{A}}}{(U_{\text{A}})_{\text{B}}} \qquad (\text{dB}) \tag{1-6}$$

或
$$20 \lg \frac{(U_{\text{B}})_{\text{B}}}{(U_{\text{B}})_{\text{A}}}$$

注意：

分离度和串间衰减只在当 $(U_{\text{A}})_{\text{A}} = (U_{\text{B}})_{\text{B}}$ 时才相等。

（2）物理意义。串音衰减和通道分离度表征的是同一物理现象，只是用两种物理量来描述。显然，通道之间能完全分离，相互间完全不影响是最理想的，但是事实上多个通道做在同一台设备中，或多或少会有相互影响，只不过不同设备的设计、工艺不同，影响的程度不同而已。另外，低频段容易把信号隔离得好一些，高频段的隔离难一些，所以在标准中，对音频设备中的低、中、高频段提出了不同的要求。

（十一）功率放大器的输出电压调整率和阻尼系数

（1）特性说明。

1）输出电压调整率。在正常工作条件下，断开额定负载阻抗，保持源电动势不变，输出电压的增量，用分贝表示

$$20 \lg \frac{U_{\text{o}}'}{U_{\text{o}}} \tag{1-7}$$

式中：U_{o} 是接额定负载阻抗时的输出电压，V；U_{o}' 是断开额定负载阻抗时的输出电压，V。

2）阻尼系数（dumping factor）。在正常工作条件下，断开额定阻抗，保持源电动势不变，输出电压的增量为

$$阻尼系数 = \frac{U_{\text{o}}}{U_{\text{o}}' - U_{\text{o}}} \tag{1-8}$$

式中：U_{o} 是接额定负载阻抗时的输出电压，V；U_{o}' 是断开定额额定负载阻抗时的输出电压，V。

（2）物理意义。输出电压调整率和阻尼系数表征的是同一物理现象，只是用不同物理量来表达。目前人们习惯上，对定阻功率放大器常以阻尼系数来表达，对定压功率放大器常以电压调整率来表达。根据前面图 1-11 及式（1-2）可知

$$U_o = U'_o \frac{R_L}{R_L + r}, U'_o - U_o = U_r = U'_o \frac{r}{R_L + r}$$

可求得

$$\frac{U_o}{U_r} = \frac{U'_o \dfrac{R_L}{R_L + r}}{U'_o \dfrac{r}{R_L + r}} = \frac{R_L}{r}$$

式中：R_L 为额定负载阻抗；r 为功率放大器输出阻抗，也就是内阻；U_r 为功率放大器内阻上的压降。

所以，阻尼系数通常也用额定负载阻抗与功率放大器输出阻抗的比值来描述。

一般来说，阻尼系数大，说明功率放大器的输出源阻抗小。一般认为阻尼系数大一些好，因为阻尼系数大，意味着功率放大器的源输出阻抗小，当功率放大器停止对扬声器激励后，扬声器上储存的能量会很快地通过功率放大器的源输出阻抗释放掉，在低频时听起来不感到"混"，也有人认为阻尼系数太大后听起来感到"干"，但是阻尼系数达到一定值以后，再增大阻尼系数，对系统的贡献就不大了。因为阻尼系统大到一定数值后，表明功率放大器的输出阻抗已非常小了，此输出阻抗比功率放大器到扬声器系统的传输线电阻已经小得多，此时系统的阻尼系数已主要取决于传输线的电阻了，所以进一步增大功率放大器阻尼系数对增大系统的阻尼系数没有太实际的意义。例如，一台功率放大器的额定负载阻抗为 8Ω，其阻尼系数为 400，则相当于功率放大器的输出阻抗为 8/400＝0.02（Ω），如果功率放大器到扬声器系统的传输线长度为 50m，则往返线的总长度为 100m，假如采用截面积为 2.5mm² 的音箱线，其电阻值为 8Ω/1000m（假定市售传输线的电阻为 20Ω/1000m），则 100m 线的电阻为 0.8Ω，远比功率放大器的输出阻抗 0.02Ω 大得多。即便用截面积为 4mm² 的音箱线，100m 线的电阻为 0.5Ω，也比 0.02Ω 大得多，所以此时的系统阻尼系数主要取决于传输线的电阻，再盲目最求增大功率放大器的阻尼系数已没有实际意义。

二、电声设备技术指标的测量

（一）额定条件和正常工作条件

1. 额定条件

（1）放大器接在额定电源上。

（2）源电动势与额定源阻抗串联，再接到输入端上。

（3）输出端接额定负载阻抗。

（4）不用的端子按规定连接。

（5）调整源电动势，除了有特殊理由，频率应为标准参考频率 1kHz，使其正弦电压的有效值等于额定源电动势。

（6）如果有音量控制器，置于使输出端出现额定失真限制的输出电压位置。

（7）如果有音调控制器，置于规定位置以给出规定频响，规定频响一般为平直频响。

（8）额定机械和气候条件。

2. 正常工作条件

将放大器置于额定条件下，然后把源电动势降到比额定源电动势低 10dB，即为正常工作条件。

（二）额定源电动势的测量

作为信号源的低频信号发生器（使输出源阻抗为额定源阻抗），输出 1000Hz 正弦信号，接到被测设备的被测通道输入端，将被测设备的音量控制器调整到最大增益位置，其余各通道的音量控制器置于最小增益位置，调节低频信号发生器的输出，使被测设备的输出端达到额定输出电

压值，此时测量或折算的输入源电动势有效值即为额定源电动势。测量方框图如图 1-13 所示。这里要注意，低频信号发生器本身有一定的源输出阻抗，这个源输出阻抗可以是说明书中标明的，也可以实际测量来得到。低频信号发生器的源阻抗应足够小，此时可将低频信号发生器输出端的电压值近似看作源电动势。否则应通过测量和计算得到源电动势。

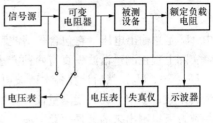

图 1-13 测量方框图

（三）额定最大输出电压的测量

（1）将被测设备置于额定条件下，在输出端接上额定负载阻抗如图 1-13 所示。

（2）将低频信号发生器输出的 1000Hz 正弦信号送至被测设备的任一输入口，被测通道的音量控制器置于最大增益位置，其余各通道音量控制器置于最小增益位置，音调控制器置于平直位置，用失真度测量仪测量被测设备输出端输出电压的谐波失真系数，增大输入信号电压，使输出电压的谐波失真系数达到规定值，并能在连续信号下工作 60s 以上，此时的输出电压即为最大输出电压。

（四）幅度频率响应的测量

（1）将被测设备置于正常工作条件下，信号源置于规定频率处（如无特殊规定则为 1000Hz），测量方框图如图 1-13 所示。

（2）测量源电动势及输出电压 U_o。

（3）连续或步进地改变源频率，保持源电动势不变，测量每个频率点的输出电压 U'_o；

（4）每个源频率处的输出电压与规定频率处（1000Hz）的输出电压之比，用分贝表示。

$$20\lg \frac{U'_o}{U_o}(\text{dB}) \tag{1-9}$$

（5）用图表示这些比值与频率的关系，频率坐标用对数，如图 1-12 所示。

（五）谐波失真系数的测量

（1）将被测设备置于额定工作条件下。

（2）将低频信号发生器输出的正弦信号送至被测设备的任一输入口，被测通道的音量控制器置于最大增益位置，其余各通道音量控制器均置于最小增益位置，调节低频信号发生器的输出信号电压，使被测设备的输出为额定输出电压，用失真度测量仪测量其谐波失真系数。对于功率放大器，除测额定输出电压时的失真外，还应测 1/10 额定输出电压（也就是 1% 额定输出功率）时的失真，以观察其交越失真大小。

信号的失真程度通常以谐波失真（非线性失真）系数 K_1 表示，其定义为：信号所包含的各次谐波总均方根值对于其基波的均方根值之比，即

$$K_1 = \frac{\sqrt{U_2^2 + U_3^2 + \cdots + U_m^2 + \cdots}}{U_1} \tag{1-10}$$

式中：U_1 为信号中的基波分量电压；U_2、U_3、$\cdots$、U_m 为信号中二、三次谐波等各次谐波分量电压。

（3）测量频率除 1000Hz 以外，还应包括上、下限频率及中间优选频率。优选频率是 32、63、250、500、2000、4000、8000Hz 和 16 000Hz，取其中最大的谐波失真系数为放大器的谐波失真系数。

（4）目前音响设备中多以"总谐波失真 THD"来描述失真指标，总谐波失真的定义是：总谐波失真成分产生的输出信号有效值与总输出信号有效值之比

$$K_1 = \frac{\sqrt{U_2^2 + U_3^2 + \cdots + U^2m + \cdots}}{U}$$

式中：U 是总输出电压，它包含了基波和各次谐波的成分。

实际上现在测量谐波失真有两种方法：①用频谱分析仪测量出基波和各次谐波的电压值 U_1、U_2、U_3、…、U_n，然后计算各次谐波电压与基波电压的比值，按照式（1-10）计算有限次谐波的失真系数；②用"失真度测量仪"测量失真系数，这种方法测量出来的和"总谐波失真"的定义一致，所以测出来的就是"总谐波失真"，详见第五节"失真度测量仪"部分。

（六）信噪比、等效噪声的测量

（1）被测设备置于额定条件。

（2）源电动势减小到零，通常以一个其值等于源阻抗的电阻（一般情况下为 600Ω）接在设备被测通道的输入端，代替信号源。

（3）用宽带或 A 计权测量用电压表接在设备的输出端。

（4）测量输出电压 U_o'，控制器置于要求位置（通常为额定增益位置）。

（5）信号噪声比可用下式计算

$$20\lg\frac{U_{0\text{ref}}}{U_o'} \quad (\text{dB}) \tag{1-11}$$

式中：$U_{0\text{ref}}$ 为已说明的参考电压，通常是额定失真限制的输出电压。

（6）按测得的噪声输出电压和增益计算等效噪声源电动势

$$E_{\text{in}} = \frac{U_o'}{A} \quad (\text{V}) \tag{1-12}$$

式中：E_{in} 为等效噪声源电动势，V；U_o' 为输出噪声电压，V；A 为额定电动势增益。

（7）等效噪声源电动势也有以分贝表示的，通常称为等效输入噪声电平（EIN），公式为

$$20\lg\frac{E_{\text{in}}}{U_{\text{ref}}}(\text{dB}) \tag{1-13}$$

式中：U_{ref} 通常有两种参考值，以 dBm 或 dBμ 表示时，$U_{\text{ref}} = 0.775\text{V}$，以 dBV 表示时，$U_{\text{ref}} = 1\text{V}$

（七）额定输出功率的测量

（1）测量方法同本节第二条。

（2）功率放大器通常分为定阻输出功率放大器和定压输出功率放大器。定阻输出功率放大器的额定负载阻抗常用的为 8Ω，也有 16、4、2Ω 的，具体按制造者规定。定压输出功率放大器通常额定输出电压有 70、100、120、240V 等，具体按制造者规定，定压功放的负载电阻按额定输出电压和额定输出功率计算出的电阻值接入。

（3）输出功率计算

$$P_o = \frac{U_o^2}{R_L} \quad (\text{W}) \tag{1-14}$$

式中：P_o 为失真限制的输出功率，W；U_o 为失真限制的输出电压，V；R_L 为定额负载阻抗，没有特殊要求的情况下，R_L 应为纯阻，通常称无感电阻，R_L 应有足够的功率容量，并有较小的温度系数，以保证在测量期间 R_L 阻值相对变化很小，使计算出来的功率相对较准确。

（八）串音衰减的测量

（1）A、B 通道置于额定条件。

（2）A 通道的输入电压减小到零。测量输出电压 $(U_A)_B$。该测量可以是宽带或在测量频率点上选通。

（3）恢复 A 通道的输入电压，将 B 通道的输入电压减小到零，用上述方法测量输出电压

$(U_B)_A$。

（4）根据这些测量，可以按照计算公式计算出相应的串音衰减或分离度数值。

A 通道对 B 通道的串音衰减为

$$20 \lg \frac{(U_A)_A}{(U_B)_A} \quad (\text{dB}) \tag{1-15}$$

B 通道对 A 通道的串音衰减为

$$20 \lg \frac{(U_B)_B}{(U_A)_B} \quad (\text{dB}) \tag{1-16}$$

A 通道对 B 通道的分离度为

$$20 \lg \frac{(U_A)_A}{(U_A)_B} \quad (\text{dB}) \tag{1-17}$$

B 通道对 A 通道的分离度为

$$20 \lg \frac{(U_B)_B}{(U_B)_A} \quad (\text{dB}) \tag{1-18}$$

（九）功率放大器阻尼系数的测量

低频信号发生器输出的 1000Hz 和上、下限频率的正弦信号送到被测通道的输入端，并使输出电压值为标称值，调节被测通道的音量控制器，使放大器的输出端在接额定负载电阻 R_L 时的输出电压为额定输出电压，记为 U_o，断开负载电阻 R_L，测输出端的空载电压，记为 U'_o，则阻尼系数为

$$\frac{U_o}{U'_o - U_o} \tag{1-19}$$

第五节　常用音频测量仪的种类、用途和简单工作原理

一、低频信号发生器

低频信号发生器的频率范围通常为 20Hz～200kHz，也有能到 1MHz 的。它能输出低频正弦波电压或功率。

（一）对低频信号发生器的一般要求

（1）振荡波形尽可能地接近正弦波，谐波失真系数最好不超过 $0.1～0.5\%$。

（2）频率能调节。目前常见的有连续可调和步进可调两种。连续可调的调节方便，但刻度的准确度不太高；步进可调的在调节过程中有冲击，但频率准确度相对较高。除了对频率准确度的要求外，还要求频率稳定性好。

（3）在整个频率范围内输出幅度最好不随频率变化且稳定性要好。

（4）输出电压连续可调。还要求较准确地指示输出电压值。

（二）低频信号发生器的组成

低频信号发生器的组成框图如图 1-14 所示。低频信号发生器一般由低频振荡器、缓冲及输出放大器、衰减器、电压表四部分组成，目前有的产品还带有数码管频率显示。

1. 低频振荡器

常用的低频振荡器主要有两种。

（1）利用两个频率差在音频范围的高频振荡器，同时送至混频器产生差频。通过滤波器滤去高频成分，得到低频信号，经放大后获得一定幅度的输出电压。差频振频器原理如图 1-15 所示。

17

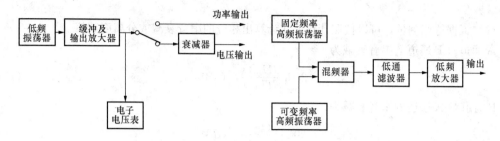

图 1-14　低频信号发生器的组成　　　图 1-15　差频振荡器原理

这种振荡器在整个低频范围内调节频率时，只需用一个刻度盘，不需要变换波段；缺点是频率稳定度差，尤其在低频端。但是这种振荡器在电声领域还有很多应用，主要用于听纯音和扫频响。

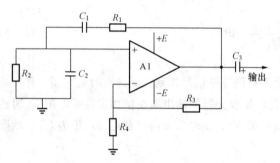

图 1-16　RC 文氏电桥振荡器

（2）RC 文氏电桥振荡器（见图 1-16）。串联支路 C_1、R_1 和并联支路 C_2、R_2 构成文氏电桥正反馈电路。其振荡角频率为

$$\omega = \frac{1}{\sqrt{R_1 R_2 C_1 C_2}} \qquad (1\text{-}20)$$

此种振荡器能得到宽的频率范围，振荡波形是正弦波，失真小、频率稳定度高、结构简单，在工作频带内振幅近于常数，因此低频信号发生器中较多采用这种振荡器。

2. 缓冲及输出放大器

缓冲级的作用是把振荡级和输出级隔离，以免由于输出级的状态变化影响振荡器的振荡频率和幅度，输出放大器的任务是将振荡信号放大到足够大，以满足输出幅度要求。输出放大器还应具有足够的输出功率。

3. 衰减器

衰减器接在输出放大器后，使输出电压有足够宽的调节范围，以满足不同测试对幅度的要求。

4. 电压表

电压表采用平均值检波电子电压表，用以指示振荡器输出电压的大小，电压表一般接在衰减器之前。用步进衰减器改变输出电压大小时，电压表指针不动，所以读输出电压时，应与衰减器的衰减分贝数结合起来一起读数，电压表满量程示值是衰减 0dB 时的输出电压值，当衰减器衰减 20dB 时，电压表满量程是衰减 0dB 时的 1/10。

（三）**实例　XD7 型低频信号发生器**

1. 用途

XD7 型低频信号发生器能产生 20Hz～200kHz 的正弦波信号，有电压输出和不小于 5W 的功率输出。

本仪器适于工厂、学校实验室、电信部门等作为调测低频放大器、传输网络、电声设备等用的低频信号源。

2. 主要技术性能

（1）频率范围为 20Hz～200kHz，分四个频段，在每个频段内频率连续可用。

1）第一频段为 20Hz～200Hz。

2）第二频段为 200Hz～2kHz。

3）第三频段为 2kHz～20kHz。

4）第四频段为 20kHz～200kHz。

（2）频率刻度。

1）基本误差不大于（1±15％）Hz（预热 30min 后）。

2）附加误差不大于 0.05％/℃。

（3）输出波形的非线性失真。

1）电压输出。输出电压 5V 时 20Hz～20kHz 失真不大于 0.2％，在极限工作条件下附加失真不大于 0.1％。

2）功率输出。输出功率 4W 时 20Hz～20kHz 失真不大于 1％，在极限工作条件下附加失真不大于 0.5％。

（4）最大输出。

1）电压输出。600Ω 负载时 20Hz～200kHz 电压不小于 5V。

2）功率输出。8Ω、600Ω、5kΩ 负载时，20Hz～20kHz 功率不小于 5W。

（5）输出阻抗。8Ω 直接输出（不平衡），600Ω、5kΩ 可平衡或不平衡输出。

（6）功率衰减器。共分五级，0、20、40、60、80dB，衰减误差（20Hz～20kHz）不大于±1dB。

（7）衰减器输出阻抗。0dB 时 600Ω、20dB 时 60Ω、40dB 时 10Ω、60dB 时 10Ω、80dB 时 10Ω。

（8）电压读数。电压输出 0～5V。

（9）功率输出 8（0～7V）、600Ω（0～70V）和 5kΩ（0～160V）。

3. 整机方框图、面板图

XD7 型低频信号发生器整机方框图如图 1-17 所示，面板图如图 1-18 所示。

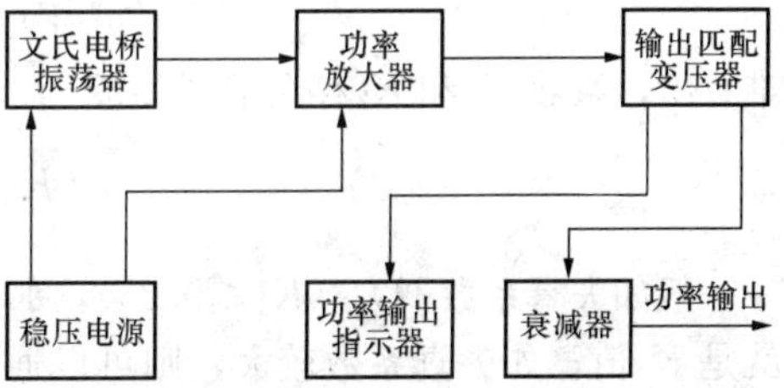

4. 使用方法

开启电源，指示灯亮，按需选择频段、频率、阻抗、相应输出电压。如需平衡输出，可将面板上功率输出接线柱的接地片与接地接线柱分开。输出从两红接线柱取，但与这两点相连接的其他设备也应是平衡输入的。一般测量时，如不需要功率，则最好从电压输出口取信号，此时非线性失真小。

图 1-17　XD7 型低频信号发生器整机方框图

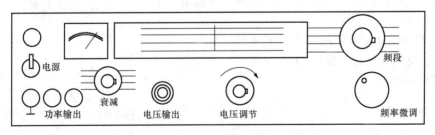

图 1-18　XD7 型低频信号发生器面板图

二、失真度测量仪

（一）基本原理

在本章第一节中曾介绍了总谐波失真这一技术指标，通常总谐波失真又称非线性失真系数，测量非线性失真系数的仪器称为失真度测量仪。在无线电技术实践中，对非线性失真的考察主要在音频范围内。

一般音振荡器和低频放大器因电路元器件(特别是电子管、晶体管、变压器、磁头)的非线性,输出信号对输入信号波形发生了变化。在输出信号中,便出现了输入端所没有的二、三次等各次谐波。信号的失真程度通常以非线性失真系数 K_1 表示,其定义为:信号所包含的各次谐波总均方根值对于其基波的均方根值之比,即

$$K_1 = \frac{\sqrt{U_2^2 + U_3^2 + \cdots + U_m^2 + \cdots}}{U_1} \tag{1-21}$$

式中:U_1 为信号中的基波分量电压,V;U_2、U_3、$\cdots U_m$ 信号中二、三次谐波等各次谐波分量电压,V。

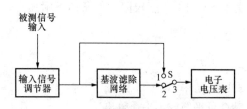

图 1-19 失真度测量仪基本组成

因此,失真度测量仪基本组成部分是一个基波滤除网络,如图 1-19 所示。测量时,先将开关 S 置于 1,测出基波滤除前的总信号电压;然后将开关切换到 2,测出除基波外的各次谐波电压,两者之比即为测量结果。

严格地说,开关在 1 位置时的总信号电压包括基波和各次谐波在内的总均方根值。而不是式(1-21)分母的基波分量 U_1,即测出的非线性失真系数是

$$K_2 = \frac{\sqrt{U_2^2 + U_3^2 + \cdots + U_m^2 + \cdots}}{\sqrt{U_1^2 + U_2^2 + U_{31}^2 + \cdots + U_m^2 + \cdots}} \tag{1-22}$$

不难看出,系数 K_1 和 K_2 存在下列关系

$$K_2 = \frac{K_1}{\sqrt{1 + K_1^2}} \tag{1-23}$$

一般如失真系数不大($K_1 \leqslant 0.25$),那么,实际上 K_1 和 K_2 相差甚小,可以认为读出的 K_2 值就是 K_1 值,如失真系数较大,则可以通过将式(1-23)变换成式(1-24)求出 K_1 值,

$$K_1 = \frac{K_2}{\sqrt{1 - K_2^2}} \tag{1-24}$$

但是用失真度测量仪测量出来的数值又恰恰符合目前音响设备技术指标中给出的,也就是我们前面给出的总谐波失真(THD)定义。

基波滤除网络通常采用 RC 文氏电桥电路(见图 1-20)。理论上电桥平衡时,输出(U_{CD})为零。可以求出电桥平衡的条件是

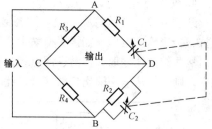

图 1-20 文氏电桥

$$\frac{R_3}{R_4} = \frac{R_1}{R_2} + \frac{C_2}{C_1} + j\left(\omega C_2 R_1 - \frac{1}{\omega C_1 R_2}\right) \tag{1-25}$$

当 $f_0 = \dfrac{1}{2\pi \sqrt{R_1 R_2 C_1 C_2}}$,虚部为零时,电桥才能平衡,此时

$$\frac{R_3}{R_4} = \frac{R_1}{R_2} + \frac{C_2}{C_1} \tag{1-26}$$

如取 $R_1 = R_2 = R$,$C_1 = C_2 = C$ 则电桥平衡条件变为

$$R_3 = 2R_4 \tag{1-27}$$

$$f_0 = \frac{1}{2\pi\sqrt{RC}} \tag{1-28}$$

从上述分析分析可知，只有满足基波频率 $f = f_0$ 时，对基波而言电桥才平衡。电桥输出电压 U_{CD} 中基波成分为零，而对于各次谐波而言，由于其频率为基波频率 f_0 的二倍、三倍、……，所以电桥不平衡，U_{CD} 中就包含了各次谐波的成分，只要对电桥电路的放大器增益进行适当校准，就可以确知谐波成分所占比例，即非线性失真系数。

（二）实例 BS-1A 型失真度测量仪

1. 用途

本仪器主要用于测量低频放大设备和低频信号源的谐波失真程度。小失真度可测到 0.03%，亦可单独用作平衡和不平衡式电压表测量交流电压和噪声。本仪器采用了真有效值检波方式，因此它又是一台特性良好的有效值电压表，其频率范围从 2Hz～1MHz（平衡方式时为 20Hz～40kHz），电压范围从 1mV（满度）到 300V、平衡（1mV～10V）。

2. 基本工作特性

（1）失真度测量。

1）频率范围（基波）。不平衡，2Hz～200kHz 共分五挡；平衡，20Hz～20kHz 共分三挡。

2）失真度范围为 0.1%～100%（满刻度）共分七挡。

3）输入信号范围。不平衡，300mV～300V；平衡，300mV～10V；

4）失真度误差为 ±10%（满刻度）±0.1%。

5）固有噪声。≤0.25mV（50Hz，100Hz 允许不大于 ≥0.3mV）。

6）基波滤除特性。≥80dB。

7）二次谐波损耗。20Hz～20kHz，≤±5%；2Hz～200kHz，≤±10%。

（2）电压测量。

1）电压范围。不平衡 1mV～300V（满刻度），共分十二挡；平衡 1mV～10V（满刻度），共分九挡；

2）频率范围。不平衡，2Hz～1MHz；平衡，20Hz～40kHz；

3）以 1kHz 为基准的频响。不平衡，20Hz～100kHz，±1dB，2Hz～1MHz ±1.5dB；平衡，20Hz～40kHz ±1.5dB。

4）输入电阻。不平衡 ≥500kΩ（1kHz）；
平衡 600Ω±3%，10kΩ±10%；

5）电压表准确度。±5%（满刻度），以 1 kHz 正弦波为基础；

6）固有噪声。≤0.05mV。

7）电压表有效值波形误差。不大于 3%（输入信号的波峰因数≤3）。

3. 整机方框图、面板图

失真度测量仪整机方框图如图 1-21 所示，BS-1A 型失真度测量仪面板图如图 1-22 所示。

4. 使用方法

（1）电压测量。将"工作开关"放在"电压"位置，"分压器开关"放在 1V 位置，"输入衰减器开关"放在 50dB 位置。

将被测信号用不平衡电缆接入不平衡输入端，依次改变"衰减器开关"和"分压器开关"，使电压表指针指到明显位置，便于读数。由于电表误差是以满刻度的百分数表示的，所以指针越接近满刻度，则测量误差越小。一般来说指针在满刻度的 1/3 以下，测量误差可能很大。所以应尽可能调整开关，使指针在满刻度的 1/3 以上读数。

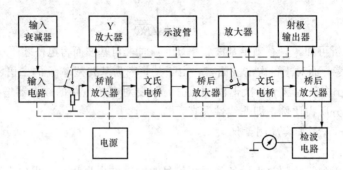

图 1-21　失真度测量仪整机方框图

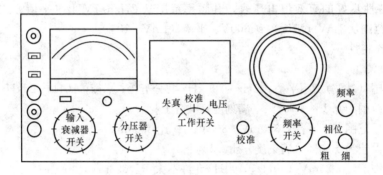

图 1-22　BS-1A 型失真度测量仪面板图

测试完毕或改变测试点之前应把开关调整到较高电压挡，以免表针打表，造成不必要的损失。

当进行平衡电压测试时应用平衡电缆将被测信号接入平衡输入端。

（2）失真度测量。基本方法同电压测量，在读出电压表指针在满刻度 1/3 以上时选择该挡。将工作开关转到"校准"位置，调整校准电位器旋钮，使电压表指示在满刻度位置，然后再将开关转到"失真度"位置。

改变频率开关到相应于被测信号基波频率的波段，然后反复调节"频率"及"相位"旋钮。使电压表指示最小为止（相应地改变分压器位置）。此时依照分压器位置从电压表指示上直接读出失真度的具体百分数。测试完，先将分压器开关转到 100% 位置，再将工作开关放到"校准"位置，顺便看一下，是否依然指在满刻度，然后将工作开关转到"电压位置"，以便下次测量。

平衡信号的测量方法同上，但把输入信号接在平衡输入端上，控制"输入阻抗开关"（紧挨着平衡输入插孔）到合适的输入阻抗（600Ω 或 10kΩ），然后按上述方法测试。

三、示波器

（一）用途和基本原理

顾名思义，示波器是一种用来显示信号波形的测量仪器。最常见的是用电子束管（示波管）来显示波形的电子示波器。另外还有机电示波器，它是由机电原理将信号波形用笔记录在纸上的，由于是机电式，速度不可能很高，所以只能用来显示频率较低变化速度不太快的信号。随着科技的发展，目前储存示波器（记忆示波器）已比较普遍使用，它不仅能即时在示波管荧光屏上看到信号波形，还能把波形记忆储存起来，并且可以输出到纸上，以便保存和交流。示波器是一种用途广泛、使用方便的测量仪器，用得熟练、有经验者，可以通过示波器估算出信号电压、频率、失真度及两信号相位差的大概值。作为音响工作者，熟练使用示波器是十分重要的。尤其在检查音响设备故障时，示波器更是最得心应手的测量仪器。

电子示波器是利用高度聚焦的电子流束以高速撞击电子示波管的荧光屏上，在屏上相应位置形成一个明亮的光点。光点位置的移动是利用电场对电子束作用，而使电子束改变前进方向，从而将撞击在荧光屏上的点相应移动，来描绘出波形。

由于相对低频信号发生器，失真度测量仪而言，电子示波器的原理更复杂一些，所以作为音响工作者不一定要把示波器的原理学得很透。重点是熟练掌握示波器的使用。当然，如果对电视机原理很熟的话，不难把示波器原理学通，两者都以荧光屏显示，不过示波管是电场控制电子束的；显像管是磁场控制电子束的，这一点有差异，但不影响两者原理的相似性。

（二）方框图和面板图

示波器原理方框图如图 1-23 所示。

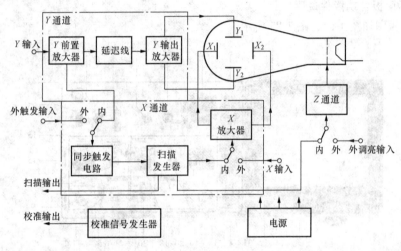

图 1-23 示波器原理方框图

（1）Y 通道（垂直通道）部分。Y 通道是被测信号的主要传输通道，它使显示器的 Y 轴坐标正比于信号的瞬时值。Y 通道同时产生一个内触发（同步）信号去控制 X 通道，使 X 通道的锯齿扫描信号与被测信号同步。

Y 通道主要包括输入电路、前置放大器、延迟线、输出放大器和内触发放大器等几个部分。输入电路用来接受输入信号，前置放大器用来放大输入信号，输出放大器用来推动示波管的 Y 轴偏转板，延迟线用来补偿 X 通道的时延，以便能观察脉冲信号的前沿，内触发放大器为同步触发电路提供足够大的内触发信号。

（2）X 通道（水平通道）部分。X 通道产生与触发信号有固定时间关系的锯齿电压（称扫描电压或时基信号），使显示器的 X 轴坐标正比于时间，故又称时基通道。X 通道同时产生一个增辉信号，经增辉通道（常称 Z 通道）送到示波管的控制栅极，使示波管中的电子束只在扫描正程时间内出现。

X 通道主要包括扫描发生器，同步触发电路和 X 放大器。X 放大器的作用是推动示波管的水平偏转板和扩展扫描速度。

（三）V-212 型示波器

1. 技术条件

（1）阴极射线管 6″ 带方格图（8 格×10 格）

（2）垂直偏转系统：

1）带宽和上升时间

① DC～20MHz，上升时间不大于 17.5ns。

② DC～7MHz，上升时间不大于 50ns（灵敏度扩展时）。

2）交流耦合。—3dB 点，不大于 10Hz。

3）偏转因数。5mV/格，分 10 级，在非校正的连续控制时，在 5V/格挡至少可扩展到 12.5V/格，×5 时可扩展到 1mV/格，误差为±3%。

4）输入阻抗约为 1MΩ 并联 25pF。

5）最大输入为 300V（DC＋交流峰值）、500V 交流峰值（≤1kHz）。

（3）水平偏转系统。时基 0.2μs/格～0.2s/格，分 19 挡，在非校准时连续控制可扩展到 0.5s/格，误差±3%。

2. 前、后面板各功能件说明

前、后面板图如图 1-24、图 1-25 所示。

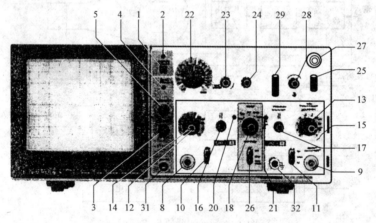

图 1-24　V-212 示波器前面板图

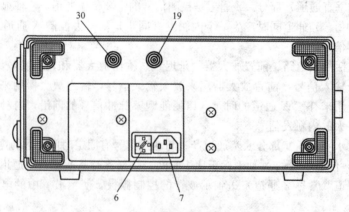

图 1-25　V-212 示波器后面板图

（1）电源开关 1（POWER SWITCH）。用来开通电源。

（2）电源指示灯 2（POWER LAMP）。电源开通后灯亮。

（3）聚焦控制 3（FOCUS CONTROL）。用来控制扫描线的聚焦（即线的粗细）。

（4）轨迹转动控制 4（TRACK ROTATION。CONTROL）。用来控制水平扫描线的水平度。

（5）辉度 5（INTENSITY CONTROL）。用以控制扫描线的亮度。

（6）电压选择 6（VOLTAGE SELECTOR）。用以选择电源电压，使之适于当地电网，我国是 220V。

（7）电源插座 7（AC INLET）。插电源线。

（8）通道 1 输入 8（CH 1 INPUT CONNECTOR）。被测信号的输入通道 1。

（9）通道 2 输入 9（CH 2 INPUT CONNECTOR）。被测信号的输入通道 2。

（10）输入耦合开关 10、11（INPUT COUPLING SWITCH）。选择交流—地—直流输入方式。

（11）每格电压值选择开关 12、13（VOLTS/DIV SELECT SWITCH）。用来选择 Y 轴灵敏度，指示值为每格电压值；

（12）乘 5 倍增益 14、15（PULL×5 GAIN CONTROLS）。拉出来 Y 轴灵敏度扩大五倍。

（13）位置控制 16、17（POSITION CONTROLS）。用以控制显示曲线上、下移动。

（14）模式选择开关 18（MODE SELECT SWITCH）。用来控制扫描线的显示模式，包括显示通道 1、显示通道 2、交替显示、断续显示。

（15）通道 1 输出 19（CH 1 OUTPUT CONNECTOR）。从这里可以输出通道 1 的信号。

（16）直流平衡控制 20、21（DC BAL ADJUSTMENT CONTROLS）。用来调节直流衰减平衡。

（17）扫描时间选择开关 22（TIME/DIV SELECT SWITCH）。用来选择扫描速度，指示值为每格多少秒（s）、毫秒（ms）、微秒（us）。

（18）扫描时间微调 23（SWP VARIABLE CONTROL）。用来微调扫描速度，放在 CAL 位置时是校准位置，此时的时间就是 22 上指示的时间。

（19）位置控制 24（POSITION CONTROL）。用来控制显示曲线左、右移动。

（20）触发源选择 25（SOURCE SELECT SWITCH）。用来控制触发方式，可以选择内触发、线路触发或外触发。

（21）内触发选择开关 26（INT TRIG SELECT SWITCH）。用来选择内触发源，可以选择用通道 1 或通道 2 的信号来触发，也可交替触发。

（22）外触发输入口 27（EXT TRIG ORX IN CONNECTOR）。用来输入外触发信号。

（23）触发电平控制 28（TRIGGER LEVEL CONTROL）。用来控制触发电平的高低。

（24）触发模式选择 29（TRIGGER MODE SELECT SWITCH）。用来选择触发模式，可以选择自动、正常、电视水平、电视垂直。

（25）外接消隐输入口 30（EXT BLANKING CONNECTOR）。用来输入外加消隐信号。

（26）校准电平 31（CAL 0.5V TIP）。提供 0.5V 的标准电平，用以校准灵敏度。

（27）接地端子 32（GROUNDING TERMINAL）。用来接大地。

最新的示波器已经不用示波管了，而是采用液晶显示屏来显示波形了，当然示波器的电路也发生了很大变化。

四、电压表

音响工程中所指电压表是指交流电压表，直流电压通常可以用万用表来测量。

（一）对电压表的基本要求

（1）频率范围应足够宽。虽然音频的范围是 20Hz～20kHz，但是实际上一些频率高于 20kHz 的高次谐波对听感的细微部分还是有贡献的。另外音频设备中除了主要的音频信息外，还有不少辅助电路用到音频以上频率，如 DC-DC 变换器的振荡频率，采样频率等都远高于可闻频率。

（2）电压范围应足够宽。前面已指出，动圈传声器的输出只有零点几毫伏，而功率放大器的输出在几十伏，定压功率放大器的输出达 200 多伏，所以要求电压表的测量范围宽。

（3）输入阻抗应足够高。式（1-1）说明负载阻抗越高，负载上得到的电压就越高。同理，电压表也是被测信号源的负载，所以要求电压表的输入阻抗应远大于被测信号源的输出阻抗。如果电压表的输入阻抗是被测信号源输出阻抗的 100 倍，则引起的误差大约 1％左右，可想而知，电压表的输入阻抗高是多么重要。

（4）测量精度应足够高。

（5）满足被测交流电压各种波形的需要。

（二）电压表的基本组成。

放大—检波式电压表的基本组成框图如图 1-26 所示，下面分块介绍。

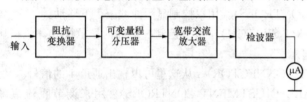

图 1-26　放大—检波式电压表基本组成框图

（1）阻抗变换器。为了保证电压表的输入阻抗足够高，通常用射极跟随器、阴极跟随器、源极跟随器作为电压表的输入级。以取得高输入阻抗。跟随器的低输出阻抗有利于与后面的分压器相配。

（2）可变量程分压器。分压器的作用是使电压表有多个量程，以适于从测量很小的电压到测量较高的电压值。一般是电阻式分压器。

（3）宽带交流放大器。放大器的质量指标往往是整个电压表质量的关键。对放大器的要求是：

1）足够高的电压增益和足够宽的频带。

2）电压增益必须相当稳定，以保证测量精度。

3）输入阻抗足够高。

4）动态范围足够宽，在动态范围内应保证放大器的输入与输出间有良好的线性关系，非线性失真应尽可能地小。

5）噪声应非常小，等效输入噪声直接决定了最小可测量电压值。

（4）检波电路。通常用平均值检波器，其优点是电路简单、灵敏度高、失真小。用平均值检波器的电压表，其示值是有效值。对于正弦波，有效值是平均值的 1.11 倍；而对于非正弦波，则其有效值与平均值的比值就不是 1.11 倍了，所以对于测量非正弦波时，表头的示值就不是被测信号的有效值了，这一点一定要注意，建议对非正弦波信号用示波器来观察其波形，同时估算其峰值等参数。

（三）DA-16 型晶体管毫伏表

1. 用途

DA-16 型晶体管毫伏表能测量 $100\mu V \sim 300 V$ 的交流电压。测量电压范围宽。本仪器适用于工厂、学校实验室、维修部门测量交流电压。

2. 技术指标

（1）测量交流电压范围。$100\mu V \sim 300 V$，满量程从 $1mV \sim 300 V$ 共分十一挡。

（2）频率范围为 $20 Hz \sim 1 MHz$。

（3）测量误差为 ±3％。频率附加误差：$20 Hz \sim 100 kHz$，不大于 ±3％；$100 kHz \sim 1 MHz$,

不大于±5%。

（4）输入阻抗。在 1kHz 时输入电阻约 1.5MΩ。

（5）输入电容。1mV～0.3V 挡时约 70pF，1～300V 挡时约 50pF。

3. 面板图

面板图如图 1-27 所示。

4. 使用方法

（1）开电源前，先用螺丝刀转动表头机械调零使毫伏表指针对准 0 刻度。电压表应垂直放置。

（2）开电源后，输入端短路，预热 10min 后，将量程转换到所需的量程挡。用电调零钮使毫伏表指针对准 0 位置，然后把量程开关转到最大量程位置，用输入线与被测电压端相接，再逐步降低量程，直到指针指示在满刻度 1/3 左右或以上的量程来读数。因为电压表的误差是指满刻度误差。如误差为±3%。在 1V 量程挡，其允许误差是±30mV。若读数是 100mV，则实际值可能在 70～130mV，显然可能有较大误差。若读数在 300mV 时，实际值可能在 270～330mV。相对误差较之 100mV 读数时小得多。读数越接近满量程则其相对误差越小，准确度越高。

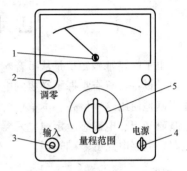

图 1-27　DA-16 晶体管毫伏
表面板图

1—机械调零；2—电调零；3—输入口；
4—电源开关；5—量程转换开关

（3）在输入线接到被测点以前和从被测点拆下输入线以前尽可能把量程开关转到大量程挡，以免被测电压或感应电压太高而使表针打表。

（4）本电压表是不平衡输入，所以适用于测量不平衡电压。如要测平衡电压（即被测电压两端都不接地的电压），则需用频响满足要求的变压器来把平衡电压转换成不平衡电压再测量。

电子电路基础知识

电子电路基础知识是从事音响工程和调音工作的人员必须掌握的基础知识，因为音响设备属于电子设备，只有掌握了必要的电子电路基础知识才能初步了解这些电子设备的性能、原理，才能正确地使用这些设备。本章包含基本物理量和其符号和单位、直流电路基础知识、正弦交流电路基础知识、电磁感应定律、元器件基础知识、整流电路、滤波电路、电压放大电路、功率放大电路、数字电路等基础知识。

第一节　电路基础知识

一、电路、电压、电流、电阻

（一）国际单位制

在电学和声学中，常用物理量采用米、千克、秒制（用符号 SI 来表示），见表 2-1 。

表 2-1　　　　　　　　音响中常用物理量和单位（国际单位制）

名　称	符号	单　位	单位符号	名　称	符号	单　位	单位符号
电场强度	E	伏（特）/米	V/m	角频率	ω	弧度/秒	rad/s
电荷	Q	库（仑）	C	频率	f	赫（兹）	Hz
电流	I	安（培）	A	相位差	ϕ	弧度	rad
电压	U	伏（特）	V	波长	λ	米	m
电感	L	亨（利）	H	声速	C	米/秒	m/s
电容	C	法（拉）	F	声压	P	帕（斯卡）	Pa
电阻	R	欧（姆）	Ω	声强	I_A	瓦（特）/米^2	W/m^2
电导	G	西（门子）	S	声功率	W_A	瓦（特）	W
阻抗	Z	欧（姆）	Ω	声阻	R_A	帕秒/米^3	Pa·s/m^3
导纳	Y	西（门子）	S	声阻抗	Z_A	帕秒/米^3	Pa·s/m^3
磁场强度	H	安（培）/米	A/m	响度	N	宋	Son
磁通密度	B	特（斯拉）	T	响度级	L_n	分贝（方）	dB
磁通量	Φ	韦（伯）	Wb	声压级	L_p	分贝	dB
磁导率	μ	亨（利）/米	H/m	声强级	L_1	分贝	dB
密度	ρ	千克/米^3	kg/m^3	声功率级	L_w	分贝	dB
周期	T	秒	s	声阻抗率	Z_s	帕秒/米	Pa·s/m

注　电学中，某些基本单位（专业称量纲）与扩展单位之间的关系有：p＝10^{-12}、n＝10^{-9}、μ＝10^{-6}、m＝10^{-3}、k＝10^3、M＝10^6、G＝10^9，例如：1pF＝10^{-12}F＝ F/10^{12}，或说 1F＝10^{12}pF＝1000000000000pF＝10^9nF＝$10^6\mu$F＝10^3mF；又如 1GΩ＝10^9Ω＝1000MΩ，1MΩ＝10^6Ω＝1000kΩ。其中称呼是 p 称为"皮"或"微微"、n 称为"纳"、μ 称为"微"、m 称为"毫"、k 称为"千"、M 称为"兆"、G 称为"吉"。

（二）电路的基本概念

最简单的电路是由电源、负载和连接导线组成的。图 2-1 画出了一个最简单的电路，其实其中的开关 SW 不是最简单电路中必不可少的，只是为了说明的需要而加入的。图 2-1 中最主要的

组成部分是电源 E、负载电阻 R 和连接用导线 L。

1. 电源 E

电源是用来向电路提供电能的，电源可以是电池，也可以是发电机发出来的电，或者通过其他方式产生的电，总之电源的电能是由其他的能量转化而来的。

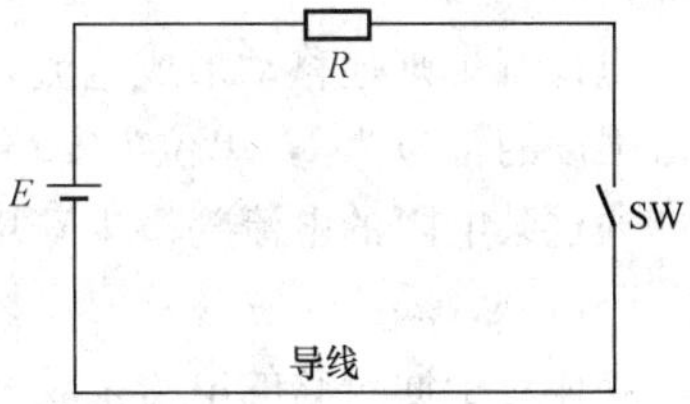

2. 负载电阻 R

在这个最简单的电路中电阻 R 就是电源的负载，它从电源吸收电能，然后转变为其他能量。负载 R 可以是电灯泡，也可以是电动机、电炉以及其他类型的负载，或就是一个电阻器。电灯泡将电源的电能转变为热能和光能，电动机将电能转变为机械能和热能，电炉将电能转变为热能等等。

图 2-1　最简单的电路

3. 连接导线 L

为了将负载与电源连接起来构成通路，就必须要用导线作为连接线。连接导线是由导电性能良好的材料制作，通常是用金属铜制作导线，也有用金属铝制作的导线。对于导线的要求是导电性能良好、电阻尽可能小，以便负载电阻能够得到尽可能多的电能，也就是效率尽可能高。由于金属铜的电阻率比金属铝的电阻率低，或者说同样截面积、同样长度的铜导线的电阻比铝导线的电阻小，再加上铜导线比铝导线的机械强度大，所以通常都用铜导线。当然实际使用的铜导线外面大多加了不导电的绝缘材料，例如塑料（例如聚氯乙烯）、橡胶、橡塑等作为绝缘外皮，极少场合也用裸铜线，此时要注意不要造成短路、触电。

4. 控制开关 SW：

控制开关的作用是控制电源是否将电能输送给负载，当控制开关的两个触点闭合时构成通路，电源可以向负载输送电能；当控制开关的两个触点脱开时构成断路，电源不能向负载输送电能。

（三）电场和电场强度

一切物质都是由极微小的该物质的分子构成的，而分子又由更微小的微粒——原子组成的。原子是由原子核以及核外的电子组成的，原子核带正电荷，电子带负电荷。正常情况下原子核所带正电荷量和电子所带负电荷量相等，该物质对外不呈带电特性，当在某种外力作用下原子核外围的电子减少了，则该物质呈现带正电荷的特性；当外围电子增加了，则该物质呈现带负电荷的特性。物体失去或获得的电子越多，则所带的正电荷量或负电荷量越多。电荷量用字母 Q 表示，其单位是库仑。带电物体周围存在着电场，实践证明，带异性电荷的物体互相吸引，带同性电荷的物体互相排斥，这些吸力或斥力就是电场的作用力，电场作用力的大小和方向与两个物体带电量的多少及所带电荷的性质有关。衡量电场的物理量叫做电场强度，用符号 E 来表示。电荷受力用 F 表示，单位为 V/m，称为电场力。电荷所带电量用 q 表示，则

$$E = F/q \tag{2-1}$$

（四）电压

电压是衡量电场做功本领大小的物理量。在电路中若电场力将电荷 q 从 b 点移到 c 点，所做的功为 W_{bc}，功用焦耳来表示。这个功 W_{bc} 与电荷 q 的比值就是电压，符号 U，单位是伏特（V），扩展的单位有微伏（μV）、毫伏（mV）、千伏（kV）。

$$U_{bc} = W_{bc}/q \tag{2-2}$$

电压又称电位差，在电路中通常是指电路中某两点之间的电位差，例如一个电阻两端的电位差、相线与中线之间的电位差等。

（五）电流

电荷有规则地移动形成电流，单位时间内通过导体横截面的电荷量多少用电流强度来衡量，电流强度的符号为 I，单位为安培，单位符号为 A，扩展的单位有微安（μA）、毫安（mA）等。例如通过某电阻的电流为多少安培（A，或 mA、μA），从电网吸取了多少安培电流等。

（六）电阻

导体对于通过它的电流呈现一定的阻力，这种阻力称为电阻，用符号 R 表示，电阻的单位为欧姆，用符号 Ω 表示，扩展的单位有微欧（μΩ）、毫伏（mΩ）、千欧（kΩ）、兆欧（MΩ）等。

（七）部分电路的欧姆定律

流过导体的电流 I 与导体两端的电压 U 成正比，与导体电阻 R 成反比。用公式表示为

$$I = U/R(A) \tag{2-3}$$

式中：I 为导体中的电流，A；U 为导体两端的电压，V；R 为导体的电阻，Ω。

全电路欧姆定律是指包括电源在内的闭合电路，需要考虑电源的内阻。

（八）电功率

电流在 1s 内所做的功，用字母 P 表示，单位瓦（特），用符号 W 表示，表达式为

$$P = W/t(W) \tag{2-4}$$

式中：t 为时间，s；W 为电功，J，所以电功率的单位也为焦耳/秒（J/s）。

（九）电平

目前常用的电平有功率电平、电压电平、电流电平等三种。常规的电功率、电压、电流属于绝对值，如多少瓦（W）电功率，多少伏（V）电压，多少安（A）电流等。电平属于相对值，电平是将要考核的值与规定参考（基准）值的比值，再取对数，然后乘以系数，其单位是 dB（分贝）。对于电功率电平，用公式 $10\lg\frac{P}{P_0}$ 来计算；对于电压电平，用公式 $20\lg\frac{U}{U_0}$ 来计算；对于电流电平，用公式 $20\lg\frac{I}{I_0}$ 来计算，P_0、U_0、I_0 分别是它们的基准值，P、U、I 是要考核的功率、电压、电流值。以电压电平 dBm 为例，当被测电压大于 0.775V 时，其电平值为正值（＋dB）；当被测电压等于 0.775V 时，其电平值为零（0dB）；当被测电压小于 0.775V 时，其电平值为负值（－dB）。在音响专业中最常用的是电压电平，并且在音响设备技术条件中可以出现三种表示电压电平的符号，它们分别是 dBm、dBu、dBV 三种，下面对这三种符号的电平分别介绍如下。

1. dBm

这是一种测量时在设备输出端接上一个 600Ω 负载电阻得出的电平，其基准电压是 0.775V，它的来源是在一个 600Ω 负载电阻上得到 1mW 电功率时的电压值，1mW 就是 0.001W，那么可以列出公式为 $0.001 = \frac{U^2}{r} = \frac{U^2}{600}$，进一步可以化为 $U^2 = 0.6$，那么 $U = \sqrt{0.6} = 0.775$（V），所以基准电压值是 0.775V。

2. dBu

这是一种测量时在设备输出端开路时得出的电平，因为现在除了传声器和功率放大器的负载另有规定外，其他音响设备的负载通常不是 600Ω 阻抗，而是比较大的阻抗，通常为不小于 10kΩ，所以对音响设备输出电平的测量就不需要接一个 600Ω 阻抗了，dBu 就是在设备输出端开路的情况下测量的电平，但是其基准电压仍然是 0.775V。

3. dBV

这是一种以 1V 为基准电压的电平值，因为现在音响设备信号传输绝大部分是电压传输，而不是功率传输，所以没必要一定让负载阻抗等于信号源的源阻抗以达到负载上能得到最大功率

了，因此也不必以 1mW 电功率作为计算电平的基准了，而 1V 更具有通用性，因为现在除了传声器和功率放大器外，音响设备的电压信号输出端所接的负载（也就是下级输入设备的输入阻抗）大多是高阻抗（10kΩ 左右），所以属于电压信号的传输，而不是功率信号的传输。

二、直流电路

（一）直流电路定义

电路中电压和电流不随时间变化的称为直流电路。

（二）电阻串联电路

两个或两个以上电阻顺序的无分支连接，这时电流无分支，只有一条通路的电路称为电阻串联电路。串联电路的特点为：

（1）串联电阻 R_1、R_2 中流过的电流为同一个电流 I。

（2）电路中各电阻上的分电压之和等于电路两端总电压。

（3）电阻串联时，等效总电阻等于各个电阻阻值之和

$$R_\Sigma = R_1 + R_2$$

两只电阻串联连接如图 2-2 所示，是指将两只电阻（R_1 和 R_2）头尾相连，然后分别从 R_1 的另一端和 R_2 的另一端引出连接线的接法，阻抗的串联也是这种方法。两只电阻串联后的总电阻等于这两只电阻阻值相加，例如 R_1 的阻值为 10Ω，R_2 的阻值为 5Ω，则串联后的总电阻为 15Ω。同理，两个阻抗串联后的总阻抗也等于两个阻抗值相加。例如，两只音箱串联如图 2-3 所示，连接方法是音箱 A 的黑色接线柱与音箱 B 的红色接线柱连接，从音箱 A 的红色接线柱引出的导线是串联后的高端（代表红色接线柱），接到功率放大器的红色接线柱，从音箱 B 的黑色接线柱引出的导线是串联后的低端（代表黑色接线柱），接到功率放大器的黑色接线柱。两只标称阻抗为 8Ω 的音箱串联后总标称阻抗为 16Ω。在串联电路中两只电阻（阻抗）流过同一电流 I，所以 R_1 和 R_2 中哪个电阻值大，则该电阻两端的电压降就大，消耗的功率就大，同样两只音箱串联后，也是阻抗大的音箱分得大的电压，也就是分得大的功率。

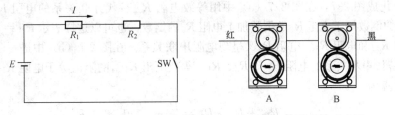

图 2-2 电阻串联电路 　　　　　图 2-3 音箱串联示意图

（三）电阻并联电路

两个或两个以上的电阻接在相同的两个点之间，其两端的电压相同，这种电路称为电阻并联电路。

并联电路的特点为：

（1）并联电阻 R_1、R_2 两端为同一个电压 U。

（2）电路中各电阻上的分电流之和等于电路中流过的总电流。

（3）电阻并联时，等效总电阻的倒数等于各个分电阻阻值倒数之和 $\left(\dfrac{1}{R_\Sigma} = \dfrac{1}{R_1} + \dfrac{1}{R_2}\right)$。

两只电阻并联连接如图 2-4 所示，是指将两只电阻（R_1 和 R_2）头头相连、尾尾相连，然后分别从头头相连处和尾尾相连处引出连接线的接法，阻抗的并联也是这种方法。两只电阻并联后的总电阻等于这两只电阻阻值的倒数相加，然后再取倒数。两只音箱并联如图 2-5 所示，连接方法

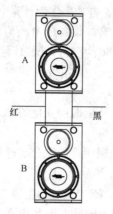

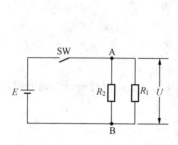

图 2-4 电阻并联电路   图 2-5 音箱并联示意图

是音箱 A 的红色接线柱与音箱 B 的红色接线柱连接，音箱 A 的黑色接线柱与音箱 B 的黑色接线柱连接，然后从两只音箱红色接线柱引出的导线是并联后的高端（代表红色接线柱），接到功率放大器的红色接线柱，从两只音箱的黑色接线柱引出的导线是并联后的低端（代表黑色接线柱），接到功率放大器的黑色接线柱。两只标称阻抗为 8Ω 的音箱并联后总标称为 4Ω。在并联电路中两只电阻（阻抗）具有同一电压 U，所以 R_1 和 R_2 中哪个电阻值小，则该电阻中流过的电流就大，消耗的功率就大，同样两只音箱并联后，阻抗小的音箱具有大的电流，也就是分得大的功率。

（四）电阻混联电路

在同一电路中既有电阻串联又有电阻并联的电路称为电阻混联电路。如图 2-6 所示。在图 2-6 电阻混联电路中，电阻 R_1 和电阻 R_2 是并联关系，它们有同一电压 U，电阻 R_3 和电阻 R_4 是串联关系，它们流过同一电流 I，而电阻 R_1 和电阻 R_2 并联后的等效电阻又和电阻 R_3 和电阻 R_4 是串联关系，流过电阻 R_1 和电阻 R_2 的电流之和等于流过电阻 R_3 及电阻 R_4 的电流 I。可以将图 2-6 电阻混联电路简化成图 2-7，在图 2-7（a）中用等效电阻 R_{12} 替代并联关系的电阻 R_1 和电阻 R_2，等效电阻 R_{12} 的倒数等于电阻 R_1 的倒数加上电阻 R_2 的倒数，也可以这样表示 $R_{12} = R_1 /\!/ R_2$。这样，等效电阻 R_{12} 和电阻 R_3、电阻 R_4 又呈现电阻串联关系。在图 2-7（b）中进一步简化，用等效电阻 R_{1234} 替代串联关系的电阻 R_{12}、R_3、R_4，等效电阻 R_{1234} 的阻值等于电阻 R_{12}、R_3、R_4 的阻值之和，计算为

$$R_{1234} = R_{12} + R_3 + R_4 = \frac{R_1 \times R_2}{R_1 + R_2} + R_3 + R_4 \tag{2-5}$$

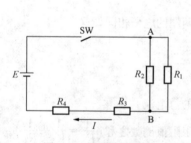

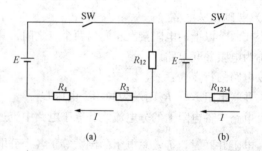

图 2-6 电阻混联电路   图 2-7 图 2-6 的等效简化电路

【例 2-1】电阻混联电路如图 2-6 所示，$E=6V$，$R_1=1000\Omega$、$R_2=1000\Omega$、$R_3=500\Omega$、$R_4=1000\Omega$，求 R_{1234}、I。

则 $R_{1234} = \dfrac{1000 \times 1000}{1000 + 1000} + 500 + 1000 = 500 + 500 + 1000 = 2000$ （Ω）

假定 $E = 6\text{V}$，则 $I = E/R_{1234} = 6/2000 = 0.003$（A）$= 3\text{mA}$

三、正弦交流电路

（一）正弦交流电路的定义

交流电路的定义是电路中电压或电流的大小及方向均随时间做有规律变化的电路，而正弦交流电路的定义是电路中电压或电流的大小及方向均随时间按照三角函数中的正弦函数规律变化的电路。正弦交流电波形图如图2-8所示，下面重点讨论正弦交流电。

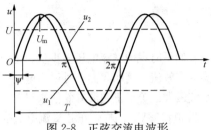

图2-8 正弦交流电波形

（二）交流电的瞬时值

交流电压或电流在任一瞬间的数值称为瞬时值。

（三）正弦交流电瞬时值的函数式

$$u = U_m \sin(\omega t + \Psi) \quad \text{(V)} \tag{2-6}$$

$$i = I_m \sin(\omega t + \Psi) \quad \text{(A)} \tag{2-7}$$

式中：u 为交流电压的瞬时值，V；i 为交流电流的瞬时值，A；U_m 为交流电压的幅值，也称最大值、峰值，是周期变化中的最大瞬时电压值，V；I_m 为交流电流的振幅值，也称最大值、峰值，是周期变化中的最大瞬时电流值，A；ω 为交流电的角频率，rad/s；t 为要考核的某一瞬间的时间，s；Ψ 为交流电的初相位，rad 或度（°）。

（四）交流电的周期、频率和角频率

（1）周期。交流电变化一周所需要的时间称为周期，用字母 T 表示，单位是秒（s）。

（2）频率。在单位时间（1s）内交流电重复变化的周数称为频率，用字母 f 表示，单位是周/秒，或称赫兹（Hz）。

（3）角频率。交流电单位时间内变化的角度称为角频率，用字母 ω 表示，单位是弧度/秒（rad/s），一周（360°）等于 2π 弧度（rad）。

（4）角频率、周期、频率之间的关系

$$\omega = \frac{2\pi}{T} = 2\pi f \ (\text{rad/s}) \tag{2-8}$$

$$T = \frac{1}{f} \quad \text{(s)} \tag{2-9}$$

$$f = \frac{1}{T} \ (\text{Hz}) \tag{2-10}$$

（五）相位和相位差

交流电压的数学表达式 $u = U_m \sin(\omega t + \Psi)$ 中，$(\omega t + \Psi)$ 是一个角度，它也是时间的函数。说明在这段时间内交流电变化了多少角度，所以 $(\omega t + \Psi)$ 是表示交流电变化进程的一个量，称为相位（也叫相角）。不同的相位对应着不同的瞬时值。两个同频率正弦量到达零值或最大值的时间差，这个时间差与该交流电的周期之比乘以360°就是这两个正弦波的相位差。当两同频率正弦波相位差为0°时，则称这两个正弦波"同相"。而两同频率正弦波，当一个到达正的最大值时，另一个到达负的最大值，相位差为180°，则称这两个正弦波"反相"。

（六）正弦交流电的有效值（rms）

交流电流通过某一电阻时，在一定间内所产生的热量，如与某一直流电流通过该电阻，在同样长的时间内所产生的热量相等，则该直流电流的值被称为交流电流的有效值。正弦交流电流的

有效值用字母 I 表示，电压的有效值用字母 U 表示。正弦交流电流或电压的有效值等于其最大值除以 $\sqrt{2}$，即等于最大值的 0.707 倍。以公式表示为

$$I = \frac{I_m}{\sqrt{2}} = 0.707 I_m \tag{2-11}$$

$$U = \frac{U_m}{\sqrt{2}} = 0.707 U_m \tag{2-12}$$

我们平时说的交流电压多少伏，电流多少安培，在没有特别说明的情况下都是指的交流电压、电流的有效值。例如我们平时说市电为 220V，50Hz 正弦波中的 220V 就是指的正弦波有效值，而正弦波最大值等于正弦波有效值乘以 1.414 倍。220×1.414＝311.08（V），也就是说市电电压的最大值为 311.08V。同样，正弦交流电流的最大值也等于正弦波电流有效值乘以 1.414 倍。

（七）正弦交流电路

在直流电路中，电路参数仅仅是电阻，而在交流电路中，电路参数除了电阻外，还有电感、电容。在正弦交流电路中流过电阻的电流 i 和电阻两端的电压 u 同相位，流过电容的电流 i 比电容两端的电压 u 超前 $90°\left(\dfrac{\pi}{2}$ 弧度$\right)$，流过电感的电流 i 比电感两端的电压 u 滞后 $90°\left(\dfrac{\pi}{2}$ 弧度$\right)$。

（八）容抗、感抗

电容对交流电呈现的阻抗叫做容抗 X_c，电感对交流电呈现的阻抗叫做感抗 X_L。容抗 X_c 和感抗 X_L 的值都与交流电的频率有关，分别为

$$X_c = \frac{1}{\omega C} = \frac{1}{2\pi f C} \qquad (\Omega) \tag{2-13}$$

$$X_L = \omega L = 2\pi f L \qquad (\Omega) \tag{2-14}$$

式中：C 为电容器的电容量，F；L 为电感器的电感量，H。

电阻的阻抗与频率无关，所以不论在直流电路中还是在交流电路中，它的电阻值是一样的。在交流电路中容抗、感抗是与信号频率有关的，信号频率越高，电容呈现的容抗越小；相反，信号频率越高，电感呈现的感抗越大。说明在交流电路中电容适合于通过高频信号，阻挡低频信号；电感适合于通过低频信号，阻挡高频信号。

第二节　电磁感应定律

一、磁场

带有电流的导体，它的四周围环绕着磁场。磁场就是物质的一种形式。在磁场内分布着能量，一个带有电流的导体，就是用这种能量作用于在它范围内的其他带有电流的物体。磁场是一种有方向性的量，即向量。

二、磁感应强度

磁感应强度是一种向量，磁感应强度向量表示磁场中某一定点的强度和方向，也称磁通密度。磁感应强度用符号 B 表示，单位是 $v \cdot s/m^2$，又称特（斯拉），用符号 T 表示。

三、磁通

磁感应强度与垂直于磁场方向的面积的乘积称为磁通，用符号 Φ 表示，单位为韦（伯），用符号 Wb 表示。

四、电磁感应定律

1. 电磁感应电动势

当导体在磁场中移动切割磁力线时，在导体内所产生的电动势叫做电磁感应电动势，这就是

电磁感应现象。

感应电动势的大小和磁场的磁感应强度、导体的运动速度及导体的有效长度成正比，其表示式为

$$E = BIV\text{Sin}\alpha \tag{2-15}$$

式中：B 为均匀磁场的磁感应强度，v·s/m²；V 为导体运动的速度，m/s；I 为导体的有效长度，m；α 为导体运动方向与磁力线方向夹角。

2. 判断感应电动势的方向——右手定则。

右手定则规定：将右手掌伸平，大拇指与其他四指垂直，掌心迎向磁力线，其大拇指指向导体运动方向，四指为感应电势的方向，如图 2-9 所示。

3. 左手定则

当载流导体在磁场中受磁场力作用而作机械运动，电能就转换为机械能和热能，这就是电动机的基本原理，其表达式为

$$F = BIL\text{Sin}\alpha \tag{2-16}$$

式中：B 为磁感应强度，v·s/m²；I 为导体中的电流，A；L 为在磁场中的导体长度，m。α 为导体方向与磁力线方向夹角。

左手定则规定：平伸左手，使拇指和其余四指垂直，手心正对磁场的 N 极，四指指向表示电流的方向，拇指指向为通电导体所受的磁场力方向，如图 2-10 所示。

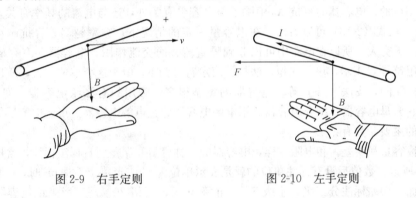

图 2-9　右手定则　　　　图 2-10　左手定则

第三节　电子元器件基础知识

一、电子元器件的定义

组成电子线路的电阻器、电容器、电感器、变压器、电子管、晶体管、集成电路、传声器、扬声器、熔断丝、开关、接插件等统称电子元器件。每种电子元器件根据自身的特性，在电子电路中起各自的作用，综合在一起满足特定的电路功能。

二、介绍几种元器件

（一）电阻器

电阻器的类型很多，电子电路中经常使用的有碳膜电阻器、金属膜电阻器、线绕电阻器、电位器等。电阻器在电子电路中是最基础的、用得最多的元件，它的作用是在电子电路中建立需要的电压和电流值，用符号 R 来表示，单位是欧姆（Ω）、千欧（kΩ）、兆欧（MΩ）。电阻器的主要参数有标称阻值和额定功率，标称阻值往往在电阻器表面上标示出来，标示的方法有色标法、数值法等。标称阻值和实际测量的阻值之差就是电阻值误差，或称精度，常用的有 5%、10%、20% 几种，目前 1% 误差的电阻也用得比较多了，不少电阻器上也将误差标示出来。常用电阻的

额定功率有 1、(1/2)、(1/4)、(1/8) W 等，一般从电阻的体积和出厂标称来确定。表 2-2 为电阻的色码表。

表 2-2　　　　　　　　　　　电 阻 的 色 码 表

色码	黑	棕	红	橙	黄	绿	蓝	紫	灰	白	金	银
数值	0	1	2	3	4	5	6	7	8	9	—	—
倍率	10^0	10^1	10^2	10^3	10^4	10^5	10^6	10^7	10^8	10^9	0.1	0.01
误差	—	±1%	±2%			±0.5%	±0.25%	±0.1%			±5%	±10%
字符表示	—	F	G			D	C	B			J	K

（1）色环标示法。前二环依次表示电阻的第一位数与第二位数，第三环表示应加零的个数，第四环表示电阻值的误差，如无此环时，表示误差 20%。

（2）数值标示法有直接标出电阻值的，例如 220Ω、1.8kΩ 等；也有这样标示的，例如 4R7=4.7Ω、4k7=4.7kΩ。还有这样标示的，例如 221=220Ω、182=1.8kΩ，这里，前两位数字代表实际的数值，第三位数表示 0 的个数。

（二）电容器

电容器在交流电路中以容抗 X_c 表示它的阻抗，单位也是 Ω，不过流过电容器的电流与电容两端的电压不同相，电流的相位超前电压 90°，这一点与电阻不同，流过电阻的电流与电阻两端的电压是同相位的。电容器的容抗 X_c 值除了与电容量有关外，还与电流的频率有关，计算公式见式（2-13）。从式（2-13）可以看出，在电容量一定的情况下，频率越高，容抗越小，在直流情况下，容抗无穷大，所以在电路中可以起到隔直流、通交流作用。电容器还有存储电能的作用，电容器用符号 C 表示，单位法拉，法拉的表示符号为 F，由于这个单位太大，所以常用毫法（mF）、微法（μF），皮法（pF）等。电容器的类型很多，常用的有涤纶电容器、瓷片电容器、独石电容器、云母电容器、纸介电容器、铝电解电容器、钽电解电容器、可调电容器等。

电容器的主要参数有：

（1）标称容量和误差。和电阻一样，电容器的标称容量和误差用直标法标注，常用电容器的单位是 pF，所以在数值后没有标注单位的就是表示单位为 pF，当单位不是 pF 时，一般标出 μF。在电容器表面，误差标注分三级，Ⅰ级 5%、Ⅱ级 10%、Ⅲ级 20%。一般来说电容器的误差要比电阻器的误差大，而电解电容器的误差就更大，另外电容也有色标法，但大多数电容都是直标法，并且经常用这样的方法标注，例如 221=220pF、182=1800pF，就是前 2 位数字直接表示数值，第 3 位数字表示 0 的个数，至于电容量在 μF 以上的电容器的电容量往往直接标明多少 μF，例如 220μF、1000μF 等。

（2）耐压。电容器耐压值标称在电容器的壳体上，表示电容器能耐直流电压的数值，这个指标很重要。使用时绝对不能超过耐压值。

（3）漏电电流。电容器介质的绝缘电阻要高，若绝缘电阻不够，在一定电压作用下，就会有小电流流过介质形成漏电流，漏电流越小说明电容器的质量越好，一般电解电容器的漏电流比其他电容器的漏电流大得多。

（4）损耗角正切值。电容器的损耗角正切值越小越好，损耗角正切值实际上反映了电容器品质因数 Q 的情况。其中电解电容器的损耗角正切值较大，可以达到 $10^{-1}\sim10^{-2}$ 数量级，独石电容器大约在 10^{-3} 数量级，瓷片电容器、涤纶电容器、云母电容器等大约在 10^{-4} 数量级。

（三）电感器

电感器在交流电路中以感抗 X_L 表示它的阻抗，单位也是 Ω，不过流过电感器的电流与电感两端的电压不同相，电压的相位超前电流 90°，这一点也与电阻不同。电感器的感抗 X_L 值除了与电感量有关外，还与电流的频率有关，计算公式见式（2-14）。从式（2-14）可以看出，在电感量一定的情况下，频率越高，感抗越大。所以电感在电路中主要起通直流、限交流的作用，用符号 L 表示，单位是亨（利），亨用字母 H 表示，还有毫亨（mH）、微亨（μH）。

电感器的主要技术参数有：

（1）电感量。电感器实际上就是空心线圈或加有铁心或磁心的线圈，所以其电感量决定于线圈的圈数和线圈的尺寸，及有无铁心或磁心。

（2）品质因素。这是衡量电感线圈损耗电阻大小的量，用 Q 来表示，Q 值越高越好，但 Q 值越高造价越大，相应地线圈体积也大，在使用时，按要求去选择 Q 值大小。

（四）晶体管

晶体二极管、晶体三极管、场效应管等常用器件在电子电路中起着整流、稳压、放大等各种作用。

（1）晶体二极管。有整流二极管、检波二极管、开关二极管、稳压二极管、变容二极管、光敏二极管、发光二极管等，它们在电路中的作用，整流二极管起着把交流变为直流的整流作用，检波二级管用来将调制波和载波分离，开关二极管被用于需要高频性能好的场合，稳压二极管被用于建立稳定直流电压，变容二极管用在选频调谐中，光敏二极管用于光电检测中，发光二极管常用作指示用，也有用其光来传送信号的，目前也有用高效发光二极管作为照明光源用的。

1）晶体二极管的基本特性就是单向导电性，用符号 ▷| 表示，箭头方向表示二极管正向导通时的电流方向。

2）稳压二极管的主要技术参数。

稳定电压：稳压管两端的反向击穿电压值为稳定电压.

最大工作电流：指稳压管长时间工作时允许通过的最大电流值.

允许功耗：稳压管工作时必须保证不超过允许功耗。

3）整流二极管的主要技术参数。

最大整流电流：指二极管长时间工作所允许通过的最大电流。

最大反向工作电压：二极管两端最大允许加的反向电压。

最高工作频率：二极管正常工作时的最高频率。

（2）晶体三极管。晶体三极管在电子线路中主要起放大作用。晶体三极管在线路中的表示符号如图 2-11 所示。

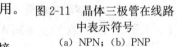

图 2-11 晶体三极管在线路
中表示符号
(a) NPN；(b) PNP

晶体三极管在放大器的电路中，一般采取共发射极电路的接法，即发射极 E 是输入和输出的公共端，另外还有共集电极电路和共基极电路。

晶体三极管主要技术参数有：

1）晶体三极管的电流放大系数 β。

2）晶体三极管的极间反向电流。

3）晶体三极管的特征频率 f_T。

4）晶体三极管的极限参数。

晶体三极管参数很多，可根据具体使用要求，查阅半导体器件手册，从中选择所需要的晶体三极管。

🔊 第四节 整流电路及直流稳压电路

一、整流电路

一般音响设备都用交流电源供电，中国的标准是 220V、50Hz 的正弦交流电源，也称"市电"，"电网电"。而音响设备中各种电路的工作电源大多是低压直流电，包括单电源和正负电源。单电源是指只用正电源或只用负电源，正负电源往往是电压值相同的正电源和负电源同时供给电路作为工作电源，而这些低压直流电源通常是用变压器把"市电"变成低电压的交流电，再经过整流电路整流，滤波电路滤去整流后产生的纹波得到较好的直流电源。很多电路中为保证工作电

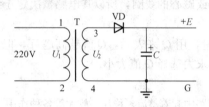

图 2-12 半波整流电容滤波电路

源的质量，还要把整流滤波后的直流电再经过稳压电路稳压，以得到更稳定的、纹波甚小的直流电源。目前，利用开关电源将市电电源转变为需要的低电压直流稳压电源的做法越来越多，因为这种方法比使用传统变压器降压的方法成本低、效率高、体积小、稳压性能也好。

图 2-12 为半波整流电容滤波电路，其中 T 为变压器，U_1 称为一次电压，一般是市电 220V、50Hz 正弦交流电。U_2 叫二次电压，根据需要设计 U_2 的值，也是 50Hz 正弦交流电。VD 是整流二极管，具有单向导电特性。C 是滤波电容器，常用有极性的铝电解电容器，容量较大，$+E$ 为直流输出端，G 为接地端，或称负端。由于整流二极管 VD 具有单向导电特性，所以正弦交流电压 U_2 的极性是 "3" 端为正，"4" 端为负的这半周（叫它正半周）时，电流可以通过整流二极管 VD 向滤波电容 C 和负载流去；而在 U_2 的负半周，即 "4" 端为正，"3" 端为负时二极管 VD 呈现很大电阻，几乎没有电流通过二极管 VD，所以说二极管 VD 在这里起着整流作用，我们把此二极管称作整流二极管。电容 C 的电容量很大，对于整流后的纹波（主要是 50Hz 的）来说其容抗很小，这个很小的容抗使得电容 C 两端的纹波电压大大减小，即纹波电压的值和直流成分比起来很小，从而得到相对较好的直流电压。

图 2-13 是全波整流电容滤波电路。它和半波整流电路的区别是：

（1）变压器二次绕组有三个输出端，即 3、4 端和 5 端，由于 3 端与 4 端之间的圈数和 4 端与 5 端之间的圈数相等，所以两个二次电压 U_2 相等，我们把 4 端称为 "中心抽头"。

（2）多了一个整流二极管 VD2。全波整流与半波整流相比。由于变压器二次的正半周 VD1 导通，VD2 截止；负

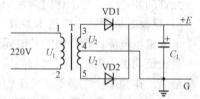

图 2-13 全波整流电容滤波电路

半周 VD2 导通，VD1 截止。在正弦交流电的一个周期内，正、负半周都有电流流向滤波电容和负载，所以可以更好地利用变压器二次的电压。从而使输出的直流电压提高，纹波（主要是 100Hz）减小，缺点是变压器二次绕组复杂了一些。

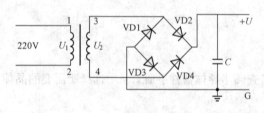

图 2-14 桥式整流电容滤波电路

图 2-14 是桥式整流电容滤波电路，它比全波整流电路又增加了两只整流二极管 VD3 和 VD4。它的优点是变压器二次绕组比全波整流时少一半。四只整流二极管轮流导通，正半周时 VD2、VD3 导通。电流从变压器二次绕组的 3 端通过 VD2 流过滤波电容和负载后再经 VD3 回到变压器二次绕组的 4 端；负半周时，电流从变压器二次绕组的 4 端通过 VD4 流过滤波电容和负载再经 VD1 回到变压器二次绕组的 3 端，每半个周期都有两只整流二极管导通。这种电路的优点是在直流电压相同的情况下，对整流二极管的反向耐压要求降低了，桥式整流电路中整流二极管承受的最大反向电压（$\sqrt{2}U_2$）只是半波整流和全波整流时整流二极管承受的最大反向

电压$(2\sqrt{2}U_2)$的一半。桥式整流后的纹波频率和全波整流时一样，也是以100Hz为主，即电源频率的两倍。图2-15是桥式整流电容滤波正负电源电路。

二、直流稳压电路

图2-16是最简单的并联型稳压二极管稳压电路，其中VS是稳压二极管，这种二极管的特性是反向击穿后，二极管两端的电压几乎不受流过二极管的电流大小影响，二极管两端的电压基本稳定在一个特定值附近，所以称为稳压二极管。电阻R的作用一是稳压，二是限流。R的阻值大，稳压效果好，但R上的压降也大；R的阻值小，稳压效果差，所以R的阻值应折中选择。其简单稳压原理是：当输入电压U_1不变，负载电流I_0变化时，通过调节流过稳压二极管VS的电流I_Z，使流过电阻R的电流I_R不变，则电阻R两端的压降U_R不变。两个基本公式是

$$I_R = I_Z + I_0 \text{(A)} \tag{2-17}$$

$$U_0 = U_1 - U_R \tag{2-18}$$

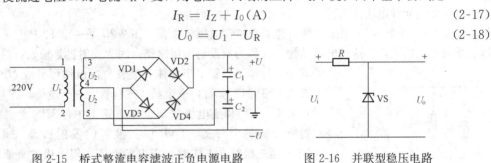

图 2-15　桥式整流电容滤波正负电源电路　　　　图 2-16　并联型稳压电路

从式（2-17）可知只要I_0的增量（或减量）等于I_Z的减量（或增量）则I_R可以基本不变。而I_R不变则

$$U_R = I_R R \quad \text{(V)} \tag{2-19}$$

U_R也不变，从式（2-18）中可知U_0也不变，达到稳压目的。

如I_0不变而U_1变化时，例如U_1增大了，在调整前根据式（2-18）U_0将增大，而稳压二极管两端的电压是基本不变的，所以只能是I_Z增大，使得U_R增大，如能使U_1增大多少，U_R也增大多少，则U_0仍维持不变。

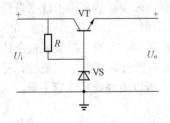

图 2-17　串联型直流稳压电路

这种稳压电路简单，但只适用于负载电流小的场合，或者是负载电流变化很小的场合。

图2-17是串联型直流稳压电路，这是一种最简单的串联型直流稳压电路，其中R和VS的稳压作用前面已介绍过，这里我们假定稳压二极管VS两端的电压是稳定的，也就是调整三极管VT的基极电压U_b是稳定的，则输出电压大约为

$$U_0 = U_b - 0.6\text{V} \quad \text{(V)} \tag{2-20}$$

当U_1不变，I_0变化时，调整管VT的C极（集电极）和E极（发射极）间的电压也变化，只要调整管C极与E极之间的电压变化与U_1的变化量相等，则U_0不变。串联型直流稳压电路能向负载提供较大的电流，当再增加一级电流推动管时，能提供更大的负载电流。这种稳压电路也可称为射极跟随器式稳压电路。这种稳压电路比上面介绍的并联型稳压二极管直流稳压电路的电压稳定性要好一些，在要求电压稳定性更高的场合，采用有采样比较、放大电路的串联型稳压电路，当然电路要复杂多了。

图2-18是用三端稳压块的直流稳压电路，它用现成的

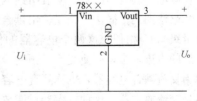

图 2-18　用三端稳压块的直流稳压电路

集成电路——三端稳压块来达到目的。在集成电路里集成了采样比较、放大电路的串联型稳压电路的所有元器件，所以稳压性能比射极跟随器式稳压电路要好，另外由于集成电路只有三个出脚，体积也不大，所以使用极为方便，目前很多音响设备中都采用三端稳压块来做直流稳压电路。目前常用的有78××系列和79××系列。78××系列是正输出电压稳压块，79××系列是负输出电压稳压块。其中××代表输出电压值，如7806是输出+6V，7815是输出+15V的，7915是输出-15V的。只要根据设计在有关手册中去找相应的78××、79××稳压集成电路块即可。

第五节 电压放大电路

一、分离元件电压放大器

图2-19是一个NPN型三极管阻容耦合单管电压放大器。图2-20是一个PNP型三极管阻容耦合单管电压放大器，这种电路结构形式称为共发射电极电路，因为发射极是输入、输出的共用

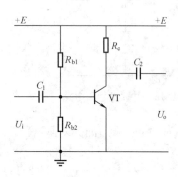

图2-19　NPN型三极管阻容耦合单管电压放大器

部分。晶体三极管（半导体三极管）按极性可分成NPN型三极管和PNP型三极管，一个晶体三极管有三个电极，即基极（B）、发射极（E）和集电极（C）。在电路图中，NPN型三极管的发射极箭头是向外的，PNP型三极管的发射极箭头是向里的。NPN型三极管在工作时加正电源电压，集电极的直流电位比基极和发射极的电位都高，基极的直流电位比集电极低，比发射极高。PNP型三极管在正常工作时加负电源电压，集电极直流电位最低，发射极直流电位最高。基极直流电位居中，比发射极低，比集电极高。这里我们要说明一下，NPN型、PNP型三极管是一种分类方法，而锗管、硅管是另一种分类方法，不少文章中误认为PNP型三极管就是锗管，NPN型三极管就是硅管，这是一种误解。按半导体三极管基本材料来分可以分成锗三极管和硅三极管。锗三极管也有PNP型三极管和NPN型三极管，硅三极管也有PNP型三极管和NPN型三极管。只不过在发明半导体三极管的初期，用的大多是锗三极管且多数是PNP型的，NPN型的较少。后来由于硅三极管的性能比锗三极管好，又由于NPN型三极管的生产技术提高，于是用正电源电压供电的NPN型硅三极管被大量应用，所以有些人就误认为PNP型三极管就是锗管，NPN型三极管就被误认为就是硅管。这一点一定要注意，有些管子可以从型号上判断是锗三极管，还是硅三极管；是NPN型三极管，还是PNP型三极管。有些管子的型号不表明这些，所以最好查晶体管手册，从中判定是什么材料的三极管，是什么型的，以及是高频管、低频管、小功率管、大功率管，必要时还要查出该三极管的各项参数，以免选用不当。

在图2-19、图2-20中，C_1是输入耦合电容器，对于音频电压放大器而言，一般用铝电解电容器，电容量在几微法到几十微法。C_2是输出耦合电容器，电容量的数量级与C_1相似。这两个电容器的作用是隔断电容器前后的直流电位，而使交流音频信号能顺利通过，因此称为交流耦合电容器，也称隔直电容器，所以这种放大器是交流放大器。这种放大器只能放大交流信号，不能放大直流信号。放大直流信号的放大器没有隔直流电容

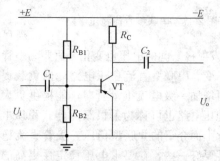

图2-20　PNP型三极管阻容耦合单管电压放大器

器，采用直接耦合方式，当然直接耦合放大器也能放大交流信号。R_{B1} 叫上偏置电阻，R_{B2} 叫下偏置电阻，它们的作用是使基极分得一定的电压。上偏置电阻还为基极提供一定的电流（叫基极电流 I_B）。R_C 称为集电极电阻，其主要任务使集电极有一定的静态直流电位和取得放大了的信号电压，它的阻值大小影响放大器的直流工作点和交流电压放大倍数。VT 是一个 NPN 型三极管，它是放大电路的核心，信号的放大作用主要靠晶体三极管 VT 的电流放大作用。它的性能影响放大电路的各种参数。半导体三极管的三个极的电流关系是

$$I_C = \beta I_B \tag{2-21}$$
$$I_E = (1 + \beta) I_B \tag{2-22}$$

式中：I_B 是基极电流；I_C 是集电极电流；I_E 是发射极电流；β 是电流放大系数。

　　晶体三极管是电流控制器件，小的 I_B 变化可产生大的 I_C 变化。图 2-20 的三极管用的是 PNP 型三极管，是负电源供电，其余和图 2-19 的原理一样，这里不再多谈。

　　放大器能把小电压信号放大成大电压信号，小电流信号放大成大电流信号，小功率信号放大成大功率信号，那么信号的能量为什么能被放大，能量从何而来，能量是由直流供电电源提供的，信号能量的增大是靠消耗电源的能量来获得的，所以只有给放大器提供必要的直流电源，才能把信号放大。这就是能量的转变，被消耗的直流电源的能量一部分变成信号能量被输出，不少能量被变成了热能，所以会发热，尤其是三极管。三极管稍微有些热，手摸上去有温和感是正常的，如烫手则可能不正常了，要检查线路了。

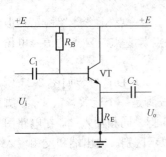

图 2-21　发射极跟随器电路

　　图 2-21 是 NPN 型三极管接成发射极跟随器电路，也就是说信号的输出不像前面介绍的电路从集电极输出，而是从发射极输出，这种电路结构形式被称为共集电极电路，因为集电极是输入、输出的共用部分。这种电路有很深的负反馈——电压串联负反馈，其特点是输入阻抗高，输出阻抗低，电压放大倍数小于 1，很接近于 1，但是电流放大倍数大于 1。这种电路表面看上去电压放大倍数小于 1，似乎对电路贡献不大，其实它作为阻抗变换级、缓冲级还是很有用处的。所以在大多数整机中都能看到这种电路。图 2-22 是多级阻容耦合电压放大器，因为单级放大器的电压放大倍数往往达不到把小信号放大到足够大的数值，所以有必要用几级单级放大器级连起来构成有足够电压放大倍数的一个电压放大器，图 2-22 是两级单级放大器级连起来的复合放大器。有的放大器由更多级单级放大器级连起来以满足要求。在多级放大器中往往要加多种负反馈来改善放大器的性能，关于负反馈问题，我们将在第七章的功率放大器部分中介绍。半导体分离元件的放大器电路是多种多样的，除了上面介绍的四种电路外，还有很多种，如差分放大器、直流放大器、场效应管放大器。但其基本原理都有相似之处，即输入的小电压信号 U_I 为基极提供一个小的电流信号 I_B，从而产生一个放大了 β 倍的电流信号 I_C，这个被放大了若干倍的电流信号 I_C 在集电极电阻 R_C（严格地说是包含了负载阻抗的等效交流集电极负载电阻 R_C'）上产生一个较大的输出信号电压 U_o，这个 U_o 比输

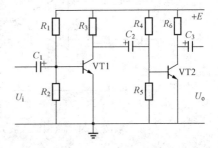

图 2-22　多级阻容耦合电压放大器

入信号 U_I 大了多少倍，也就是信号电压被放大多少倍。这就是放大电路的电压放大倍数 A_V，$A_V = U_o / U_I$。音频设备中的电压放大器的电压放大倍数 A_V 大约是几倍到几千倍，有的调音台传声器输入到主输出的电压放大倍数甚至超过一万倍。具体设备的电压放大倍数视不同设备的功能

不同而不同。

二、集成运算放大器

图 2-23 是反相输入电压放大电路,其核心器件是集成运算放大器 IC(A1)。IC 是集成电路的意思,集成运算放大器 IC 是把一个相当复杂的多级直流放大器(是一种一级与一级之间没有隔直流电容器的能放大直流信号的放大器,称为运算放大器)运用半导体制造技术做在一个小封装的外壳里的器件,是集成电路家族中的一类。集成电路运算放大器的电压放大倍数(开环放大倍数)通常都很大,能达到 10000 倍的数量级。集成运算放大器的特点是:

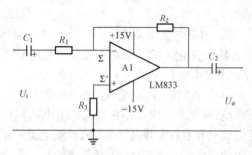

(1) 开环电压增益 $A_{V0} \to \infty$。

(2) 开环输入电阻 $R_i \to \infty$。

(3) 输出电阻 $R_o \to 0$。

图 2-23 反相输入放大器中,集成运放 IC(A1)由正、负电源供电,$+E$ 和 $-E$ 极性相反,电压值相等。电压放大倍数为

$$A_V = \frac{U_o}{U_i} = \frac{R_2}{R_1} \tag{2-23}$$

图 2-23 反相输入电压放大电路

图 2-24 同相输入放大器中,电压放大倍数为

$$A_V = \frac{U_o}{U_i} = 1 + \frac{R_2}{R_1} \tag{2-24}$$

在图 2-23 反相输入放大器中,Σ 点是"虚地点",从信号的角度看这一点相当于"地点",但不是真正的"地"。在图 2-24 同相输入放大器中,Σ 点就不是"虚地点",Σ 点与 Σ' 点的信号电压几乎相等。

目前集成运放 IC 品种型号很多,LM833 在音频设备中常见,大多为 DIP 封装如图 2-25 所示,这是一块双运算放大器,8 脚接正电源,4 脚接负电源,1、2、3 脚是一个运放,7、6、5 脚是另一个运放。其中 1、7 脚为输出端,2、6 脚为反相输入端,3、5 脚是同相输入端,在电路图中,在反相输入端处标有"一"号,同相输入端处标有"十"号,以示区别。输出端和反相输入端之间接有负反馈电阻 R_2。所谓反相输入端是指从此输入端输入信号时,其输出信号与输入信号反相。同相输入端是指从此输入端输入信号时,其输出信号与输入信号同相。

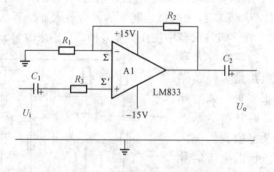

图 2-24 同相输入放大电路

图 2-25 LM833 封装图

LM833 双运算放大器的技术参数为:开环电压增益为 110dB,输入失调电压为 0.3mV,输入失调电流为 10nA,共模抑制比为 100dB,增益带宽为 15MHz,电压上升率为 7.0V/s,失真为 0.002%。

三、音调电路

音调电路又称音质控制电路,也称频率均衡电路。其任务是根据节目的需要,对高频、中

频、低频进行适当的提升或衰减，以使声音听起来更好听。实际上这也是频率均衡，不过不像后面章节中介绍的房间均衡器那样有许多频率点可以调节。一般调音台的输入通道中都有音调电路，有人也称其为通道频率均衡或通道频率补偿。一般调音台输入通道中频率均衡有三、四个或者更多调节钮。有低频、中频和高频提升或衰减钮，或再加一个中频频率调节钮，还有的调音台输入通道的中频有两段均衡，一段是低中频均衡，一段是高中频均衡，每一段都有一个提衰钮和一个频率调节钮。这个频率就是中频峰点所在频率，而低频频率点（例如100Hz）是指在该频率以下的频率成分最大提升或最大衰减接近达到±15dB值；高频均衡频率点（例如10kHz）是指在该频率以上的频率成分最大提升或最大衰减接近达到±15dB值。三段均衡曲线如图2-26所示，其中标有LOW的倾斜型（也称搁架型）曲线是低频提升或衰减曲线，上半部是提升曲线，下半部是衰减曲线，频率越低提升或衰减也越多；标有HIGH的倾斜型（也称搁架型）曲线是高频提升或衰减曲线，上半部是提升曲线，下半部是衰减曲线，频

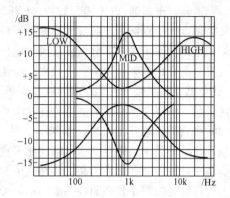

图 2-26　频率补偿曲线图

率越高提升或衰减也越多；标有MID的峰型（也称谐振型或钟型）曲线是中频提升或衰减曲线，上半部是提升曲线，下半部是衰减曲线，在调谐频率点提升或衰减最多（最大±15dB）。调音台输入通道频率均衡电路图示例如图2-27所示，该电路是某型号调音台输入通道频率均衡电路，包含了低音、中音、高音音调调节（频率均衡）电路，由两级运算放大器和频率选择电路构成。中频谐振频率可调，提升和衰减通过调节放大器反馈系数来达到。其中三段均衡中的高频提衰（均衡）实质上是一个高通滤波器加上比例运算放大器构成的，高通滤波器加在负反馈回路里，通过调节负反馈深度来改变提衰大小；低频提衰（均衡）实质上是一个高通滤波器并联在负反馈深度调节电位器两端，结合比例运算放大器构成的；而中频均衡部分是一个中心频率可变的带通滤波器加上比例运算放大器构成的，所以有一个调节带通滤波器中心频率的电位器（面板上表现为频率选择旋钮），还有一个反馈深度调节的电位器［面板上也表现为提衰（均衡）旋钮］。图2-27中的LOW、HIGH、MID三个电位器分别是低频均衡、高频均衡、中频均衡的提衰电位器（面板上表现为±15dB旋钮），而电路图中的MID FREQ双联电位器是调节中频带通滤波器中心频率的（面板上表现为频率选择旋钮）。

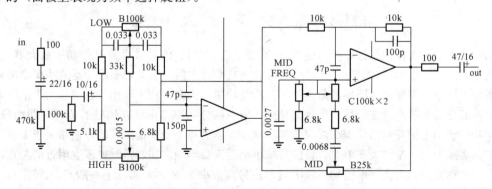

图 2-27　调音台输入通道频率均衡电路图示例

音响设备中常见的各式频率均衡器也属于滤波器范围，包含有高通、低通、带通滤波器和带

阻滤波器。其中调音台输入通道部分通常包含高通、低通滤波器和带通滤波器，主要是指输入通道信号高通滤波器（也有人称其为低切滤波器）、EQ 部分控制低频提衰（均衡）的滤波器、控制高频提衰（均衡）的滤波器和一个或两个中频均衡用的滤波器。

通常对于高通（HPF）、低通（LPF）、带通滤波器（band-pass filter）而言，其截止频率定义为幅度比平直部分（或最大幅度）下降 3dB（−3dB）处的频率。这是一个特征频率，在这个频率上的功率是平直部分（或最大幅度）频率上功率的一半，称为半功率点。对于高通滤波器来说有一个截止频率，这个截止频率位于通带的低端，在这个截止频率点的信号幅度比平直部分低 3dB，截止频率以下的幅度就随频率降低而进一步减小。对于低通滤波器来说有一个截止频率，这个截止频率位于通带的高端，在这个截止频率点的信号幅度比平直部分低 3dB，截止频率以上的幅度就随频率升高而进一步减小。对于带通滤波器而言，有两个截止频率，一个在通带的低端，在这个截止频率点的信号幅度比平直部分低 3dB，此截止频率以下的幅度就随频率降低进一步减小；另一个在通带的高端，在这个截止频率点的信号幅度比平直部分低 3dB，此截止频率以上的幅度就随频率升高而进一步减小。带阻滤波器也有两个截止频率，和带通滤波器相反，被衰减的是两个截止频率之间的信号，两个截止频率之外的信号可以通过，通常作为陷波滤波器，例如用来抑制啸叫的反馈抑制器中就用带阻滤波器来减少啸叫频段的增益。全通滤波器（APF -All Pass Filter），延迟最大平坦的滤波器也叫贝塞尔（Bessel）滤波器，也叫汤姆逊（Thomson）滤波器。全通滤波器又称线性相移滤波器、相位均衡器。全通滤波器的相位响应（相频特性）基本呈现线性状态，也就是相位跟随频率基本做线性变化，所以也称相位均衡器，具有一定的"群延迟"，通常可以作为延迟器用。全通滤波器具有平坦的幅频响应，也就是说全通滤波器并不衰减任何频率的信号。

滤波器的带外衰减率，理论上对于一阶滤波器而言，是每倍频程衰减 6dB，表示为 6dB/倍频程（6dB/OCT）。而二阶滤波器的带外衰减率是 12dB/倍频程，三阶滤波器的带外衰减率是 18dB/倍频程，四阶滤波器的带外衰减率是 24dB/倍频程，以此类推，每升高一阶，每倍频程多衰减 6dB。带外衰减和带内波动状况取决于滤波器传递函数的幅度近似方式。大致包括布特华兹（Butter Worth）型滤波器，这是一种被称为通带内最平幅度滤波器、切比雪夫（Chebyshev）型滤波器，这是一种通带等波纹滤波器。椭圆函数滤波器考尔—切比雪夫（Cauer-Chebyshev）型滤波器，这是一种通阻带等波纹滤波器。贝塞尔（Bessel）型滤波器，这是一种相位响应近乎呈线性的滤波器。林克威治-瑞利（Linkwitz-Riley）型滤波器等。

🔊 第六节 功 率 放 大 电 路

功率放大器按工作状态分甲类（也称 A 类功率放大器）、乙类（也称 B 类功率放大器）、甲乙类功率放大器（也称 AB 类功率放大器）和 D 类功率放大器。甲类功率放大器的功率输出管在信号的整个周期内都导通，即导通角为 360°。乙类功率放大器的功率输出管在信号的半个周期内导通，一部分功率输出管在信号正半周期导通，另一部分功率输出管在信号的负半周期内导通，即每个功率输出管的导通角为 180°。甲乙类功率放大器的每个功率输出管的导通角大于 180°、小于 360°，实际上大多是稍大于 180°，目的是减小信号正负半周之间转换时过零点附近的失真，这种失真通常称为交越失真。甲类功率放大器理论最高效率为 50%，实际上一般在 30%左右；乙类功率放大器理论上最高效率为 78.5%，实际效率在 50%左右。功率放大器按线路结构分，可分为：①单管功率放大器，这种放大器都是甲类工作状态功率放大器；②推挽功率放大器，这类放大器一般工作于甲乙类工作状态。推挽功率放大器又可分为变压器输出、无输出变压器

（OTL电路），无输出电容（OCL电路）、无平衡变压器功率放大器（BTL电路），也称桥式平衡功率放大器。下面介绍几种功率放大器输出级的电路。

一、变压器输出推挽功率放大器

图2-28是变压器输出推挽功率放大器的末级电路。VT1、VT2是一对NPN型功率三极管，变压器T2是输出变压器，变压器T1是级间变压器，R_1与R_2构成偏置电路，为输出功率管VT1、VT2设置一定的静态电流，R_3、R_4是阻值为零点几欧的小阻值、大功率电阻，起负反馈作用。由于变压器T1的存在，使得加到输出功率管VT1、VT2基极的信号总是一正一负。在给B_1加正信号时，给

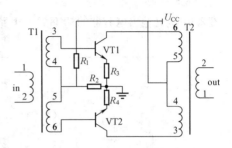

图2-28　变压器输出推挽功率放大器

B_2加负信号，反之在对B_1加负信号时，加到B_2的是正信号，所以每个瞬间总是只有一个（或者说一边，当每边由多个输出功率管并联时）输出功率管处于导通，而另一个（或者说一边，当每边由多个输出功率管并联时）输出功率管处于截止状态，这里指乙类工作状态，但是目前大多数功率放大器均采用甲乙类工作状态，也就是说在没有加信号时，输出功率管VT1、VT2都已经导通，有一定的静态电流。当信号加入时，一个输出功率管向导通更好的方向变化，而同时另一个输出功率管则向截止方向变化，所以在过零点附近两只输出功率管同时导通，但是在大趋势上看仍然可以近似地看成信号正半周时一只输出功率管导通，而在信号负半周另一只输出功率管导通，所以称为推挽电路。这种电路的优点是由于有输出变压器，可以调整变压比来调整输出电压和功率，所以输出功率管的供电电压可以选得低一些，从而对输出功率管的耐压要求可以低一些，这一点在大功率的功率放大器中尤为重要。当然在大功率的功率放大器中，事实上不是一对输出功率管，而是好几对输出功率管并联工作，以便输出更大的电流，也就是输出更大的功率。变压器输出推挽功率放大器也可以不用级间变压器，而采用阻容耦合输入，电路会复杂些。变压器输出推挽功率放大器的缺点是失真大一些、频响窄一些、效率低一些、变压器所占容积大一些。所以专业级功率放大器多采用无输出变压器的功率放大器，如OTC电路、OCL电路，尤其多采用OCL电路。

二、OTL电路

图2-29是无输出变压器功率放大器电路（OTL电路），这种电路属于互补型推挽功率放大

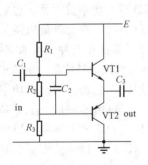

图2-29　OTL功率放大器电路

器，所谓互补型指的是输出功率管是由NPN型和PNP型配对。电路中VT1是NPN型功率管，VT2是PNP型功率管。$R_1 \sim R_3$是偏置电路，其中R_2阻值较小，R_1、R_3阻值较大，以保证R_2两端的电压为两个PN结的电压之和，一般大功率管的BE结的电压在0.55V左右，所以R_2两端的电压在1.1V左右，至于到底应为多大，实际调整时，是根据要求的输出功率管VT1、VT2的静态工作电流I_C来决定，静态工作电流I_C又是根据功率放大器输出功率的大小和对功率放大器指标要求而定，一般为几毫安到几十毫安之间，个别电路中也有取得更大一些的，静态电流大一些、交越失真小、高频性能也好一些，但是静态功耗大、输出功率管温升高。另外电容C_3很重要，C_3上有（1/2）E的电压，负半周时靠储存在C_3中的能量为输出功率管供电，所以C_3上应储存足够多的电能，一般C_3的容量都取得较大，一般为1000μF或更大一些，C_3除了在负半周当电源为输出功率管供电外，C_3的容抗在低频时也应足够低，以保证低频时的频响，所以C_3的电容量应足够大。例如，信号频率为20Hz时，

C_3 为 $1000\mu F$，则 C_3 的容抗是 8Ω，因此在 $20Hz$ 时低频响应会下降达 $3dB$，而 C_3 取得更大一些，例如 3300、$4700\mu F$，则低频响应会好得多。

三、OCL 电路

图 2-30 是无输出电容器的功率放大电路（OCL 电路），前面已经介绍了 OTL 功率放大器，其中虽省去了输出变压器，但必须要有一个电容器 C_3，而这个电容器的容量必须足够大，并且耐压也必须足够高，这样的电容器一般来说其体积较大，价格也较高，所以又有了改进电路——OCL 电路。OCL 电路采用正负电源供电，从而省去了输出电容 C_3。一般 OCL 电路都是直接耦合电路，是直流放大器的一种，为保证输出点"O 点"的直流电位为零电位，所以要有大环路的负反馈电路，并且对直流电压的反馈系数达 100%，以保证输出点的直流电位为零，所以这种电路在检修时不允许断开反馈回路来逐级检查，由于 OCL 电路功率放大器（包括电压放大器在内的完整放大电

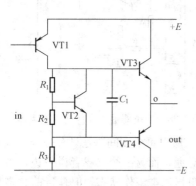

图 2-30　OCL 功率放大器电路

路）的开环增益很大，又是直接耦合电路，所以一旦断开负反馈电路，将使整个电路的工作点产生严重的偏离正常工作点现象，使输出点电位或接近正电源电压，或接近负电源电压。这一点要特别注意，否则不光不能检查出电路故障，而且可能使元器件受到伤害。OCL 电路的优点是省去了体积大、价格高的输出电容器，并且放大器的指标也得到很大改善，频率响应可以做得很宽。所以目前高保真功率放大器多采用 OCL 电路，缺点是要用正、负电源，从而使得输出功率晶体管的集电极和发射极之间承受的反向电压提高了一倍，因此也要求输出功率晶体管的耐压提高一倍，并且在一定程度上由于功率晶体管承受反向电压的提高，增加了输出功率晶体管的损坏概率。由于扬声器经不起直流大电流通过，所以输出点的零电位是至关重要的。为避免由于放大器电路故障，引起输出点直流电位严重偏离零电位而造成烧坏扬声器，所以大多数 OCL 功率放大器中，设有直流电位偏离保护电路。一旦直流电位严重偏离时，立即切断输出，使扬声器与功率放大器输出端之间断开，以保护扬声器系统。

四、数字功率放大器

数字功率放大器其实就是 D 类功率放大器，传统功率放大器都是模拟功率放大器，也就是说利用模拟电路对信号进行功率放大，放大处理的是连续信号，而 D 类功率放大器可以说是一种数字功率放大器，其功率输出管处于开关工作状态，即处于饱和导通与截止两种状态的交换，用一个固定频率的矩形脉冲来控制功率输出管的饱和导通或截止，音频模拟信号控制功率输出管导通时间的长短，在频率（周期）一定的情况下，功率输出管的导通时间越长，则输出功率越大，专业上称为脉冲宽度调制，用英文字母 PWM 表示，PWM（Pulse Width Modulation）是一种对模拟信号电平进行数字编码的方法，处理的是离散信号。一般 D 类功率放大器中的矩形脉冲频率（其作用相当于采样频率）在一百多千赫兹到几百千赫兹之间，每台 D 类功率放大器生产出来后其矩形脉冲的频率就固定为一具体频率了，也就是脉冲周期固定了。矩形脉冲在一个周期内的宽度（或者说占空比）受到音频模拟信号的控制而改变，从而改变了功率输出管在一个脉冲周期内的导通时间，脉冲越宽（占空比越大），功率输出管在一个（采样）脉冲周期内导通时间越长，则输出电压就越高，输出功率就越大。调制波形原理图如图 2-31 所示。数字功率放大器的特点是效率远比传统的模拟功率放大器高得多，可以达到 80% 甚至 90%，由于 D 类功率放大器比 AB 类功率放大器在功率输出管上白白损耗的功率小得多，产生的热量也少得多，所以 D

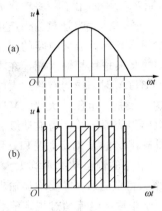

图 2-31 PWM 调制波形示意图

类功率放大器的散热器可以减小，质量可以减轻。数字功率放大器的电源部分往往采用开关电源，因此整机效率将进一步提高，所以可设计输出功率相当大的数字功率放大器。早期的 D 类功率放大器的失真比较大，经过开发人员的不断努力，目前的 D 类功率放大器的失真已经降到比较低的水平，可以满足专业音响的要求。但是由于 D 类功率放大器功率输出管的开关频率很高，功率又很大，所以难免会有信号泄漏，这样也就容易引起信息的泄漏，所以在一些需要保密的场合还是以不采用 D 类功率放大器为好。目前一些数字功率放大器产品已经同时具有模拟输入口和数字输入口，既适合模拟信号输入，也可以数字信号输入，所以应用更灵活。

五、集成电路功率放大器

目前集成电路功率放大器、厚膜电路功率放大器已被大量应用。这些功率放大器把包括前置级、电压放大级及功率输出级在内的整个功率放大器做在一个不大的封装中，体积小、使用方便。实际上这些功率放大器都采用 OCL 电路结构。这些电路在双电源工作时是真正的 OCL 电路，而在单电源工作时，输出端要外接输出电容器，对这个电容器的要求与 OTL 电路中的要求一样。

以上介绍的几种功率放大器的功率放大级，即功率输出级，不论是变压器输出、OTL 电路、OCL 电路、D 类功率放大器和集成功率放大器块，其功率输出级本身要消耗很大功率，所以输出功率管会发热，必须要有良好的散热条件，把功率输出管上产生的热量及时散发出去，以保证功率输出管的温度不升得太高。所以都用足够表面积的散热器，把功率输出管或整个集成块紧贴在散热器上。有的功率放大器还装有风扇，以帮助散热。这一点在检修时一定要注意，保证功率器件的散热。

六、功率放大器实用电路举例

图 2-32 是一张实用 2×100W 立体声功率放大器电路图，我们可以通过这张图了解功率放大

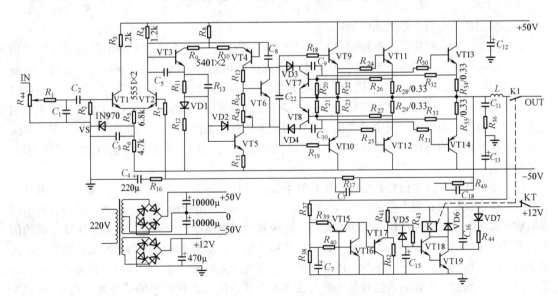

图 2-32 实用 2×100W 立体声功率放大器电路图

47

器电路的大致构成及简单原理，从而对使用功率放大器有所帮助。图 2-32 中画出了一路功率放大器和整机电源部分，另一路功率放大器的电路与这一路完全相同。外部输入信号通过输入连接器加到音量电位器 R_{44}，调节音量旋钮就是调节从输入信号中取多少百分比加到放大电路的同相输入端 VT1 的基极，VT1 和 VT2 组成差分输入放大电路级，VT2 的基极是反相输入端，在本路放大电路中作为负反馈引入端，当两路功率放大器接成桥接输出（BTL）时，作为右路放大电路的信号输入端。VT3 和 VT4 组成第二级差分输入放大电路级，这一级是主电压放大级，VT5 及周围电路组成恒流源作为 VT4 的集电极负载阻抗，VT6 和周围电路组成恒压源，为推动级和输出级提供直流工作点偏置电压。VT9 和 VT10 分别是正负半周输出级的推动级，VT11 和 VT13 是正半周输出级，VT12 和 VT14 是负半周输出级。由于这个电路的输出功率不算太大，所以输出级用两只功率管并联，并且只有 1 级推动级。如果输出功率大得多的话，需要增加输出级并联的管子数量，并且还需要增加 1 级预推动级。VT7 和 VT8 用于当输出电流超过规定值后起分流保护作用的。右下部的电路属于保护电路，包括开机延迟接通负载、输出端直流电位偏移保护、散热器（输出管）温度过高保护，KT 是装在散热器上的常闭温度继电器，当散热器的温度达到设定值时，常闭温度继电器 KT 的触点跳开，切断 12V 保护电路工作电源，继电器 K1 触点跳开，切断放大器输出与输出接线柱之间的通路，所有这几种保护都是通过继电器接点的通、断来实现的。R_{17} 和 R_{16} 构成了放大电路的交流负反馈，放大器的电压放大倍数为 $1+$（R_{17}/R_{16}），其电压增益一般在 31dB 左右，C_4 是反馈回路中的隔直流电容器，目的是使对直流达到百分之百的负反馈，以便使输出端的直流电位保持在 0 电位。实际上我们调节功率放大器的音量旋钮时，只是调节了从输入端提取多少比例电压信号加到放大电路，并不是直接调节放大电路的放大倍数。由于存在强的电压串联负反馈，再加上预推动级、推动级和输出级都采取发射极输出电路形式，所以功率放大器的输出阻抗是非常低的，也就是说功率放大器的内阻是非常小的，应该是远低于其额定负载阻抗。左下部是电源部分，为放大电路提供直流工作电源和为保护电路提供直流工作电源。

第七节 数字信号基础知识

一、模拟信号与数字信号的区别

（1）模拟信号。模拟信号是指时间和幅度取值是连续的（幅值可由无限个数值表示）的信号。模拟信号的范围非常宽，我们平时大量碰到的是模拟信号，例如听觉（声音）信号、视觉（图像）信号（包括景象、文字、图画、影视图像等）、自然界的温度/湿度/亮度、各种非电量转变成的电信号（电压信号、电流信号）等都属于模拟信号范围。其实，脉冲信号本来也属于模拟信号研究的范围，而模数转换中的模拟信号在时间上离散的抽样信号，它是对模拟信号每隔时间 T 抽样一次所得到的信号，虽然其波形在时间上是不连续的，但其幅度取值是连续的，所以仍是模拟信号。

（2）数字信号。数字信号是指模拟信号经采样、量化后得到的离散的值，其幅度的取值是离散的（幅度值只能用有限个值表示），例如在计算机中用二进制代码表示的字符、图形、音频与视频数据等。数字信号在传输过程中往往用一连串脉冲（电脉冲或光脉冲）来代表所要传送的信息，不同的脉冲组合代表不同的信息。数字信号在数学上表示为在某区间内离散变化的值，因此数字信号的波形是离散且不连续的。因为脉冲只存在有、无两种状态，所以可用其表示二进制数字，即 0 和 1 的组合来代表，信号是二进制数字的形式，抽样、量化后的信号还不是数字信号，需要把它转换成数字编码脉冲，这一过程称为编码。

模拟信号与数字信号电压波形如图 2-33 所示。

二、二进制概念

我们日常计数使用的是十进制数，由 0～9 这 10 个不同的数字组合而成，逢十进一，也就是 9 加 1 得 10。我们有时也用其他进位制，例如计算时间的秒与分之间是 60 进制，分与小时之间是 60 进制，小时

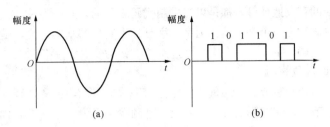

图 2-33　模拟信号与数字信号电压波形
(a) 模拟信号；(b) 数字信号

与日（天）之间是 24 进制，日与月之间是 30 进制，月与年之间是 12 进制等。"进制"的"进"，就是周期所包含的"值"。比如"十进制"数字，就是一个变化周期里包含十个"值"的数字。同样道理，二进制数字就是变化周期里包含两个值的数字。而二进制数是使用两个不同的数字"0"和"1"的进位制，逢二进一，也就是 1 加 1 得 10，这里的二进制的"10"代表十进制的 2。二进制码受噪声的影响小，易于由数字电路进行处理，所以得到了广泛的应用。

二进制编码是最简单的编码方式。具体说来，就是用 n 位二进制码来表示已经量化了的样值，每个二进制数对应一个量化值，然后把它们排列，得到由二值脉冲组成的数字信息流，可以按所收到的信息重新组成原来的样值，再经过数模变换电路恢复成原信号。用这样方式组成的脉冲串频率等于取样频率与量化比特数的积，称为所传输数字信号的数码率。显然，取样频率越高，量化比特数越大，数码率就越高，所需要的传输带宽就越宽。

二进制数中，虽然只有 0、1 两个不同的数码，但通过这两个数码同样可以组成许许多多的数。无论是多大的数，它都可以通过 0、1 组成的序列来表示。二进制数按照"逢二进一"的原则计数，二进制可以由若干位组成一个值，所谓二进制编码就是用表示低电平的 0 和表示高电平的 1，用一连串 0、1 来表示一个十进制数值，或是表示一个字母、符号等，这一过程称为二进制编码。所谓量化比特数是指需要几位二进制数来区分所有量化级。例如，有 8 个量化级，那么可用三位二进制数来区分，因此，称 8 个量化级的量化为 3 比特量化（$2^3 = 8$）。16 比特量化就是由 16 位二进制组成，其量化级为 $2^{16} = 65536$ 级。

二进制数可以进行加、减、乘、除运算。二进制数和十进制数之间可以进行相互转换。从二进制最低位开始的每位中的二进制"0"就代表这位数的值，无论是二进制还是十进制的值都是"0"，而每位数中的二进制"1"，在十进制数中代表的量可以用每位二进制数的加权值来表达，从最低位到最高位（例如第十六位）的加权值分别是 2^0、2^1、2^2、2^3、2^4、2^5、2^6、2^7、2^8、2^9、2^{10}、2^{11}、2^{12}、2^{13}、2^{14}、2^{15}。例如 8 位二进制数 11010101，其中代表的是 $1 \times 2^0 = 1$，$0 \times 2^1 = 0$，$1 \times 2^2 = 4$，$0 \times 2^3 = 0$，$1 \times 2^4 = 16$，$0 \times 2^5 = 0$，$1 \times 2^6 = 64$，$1 \times 2^7 = 128$，也就是二进制数的 11010101 用十进制数表示的总数为 $1 + 0 + 4 + 0 + 16 + 0 + 64 + 128 = 213$。由于二进制数运算规律简单，它的"1"和"0"两个码很容易通过电路来实现，所以在数字系统电路中通常采用二进制编码。

三、相关的基本名词术语

（1）比特。二进制的基本单位是比特，比特是英语 bit 一词的音译，bit 一词是由 binary（二进制的）和 digit（数字）两个词压缩而成的，所以 bit 即"二进制数字"，亦即 0 和 1。例如，如某一个二进制码是 100101，该码共有 6 数位，所以称为 6bit（比特）。

（2）字。用二进制数表示某一个数值或字符时，该二进制数称为字，英文是 word。在数字系统电路中，所有的信息，包括数据、字母、符号、代表机器操作指令的数据以及指令在存储器

中的存放地址等,都是以二进制代码表示的,并作为一个整体来处理或运算,这样的一组二进制数码称为一个字,简称为字。字是二进制数的基本单位,是数据总线宽度。

(3) 字长。一个字的二进制位数称为字长。字长最短有 1 位的,常用的字长有 4、8、16 位和 32 位等。

(4) 字节。信息量的单位常用字节来表示,英文是 Byte。在字长较长时,把一个字分成若干字节。现在国际上统一把 8 位二进制数定义为一个字节,而 4 位则称为半字节。习惯上,把 2^{10} =1024 个字节称为 1k 字节。

(5) 字内位的名称。字内各个位的名称是有规定的,具体规定:最上位(最高一位)的比特叫做 MSB(most significant bit),次高位叫做 2SB(second significant bit),由此向下位移动,依次叫做 3SB(third significant bit)…,最后一位的比特叫做 LSB(least significant bit)。

(6) BCD 码。BCD 码采用 4bit,由 4 位二进制数码可组成 16 种状态,而十进制数中的 0、1、2、3、4、5、6、7、8、9 只有 10 个,所以可以从 16 种状态中任意选 10 种状态来代表十进制中的 0、1、2~9 这 10 个数,这样的二一十进制表示有多种,比较常用的是 8421BCD 码,4 位二进制数的权值分别是 8、4、2、1。8421BCD 码是逢十进位的,所以它又是二进制编码的十进制数。

(7) 比特(位)。通常用于数据在网络上传输的情况下,比如我们一般都说这条电话线 1s 可以传送 9600bit 的二进制流,而不是说 1200 字节。字节通常用在数据的存储系统中,比如说这个文件的大小是 2M,这里指的是字节而不是比特,又比如是 2G 的 U 盘、20G 硬盘,指的也是字节。

(8) 模数变换。它的作用是将模拟量变成数字量,实际上是将从连续变化的模拟信号按照一定时间间隔提取当时的瞬时值,并且将此瞬时值量化成一定位数的二进制数字量。

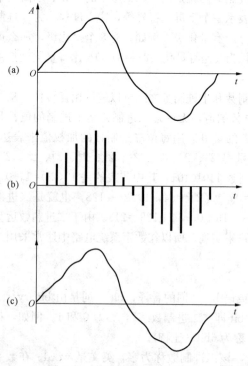

图 2-34 模拟信号采样示意图

(9) 量化比特(bit)。量化比特数是指模拟信号经过采样后的数值转变成多少位的二进制,这个二进制位数就是量化比特数(bit)。例如通常用的激光唱盘(CD)中音频信号的量化比特数是 16 比特(bit),是用 16 位二进制值组成的,它可以是从最小的 0000000000000000 到最大的 1111111111111111 之间的任何一个值,共有 65536 个等级。若量化位数增多,则包含的等级更多,说明量化后的精度更高。

(10) 采样频率。采样频率是指在模数变换过程中,每秒钟对模拟信号进行采样的次数,如每秒钟采样 4 万次,就称为采样频率 40kHz。

(11) 奈魁斯特(NYQUIST)采样定理。如果采样频率高于信号频谱中最高频率的两倍,就可以完全重现原波形。由于音频的范围是 20Hz~20kHz,所以激光唱机的标准规定对音频信号的采样频率为 44.1kHz。

模拟信号采样示意图如图 2-34 所示,其中图 2-34(a)表示一个音频模拟信号的波形图;图 2-34(b)表示使用一个满足要求的采样频率对图

2-34（a）中的音频模拟信号进行采样，采样后形成不同时间对应的不同幅度的矩形波系列，图 2-34（c）表示如果采样频率足够高，采样后矩形波系列所组成的离散信号，经过低通滤波器滤除采样后新增加的高频成分后，又能恢复成采样前音频模拟信号的原波形。

图 2-35 显示符合采样定律采样后的结果，其中图图 2-35（a）是原音频模拟信号的频谱，其频谱中最高频率成分的频率为 f_H。图 2-35（b）表示，如果采样频率等于或高于原音频模拟信号频谱中最高频率成分 f_H 的两倍，则采样后新增加的（由于采样而增加的）频率成分——根据调制原理，调制后除了被调制的原信号频率成分以外，还要增加调制频率 f_S 的成分，以及调制频率 f_S 与被调制的原信号各频率的"和"与"差"，图 2-35（b）中的由 f_S 与 f_S+f_H 之间构成的频带，以及由 f_S 与 f_S-f_H 之间构成的频带所覆盖的频谱就是采样后新增加的频率成分，当 f_S 大于等于 $2f_H$ 时，新增加的频率成分没有覆盖被调制的原信号频谱成分。图 2-35（c）表示采用低通滤波器将高于 f_H 的频率成分滤除，结果剩下的就是被调制的原音频模拟信号的频率成分，也就是说模拟信号经过采样、变成数字信号后，如果再经过数模转换将数字信号变回到模拟信号，经过低通滤波器滤波后的模拟信号就能恢复原音频模拟信号而不改变信号特性。

图 2-36 显示了采样频率不满足采样定律要求的结果示意图，其中图 2-35（a）是原音频模拟信号的频谱，其频谱中最高频率成分的频率为 f_H。图 2-35（b）表示，由于采样频率低于信号频谱中最高频率 f_H 的两倍，采样后新增加的由 f_S 与 f_S-f_H 之间构成的频带与原信号有一部分频带是重叠的，这种现象称为折叠现象，那么经过低通滤波器滤波后的信号频谱必然与原信号频谱有差异，所以产生了失真。

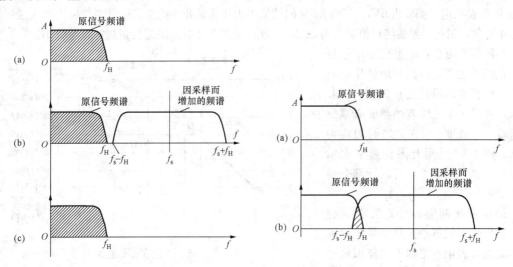

图 2-35 合适的采样频率采样结果示意图　　　图 2-36 采样频率过低的结果示意图

为了防止采样后产生折叠现象，我们通过在模数转换过程中，对输入的模拟信号在采样前先经过一个防折叠的低通滤波器来滤除高于二分之一采样频率部分的成分，以保证被采样的信号中的最高频率低于采样频率的一半。上面谈到音频信号的频率范围是 20 Hz～20kHz，所以采样频率应该大于 40kHz，考虑到防折叠低通滤波器在截止频率以外不是将信号全部变为零，所以 CD 的采样频率规定为 44.1kHz。

图 2-37 是低通滤波器的频率特性示意图，－3dB 点就是我们通常所说的滤波器截止频率点，从图 2-37 可看出，通带内外没有明显的分界点，所以规定比平直部分低 3dB 的频率定义为截止频率，截止频率以下称为通带，截止频率以上称为止带，从图 2-37 中还可看出，止带的衰减特

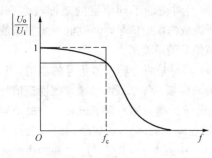

图 2-37 低通滤波器的频率特性示意图

性是一条斜的曲线，而不是一条垂直的直线，一般来说带外的衰减特性可以用每倍频程衰减多少 dB 来描述，例如 6dB/OCT（每倍频程 6dB）、12dB/OCT、18dB/OCT、24dB/OCT 等。通常一阶滤波器的带外衰减率是 6dB/OCT，二阶滤波器的带外衰减率是 12dB/OCT，每增加一阶就增加带外衰减 6dB。所以滤波器的阶数越高，则带外衰减就越大，但是阶数越高同时在截止频率附近附加的相位移变化就越大，会带来相位失真。

四、模数转换的相关知识

（一）模数转换

模数转换就是将模拟信号变为数字信号，模拟信号变为数字信号有三个基本过程：第一个过程是"取样"，就是以相等的间隔时间来抽取模拟信号的样值，使时间上连续的信号变成时间上离散的信号。第二个过程叫"量化"，就是把抽取的样值变换为最接近的数字值，表示抽取样值的大小。第三个过程是"编码"，就是把量化的数值用一组二进制的数码来表示。

量化的两种方式为：①取整时只舍不入，例如 0～1V 的所有输入电压都输出 0V，1～2V 间所有输入电压都输出 1V 等。采用这种量化方式，输入电压总是大于输出电压，因此产生的量化误差总是正的，最大量化误差等于两个相邻量化级的间隔 Δ；②量化方式在取整时有舍有入，例如 0～0.5V 间的输入电压都输出 0V，0.5～1.5V 间的输出电压都输出 1V 等。采用这种量化方式量化误差有正有负，量化误差的绝对值最大为 $\Delta/2$。因此，采用有舍有入法进行量化，误差较小。

实际信号可以看成量化输出信号与量化误差之和，因此只用量化输出信号来代替原信号就会有失真。一般说来，可以把量化误差的幅度概率分布看成在 $-\Delta/2$～$+\Delta/2$ 之间的均匀分布。图 2-38 是用有限位数字表示的数值包含舍入误差，打斜线部分是量化噪声。

最小量化间隔越小，失真就越小，量化噪声就越小。最小量化间隔越小，用来表示一定幅度的模拟信号时所需要的量化级数就越多。

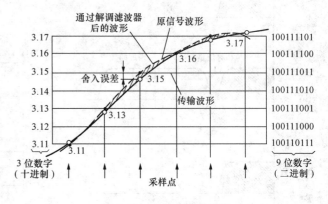

图 2-38 量化误差示意图

上述采用均匀间隔量化级进行量化的方法称为均匀量化或线性量化，这种量化方式会造成大信号时信噪比有余而小信号时信噪比不足的缺点。如果使小信号时量化级间间隔小些，而大信号时量化级间间隔大些，就可以使小信号时和大信号时的信噪比趋于一致。这种非均匀量化级的安排称为非均匀量化或非线性量化。

（二）数字信号的传输

数字信号的传输要求与模拟信号的要求不同，模拟信号的传输要求接收端无波形失真，而数字信号的传输是要求接收端无差错地恢复成原来的二进数码（可以允许接收波形失真，只要不影响正确识别二进制码即可）。

为了减少码间干扰，数字信号传输的基本理论——奈奎斯特第一准则规定带限信道的理想低

道截止频率为 f_H 时，最高的无码间干扰传输的极限速度为 $2f_H$。例如，信道带宽为 2000Hz 时，每秒最多可传送 4000 个二进制码元。一路数字电话速率为 64kbit/s，则无码间干扰的信道带宽为 32kHz。

数字系统中所有的信号及控制操作都是二进制数，这些二进制码在数字系统电路中的传输方式有两种：串行传输和并行传输。

1. 串行传输方式

二进制数码是由一连串 1、0 构成的数据，在串行传输方式中，这些二进制数中的各位 1、0 码按先后顺序逐个传输，传输数码所需要的导线数目只用一条就可以。

2. 并行传输方式

并行传输是指二进制数码的各位同时传输，这样就要求传输导线的数目与二进制数码的位数相同，例如传输一个 8 位二进制数码时要使用 8 条导线。并行传输方式中，各位数值用该位电平的"高"或"低"来表示。高电平为"1"，用"H"表示，低电平为"0"，用"L"表示。

3. 码的传输速率

模拟电路中，存在着信号工作频率的问题。数字系统中也一样，将单位时间内（每秒钟）传输数码的比特数叫做码的传输速率（transmission rate），也称为记录速率（recording rate）或传输码率，简称码率。

4. 带宽

模拟电路存在着频带宽度指标，数字电路中也同样存在这一问题，当码的传输速率高时，要求相应的频带宽，码率越高，要求的带宽越宽。

五、数字信号传输及处理设备间的同步问题

数字录音机同步的意义：模拟录音磁带上记录的是连续信号，如果由于磁带上有一段磁粉脱落或抖动造成信号丢失或失真，但是过了这一段后磁带上接着出现的还是连续信号，影响不是长期的。但是数字录音磁带上记录的是数字信号，同样由于磁带磁粉脱落或抖动造成丢失部分数字信息后，磁带上后续的数字就不能反映真实的数字信号了，因为磁带上是记录着一串 0、1 数据，一个完整的数据是由多位 0、1 组成的，例如 16 比特量化就由 16 位二进制组成一个数据，如果丢失部分数据后就很难区分后面的哪些 16 位二进制是真正构成一个数据的，所以整个就乱套了。为了即使丢失一些数据后仍能分辨出哪些位数二进制是属于一组数据的，所以将数据分成一帧、一帧的数据，每帧数据的前面设置一位时钟位，也就是同步位，然后是一组二进制量化数据，接着就是纠错位（例如 2 位）、检错位（例如 1 位），这样组成一帧数据，那么即使丢掉了若干数据后，仍然能找出组成一帧数据的组合，达到即便由于磁带磁粉失效或抖动造成部分数据丢失后，只是丢失了部分节目内容，后续磁带正常部分的节目内容仍然能够重放出来。所以在数字磁带录音机的电路部分设置了同步信号发生器，用来产生保证部分电路正常工作所需的时钟信号。一般利用锁相环技术来达到时钟同步，当然具体电路要复杂得多，包括消除抖动影响的时间轴校正电路等。其实，如两台设备之间传送数字信号也是这个原理，也需要用"时钟字"（有人称其为字时钟）来使两台设备的传输达到"同步"，也就是将两台设备的时钟信号同步起来，为此规定其中一台为"主"，其余为"从"。

六、数字满度电平 Full scale digital level；0dB FS（dB Full Scale）

数字满度电平等于"满刻度"的数字音频参考电平，是用于带有 A/D 和 D/A 转换器的数字音频设备的一项指标。"满刻度"是指转换器可能达到"数字过载"（digital overload）之前的最大可编码模拟信号电平。数字音频设备的满度电平值，即最大可编码电平值，用与其相对应的 1kHz 正弦波信号电压电平表示。在广播电视音频系统中，数字设备的满度电平值 0dB FS 对应的

模拟信号电平为+24dBu（12.283V）或+22dBu（9.757V）。

第八节 信号的输入、输出形式及传输方式

一、信号的输入、输出方式

（一）信号的输出方式

（1）平衡输出。

如果一台设备的输出信号端两端都不直接接地，是按照信号热端（也称高端，同相端）和信号冷端（也称低端，反相端）两个端子输出的，这种输出方式称为平衡输出。平衡输出电路图如图2-39所示是所谓电子平衡输出方式，这种方式是将前面电路的不平衡输出同时加到两个运算放大器去，其中一个运算放大器（IC6A）接成比例运算放大器电路，其电压放大倍数为1；另一个运算放大器（IC6B）接成跟随器电路，其电压放大倍数是1，这样两个运算放大器的输出是相位相反的。对于整机电路来说，图2-39的平衡输出电路中，运算放大器IC6A的输出信号（1脚）是与输入到整机的输入信号同相位的，所以是同相输出端（热端、高端），接卡侬插座的2脚或大三芯插座的顶（T）；运算放大器IC6B的输出信号（7脚）是与输入到整机的输入信号反相位的，所以是反相输出端（冷端、低端），接卡侬插座的3脚或大三芯插座的环（R），卡侬插座的1脚或大三芯插座的套（S）接地。实际上相对"地"来说，每时每刻，同相输出端和反相输出端的输出信号总是大小相等、极性相反的，或者说是相位相反的，这种输出信号就属于差模信号。平衡输出也可以通过一只音频变压器来实现，如图2-40所示，音频变压器的输入绕组接前面设备的不平衡电路输出端（就是接一个信号端和一个地端），而音频变压器的输出绕组按照平衡输出的方式两个头都不接地，音频变压器输出绕组的一个头作为同相输出端（热端、高端）与卡侬插座的2脚或大三芯插座的顶（T）相连接，变压器输出绕组另外一个头作为反相输出端（冷端、低端）与卡侬插座的3脚或大三芯插座的环（R）相连接。

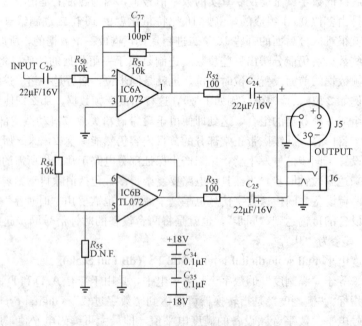

图2-39　平衡输出电路图举例

（2）不平衡输出。

不平衡输入、不平衡输出电路如图 2-41 所示，其输出部分（图的右半边）属于不平衡输出，电路的输出信号端是由一个信号输出端（U_o）和一个信号地端构成的，称为不平衡输出方式。另外，如果从图 2-39 的平衡输出电路中只是用卡侬插座的 2 脚（或大三芯插座的 T）和 1 脚（或大三芯插座的 S）之间输出信号也是不平衡输出，或者说从卡侬插座的 3 脚（或大三芯插座的 R）与 1 脚（或大三芯插座的 S）之间输出也属于不平衡输出，不过这两种不平衡输出的输出信号正好相位相反，其中卡侬插座的 2 脚（或大三芯插座的 T）输出的是同相信号，卡侬插座的 3 脚（或大三芯插座的 R）输出的是反相信号，一般具有平衡输出和不平衡输出两种输出方式的设备，其不平衡输出时均取同相输出的方式，也就是采用卡侬插座的 2 脚（或大三芯插座的 T）和 1 脚（或大三芯插座的 S）之间的输出信号。

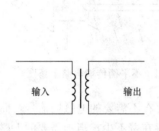

图 2-40　用于平衡输入、输出的
音频变压器示意图

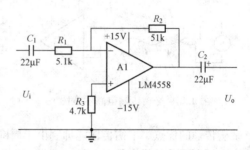

图 2-41　不平衡输入、不平衡输出电路

（二）信号的输入方式

（1）不平衡输入。

如图 2-42 所示中的输入部分（图的左半边）属于不平衡输入，电路的输入信号端是由一个信号输入端（U_i）和一个信号地端构成，称为不平衡输入方式。这种输入方式，信号实际只送到运算放大器的一个输入端，另外一个输入端被（通过电阻）接地了。

（2）平衡输入。

如图 2-42 所示，输入部分（图的左半边）属于平衡输入，电路的输入信号端是由一个同相输入端（热端、高端）和一个反相输入端（冷端、低端）构成，称为平衡输入方式。图 2-41 中同相端（也称高端、热端）信号经由大三芯插头的 T 通过插座、电阻加到差分放大器的同相输入端（＋端），反相端（也称低端、冷端）信号经由大三芯插头的 R 通过插座、电阻加到差分放大器的反相输入端（－端），大三芯插座的 S 与地相接。

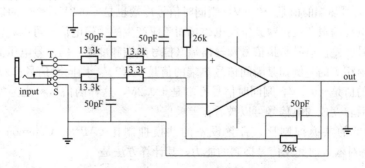

图 2-42　平衡输入转不平衡输出电路

二、信号的传输方式

(1) 平衡传输。

平衡传输是指前一级设备的输出端是平衡输出的，后一级设备的输入端也是平衡输入的，用一根平衡传输线（双芯屏蔽线）将这两台设备连接起来就构成平衡传输，如图 2-43 所示。如果前一级设备的输出端与后一级设备的输入端中有一个是不平衡的端口，则不能构成平衡传输。

(2) 不平衡传输。不平衡传输是指前一级设备的输出端是不平衡输出的，后一级设备的输入端也是不平衡输入的，或前一级设备的输出端与后一级设备的输入端中有一个端口是不平衡端口，则只能构成不平衡传输。如图 2-44 所示，不平衡传输时，前级设备与后级设备的连接只有一个信号端和一个地端，其中信号端应该是同相输出端，没有反相输出端。

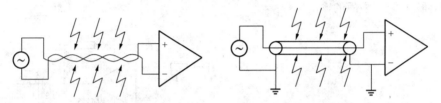

图 2-43　平衡传输电路示意图　　　　图 2-44　不平衡传输电路示意图

(3) 平衡传输的优点。平衡传输能抑制由于周围空间存在不需要的电磁场信号，而使传输导线产生感应电压所形成的噪声信号。扩声现场的空间总是存在着不少扩声不需要的电磁场，例如我们可以在现场接收到电视台、广播电台的节目信号，能接收到手机信号等都说明空间存在电磁场，另外电源线也会产生电磁场向空间辐射，尤其是动力电源线、灯光电源线等都能向空间辐射比较强的电磁场，高压传输线也产生很强的电磁场向空间辐射。音响系统设备的音频信号传输线处于这些存在不需要的电磁场空间，传输线就能产生感应电压，这些感应电压属于非扩声节目的噪声电压。音频信号传输线越长，则产生的感应噪声电压也越大。音响系统中的有些音频信号传输线可能比较长，例如传声器线从舞台走到音控室可能需要 30m 或更长，传声器接收声信号转换成的有用电信号是比较小的，可能只有零点几毫伏，而 30m 或更长传输线感应的噪声信号电压比较大，几乎可以与有用电信号的大小相比较，这时就会使信号噪声比变得很小，在重放声中听到有用的节目信号外还能明显听到噪声信号，这样就使扩声质量降低，甚至到不能容忍的程度。为了解决这个问题，可以采用平衡传输的方式来提高信噪比，具体地说就是减小重放声中的噪声信号大小。

(4) 共模信号。共模信号是指信号两个输出端（信号热端和冷端）的信号电压值，每时每刻都是极性相同、数值相等的。例如某瞬间信号热端的值是 +0.1V，则同时信号冷端也是正 0.1V，下一瞬间信号热端的值是 −0.2V，则同时信号冷端也是 −0.2V，这样的信号称之为共模信号。双芯屏蔽电缆两根芯线接收到空间电磁场而感应产生的噪声电信号可以看作是共模信号。

(5) 差模信号。差模信号是指信号两输出端（信号热端和冷端）的信号电压值，每时每刻都是极性相反、数值相等的。例如某瞬间信号热端的值是 +0.1V，则同时信号冷端是 −0.1V，下一瞬间信号热端的值是 −0.2V，则同时信号冷端是 +0.2V，这样的信号称之为差模信号。传声器接收到声信号后转变成的电信号可以被看作差模信号。

(6) 音频设备的共模抑制比。音频设备的共模抑制比 CMRR（Common Mode Rejection Ratio)是指该设备对输入的共模信号抑制的能力，其计算方法是

$$CMRR = 20\lg\frac{A_d}{A_c}$$

式中：A_d是该设备对差模信号的电压放大倍数；A_c是该设备对共模信号的电压放大倍数。共模抑制比 $CMRR$ 越大，则说明对共模信号的抑制能力越强。举例来说，声艺 LX7 型号调音台技术指标中标明共模抑制比典型值大于 60dB，说明对共模信号有 60dB 的抑制量，或者说共模信号能被抑制到原数值千分之一的大小。

　　事实上扩声现场空间的电磁场分布是不均匀的，假定使用双芯屏蔽线作为平衡传输的连接线，一般来说用于传输音频信号的双芯屏蔽线外径不很大（例如外径不大于 6mm），所以我们可以将整根双芯屏蔽线（例如 30m 长）看成是由非常多的小段双芯屏蔽线构成（也就是微分法），可以将这些非常多的小段双芯屏蔽线中的每一小段双芯屏蔽线内的两根小段信号传输线（例如一小段红色信号芯线、一小段白色信号芯线）看作处于相同的空间，也就是这两根小段信号芯线处于同一干扰电磁场内，那么这两根小段信号芯线所感应到的噪声信号电压必定是每瞬间大小相等、极性相同的，这种信号属于共模信号。虽然整根屏蔽线中的各个小段双芯屏蔽线处于不同的空间，也就是处于不同的电磁场中，每一小段双芯屏蔽线的感应噪声电压也不相同，但是各小段双芯屏蔽线累积起来构成整根 30m 长双芯屏蔽线，那么整个双芯屏蔽线中的两根信号芯线（红色芯线和白色芯线）所感应的噪声信号累积起来也是每一瞬间大小相等、极性相同的共模信号。

　　如果采用平衡传输，由于音响设备如果有平衡输入口，则其输入级的放大器应该是差分放大器（或称为差动放大器）。图 2-45 是差分放大器电路，这种放大器的特点是有两个输入端：同相输入端（图中标有"＋"号）和反相输入端（图中标有"－"号），而此放大器的输出信号大小等于同相输入端的电压 U_{in+} 减去反相输入端的电压 U_{in-}，再乘以这级差分放大器的电压放大倍数。例如同相输入端的电压为 U_{in+}，反相输入端的电压为 U_{in-}，放大倍数用 k 表示，则输出电压 $U_0 = (U_{in+} - U_{in-})k$，如图 2-45 所示。由于双芯屏蔽线两根芯线感应噪声电压是共模信号，每一瞬间加到差分放大器同相输入端和反相输入端的噪声电压总是大小相等、极性相同的，所以每一瞬间差分放大器的两个输入端电压就表现为 U_{in+} 和 U_{in-} 均相等，其差值为零，因此差分放大器的感应噪声电压（共模信号）输出理论上为零。而节

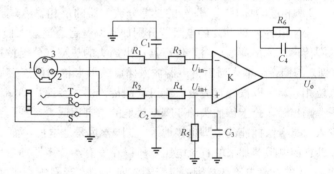

图 2-45　差分放大器电路

目信号属于差模信号，某一瞬间红芯线为正时、白芯线为负，下一瞬间白芯线为正时、红芯线为负，也就是加到差分放大器两个输入端的节目信号电压总是一端为正时，另一端为负，$(U_{in+} - U_{in-})$ 等于节目信号电压的数值，因此差分放大器的输出就是节目信号电压乘以电压放大倍数 k。理论上平衡传输时可以将由于传输导线感应的噪声电压抑制到零，事实上差分放大器的两半边电路元器件参数不可能完全对称，所以实际上差分放大器不可能将共模信号完全抑制掉。一般调音台、周边设备、功率放大器等音响设备都有一个技术指标——共模抑制比，一般音响设备的共模抑制比可以做到 50~60dB，即可将共模噪声信号减小到原先值的 1/316~1/1000，或者说可将由于传输导线感应的噪声电压引起的信噪比降低又反回来提高 50~60dB。

　　但是如果前一级设备的输出端是不平衡口，则其中一根信号线（例如白色芯线）被接地了，那么这根线接到后一级设备的输入端，就将差分放大器的一个输入端接地了，因此感应产生的噪声电压对差分放大器而言变成了非共模信号，使得 $(U_{in+} - U_{in-})$ 不为零，因此对感应的噪声电压和输入的节目信号一样进行放大，就谈不上对感应的噪声电压进行抑制了，所以不能提高信

噪比了，其实这种情况本身就不是平衡传输，而是不平衡传输了。另外，平衡传输只能抑制由于传输线接收外界电磁场引起的噪声电压，对于输入到设备的节目信号中本身存在的噪声信号没有抑制功能，要想减小这种噪声需要采取其他手段。

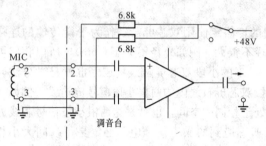

图 2-46　动圈传声器与调音台输入通道连接电路

（7）动圈传声器与调音台连接时平衡传输的重要性。图 2-46 是动圈传声器与调音台输入通道连接电路，由于动圈传声器的灵敏度很低，一般为 1～2mV/Pa，而一般讲话的声压级比较低，正常讲话在距离讲话人的口 30cm 处的声压级大约不到 70dB，通常在 68dB 左右，也就是只有 0.05Pa 声压，那么对于灵敏度为 1～2mV/Pa 的动圈传声器而言，传声器的输出电压在 0.05～0.1mV，说明有用信号幅度非常小。如果传声器到调音台的传输线比较长，例如 30m，则由于传输线接收周围空间电磁场而感应到的噪声电压几乎可以和有用信号相比拟，信噪比可能会很低，所以平衡传输就显得更为重要。另外电容传声器工作时需要加幻像电源，而动圈传声器工作时不用加幻像电源，当这两类传声器同时在一台调音台上工作，并且调音台只有一个幻像电源总开关，各输入通道没有单独的幻象电源开关时，所用动圈传声器必须是平衡输出的。从图 2-46 可以看出，点划线左边表示动圈传声器和传声器线部分，右边是表示调音台输入通道部分的第一级放大电路，与通道传声器输入口（母卡侬插座）2 脚相连的标有"＋"号的是差分放大器的同相输入端，与通道传声器输入口（母卡侬插座）3 脚相连的标有"－"号的是差分放大器的反相输入端，调音台内的（＋48V）幻像电源通过两个阻值各为 6.8kΩ 的电阻器分别加到调音台通道输入插口（母卡侬插座）的 2 脚和 3 脚。当动圈传声器是平衡输出时，传声器输出插头的热端（公卡侬插头的 2 脚）及冷端（公卡侬插头的 3 脚）与调音台输入通道传声器输入插口的母卡侬插座连接后，由于幻像电源在插座 2、3 脚的电位相等，所以没有直流电流流过动圈传声器的音圈，动圈传声器正常工作。当动圈传声器是不平衡输出时，公卡侬插头的 3 脚与接地的 1 脚相通，接到调音台输入通道后造成输入通道传声器输入口母卡侬插座的 3 脚也接地了，3 脚永远是地电位，而 2 脚有一个＋48V 幻像电源通过一只 6.8kΩ 的电阻器加来的直流电压，所以在没有给传声器加声信号时，动圈传声器音圈内有一个大约 7mA 的直流电流从 2 脚通过音圈流向 3 脚，音圈中有了直流电流流过，通过电磁作用，在磁场力作用下，将音圈（和振膜）推离正常位置而偏向磁隙的一边，使音圈静态时就不在磁隙中间位置（如果传声器极性正确，则直流电流使音圈将振膜向外推），那么可能使动圈传声器在有声波作用时产生严重失真。如果音圈导线的直径以 0.025mm 计算，截面积为接近 $5 \times 10^{-4} \mathrm{mm}^2 = 0.0005\mathrm{mm}^2$，按照流过 7mA 电流计算，电流密度相当于 14A/mm²，很可能将动圈传声器的音圈烧坏。

（8）不平衡传输的特点。不平衡传输时由于只有一个信号端和一个信号地端，而信号地端是直接接地的，所以即使还用双芯屏蔽线作为连接线，虽然理论上红色芯线和白色芯线感应到的是大小相等、极性相同的共模噪声信号，但是由于白色芯线被与地相连接了，所以最终白色芯线的电压总是为零，这样，两根芯线的噪声电压就不是大小相等、极性相同的共模信号了，而是红芯线有噪声信号电压，白色芯线噪声信号电压为零的差模信号了，所以由于连接导线受周围电磁场感应而产生的感应噪声电压不能被差分放大器抑制（因为 U_{in-} 电压总是为零），所以不能改善信噪比。在大信号传输时，如果没有平衡传输的条件，那么使用不平衡传输也是可以的。

声 学 基 础 知 识

第一节 声音的产生与声波的物理量

一、声音的产生

物体的机械振动经媒质由近向远传播，形成声波，声波作用于人耳所引起的主观感觉形成声音。

进行机械振动的物体称为声源。各种固体、液体、气体等有弹性的物质都可以作为传播声波的媒质，其传播速度的大小和强度取决于媒质弹性的大小，声波在固体中传播的速度比在空气中传播的速度要快。

音响工作涉及的声音通常是在空气中传播的，所以下面只讨论声波在空气媒质中传播的物理过程。我们生活的空间存在大量的空气，空气是由大量分子组成的，空气作为整体，具有质量和弹性，其行为像弹簧，具有可压缩性。我们用质点表示部分空气的集合，当物体发生振动时，将带动它周围的空气质点一起振动，由于空气可以被压缩，振动质点会连续不断地引起相邻质点的振动，在质点的相互作用下，振动物体周围的空气就轮流出现压缩和膨胀的过程，使空气形成疏密相间的分布，并逐步向外扩展，形成声波，如图 3-1 所示。

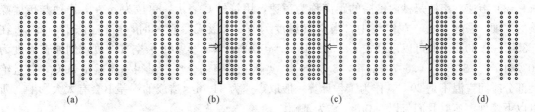

(a)　　　　　(b)　　　　　(c)　　　　　(d)

图 3-1　声波的形成

(a) 板两侧空气压力相等；(b) 板向右移

图 3-1 (a) 显示在静态时，板两面的空气是均匀分布的，我们认为板左边和板右边的空气压力是相等的，均为当地的大气压力，这里我们称其为静态压力。图 3-1 (b) 显示当外力将板向右移动时，紧挨着板右边的空气被压缩，紧挨着板左边的空气就膨胀，板右边被压缩的空气压力在静态压力的基础上增大，板左边膨胀的空气压力在静态压力的基础上减小。图 3-1 (c) 显示当外力将板向左移动时，紧挨着板左边的空气被压缩，紧挨着板右边的空气就膨胀，板左边被压缩的空气压力在静态压力的基础上增大，板右边膨胀的空气压力在静态压力的基础上减小。图 3-1 (d) 显示板先向左移动，然后向右移动的情况，我们不研究板左边空气的情况，只研究板右边空气的情况，则紧挨着板右边的空气再次被压缩，而原先由于板向左移动而形成的紧挨着板右边的那部分膨胀了的空气状态已向右移动了，所以出现紧挨着板右边的空气是被挤压的空气，稍右一些位置的空气是膨胀了的空气状态，我们这里强调空气状态是因为：实际上只是膨胀了的空气状态向右移动，而空气分子并没有随着移动，空气分子基本上还处于原来的位置附近，空气分子只是做了左右摆动，这种情况可以用下述例子来比喻，麦田中的麦穗被风吹过出现了麦浪，我们可

以看到麦浪向前移动，但是麦穗并没有随麦浪而移动，麦穗只是摆动，但是空气状态的移动形成了声波能量的传递。这种压缩—膨胀的空气状态（又可以称之为疏密波状态）从振动着的物体（声源）周围，由近及远的传递，也就是声波传递的过程，声波传到人的耳朵，人就产生声音的感觉。由于传声媒介是弹性物质，所以声波称弹性波，在声波传播过程中，空气质点的振动方向和声波传播方向是相同的，所以声波是纵波。

声波是由振动物体向周围媒质辐射并在媒质中传播的一种物质。波分为纵波、横波和表面波三种。纵波是媒质质点总振动方向与波传播方向一致的波，也就是媒质的稀疏和稠密的交替传播过程，声波就是以这种方式传播的。横波是媒质质点的振动方向与波传播方向垂直的波。表面波中媒质质点做椭圆运动，表面波是在两种媒质的界面处发生的。声波存在的空间称为声场，和别的物质一样，声场也可用物理量衡量，如频率、声速、波长、声压、声功率、声压级等。实际上我们平时听到的声音波形是相当复杂的，所谓复杂是指声波的幅度随时间的变化规律不是已熟知的正弦波，而是由非常多不同频率的正弦波组合成的复杂波形。可以这样说，我们平时听到的声音几乎都不是单一频率的正弦波，但是为了研究方便，我们在这里还是先研究正弦波声波的情况。

二、声波的频率、声速和波长

（1）频率。声波频率即每秒钟内的声波振动次数，用符号 f 表示，单位为赫兹（Hz）。人耳的频率可听阈为 20Hz～20kHz，这是一个统计值，由于不同年龄、不同经历的人听音的频率、敏感度会有差异，所以具体到单个人就不一定是这个数值。

（2）周期。声波振动一次所需时间，或者说对正弦波声波来说，一个完整正弦声波所经历的时间长短称为周期，用符号 T 来表示，单位为秒（s）。

周期和频率的关系是互为倒数，也即 $f=1/T$、$T=1/f$。假如声波每秒钟完成 1000 次正弦波的重复变化，此声波的频率就是 1000Hz，而此声波的周期为 0.001s，或者说是 1ms（毫秒）。

（3）声速。声波每秒内传播的距离称为声速，用符号 C 表示，单位为 m/s。声速与传播媒质的温度、密度有关。在空气中，当空气温度为 0℃（摄氏零度）时，声速为 331.4m/s，在 $-30℃～+30℃$ 之间可以用公式 $C=331.4+0.607\theta$ 来计算，式中 θ 为空气温度，例如在温度为 20℃ 时，$C=331.4+0.607\times20=343.54m/s$。实际上扩声场合也不见得室温就是 20℃，并且绝大部分时间室温不是 20℃，作为工程计算一般取声速为 340m/s 造成的误差不会有太大影响，所以以下谈到声速时我们将以 340m/s 作为基础。

（4）波长。声波振动一周所传播的距离称为波长，用 λ 表示，单位为 m（米）。

（5）声波的波长、声速和频率的关系。对于正弦波，波长等于声速除以频率，即

$$\lambda = C/f \tag{3-1}$$

从式中看出，在声速一定时，频率越高，波长越短。对于频率为 20Hz 的低频声波，$\lambda=340/20=17$（m），说明低频声波的波长很长；对于频率为 20kHz 的高频声波，$\lambda=340/20000=1.7$（cm），说明高频声波的波长很短。

三、声压、声压级、声功率

（1）声压。上面谈到物体振动带动周围媒质空气产生压缩和膨胀，所谓膨胀和压缩是相对于没有声波存在时的空气而言的，实际上，没有声波存在时空气本身存在静压力，就是大气压力。假定当地环境的大气压力接近标准大气压，一个标准大气压为 101.3kPa，压力的计量单位是帕斯卡，符号为 Pa。由于声波的存在，使空气中的压力发生变化，局部被压缩了的空气压力在原先静压力的基础上增大了，局部膨胀了的空气压力在原先静压力的基础上减小了。所谓声压就是由于声波的存在引起空气的压力在原先静压力的基础上增大或减小的量的有效值，这个变化的量和静压力比起来是非常小的，大部分说话声波的压力大概在大气压力的百万分之一数量级上下，

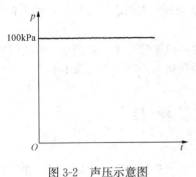

图 3-2　声压示意图

声压示意图见图 3-2，水平线表示为大气压力，而水平线上的波动表示为声波压力变化。声压的单位也是 Pa。根据统计，人耳能听到的 1kHz 声音的最小声压为 0.00002Pa（或写成 $2×10^{-5}$Pa），我们将此声压称为参考声压或基准声压（P_0）。当声压达到 20 Pa 时我们已经觉得声音太大了，长期听这样大的声音让人受不了，当然比 20 Pa 更大的声音我们还能听到，但是更难受，如果声压继续增大的话，可能对人耳产生永久性损伤。

（2）声压级。上面讲到人耳能听到的最小声压和能忍受的最大声压相差很大，达到一百万倍以上。为了讨论方便，实际上，人耳对声音响度的感觉也跟声压的对数关系更接近，人们又设置了声压级（SPL 或 L_P）这个参量，单位 dB（分贝）。

$$L_P = 20\lg\frac{P}{P_0} = 20\lg\frac{P}{P_0} \tag{3-2}$$

式中：P 为被指定的声压；P_0 为参考声压。

当 $P=P_0$ 时，$L_P=20\lg\dfrac{0.00002}{0.00002}=20×0=0$（dB）说明当指定的声压等于参考声压 0.00002 Pa 时，其声压级为 0（dB），也就是说人耳刚刚能听到的 1kHz 声音的声压级为 0 dB。那么当声压为 1Pa 时用声压级表示为多少 dB 呢

$$L_P = 20\lg\frac{1}{2×10^{-5}} = 20\lg\frac{10^5}{2} = 20(\lg 10^5 - \lg 2) = 20×(5-0.3) = 94 \text{（dB）}$$

1Pa 是个常用的声压量值，现在我们知道当声压为 1Pa 时，用声压级表示是 94 dB。

为了大家对不同声压级时的听感有个初步概念，举几种例子说明。普通说话声大概 60dB，繁华街道上的噪声大概 70dB，公共汽车内的噪声大概 80dB，喷气飞机起飞的噪声大概 140dB，喷气飞机喷气口附近的噪声大概 150 dB。

（3）声功率。单位时间内垂直通过指定面积的声能量，单位为 W。声源的辐射声功率常指在单位时间内声源向空间辐射的总声能量。

（4）声功率级

$$L_w = 10\lg\frac{W}{W_0} \tag{3-3}$$

式中：W 为被指定的声功率；W_0 为参考声功率，以 10^{-12}W 作为参考声功率。

（5）声能量的相加。两个声能量相加，例如两个分别为 10mW 的声能量相加等于 20mW，这个容易理解，按照上面式（3-3）计算，声功率为 10mW 时的声功率级 L_w 为 100dB，声功率为 20mW 时的声功率级 L_w 为 103dB，所以我们知道两个相等的声能量相加，总功率级增加 3dB。那么两个相等声压级的声音能量相加后的总声压级为多少呢？总声压级也是增加 3dB。例如，两个都为 80dB 声压级的声音能量相加后的总声压级为 83dB。对于两个不同声压级的声音能量相加后的总声压级可以用下式计算

$$L_{P\Sigma} = L_1 + 10\lg(1+10^{-0.1\Delta}) \tag{3-4}$$

式中：L_1 为两个声压级中较大的那个声压级值；Δ 为两个声压级的差值。

一个快速的方法是从右面的图 3-3 中根据两个声

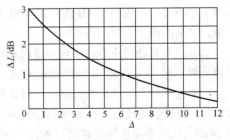

图 3-3　增加量 $\Delta L_P = 10\lg(1+10^{-0.1\Delta})$

压级之间的差值△查出声压级增加量 ΔL_P，将查得的增加量 ΔL_p 和较大的声压级相加就得到总声压级。

例如一个 80 dB 声压级的声音能量和一个 86dB 声压级的声音能量相加，从图 3-3 中查得在声压级差为 6dB 时，增加量 ΔL_p 为 1.1dB，那么相加后的总声压级为 86+1.1＝87.1（dB）。

第二节 人耳的听觉特性

一、等响曲线

物体振动产生声波，声波通过媒质空气以疏密波的形式传播，当传到人耳的耳膜时，在耳膜内外产生压力差，使耳膜振动，最终使人听到声音。由于人耳的独特构造，使人耳的听觉很灵敏，人主要依靠听觉器官感觉到声波的存在。声波是客观存在的一种物质，描述这种物质的物理参量如声压、声压级、频率等称为客观量，人的主观听觉感受和客观量之间的关系称为听觉特征。

主观感觉一般用响度、音调和音色来表示。在这里我们首先了解人耳对响度的主观感觉——等响曲线。典型听音者（12～25 岁年轻人）听到的纯音等响度曲线，如图 3-4 所示。

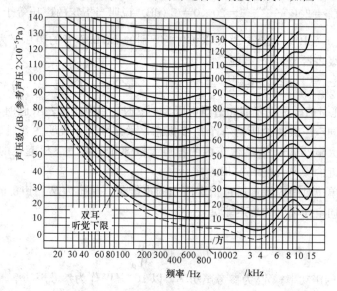

图 3-4　人耳听 Phon 觉纯音等响曲线

从图 3-4 中可以看出以下几个问题。

（1）表示响度级的单位在声学上采用专门的单位"Phon"（方）。"方"的含义为典型听音者听到某个声音的响度与 1kHz 纯音响度相同，这个 1kHz 纯音的声压级分贝数就是典型听音者听到的声音响度级"方"。

（2）人耳判断的声音响度与声压级和频率都有关系。如在 40Phon 的等响曲线上，不同频率时声压级不同。在 1000Hz 时 40dB，而在 20Hz 时需要 90dB 才能感到同样响度，声压级差 50dB。

（3）响度越大，同样响度时，在较低频率的声压级与 1kHz 声压级的差别就小了。比如图中 100Phon 的等响曲线上，在 1000Hz 时 100 dB，而在 20Hz 时需要 125 dB 感到同样响度，声压级差 25dB。从此看出声压级越高，也就是响度越大时，同样响度时中频和低频的声压级相差就越小，或者说人耳对低频声音和中频声音的灵敏度差就减小了。

（4）声压级相同时感觉中频声比低频声响些，在低声压级时就更为明显，人耳对中频 $1000\sim4000\,\mathrm{Hz}$ 最为灵敏。

人耳听觉的等响曲线在音响工作中很重要。在重放音乐时音量开得较小，即使节目中低频成分比较多，但听起来依然感到低频明显少，声音不够丰满，不如声音开得大些好听，这就是人耳听觉特性决定的。为此，在播放声音的声压级小时有必要通过频率均衡方法对低频进行适当的提升，以期听感上不至于感觉低频明显不足。

响度（loudness）的单位是"宋"（sone），响度级（loudness level）的单位是"方"（Phon），等于根据听力正常的听音判断为等响的 $1000\,\mathrm{Hz}$ 纯音（来自正前方的平面行波）的声压级。宋与方的关系为 1 宋等于 40 方，在等响曲线中的 1kHz 处代表 40dBSPL，并且以 1 宋为标准，在 2 宋时响度增加一倍，而在 0.5 宋时响度减少一半。换句话说，如果声压级提高 10dB 代表响度提高一倍的话，2 宋应等于 50 方，而 0.5 宋应等于 30 方。

二、人耳的分辨能力

人听觉对于声音频率变化能察觉到的最小范围称为人耳的频率分辨力，对于 1kHz 以下的频率为 $\pm3\,\mathrm{Hz}$，对于 1kHz 以上的频率为 $\Delta f/f=0.003$，其中 f 为某一固定频率，Δf 为人耳能分辨的频率相对变化值。

听觉对声音的声压级变化能察觉到的最小变化值称声压的分辨力，一般为 $\pm2\,\mathrm{dB}$。

三、人耳听觉的几种效应

（1）双耳效应。双耳效应是一种定位效应。两只人耳分隔 10cm 左右，对于声源发声方位能进行判断。一般对 1kHz 以上的声音，靠双耳的声强差定位，而对于 1kHz 以下的声音定位靠双耳的相位差（或时间差）判断。双耳定位声源方位的能力称为双耳效应，这种效应是立体声听音的重要条件。

（2）掩蔽效应。二个声源同时发声，人耳听其中一声源发声会因为另一个声源的存在而受到干扰，使该声的听阈提高才能听到，这种现象叫掩蔽效应。人们在听很大的音乐声时，在大声过后 120ms 内听不见噪声，便是这种掩蔽效应的体现。

（3）哈斯效应。两个同样的声音（频率、幅度相同），到达人耳，会出现三种情况：

1）一个声音比另一个声音先到达 $5\sim30\,\mathrm{ms}$，则会感觉到一个延长了的声音，它来自先到达声音的方向，迟到声音好像不存在。

2）如两个声音先后到达的时间差为 $30\sim50\,\mathrm{ms}$，就会感到存在二个声音，声音的方向仍由先到达的决定。

3）若两个声音先后到达时间在 50ms 以上，则可清楚地听到二个声音来自各自方向。

（4）劳氏效应。是一种赝立体声效应，将一个延迟声信号以反相叠加在原声信号上，它即产生出一种明显的空间印象，声音似乎来自四面八方，听音者置身其中。

（5）耳廓效应。也称单耳效应，单耳的耳朵轮廓对不同方位的声音，各部分反射声信号之间存在微秒级的时间差，这给听音者带来方位判断的信息。

（6）德·波埃效应。两扬声器放置在听音者正前方，左右对称位置，两只扬声器放出相同声音，其声强差 $\Delta I=0$，时间差 $\Delta T=0$，听音者觉得声源发声来自中间方向，若 $\Delta I>15\,\mathrm{dB}$ 或时间差 $\Delta T>3\,\mathrm{ms}$，听音者觉得声源声象来自较响的扬声器方向或来自较先到达声音的那只扬声器方向。

（7）多普勒效应

声源与听声人处于相对运动状态时，听声人会感到声源所发声音的频率有变化，这种现象称为多普勒效应。设声源与听声人的运动发生在二者连线方向，声源相对于媒质的运动速度为 V_s，听声人相对于媒质的运动速度为 V_1，声速为 C，会出现以下 4 种情况。

1）声源与听声人相对静止。声源所发声音频率为 f，波长为 λ，听声人听到的频率为 f，此时频率没有变化。

2）声源不动，听声人相对于声源运动。当听声人朝向声源运动，在单位时间多接收了由声源发出的声波 $(V_1/C)\,f$，相当于声音的频率升高，声音音调变高。如果听声人背向声源运动，则相当于声音的频率降低，声音音调变低。

3）听声人不动，声源相对于听声人运动。声源向听声人运动，由于所发声波将向运动方向挤紧，在一完全周时间内，相当于波长缩短了 V_s/f，因此，通过听声人处的声波波长，频率都会发生变化，听声人听到的声音音调变高。如果声源背向听声人运动，所发声波变得疏一些，听声人听到的声音音调会变低。

4）听声人、声源都相对于媒质运动。两者相向运动，听声人听到的声音音调要变高。声源与听声人相反运动，听声人听到的声音音调要变低。

第三节 声波传播的几种状态

一、声波的反射

定义：波阵面由两种媒质之间的表面返回的过程，向表面的入射角等于反射角。

（1）声波的反射。声波在传播的过程中，遇到与另一种媒质的分界面时，由于两种媒质的声学性质不一样，一部分声能在分界面处改变传播方向返回到原先媒质中去的现象称为声的反射。

图 3-5 所示为出声波入射到墙面 A 点和 B 点上的反射声波方向，S' 和 S 是完全对称的位置，使得好像从墙内发出的声音，形成反射声。到观众席上与直达声相加，首次反射的声波为一次反射声，还有二次反射、三次反射，多次反射即形成了混响声和延迟声。另外声波的反射有全反射和部分反射，主要取决于反射面的材质。

（2）反射系数 r。反射声能量与入射声能量之比。

（3）早期反射声。在厅堂内听到直达声以后，最早听到的反射声称为早期反射声。比直达声晚到时间

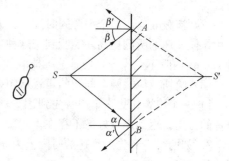

图 3-5 声波遇到墙的反射

在 50ms 以内的早期反射声有助于加强直达声的力度和清晰度。晚到达时间超过 50ms 以后的反射声，若是语言信号就会影响清晰度；而音乐节目可以适当延长到 70ms，听起来会感到更加丰满，但是再长就会出现双音的回声效果。

二、声波的绕射

定义：由于媒质中有障碍物或其他不连续性而引起的波阵面畸变。

声波遇到墙面除了反射之外，还会沿着墙面边缘呈弯曲线路向前继续传播，这种声波绕过墙面边缘或柱面、洞孔等继续进行传播称为声绕射，也称声衍射。

声绕射和声波波长及障碍物大小有关，障碍物尺寸小于声波波长许多，声波会绕过障碍物表面，当声波波长与障碍物尺寸大小相当时，声波会有一部分产生绕射，而另一部分被阻挡的形成反射波，当声波波长比障碍物尺寸小很多时，基本被障碍物挡住。声音的绕射现象一般发生在低频段，声波在遇到柱子等小型障碍物时可以不受其干扰，绕过障碍物继续传播，而中、高频段的

声波被障碍物挡住产生反射波，所以在障碍物后面的听众听不到或很少听到中、高频段的直达声，只有低频可以绕过去，因此听到的低频多，声音的清晰度很差，声音不明亮，把声场中的这一部分称为声影区。

三、声波散射

定义：声波朝许多方向的不规则反射、折射或衍射。

如剧场、厅堂中的凸形墙面、表面粗糙的墙面，就是起到声波碰到凸形面或高低不平面时产生散射，以调节声场效果。在声场内设置扩散体，使声音发生扩散的目的是为了使声场内各个部位的声压级大致均匀，同时可以有效消除声像颤动、回声一类的声场缺陷。

四、声波的衰减

声波在媒质中传播的过程中，由于透射、吸收等原因，使声能量损失。

五、声波的吸收

声波通过空气或其他媒质传播时，可能会损失一些能量，这种能量损失就是声吸收。

其实质是声能通过媒质材料时进行了能量转换，如声波通过吸声材料的空隙时，声能转变为热能。

（一）吸声系数

入射声能被材料表面或媒质吸收的百分数，称为吸声系数 α。

$$\alpha = \frac{E_{in} - (E_r + E_t)}{E_{in}} \tag{3-5}$$

式中：E_{in} 为入射声总能量；E_r 为材料反射声的总能量；E_t 为透射声的总能量。

任何厅堂的屋顶、墙壁无论用什么材料装修，都有一定的吸声系数，也就是指入射声能总有一部分被吸收掉。例如：1kHz 的声音撞击到大理石墙壁上，声能被吸收 1%，反射出 99%，表示大理石的吸声系数为 1%，通常写成 0.01。

材料的吸声系数与入射声波的频率有关，各种材料在不同频率时的吸声系数可以在相关资料中找到参考数据。材料的最大吸声系数小于 100%。

吸声系数还与声波入射方向有关，目前常用的材料吸声系数分为驻波管法吸声系数和混响室法吸声系数。驻波管法吸声系数是指声波垂直入射时的吸声系数，而混响室法吸声系数是测试的声波无规入射的吸声系数，一般来说同一种材料在同一频率下，其混响室法测试的吸声系数比驻波管法测试的吸声系数要大。驻波管法测试的吸声系数准确度较高，但是与实际使用状态有差异；混响室法测试的吸声系数更接近实际状态，但是这种测试方法比较复杂，并且由于是通过试件放入混响室后的混响室混响时间与没有试件放入混响室的混响时间测试，然后根据这两个测得的混响时间，通过计算公式计算出试件的吸声量，进一步可以算出试件的吸声系数，具体计算公式为

$$\alpha_s = \frac{55.3V}{CS}\left[\frac{1}{T_{60-2}} - \frac{1}{T_{60-1}}\right] \tag{3-6}$$

式中：α_s 为混响室法吸声系数；V 为混响室容积，m^3；C 为空气中声速，m/s；S 为试件面积，m^2；T_{60-1} 为未放入试件前的混响时间，s；T_{60-2} 为放入试件后的混响时间，s；

从式（3-6）可以看出，未放入试件前的混响时间（T_{60-1}）和放入试件后的混响时间（T_{60-2}）如果有误差，则最终计算得到的混响室法吸声系数 α_s 也有误差，再加上试件面积中是否考虑了试件边沿的面积等因素，所以混响室法得到的吸声系数有时误差会比较大，如果按吸声系数定义材料的吸声系数最大不超过 100%，也就是不大于 1，但是按照 GB/T 20247—2006 规范

GBJ 47—1983"规定，混响室法测出的材料吸声系数允许大于1，事实上现在不少吸声材料标注的吸声系数中也出现了吸声系数大于1的数据，所以说明混响室法测出的材料吸声系数可能出现比较大的误差，在设计计算中要考虑这个因素。

（二）吸声材料

（1）吸声材料。相对具有较大吸声能力的材料，通常平均吸声系数超过20%的材料称为吸声材料。

（2）结构性。由于材料的多孔性，薄膜作用或共振作用，而对入射声能具有吸收作用的材料。在声场环境设计中，吸声材料的选择占有举足轻重的地位，当然，不同的吸声材料，由于使用条件及方法的不同，可以在同一厅堂中创造出几种截然不同的声场环境。

（三）房间吸声量 A

房间内各个表面和物体的总吸声量加上房间内媒质中的损耗称为房间吸声量

$$A = S_1\alpha_1 + S_2\alpha_2 + S_3\alpha_3 + \cdots + S_n\alpha_n \tag{3-7}$$

式中：S_n 为不同部分表面的面积，m^2；α_n 为不同部分材料的吸声系数。

六、声波的干涉

定义：频率相同或相近的声波相加时所得的现象，特点是某种特性的幅度与原有声波相比具有不同的空间和时间分布。

声波的干涉是指两个频率相同的相关声波互相叠加后所产生的现象，干涉的结果使空间声场有一固定分布，某些点加强，某些点减弱。所谓"相干"是指两个声波（或两个声源）产生相同频率的声波，并且他们之间的关系是呈现某种固定相对关系的，例如两个声源的位置是固定的，其发出声波的时间上也有固定的关系（同时产生或相差固定时间产生），如果两个声源各自发出的是随机产生声波，则不构成"相干"关系，如果两个声源产生的是不同频率的声波，则也不属于"相干"关系，例如一个唱歌声和一个说话声就不构成"相干"关系，也就谈不上干涉问题，只能说是"干扰"。两个声波，如果它们的相位相同，两个声波合成的幅度将增强，如图3-6（a）所示。如果它们的相位相反，互相抵消，如图3-6（b）所示。如果两个声波的相位不是完全相同或相

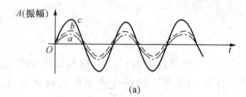

(a)

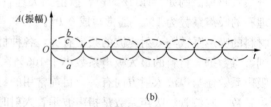

(b)

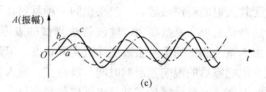

(c)

图 3-6　声波的干涉

(a) 同相位相加；(b) 反相位相减；

(c) 不同相位差时，有时加强有时减弱

反，而是存在一定的相位差，则声波幅度也许加强，也许减弱，视相位差的不同而不同，如图3-6（c）所示。

干涉现象会引起空间各点声场之间的很大差异。频率不同，在空间干涉的情况不同，所以在空间点的声波频率特性可能呈现梳状滤波器效应，并且各个空间点之间的差异可能很大。了解了声波的干涉，在扩声时应引起注意，例如注意扬声器系统的合理布置，尤其是传声器的拾声和扬声器的放声更应合理掌握干涉的调整。

第四节 相关电声名词术语

一、纯音

纯音的两种含义如下。

(1) 瞬时声压随时间做正弦形变化的声波。

(2) 具有明确单一音调感觉的声音。

二、复合音

纯音也可理解成单一频率的正弦波声音，而复合音不是单一频率的正弦波声音，复合音是由若干个单一频率的正弦波组合而成的声音，对于乐音来说，往往是由一个称为基频（基波）的正弦波和若干个频率各自为基频整数倍的谐频（谐波）正弦波组合而成的声音。可以说我们平时听到的声音绝大部分都属于复合音。

三、白噪声

白噪声是指在宽广的频率范围内等绝对带宽能量相等的噪声。也就是在线性频率坐标系中，其能量分布是均匀的；而在对数频率坐标系中，其能量分布每一倍频程上升 3dB。说得更明白一些，白噪声不论是在低频、中频还是高频部分，每一个赫兹的能量都是相等的。白字是从光谱学名词中借用来的。它表示各频率能量分布是均匀的。白噪声不一定是无规的。白噪声有两种含义如下。

(1) 加于声源上的电信号具有白噪声的特性。

(2) 声场具有白噪声的特性。

四、粉红噪声

粉红噪声是指在宽广的频率范围内等相对带宽能量相等的噪声。也就是在对数频率坐标系中，其能量分布是均匀的；而在线性频率坐标系中，其能量分布每一倍频程下降 3dB。说得更明白一些，粉红噪声不论是在低频、中频还是高频部分，每相等百分比带宽的能量都是相等的，例如相对带宽为 1‰，则低频时的 1‰ 频带（例如中心频率为 20Hz，则绝对带宽为 0.2Hz），和中频时的 1‰ 频带（例如中心频率为 200Hz，则绝对带宽为 2Hz），或高频时的 1‰ 频带（例如中心频率为 2000Hz，则绝对带宽为 20Hz），它们的能量是相等的。粉红两字是从光谱学名词中借用来的。它表示相对于白噪声而言低频成分较多的意思。粉红噪声有两种含义如下。

(1) 加于声源上的电信号具有粉红噪声的特性。

(2) 声场具有粉红噪声的特性。

五、模拟节目信号

模拟节目信号是一个计权了的噪声信号源，又称模拟正常节目噪声信号，模拟节目信号在电声测量中有广阔的用途，可以用来测量扬声器等电声器件，也可以用来测量功放大器等整机，还是厅堂扩声特性参数测量中一种重要的信号源。模拟节目信号可用白噪声或粉红噪声信号经过专门的滤波器滤波而得到，是一种宽频带的噪声信号，它的频谱是模拟了对多种节目信号综合后的频谱。模拟节目信号的国家标准是 GB 6278—2012 "声系统设备"，模拟节目信号的相对功率谱见表 3-1。

六、倍频程、1/2 倍频程、1/3 倍频程

倍频程也称八度音，它是声学中声音频率的一个相对尺度。所谓高一个倍频程或低一个倍频程就是分别为频率高一倍或低一半。用数学方式表达就是

表 3-1　　　　　　　　　　　模拟节目信号的相对功率谱

频率（Hz）	相对功率级（dB）	频率（Hz）	相对功率级（dB）
20	−13.5±3.0	800	0±0.5
25	−10.2±2.0	1000	0.1±0.6
31.5	−7.4±1.0	1250	−0.3±0.7
40	−5.2±1.0	1600	−0.6±0.8
50	−3.5±1.0	2000	−1.0±1.0
63	−2.3±1.0	2500	−1.6±1.0
80	−1.4±1.0	3150	−2.5±1.0
100	−0.9±0.8	4000	−3.7±1.0
125	−0.5±0.6	5000	−5.1±1.0
160	−0.2±0.5	6300	−7.0±1.0
200	−0.1±0.5	8000	−9.4±1.0
250	0±0.5	10000	−11.9±1.0
315	0±0.5	12500	−14.8±1.5
400	0±0.5	16000	−18.2±2.0
500	0±0.5	20000	−21.6±3.0
630	0±0.5		

$$\frac{f}{f_0} = 2^n \tag{3-8}$$

式中：f_0 为参考频率；f 是与参考频率相比的那个频率；n 为倍频程数，可正可负，也可以是分数或整数。例如：$n=1$，则称倍频程；$n=1/2$，则称二分之一倍频程；$n=1/3$，则称三分之一倍频程等。相对正确值为 $2^{1/3}=1.25992$，$2^{2/3}=1.5874$，$2^{1/2}=1.414$，但是图示均衡器中的频段分布不是严格按照这些关系的，而是按照国际电工委员会推荐的优选频率分布的。目前，音响中使用的还有其他一些分数倍频程，例如在反馈抑制器中就出现 1/5 倍频程、1/10 倍频程、1/60 倍频程等。

从音乐的角度来说倍频程称为八度音，例如小字组 c 的频率是 130.8Hz，而小字 1 组的 c^1 频率是 261.6Hz，二者之间是八度音关系，也是倍频程关系，例如我们经常谈到的低八度和高八度关系。在音乐中，将八度音（倍频程）分成比例关系相等的十二等分，就是我们所熟知的十二平均律，按照十二平均律划分的"半音阶"等于 $2^{1/12}=1.05946$，近似地等于 1.06，也就说 c 和升 c 之间的关系是一个"半音阶"，这种关系也可称为十二分之一倍频程关系。

七、自由声场

自由声场是指可忽略边界影响的均匀且各向同性的媒质中的声场。可以在消声室、自然旷野等处实现有限的自由声场。

八、扩散声场

扩散声场是指满足下述条件的声场：①空间各点声能密度均匀；②从各个方向到达某一点的声能流的几率相同；③由各方向到达某点的声波的相位是无规的。

九、混响声场

混响声场有两种含义为：

（1）同扩散声场。

（2）声源在一定大小的空间中稳定地辐射声波时，空间内声场由直达声和混响声叠加组成。邻近声源处以直达声为主，远离声源处则混响声场占优势。直达声级与混响声级相等的点到声源的平均距离称为混响半径，大于混响半径以外的声场有时就称为混响声场。

十、直达声

直达声是指由声源直接传播到听音人耳朵的声音，是没有经过反射的声音，或者说是第一次反射声到达以前的声音。反射声总是比直达声晚到，因为反射声传播经过的路程总是比直达声传播经过的路程长，按照几何学的知识，三角形的两边之和总是大于第三边的。

十一、点声源

是指声源圆球半径比声波波长相对小很多的球面声源。在实际场合有许多声源，其线度比所辐射的声波波长小很多时，不管声源具体形状如何，只要其表面各点保持同振幅同相位运动，那么在远场所产生的声压，均可以看作点声源所辐射的声压。

十二、球面波

一般来说，点声源产生球面波。球面波是指波阵面为一系列同心球面的波。

十三、柱面波

波阵面为同轴柱面的波。柱面波是指其波阵面以柱的中心为轴的同心柱面。例如，无限长线源的表面沿半径方向振动，则它的辐射波便是柱面波。

十四、平面波

所谓平面波是指同相位面为平面的波，即在同一时刻振动相位相同的质点在同一无限延展的平面上。波阵面平行于与传播方向垂直的平面的波。远比波长大的平面作高频振动，其辐射的近场近似为平面波传播，用许多点换能器组成一平面发射阵，也可产生平面波。在平面声波中，在与传播方向垂直的平面上，各处的瞬时声压都相等。

十五、点声源直达声的平方反比定律

点声源产生球面波，在同一半径的球面上各部位的单位面积能量相等。当半径增大一倍时，即半径是原半径的 2 倍时，球的表面积增大到四倍的面积（因为球表面积 $S = 4\pi r^2$，半径 r 是原先的 2 倍，则面积是原先的 4 倍），那么单位面积上的能量就减少为原先的 1/4，也就是单位面积上的能量与半径的平方成反比。或者可以说离开声源的距离每扩大一倍，则直达声声压级减少 6dB。

十六、直达声和混响声的比较

（1）直达声。直达声是从声源直接传过来的声音，带有方向信息，有利于声像定位，声音清晰度高，频响宽，直接反映声源的信息，声场的分布符合平方反比定律，离开声源越近，直达声声压级就越大，离开声源越远，直达声声压级就越小，也就是直达声声场分布是不均匀的。

（2）混响声。混响声是由无数来自不同方向的反射声组成的，没有方向感，不利于声像定位，清晰度低，能增加响度，能提高声音丰满度，可以认为混响声场在整个房间内是均匀的，所以有利于提高总声场的均匀度。

十七、声反馈（声回授）

声反馈是指由扬声器系统发出的声音又返回到传声器的现象，从扬声器系统发出的声音可能通过不同的途径返回到传声器。由于声反馈的存在，当反馈不严重时，干涉现象使最终的声场频响特性不好，会产生梳状滤波器效应，影响音色；当反馈严重时，满足振荡条件时将产生啸叫现象，并且可以在很多个频率点产生啸叫。

十八、声音的三要素

声音的三要素指音量、音调、音色。其中音量与声波的幅度有关,音调与声波的频率有关,而音色与声波的波形有关,或者说与声波的基波与谐波的关系相关,就是各次谐波与基波的幅度比、相位差影响音色。

十九、声聚焦

由于室内有凹形反射面,声聚焦会使局部声音变得过强,引起声场严重不均匀,这是一种声缺陷。所以尽量避免凹面或弧型面反射产生的声聚焦现象。

二十、多重回声

同一声源所发声音的一连串可分辨的回声,直达声与反射声时间相差超过 50ms 时成为可分辨的回声,这是一种声缺陷。

二十一、颤动回声

多重回声的一种,是由一个原始脉冲引起的一连串紧跟着的反射脉冲。颤声是由于平行墙壁之间相互多次反射所引起的,它使声音的余音听起来有些颤抖,颤动回声会引起听力疲劳,使人感到厌烦。解决的方法为:①平行墙壁的两面不要都由强反射材料构成;②最好将墙面上下做成有微小倾角(例如倾斜 3°);③可以将平行墙壁做成漫反射状。

二十二、共振

共振包括声学简正共振和机械共振两种。对于机械共振则应严把装修质量,不要采用大面积过薄的板材装修,还要保证装修后的结实程度。

二十三、音调的单位

音调的单位是"美",响度 40 方,频率 1000Hz 的纯音音调规定为 1000 美。任何一个声音的音调,如果被听音者判断为 1 美音调的 n 倍,这个声音的音调就是 n 美。

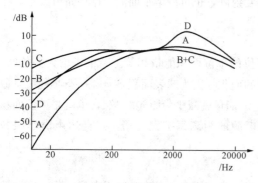

图 3-7 计权曲线

二十四、计权和计权曲线

从图 3-4 中我们看到,人耳对不同频率的声音灵敏度不同,低频时灵敏度明显低,中频时灵敏度最高,并且在响度不同时,低频时人耳灵敏度的降低程度也不同。也就是说,低频噪声即使其声压级和中频时很接近,但是我们会感到低频噪声的响度小。所以在噪声测量中对不同频率的噪声进行加权处理,根据人耳在 40、70、100 方响度级时的等响曲线设置了与其反向变化的计权曲线,分别是 A、B、C 计权曲线,如图 3-7 所示,其中 D 计权曲线适于高声压级的航空噪声情况。所有这些计权曲线都是通过相应的计权网络,也就是一些特定的滤波电路来实现的,幅度相等的不同频率信号通过这些计权网络后的幅频特性分别符合相应的计权曲线特性。衡量低声级噪声常用的是 A 计权曲线,因为大部分情况下的低声级噪声(例如家用电器的噪声,传声器本底噪声等)声压级都不高,接近或小于于 40 方响度级。测量交通噪声应该用 B 计权,因为交通噪声大都在 70~80dB 之间。而扩声信号声压级最好用线性,也就是不计权,一般用 C 计权测量也可行,因为 C 计权已很接近线性了。

二十五、单声道和立体声

最早扩声都是单声道,所谓单声道是指不管扩声所用多少只音箱,这些音箱发出的声音都是相同内容的声音,目前在很多场合还采用单声道方式扩声,例如背景音乐、公共广播等。立体声是 20 世纪 50 年代才开始产生的，立体声包括双声道立体声和多声道立体声，在不加说明的情况下，所谓立体声就是指双声道立体声。目前厅堂现场扩声基本上都是双声道立体声，也就是将声音分成左声道和右声道两个声道。多声道立体声指包含环绕声道的立体声，例如 4.1 声道（典型的是 Dolby Pro Logic——杜比定向逻辑格式）其中的 4 是指左声道、右声道、中置声道和环绕声道（两只环绕音箱播放同一环绕声道的声音）这四个声道，1 声道是指低音声道；5.1 声道［如 Dolby Pro Logic II、Dolby AC−3（Dolby Digital）、Digital Theater Sound（DTS）等格式］其中的 5 是指左声道、右声道、中置声道、左环绕声道和右环绕声道这五个声道，.1 声道是指低音声道。现在多声道环绕立体声还有更多声道的，多声道立体声通常用于多声道立体声电影播放和多声道立体声光盘节目源的播放，一般现场扩声采用双声道立体声，而不采用多声道立体声。多声道立体声是在制作节目拾音时就按照多声道立体声的规则布置传声器进行拾音的。

二十六、语言可懂度和清晰度

（1）语言可懂度（Speech intelligibility）。由发音人发出的语言单位（句、词或音节），经语言传递系统，为听音人正确识别的比率。

（2）语言清晰度（Speech articulation test）。采用一个或几个听音人正确记录一个或几个发音人所发意义不连贯音节的比率，以定量的度量语言传递系统质量的一种方法。

二十七、不同频带对语言的接受程度（见表 3-2）

从表 3-2 可知，对于语言而言，需要的频带不是很宽的，所以语言扩声时为了去除不必要的噪声，突出语言信号，完全可以将语言频带外的那些频率进行必要的衰减，例如利用频率均衡或高通滤波器和低通滤波器将语言频带外的信号进行大幅衰减。

表 3-2　　　　　　　　　　　　　　不同频带对语言的接受程度

频带（赫）	125	250	500	1000	2000	4000	8000
语言了解能力（%）	0	8	14	22	33	23	0

二十八、平均自由程 mfp

当室内有一声源，以声线形式向各方向传播声波。每条声线在 1s 内要经过多次的界面反射。而各条声线与房间界面碰撞的位置各不相同，因而在两次反射之间经过的距离也会不同。利用统计方法，可算出在界面上两次反射之间的平均距离，并称之为平均自由程，它与房间容积、房间表面积有关

$$mfp = \frac{4V}{S} \tag{3-9}$$

式中：V 为闭室的容积，m^3；S 为室内总表面积，m^2

二十九、房间常数 R

一个房间的总吸声量除以 1 减去平均吸声系数所得的商值称为该房间的房间常数，并用 R 表示，单位为 m^2，表示一个房间内声音的活跃程度。在消声室房间常数 R 近似于 ∞，混响室的房间常数 R 接近为 0，即 R 值可以是 $0 \rightarrow \infty$ 间的任何值。房间常数 R 小的房间称为活跃房间，房间常数 R 大的房间称为沉寂房间

$$R = \frac{S\bar{\alpha}}{1-\bar{\alpha}} \tag{3-10}$$

式中：S 是房间总表面积；$\bar{\alpha}$ 是房间各表面的平均吸声系数。

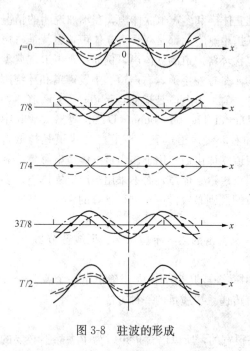

图 3-8　驻波的形成

三十、驻波

驻波由两列频率相同的相干声波在同一直线上沿相反方向传播时叠加而成，如图 3-8 所示，为驻波的形成，图中点画线表示向右传播的声波，短虚线表示向左传播的声波。取两声波的正负振幅始终相同的点作为坐标原点，并于 x_0 处媒质质点向上达到最大位移时开始计时。图 3-8 中画出了两列声波在 $t=0$、$T/8$、$T/4$、$3T/8$、$T/2$ 各时刻的波形，实线为合成声波。由图 3-8 可以看出，无论什么时刻，合成声波在"·"表示的点，即被称为波节的点总是静止不动的，在两波节的中点，即用"+"号表示的点是最大振幅的点称为波腹。波节的两边则振动正负相反，波腹与波节每隔 $\lambda/4$ 交替产生，而相邻两波腹或波节都相隔 $\lambda/2$。当两个相干声源相隔的距离正好等于某声波半波长的整数倍时，如果两个相干声源的声波沿着同一直线反向运行时，就会出现驻波现象。出现驻波现象，往往是由于声波的频率等于室内界面（例如装修的墙面等）的固有共振频率，从而激发共振，再加上强反射，可能产生入射波与反射波沿着同一直线反相运行的现象，并且满足半波长整数倍的条件，从而形成驻波。

🔊 第五节　混响和混响时间

一、混响的形成

在室内声源发出的声波向四面八方辐射，这些辐射的声波碰到天花板、地板、周围墙壁、室内物体等界面会产生反射，反射能量的大小与界面的吸声性能有关，每个反射声又会碰到第二个界面，再次产生反射，如此不断地反射下去。由于每次反射都有部分能量被界面吸收，所以反射的次数越多，反射出来的能量就越少，这无数的反射声波就构成了混响声场。在一个形状、尺寸已定的空间内，如果声波每次反射被吸收掉的能量非常少，那么经过非常多次反射后剩余的能量还是比较多，说明混响时间就长，反之如果每次反射被吸收的能量多，那么经过比较少次数的反射后，剩余的能量就非常少了，说明混响时间就相对短。混响声场被认为在室内各处是均匀的。另外，如果房间尺寸比较大，那么每次反射走过的路程就长，需要的时间就长，结果混响时间也长，所以可以用"平均自由程"这个概念来反应对混响时间的影响程度。

二、混响时间（T_{60}）概念

某频率（或频段）的混响时间是室内声音达到稳定状态，声源停止发声后残余声音在房间内经吸声材料反复吸收，平均声能密度自原始值衰变到百万分之一（或声能密度衰减 60dB）所需的时间，混响时间用 T_{60} 表示，也有用 RT_{60} 表示的，示意图如图 3-9 所示。

混响时间 T_{60} 的计算如下。

（一）赛宾（Sabine）公式

$$T_{60} = KV/A \text{ (s)} \tag{3-11}$$

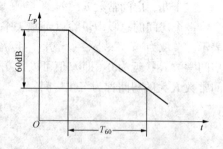

图 3-9　混响时间示意图

式中：T_{60} 为混响时间，s；K 为与湿度有关的常数，一般取 $K=0.161s/m$；V 为闭室的容积，m^3；A 为总吸声量，赛宾。

吸声量 A 可按下式计算

$$A = \bar{\alpha}S$$

式中：$\bar{\alpha}$ 为平均吸声系数；S 为室内总表面积，m^2。

若室内各部位表面的材料不同，则

$$A = \alpha_1 S_1 + \alpha_2 S_2 + \cdots + \alpha_n S_n$$

$$\bar{\alpha} = \frac{\alpha_1 S_1 + \alpha_2 S_2 + \cdots + \alpha_n S_n}{S_1 + S_2 + \cdots + S_n} \tag{3-12}$$

式中：S_1、S_2、$S_3 \cdots S_n$ 代表不同性质材料界面的表面积，α_1、α_2、α_3、$\cdots$、α_n 代表与 S_1、S_2、S_3、$\cdots$、S_n 相应界面材料的吸声系数。

赛宾公式揭示了混响时间的客观规律，是一个高度简化的声学模型，现在一般用它来计算闭室的混响时间。

（二）艾润（Eyring）公式

$$T_{60} = \frac{0.161V}{-S\ln(1-\bar{\alpha})} \tag{3-13}$$

（三）努特森公式

$$T_{60} = \frac{0.161V}{-S\ln(1-\bar{\alpha}) + 4mV} \tag{3-14}$$

对于平均吸声系数很小的厅有

$$-\ln(1-\bar{\alpha}) \approx \bar{\alpha} + \frac{\bar{\alpha}^2}{2} + \cdots + \quad 略去高次项可简化为$$

$$T = \frac{0.161V}{\bar{\alpha}S + 4mV} \quad (s) \tag{3-15}$$

式中各项符号意义同上，m 是空气吸声系数。空气吸收系数 4m 值见表 3-3。

表 3-3　　　　　　　　　　　空气吸收系数 4m 值（室内温度 20℃）

频率/Hz	室内相对湿度			
	30%	40%	50%	60%
2000	0.012	0.010	0.010	0.009
4000	0.038	0.029	0.024	0.022
6300	0.084	0.062	0.050	0.043

艾润公式适用于 $\bar{\alpha} \geqslant 0.2$，体积不太，声学性能较好的闭室。

为了计算方便，给出 $\bar{\alpha}$ 与 $-\ln(1-\bar{\alpha})$ 的关系对照表见表 3-4。

表 3-4　　　　　　　　　　　　$\bar{\alpha}$ 与 $-\ln(1-\bar{\alpha})$ 的关系对照表

$\bar{\alpha}$	$-\ln(1-\bar{\alpha})$	$\bar{\alpha}$	$-\ln(1-\bar{\alpha})$	$\bar{\alpha}$	$-\ln(1-\bar{\alpha})$	$\bar{\alpha}$	$-\ln(1-\bar{\alpha})$
0.01	0.010 0	0.16	0.174 4	0.31	0.371 1	0.46	0.616 2
0.02	0.020 2	0.17	0.186 3	0.32	0.385 7	0.47	0.634 9
0.03	0.030 5	0.18	0.198 5	0.33	0.400 5	0.48	0.653 9
0.04	0.040 8	0.19	0.210 7	0.34	0.415 5	0.49	0.673 3
0.05	0.051 3	0.20	0.231 4	0.35	0.430 8	0.50	0.693 1
0.06	0.061 9	0.21	0.235 7	0.36	0.446 3	0.51	0.713 3
0.07	0.072 6	0.22	0.248 5	0.37	0.462 0	0.52	0.737 0
0.08	0.083 4	0.23	0.261 4	0.38	0.478 0	0.53	0.755 0
0.09	0.094 3	0.24	0.274 4	0.39	0.494 3	0.54	0.776 5
0.10	0.105 4	0.25	0.287 7	0.40	0.510 8	0.55	0.798 5
0.11	0.116 5	0.26	0.301 1	0.41	0.527 6	0.56	0.821 0
0.12	0.127 8	0.27	0.314 7	0.42	0.544 7	0.57	0.844 0
0.13	0.139 3	0.28	0.328 5	0.43	0.562 1	0.58	0.867 5
0.14	0.150 8	0.29	0.342 5	0.44	0.579 8	0.59	0.891 6
0.15	0.162 5	0.30	0.356 7	0.45	0.597 8	0.60	0.916 3

三、混响半径 r_c

混响半径又叫临界距离，它是从声源的声中心沿规定轴线到直达声和混响声声能密度相等点的距离，也就是到直达声声压级和混响声声压级相等点的距离。

$$r_c = \sqrt{\frac{QR}{16\pi}} = 0.14\sqrt{QR} \tag{3-16}$$

式中：R 是房间常数；Q 是声源的指向性因数，一个无指向性声源放在一面墙前时，$Q=2$；放在两墙交界线的角上时，$Q=4$；放在三面墙的交角上时，$Q=8$。而实际使用的扬声器系统在大部分频率时不应该被看作无指向性声源，此时扬声器系统（音箱）的 Q 值应该取制造厂家对产品标定的 Q 值，或者按照技术指标中给出的水平辐射角（α）和垂直辐射角（β），通过计算公式来估算出其指向性因数 Q 值，见式（3-12）。

扬声器系统的指向性因数为

$$Q = \frac{180°}{\sin^{-1}[\sin(\alpha/2) \times \sin(\beta/2)]} \tag{3-17}$$

式中：α 是水平辐射角；β 是垂直辐射角。

四、关于混响时间的讨论

从宏观来说，室内混响声场是均匀的，混响时间是一样长的，但是实际上室内混响声场不是完全均匀的，这与房间形状等因素有关，室内各处的混响时间也是不完全相等的，正因为这样，规定测试室内混响时间需要在室内不同位置取几个点测试后求出平均值作为室内混响时间值。并且从实际听感上来说，离开声源较近的位置感觉上混响时间比离开声源远的位置混响时间短，因为离开声源近的位置总声场中直达声声场比混响声场强，当声源停止发声后，直达声马上没有了，只剩下混响声场了，所以听感上觉得明显混响时间偏短，离开声源较远的位置由于合成声场中混响声场大于直达声场，在声源停止发声后合成声场减小的值不大，所以听感上觉得混响时间偏长，我们将这种混响时间称为有效混响时间。有效混响时间如图 3-10 所示，其中 T_0 等于声源停止发声产生的声波从声源传播到测试点所需时间，L_t 是声源停止发声前的测试点总声压级，L_r 是直达声声场消失后的室内纯混响声声压级，T_1 是有效混响时间，T_{60} 是赛宾概念的混响时间，a 是按照赛宾概念的混响声衰减曲线，b 是同 a 曲线同斜率的衰减曲线。实际上在实际扩声过程中，对于舞台上来说，由于有扩声用拾音传声器的存在，在"直达声停止发声后"，舞台上的混响声还能进入拾音传声器，然后通过扩声系统后从扬声器系统中重放出来，舞台上会形成"再生混响时间"现象，当然这些传声器拾取的混响声形成的"再生混响声"也会使池座中的听众也能感受到"再生混响声"的存在，实际是感觉上混响时间加长了。

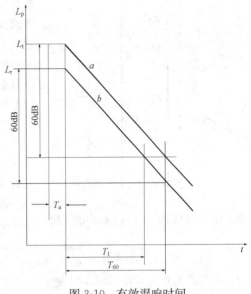

图 3-10　有效混响时间

🔊 第六节　室内声场环境

在现代音响工程设计中，声场的设计是必不可少的，只有音响系统设计者充分认识到声场设计的重要性，才可能让用户单位认识到它的重要性。

基本的声场设计包括：隔声的处理、吸声处理、现场噪声的降低、建筑结构的要求、声场均匀度的实现、室内混响时间的计算等等，下面分类予以说明。

一、隔声的处理

隔声有双重含义，一个是不要使室内的声音过多的传到外面，影响周围人群的工作、生活；另一个是避免室外的声音传到室内，形成室内的噪声，对室内音响效果产生影响。为此，在声场设计的开始，首先应该考虑隔声的处理，以便为声场提供一个好的先天条件。隔声的处理涉及建筑内与外界的隔声、建筑内各房间之间的隔声。隔声的部位包括：隔墙的隔声、门窗的隔声、地面的隔声、顶部相通房间的天花顶隔声等。

对于与外界的隔声，一般的建筑结构都能达到基本的隔声要求，但如果建筑设计时完全没有考虑音响工程的需要时，就要进行隔声情况的调查了，必要时应向建筑设计单位进行咨询，向相关单位了解当地的噪声限制情况等；对于房间之间的隔声，如果由于墙壁太薄，就会给工程带来一定的难度，这时可以与装修单位协商在装饰时为墙壁增加一层隔层来解决中高频的隔声，如图 3-11 所示。低频段的隔声要想彻底解决就比较困难，因为除了增大隔声体的质量（重量）外，没有其他更有效的办法。门窗是隔声处理的薄弱环节，对于它们的隔声可以向装修单位建议提高门窗的制作质量，必要时采用皮革包门和双层玻璃窗，或在

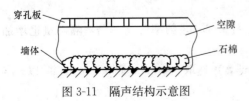

图 3-11　隔声结构示意图

门外增加隔离通道、加建声闸及窗户上悬挂厚重的双层窗帘等。

顶部相通的房间，天花顶隔声也非常关键，其中一部分干扰就是从天花顶传来的。解决的方案要切实可行，例如，在天花板上面再覆盖一层防火吸音棉或在天花顶上面一定距离再增加一层吊顶等等。总之，工程的隔声处理意义重大，既利于提高工程的质量又利于用户的正常使用，同时应注意慎重考虑隔声处理是否必要、处理方法是否可行，否则会增加一些不必要的工作和开销。

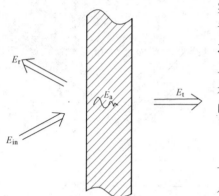

图 3-12　入射到隔声结构上的声能分配

二、隔声结构与隔声材料

（1）声波入射到隔声结构上，其中一部分被反射，一部分被吸收，只有一小部分声能透过结构辐射出去。入射到隔声结构上的声能分配图如图 3-12 所示。

若入射声能为 E_{in}，透过隔体后透射声能为 E_t，则透射系数 T 为

$$T = \frac{E_t}{E_{in}} \text{ 或 } T = \frac{E_{in} - E_a - E_r}{E_{in}}$$

式中：E_t 为透射声能；E_{in} 为入射声能；E_a 为被隔离体吸收声能；E_r 为被隔离体反射的声能，W。

通常所指的 T 是无规入射时各入射角度透射系数的平均值。显然，透射系数在 $0\sim1$ 之间，T 值越小，表示隔声性能越好。

（2）隔声量 R。一般隔声构件的 T 值很小，约在 $10^{-1}\sim10^{-5}$，使用很不方便，故人们采用 $10\lg\frac{1}{T}$ 来表示构件本身的隔声能力，称为隔声量或透射损失、传声损失，记作 R，单位为 dB。

通常隔声量 R 表示成

$$R = 10\lg\frac{1}{T} \tag{3-18}$$

可以看出，T 总是小于 1，R 总是大于 0；T 越大则 R 越小，隔声性能越差。透射系数和隔声量是两个相反的概念。设一堵墙厚 100mm，透过的声能为入射声能的 10^{-3}，则此墙的隔声量 $R=10\lg10^3=30$（dB）。例如有两堵墙，透射系数分别为 0.01 和 0.001，则隔声量分别为 20dB 和 30dB。用隔声量来衡量构件的隔声性能比透射系数更直观、明确，便于隔声构件的比较和选择。隔声量越大，隔声效果越明显，干扰的声音越小。

（3）隔声的质量定律。材料的隔声量除了与材料的结构及物理性质有关外，还与入射声波的频率和入射角度有关。对于单层均匀材料构成的无限大障板，理论上垂直入射时的隔声量为

$$TL_0 = 10\lg\left[1 + \left(\frac{\omega m}{2\rho C}\right)^2\right] \cong 20\lg\frac{\pi m f}{\rho C} \tag{3-19}$$

式中：m 为障板单位面积的质量，也称面密度，kg/m^2；f 为声波频率，Hz；ρ 为空气密度，kg/m^3；C 为声波在空气中的传播速度，m/s。

式（3-18）说明隔声构件的面密度加倍，隔声量提高 6dB，频率升高一倍，隔声量也增加 6dB，这就是著名的隔声质量定律。

一般情况下 $\pi m f \gg \rho C$，干空气密度 $\rho=1.293kg/m^3$，声速取 340m/s，则 $\rho C=440$，除以 π 得 140，$20\lg140=43dB$，所以可以近似地表示为

$$TL = 20\lg m + 20\lg f - 43 \tag{3-20}$$

若声波不是垂直入射到隔声构件上时，隔声量会有差别，在工程实践中，常把需要隔绝的声波近似看为无规入射声波，为实用方便往往采用较简单的近似计算公式

$$TL = 18\lg m + 18\lg f - 43 \tag{3-21}$$

从式（3-20）看出，障板面密度加倍或频率升高一倍，隔声量约增加 5.4dB。

隔声与吸声是二个不同的概念，隔声问题是反映声音穿透问题，声音穿透小，透射能量少，隔声量就大。一般情况下，厅堂中声波的透射能量远小于声波的反射能量。吸声问题是反映声反射能量大小问题，声反射能量大，吸声量就小，声反射能量小，则材料吸声量大。

建筑隔墙隔声量大于 50dB 时，隔壁的一般噪声听不到，可以满足不受隔壁噪声干扰；隔声量低至 40dB 时，在周围环境较安静的情况下，甚至隔壁的普通说话声都能听到。

隔声量的大小与隔声构件的结构、性质有关，也与入射声波的频率有关。同一隔声墙对不同频率的声音，隔声性能可能有很大差异，故工程上常用 20～4kHz 的 16 个 1/3 倍频程中心频率隔声量的算术平均值，来表示某一构件的隔声性能，称为平均隔声量。

（4）吻合效应。实际上的单层匀质密实墙都是具有一定刚度的弹性板，在被声波激发后，会产生受迫弯曲振动。

在不考虑边界条件，即假设板无限大的情况下，声波以入射角 $\theta\left(0 < \theta \leqslant \dfrac{\pi}{2}\right)$ 斜入射到板上，板在声波作用下产生沿板面传播的弯曲波，其传播速度为

$$C_{\mathrm{p}} = \frac{C}{\sin\theta} \tag{3-22}$$

式中：C 为空气中的声速。但板本身存在着固有的自由弯曲波传播速度 C_{p}，和空气中声速不同的是它和频率有关，

$$C_{\mathrm{p}} = \sqrt{2\pi f}\sqrt[4]{\frac{D}{\rho}} \tag{3-23}$$

$$D = \frac{Eh^2}{12(1-\mu^2)}$$

式中：D 为板的弯曲刚度；E 为材料的弹性模量；h 为板的厚度；μ 为材料的泊松比；ρ 为材料密度；f 为自由弯曲波的频率。

如果板在斜入射声波激发下产生的受迫弯曲波的传播速度 C_{p} 等于板固有的自由弯曲波传播速度 C_{p}，则称为发生了"吻合"，如图 3-13 所示。这时板就非常"顺从"地跟随入射声波弯曲，使入射声能大量地透射到另一侧去。

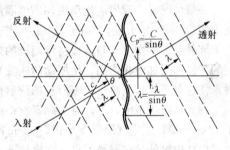

图 3-13 吻合效应原理图

当 $\theta = \dfrac{\pi}{2}$，声波掠入射时，可以得到发生吻合效应的最低频率，即吻合临界频率 f_{c}

$$f_{\mathrm{c}} = \frac{c^2}{2\pi}\sqrt{\frac{\rho}{D}} = \frac{c^2}{2\pi h}\sqrt{\frac{12\rho(1-\mu^2)}{E}} \tag{3-24}$$

在 $f > f_{\mathrm{c}}$ 时，某个入射声频率 f 总和某一个入射角 $\theta\left(0 < \theta \leqslant \dfrac{\pi}{2}\right)$ 对应，产生吻合效应。但

在正入射时，$\theta=0$，板面上各点的振动状态相同（同相位），板不发生弯曲振动，只有和声波传播方向一致的纵振动。

入射声波如果是扩散入射，在 $f=f_c$ 时，板的隔声量下降得很多，隔声频率曲线在 f_c 附近形成低谷，称为"吻合谷"。谷的深度和材料的内损耗因子有关，内损耗因子越小（如钢、铝等材料），吻合谷越深。对钢板、铝板等可以涂刷阻尼材料（如沥青）来增加阻尼损耗，使吻合谷变浅，吻合谷如果落在主要声频范围（100～2500Hz）之内，将使墙的隔声性能大大降低，应该设法避免。由式（3-23）可以看出：薄、轻、柔的墙，吻合临界频率 f_c 高；厚、重、刚的墙，吻合临界频率 f_c 低，几种材料的厚度与临界频率关系如图 3-14 所示。

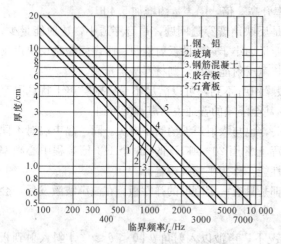

图 3-14　几种材料的厚度与临界频率关系

常用建筑结构，如一般砖墙、混凝土墙都很厚重，临界吻合频率多发生在低频段，常在 5～20Hz；柔顺而轻薄的构件如金属板、木板等，临界吻合频率则出现在高频段，人对高频声敏感，所以常感到漏声较多。为此，在工程设计中应尽量使板材的吻合临界频率 f_c 避开需降低的噪声频段，或选用薄而密实的材料使吻合临界频率 f_c 升高至人耳不敏感的 4kHz 以上的高频段，或选用多层结构以避开临界吻合频率。此外，还可以采取增加墙板阻尼的办法，来提高吻合区的隔声量。

三、隔声措施

1. 双层墙结构

实践与理论证明，单纯依靠增加结构的质量来提高隔声效果既浪费材料，隔声效果也不理想。若在两层墙间夹以一定厚度的空气层，其隔声效果会优于单层实心结构，从而突破质量定律的限制。两层匀质墙与中间所夹一定厚度的空气层所组成的结构，称为双层墙。

一般情况下，双层墙比单层匀质墙隔声量大 5～10dB；如果隔声量相同，双层墙的总重比单层墙减少 2/3～3/4。这是由于空气层的作用提高了隔声效果。其机理是当声波透过第一层墙时，由于墙外及夹层中空气与墙板特性阻抗的差异，造成声波的两次反射，形成衰减，并且由于空气层的弹性和附加吸收作用，使振动的能量衰减较大，然后再传给第二层墙，又发生声波的两次反射，使透射声能再次减少，因而总的透射损失更多。

在人耳声频范围以下，对实际影响很小；但对于一些尺寸小的轻质双层墙或顶棚（面密度小于 30kg/m²），当空气层厚度小于 2～3cm 时，隔声效果很差。所以，一些由胶合板或薄钢板做成的双层结构对低频声隔绝不良，在设计薄而轻的双层结构时，应注意在其表面增涂阻尼层，以减弱共振作用的影响，并且宜采用不同厚度或不同材质的墙板组成双层墙，避开临界吻合频率，保证总的隔声量。此外，双层墙间适当填充吸声材料可使隔声量增加 5～8dB。岩棉和玻璃棉的吸声性能都比较好，均可作为隔声双层墙或复合墙中的填充材料使用。

双层墙两墙之间若有刚性连接，称为存在声桥。部分声能可经过声桥自一墙板传至另一墙板，使空气层的附加隔声量大为降低，降低的程度取决于双层墙刚性连接的方式和程度。因此在设计与施工过程中都必须加以注意，尽量避免声桥的出现或减弱其影响。

常见部分双层墙的平均隔声量见表 3-5。

表 3-5　　　　　　　　　　　　　　　　　常见部分双层墙的平均隔声量

材料及构造/mm	面密度/(kg/m²)	平均隔声量/dB
12～15 厚铅丝网抹灰双层中填 50 厚矿棉毡	94.6	44.4
双层 1 厚铝板(中空 70)	5.2	30
双层 1 厚铝板涂 3 厚石棉漆(中空 70)	6.8	34.9
双层 1 厚铝板+0.35 厚镀锌铁皮(中空 70)	10.0	38.5
双层 1 厚钢板(中空 70)	15.6	41.6
双层 2 厚铝板(中空 70)	10.4	31.2
双层 2 厚铝板填 70 厚超细棉	12.0	37.3
双层 1.5 厚钢板(中空 70)	23.4	45.7
18 厚塑料贴面压榨板双层墙，钢木龙骨(12+80 填矿棉+12)	29	45.3
18 厚塑料贴面压榨板双层墙，钢木龙骨(2×12+80 填矿棉+12)	35	41.3
炭化石灰板双层墙(90+60 中空+90)	130	48.3
炭化石灰板双层墙(120+60 中空+90)	145	47.7
90 炭化石灰板+80 中空+12 厚纸面石膏板	80	43.8
90 炭化石灰板+80 填矿棉+12 厚纸面石膏板	84	48.3
加气混凝土墙(15+75 中空+75)	140	54.0
100 厚加气混凝土+50 中空+18 厚草纸板	84	47.6
100 厚加气混凝土+50 中空+三合板	82.6	43.7
50 厚五合板蜂窝板+56 中空+30 厚五合板蜂窝板	19.5	35.5
240 厚砖墙+80 中空内填矿棉 50+6 厚塑料板	500	64.0
240 厚砖墙+200 中空+240 厚砖墙	960	70.7

2. 撞击声传声隔声

声音进入建筑维护结构有三种形式：①通过孔洞直接进入；②声波撞击到墙面引起墙体振动而辐射声音；③物体撞击地面或墙体产生结构振动而辐射声音。前两种方式为空气声传声，第三种方式是撞击声传声。

描述撞击声传声隔声性能的指标是撞击声压级，它不同于空气声隔声量所表达的"隔掉声音的分贝数"，而是表示在使用标准打击器（一种能够产生标准撞击能量的设备）撞击楼板时，楼下声音的大小。撞击声压级越大表示楼板撞击声传声隔声能力越差，反之越好。撞击声压级反映了人在楼上活动时对楼下房间产生声音的大小。楼板撞击声压级随频率不同而变化，为了使用单一指标比较不同楼板隔绝撞击声的性能，人们使用计权撞击声压级 Lpn, w。Lpn, w 同样使用标准评价曲线与撞击声隔声频率特性曲线进行比较得到的，具体评价方法可参见国标 GB/T 50121—2005《建筑隔声评价标准》。

比较理想的住宅楼板计权撞击声压级应小于 65dB。然而，大量使用的普通 100mm 厚混凝土楼板计权撞击声压级为 80～82dB，采用浮筑地板的方法可以提高楼板隔声性能，如在结构楼板上铺一层高容重的玻璃棉减振垫层再做 40mm 厚的混凝土地面，计权撞击声压级可以小于 60dB。

3. 传声的其他途径

在实际建筑物中，两个房间除了隔墙传声外，还有其他途径引起声音从一个房间进入另一个房间，这些途径的传声称为侧向传声，如地面结构传声、侧墙结构传声、门窗传声、管道风道传声等。有些有吊顶的大房间用石膏板隔墙分隔成一些小间，因为先做的吊顶，隔墙只做到吊顶下沿，而没有延伸到结构层楼板底，出现吊顶内的侧向传声，造成房间实际隔声量比隔墙隔声量低很多。

（1）双层玻璃隔声窗。许多厅室为了天然采光的需要，常要开窗，为防止因开窗使室内隔声受到影响。一般窗户玻璃配置两层或三层，中间留有空气层，玻璃框架采用橡胶紧贴在窗户木框上，避免松动而引起在声波作用下产生共鸣。木框周围用水泥加固，在空气层周边加入适当吸声材料。只要认真装修，双层玻璃隔声效果可以接近墙体本身的隔声效果。

（2）隔声门。为了防止声音外溢或内渗，门户设计必须仔细考虑。一般设计成隔声门，隔声门分别由内、外门板和门厅部分组成，内、外门板采用软性泡沫海绵贴在胶合板上，外加人造革皮装饰，门厅填充细砂，用木条作框架。门框采用梯形结构，并且用弹性胶条进行密封。这种隔声门的隔声效果近似墙体本身的隔声效果。

（3）通风孔道隔声。室内外空气的良好流通，使在室内活动的人员始终保持良好精神状态，通风问题必须注意。通风口一般采用多层梯形吸声板，通风孔道旁边的墙体也应加装吸声材料，使外界的空气能畅通无阻地进入室内，而室内的浑浊空气又能从排风口顺利排出。声波在进风口和排风口却经历层层障碍，被多次反射吸收，难于往外泄漏或传入室内极其困难。进风口采用多层正梯形吸声板结构，排风口采用多层倒梯形吸声板结构，能起很好的隔声作用。

（4）楼板隔声。房间地板和楼梯通常是混凝土钢筋结构，这种固体结构件很容易传播声音，并且快捷。楼板隔声常使用橡胶板或塑料地板，在这些板上再铺设地毯，地毯越厚，对低频声吸收和隔离越明显。天花板采用吊顶吸声板，中间留有空隙层，龙骨结构牢固。

（5）其他固体结构件隔声。室内常装有水管，暖气管道等固体结构件，对于这类的固体件，有时会传导各种噪声，为了隔声，可使用绒布罩覆盖在这些固体结构件表面，一方面起吸声作用，另方面也起到隔声作用。

四、吸声处理

（1）帷幕。帷幕是一种容易拆卸和调整的吸声材料。由于各种帷幕都是由具有通气性能的纺织品做成的，虽然本身不会有很大的吸声系数，但是，将它离开墙壁一定距离悬挂，则可以大大提高其吸声性能。

常见的帷幕有两种使用方式：①将它的褶皱加深；②将帷幕直接悬挂在离墙面 1/4 波长的奇数倍位置。

（2）空间吸声体。采用在声场中悬挂吸声体，自成体系的独立吸声结构。它最大的特点是增加了吸声体与声波的接触面积，因而有效增大了吸声面积。空间吸声体具有用料少、质量小、投资省、吸声效率高、布置灵活、施工方便的特点。空间吸声体根据建筑物的使用性质、面积、层高、结构形式、装饰要求和声源特性，可有板状、方块状、柱体状、圆锥状和球体状等多种形状。空间吸声体的吸声性能常用不同频率的单个吸声体的有效吸声量来表示。常见的空间吸声体由骨架、护面层、吸声填料和吊件构成，如图 3-15 所示。

（3）可变吸声结构。主要用于对房间音质要求较高的场所，一般用于调节室内的混响特性，或改变室内的音质情况。可变吸声结构的种类很多，形式也多种多样，但原则上都是要求不同的吸声表面能很容易进行变换，实际应用中有多褶式、铰链式、移动式以及旋转式等结构。

五、噪声防治

这里所说的噪声不是一般概念中的噪声，是指一切不需要的声音，即使是美妙的音乐也算是噪声，其中包括以下几种：

图 3-15　圆柱形实心及空心空间吸声体

（1）第一类为机械噪声。是由于空调、转台、吊竿、大幕等工作而产生的声音。其中处理难度较大的是空调噪声，一部分从风管中传过来，一部分是固体传声，尤其是空调机房和扩声场所连在一起的，难度更大。对于这一类噪声可根据具体情况采取不同的方法。

（2）第二类为外部噪声。如交通（飞机、汽车、火车）噪声、商业（小贩叫卖、宣传扩声）噪声等。这时可采取隔声的方法。

第一类空调机房的噪声一般在 80～86dB，因此机房内要做吸声处理，必要时应该加消声装置，对固体震动可用弹簧和橡胶垫减震，如果机房和音响扩声是在同一建筑内，空调机座周围还要挖减震槽。其他机械噪声应从机械精度和润滑上想办法。

第二类噪声主要从隔离上想办法，不要把扩声场所入口正对大门，特别是大门外又是繁华街道，如果已经形成了，可在扩声场所入口处加声锁。

第七节　语言和音乐的特性、乐声的频率

语言的频率范围不宽，成年男人的语声基频范围为 100～150Hz，成年女人的语声基频范围为 200～300Hz。标准汉语平均频谱如图 3-16 所示，汉语普通话的平均频谱如图 3-17 所示。两张曲线图中纵坐标都代表相对声压级，横坐标是频率。在这两个频谱中包括了丰富的泛音（谐波）。

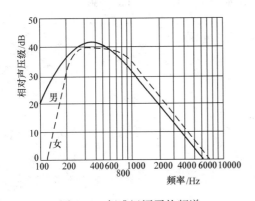

图 3-16　标准汉语平均频谱

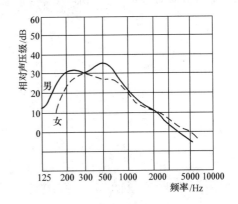

图 3-17　汉语普通话平均频谱

至于歌声的频率范围则比语言宽得多，当然歌声的频率范围与人的天然条件有关，也与后天的训练有关，所以人与人之间会有很大差别，大概的基频频率范围见表 3-6。

表 3-6　　　　　　　　　　　　　歌声各声部的基频范围

声部名称	频率范围/Hz	声部名称	频率范围/Hz
男低音	80～320	女低音	145～580
男中音	96～387	女高音	259～1034
男高音	122～488		

各种声乐及器乐的频谱如图 3-18 所示，图中表示的频率范围中包含了基频和泛音，并且基频所占的范围相对比较小。

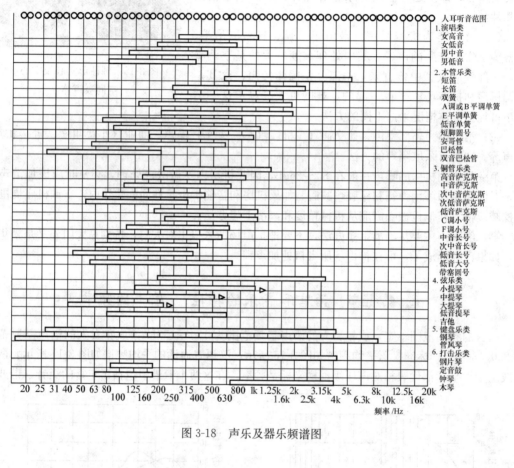

图 3-18　声乐及器乐频谱图

第四章

音视频线缆与接插件

第一节 音频线缆的用途、种类和特点

一、音频线缆的用途

音频线缆在音响系统中，作为设备之间信号传输用，要求能远距离、高效率、宽频响、小失真地传输音频电压信号、功率信号。

二、音频线缆的种类和特点

在音响设备之间的连接线，均使用在 $20\sim20000\,Hz$ 的音频频率范围内，所以传输音频信号的电缆线称之为音频线。

在音响系统中，从声源到调音台，再到周边设备，一直到功率放大器的输入端为止，传输的都是音频电压小信号，一般采用带屏蔽层的多股铜芯线传输，其外皮为塑胶、橡塑或橡胶的绝缘层，属于音频电缆，俗称话筒线。

在功放和音箱之间因为传输的是大功率的电信号，流过传输线的电流比较大，一般采用大截面积的多股铜线，其外皮为塑胶、橡塑或橡胶的绝缘层，通常将这种用于功率放大器与音箱连接的传输线叫做音箱线，下面分别介绍。

（一）话筒线

1. 从不同角度分类

（1）按线缆外径分类。音响系统中常用的话筒线外径有 $\phi3$、$\phi4$、$\phi4.5$、$\phi5\,mm$ 这几种。目前音响系统中，多使用 $\phi4\sim\phi4.5\,mm$ 这种类型的线缆。

（2）按线缆外绝缘层材料分类。可分为塑料型、橡胶型、橡塑型。音响系统中，多数采用橡塑型，因为塑料型虽价格便宜，但随温度降低而变硬、变脆，使用不可靠，橡胶型柔软、不变形、使用方便、绝缘性能好，但价格贵，一般在要求较高的场合使用。在专业型的音响系统中，多采用橡塑型，这种线缆价格适中、性能良好、使用方便。

（3）按使用性分类。可分为单芯屏蔽线缆和多芯屏蔽线缆，例如双芯线缆、三芯线缆、五芯线缆、七芯线缆等。

（4）按屏蔽层的性质分类。可分为编织型屏蔽层和卷绕型屏蔽层。屏蔽层的材料有铜质和铁质之分。

2. 话筒线性能特点

在音响系统中，用得最多的是二芯屏蔽橡塑线缆和三芯屏蔽橡塑线缆。线缆中每根芯线又由多根细铜丝构成，根据不同的使用场合，线芯中的细铜丝的根数和线径都有不同规格，有 7、12、16 根等不同数量，细铜丝的直径有 $\phi0.1\sim\phi0.18\,mm$ 不等。在选用时，通常先确定有效截面积，在同样截面积情况下，可以由不同细铜丝数量和不同直径的细铜丝构成，细铜丝直径大、股数多的线缆每米长的电阻值小、能量损耗小，但价格贵些，这就要求音响师按使用要求选择厂家生产的不同规格话筒线缆。

如图 4-1 所示为二芯屏蔽话筒线的剖面图。

对于导线在高频下产生集肤效应，我们可以通过下面的计算公式来说明对信号传输的影响。穿透深度用 Δ 表示为

$$\Delta = \sqrt{\frac{2}{\omega \mu \gamma}} \quad (\text{mm}) \tag{4-1}$$

式中：$\omega = 2\pi f$；μ 为铜线的磁导率，其相对磁导率 $\mu_i = 1$，$\mu_0 = 4\pi \times 10^{-7}$；$\gamma$ 是铜线的电导率，$\gamma = 5.8 \times 10^7 / \Omega \cdot \text{m}$，（电阻率 ρ 取 $0.01724\Omega \cdot \text{mm}^2 / \text{m}$）。

在不同频率下铜导线的穿透深度 Δ（mm）见表 4-1。

表 4-1   在不同频率下铜导线的穿透深度 Δ（mm）表

工作频率 f/kHz	穿透深度 Δ/mm	工作频率 f/kHz	穿透深度 Δ/mm
1	2.090	45	0.3115
3	1.207	50	0.2955
5	0.9346	60	0.2698
7	0.7899	70	0.2498
10	0.6609	80	0.2336
13	0.5796	90	0.2203
15	0.5396	100	0.2090
18	0.4926	120	0.1908
20	0.4673	130	0.1833
23	0.4258	150	0.1706
25	0.4080	180	0.1558
30	0.3815	200	0.1478
35	0.3532	250	0.1321
40	0.3304	300	0.1207

音频的最高频率为 20kHz，如果我们提出进一步要求，认为比 20kHz 频率还高的信号谐波虽然人耳不能听到其单频（纯音）信号，但是作为谐波，在与 20kHz 以内的基波、谐波合成的波形中对听感会有影响，那么我们将音频电缆传输的信号频率提高到 20kHz 的 5 倍，即 100kHz 的频率，从上面的列表中查到由于集肤效应而限制的穿透深度为 0.209mm，也就是单根细铜线的直径可以达 0.4mm 而在传输 100kHz 的信号时，仍不受集肤效应影响。而我们一般采用的音频电缆是由多根细铜丝组成一股导线的，每根细铜丝的直径远比 0.4mm 小得多，一般在 0.1~0.2mm，所以一般我们使用的音频电缆完全能满足 100kHz 以下信号频率的传输。

图 4-1 中，绝缘护套起着电绝缘作用，防止漏电，音频电流沿线缆芯中的铜线组流动，在芯线外皮有一层绝缘层，橡胶绝缘材料性能良好、材质柔软、有弹性。在专业性强、工作环境温度较低或较高时，最好选用橡胶材料。外皮绝缘层还起保护内线，不受外伤和机械碰损。

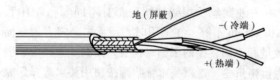

地（屏蔽）

−（冷端）

+（热端）

图 4-1　二芯屏蔽话筒线剖面图

屏蔽层采用金属编织状和直绕式。近年来，一般线缆都采用直绕式卷裹屏蔽层。工艺比较简单，屏蔽效果还可以。在使用时，将金属屏蔽层接地，旁路干扰信号。

目前常用的双芯屏蔽音频电缆有RVVP 2×

0.3、RVVP 2×0.5 等型号，这里的 RVVP 是音频电缆的型号，2×0.3 表示在一根电缆中有两根自身带绝缘皮的多股细铜导线组成的芯线，0.3 表示每一根芯线的总有效截面积为 0.3mm²，RVVP 2×0.3 每 1000m 长度导线的电阻在 60Ω 左右，RVVP 2×0.5 在 36Ω 左右。

音频线缆屏蔽层与芯线之间，以及芯线与芯线之间有分布电容，各种牌号不同生产商的线缆质量不同，分布电容大小也不同，不同型号音频电缆单位长度分布电容的数值可以从厂家的产品技术数据中查到，如果不要求十分精确可估算为：大概每米长度分布电容在 100pF 左右。可以看出线缆越长，分布电容越大，其容抗值就越小，频率越高的音频信号就更容易损耗在线缆上。因为分布电容的容抗对于交流音频信号来说，可看成并联一只电容器，其容抗值大小随频率变化，这样信号电压传输时，高频信号损失随频率升高而增加。因为 $Z_C = 1/2\pi f_C$，频率越高，线缆越长，分布电容越大，高频损失越严重，所以选用线缆时，要重点选择绝缘电阻大、分布电容小的为宜。

（二）音箱线

俗称喇叭线，专业扩声中音箱线不使用带屏蔽的线，因为从功率放大器输出的音频电信号为大功率、高电平信号，比外界干扰信号强得多，所以不需要对线加以屏蔽，需用截面积较大的传输线，例如护套线、双绞线、平行线等。一般情况下，周围电磁场所引起的干扰噪声信号造成的信噪比下降比较小，所以可以不用屏蔽线传输。相反，带金属屏蔽线缆，会因屏蔽层与导线间的分布电容影响传声效果，线越长影响越大，扬声器的阻抗往往很低，例如 4、8、16Ω，其中 8Ω 阻抗最普遍，这样低的负载阻抗，传输线的分布电容影响就会很严重。

由于功率放大器与音箱之间有线连接，所以在实际使用时，系统的阻尼系数是额定负载阻抗与功率放大器内阻加上连接线缆阻抗的比值。这很明显，连接线缆也就是音箱线，要求其阻抗值越小越好；否则会减小系统阻尼系数，使得音箱的阻尼状态减弱。所以应该根据实际需要音箱线的长度选用导线的有效截面积，线的长度越长，则线的有效截面积就应该越大。

音响系统中，从音源一直到功率放大器输入口为止的所有传输线都应该采用屏蔽线，而功率放大器输出到扬声器系统的连接线则不用屏蔽线。因为到功率放大器输入口为止的传输线，每根传输线的终端负载都是设备的高输入阻抗口，除了调音台的传声器输入口的输入阻抗在 3kΩ 以下外，其他所有输入口的输入阻抗均为 10kΩ 或以上，都是传输低电平、小电流电压信号的，为了提高信噪比，需要屏蔽外界电磁场对传输芯线的干扰。由于结构所致，屏蔽线的屏蔽层和芯线之间有分布电容存在，并且随着线的长度增长，电容量也增大，但是在传输线不是非常长的情况下，分布电容引起的高频衰减不至于影响很大，所以对音质的影响在允许范围之内，但是每根传输线还是不宜太长，太长了会使高频衰减太多。

在音响工程中，不管是话筒线，还是喇叭线，除了上述的在技术指标上要选择合理外，线材、线质和线外径要和接插件的内孔径相符，线质线材要柔中有刚，既柔软，又要有强度，机械性能好、抗拉、抗外伤、绝缘性能好。线外皮除了抗强度，还要耐酸、碱。

🔊 第二节　音频信号接插件的用途、种类和特点

一、音频接插件的作用

接插件是音频电压和电流信号在音响系统设备之间传输的中间桥梁。故对接插件要求起好桥梁作用，保证音频电流、电压、功率信号能平稳、无失真、少损耗地从前一级传向后一级。

二、接插件的种类和特点

音频接插件包括两大类——插头和插座，俗称插头座。根据不同用途有许多种类型的插头

座，插头座必须符合国际标准、国家标准（在国际标准基础上制定）、部级标准；否则，产品不能与国际接轨，国内各厂家产品之间也互相不能互接。

除了接插件在音响系统中大量使用外，还有用接线柱，线夹这类转接件，像功率放大器和音箱的连接。

在音响系统中常用的接插件有以下几种。

（1）卡侬（CANNON）插头座。这种接插件使用得最广，国内生产厂家的产品按标准型号为 YS1 型圆形连接器。这种接插件是国际标准型。在音响设备的调音台、功率放大器、传声器以及周边设备的连接多使用这种接插件，也是专业音响工程中，使用量最多的接插件之一。如图 4-2 为公卡侬插座，图 4-3 为母卡侬插座，图 4-4 为公卡侬插头，图 4-5 为母卡侬插头，是三芯接插件，绝大部分情况下用于平衡传输，图 4-6 为卡侬公插头、母插座接点示意图，其中 2 脚接信号高端（热端，hot），3 脚接信号低端（冷端，cold），1 脚接屏蔽（地，ground），用于非平衡信号传输时，2 脚接信号端，3 脚和 1 脚短路后接信号地。它的优点很多，并有三孔和三针式的插头和三孔、三针式的插座，互相搭配使用，非常方便。卡侬接插件，接触牢靠，接触电阻小，与连接线接点合理、结构合理，当孔插头和针插座相连接时，除插入连接外，还有锁定结构，连接牢靠，在使用中不会脱落。

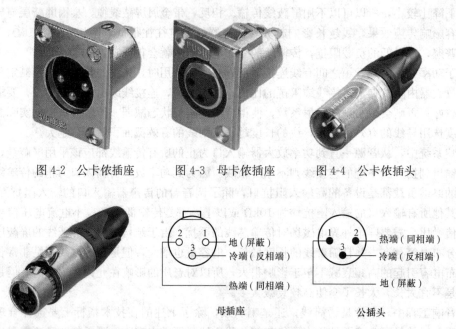

图 4-2 公卡侬插座   图 4-3 母卡侬插座   图 4-4 公卡侬插头

图 4-5 母卡侬插头   图 4-6 卡侬公插头、母插头接点示意图

（2）TRS 三芯插头座和 TS 二芯插头座。这种接插件是传统使用的俗称大三芯插件图 4-7 为大三芯插头，图 4-8 为大三芯插头结构图，图 4-9 为大三芯插头解剖示意图，图 4-10 为大二芯插头结构图，图 4-11 为大二芯插头解剖图，大尺寸三芯插头座是指插头直径为 $\phi6.35mm$，插座孔内径为 $\phi6.35mm$ 的插座。TRS 三芯插头座，其中 T（TIP）代表尖端，R（RING）代表环，S（SLEEVE）代表套。现在设备中的平衡传输常用 TRS 大三芯插头座，其中 T 接信号高端（热端，hot），R 接信号低端（冷端，cold），S 接屏蔽（地，ground）。非平衡输入常用大二芯插头座，其中 T 接信号端，S 接信号地。大三芯插头座也被用于调音台的非平衡插入口（INSERT）连接，用于插入一台设备，其中 T 接调音台前置放大器的输出，将信号送入处理设备的输入端，

处理设备的输出返回调音台 INSERT 口时，从 R 返回后将已处理信号送往后面，S 接信号地。

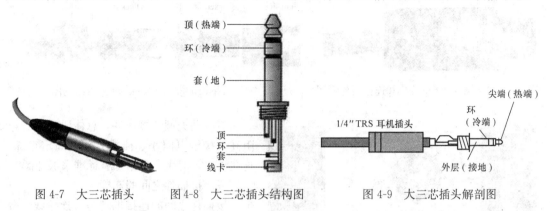

图 4-7　大三芯插头　　　　图 4-8　大三芯插头结构图　　　　图 4-9　大三芯插头解剖图

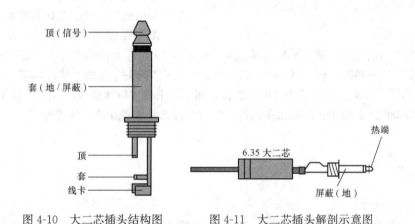

图 4-10　大二芯插头结构图　　　　图 4-11　大二芯插头解剖示意图

（3）小型三芯插头座和二芯插头座。小型三芯插头座是指插头外径为 $\phi3.5mm$ 和 $\phi2.5mm$，插座内径为 $\phi3.5mm$ 和 $\phi2.5mm$ 的小三芯和小二芯接插件，多使用在耳机插头、计算机声卡音频输入、输出口及部分录音机、唱机等接口。

（4）莲花接插件（RCA）。外观看来像个小莲花型，因此得名。莲花插头外形、结构图如图 4-12、图 4-13 所示，主要用于设备之间高电平的线路输入、输出使用，并且在家用设备中应用较广。

（5）Neutrik® Speakon®连接器。近年来不少功率放大器和音箱采用这种连接器，其特点是连接可靠，外形图如图 4-14 所示，结构图如图 4-15 所示，其中 A 为外壳，B 为插入件，D 为卡套，E 为套管，图 4-16 是用 Neutrik®Speakon®连接器连接一对音箱示意图。

目前在音响系统中，使用比较多的是以上几种。

图 4-12　莲花插头外形图

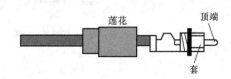

图 4-13　莲花插头结构图

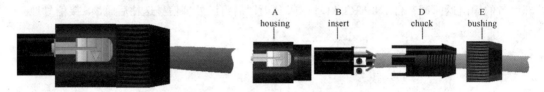

图 4-14　Neutrik® Speakon®连接器外形图　　图 4-15　Neutrik® Speakon®连接器结构图

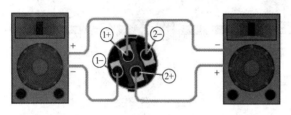

图 4-16　Neutrik® Speakon®连接器连接一对音箱

对各种类型的接插件，总体要求绝缘电阻高、接触电阻小、插拔方便、固定牢靠。这些要求，对生产厂家都有标准来保证。

三、接插件之间的连接

接插件之间的连接也就是做连接线，分为平衡传输线和不平衡传输线两种。图 4-17 为公卡侬插头与母卡侬插头之间的连接，属于平衡传输连接线，图 4-18 为大三芯插头与公卡侬插头之间的连接，属于平衡传输连接线，图 4-19 为母卡侬插头与大三芯插头之间的连接，属于平衡传输连接线，图 4-20 为大三芯插头与大三芯插头之间的连接，属于平衡传输连接线，图 4-21 为莲花插头公卡侬插头之间的连接，属于不平衡传输连接线。从图 4-17 和图 4-18 中可以看出，当采用屏蔽线不是两端都接地的接法时，通常是屏蔽在输入端接地。

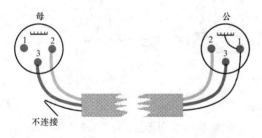

图 4-17　公、母卡侬插头之间的连接

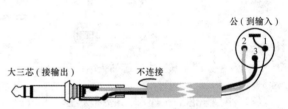

图 4-18　大三芯插头与公卡侬插头的连接

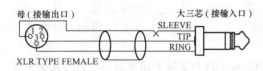

图 4-19　母卡侬插头与大三芯插头的连接

图 4-20　大三芯插头与大三芯插头的连接

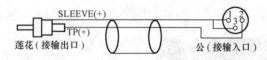

图 4-21　莲花插头与卡侬插头的连接

电 声 器 件

第一节 传 声 器

传声器又称麦克风（Microphone）、拾音器、话筒、麦克、送话器。它是一种拾声工具，其任务是将加到传声器振膜上的声波压力转变为传声器输出的电压信号。不管什么类型的传声器，它都是由一个振动的膜片（振膜）和与振膜组合在一起的能将振膜机械振动转换为电能的装置。传声器的工作机理就是声能→机械能→电能的转换过程，这个过程是十分迅速的，几乎是同时发生的。

传声器的用途越来越广泛，种类也越来越多。但在广播、扩声和录音中，传声器的使用是主导地位，大多数的专业传声器使用在这些领域中。各类录音、扩声系统的最终效果如何，与传声器的选择和正确使用有很大关系，没有一个高质量的传声器，一切美好的音响艺术都不存在。

一、传声器的分类

可以按不同方式对传声器进行分类，在录音棚、电视台、广播电台、电影制片厂、音响软件制作、专业扩声场合用的都属于专业用传声器，一般情况下比非专业用传声器的质量好，价格也更贵些。为方便识别，将部分传声器的分类列于表5-1。

表 5-1 部分传声器的分类

按声波作用方式分类	压强式传声器、压差式传声器、压强压差复合式传声器
按换能原理分类	静电式传声器（电容式和驻极体电容式） 压电式传声器（陶瓷式、晶体式、高聚合物式） 电动式传声器（动圈式、铝带式） 半导体式传声器、电磁式传声器、碳粒式传声器
按指向性分类	全指向性传声器（圆形方向性）、单指向性传声器（心形传声器、超指向性传声器、强指向性传声器、宽角度传声器）、双指向性传声器（8字形指向性）、可变指向性传声器（8、♡、○几种方向任意用开关选择）
按使用性分类	测量用传声器（标准传声器、探管传声器、高声压传声器）、无线传声器、立体声传声器、近讲传声器、高清晰度传声器、厅堂扩声传声器、佩戴式传声器、颈挂式传声器等

（一）按换能原理分类

（1）静电式传声器中的电容传声器和驻极体传声器在后面单独介绍。

（2）压电式传声器。

1）陶瓷式传声器。是利用钛酸钡、锆钛酸铅、铌镁酸铅等压电陶瓷材料的压电特性做成的传声器，声波作用于压电材料后压电材料输出电信号达到声电转换的目的。

2）晶体式传声器。是一种利用酒石酸钾钠、磷酸二氢铵等晶体的压电特性做成的压电传声器，声波作用于压电晶体后压电晶体输出电信号达到声电转换的目的。

3）高聚合物式传声器。是一种利用聚偏二氟乙烯等类压电高分子聚合物薄膜特性做成的压电传声器，声波作用于压电薄膜后压电薄膜输出电信号达到声电转换的目的。

（3）电动式传声器中的动圈式传声器在后面单独介绍。

（4）电磁式传声器。电磁式传声器是依靠磁路中磁阻变化起换能作用的传声器。

（5）碳粒式传声器。碳粒式传声器是利用堆放在一个小容器中的碳粒群在压力作用下改变导电率的原理构成的传声器。当振膜加于碳粒群的压力大时，碳粒群呈现的电阻减小；反之，当振膜加于碳粒群的压力小时，碳粒群呈现的电阻增大的原理达到声电转换目的。

（6）铝带传声器。带式传声器目前市场上主要是铝带传声器，其工作原理和动圈传声器相似，只不过它的振动系统不是音圈和振膜，而是一条悬挂在磁场中的有波纹的薄铝带，铝带兼有受声面（振膜）和音圈的双重身份，铝带受声波作用而振动，切割磁力线而产生感应电动势，达到声电转换的目的。铝带传声器的振动系统质量小，因而它的瞬态效应好；振动系统的谐振频很低，使得传声器的有效频率范围处于质量控制区，传声器的灵敏度几乎不随频率变化，所以频响曲线比较平直。由于铝带的长度远小于动圈传声器音圈的长度，所以灵敏度也远小于动圈传声器，并且铝带呈现的阻抗非常小，为此，需要附加一个音频升压变压器来提高灵敏度和输出阻抗。铝带传声器的音质柔和，受到外界振动容易损坏，并且不适合在有风的环境使用，一般适合固定悬挂在录音棚内使用，而不适合作为经常移动的场合使用。铝带传声器的结构如图 5-1 所示，悬挂在磁场中的波纹铝带既是振膜又是音圈。

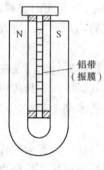

图 5-1 铝带传声器的结构

（二）按声波作用方式分类

（1）压强式传声器。这是一种对声压产生响应的传声器，其原理是声波作用于振膜的一个面上，产生正比于声压的推动力，使振膜往复振动，驱使换能部分产生正比于声压的电输出。

（2）压差式传声器。这是一种对空间相邻两点的压力差产生响应的传声器，压差传声器振膜的两个面都受声波作用，推动振膜的力正比于振膜两面的压力差，因而换能部分的电输出正比于压差。

（3）压强压差复合式传声器。这是一种对声信号的声压和压差都发生响应的传声器，实际是压强式传声器和压差式传声器的组合。

从表 5-1 中介绍的传声器品种看种类相当多，实际上目前国内外主要生产、销售和使用的传声器主要是两大类，动圈式传声器和电容式传声器。

下面就重点介绍动圈式传声器和电容式传声器两大类。

二、动圈传声器

动圈传声器主要用于语言扩音，使用覆盖面广，是电视台、广播台站、学校常用的传声器。卡拉 OK 歌舞厅内使用的传声器，几乎全是动圈传声器。

（一）动圈传声器的结构、工作原理及工作特点

动圈传声器换能关键部件如图 5-2 所示。动圈传声器的换能部分也就是声电转换部分，是由磁路系统（磁体、磁碗、磁靴）和振动系统（膜片、音圈）组成。振膜由于受到声压 P 的作用产生振动，处在磁场中粘在振膜上的

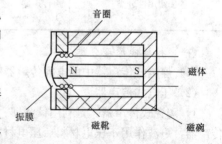

图 5-2 动圈传声器换能关键部件

音圈（由外面包有绝缘漆的导线绕成，一般是漆包铜线绕成）跟着振动，在磁场中做切割磁力线运动，音圈导线两端就产生感应电动势，感应电动势的方向可用右手定则来确定。感应电动势的大小由电磁感应定律来确定，其表示式为：

$$E = BLV \tag{5-1}$$

式中：E 为感应电动势，V；B 为音圈所处磁场的磁感应强度，T；L 为音圈导线的总长度，m；V 为音圈切割磁力线的速度，m/s。

可以看出感应电动势 E 的大小和磁通密度 B、导线长度 L、导线运动速度 V 的乘积成正比。

动圈传声器的音圈阻抗很小，以前一般在几十欧姆，再在传声器外壳里加一个变压器将低阻抗变换到所需阻抗。近些年来，设计人员将音圈的导线直径、层数和匝数做了很大技术改进，可直接做成 600Ω 或 200Ω，就不用再加变压器了，使动圈传声器的结构更加简单。但是也有人觉得有变压器动圈传声器音质比没有变压器的好听，这恐怕是变压器会带来一些失真，产生一些谐波，使得声音更温暖些。除了主要部件——换能音头之外，还有外壳、头罩及其他配件组成一只动圈传声器。

动圈传声器自身结构和技术特性就决定了其工作特点，性能稳定、可靠、价格便宜、适用面广、不需供电、使用方便，能耐高声压级。

（二）动圈传声器的主要技术指标

（1）灵敏度。传声器输出端的输出电压和输入端的声压之比，以 mV/Pa 表示，灵敏度表征了传声器声—电转换能力，传声器灵敏度有空载灵敏度、有载灵敏度、声压灵敏度、声场灵敏度之分，一般我们音响中使用的是声场有载灵敏度，不特别指出时，就是这种灵敏度。一般大部分电容传声器灵敏度约在 10～20mV/Pa，大部分动圈传声器约在 1～2mV/Pa。一般而言，600Ω 输出阻抗的动圈传声器灵敏度比 200Ω 输出阻抗的动圈传声器灵敏度高。灵敏度也可以用分贝（dB）表示，可以用下式转换成用 dB 表示的灵敏度

$$S = 20\lg\frac{n\text{mV/Pa}}{1\text{V/Pa}} = 20\lg\frac{n\text{mV}}{1\text{V}} = 20\lg\frac{n}{1000} \tag{5-2}$$

式中：n 为用 mV/Pa 表示的灵敏度数值；1V/Pa 为灵敏度参考值。

例如灵敏度为 10mV/Pa 转换成 dB 表示为 $S = 20\lg\frac{10}{1000} = 20\lg 10^{-2} = -40(\text{dB})$

（2）频率响应。传声器的正向灵敏度随频率变化的一条特性曲线，表征随频率变化，传声器灵敏度变化的情况，如图 5-3 所示。

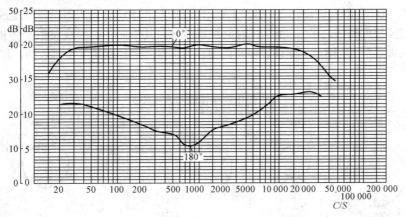

图 5-3　传声器频率响应曲线

频率响应曲线在自由场中测试为自由场频率响应，在扩散场中测试为扩散场频率响应，我们音响范围内用的传声器，都是指自由场频率响应，在说明中不特别指明，即是自由场下测量的指标。

动圈传声器的频率响应在80～13000Hz，就是比较专业的了，现在国内外也只有少数产品能够达到这个频率范围。一般在100～10000Hz是普及型使用，一般在KTV、广播、教学等处使用。电容传声器的频响就可以做得较宽，一般为40～16000Hz，比较优秀的产品能做到30～18000Hz。传声器的频率响应反映频率的失真度，它的参数和声音的音色好坏相关。当然，这频率特性曲线只是一个方面，主观听感是另一个很重要的方面。

使用场合不同，对传声器频响的要求也不同，语言的声音频率范围比音乐的窄，大型乐队演奏比独唱、独奏等的频率范围宽，传声器频率响应曲线在高频段有"上翘"时，重放声音明亮；在低频有上翘时，重放声会有"浑厚"的感觉，这可以由音响师根据节目内容的特殊需要来补偿。

（3）指向特性。传声器的指向特性是指传声器的灵敏度随声波入射的方向而变化的特性。传声器的指向特性，在专业性较强的传声器技术说明书中用指向性图案来表示，用圆形极坐标纸标出的，如图5-4所示，一目了然，直观地看出传声器的指向特性。

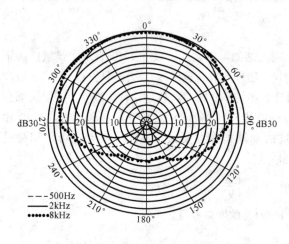

图 5-4　传声器指向性极座标图案示意

一般的指向性指标以0°、180°时的频率响应之差来表示，如图5-3所示，就是0°和180°时传声器灵敏度的频率响应曲线，0°和180°之间相差越大，说明传声器单指向性越好。图5-4示意了典型理想的心脏形图案，实际上不是这样的规范，而是不对称的心脏形。常用的传声器有三大类指向性，即：圆形、单方向形和双方向（8字）形指向性。圆形（omnidirectional）指向特性表示不论声波从什么方向入射到传声器，传声器的灵敏度不变，所以也称全指向型或无指向型。单方向型特性表示声波从0°方向入射到传声器时灵敏度最高，偏离0°方向时灵敏度降低，在180°左右方向的灵敏度最低，例如心形（cardioid）、亚心形（subcardioid）、超心形（supercardioid）、锐心形（hypercardioid）指向特性。双指向（8字）形（bidiredtional）指向特性表示声波从0°和180°方向入射时灵敏度最高，随着偏离这两个角度灵敏度降低，在90°和270°时灵敏度最低，其指向特性曲线类似于阿拉伯数字的8字故得名，见表5-2相应图形。此外，强指向型、超强指向型、宽角度型等，为不同场合使用而设计。

表 5-2　　　　　　　　　　　　传声器指向特性图和计算公式

特性	圆形	双指向形	亚心形	心形	超心形	锐心形
指向性图案						
指向性公式	1	$\cos\theta$	$0.7+0.3\cos\theta$	$0.5+0.5\cos\theta$	$0.37+0.63\cos\theta$	$0.25+0.75\cos\theta$

对于不同指向性传声器，声波从不同角度入射，大概的灵敏度理论上可以从表 5-2 中的计算公式计算得到，当然具体到某厂家生产的某型号传声器的指向性特性会与计算结果有些差别，另外频率不同，其指向性特性也会变化。例如对于心形指向性的公式计算出声波从不同方向入射后与 0°方向入射灵敏度值的比较见表 5-3，当然实际的传声器不可能完全与表格相同的，尤其是 180°方向绝不可能衰减无穷大的。

表 5-3 不同入射角灵敏度值与 0°入射角的比较（理论计算值）

入射角度	灵敏度与 0°入射角比较	入射角度	灵敏度与 0°入射角比较
0°	0dB	10°	−0.067dB
20°	−0.26dB	30°	−0.63dB
40°	−1，1dB	50°	−1.7dB
60°	−2.5dB	70°	−3.5dB
80°	−5.85dB	90°	−6dB
100°	−7.5dB	110°	−9.6dB
120°	−12dB	130°	−14.9dB
140°	−18.4dB	150°	−23.7dB
160°	−30.5dB	170°	−40dB
180°	−∞		

传声器指向特性是通过在声波作用于传声器振膜的一面，还是作用于传声器振膜的两面来获得的。当声波只能作用于振膜的一个面上时，不管声波从哪个方向加到传声器，都是在振膜的一个面上作用，激励振膜振动，所以这种方式的传声器属于无指向性（全指向性或圆形指向性）的，也即无论声波从什么方向入射，灵敏度始终不变，这种称为压强式传声器。如果使声波能作用于振膜的两个面（正面和反面），则由于一个方向入射来的声波施加到振膜的两个面有声程差，当这个声程差正好是某个声波的半波长时，施加到振膜两面的声波是反相位的，使得声波对振膜的激励力是两个力的和，振膜振动幅度变大，灵敏度变高。当这个声程差正好是某个声波波长的整数倍，则施加

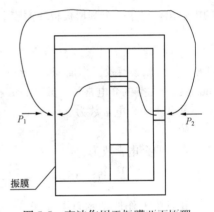

图 5-5 声波作用于振膜两面原理

到振膜两面的激励力是两个力的差，振膜振动幅度变小，灵敏度降低，这样不同频率声波加到传声器后的灵敏度也会不同。不同入射方向的声波到振膜两个面的声程差是不同的，所以不同入射方向的灵敏度也是不同的。声波作用于振膜两面原理见 5-5。至于枪式强指向性传声器，那是音头选用单指向性例如心形指向性，再加上前面的干涉管，利用干涉管上侧面前后的进声孔，各入射方向的声波进入这些前后干涉孔到达音头振膜的声程差引起干涉，从而降低了侧面方向入射声的灵敏度，提高了指向特性。

（4）输出阻抗。从传声器的输出端测得的交流阻抗，根据国际电工委员会标准 IEC268−15 "声系统设备互连的优选配接值"（1987 年）中规定，阻抗优选值为 200、600Ω、2kΩ，但是具体到某一型号的传声器输出阻抗值，则由制造厂家规定，不见得一定是上述几个优选值之一，输出阻抗额定值的允许误差不超过±30%。

衡量传声器的技术指标还有许多项，在音响中，了解这四项指标，就可供我们选用动圈传声器时做参考了，其他几项指标在电容传声器中再做介绍。

三、电容传声器

广播录音传声器、测量传声器、驻极体传声器都属于电容传声器范畴，但电容传声器在音响中用得最多的是广播录音用的大电容传声器，其次是驻极体电容传声器的制成品，测量电容传声器又称标准电容传声器，是一种作测量使用的精密器件，这里就不介绍了。

电容传声器主要用于影视录音、大型剧场扩声、音频软件制作等高质量要求的使用场合，所以它的技术指标要求高，结构相对动圈传声器复杂。

（一）电容传声器的结构、工作原理及工作特点

电容传声器是一种靠电容量变化而起换能作用的传声器，最简单的压力式电容传声器换能关键部件如图 5-6 所示，振膜上的金属镀层和金属背极形成的电容就是它的换能系统，它的振动部

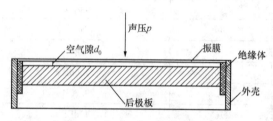

图 5-6　压力式电容传声器换能关键部件

分就是振膜，按照不同用途使用不同材料，一般用于广播录音和扩声的电容传声器振膜多采用在一面覆盖有极薄的一层导电金属材料的涤纶薄膜，而且只有几个微米厚，正是覆盖上去的导电金属层和金属背极板之间构成一个电容器，构成电声换能的音头。当声压 P 作用在振膜的一侧，产生正比于声压的力，使振膜振动，并耦合到电声换能元件以产生正比于声压

的电输出，对于一个圆形极板和振膜上的金属层形成的空气电容器电容量为

$$C_0 = \frac{\varepsilon S}{d_0} = \varepsilon_0 \frac{S \varepsilon_r}{d_0} \tag{5-3}$$

式中：S 为振膜有效工作面积，mm^2；d_0 为振膜与背极之间的距离，mm；ε 为介电常数，pF/mm；ε_0 为真空的介电常数，pF/mm；ε_r 为相对介电常数，空气的相对介电常数可以看成 1。

某介质的介电常数为

$$\varepsilon = \varepsilon_r \varepsilon_0 \tag{5-4}$$

真空的介电常数为

$$\varepsilon_0 = \frac{10^{-9}}{36\pi} C/(V \cdot m) = \frac{10^{-12}}{36\pi} C/(V \cdot mm) = \frac{1}{36\pi} pF/mm = 0.00886 pF/mm \tag{5-5}$$

其简单工作原理示意图如图 5-7 所示。图中电容 C 代表由振膜（导电层）和后极板构成的音头，E 为使音头工作所必需的极化电源，电阻 R 是一个阻值非常大的电阻。电路接通后，极化电源 E 通过大阻值电阻 R 向音头充电，使代表音头的电容 C 两端分别充上正电荷和负电荷，充电结束后，电容 C 两端的电压为 U_c，并且 U_c 的值等于极化电源 E 的值。电容 C 上充得的电荷量为 Q。

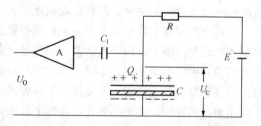

图 5-7　电容传声器等效电路示意图

电容 C_1 作为耦合电容将音头电容 C 上的交流声频电信号传递给放大电路 A，同时隔离直流极化电压，使之不能加到放大电路。放大电路 A 在这里实际上主要起阻抗变换功能，所以也可以称为阻抗变换器，因为音头电容 C 的电容量非常小，大约在几十皮法的数量级，在低频时呈现的阻抗非常大，可以看作为是一个高内阻的信号源，所以必须接一个具有高输入阻抗、低输出阻抗

的放大电路—阻抗变换器，最后放大电路以低输出阻抗信号源的方式将交流声频电信号输出。

在有声波作用时，当与振膜相邻的空气是被压缩的密波时，振膜被往内压向后极板扳，振膜和后极板之间的距离 d 减小，使电容量增加，反之，当与振膜相邻的空气是被膨胀的疏波时，振膜被往外压向离开后极扳，振膜和后极板之间的距离增大，使电容量减少。

音头（电容器）上的电荷量 Q、电容两端的电压 U_c 和音头电容量 C 之间存在如下关系

$$Q = U_c C \tag{5-6}$$

如果由于声波的作用，使音头的电容量在静态电容 C_0 的基础上产生一个电容增量 ΔC，当密波（以后我们称之为正极性声波）时，为 $+\Delta C$；反之，当疏波（以后我们称之为负极性声波）时，为 $-\Delta C$。

由于在电容音头的极化电压回路中串有阻值非常大的电阻 R，电阻 R 和电容 C 所构成的时间常数比较大，如果电阻 R 的值为 $10^9\Omega$，音头电容为 50pF，则时间常数为 $\tau = RC = 10^9 \times 50 \times 10^{-12} = 5 \times 10^{-2}(\text{s}) = 50(\text{ms})$，显然，对于 $20\text{Hz} \sim 20\text{kHz}$ 的音频信号来说，其周期为 $50\text{ms} \sim 50\mu\text{s}$，半个周期为 $25\text{ms} \sim 25\mu\text{s}$，而电路充放电的时间常数 τ 为 50ms，根本不可能在半个信号周期内由于对（音头）电容充放电，而使音头两极板间产生明显的电压输出，从而取得声波引起的信号电压输出，尤其是高频时。

所以在电容音头极化电压充电过程结束后，可以将音头的振膜和后极板上的电荷量 Q 看作常数。

那么式（5-6）可以改写为

$$Q = (U_c \pm \Delta u_c)(C_0 \pm \Delta C) \tag{5-7}$$

从式（5-7）可以看出，由于声波的作用于音头，当正极性声波时音头电容产生电容增量（$+\Delta C$），音头上必定产生一个电压增量（$-\Delta u_c$）；反之，当负极性声波时音头电容产生电容增量（$-\Delta C$），音头上必定产生一个电压增量（$+\Delta u_c$）。这样电容传声器就将声信号输入转变为电信号输出，也就是声—电的换能过程。

电容传声器的结构除了关键的换能部件专业称为"换能音头"外，和动圈传声器不同处，还需有一个阻抗变换器（放大电路）来把音头的高输出阻抗变为低输出阻抗，例如 200Ω 输出阻抗。这个阻抗变换器（放大电路）由阻容元件和电子管、半导体管等组成，所以必然会带来附加的谐波失真和噪声。图 5-8 是 797 厂生产的 CR1-73 型电容传声器内部电路，图 5-9 是 NEU-MANN 公司的 U89 型电容传声器的内部电路。

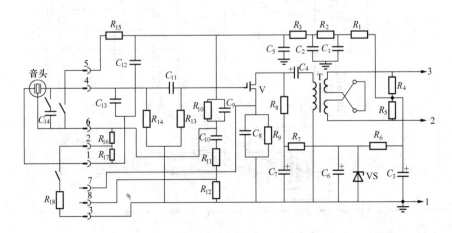

图 5-8 CR1-73 型电容传声器内部电路

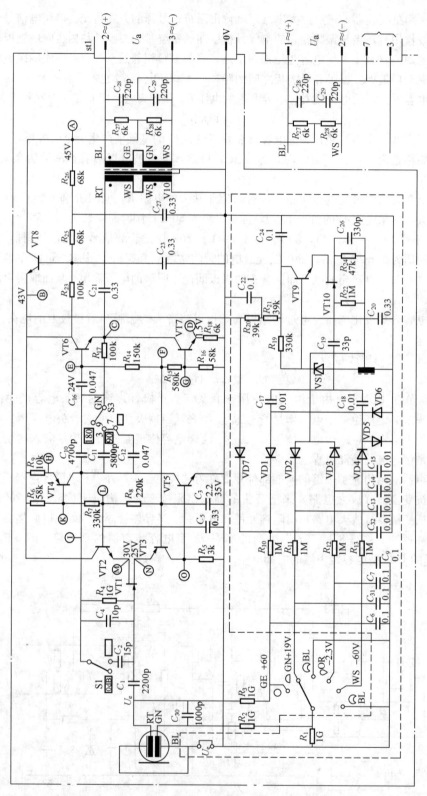

图 5-9 NEUMANN 公司的 U89 型电容传声器内部电路

电容传声器灵敏度高、频率响应好、音色优美、性能优良，但价格较贵。另外，由于需要极化电压和为阻抗变换器提供电源，还必须要有电源供电装置，使用起来就稍有一些麻烦。由于结构所致，它比动圈传声器娇贵，防潮、防尘维护比动圈传声器更加严格。

根据阻抗变换电路中所使用的是电子管（真空管）还是半导体管（场效应管）将电容传声器分为电子管电容传声器和场效应管电容传声器。由于电子管电容传声器除了需要外部电源供给极化电源外，还需提供电子管的板极电源、灯丝电源等，所以它的接线插座是七针插座，而场效应管电容传声器目前大多使用幻像电源工作，所以它的接线插座是三针插座。电子管电容传声器听感温暖，场效应管电容传声器听感偏冷，这恐怕除了与电子管本身的非线性失真偏大外，还与它必须接一个音频输出变压器来变换阻抗并隔断电子管工作所用的直流高电压，所以电子管电容传声器的非线性失真会比效应管电容传声器的非线性失真大一些，也就是谐波成分会大一些，因此听感温暖一些。

目前音响系统中常用的电容传声器除了上面介绍的传统电容传声器（这里不妨称其为纯电容传声器）外，还有驻极体电容传声器。目前音响系统中用的驻极体传声器大部分为背极驻极体传声器，其结构示意图如图5-10。背极上覆以驻极体高分子材料，将电荷驻在背极上的，称为背极驻极体。这种背极驻极体传声器工艺要求复杂，但是性能稳定。目前背极驻极体传声器已是音响中使用的驻极体传声器的主流产品。驻极体电容传声器不用外加极化电源，它的极化电压在制造时已经通过特殊的高温、高电压方法将电荷驻在传声器内部的塑料膜上了，实际上是将驻极体高分子材料"极化"了，形成了自备的极化电源。图5-11是驻极体电容传声器工作电路，原理说明见后面电路分析部分。常见的鹅颈传声器就是用驻极体传声器作为拾声音头的，还有无线传声器中也经常采用驻极体传声器作为拾声的音头，尤其是领夹式和耳麦式无线传声器中所用的音头。

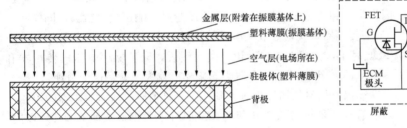

图 5-10　驻极体传声器结构示意图

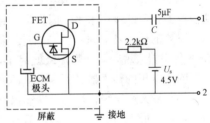

图 5-11　驻极体电容传声器工作电路

驻极体传声器结构简单、电声性能较好、抗振动力强、价格低、容易小型化，所以被广泛用于音响扩声中，但是驻极体传声器的灵敏度会随时间推移而变化，并且在高温、高湿条件下灵敏度下降更快，这是它的缺点。

（二）电容传声器的主要技术指标

在动圈传声器的技术指标中，我们已对传声器的灵敏度、频率响应、方向特性和输出阻抗做了介绍。这些指标也是电容传声器的主要技术指标，但对电容传声器性能的衡量，除了以上四项指标以外，另外又增加了以下几项。

（1）灵敏度、频率响应、方向特性、输出阻抗，见前面动圈传声器部分介绍。

（2）谐波失真。当一个声频信号作用在传声器振膜上，在它的输出端声频电信号中出现了输入声信号频率以外的新频率成分信号，这些新频率成分信号就是新增加的谐波成分，这种现象称为谐波失真，一般用谐波失真度来表示。

$$\gamma = \sqrt{\frac{E_2^2 + E_3^2 + \Lambda + E_n^2}{E_1^2}} \tag{5-8}$$

式中：E_1 为信号电压基波的有效值；E_2、E_3、$\cdots E_n$ 为谐波成分的有效值。

现在国内外传声器说明书中标注的失真全部为电失真，不包括膜片和声路的声失真。声失真（包括动圈传声器）测试烦琐、测试成本高，专业传声器声失真也很小，一般用主观试听来认定即可。

（3）传声器固有噪声。指传声器在理想条件下，作用于传声器的声压降至为零时，传声器输出端的电压为噪声电压，即传声器没有声波入射时输出电压的大小，这项指标在动圈传声器中一般不标注，因为动圈传声器只有屏蔽不好，在晶闸管灯光等电磁环境中，才会出现噪声。而电容传声器由于电子元器件的热噪声影响，再精心设计和精心制作，也会出现噪声，只不过能够做得噪声越小越好。噪声电压通常没有突出的频率，而是一个较宽的噪声频带，它决定着传声器所能接收的最低声压级的拾声能力。

（4）等效噪声级 ENL（Equivalent noise level）。指声波的声压作用在传声器上所产生的输出电压同传声器固有噪声产生的输出电压相等，该声波的声压就等于传声器的等效噪声级。或者说，在没有给传声器加声压时，由于传声器电路产生的噪声电压大小，相当于在传声器上加了多少声压级的声信号所产生的电压，可用式（5-9）计算

$$等效噪声级\ ENL = 20\lg\frac{u}{SP_0} \tag{5-9}$$

式中：u 为噪声电压，mV；P_0 为参考声压，2×10^{-5} Pa；S 为传声器灵敏度，mV/Pa。

例如某传声器的噪声电压是 5μV，灵敏度为 10mV/Pa，那么其等效噪声级为 28dB。对于电容传声器的等效噪声级要求不大于 26dB（A），这里指的是 A 计权等效噪声级，也就是噪声电压是用 A 计权测量的。等效噪声级比固有噪声更加确切，单独标出传声器的固有噪声，还不能反映传声器真正的噪声水平。因为噪声和灵敏度直接相关，灵敏度越高，噪声相对就大，同样一个 3μV 噪声的传声器对 30mV/Pa 的传声器来说，等效噪声级就显得很小，只有 14dB；但对 10mV/Pa 的传声器来说，等效噪声级就高了，大概为 23.54dB。换句话说，5μV 噪声电压的传声器和 3μV 噪声电压的传声器，不一定 5μV 噪声电压的传声器听起来噪声就大，就是这个道理。

（5）最大声压级。当传声器输出电信号的谐波失真大到一定允许值时的输入传声器的声压级为传声器的最大声压级，一般电容传声器的最大声压级为 126dB 左右，谐波失真在 0.5％ 以内，就是比较专业用的传声器了。

（6）传声器的动态范围。传声器最大声压级减去等效噪声级，一般可以达到 100dB 左右。它是反映传声器所能接收声音大小的范围，上限受谐波失真限制，下限受固有噪声限制。

（7）信噪比。目前有公司的技术指标中也有标信噪比，而不标等效噪声级的，一般指额定信号声压为 1Pa 时的信噪比，例如标明信噪比为 74dB，则表明等效噪声级为 20dB。

四、对图 5-8～图 5-11 电路的简要说明（电路图分别取自厂家的产品使用说明书）

通过对这些电路的简要说明，想让读者对电容传声器的电路有一个初步认识。

（1）图 5-8 是 CR1-73 电容传声器电原理图。＋48V 幻像电源通过卡侬插座的 2、3 脚同时加入后分成两路：①直接加到输出变压器的二次绕组两端，由于 2、3 脚是同电位，所以没有直流电流流过输出变压器的二次绕组；②通过电阻 R_4、R_5 加到 R_4、R_5 的连接点后又分成两路，一路通过 $R_1\sim R_3$ 加到极头作为极化电压，一路通过 R_6、R_7 作为缓冲放大器的工作电压。其中 VT1 是场效应管，和外围元件组合作为阻抗变换用的缓冲放大器。主要部件的极头是双极头，后极板始终加有极化电压，左边极头的振膜可以通过开关切换加或不加极化电压，用以改变指向特性。

VS1 是稳压二极管，为电路提供比较稳定的直流工作电压。

（2）图 5-9 是 U89 电容传声器电原理图，图中幻像电源输入部分类似于图 5-7，不再重复说明。T8、R_{23}、R_{25}、R_{26} 构成恒压源，所以在 T8 的 C、E 极之间的直流电压降基本不变。T9、T10 及外围元件构成高频振荡电路，其振荡频率要远高于 20kHz 这个音频的最高频率。高频振荡再经过正负倍压检波形成不同的极化电压＋60、＋19、－23、－60V，通过开关切换加到图中左边的极头部分的下面后极板，从而产生圆形、心形、超心形、8 字形等指向特性。开关 S1 控制加或不加电容器 C_2 来确定是否工作在灵敏度降低 6dB 状态。T1～T7 及外围元件构成阻抗变换及放大电路，其中 T4、T7 各自接成恒流源电路，分别作为 T5、T6 放大管的集电极负载电阻。

（3）图 5-11 的驻极体电容传声器工作电路。图中虚线框内为驻极体电容传声器，ECM 表示音头，FET 表示场效应管。外接的 R 作为场效应管放大器的负载电阻，E 是工作电源，C 是隔直流耦合电容器，音频电压信号通过它送出，所有外接部分的参数可以根据具体的使用场合选择。

五、几种典型传声器介绍

（一）立体声传声器

在立体声录音和扩声中，有时会使用立体声传声器，立体声传声器有不同制式，使用时也要按照不同制式立体声传声器拾声的要求操作。下面介绍 AB、XY、MS 制三种制式的立体声传声器。

（1）AB 制立体声传声器。图 5-12 是 AB 制立体声传声器拾声示意图，这是一种最简单的拾声方法。AB 制立体声拾声技术属于时间差和相位差定位的拾音技术。

它的结构特点是将两只性能完全相同的单声道传声器 A 和传声器 B 按照一定的距离（一般为几十厘米）固定在双头支架上，这样就构成了 AB 制立体声传声器。两只单声道传声器可以都采用圆形指向性的（又称全方向型），也可以都采用心形指向性的（又称单方向型）。

从图 5-12 可以看出，AB 两只传声器之间有一定的距离。如果声源 S 处于两只传声器中心连线的中心垂线上，则声源相对于传声器 A 和传声器 B 来说距离是相等的。但实际上声源在多数情况下不是一个点，

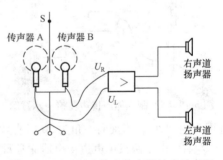

图 5-12 AB 制立体声传声器拾声示意图

而是由许多点声源组合成一个面声源，其中每一个点声源到传声器 A 和传声器 B 的距离就会有差别。这样就出现了声音到达两个传声器有时间先后的差别，于是造成了时间差、相位差，同时出现声音的强度差。当采用两只全指向性传声器组成"传声器对"，并且两只传声器间的距离很小，"传声器对"距离声源又比较远，声源到两只传声器的距离差所引起的声压级差非常小时，则可以将这样的拾音制式看成是时间差拾音制式。

AB 制拾音传声器又分小 AB 制拾音传声器、大 AB 制拾音传声器和带障板 AB 制拾音传声器。小 AB 制拾音用两只严格匹配的、具有心形方向性、宽心形方向性或超心形方向性传声器，传声器对称地设置于声源的前方，传声器之间的距离在拾几厘米到几拾厘米之间，并可根据需要使两只传声器之间成一定夹角（0°～90°）。由于传声器间距比较小，所以这种拾音方式在低频段的特性和 XY 制式基本一致。增大轴向夹角或减小两传声器间距离可以增加两传声器的强度差，或者说减小时间差的相对作用。增大两传声器间距离或减小其轴向夹角可以增加两传声器的时间

差，或者说减小强度差的相对作用。

大 AB 制拾音是相对于小 AB 制拾音而言的。因为传声器的间距大，所以两声道间有很大的时间差和声级差。从实际的应用情况来看，大 AB 制两传声器间距离往往可以和声源的宽度相比较，因而在这种情况下讨论拾音角度就不恰当了，应考察其有效拾音区域。在进行立体声重放时，由于两传声器距离较大，可能会出现中间部位声像淡化的现象。出现这种情况时，可再附加一个单声道传声器，将其置于 A、B 拾声传声器的中间。传声器 A 和传声器 B 之间距离拉开得越远，中间声像淡化的现象越严重，所以两支传声器之间的距离要适度。

带障板 AB 制拾音传声器，这种拾音方式主要是为了尽可能模拟听音人双耳听音时的情况。它用两只全指向传声器以较小的间距组成 AB 拾音制式，然后在两只传声器中间加一声屏或障板，经常采用木质或塑料，并开有许多小孔。两传声器之间较小的距离是为了拾取一定的时间差，获得较好的空间感和深度感。采用全指向性传声器能够获得很好的低频响应。两传声器之间加入障板可以使两声道间获得一定的声级差，这种声级差类似于听音人双耳听音时的情况。当频率升高时，声音的波长减小，人头的屏蔽效应变得显著，从而在左右声道间形成声级差，并且它主要依赖于声源的频谱成分。

（2）XY 制立体声传声器。这是由两只性能完全相同的单声道传声器组成的一个"传声器对"，两只单声道传声器一上一下的近距离同轴安装在同一壳体结构里，从外观上看就是一只传声器，只是比一般单声道传声器体积稍大些。壳体内部上下两只单声道传声器振膜可做相对角度的旋转，一般可选择在 0°～270° 或 0°～360° 范围内变化。内部所采用的两只单声道传声器指向性可以都采用心形的，也可以都采用"8"字形的，如图 5-13 所示。调节两只传声器振膜的相对位置，实际上就是调节两传声器的主轴夹角。若主轴夹角调节成 90°，则两主轴的方向分别相当于直角坐标中 X 轴和 Y 轴的方向，因此它才取名 X-Y 制式。但两主轴夹角不是只能为 90°，而应按拾声所要求的音源范围而定，一般可选择在 70°～180° 范围内变化，在实际应用中轴向夹角常选用 90° 和 120°。当轴向夹角为 90° 时有效拾音角为 170° 左右，当轴向夹角为 120° 时有效拾音角为 140° 左右。

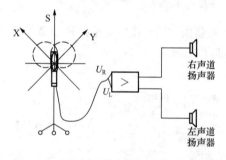

图 5-13　XY 制立体声传声器拾声示意图

由于两只单声道传声器非常紧凑地安装在一起，声源 S 到两只单声道传声器振膜的距离基本可视为相等，因此时间差和相位差可以忽略不计，由于两只传声器具有指向性，传声器对于来自不同方向声源的输出电压不同，相当于全指向性传声器由于声压级不同引起输出电压不同，可以看成是声级差拾音制式。所以声音信号的成分同实际的双耳听音相比较，除了在不同方向传声器频率响应的不同而带来声染色以外，相对单调，缺乏变化。从重放听音的效果比较，声音缺乏层次感、空间感和深度感；但立体声的声像定位比较清晰和稳定，具有相当宽的有效拾音角，可以在比较近的距离拾音，并且单声道重放的兼容性相当好。当采用"8"字形指向传声器组成 XY 拾音制式立体声传声器时，由于"8"字形传声器正、负波瓣的极性是相反的，所以在传声器周围存在反相问题。传声器前后各自 90° 的范围内为拾音区，两传声器拾取的信号极性相同，但是后方的声像定位和前方的声像定位是相反的。采用这种方式拾音时，由于前后拾音区的声像定位是反向的，所以重放时后区的声像需要反向叠加到前区的声像中，在这种情况下如果在混响比较活跃的厅堂里拾音，这种反向将使空间感下降。由于传声器的膜片基本重合，所以这种拾音方式具有准确、清晰的声像定位。有效拾音角为 70°，接近于立体声最佳听音角度，这样在重放听音时声像的角度分布更接近于自然听音。由于有效拾音角相对较小，所以在拾音时传声器设置需要相对距声源较远，如果在混响时间较长的厅堂内录音，仅使用主传声器拾音，要录制出乐队演奏的现场感和演奏细节较为困难。

（3）M-S 制立体声传声器。这种传声器在内部结构上基本和 X-Y 制一样，其区别仅在于所选用的两只单声道传声器的指向性不同。M-S 制式的实施方案如 5-14 所示。其中，一只传声器 M 选用心形或圆形方向性的，另一只传声器 S 选用"8"字形方向性的。传声器 M 的主轴向着声源中央方向，也就是说传声器的振膜对着声源中心，另一只传声器 S，如图 5-14 所示让传声器的"8"字形特性横过来向着两边拾音，主声轴朝左边。M-S 制中，"M"的意思是取英文 Middle（中间）的字首，"S"是取英文 Side（旁边）的字首。

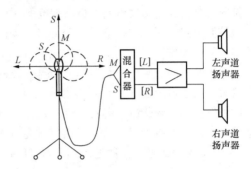

图 5-14　M-S 制立体声传声器拾声示意图

按图 5-14 所示的立体声传声器中，传声器 M 的拾声信号为 $M = L + R$，传声器 S 的拾声信号为 $S = L - R$。使用这种传声器时，不能简单地将 M 传声器和 S 传声器的输出信号分别接入立体声调音台的左右声道去进行扩音，除非调音台输入通道有相位切换开关，并且要将 S 传声器同时输入到调音台的两路输入通道，然后将此两路的声像分配，一路分配在左声道、一路分配在右声道，并对输入到右声道的信号用相位切换开关进行反相。一般采用将两只传声器的输出信号进行"和"与"差"的变换后才作为左右声道信号使用。即左声道进行"和"变换后，得到 $[L] = M + S = L + R + L - R = 2L$，右声道进行差变换后得到 $[R] = M - S = L + R - L + R = 2R$。这个和与差的变换任务由附设的一种混合器（又称加法器和减法器）来完成。混合器的形式有许多种，图 5-15 为一种用变压器混合的原理图。这是两个变压比均为 1：1 的变压器组，即两个变压器的二次绕阻Ⅰ和Ⅱ与其一次绕组之间的变压比均为 1：1。M 传声器的输出信号电压和 S 传声器的输出信号电压分别加在各自变压器的一次，经变压器耦合后在二次的电压相位如图 5-15 所示，将两个变压器的二次绕组Ⅰ如图 5-15 所示连接起来得到立体声左声道信号 $[L]$，而将两个二次绕组Ⅱ如图连接

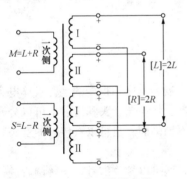

图 5-15　变压器混合器

起来，得到右声道信号 $[R]$，然后再将 $[L]$、$[R]$ 两个信号分别送给立体声调音台的左、右声道输入口即可。一般说来，混合器都安装在调音台入口处，使用起来较为方便。也有的设计成传声器的一个附件，随同传声器一起配套使用。我们曾将国产 CRL1-1 型立体声电容传声器用于陕西歌舞团、西安音乐学院作立体声扩声试用，收到了良好的立体声效果。另外，立体声节目作单声道重放时是将左右声道的信号相加。因此当重放用 M-S 拾音制式录制的立体声节目时，单声道的信号为 $(M+S)+(M-S) = 2M$，只剩下 M 传声器拾取的信号，所以 M-S 制式的单声道兼容性最好。M-S 拾音制式的最大优点是可以在不改变传声器设置的情况下，通过改变 M 传声器和 S 传声器的相对灵敏度来改变其有效拾音角。

（二）无线传声器

无线传声器可以分为射频（RF）无线传声器和红外无线传声器。

（1）射频无线传声器。射频无线传声器是由微型传声器、射频小型发射机、射频接收机等几部分组成的装置中，传声器将声信号变成音频电信号，然后由发射机调制射频载频信号。专业无线传声器都采用频率调制（FM）方式，最终形成调频信号，从天线中辐射出去，由接收机接收

并解调为原来的声频信号，这一套系统就是成套的射频无线传声器。由于发射的载波频率和接收机的本振频率必须是一个固定的频率差（10.7MHz）接收机才能有效接收，所以以无线传声器的发射部分和接收部分必须是配套的，不能将任意的发射部分和接收部分组合成一套设备使用。为了节省频率资源，无线传声器的发射部分加了压缩电路，使动态范围减小，相应地频偏也减小；在接收部分再通过扩展电路，将动态范围恢复到原先的状态。一般无线传声器电路中还设有自动增益控制电路，所以在一定程度上可以减少由声反馈引起的啸叫现象。如图 5-16 中所示就是无线传声器的工作原理示意图，其中图 5-16（a）是发射部分，Carrier 为载波，Modulator 为调制器，它用输入的音频节目信号（Audioprograminput）去调制高频的载波，形成调频波，然后进行放大以后通过天线（Antenna）发射出去；图 5-16（b）是接收部分，天线（Antenna）接收到发射机发射的调频载波，进入高频放大器（Amplifier）放大，再通过调谐器（Tuner）部分选频，选出与发射机发射频率一致的有用信号变成中频调频信号（10.7MHz），再进入限幅器（Limiter）限幅，然后将调频中频送入解调器（Demodulator），将音频节目信号解调出来输出。

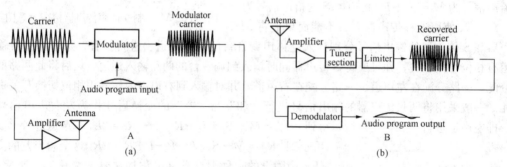

图 5-16　射频无线传声器工作原理示意图

（a）发射系统示意图；（b）接收系统示意图

其中传声器音头有的用驻极体电容传声器，有的用动圈传声器，其中用得多的是驻极体电容传声器，尤其是领夹式、耳麦式等基本全部用驻极体电容传声器。传声器音头和发射机可以分开成两部分，把驻极体传声器佩戴在衣服上或其他隐蔽处，使其不挡画面。也可以将传声器音头和发射机装入同一壳体内，为手持式无线传声器。

无线传声器传送信号不用电缆线，将接收机放在控制室内，便可以接收信号，经解调后进行录音或扩声，使用很方便，适用于声源移动的场合，例如演员演出、教师讲课等移动声源的拾声。

无线传声器的载频频段目前主要是甚高频段 V（VHF）段和超高频段 U（UHF）段。按国家规定 VHF 段的载波频率为 30～300MHz，UHF 段的载波频率为 300～3000MHz；而作为电视广播的频段使用包括米波波段（甚高频 VHF）［包括 I 波段（1～5 频道，48.5MHz～92MHz）和 II 波段（6～12 频道，167MHz～223MHz）］和分米波波段（超高频，UHF）［包括 IV 波段（13～24 频道，470MHz～566MHz）、V 波段（25～68 频道，606MHz～958MHz）］，这些频段是不能用来作为专业无线传声器使用的。按规定 92～124MHz、566～606MHz 为公共调频广播和无线电波通信等使用的波段，不安排电视频道。

较早主要使用 V 段无线传声器，近来更多使用 U 段无线传声器。U 段无线传声器与 V 段无线传声器相比较，U 段的频率高，在同样频偏的条件下可以容纳的信道数相对多，并且处于 U 段频带内的干扰电磁场相对比较弱，出现死点的概率相对比较低一些，所以 U 段无线传声器性能相对好一些。

目前有的无线射频会议系统用到 Wi-Fi 技术，Wi-Fi 的全称是 Wireless Fidelity，属于短距离无线技术，称为无线保真技术。其目前可使用的标准有两个，分别是 IEEE802.11a 和 IEEE802.11b，中文学名是"无线相容性认证"。该技术使用的是 2.4GHz 附近的频段，此频段属于 U 频段范围，该频段目前尚属不用许可的无线频段。Wi-Fi 的半径可达 100m 左右。传输速度非常快，可以达到 11Mbit/s。2.4G 信道与频点对应关系见表 5-4。

表 5-4　　　　　　　　　　2.4G 信道与频点对应关系

信道	1	2	3	4	5	6	7
频点/MHz	2412	2417	2422	2427	2432	2437	2442
信道	8	9	10	11	12	13	14
频点/MHz	2447	2452	2457	2462	2467	2472	2484

一般调频无线电传输会议系统存在保密性问题，后来采用了直接序列扩频技术 Direct Sequence Spread Spectrum（DSSS），使得抗干扰与保密问题得到了改变，因为到目前为止还没有绝对保密的手段，所以可以说一般情况下是保密的。应用了 AMBE 语音编解码技术实现了语音信号的低码率传输。其实与红外线传播相似，由于射频载波的频率已非常高了，波长相对来说已经比较短了（分米波），所以室内的障碍物（尤其是金属类物质）也会影响无线电波的传播，使室内信号电磁波分布不均匀，只不过比红外线传输的影响要小得多。

早期的无线传声器和配套的接收机，每一只无线传声器只有一个固定发射和接收载波频率，因为每一只传声器和配套接收机中只配置一只石英晶体产生一个固定的发射载频或接收机本机震荡频率，购买时要注意挑选所购买的数只无线传声器的频率错开，以免使用中影响调音。近几年来，由于无线传声器生产厂家将锁相环技术引入到无线传声器设计中，利用两不同频率的石英晶体再加上锁相环电路，就可以利用倍频、分频、和频、差频方法产生很多发射载频或本机震荡频率，所以每一只无线传声器都能利用开关变换其发射载频，可供选择的频率数量达十几个到百个数量级，与其配套的接收机有同样多的频率可以选择与发射部分配套。这样做的结果不光在同一场合同时使用多只无线传声器时可以将它们的频率互相错开，并且还可以预先测试所在现场中有哪些频道处于比较强的电磁场干扰之中，从而避开这些干扰强的频道，以保证无线传声器在比较好的电磁场环境中使用，保证无线传声器正常工作。当无线传声器的发射部分与接收部分距离很远，或是发射部分与接收部分之间有对无线电波较强吸收或阻挡时，因为接收机接收到的有效射频信号强度太弱，容易出现"断点"、"死点"现象，此时有必要将接收天线移到发射部分现场，以利于接收天线接收到较强的有用无线电波，如有必要，则需配用适配的具有比较高天线增益的外接天线，当然不论是使用原接收天线还是使用外接增益天线，天线到接收机的连接电缆都应该选用专用的射频电缆，也就是传输频率很高的专用射频电缆，这类电缆可以通过无线传声器供应商那里找到，确实必要时还可配合专用的"天线放大器"来改善接收状况。外接天线还分有源天线和天线无源两类，其中有源天线的增益比较大一些，一般能达到 10dB 上下的增益（由于不同型号的天线性能会有差异，所以会出现有的增益大一些，有的增益小一些的差别）。外接天线还分无指向和指向性天线，其中指向性天线的增益比无指向天线高一些，但是使用指向性天线时发射机和接收天线的摆放角度需要在有效范围内，所以天线的摆放位置和高度都有要求的。

（2）红外无线传声器（及同声传译系统）系统。其工作原理是利用红外线传输进行语言信号传输，它采用 830～950nm（或 1000nm）波长的红外光谱传送信号。

红外线无线传声器系统有很多优点。首先，红外传输具有强的保密性（红外光只有在同一室内传播，墙壁可阻断传播），此外，它不容易受到空间电磁波频率和工业设备的干扰，从而杜绝了外来恶意干扰及窃听。同时，红外传输传递信息的带宽较宽，因此是目前市场上无线语言分配系统中最常用的传输方式。

红外线方向性传输，遇障碍物可阻断的特性，应用在会议系统上，优势是可以保密，对于需要保密的场所，例如国家军政机关、高科技单位、企业董事会等涉及国家机密、企业机密的会议室，是较为安全有效的通信手段。由于红外线传声器系统的信息是以光波传送，信号不能穿透障碍物，在有需要时可以用不透明物体隔断信号来限制接收的范围，甚至使用窗帘就已经可以把会议室与外界有效地隔绝起来，但同时也产生如下几个问题：

1）障碍物的干扰。红外线不能穿透障碍物，因为会场内一些障碍物是不能避开的，如人体、家具、柱子等。这些都对设备接收信号造成干扰，会使用效果大打折扣。

2）会场环境的影响。红外设备对会场环境的要求比较高，如会场的墙体装饰不是很光滑或没有采用浅色的涂装材料，红外线的反射和折射就会大大衰减，影响使用效果。以上两种情况一般采用增加红外辐射器的方法来补救，但费用也随之增加。

3）日光干扰。红外设备不适宜在户外尤其是太阳光下使用。

4）设备间互相干扰。随着红外技术在各种领域，如 IT、通信、安防监控、音视频等的不断广泛和深入的应用，当会场内有相近频段的不同红外设备同时使用时，设备之间会互相干扰。

国际标准 IEC61603-1 推荐了可用于音频信号传输的红外辐射调制副载波频段 BANDII（45kHz～1MHz）和 BANDIV（2MHz～6MHz），如图 5-17 所示。

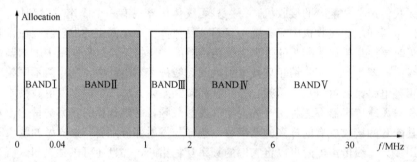

图 5-17　红外辐射调制副载波频段的分配

其中：BAND Ⅱ（45kHz～1MHz）：会议用音频传输系统及类似系统；BAND Ⅳ（2MHz～6MHz）：宽带音频及相关信号传输系统

如果无线传声器系统工作在 BAND Ⅱ（45kHz～1MHz）频段，频点为 55kHz～1335kHz。国际标准 IEC61603-3，规定以 40kHz 的频率间隔设置副载波频点（见表 5-5），采用±7.5kHz 的频偏。

表 5-5　　　　　　　　　　　　　　　　　　副载波调频

通道编号	CH0	CH1	CH2	CH3	CH4	CH5	CH6	CH7	CH8	CH9	CH10	CH11	……
频点/kHz	55	95	135	175	215	255	295	335	375	415	495	535	……

早期国际上主要的红外线传声器系统厂商几乎全部采用的是 BAND Ⅱ 频段的红外线无线系统，BAND Ⅱ 频段的红外线同声传译系统很容易受新兴的高频驱动光源（如节能灯）干扰，高频驱动的光源（节能灯）会产生基波的 2～N 倍频率干扰谐波，因为高频驱动光源会产生被调制的红外信号，这些被调制的红外信号主要集中在 1MHz 范围以内，此谐波会干扰利用 BAND Ⅱ 进行传输的红外同声传译系统而产生噪声甚至无法收听信号。高频驱动光源对红外线同声传译系

统的干扰如图 5-18 所示，干扰信号正好落在 BANDII（45k～1MHz）副载波的频段，影响到红外通信系统的声音质量和通信距离（参见国际标准 IEC 61603-1，国际标准 IEC 61603-7）。

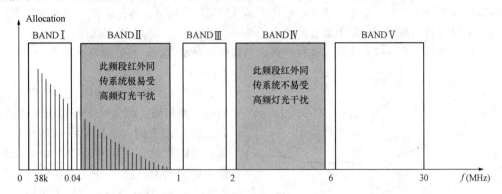

图 5-18　高频驱动光源对红外线同声传译系统的干扰

为保证正常的使用效果，使用 BAND Ⅱ 频段的红外线无线传声器系统的会议场所一般建议不要使用高频驱动光源（如节能灯），国际上一些规范的红外线无线传声器系统的厂商会在其安装手册中注明。

后来不少厂商接连开发出了性能更好的 BAND Ⅳ（2M～6MHz）频段红外线无线传声器系统。遵循国际标准 IEC61603-2，规定以 200kHz 的频率间隔最多可设置 16/32 个副载波频点，采用±22.5kHz 频偏的副载波调频。

工作在 BANDIV 频段的红外线无线传声器系统的传输副载波频率在 2MHz 以上，高频驱动的光源产生的干扰谐波能量已经衰减到接近为零。所以在这个频段进行传输的红外线无线传声器系统可以很好地避开高频驱动光源产生的干扰。另外 BANDIV 频段的副载波通信带宽（4MHz）要大于 BANDⅡ 频段（<1MHz），因而 BANDIV 频段的红外线无线传声器系统可以容纳更多信道，信噪比高，通道间干扰少，具有更高的音质保真效果。

（三）界面传声器（Boundarymicrophone）

压力区传声器（PZM，Pressure zon emicrophone，）是界面传声器的主要类型，和其他类型界面传声器，如相位相干心形传声器（PCC，phase correlation cardioid）一样，是近年发展起来的具有独特结构及技术特性的新型传声器。它的优良性能、放置方便、安装隐蔽性好、有宽而平坦的频率相应、较高的灵敏度、纯正的音质及小体型，很受音响界青睐，放在墙壁上、地角上、桌面上、乐谱架上都很方便。美国 CROWN 公司于 1980 年就推出 PZM-20 压力区传声器，后来例如 SHURE 公司等公司也相继推出界面传声器。

传声器在拾音过程中除了拾取到直达声外，也拾取了从各个界面来的反射声，这样，直达声和反射声的叠加导致相位不同，发生干涉，有可能出现梳状滤波现象，在高频段出现周期性峰、谷，最终使传声器的频响特性表现出明显的起伏，影响了拾音质量。界面传声器的设计是在传声器受声面附近，人为地设置一个质地坚硬、表面光滑的全反射面。使声波从这个反射面到达传声器的反射波比其他反射面的反射波强，并且保证这反射波在传声器有效频率范围内不与直达声产生干涉。这就要求反射面的线度要大于声波半波长，反射面与传声器受声面之间的距离应小于声波半波长。如图 5-19 示意出了 PZM 界面传声器外形和使用状态，压力

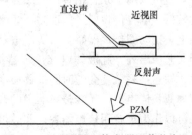

图 5-19　PZM 界面传声器工作状态

区传声器（PZM）采用无方向传声器单元并使传声器振膜平行于平反射板安装。由于结构设计合理，使声源的直达声和反射声几乎同时达到 PZM 的振膜上，理论上灵敏度相对可以提高 6dB，其指向特性为半球状方向性。相位相干心形传声器（PCC）采用单方向传声器单元并使传声器振膜垂直于平板安装，在正面方向上灵敏度提高了 3dB，其指向特性为心形方向性。

　　界面传声器基本上可以看作没有非轴向声染色现象，灵敏度高，有效拾音区域大。

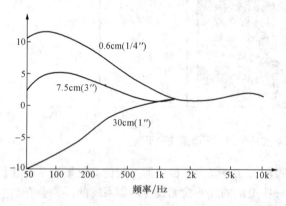

图 5-20　传声器的近讲效应示意图

（四）近讲传声器

　　流行的通俗歌曲演唱，给传声器的拾音带来新问题。因为对于有指向性传声器，在近距离拾音时，其低频灵敏度增加，也就是近距离拾音时传声器频率响应的低频段有明显提升，这就是近讲效应，如图 5-20 所示。图 5-20 中分别画出了声源距离传声器 0.6、7.5、30cm 时灵敏度与频率之间的变化关系。凡是具有指向性的传声器都有近讲效应，低频灵敏度提升后使声音浑浊，降低了拾音的清晰度。为此，在设计传声器时，利用声路或电路参量来控制频响的低频段下衰，也就是正常测试时的低频响应是下降的，但是在声源距传声器很近时（流行唱法使用时），由于近讲效应的作用，低频灵敏度提升，使设计时有意降低的低频灵敏度又补回到正常状态，这样的传声器为近讲传声器。显然，近讲传声器和一般传声器的使用方法是声源到传声器距离的差别，当声源与传声器的距离很小时，应该使用近讲传声器；反之，当声源与传声器的距离不是很小时，应该使用非近讲传声器，只有这样才能保证实际低频响应的正常。由于使用近讲传声器时，声源距离传声器非常近（比如 1～3cm），按照直达声传播的平方反比定律，实际上表现为近讲使用时传声器接收到的直达声声压级比非近讲使用时的直达声声压级要高 20dB 左右，所以在使用近讲传声器时，整个扩声系统的总增益可以降低 20dB 左右，有利于减小声回授，相对来说出现啸叫的概率会低一些。

六、传声器的使用

（一）传声器的选择

　　因为传声器是整个扩声或录音系统的入口。当传声器的频响、失真或噪声等性能指标不理想时重放出来的声音效果会差，所以要严格选择传声器，尤其专业性强的录音和扩声更要严格把关，并要配备适用的传声器附件，保证传声器性能指标的正常发挥。

　　（1）比较上面所述几种常用传声器各自的特点。动圈传声器价格低、性能稳定、可靠、耐用、适用面广、不需供电、使用方便、能耐高声压级，所以得到普遍使用，并且质量好的动圈传声器也可以用于录音拾音。动圈传声器尤其适合用来对大声压级声源的拾音，缺点是灵敏度相对比较低。电容传声器灵敏度高、频率响应好、音色优美、性能优良；但价格较贵，必须要有电源供电，比动圈传声器娇贵，所以电容传声器适合用在对音质要求比较高的场合，例如录音棚、大型文艺演出等。驻极体电容传声器结构简单、电声性能较好、抗振动力强、价格低、容易小型化；缺点是灵敏度会随时间推移而变化，驻极体电容传声器正逐渐在多种场合替代动圈传声器，例如鹅颈传声器、无线传声器中的音头等，质量好的背极驻极体传声器，由于其价格相对较低，已可以作为录音用传声器替代非驻极体电容传声器。至于立体声传声器的使用场合不是很普遍，只是在同期录音或大型演出时还有使用立体声传声器的，但是一般也都要加单点传声器来弥补其不足。无线传声器由于没有长的传声器线拖累，使用在声源移动的场合特别方便，所以近年来使用量逐年增长，但是由于其利用射频无线电波发送、接收的特点，保密性不是很好解决，所以在需要保密的场合不适合选用无线传声器。界面传声器基本上可以看作没有非轴向声染色现象，灵敏度高、有效拾音区域大，所以很适合放在舞台口两侧用来对整个舞台区域拾音，也适合用在教室等场合安装在吊顶上来拾音，当然要注意设法减小啸叫的可能。近讲传声器适合声源与传声器非常近的情况下使用，所以一般卡拉 OK 等场合都使用近讲传声器，在流行歌曲演唱时也用近讲传声器，但是一般不要作为会议拾音使用。

（2）对于传声器指向性的选择。只有需要将现场所有位置的声源同时拾取时才选择全指向传声器，否则尽可能不选择全指向传声器，因为其没有对音源的选择性，所以串音会比较严重，也不利于抑制啸叫；但是全指向传声器没有近讲效应，也没有非轴向声染色。大多数情况下应选择单指向性传声器，例如心形、超心形、强指向性等，使用单指向性传声器拾音可以突出主音源，减少串音，减小频率响应的梳妆滤波器效应，提高直达声与混响声的比例，因为混响声绝大部分是从非轴向加到传声器的，灵敏度低于轴向灵敏度，并且对抑制啸叫比较有利，但是要注意其近讲效应和非轴向声染色现象的影响。强指向性传声器，例如枪式传声器适合用于距离稍远的采访拾音，记者可以在距离讲话者稍微远一些的位置对讲话者拾音。双指向型传声器的使用比较少。

（二）传声器的使用

传声器一般是插入调音台输入通道的低阻抗、低灵敏度输入口（MIC 口），当然，少数场合也有插入传声器放大器（前置放大器）输入口的。一般情况下，每一只传声器单独占用一路调音台输入通道，不能因为输入通道数量不够，而将两只传声器的输出并联后变成一路输入加到输入通道的情况出现，因为目前传声器的输出阻抗基本都是低阻抗的，例如 200、600Ω。如果两只传声器的输出端并联，则每只传声器的输出阻抗都等于另一只传声器的负载阻抗，那么实际的传声器输出就降低很多。在两只传声器同样阻抗的情况下，等于将传声器的灵敏度降低一半（降低 6dB），还有也没法调音，因为一路输入通道的控制件同时控制两只传声器，不能对其中一只传声器单独调音。出现传声器数量多，但并不是这些传声器必须同时使用的情况，可以将需要使用的传声器通过跳线盘接通到调音台的相应输入通道。

在使用过程中，在可能的情况下，尽可能将拾音距离设置得短一些，也就是将传声器靠近声源一些，这样有利于提高信噪比，有利于提高直达声与混响声的比例，也有利于减少啸叫的可能。

要重视传声器附件的合理使用，例如传声器架（台式架、立式架、摇臂架等）的选择、防风罩的选择和使用、减震架的合理使用、防喷罩的合理使用等。

专业用的传声器，国际上知名品牌有德国诺依曼（NEUMANN）、森海塞尔（SENNHEISER）公司、SCHOEPS 公司、拜亚动力（Beyerdynamic）公司；奥地利的 AKG 公司、丹麦的 B&K 公司、美国舒尔（SHURE）公司等生产的专业传声器；近年来日本的铁三角、索尼的传声器在中国市场也占有相当位置；国内 797 音响股份有限公司目前传声器制作上规模，大量长期远销许多国家和地区优质专业传声器。

图 5-21 C451B 外形图

举例：AKG 的 C451B 型电容传声器的技术参数如下（外形见图 5-21）。

频率响应：20Hz～20kHz。

等效噪声级：18dB-A。

动态范围：117dB。

1000Hz 灵敏度：9mV/Pa（−41dBV）。

最大声压级（在 0.5％THD）：135dB SPL（不衰减），145dB SPL（−10dB 衰减），155dB SPL（−20dB 衰减）。

指向性：心形。

信噪比（A−计权）：74dB。

电阻抗：200Ω。

负载阻抗：＞1000Ω。

切换衰减：−10dB 和−20dB。

低频衰减：12dB/倍频程，在 75Hz 和 150Hz。

电源：幻像电源，额定 DC 9～52V。

连接器：3-针 XLR-M 型。

尺寸：0.75″直径（19mm），6.3″长（160mm）。

这是一种电容传声器，从频率响应曲线可以看出，在 30Hz 时比 1000Hz 灵敏度下降了 3dB，在 8kHz 开始向上抬，到 10kHz 时抬了 2dB；从图 5-22 中的指向性特性图（右边图）可以看出 125、8000、16000Hz 在 180°左右的指向性比中频的指向性稍微差些。

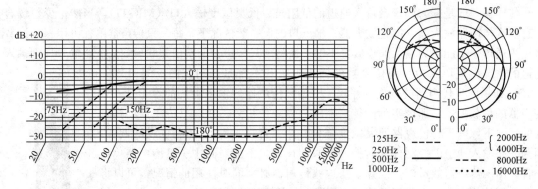

图 5-22　C451B 型传声器的频率响应曲线和指向性特性

顺便提一下幻像电源问题，在国际电工委员会（IEC）的 IEC 第 268−15 号标准"声系统设备互连的优选配接值"中规定，幻像电源电压有三种，即 P12、P24 和 P48，对应电压分别为 12、24V 和 48V。其串联电阻值和最大电流值见表 5-6。

表 5-6　　　　　　　　　　　　　　　　幻像电源标准

电源电压/V	12±1	24±4	48±4
电源电流/I	最大 15mA	最大 10mA	最大 10mA
串联电阻值（R_1 和 R_2）	680Ω	1.2kΩ，见注	6.8kΩ

注　配有 1.2kΩ 电阻的设备与设计为 12V 工作的某些传声器是不能兼容的，这种传声器至少需要 2.4kΩ 电阻和 24V 电源。

🔊 第二节　扬声器与扬声器系统

扬声器（Loudspeaker）俗称喇叭，厅堂扩声中声音响度大小、声场的均匀度，听音音色的好坏，在很大程度上与扬声器系统有关。扬声器系统就是音箱、声柱等，扬声器系统由扬声器单元和壳体等组成。

一、扬声器

扬声器是一种把电能转换为声能的电声器件。

音源发出的电声信号经过扩声系统的功率放大器输出的仍然是电信号，必须经过扬声器才能使电能转化成纸盆（或振膜）的机械振动，从而激起周围空气振动，以声能的形式，也就是声波辐射到空中形成声音，最终使人耳感觉到声音。

（一）扬声器的分类

对扬声器分类和传声器一样，也是从不同角度有不同区分，见表5-7

表 5-7 扬声器分类

按换能原理分	电磁式扬声器、压电式扬声器、电动式扬声器、静电式扬声器、气流调制式扬声器
按辐射方式分	直接辐射式扬声器、间接辐射式扬声器
按口径尺寸分（主要指纸盆扬声器）	小型扬声器：口径尺寸<100mm 中型扬声器：口径尺寸≤200mm 大型扬声器：口径尺寸>200mm
按辐射频段分	低音扬声器、中音扬声器、高音扬声器、全频带扬声器
按振动膜片形状分	锥形、平板形、球顶形、带式、平膜形
按扬声器的磁路结构分	外磁式、内磁式、屏蔽式

（二）动圈式扬声器的结构、工作原理和工作特点

从分类中看出扬声器有许多类型，适用在不同场合。但在录音和扩声中，90％以上使用动圈式扬声器。我们所讲的内容以动圈扬声器为主，分类属于电动式扬声器。

如图5-23所示是典型动圈式扬声器结构。从图5-23中可以看出，螺旋形音圈位于恒磁场的空隙中心。由于夹板和场心零件的导磁作用，将恒磁体的大部分磁能量导入空气隙，螺旋形音圈在磁场N－S极之间。当给音圈通入音频电流时，产生音频磁场，与直流磁场作用，产生了电动力，由左手定则得出音圈在磁场中受力方向，音圈跟随音频电流的大小和极性运动，并带动纸盆运动，运动的频率和幅度，取决于流入音圈的音频信号电流的参量、磁场的强弱和音圈的有效长度，其表达式为

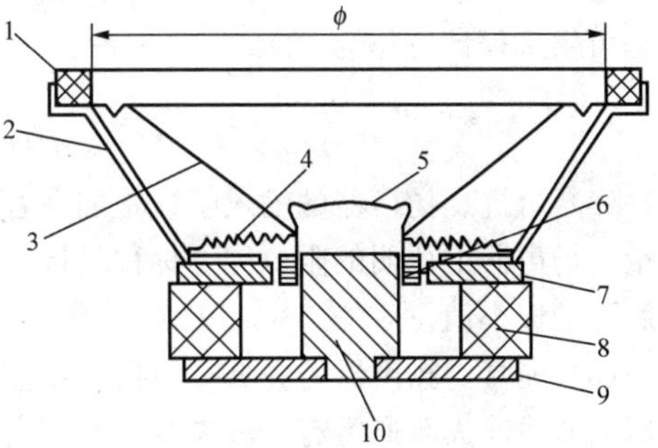

图 5-23 典型动圈式扬声器结构
1—压边；2—盆架；3—纸盆；4—定心支片；
5—防尘盖；6—音圈；7—上夹板；8—磁体；
9—下夹板；10—场芯

$$F = BIL \qquad (5-10)$$

式中：F 为载流导体（音圈）在磁场中所受的力，N；B 为空气隙的磁感应强度，T；I 为流经音圈的电流，A；L 为音圈的有效长度，m。

声波，也称声辐射。动圈式纸盆扬声器为直接辐射式扬声器，这种扬声器用途广、频率范围宽、音质优良、制作简单、价格便宜；但效率低，在专业中使用时，与其他类型扬声器组合使用。

（三）扬声器的主要技术指标（参见IEC268-4）

（1）灵敏度。扬声器的灵敏度、按扬声器测试标准，在扬声器的输入电功率为1W，正面0°主轴上1m距离处测量它的声压 P_0，这就是扬声器的灵敏度。扬声器的灵敏度是扬声器电—声的转换能力，灵敏度越高，电转换声的能力愈大。扬声器灵敏度一般用（声压级）分贝值来表

示，即将测得的声压值通过公式换算为声压级分贝值。扬声器灵敏度越高，在扩声中转换效率愈高，一般电—声转换的效率在百分之几的数量级。

（2）频率响应。扬声器输入电压不变时，由不同频率引起的声压或声强变化。一般把不均度10dB之内的频响宽度，称为有效频率范围；不均度3dB之内的频响宽度，称为频率响应。不均匀度越小，频响特性越好，扬声器频率失真就越小。

（3）指向特性。是扬声器向空间各方向辐射的声压分布状况，一般用极坐标圆曲线纸表示成指向图案，和传声器指向特性表示方式相似，只不过图案形状不同。一般扬声器的声辐射总是有一定的指向性，而且随频率有很大变化，扬声器的指向性还可以用辐射的声束宽窄程度来衡量，声束越窄，辐射角越小。在厅堂扩声中，指向性强，也就是说辐射角小的扬声器可以提高厅堂内听众区的直达声并抑制反馈声。扬声器的频率越高，口径越大，声波辐射角就越小，指向性越强。

描述扬声器指向特性的两个术语解释如下。

1）指向性指数（DI）。是指扬声器在给定的轴线方向上某点的声强级与在该点上由一个全指向性点声源辐射相等的声功率时产生的声强级之差。

2）指向性因数（Q）。是指扬声器在给定的轴线方向上某点的声强级与在该点上由一个全指向性点声源辐射相等的声功率时产生的声强级之比。

DI 和 Q 之间存在如下关系

$$DI = 10 \lg Q \tag{5-11}$$
$$Q = 10^{DI/10} \tag{5-12}$$

如果找不到厂家提供的指向性因数 Q 值或指向性指数 DI 值，那么在知道了厂家提供的扬声器系统的水平辐射角（α）和垂直辐射角（β）后，也可以通过下面的公式估算出其指向性因数 Q 值，当然利用这个公式估算的指向性因数 Q 值没有厂家对产品测试得到的指向性因数 Q 值准确，但是可供工程计算作为参考

$$Q = \frac{180°}{\sin^{-1}\left[\sin(\alpha/2) \times \sin(\beta/2)\right]}$$

（4）阻抗。扬声器的输入阻抗是加在音圈上的电压和电流之比，一般都是用输入交流信号来测量。扬声器上说明的阻抗称"标称阻抗"，这个阻抗值是扬声器阻抗曲线中，紧跟在第一极大值后面的极小值。

（5）失真。扬声器的失真一般指非线性失真，它是由扬声器工作时的非线性因素造成的，扬声器的非线性失真通常有谐波失真、互调失真。我们一般说明中见到的扬声器失真，泛指谐波失真。扬声器由于有机械振动，不能跟纯电信号的设备如调音台、周边设备、功率放大器等相比，一般专业扩声用扬声器系统的谐波失真≤5％，比较大。按照规定，测试谐波失真时应包括给扬声器加额定正弦功率所对应电压值时的谐波失真。谐波失真小到1％的扬声器系统就可以用作专业的监听扬声器了。

（6）功率。

1）额定正弦功率。指由制造厂规定在额定频率范围内使扬声器能连续工作而不导致热损坏或机械损坏的持续正弦信号功率。如没有特殊规定，则最长时间为1h。

2）额定噪声功率。指由制造厂规定的扬声器能承受在额定频率范围内的模拟正常节目的噪声信号（按 IEC 268-1）而不导致热损坏或机械损坏的噪声信号功率。

3）短期最大功率。指由制造厂规定的扬声器能承受在额定频率范围内的模拟正常节目的噪声信号（按 IEC 268-1），周期为1s而不导致永久性损坏的噪声信号功率。试验应重复60次，每两次加信号之间，间断时间为1min。

4）长期最大功率。指由制造厂规定的扬声器能承受在额定频率范围内的模拟正常节目的噪声信号（按 IEC 268-1），周期为 1min 而不导致永久性损坏的噪声信号功率。试验应重复 10 次，每两次加信号之间，间断时间为 2min。

> **注意：**
>
> 　　模拟正常节目的噪声信号（按 IEC268-1），其峰值因数应控制在 1.8～2.2，模拟节目信号的频率特性如图 5-24 所示。

　　为了使在扬声器系统和多个分布式扬声器使用中，能够满足同相激励的要求，标准规定了扬声器的极性判定方法：加瞬时直流电压时引起扬声器纸盆向外运动，那个正电压所接的扬声器输入端为正极，通常用红色标记或"＋"号来表示，这个瞬时电压可以用直流电源（干电池）来作为电源的电压，不要太高，只要能辨别纸盆振动方向就行，时间也不要太长。

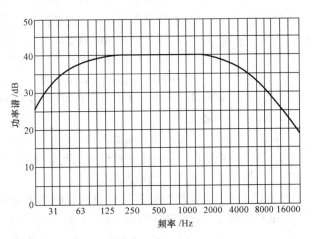

图 5-24　模拟节目信号的频率特性

二、扬声器系统

　　扩声系统的终端是扬声器系统，扬声器系统是电—声换能系统，它负责把电功率信号转变成声功率信号，前面已介绍过，声频的范围是 20Hz～20kHz，是一个比较宽的频带，相应的声波波长为 17m～17mm。低频端要求扬声器纸盆的口径越大越好，口径越大，辐射出去的能量越多，电—声转换效率越高，而高频时要求扬声器辐射系统的质量小，辐射的效率才高，这样低频段和高频段对扬声器提出了相互矛盾的要求，显然到目前为止还未想出用一个扬声器辐射系统能同时较好地满足低频段和高频段的要求，所以为了满足宽频带的要求不得不把扬声器系统做成分频段服务单元。根据对扩声要求高低，有用两路扬声器组成的系统，其中一路扬声器负责低频段，另一路扬声器负责中、高频段，和三路扬声器组成系统，其中低频段、中频段和高频段各由一路扬声器来负责。前一种称为两分频扬声器系统，后一种称为三分频扬声器系统，要求更高的还有四分频扬声器系统。音箱就是将高、中、低频扬声器利用分频器组合在一起装入一个箱体内组成的。放入箱体内的另外一个原因是单只扬声器放声时，辐射时除了向前方辐射声音之外，还有向扬声器后面辐射的声音，并且相位相反，在低频段，向扬声器后面辐射的声波绕射到前方和正向传播声波相位相反，要抵消掉一部分，辐射声音低频成分少，放出的声音显得单薄，声音也小。将扬声器装进一般用多层胶合板、中密度纤维板制作的箱体中，就是防止扬声器辐射声波中的干涉现象发生，即避免扬声器纸盆后面产生的反相辐射声成为破坏性的或有害的。

　　（一）扬声器箱（音箱）的组成

　　扬声器箱是由一只或多只扬声器单元、箱体、分频器、衰减器、匹配变压器及其一些辅料组成。根据使用场合不同，结构组成的复杂程度不同，一只扬声器一个木箱体为最简单的小音箱，对于一般厅堂扩声用的音箱，大多数是由箱体、扬声器、分频器组成的两分频音箱或三分频音箱。

　　（二）常用扬声器箱的几种形式

　　扬声器箱有封闭式扬声器箱、敞开式扬声器箱、平面障板倒相式扬声器箱、声柱等。在音响系统，包括广播、扩声和录音中最常使用的有倒相式扬声器箱、声柱和封闭式扬声器箱，下面我们分别介绍。

1. 封闭式扬声器箱

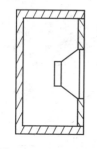

封闭式扬声器箱是最古老的形式，如图 5-25 所示。由于这种箱子封闭了扬声器背面的声辐射，从而隔断了扬声器箱前、后向的声音，就不会因声波干涉而影响低频特性，但是由于箱中的空气与外部隔绝，就会在纸盆振动时使箱内的空气反复产生压缩与膨胀的过程，这时箱内的空气就相当于一个弹簧，给纸盆一个附加的弹性区，使扬声器的振动系统顺性减小，从而使整个扬声器系统谐振频率提高，影响低音重放，并且扬声器的各部分都得具有相当的强度，否则容易产生板共振，影响扬声器音质。为了改善特性，在箱体内壁装上泡沫塑料、玻璃纤维棉、腈纶棉等吸声材料。但

图 5-25　封闭式扬声器箱剖面图

这种封闭式箱，一般用在要求不高的广播、对讲、开会场合，专业性的场合不使用。封闭式箱设计简单、成本低，还可以采用高顺性扬声器改善低频特性。

2. 倒相式扬声器箱

封闭式音箱吸收了扬声器背面的声波，使声波能量损失一部分，因此倒相式扬声器箱是在克服封闭式箱的灵敏度低等某些缺点基础上发展起来的。如图 5-26 为倒相式扬声器箱剖面图。

倒相式扬声器箱就是把扬声器背面辐射的声能通过箱内的声学部件，使它在低频某一频段进行倒相（180°）后和扬声器正面辐射声波叠加在一起，同相位地辐射出去。在箱体上开一个倒相孔，孔上装一导声管，使扬声器后面的声波经箱体内壁反射，经导声管，由倒相孔辐射，与扬声器前面的声波形成同相位相加，灵敏度提高。

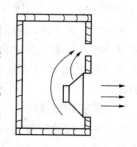

图 5-26　倒相式扬声器箱剖面图

在音响系统中，倒相式扬声器箱使用很普遍，常用的有二分频音箱或三分频音箱。利用分频器，将不同声频范围的扬声器组合，使扬声器箱的频带展宽。

3. 声柱

由一定数量相同型号扬声器以直线（或曲线）方式排列，安装在柱状箱体中，并且以同相位加以驱动的扬声器系统称为声柱，如图 5-27 所示。

由于各扬声器辐射声波之间的互相干涉，在工作频段内，声柱纵向指向性相当尖锐，而横向指向性相当宽阔。在大型扩声系统中，声柱起着很大的作用。声柱越长，其指向性越强；声束越窄，频率越高，其指向性越强。声柱在使用时，一般要垂直放置，才能获得好的效果，在特殊的场合，例如火车站台等处，为了满足使用要求，往往采用水平放置形式。除了线列声柱，即平面声柱，还有曲线声柱、锯齿声柱等，但使用较少。

4. 扬声器线性阵列

传统音箱产生球面声波，如图 5-28 所示，在 r 远处的面积为 A，则在 $2r$ 处的面积为 $4A$，在 $3r$ 处的面积为 $9A$。离开音箱的距离每增加一倍，球面表面积变成 4 倍，单位面积上的能量变成 1/4，所以按照理论计算直达声声压级降低 6dB，也就是符合平方反比定律，所以在室外比较大的场所，远处的声压级会急剧下降。为了解决这个问题，人们开发出扬声器线性阵列，由若干个音箱组合在一起，构成扬声器线性阵列。当然不是简单地将几个一般音箱叠放在

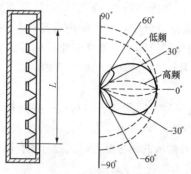

图 5-27　声柱结构及指向性示意图

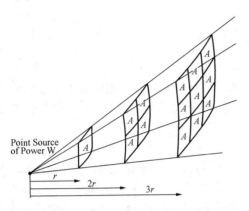

图 5-28 点声源的平方反比定律示意图

一起就能构成扬声器线性阵列，因为简单地将一般音箱叠放在一起，上下音箱辐射的声波会产生干涉，尤其是随着频率升高，干涉将逐步严重。组成扬声器线性阵列的音箱严格控制音箱中高频的垂直辐射角度，使垂直辐射的声波接近于 0°，也就是随着距离的增加，音箱辐射的中高频声波的垂直尺寸几乎不增加，始终保持同样的垂直尺寸，这样，当几个音箱按照设计规则叠放后，每个音箱辐射的中高频声波不会产生相互干涉，而声波在水平方向还保持传统音箱的球面状态，于是整个音箱组合——扬声器线性阵列辐射的声波波阵面呈现水平方向为圆弧状，垂直方向为直线状，类似于一个线声源产生的声场，如图 5-29 所示。图 5-29 中以在 r 远处的面积为 A，则在 2r 处的面积为 2A，在 3r 处的面积为 3A。或者说水平方向的线度与离开声源的距离成正比，垂直方向的线度与离开声源的距离无关，保持一个常数。这样，离开声源的距离增加一倍，其波阵面的面积也增加一倍，单位面积上的声波能量减少一半，直达声声压级只降低 3dB，比传统辐射球面波的音箱少降低一半，也就是声能量与距离成反比。因此在声源需要服务距离很大时，显然用扬声器线性阵列是比较好的，例如最远处观众距离音箱 64m，在用传统音箱时，直达声声压级比 1m 处要降低 36dB；而当采用扬声器线性阵列时，直达声声压级只比 1m 处降低 18dB，在同样灵敏度和功率情况下声音可以打得更远，所以适合在大的广场等场合使用，如图 5-30 所示。这里我们需要再次强调，扬声器线性阵列是一类专门设计的音箱产品，而不是用若干个传统音箱叠放在一起就能组成扬声器线性阵列的，所以如果准备选用扬声器线性阵列作为声源，则一定要选择真正的扬声器线性阵列，而不要用普通音箱自己去组建所谓的扬声器线性阵列，并且实际上距离增大一倍直达声声压级也不是真正减少 3dB，而是要比 3dB 大一些，因为到目前还没有见到哪一款扬声器线性阵列的垂直方向指向性是 0°的。

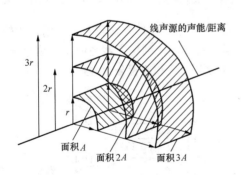

图 5-29 线声源的声能/距离关系示意图

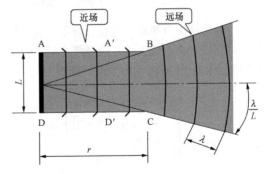

图 5-30 线阵列声能/距离关系示意图

实际上，扬声器线性阵列能达到接近垂直方向指向性保持极小角度还受距离限制，或者说这个分界距离是与扬声器线性阵列的长度相关的，超过这个分界距离后，垂直指向性又变成传统音箱的球面波形式了，也就是垂直指向性角度远大于 0°了。那么在分界距离之外就不符合距离增大一倍直达声声压级减小 3dB 这个规则了，根据具体线阵列扬声器系统的长度可以近似地计算出呈现线声源的分界距离，到目前为止分界距离的计算公式有好几种，这里以 JBL 公司的分界距

113

离公式为例，计算公式为

$$r = \frac{l^2 f}{690} - \frac{1}{43} \approx \frac{l^2 f}{690}$$

式中：r 为分界距离，m；f 为频率，Hz；l 为线阵列的长度，m。

如果假定线阵列长度为 2.50m，最高频率为 7kHz，则计算得到分界距离差不多在 63m 左右，在 63m 以内可以近似地认为是柱面波，而 63m 以外则逐渐变为球面波了。线阵列声能/距离关系示意图如图 5-30 所示。

5. 分频器

扬声器箱中用的分频器是无源分频器，也称功率分频器，是由高通滤波器、低通滤波器、带通通滤波器组成。在两分频扬声器箱中划分高、低音频段的交岔点称为交岔频率点（分频点），离开分频点，加到低频扬声器上的电压将随频率的升高而下降，加到高频扬声器上的电压将随频率的降低而下降，电压下降的快慢可以用每倍频程衰减量来说明。两分频的分频器频率特性有 1 个交岔点（分频点）f_c，三分频的分频器有两个分频点，分别为低频与中频的分频点 f_{c1} 及中频与高频的分频点 f_{c2}，如图 5-31 所示。分频器按带外衰减率（斜率）大小有每倍频程衰减 6、12、18dB 三种，对应每频段的元件数分别为 1、2、3 个电感或电容，因而又称为 1 单元、2 单元或 3 单元分频器，也称一阶、二阶、三阶分频器。带外衰减率越大，高、低频的分割就越好；但元件数多、结构复杂、调整相对难些，而且分频器的插入损耗大。

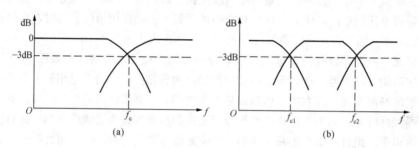

图 5-31 分频器电压输出特性
（a）二分频电压输出特性；（b）三分频电压输出特性

分频器分为功率分频器和前置分频器（电子分频器）。功率分频器是比较普遍，用量比较大的分频器，它接在功率放大器与扬声器之间。由于这里是将要传送到扬声器去的功率信号分频，因此称功率分频。图 5-32 示出了两种分频方式——功率分频方式和前置分频方式。

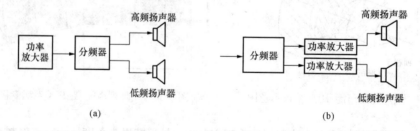

图 5-32 两种分频方式方框图
（a）功率分频方式；（b）前置分频方式

分频器把信号中的高、中、低频率成分分开，并分配给各个扬声器，这样就不至于让高频效率低的低音扬声器消耗掉高频能量，也不让高频扬声器消耗掉低频信号能量。而且如果让低频信号流入到中、高频扬声器中，将是非常危险的事，因为一般设计时选用中、高频扬声器额定功率都小于低频扬声器的额定功率，是按小振幅考虑的。当受到低频大振幅信号的激励时，振膜会产生很大振幅，从而产生过荷失真，严重时甚至损坏振动系统，对高频扬声器尤其危害大，所以可看出，分频器还有保护中、高频扬声器和改善音质的作用。图 5-31 为分频器电压输出特性。

分频器可以接成串联式和并联式形式，按实际设计能力和技术要求进行综合处理。几种常见分频器线路如图 5-33 所示。

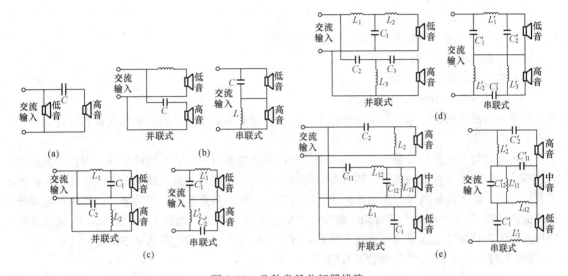

图 5-33　几种常见分频器线路

（a）简单分频器线路；（b）一单元两频道分频器线路；（c）二单元二频道分频器线路；
（d）三单元二频道分频器线路；（e）三单元三频道分频器

6. 衰减器

对于功率分频的扬声器箱，为了使扬声器频率特性平直，要求各频段的扬声器灵敏度一致，但是实际上各扬声器的灵敏度是不相等的，为此对灵敏度相对高的扬声器用衰减器来衰减掉一些能量，以达到各频段声信号平衡的目的。衰减器实际上就是把功率放大器经分频器后供给某频段扬声器的电信号能量，按需要进行衰减的一个附件。由于衰减器由具有一定功率承受能力的线绕电阻器或线绕电位器担任，在音频范围内有比较宽的频率响应，能均匀衰减所用频段的电功率信号。而在前置分频的电子分频器中，可以对各频段的输出信号分别进行电平调节，其目的也是使由低、中、高扬声器箱辐射的声信号频率响应在比较宽的范围内尽可能相对波动小一些。

7. 有源音箱

最近大功率有源音箱的使用逐渐多起来了，有源音箱将功率放大器放在音箱的箱体内，使得从功率放大器到扬声器系统的连接线变得极短，在大型扩声系统中，功率放大器到扬声器系统的连接线往往很长，如果使用定阻配接的话，虽然选择了截面积比较大的连接线，导线的电阻还是不会非常小的，还会有不少电功率消耗在传输连接线上，并且引起系统阻尼系数变得很小，有源音箱恰恰克服了上述缺点。因为它的功率放大器到扬声器系统连接线非常短，所以线阻也非常小，那么线上损耗会接近于零，系统阻尼系数接近功率放大器的阻尼系数，从而改善了音色；缺点是音响师在音控室看不到功率放大器的工作状态，心中无底，目前有些有源音箱的功率放大器部分带有一定的远程指示功能，就可在音控室看到功率放大器的工作状态了，这样就和使用传统功率放大器和无源音箱的状况一样了。

有源音箱技术指标中的失真指标指的是功率放大器部分的指标，而不是扬声器系统部分的指标，这一点一定要清楚。因为功率放大器的失真指标是很高的，要比扬声器的失真小两个数量级左右，不要看到有源音箱有失真指标，并且失真非常小，就以为比无源音箱的失真小了很多（一般无源音箱不标失真值），其实是两码事，不可比较。下面以 KV2 的一款有源音箱部分技术指标为例说明。

【例 5-1】EX10 型有源音箱指标。

（1）−3dB 响应，65Hz～18kHz。

（2）−10dB 响应，50Hz～22kHz。

（3）最大声压级。长期为 126dB，峰值为 129dB。

（4）分频频率为 1.6kHz。

（5）额定连续功率为 50W。

（6）总谐波失真小于 0.05%。

这里可以看出有源音箱没有灵敏度这个指标，总谐波失真指标是指功率放大器的失真。

8. 监听音箱

监听音箱与一般扩声音箱不同，监听音箱是指用于如节目制作、音质评价等对声音的音色要求比较高、保真度要求高的场合。监听音箱的频率范围比较宽，并且在范围内的波动较小、谐波失真比较小、输入阻抗曲线波动也比较小，监听音箱一般不需要非常大的功率（或者说不需要非常高的声压级）。扩声用的专业音箱一般在技术指标项目中不说明谐波失真的指标，而监听音箱的技术指标中就应该包含谐波失真这项指标，现以三种监听音箱的技术指标举例如下。

【例 5-2】JBL-LSR28 二分频监听音箱。

（1）−6dB 频率范围：37Hz～22kHz。

（2）失真：96dB 声压级，1m。

1）低频（低于 120Hz），2 次谐波，≤1.5%；3 次谐波，≤1.5%。

2）中高频（120Hz～20kHz），2 次谐波，≤1.0%；3 次谐波，≤1.0%。

（3）分频点 1.8kHz。

【例 5-3】LSR32 三分频监听音箱。

（1）−6dB 频率范围：60Hz～22kHz，+1，−1.5dB；−3dB，54Hz；−10dB，35Hz。

（2）失真，96dB 声压级，1m。

1）低频（低于 120Hz），2 次谐波，≤1.5%；3 次谐波，≤1.0%。

2）中高频（80Hz～20kHz），2 次谐波，≤0.5%；3 次谐波，≤0.4%。

（3）分频点：250Hz，2.2kHz。

【例 5-4】LSR12P 低频监听音箱。

1）失真，96dB 声压级，1m。

2）低频（低于 120Hz），2 次谐波，≤1.5%；3 次谐波，≤1.0%。

再以扩声音箱中见到的有失真指标的一款音箱——EV 的 Sx300P 音箱技术指标来对照看。

（1）0.1 额定功率时失真。

二次谐波 100Hz，1.2%；1000Hz，1.4%；10000Hz，10%。

三次谐波 100Hz，0.1%；1000Hz，1.4%；10000Hz，2.5%。

（2）0.01 额定功率时失真。

二次谐波 100Hz，0.2%；1000Hz，1.1%；10000Hz，1.0%。

三次谐波 100Hz，0.1%；1000Hz，0.4%；10000Hz，0.2%。

从这款扩声用音箱的失真技术指标中我们可以看到在－10dB使用时（也即是0.1额定功率使用时），谐波失真还是比较大的，所以我们在前面叙述扬声器系统的失真时说，一般不大于5％，而监音箱的失真一般控制在1％或更小的范围内，当然监听音箱的价格也远高于一般扩声音箱。

这里着重说明一下音箱的指向性问题。前面我们谈到了音箱的指向性因数、指向性指数，也谈到了音箱的水平辐射角和垂直辐射角。这些参数都是对中高频而言的，而不是对所有频率来说的。这些可从下面音箱举例的技术参数中看出，在水平辐射角、垂直辐射角、指向性因数、指向性指数等技术指标中都注明了适用频率范围是500Hz到16kHz，而不是音箱的频率范围（－10dB）：37Hz～20kHz和频率响应（－3dB）：60Hz～18kHz。

【例5-5】音箱举例，举例不想说明这款音箱是如何的好，也不作为推荐使用的依据，只是想通过这个例子说明音箱的一些性能指标和特性，以便读者对音箱指标有一个具体的概念，例如指标大概的数量级范围等。

1. SP212-9 二分频全频带音箱（外形见图5-34）

（1）频率范围（－10dB）：37Hz～20kHz。

（2）频率响应（－3dB）：60Hz～18kHz。

（3）水平覆盖角（－6dB）：95°，500Hz～16kHz平均。

（4）垂直覆盖角（－6dB）：70°，500Hz～16kHz平均。

（5）指向性因数（Q）：9.0，500Hz～16kHz平均。

（6）指向性指数（DI）：9dB，500Hz～16kHz平均。

（7）系统灵敏度1：95dB，1W@1m（3.3ft）。

（8）额定最大声压级：129dB，@1m（3.3ft）。

（9）系统标称阻抗：8Ω。

（10）系统额定输入功率2：600W，IEC；2400W峰值。

（11）推荐功率放大器3：800W。

（12）分频点：1.6kHz。

（13）换能器。

图5-34　音箱外形图

1）低频单元：2206H，300mm（12in）纸盆。

2）高频单元：2447J。

（14）输入连接器：2×NL4Neutrik Speakon连接器。

（15）尺寸：585mm×387mm×403mm（23.05in×15.25in×15.87in）。

（16）净重：31.8kg（50lbs.）。

注：

（1）加1W电功率（2.83V RMS，8Ω）在主声轴上远场测量，用平方反比定律折算到1m，从300Hz～16kHz平均。

（2）IEC频谱2h，+6dB峰值因数。

（3）推荐功率放大器容量作为参考。

2. SRX738 三分频全频带音箱

（1）频率范围（－10dB）：35Hz～20kHz。

（2）频率响应（－3dB）：44Hz～20kHz。

（3）水平覆盖角：（－6dB）：60°。

（4）垂直覆盖角：（－6dB）：40°。

（5）分频模式：双放大器/无源，外部可切换。

（6）分频频率：2kHz/350Hz。

（7）额定功率，无源（连续1/节目/峰值）：800W/1600W/3200W。

（8）双放大器：低频：800W/1600W/3200W；中高频：350W/700W/1400W。

（9）额定最大声压级：130dB，峰值；

（10）系统灵敏度1W@1m：95dB，无源模式；

（11）中高频灵敏度1W@1m：108dB，双放大器模式；

（12）低频单元：1×JBL2268H 457mm（18in）纸盆；

（13）中频单元：1×JBLCMCD-81H 2169H200mm（8in）差动驱动器，纸盆；

（14）高频单元：1×JBL2431H75mm（3in）差动驱动器，纸盆；

（15）系统标称阻抗：无源8Ω；

双放大器模式低频8Ω；

双放大器模式高频8Ω；

（16）有源调谐：dbx Drive Rack

（17）输入连接器：2xNL4 Neutrik Speakon连接器；

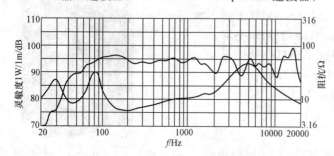

图5-35　频率响应和阻抗曲线

在图5-35中左边的纵坐标表示灵敏度，右边的纵坐标表示阻抗，横坐标表示频率，上面一条曲线表示灵敏度和频率的关系，下面一条曲线表示阻抗和频率的关系。从图中可以看出灵敏度曲线在标称的有效频带内的也不是很平的，有峰、谷出现，其实这张图中的曲线还算峰、谷起伏不大的，有些扬声器系统的灵敏度曲线峰、谷的起伏要大得多。我们要求在标称频率范围内的峰、谷最好少一些，起伏小一些，因为比平均值高得多的峰所处频率点容易引起啸叫，高的峰数量越多，可能产生啸叫的频率点就越多。

从图5-35中还可以看出阻抗实际上不是一个固定的值，随着频率的不同阻抗也不同，并且有一些明显的阻抗峰点。

图5-36是水平离轴频率响应曲线，纵坐标表示衰减的dB数，横坐标表示频率。曲线说明偏离声轴不同角度时，不同频率的衰减值。

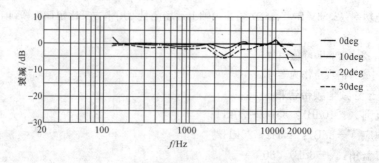

图5-36　水平离轴频率响应曲线

图 5-37 是束宽—频率曲线，纵坐标表示—6dB 的声束宽度（角度），横坐标表示频率，其中小圆圈的连线表示水平方向的曲线，小三角的连线表示垂直方向的曲线。

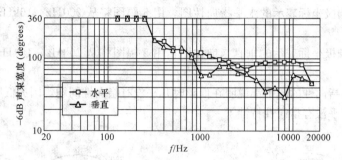

图 5-37 束宽—频率曲线

图 5-38 是垂直离轴频率响应曲线（上），图 5-39 是垂直离轴频率响应曲线（下），纵坐标表示衰减值（dB），横坐标表示频率。其中上、下说明在声轴水平线以上还是声轴水平线以下。

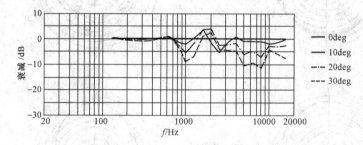

图 5-38 垂直离轴频率响应曲线（上）

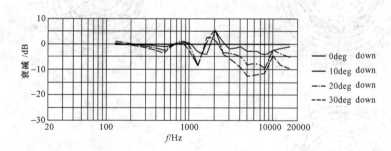

图 5-39 垂直离轴频率响应曲线（下）

图 5-40 是指向性—频率曲线，左垂直轴表示指向性指数（dB），右垂直轴表示指向性因数，

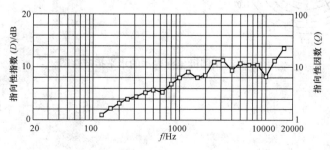

图 5-40 指向性—频率曲线

水平轴表示频率。从图中看出不同频率时指向性因数是不同的，总体上来说，频率越高，指向性因数越大。计算房间混响半径时需要用这个参数。

图 5-41 是用圆极坐标表示的水平指向性图，用 5 幅图将从 200Hz～16kHz 频率的指向性画出来，比较直观。

图 5-42 是用圆极坐标表示的垂直指向性图，用 5 幅图将从 200Hz～16kHz 频率的指向性画出来，比较直观。

以上所有有关指向性的图中都说明在低频时几乎没有指向性问题，因为低频声信号的波长已经足够长，所以几乎没有指向性特性了。

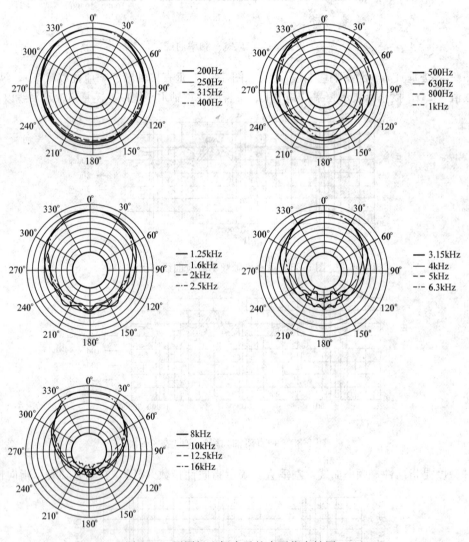

图 5-41　用圆极坐标表示的水平指向性图

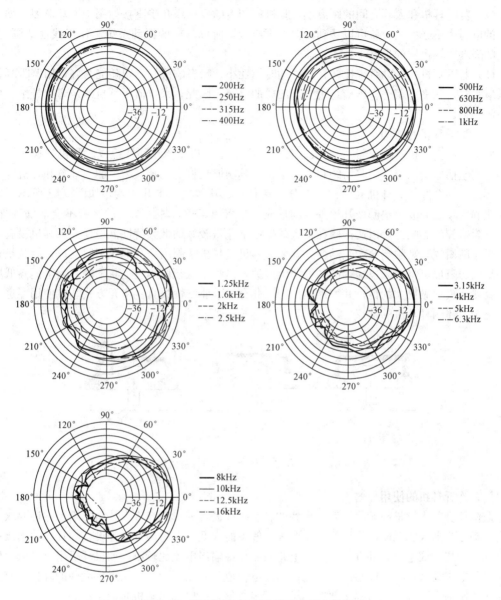

图 5-42　用圆极坐标表示的垂直指向性图

🔊 第三节　监听耳机

耳机和扬声器具有相同功能，都是向外辐射声波，并且都是电—声转换器件。

我们这里介绍的是在录音、音响调音中最常用的动圈式头戴监听耳机（以下简称监听耳机）。

一、监听耳机的特点

（1）监听耳机和扬声器重放的条件和方式不同。扬声器是向一个比较大的空间辐射声波，人耳听到的声音是经过房间的反射与混响状态的声音，而且左右两个扬声器发出的信号还会互相交叉、互相干扰。而耳机产生的声音直接耦合在人耳上，不受周围环境的影响，左右两声道也不互相干扰。

（2）监听耳机和人耳之间的距离小，耳机所产生的声压级几乎直接作用于人耳，因此加在耳机上的电功率不必太大，就可以达到需要的声压级，所以耳机的振动系统工作于线性范围之内，耳机的失真比扬声器的失真小。

（3）监听耳机的振动系统比较轻，振动时惯性小、瞬态响应好，跟随能力好，用监听耳机听音乐节目时，几乎可获得音乐信息中全部细微的情节。因此，来自监听耳机的声音有纤细、层次分明的感觉。

二、监听耳机的结构

监听耳机由耳机（换能器）、耳罩、头环、连接导线和插塞几部件组成。耳机（换能器）是主体，它包括振动系统、磁路系统和电路系统，其功能是将电能转换为声能。耳罩和耳机与人耳之间形成声耦合腔体。耳机的结构可以分为密封式、开放式、半开放式，如图5-43所示。密封式耳机和人耳之间放置垫圈使耳道外空间形成一个密闭容积，耳机发出的声音不会泄漏到外面。由于密封空腔的影响，可以使振膜在不大的振幅下获得较好的低频特性。但是如果耳机没有戴好或密封垫圈漏气，则频响会产生畸变。开放式耳机是耳机垫圈用微孔泡沫塑料支撑，因此是透声的，垫圈的阻尼可将低频段高端的共振峰阻尼掉，但整个低频段响应也将下降。为了提高低频响应，就要使膜片做更大的位移并增加顺性，因此会增加非线性失真。半开方式耳机使用不透声垫圈以克服上述两种耳机的缺点。

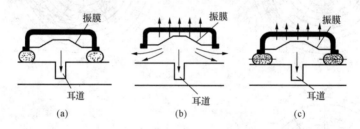

图5-43　密封式、开放式、半开放式耳机

三、监听耳机的使用

监听耳机要求质量高，除了对频率特性、非线性失真和瞬态响应有严格要求外，还要求灵敏度高、动态范围大。对监听耳机的阻抗要求一般不能太低，因为调音台等设备的耳机输出级的电路目前一般是集成电路，并且这些集成电路一般允许输出电流比较小，如果耳机阻抗过低，则要求提供的电流就大，有可能超出设备允许输出电流值，所以一般宜选用阻抗大些的耳机，有的设备使用说明书上对耳机阻抗提出要求不小于某阻抗值，所以选用耳机时应予注意。

四、监听耳机的技术指标

（1）灵敏度。当给耳机输入1mW电功率时，耳机输出的声压级，用分贝表示。

（2）阻抗。耳机输入端的交流阻抗值。

（3）频率响应。给耳机输入1mW电功率时，其输出声压级随频率变化的关系。

（4）非线性失真。包括谐波失真和互调失真，主要是在耳机输出端产生的输入信号以外的谐波成分造成的谐波失真。

（5）耳机对称性。左右耳机相位一致，灵敏度相差不大于3dB。

第六章

音 源 设 备

第一节 卡 座

卡座（Deck）也称录音座，事实上是盒式磁带录音机，是音响系统中常配置的一种声源设备，用来播放盒式磁带或记录音频信号。这种录音座多数是双卡座，适用于复制。

磁带录音机利用磁性录音原理，将音频电信号记录在磁带上。磁性录音是利用电磁转换和电磁感应原理，将声音的电信号转换成磁信号，感应记录在磁性薄膜带上，磁性薄膜带接受感应信号，以剩磁形式，将声音信息保留下来。还原时，利用电磁感应原理，做相反的变换，转换成声频电信号。

卡座的使用与家用录音机的使用基本上一样，不过，在使用时应用注意如下几点。

（1）记录调音台送出的立体声信号。最好将调音台的左右声轨输出口（2TrackL、R）接到卡座 Rec in 的 L、R 输入端，因为调音台上这两个输出口的信号不受调音台的主控输出推子影响，使进入卡座的声音信号比较稳定。与此同时，必须将卡座上的记录模式开关放在线路挡，不能放在复制（DUB）上。如果要求进行降噪处理，必须接通 Dolby 开关，并且必须记住是 Dolby 的哪种类型。若调音台上有编组输出，也可以把其中一对编组输出接到音频分配器的输入，利用音频分配器的一对 L、R 输出做记录信号输出。

（2）在记录声音信号之前，必须注意降噪系统的使用。多数卡座带有 Dolby B 或 C 降噪处理。Dolby 降噪器属于动态互补式降噪系统，也就是说，记录时必须接通 Dolby 开关，并且应注明是何种类型的 Dolby 降噪方式，放音时仍须接通同一类型 DOLBY，降的是磁带本底噪声，而不是声源里的噪声。

（3）为了获得最佳的记录效果，对空白磁带应进行三次以上预录，预录时，调节不同的记录电平，将记录信号及时重放，试听放音的结果，记下记录电平的最佳调节位置，也就是放声时信噪比大，声音宏亮但又不失真的调节位置，在进行正式录音时，就采用这一记录电平。任何磁带都有其最佳的记录电平，只有摸准了它的最佳记录电平，磁带记录才能获得最好的放音效果。

1）杜比 B、C 降噪。前面已经介绍过杜比降噪属于动态互补降噪，杜比 B 型（Dolby B）降噪系统，是 1969 年杜比实验室（Dolby Laboratories）研制的以掩蔽效应为基础的家用降噪系统，它的压缩和扩展只在小信号的高频段进行，杜比 B 型降噪能产生 10dB 的降噪效果，将噪声降到不可闻的程度，一般情况下这种效果已经是满意的了。

而杜比 C 型降噪则更有 20dB 的降噪效果和对高电平信号录音时有降低信号失真等优点。是1980 年由杜比 B 型发展而来，其噪声处理采用低电平旁通的双通路系统，由高电平和低电平两个系统串接组成。杜比 C 型降噪电路包含了杜比 B 型降噪的所有基本电路，因此杜比 C 型降噪电路可转换成 B 型降噪。杜比降噪的最大特点是能在很宽的信号频率范围内工作，而不会产生杂音调制或瞬时过负荷等副作用。由于杜比 C 型降噪系统可将盒式磁带的噪声近乎完全消除，还减小了高频损失和失真，所以是一种专业级的二级降噪系统，是高级家用盒式磁带录音座不可

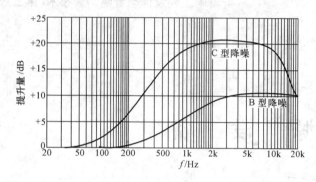

图 6-1　杜比 B、C 在低电平时编码器的频响特性

缺少的设置。图 6-1 显示杜比 B、C 在低电平时编码器的频响特性，纵坐标是提升量（Boost），单位是 dB；横坐标是频率（Frequency），单位是 Hz，上面一条曲线是杜比 C 降噪，下面一条曲线是杜比 B 降噪。图 6-2 显示杜比 B 编码器在不同输入电平情况的频率特性，纵坐标是输出电平（Output Level），单位是 dB；横坐标是频率（Frequency），单位是 Hz。图 6-3 显示杜比 C 在低电平时编码器的输出频响特性，纵坐标是输出电平（Output Level），单位是 dB；横坐标是频率（Frequency），单位是 Hz。图 6-4 显示杜比 C 编码器在不同输入电平情况的输出频率特性，纵坐标是输出电平（Output Level），单位是 dB；横坐标是频率（Frequency），单位是 Hz。

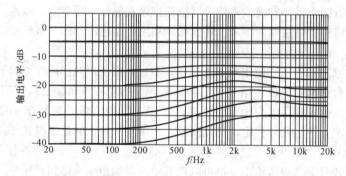

图 6-2　杜比 B 编码器在不同输入电平情况的频率特性

杜比系统的工作是在编码时有选择地将低电平信号提高，在解码时则将该信号进行衰减，这样磁带杂音被衰减至不易察觉的程度。对高电平信号则无需处理了，因为它本身已具有足够的防噪能力。不过 C 型降噪系统仍然对高频信号进行处理，以达到降低高频信号畸变的目的。

2）杜比 HX PRO（DOLBY HX PRO）峰值储备扩展，是录音时保持"有效"偏磁恒定，所谓"有效"偏磁，是两种电流的作用总和：①机器内偏磁电流振荡器产生的偏磁电流；②足以影响录音，其作用和偏磁相似的音频信号。为了保持"有效偏磁"为定值，所以对于一切有关偏磁的参量都是建立在动态状态下。

自给偏磁是在录音时音频信号中的高频电流起着偏磁的作用。在磁带输入、输出转换特性曲线上可以看到，当高频信号电平超过摩尔（MOL）点时，其结果将降低磁带的磁通量，所以自给偏磁会产生过高的偏磁电流，从而

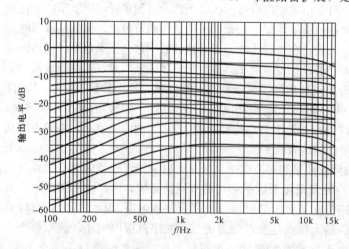

图 6-3　杜比 C 在低电平时编码器的输出频响特性

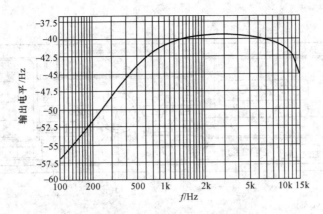

图 6-4 杜比 C 编码器在不同输入电平情况的输出频率特性

阻止了磁带录到高电平信号。

磁带灵敏度表征在一定输入电平时能录在磁带上的磁通量大小。不同的磁带有不同的磁带灵敏度，另外不同频率在同一磁带也有不同灵敏度。磁带灵敏度还和偏磁有关，偏磁不同，磁带灵敏度也不同。图 6-5 所示为灵敏度和偏磁的关系，纵坐标是输出电平（Output Level），单位是 dB；横坐标是偏磁电流（Bias Current），单位是 dB。

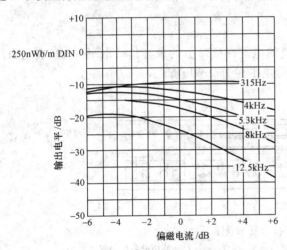

图 6-5 灵敏度和偏磁的关系

上面谈到在自给偏磁情况下，录音时，高频信号对低频成分的信号起到了偏磁作用，尽管这个影响对总的偏磁影响很小，但是足以改变低频的工作点了。当偏磁工作电平增加时，将降低磁带的高频灵敏度，从而使频响特性产生高频衰落。Dolby HX Pro 技术可以监视音乐内容中的高频部分，并随时调整卡座内部的偏磁振荡器，以保持恒定的总体偏磁电平。这样做的结果是提高了高频信号的响应程度，并同时减少了失真。根据磁带类型的不同，动态范围可提高达 6dB 甚至更多。

使用 Dolby HX Pro 技术，在录制包含丰富高频内容的音乐时会更加精确，而且不需要进行复杂的操作。这种音质的改善在高性能磁带和普通磁带上都可以体现出来，无论使用哪种磁带，都能得到更好的声音。最重要的是：Dolby HX Pro 不需要解码过程。一旦磁带是采用这种技术进行录音的，以后不论是在哪台卡座上进行回放，音质的改善都可以得到再现乐声而听不到噪声。杜比降噪系统由压缩器和扩展器组成。

【例 6-1】JVC 254BK 双卡式录音机，其前面板如图 6-6 所示。

1. 面板图

（1）电源待机指示灯 6（STANDBY）。在电源待机时亮。

（2）计数器复位按钮 7（COUNTER RESET）（A 舱）。按下此按钮，使计数器复位到"00 00"。即使电源开关处于待机状态，当时的计数器数字也被储存。

（3）指示器（见图 6-7）。

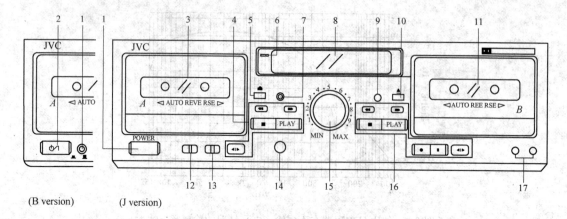

图 6-6 JVC 254BK 双卡式录音机前面板

1—电源开关（POWER，B型：开/关；J型：开/待机）；2—开关（开/待机）（B型）；3—盒式磁带舱（A舱）；
4—盒带操作按钮（A舱）；5—取带按钮（A舱）；6—电源待机指示灯；7—A舱计数器复位按钮；8—指示器；
9—B舱计数器复位按钮；10—取带按钮；11—盒式磁带仓；12—杜比降噪开关；13—反向方式开关；14—耳机插口；
15—输入电平调节旋钮；16—盒带操作按钮；17—同步复录按钮

▶▶—用以从左向右快速卷绕磁带； ◀◀—用以从右向左快速卷绕磁带；

■（停止）—用以停止走带；PLAY—用以重放磁带；◀I▶—用以改变磁带走带方向；

▲—（取带）按钮（A舱）

1）峰值电平指示器，显示的是录音信号的电平或磁带上的录音信号电平。0dB 表示 IEC
（DIN）标准电平（250nWb/m），0VU 表示信号电平在 160nWb/m。

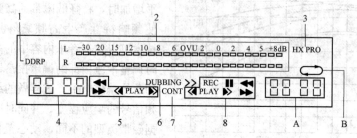

图 6-7 指示器示意图

1—指示器动态检测录音处理；2—峰值电平指示器；3—杜比峰值储备扩展器；
4—数字计数器；5—A舱机构状态指示器；6—复制模式指示器；
7—连续放音状态指示；8—B舱机构状态指示器

2）数字计数器。磁带从左向右走动时计数器读数递增，磁带从右向左走动时计数器读数
递减。

3）A舱机构状态指示器 5。

▶▶：从左向右走带时发亮。

◀◀：从右向左走带时发亮。

PLAY：放音时发亮。

◀，▶：显示磁带走带方向。

4）复制模式指示器 6。

"DUBBING＞"：于标准速度复制形式时发亮。

"DUBBING＞＞"：于高速复制形式时发亮。

5）B舱机构状态指示器8。

PLAY：放音和录音状态时发亮。

▶，▶：显示磁带走动方向。

REC：录音和录音暂停状态时发亮，录音静噪时闪烁。

‖：暂停指示灯。

▶▶：从左向右走带时发亮。

◀◀：从右向左走带时发亮。

（4）杜比降噪开关（DOLBY NR）12。使用杜比降噪系统进行录音，或使用杜比降噪系统录制的磁带放音时，设定在杜比B或杜比C，不适用杜比降噪系统时设定在OFF。

（5）反向方式开关（REVERSE MODE）13。用以选择单面或双面录音/放音状态或连续放音状态。

⇌：用于单面的录音或放音。

⇌：用于A和B两面的放音或录音。

⇌：用于A和B两面的连续放音。

（6）耳机插口（PHONES）14。用以连接头戴耳机（阻抗为8Ω～1kΩ）。

（7）B舱盒带操作按钮。

▶▶：用以从左向右快速卷绕磁带。

◀◀：用以从右向左快速卷绕磁带。

■（停止）：用以停止走带，复录时可以同时停止两个盒带走带。

PLAY：用以开始放音或录音磁带。

●REC/REC MUTE：要录音时，按下本按钮的同时按下PLAY按钮，还可以在磁带上做出适当的无录音段落。

‖PAUSE：录音和放音期间可用以暂时停止走带，按下PLAY按钮来解除暂停状态。

◀｜▶方向：用以改变磁带走向。

（8）A▶B同步复录按钮（A▶B SYNCHRO DUBBING）17。用以从A卡向B卡进行复录。

2. 技术指标

（1）形式为双卡式录音座。

（2）声轨系统为4轨，双声道。

（3）磁带速度为$4.8cm/s\left(1\frac{7}{8}in/s\right)$（正常）、$9.5cm/s\left(3\frac{3}{4}in/s\right)$（高速）。

（4）频率响应（－20dB录音）。

1）Ⅳ型磁带：20～17000Hz、30～16000Hz（±3dB）。

2）Ⅱ型磁带：20～16000Hz、30～15000 Hz（±3dB）。

3）Ⅰ型磁带：20～16000Hz、30～15000Hz（±3dB）。

（5）信噪比为58dB（S＝315Hz，k_3＝3％，N＝A计权，Ⅳ型磁带）。在接通杜比C降噪时，信噪比在500Hz约改进15dB，在1kHz～10kHz最大改进20dB；在接通杜比B降噪时，信噪比在5kHz改进5dB，在5kHz以上改进10dB。

（6）MOL的改进。接通杜比C降噪时在10kHz改进4dB。

（7）抖晃率为0.08％（WRMS）、±0.2％（DIN/IEC）。

（8）通道隔离为40dB（1kHz）。

(9) 串音为 60dB（1kHz）。

(10) 谐波失真。k3，0.8%（Ⅳ型磁带，315Hz，0VU）。

(11) 磁头。式座 A 为 METAPERM 磁头（放音用）×1，卡式座 B 为 METAPERM 磁头（录音/放音用）、双隙铁素体磁头（抹音用）组合磁头×1。

(12) 电动机：电调速直流电动机（主导轴用）×1、直流马达（带盘用）×1、直流马达（机构驱动用）×1（包括卡式座 A 和 B）。

(13) 快进/倒带时间。C-60 型盒带约 110s。

(14) 输入端子（×1 线路）。

1) 线路输入：输入灵敏度 80mV（0VU）。

2) 输入阻抗为 50kΩ。

(15) 输出端子（×1 线路）。

1) 线路输出电平为 300mV（0VU）。

2) 输出阻抗为 5kΩ。

3) 耳机×1。输出电平 0.3mW/8W（0VU），匹配阻抗 8Ω～1kΩ。

(16) 其他端子有 COMPU LINK-3/SYNCHRO×2。

(17) 电源要求为 AC230V、50Hz（B 型）；AC120V、60Hz（J 型）。

(18) 耗电量。工作时为 17W，待机时为 4.0W。

(19) 尺寸（宽×高×深）：435mm×139mm×331mm。

(20) 质量为 5.0kg（11.1lbs.）（B 型）、4.8kg（10.6lbs.）（J 型）。

🔈 第二节　电　唱　机

一、电唱机的原理

电唱机是用来重放机械录音载体——唱片的机器，机械录音的方法是将声音保存在唱片上，其中声压的变化对应于槽纹的中线位移。机械录音按照采用的槽纹调制方式可以分为三类：横向录音、垂直录音、斜向录音。采用横向录音时，刻针做横向振动，振动方向与槽的轴线垂直。采用垂直录音时，刻针在唱盘表面垂直振动，其深度变化响应于声压变化。斜向录音用于双通路立体声唱片，它要求在一条槽纹内刻录两路信息。由于重力会产生不对称性，因此立体声机械录音不采用同时使刻针做垂直和横向振动的方法，而采用互成 90°的斜向振动方法。通过唱针相对于唱盘做机械运动（摩擦运动），将机械能转换成电能（分电磁式和压电式），唱针沿着轨迹内、外侧摩擦做合成运动，然后按线圈的方位或晶片方位做分解，将左右声道的信号分离开，分别给予放大，形成立体声电信号。立体声针尖的曲率半径为 0.13～0.18mm。为了获得好的音质，电唱机的唱头部分与后接放大器的阻抗匹配很重要，一般要求放大器的输入阻抗为 470kΩ。

二、电唱机的分类

依据唱机的用途不同，分普通电唱机和机械摩盘机两种。普通电唱机指家用型一类，而机械摩盘机是 Disco 厅里 DJ 师（DJ 的中文意思是唱片骑士，从事专业扩声调音工作的人）常用的一种，后者唱针采用金刚石耐摩针，唱盘也是耐摩的高强度塑料制成，传动电动机也是特殊加工的，用手反转，电动机安然无事，DJ 师可以根据音乐播放的需要，手摸唱盘或唱片令其加速或减速，以获得特殊的声音效果。与此同时，在机械摩盘机上还装有微调转速的推拉杆，它能改变唱片转速，使唱片的音调变化±8%。

从信号检拾方式区分，又可分为幅度型和速度型两种。

（1）幅度型。针尖的振动幅度与输出的电信号直接相关，输出的电信号大小与针尖的振幅成正比。其灵敏度高，后接放大器不需要频率均衡。

（2）速度型。输出的电信号大小与针尖的速度成正比，其中包括：动磁式、动电式和动圈式三种。其灵敏度低，后接频率均衡放大器，在线路上比幅度型复杂。

三、电唱机的结构

电唱机一般分为拾音器（唱头）、音臂、传动变速机构、电动机、机箱和唱盘。高级电唱机还装有闪频测速、转速微调、音臂升降、内侧平衡、自动选段、自动放唱等。

唱头用于捡拾唱针与唱片相对运动时产生的振动信号，通过垂直放置线圈或陶瓷片，将振动分解，分别捡出左右声道信号。唱臂的要求是：循迹误差小，避免低频谐振，在声轨上的内、外侧针压应平衡，其支点装有重锤，便于调节针尖对唱片的压力。为减小循迹引入的循迹误差，即减小声音的失真，通常将唱头做成一定角度的弯曲，增加音臂长度。

传动变速机构一般装有三种：$33\frac{1}{3}$、45r/min 和 78r/min，目前使用得最多的是 $33\frac{1}{3}$r/min。变速装置有三种形式：摩擦轮传动、传动带传动以及电动机直接传动。

唱片在录音过程中由于刻录电平受到各种限制，其录音频率特性不是平直的。刻录唱片有规定的录音振速与频率的关系曲线，IEC 唱片录音特性如图 6-8 所示。此唱片录音特性是由美国唱片工业协会（RIAA）于 1953 年首先提出来的，因此常称为RIAA 录音特性曲线，后来被国际电工委员会（IEC）作为密纹唱片录音频率特性。从图 6-8 中可以看出，唱片录音特性不是平直的，而是一条低频衰减、高频提升的曲线。如果使用输出电压与振速成正比的速度型拾音器放唱片，就需要频率特性相反的均衡网络。

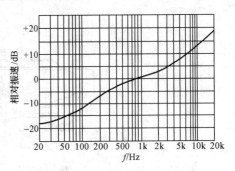

图 6-8　IEC 唱片录音特性

与此同时，时间常数为 $75\mu s$ 的均衡网络的预加重作用还可以减弱唱片的表面噪声，同时也改善了唱片重放时的信噪比。对于输出电压与位移成正比的幅度型拾音器，为了获得均衡的放声频率响应，同样要采取频率均衡措施。

电动机有四种：交流感应罩极式电动机、微型直流永磁电动机、伺服控制电动机和交流同步电动机。

机箱：有木制、木塑组合和全塑料式的机箱。

【例 6-2】日本 Vestax PDX-a2S 机械摩盘机。

图 6-9 为日本 Vestax PDX-a2S 机械摩盘机面板。

1. 转盘

（1）电动机为直接驱动晶体。

（2）起动时间为 0.5s（33.5r/min）、70°。

（3）起动力矩为 1.6kg cm。

（4）停止系统为电子停止。

（5）信噪比为 78dB（IEC 98 计权）。

（6）速度为 33.5r/min，45r/min。

（7）变调为 ±10%（可分开的 100mm 衰减器）。

（8）复制失真和颤动为 0.03%。

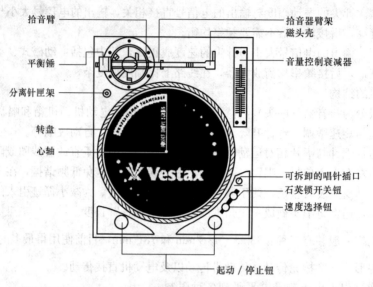

拾音臂
平衡锤
分离针匣架
转盘
心轴

拾音器臂架
磁头壳
音量控制衰减器

可拆卸的唱针插口
石英锁开关钮
速度选择钮

起动 / 停止钮

(a)

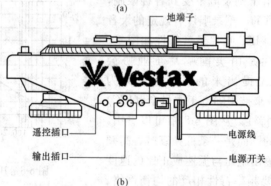

地端子

遥控插口
输出插口

电源线
电源开关

(b)

图 6-9　Vestax PDX-a2S 机械摩盘机面板

(a) 正面；(b) 背面

2. 唱臂

(1) 类型为反跳动音臂系统，呆滞保持平衡系统。

(2) 有效长度为（230±1）mm。

(3) 偏移角为 22°。

(4) 跟踪误差为 +2°32′～+0°32′。

(5) 唱针压力为调节范围 0～7.0g。

(6) 光（可选）为可分离最小光直流 12V，100mA。

(7) 速度锁定为晶体锁定。

第三节　电子乐器（电子钢琴）

电子乐器是一种利用高科技电子技术仿效各类古典器乐发声或创作新颖音乐声的设备。其音质之优美、风格之高雅、设置之精巧都达到理想境界。电子乐器品种很多，有电子琴、电琵琶、电子鼓、电贝斯、电子小提琴、电钢琴等。

这里重点介绍电子琴（Electronic Keyboard）。

（1）应用谱号。使用钢琴谱，高低音双行记谱。

（2）结构组成。电子乐器的结构较为复杂，音源是由晶体管、集成电路等产生的电振荡，并通过音色电路而产生各种音色；同时由周波数调制产生颤音效果，由振幅调制产生各种乐器的音效。电子琴的外形很像普通键盘乐器，又称作电子键盘，发音音量可以自由调节，只是某些种类多一排脚踏键盘，而且手触键盘也往往分为两层。电子琴音域较宽，和声丰富，甚至可以演奏出一个管弦乐队的效果，表现力极其丰富。它还可模仿多种音色，甚至可奏出常规乐器无法发出的声音（如合唱声，风雨声，宇宙声等）。另外，电子琴在独奏时，还可随意配上类似打击乐音响的节拍伴奏，适合于演奏节奏性较强的现代音乐。另外，电子琴还安装有效果器，如混响、回声、延音，震音轮和调制轮等多项功能装置，表达各种情绪时运用自如。

（3）乐器特色。电子琴属于电子乐器，发音音量可以自由调节。电子琴是电声乐队的中坚力量，常用于独奏主旋律并伴以丰富的和声，还常作为独奏乐器出现，具有鲜明时代特色。但电子琴的局限性也十分明显：旋律与和声缺乏音量变化，过于协和、单一；在模仿各类管、弦乐器时，音色还不够逼真，模仿提琴类乐器的音色时，失真度更大，还有改进的余地。下面简要介绍日本 YAMAHA DGX-505 电子钢琴，如图 6-10 所示。

【例 6-3】 YAMAHA DGX-505 电子钢琴。

1. 主要功能（见表 6-1）

表 6-1 　　　　　　　　　　YAMAHA DGX-505 电子钢琴主要功能

功　　能	参　　数
键盘	88 键
有力度感响应	
单触设定	1［音色列表中］
最大同时发音数	32
音源	
类型	AWM
音色	121＋361XGlite ＋12 鼓组
双音色	有
分离	有
效果	混响：9 种；合唱：4 种；和声：26 种
自动伴奏节奏数	135
形式	主奏 A/B 前奏/尾声/插入 X2
和弦形式	多种（单指/多指）
面板延音	有（在菜单中）
和声	26 种
乐曲数	100（30 内置 70CD-ROM）
存储器	内置闪存［875KB］Smart Media 卡［最大 128M］
雅马哈教学组件 Y.E.S	
教程模式	您的速度/等待/隐去
评分功能	有

功　能	参　数
和弦辞典	有
液晶画面背光	有
注册记忆	2 组×8 音库
控制	
速度	有
延音接口	有
音轨	6［5 轨+1 和弦］
兼容格式	SMF/SFF/Digital Music Notebook
MIDI	XGlite/GM/XF
外部接口	
支持踏板	有
USB	有
MIDI	IN OUT
音频	OUTPUT/耳机兼容
扬声器尺寸	(12cm+3cm)×2
放大器［输出］	6W+6W
电源	电源适配器（附带），1 号干电池 6 节（另购）
尺寸（宽度×厚度×高度）/mm	1376×485×804
重量（除干电池）	21.0kg
附属品	乐谱架、电源适配器、中文面板罩、驱动 CD、使用说明书、保证书

2. 面板

前面板如图 6-10 所示。

(1)［TOUCH］button 指触按钮 3。用于调整指触功能的 ON 或 OFF。

(2)［HARMONY］button 谐波按钮 4。用于调整谐波功能的 ON 或 OFF。

(3)［SPLIT］button 分割按钮 5。用于调出最后被选定的 Split Voice。

(4)［DUAL］and［SETTING ▼/▲］buttons 双重和设置▼/▲按钮 6。［DUAL］按钮用于调整 Dual voice 的 ON 或 OFF，［SETTING］按钮用于设置与 Main 和 Dual voices 有关的参数。

(5) Overall（left, right）buttons 总体(left, right)按钮 7。用于调出几种功能、设置和操作，包括效果、移调、调谐和 MIDI。

(6) Numeric keypad，［+/YES］and［-/NO］buttons 数字键盘 17。这些被用于选择歌曲、声乐、节奏和数字键盘，它们也被用于调节某种设置和回答某种显示提白。

(7)［ACMP］/［A-B REPEAT］button 伴奏/A-B 重复按钮 18。当风格模式被选定，调整自动伴奏开或关，这也决定自动伴奏分割点，在歌曲模式，这调出 A-B 重复功能。

(8)［SYNC START］/［PAUSE］button 同步启动/暂停按钮 20。调整同步开始功能 on 和

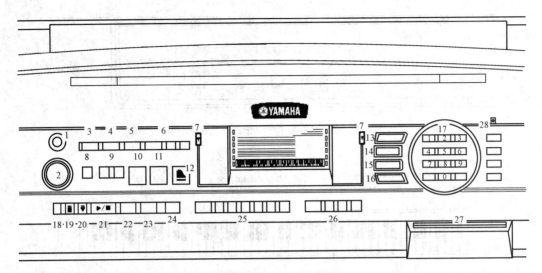

图 6-10　DGX-505 电子钢琴前面板

1—Power switch（STANDBY/ON）电源开关（待机/开机）；2—［MASTER VOLUME］dial 主音量旋钮；3—指触按钮；4—谐波按钮；5—分割按钮；6—双重和设置按钮；7—总体按钮；8—自动演奏器按钮；9—练习左右按钮；10—字典按钮；11—节拍器按钮；12—便携式大钢琴按钮；13—歌曲按钮；14—节奏按钮；15—声乐按钮；16—音乐数据库；17—数字键盘；18—伴奏/A-B 重复按钮；19—同步停止按钮；20—同步暂停/起动按钮；21—起动/停止按钮；22—进入、终止、快速倒回按钮；23—主/自动填充/快速向前按钮；24—速度/节拍按钮；25—歌曲记忆按钮；26—登记存储器按钮；27—盘驱动；28—盘控制按钮；

off。在歌曲模式，它被用于短暂性的暂停歌曲回放。

（9）［START/STOP］button 启动/停止按钮 21。当风格模式被选择，交替地启动和停止节奏。在歌曲模式，交替地启动和停止歌曲回放。

（10）［INTRO ENDING］/［◄◄ REW］button 进入 终止/快速倒回按钮 22。当选择 Style 模式，被用于控制 Intro(进入)和 Ending(终止)功能，当选择 Song 模式，被用于一个快速"回放"控制，或者歌曲回放点向起始移动。

（11）［MAIN/AUTO FILL］/［►FF］button 主/自动填充/快速向前按钮 23。当选择 Style 模式时，被用于自动伴奏部分和控制 Auto Fill 功能。当选择 Song 模式时，被用于"快速向前"控制，或者歌曲重放点向终点移动；

（12）［TEMPO/TAP］button 速度/节拍按钮 24。用于调出 Tempo 设置允许你用数字键盘或［＋］/［－］按钮设置 Tempo。也允许在 tapped speed 选择输出速度和自动启动选择好的 song 或 style；

（13）［SONG MEMORY］buttons 歌曲记忆按钮 25。按钮（［REC］，［1］～［5］，［A］）用于歌曲记录，一首歌曲让你记录在 6 个不同轨迹(包括一条特殊的伴奏轨迹)，它们也被用来清除已记录的全部数据或用户歌曲的特殊轨迹。

（14）REGISTRATION MEMORY buttons 登记存储器按钮 26。被用于选择和记录 Registration Memory 预置。

（15）Disk Drive 盘驱动 27。作为松软盘的插入，对于加载和保存数据；

（16）Disk control buttons 盘控制按钮 28。用于盘驱动控制；

DGX-500 电子钢琴后面板如图 6-11 所示。

88 键琴键图如图 6-12 所示，钢琴中不同音程中任何音高的频率值见表 6-2。

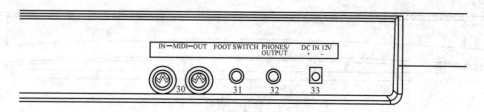

图 6-11　DGX-500 电子钢琴后面板

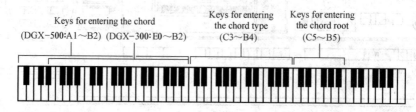

图 6-12　88 键琴键图

表 6-2　钢琴不同音程中任何音高的频率值[88 键钢琴从 A_2(27.500Hz)到 c^5(4186Hz)]/Hz

									A_2		B_2
									27.500	29.135	30.868
C_1		D_1		E_1	F_1		G_1		A_1		B_1
32.7	34.65	36.7	38.9	41.2	43.7	46.25	49	51.9	55	58.3	61.7
C		D		E	F		G		A		B
65.4	69.3	73.4	77.78	82.4	87.3	92.5	98	103.8	110	116.5	123.5
c		d		e	f		g		a		b
130.8	138.6	146.8	155.6	164.8	174.6	185	196	207.7	220	233	246.9
c^1		d^1		e^1	f^1		g^1		a^1		b^1
261.6	277.2	293.7	311.1	329.6	349.2	370	392	415.3	440	466.2	493.9
c^2		d^2		e^2	f^2		g^2		a^2		b^2
523.3	544.4	587.3	622.3	659.3	698.5	740	784.0	830.6	880	932.3	987.8
c^3		d^3		e^3	f^3		g^3		a^3		b^3
1046.5	1108.7	1174.7	1244.5	1318.5	1369.9	1480.0	1568.0	1661.2	1760.0	1864.7	1975.5
c^4		d^4		e^4	f^4		g^4		a^4		b^4
2093.2	2217.5	2349.3	2489.0	2637.0	2793.8	2960.0	3126.0	3322.4	3520.0	3729.3	3951.1
c^5		d^5		e^5	f^5		g^5		a^5		b^5
4186		4698.7		5274.1	5587.7		6272.0		7040.0		7902.1
c^6		d^6		e^6	f^6		g^6		a^6		b^6
8372		9392		10548	11175		12544		14080		15804

第四节 激光唱机和视盘机

自 1981 年激光唱机（CD）投放市场，进入家庭使用以来，有着飞速的发展，相继出现大视盘机（LD）、小视盘机（VCD）和数码视盘机（DVD），并且在性能上非常完美、色彩丰富、动作逼真、画面生动、音效纯正。在记录信息上也有大幅度提高，从单面单层记录转向双面双层记录，由原来一张 12cm 的 CD 片信息发展到同样大小唱片可以记录 25 倍的信息。

一、激光唱机和视盘机的原理

激光是一种高纯度、高能量、聚焦良好、性能稳定的光束，利用激光光束照射带数码刻槽的唱片，通过反射，产生回程光，这种回程光载有唱片轨迹信息，由光敏二极管将光信息转换成电信号，经射频放大、解调、信息处理、D/A 转换、音频、视频放大，送出音视频信号，这便是激光数码唱机。为了接受外部指令控制，准确控制各种信息，稳定机器长期可靠运行，还设置了中央处理器（CPU）以及各类伺服系统。为了克服唱片划伤或灰尘等带来的数码丢失，引起断音或马赛克现象，采用了检错纠错电路。其原理方框图如图 6-13 所示。

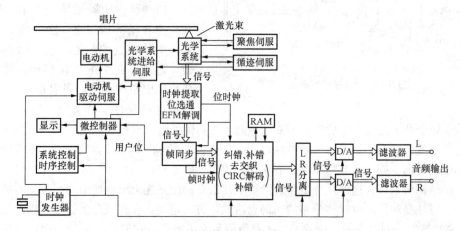

图 6-13 激光数码唱机线路原理框图

一般使用的激光是红外激光，也有红光的激光，它由半导体激光器件产生，聚焦的激光束小于 $1\mu m$，唱片刻槽宽度为 $0.5\mu m$，深度为 $1.1\mu m$，槽长反映了二进制码为 1 的多少，无槽时反映二进制的 0 码，由晶体振荡器产生采样信号，准确采集数码信息。光学捡拾系统通称激光头，它是整机的核心部分，捡拾信息从唱片中间往外进行，与普通唱机相反。并且激光头与唱片是不接触的。唱片转速一般是等线速（1.2～1.4m/s），即变转速的，激光头在唱片中心部位时转速可达 500r/min，激光头在唱片边缘时，转速约 200r/min。

二、数码唱机（或视盘机）的光学捡拾系统

激光数码唱机的光学捡拾系统简称激光头，它是由光学部件组成，具体安排如图 6-14 所示。半导体激光二极管发出红外激光，经过圆柱形透镜准直，形成平行光束，照在光栅上，送出 $K=0$ 级主光束，用于唱片信息捡拾。另外，在 0 级光两侧，有二束对称的 $K=\pm 1$ 级光束，称辅助光束，用于循轨检测。这三束光通过分裂式半透镜 PBS 棱镜，其作用是让垂直光束通过并形成偏振光，同时，使唱片反射回来的回程光束，在棱镜的分界面上全反射透过棱镜的光束，经 1/4 波片（作用是允许入射光通过），在其内外表面不出现干扰的反射光（使上下表面的反射光在外表面上相差半波长光程差，形成干涉抵消）。从 1/4 波片出来的光束经跟踪反射镜（用于循

轨)、径向反射镜(用于使激光束作各种播放方式运动)、物镜(用于激光束聚焦),将激光束会聚在唱片刻槽信息部位。从唱片反射回来的,载有信息的回程光,经径向反射镜、跟踪反射镜、1/4 波片、分光棱镜 PBS,在分光陵镜的交界面上产生全反射,经双曲透镜(用于聚焦状况反映,准确聚焦在唱片刻槽处,光束成圆形;不准确聚焦时,光束表现出椭圆形)、定位反射镜(用于定位,使回程光准确落在光敏二极管上),进入光敏二极管。光敏二极管将载有明暗数码信息的光,变成数码电信号,送往射频放大器放大,做一系列的信息处理,还原成音视频信号,分别输出。

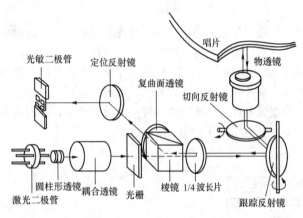

图 6-14　光学捡拾系统

三、伺服系统

伺服系统是许多精密机器常采用的辅助控制系统,目的是保证机器能长期可靠地运行。摄像机、录像机等都有其相关的伺服系统。同样,激光数码唱机和视盘机也有其伺服系统,主要有以下四种。

(1)聚焦伺服系统。为了保证唱片在高速转动的情况下,激光光束始终聚焦在唱片轨迹的刻槽部位。唱片高速运转,肯定存在上下起伏移动,这时,聚焦物镜应相应移动,当唱片往上移动时,物镜也跟着往上移动;当唱片往下移动时,物镜也跟着往下运动,保持焦距不变。为此,在物镜处装上磁片和微型线圈,利用光敏二极管对聚焦状况的不同,捡拾光束形状各异,产生电流大小、方向亦不一样的特点,使微型线圈产生的磁场强弱方向不同,调节物镜上、下移动,达到准确聚焦。

(2)循轨伺服系统。这种系统是保证捡拾唱片信息的激光光束准确地沿着唱片刻槽的螺旋形轨迹运动。方法是利用两束对称分布的辅助光沿轨迹方向运动,在光敏二极管上出现的信号差值为 0。偏离轨迹时,两对光敏二极管产生的差值信号有正或负,控制线圈磁场方向,使循轨反射镜水平微动,获得正确循轨效果。

(3)径向伺服系统。此系统用于接收机器面板的键控指令,使径向反射镜沿唱片径向,进行各种播放方式的运动。这些控制信号一般由循轨伺服处理信号中分离出低频成分来形成。

(4)电动机伺服系统。唱盘转速要求随着唱头位置而变动。从数码信号中提取时钟信号(写入计时),与石英晶体振荡器的稳定时钟信号(读出计时)进行相位比较,得到误差信号,去控制微型直流电动机,达到变转速的目的。除以上四种主要伺服系统之外,生产唱机的厂家为了突出其产品的特点,增加一些其他功能,可能增设其他伺服系统。这些伺服系统不尽相同,各具特色。

四、激光数码唱机(或视盘机)的特点

激光数码唱机和视盘机与传统的模拟记录播放机型相比,有许多突出的优点,表现在如下几个方面。

(1)技术指标高,性能优良。由于采用的是激光、数码技术,应用微电脑控制,使这种系统的信噪比高达 97dB 以上,并且随量化级的提高,噪声可进一步下降,在节目间隙期间,听不见噪声,显得极其宁静。激光头与唱片不接触,不存在摩擦声。画面清晰,无毛刺现象。音乐动态

范围宽，从最小不失真声到最大不失真声的范围高达 96dB，播放动态范围大的宽广音乐，临场感很强。低音厚实丰满，中音明快流畅，高音细腻清晰，层次分明。频响范围大，无论在音频区段或视频区段，频响曲线平滑，由频响不均引起的失真几乎为 0。分离度高，声道之间的干扰很小，串扰抑制达 90dB 以上。载体振动、运行引起的抖晃率接近 0。画质优美，音色纯正与这些高技术指标密切相关。

（2）体积小、质量小、信息容量大。一张 12cm 的 CD 盘，单面立体声放音，播放时间为 1h，共计有 650MB 的信息。一张单面双层记录的 DVD 片，同样大小，能内存 9.4GB 信息。利用激光唱机存储影片、音乐、图书资料、画册、档案，已成为当代的发展趋势。

（3）自动化程度高，功能键齐全。就播放方式来说，专业用的激光唱机拥有五种播放方式：连续播放、随机播放、重复播放、程序播放、扫描播放。只需简单按动按键，自动实现所需的播放，还有往前、往后搜索键，沿着轨迹进行搜索。前后跳跃键使激光唱头往前或往后跳至每首乐曲或独立画面的始端进行播放。编辑键用于编辑播放时间，根据需要，与数字键结合，获得准确播放时间，播放完毕，自动暂停。剩余时间键用于剩余播放时间显示，其显示方式为倒计时。变聚焦键用于画面放大。数字键用来设定声轨数、索引号（曲号）或乐曲、画面始端扫描时间。快慢速播放键用于播放速度变化，产生特别播放效果。定时键用于自动播放、定时关机。自动提示键使放唱终止在曲目终点，机器自动转入准备状态。此外，具有一般录音机上的操作键，如暂停键、播放键、停机键、开关唱舱键等。

五、激光数码唱机的维护

激光唱机是采用激光捡拾信息，内装一些光学部件，唱片以反射激光的方式传送信息。因此，机器、唱片防油污、防灰尘是很重要的，这些对光的传送极其有害。

唱片表面涂有透明保护层，光洁如镜，手触表面会产生油印，对入射激光和反射激光都不利。唱片表面不应划痕，划痕过多，容易造成数码丢失，出现断音或画面马赛克现象。唱片不小心染上油污可用唱片清洗剂擦洗，擦洗时沿唱片径向进行，若采用螺旋式擦洗，可能出现很长一段轨迹未清洁，丢失数码严重的现象。还可以用中性洗涤剂冲淡，沾在棉纱上，沿径向擦洗后，清水冲净、晾干。唱片划痕太多，影响声音或画面播放，可用修补剂修补。禁止用酒精或汽油去擦洗唱片表面，否则，这些液体会溶解保护层，造成唱片永久性破坏。

唱机长期暴露在空气中，物镜上存在许多灰尘，对激光吸收严重，妨碍信息捡拾，应及时清洁。清洁物镜方法为：唱机接上电源，让唱舱退出，取下电源插头，打开上机盖，便可看见激光头的玻璃透镜，它就是物镜。用干净的棉纱沾上清水轻擦其表面（不能过重擦洗，否则容易使物镜上的弹片变形，造成聚焦不准现象），晾干即可。激光唱头其运行方向是唱片的径向，沿导轨运行，导轨有油污、灰尘积累会妨碍激光头自由运行，产生停播、跳播现象，用棉纱沾上酒精，清理聚苯乙烯塑料导轨。

如果唱片完好如新，物镜表面灰尘很少，激光头的导轨也很干净，唱机出现停播、跳播现象，一般是激光头的半导体激光器损坏或老化，必须更换半导体激光器，否则，不能排除这种故障。

唱片应保存在唱片盒内，不能任意堆放；否则，容易划伤或产生变形，播放不正常。

下面以 DENON DVD-910 机为例介绍，图 6-15 为 DENON DVD-910 机前面板图。DVD-910 是 DENON 的 DVD，它是一款逐行扫描的 DVD，后面的接口有 S 端子输出。该机可以播放 DVD-V，CD，MP3，WMA。

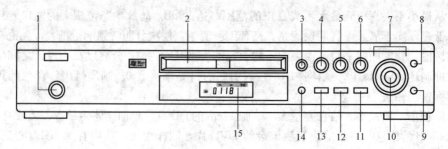

图 6-15　DENON DVD-910 机前面板图

1—开机/待机按键；2—光碟加载托盘；3—打开/关闭按键；4—播放按键；

5—静止/暂停按键；6—停止按键；7—游标按键；8—菜单按键；9—设置按键；

10—确认按键；11—跳进/快速向前按键；12—跳退/快速向后按键；

13—虚拟环绕按键；14—暗淡按键；15—显示屏及遥控传感器窗口

第五节　MD 录放机

MD 录放机采用磁光盘作为录放媒体，这种磁光盘与普通 CD 光盘不同，它在录音和抹音过程中，是在磁场和加或不加激光共同作用区别而产生数字信号的 1 或 0，以记录数字音频信号。MD 录放机采用 ATRAC（Adaptive Transform Acoustic Coding，自适应变换音频编码）算法，利用人耳的遮蔽效应来压缩那些声压小的音乐信号，同时这对音乐本身的噪声也有很好的抑制作用，因此实际的收听效果很好。

MD 的录音时间受 MD 磁光盘的限制，目前只能在 74min 的 MD 磁光盘上录制 74min 的立体声音乐。

【例 6-4】SONY 的 MDS-E12 型 MD 机。

1. 前面板说明（见图 6-16）

（1）电源键（POWER）1。按下此键打开录音机，再按此键录音机关闭。

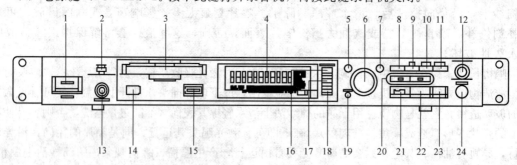

图 6-16　MDS-E12 前面板图

（2）输入选择器（INPUT SELECTOR）2。用于选择要录制节目源的输入插头（或接口）。

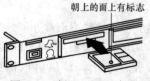

图 6-17　插入 MD 示意图

（3）MD 插入槽（MD INSERTION SLOT）3。按以下说明插入 MD，如图 6-17 所示。

（4）显示窗口（DISPLAY WINDOW）4。显示各种信息。

（5）菜单/取消键（MANU/NO）5。按此键显示"编辑菜单"或"设置菜单"，同时，菜单模式被取消。

（6）自动音乐搜索（AMS）控制钮（标记/输入键 MARK/ENTER）转动此钮搜索乐曲，调节录音音量，选择输入特性或选择箭头指向录音机一个菜单项目和设置一个值。

（7）确认键（YES）7。按此键执行所选的操作。

（8）电平/显示/字符键（LEVEL/DISPLAY/CHAR）8。按此键显示 INPUT 或 OUTPUT 音量和盘或乐曲的信息，选择要输入的特征类型，并改变时间显示。

（9）时间键（TIME）9。按此键改变盘或乐曲的时间信息。

（10）定位键（LOCATE）10。按此键查找事先标记的位置。

（11）音频提示键（AUTO CUE）11。按此键设置 AUTO CUE、AUTO PAUSE 或 OFF。

（12）耳机音量控制键（PHONE LEVEL CONTROL）12。用于调节耳机音量。

（13）键盘插孔（KEYBOARD）13。将键盘连接至此插孔。

（14）遥控传感器（REMOTE SENSOR）14。接受遥控器进行遥控操作的红外信号。

（15）▲退出键（EJECT）15。按此键退出 MD。

（16）变速键（VARI SPEED）16。按此键打开或关闭 VARI SPEED。

（17）变速＋键（VARI SPEED ＋）17。当 VARI SPEED 为 ON 时，按此键以 0.5％步长加快播放速度。

（18）变速－键（VARI SPEED －）18。当 VARI SPEED 为 ON 时，按此键以 0.5％步长减慢播放速度。

（19）清除键（CLEAR）19。按此键取消选择。

（20）◄◄/►►（向前/向后）键（BACKWARD/FORWARD）20。按此键在一个乐曲内查找某个部分，改变节目内容或改变输入特性。

（21）▷││（播放/暂停）键 21。按此键开始播放或暂停或继续播放或录制。

（22）■（停止）减（STOP）22。按此键停止播放及录音或取消选择的操作。

（23）●（录制）键（RECORD）23。按此键在 MD 上录音，监视输入信号或标记乐曲号。

（24）耳机插孔（PHONES）24。将耳机连接至此插孔。

2. 后面板说明（见图 6-18）

（1）模拟平衡输入端子（XLR 型）1。从 XLR 连接电缆连接的音频设备上输入模拟信号。

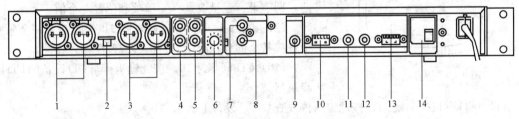

图 6-18　MDS-E12 后面板图

（2）输出电平（平衡）选择器 2。改变 BALANCE 的输出电平。

（3）模拟（平衡）输出端子（XLR 型）3。将录音机中 MD 上的内容以模拟信号输出至用 XLR 连接电缆连接的音频设备上。

（4）模拟（非平衡）输入插孔 4。从以针形连接电缆的音频设备上输入模拟信号。

（5）模拟（非平衡）输出插孔 5。将录音机中 MD 上的内容以模拟信号输出至用针形连接电缆连接的音频设备上。

（6）模拟输入电平控制钮 6。可在∞～＋15dB 范围内调节模拟输入音量，正常情况下此旋钮位于中心位置（0dB）。

（7）数字同轴输入插孔 7。从连接的设备中输入数字音频信号。

（8）数字同轴输出插孔 8。将录音机中 MD 上的内容以数字音频信号输出至连接的音频设备上。

（9）控制 S 插孔 9。连接遥控器或控制设备。

（10）并行接口。（D 型 9-针凹型）10。以简单电路连接设备，用于录音机中预设功能的遥控操作。

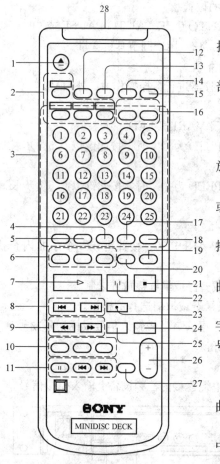

图 6-19　遥控器面板图

（11）接力输出接口 11。

（12）接力输入接口 12。通过连接多个录音机和发送控制信号连续播放或录制。

（13）RS-232C 接口（D 型 9-针凸型）13。连接从外部控制录音机的设备。

3. 遥控器说明（见图 6-19）

（1）▲退出键 1。按此键退出 MD。

（2）播放格式键 2。按此键选择多路访问、正常播放、随即播放或程序播放。

（3）字母/乐曲号输入键 3。按此键输入字母、符号或选择乐曲号。

（4）A←→B 键 4。按此键选择在 A←→B 之间循环播放。

（5）重复播放键 5。按此键选择 ALL 整盘播放、单曲循环或关闭循环。

（6）命名键 6。按此键增加或改变乐曲或 MD 的名字，包括：①字符键：按此键选择要输入的字符类型；号码键按此键输入数字。

（7）▷（播放）键 7。按此键开始播放。

（8）|◄◄/►►|（搜索乐曲）键 8。按此键查找乐曲，调节录音音量或选择菜单项和位置一个值。

（9）◄◄/►►（向前/向后）键 9。按此键在一个乐曲中查找某个部分，改变节目内容或改变输入特性。

（10）CD-同步键 10。按此键进行与 CD 设备的 CD 同步录制。

（11）CD 唱机控制键 11。按此键暂停或查找 CD 设备上的乐曲。

（12）显示键 12。按此键选择要显示在窗口中的信息。

（13）时间键 13。按此键改变盘或乐曲时间信息。

（14）菜单/取消键 14。按此键显示"编辑菜单"或"设置菜单"，MENU 模式取消。

（15）确认键 15。按此键执行选择的操作。

（16）日期（录音时间/当前时间）键 16。按此键显示由具有记录录制日期功能的盘的录制时间或显示具有时钟功能的设备的当前时间。

（17）自动提示/自动暂停键 17。按此键设置 AUTO CUE、AUTO PAUSE 或 OFF。

（18）音乐搜索键 18。按此键播放找到的乐曲，持续至设定的时间。

（19）滚动键 19。按此键滚动乐曲或 MD 的名字。

（20）消除键 20。按此键取消选择。

（21）■（停止）键 21。按此键停止播放、录音或清除菜单模式。

（22）‖（暂停）键 22。按此键暂停或继续播放或录音。

（23）●（录制）键 23。按此键录制 MD，监视输入信号或标记乐曲号。

（24）音乐同步健 24。按此键开始音乐同步录制。

（25）时间机器键 25。按此键开始时间机器录制。

（26）电平＋/－键 26。按此键调节录音音量或模拟播放的输出音量。

（27）淡入/淡出键 27。按此键执行淡入播放/录音或淡出播放/录音。

（28）控制 S 插孔 28。通过提供的电缆连接到录音机后面板上的 CONTROL-S 插孔可用作线控器，如果插头连接至此插孔遥控器不会发射红外光。

4. 显示窗口说明（见图 6-20）

（1）盘、乐曲和时间显示 1。显示 MD 信息、"编辑菜单"或"设置菜单"和时间信息。

（2）自动暂停和显示 2。当选择 AUTO PAUSE 或 AUTO CUE 时灯亮。

（3）TOC 编辑显示 3。当录制内容或编辑内容未记录在 MD 上时显示"TOC"。当记录在 MD 上时，"TOC"闪烁。在编辑操作时显示"TOC"。

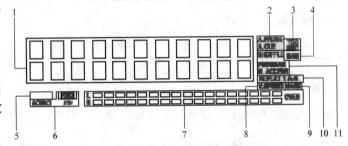

图 6-20 显示窗口示意图

（4）RAM 显示 4。在 RAM 编辑模式时灯亮。此编辑模式进行的是临时编辑，用于发送而不保留编辑结果。

（5）▷‖（播放/暂停）显示 5。播放和暂停显示。

（6）录音和录制模式显示 6。REC 显示，录音或暂停模式时灯亮。录音模式显示，在录音模式或播放的乐曲被录制时，"MONO"灯亮表示单声道，"LP2"表示双倍长度的立体声录音，"LP4"表示 4 倍长度的立体声录音。

（7）音量表显示 7。显示播放、录音音量的大小。

（8）变速显示 8。选择 VARI SPEED 功能时灯亮。

（9）标记显示 9。选择设置点的位置（MARK）时灯亮。

（10）重复放音显示 10。选择所有乐曲循环播放时显示"REPEAT"，当选择一首乐曲循环播放时显示"REPEAT 1"，当选择 A-B 循环时显示"REPEAT A-B"。

（11）放音模式显示 11。若选择随机播放显示"SHUFFLE"，选择程序播放显示"PROGRAM"，选择多路播放时显示"MACCESS"。

5. 技术指标（见表 6-3）

表 6-3   SONYMDS-E12 型 MD 机技术指标

指　标	说　　明
系统录音格式	微型磁光盘（MD）数字音频系统
盘	MD 盘片
激光器	半导体激光器（波长 780nm），发射间隔为连续
激光器输出功率	最大 44.1μW，此输出值是在距离位于光学捕捉块上的目镜表面 200mm 处，用 7mm 光圈测量出来的

指　标	说　明
激光二极管	材料为 GaAlAs
转速	400～900r/min（恒定线速度）
纠错	ACIRC（改进交叉交织里德—索罗门码）
采样频率	44.1kHz
编码	ATRAC/ATRAC3
调制系统	EFM（8 到 14 调制）
通道数	两个立体声通道
频率响应	5～20000Hz±0.3dB
信噪比	重放时超过 98dB
抖晃率	低于可测量范围

6. 输入端口（见表 6-4）

表 6-4　　　　　　　　　　输　入　端　口

端口名	端口类型	输入电阻	基准输入电平	最大输入电平
模拟输入（平衡）	XLR-3-31	30kΩ	+4dBu	+24dBu
模拟输入（不平衡）	针式	47kΩ	+4dBu	+12dBu
数字输入（COAXIAL）	针式	75Ω	0.5（1±20%）$V_{p\text{-}p}$	

7. 输出端口（见表 6-5）

表 6-5　　　　　　　　　　输　出　端　口

端口名	端口类型	基准输出电平	负载电阻
模拟输出（平衡）	XLR-3-32	最大＋24/＋10dBu（变化范围）	大于 600Ω
耳机	标准立体声插头	0～10mW 随电平变化	32Ω
模拟输出（不平衡）	针式	最大＋8dBu	大于 10kΩ
数字输出（COAXIAL）	针式	0.5$V_{p\text{-}p}$（在 75Ω）	75Ω

8. 电源

AC220V、50/60Hz，功率为 18W。

第七章

调音台与信号处理系统

🎵 第一节 调 音 台

一、调音台的定义

调音台是具有多路输入通道，输入通道具有低输入阻抗、低输入电平的传声器输入口和高输入阻抗、高输入电平的线路输入口。对各输入通道的信号进行电压放大和音质处理，并可混合加工、分配，产生一路或多路输出的设备。

二、调音台的用途

调音台是音响系统的中心控制设备。调音台除了主输出外，还带有多种辅助输出，并有编组输出、矩阵输出、能进行多路调音控制。有的调音台还带有延迟混响效果处理，可美化输出声音或制作特殊音响效果。数字调音台具有很多功能，例如三分之一倍频程频率均衡、参量均衡、动态处理、分频、延迟、数字混响效果器等原先需要周边设备完成的功能。有监听输出，可以随时使用监听耳机监听整套系统的调音状况。

调音台是音响师、录音师和节目制作人制作理想声音的好助手，广泛应用在扩声、广播、录音、电化教学等各个领域。

三、调音台的分类

(1) 按形式分有便携式调音台和固定式调音台。

(2) 按输入路数分有 6、8、12、16、24、32、48 路调音台等。

(3) 按输出方式分有单声道调音台、立体声调音台、多声道调音台。

(4) 按功能分有录音用调音台、广播调音台、扩声调音台。

(5) 按控制方式分有手动控制调音台和自动控制调音台。

(6) 按信号处理方式分有模拟调音台和数字调音台。

四、调音台的构成和简要工作原理

调音台的型号，路数不同，功能差别也很大。尽管调音台有辅助输出、编组输出、混响效果、延迟效果或具备国际标准＋48V 幻像供电等许多功能，但不是每种类型的调音台都具备这些功能，但所有类型调音台工作原理是基本相似的。

（一）调音台的构成

调音台主要是由输入部分、输出部分、监视部分、对讲部分及母线部分这几部分组成，如图7-1 所示。

(1) 调音台的输入通道。一般调音台包括若干个单声道输入通道和一组或几组立体声输入通道。输入通道的主要功能是对输入到本通道的信号进行电压放大，通过频率均衡修饰音色，将本输入通道信号按照需要分配到各功能母线（例如辅助母线、编组母线、主输出立体声 L/R 母线、单声道母线、监听母线等）。输入通道一般包括 MIC、LINE、INSERT 三个插口，有的还有 DIRECT 插口。其中 MIC 插口（传声器输入口）通常是母卡侬插口，用于传声器输入，属于低输

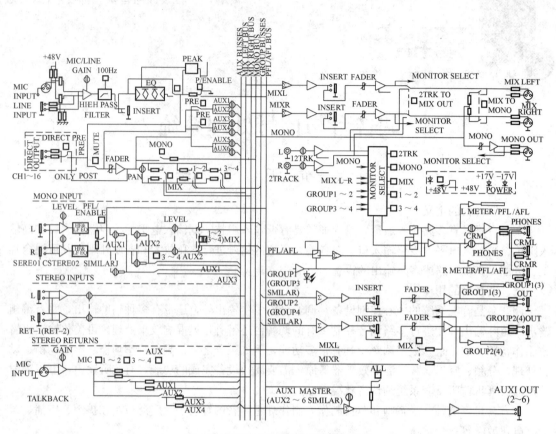

图 7-1　声艺 LX7 调音台信号流程图

入阻抗、低输入电平的平衡输入口。因为传声器的输出电压信号有效值非常低，一般动圈传声器的输出电压在 0.1～20mV，电容传声器的输出电压在 1～200mV，为了保证足够高的信噪比，要求调音台的传声器输入口是低输入阻抗、低输入电平的平衡输入口；LINE 插口（线路输入口）通常是大三芯插口（TRS、ϕ6.35mm、国外标 1/4in），属于高输入阻抗、高输入电平的平衡输入口，用以输入卡座、CD机、MD机、无线传声器接收机、电子乐器等高电平输出音源的输出信号，有效值电平一般在 -15dB 到 +10dB 之间。INSERT 插口通常是大三芯插口（TRS、ϕ6.35mm，国外标 1/4in），称插入口，用于插入一台例如效果器、均衡器、压限器、噪声门、反馈抑制器、声音激励器这样的设备。在外部连接线的插头插入以前，输入通道中插入点以前的前置放大部分和插入点后的处理部分通过插入口插座内部触点相连通。当外部连接线的插头插入以后，插头将插座原先连通的插入点以前的前置放大部分和插入点后的处理部分断开，插入点以前的前置放大部分信号通过插入插头的"尖"送到插入设备的输入口，而经过插入设备处理后的输出信号通过插入插头的"环"送回到插入点后的处理部分，达到对该输入通道的信号单独处理的目的（可见本章图 7-12 插入插口接线示意图）。有的调音台输入通道中还有一个 DIRECT 插口，称直接输出口，通常是大三芯插口（TRS、ϕ6.35mm、国外标 1/4in），但实际上输出的是不平衡信号，所以应该用大二芯插头与之连接，其用处是将输入到该通道的信号单独输出，这个输出信号往往从该输入通道的均衡电路后取出，也可以从音量推子后取出，但是不管从何处取出信号，都不影响本通道信号继续送往本通道后面的信号通路，如图 7-1 左上部的 MONO INPUTS 部分。输入通道其他功能件的作用将在下面的调音台举例中分别说明。

（2）输出部分。输出部分通常包括主输出（立体声 L、R 输出或加上中央通道输出 C）、编组输出、辅助输出、单声道输出。其中编组输出可以是 2、4、8 编组等，视各调音台而不同，一般将两个编组组成一对立体声输出状态，例如用于作为辅助音箱系统的输出信号。辅助输出也可将两路构成一对立体声输出状态，例如作为外接处理设备或作为舞台返送音箱系统的信号，录音时可以作为演员的返送音箱信号，使演员能在与其他演员隔离状态能听到自己声音和其他演员的混合声音，也可以在分期录音中让演员听到自己声音和先期录音的混合声音。单声道输出实际上是在调音台内部将主输出的立体声信号合并后输出，如图 7-1 右半部分。

（3）监视部分。监视部分通常指各部分的信号电平指示部分和对各部分信号的监听部分。信号电平的指示可以用模拟电表或发光二极管条来显示。可以通过相应的选择开关来显示相应部分的电平或监听相应部分的信号。用监听耳机插入耳机插口可以直接听到相应部分的信号大小及音质，也可以从耳机插口将信号取出来送有源监听音箱或功率放大器加无源音箱进行监听，如图 7-1 右边的中间部分。

（4）对讲部分。对讲部分设有一个对讲传声器输入插口（这个插口一般应该插入动圈传声器，因为一般调音台的这个插口没有提供幻像电源），可以通过相应选择开关将对讲传声器的信号送入主立体声母线或辅助母线。作为音响师和演播室演员沟通的手段，音响师可以通过对讲传声器和所选择的母线输出通道将自己的意见在演播室放声，演员可以通过演播室的传声器使音响师从监听通道听到声音。当音响师打开对讲通路时，应该同时关断其余通路，以便避免啸叫，如图 7-1 左下部的 TALKBACK 部分。

（5）母线部分。通常包括主立体声 L、R 母线（也称混合母线），编组母线（有几个编组就有几条编组母线）、辅助母线（有几个辅助输出就有几条辅助母线）、单声道母线、监听母线（左、右声道）。所有这些母线都是各输入通道送往相应输出通道的中间站，各输入通道的信号可以通过相应的开关或旋钮将本输入通道的信号加到相应母线上，各输出通道从各自的母线上取信号后经过输出放大器和调节电位器送出所要求的信号，如图 7-1 中间的垂直粗线部分。由于不同型号的调音台会有所差别，所以具体到某一台调音台的输入、输出关系应该看该调音台的信号流程图。

（二）简要工作原理

下面以 YAMAHA MC2404 调音台的单路输入通道信号流程图对信号的流程加以说明，因为此流程图的输入通道只画了一路，图面显得干净，对初学者来说容易看明白。从图 7-2 的左边开始看，首先是两个插座，一个低阻抗的母卡侬插座和一个高阻抗的 TRS 插座。卡侬插座的信号是通过 TRS 插座内的触点后与后面的放大电路相连的，当 TRS 插座有插头插入后插座内的触点就断开，将卡侬插座与后面的放大电路的联系切断，所以只有在没有插入 TRS 插头时卡侬插座

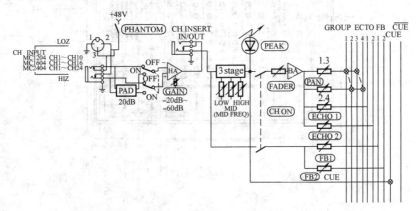

图 7-2　YAMAHA MC2404 调音台单路输入通道信号流程图

的信号才能通到后面的放大电路。从卡侬插座或 TRS 插座来的平衡信号有两种方法进入差分前置放大器：①直接进入差分前置放大器（HA）；②通过固定衰减器（PAD）将信号衰减 20dB 后进入差分前置放大器，这个操作通过面板上的 PAD 开关来完成。面板上的增益控制旋钮（GAIN）用来调节差分前置放大器的放大倍数，以得到最佳的输入灵敏度，既不至于因为输入信号太大而从输入级就产生削波，也不要造成怕削波而降低信噪比。前置放大器的输出通过插入（INSERT）插座 TRS 与均衡（EQ）电路相连接，在插入（INSERT）插头前，前置放大器的输出通过 TRS 插座的触点进入均衡电路的输入；当有插头插到插入插座后，插座的触点断开使前置放大器的输出与均衡电路的输入被割断，前置放大器的输出被送到 TRS 插入插头的 TIP 端，将信号送往插入设备的输入口，插入设备的输出信号通过 TRS 插入插头的 RING 被送往均衡电路的输入。均衡电路部分包括面板上的低频、中频和高频提衰旋钮和中频频率选择旋钮。输入到均衡电路的信号同时通过开关（CH ON）被送到折回母线（FB）。这里说明一下，在其他调音台上往往标的是 AUX（辅助）。均衡电路的输出一路送往峰值指示灯（PEAK），一路被送往提示 CUE 母线（或其他调音台的 SOLO 等），作为监听信号输出，而最主要的是通过开关（CH ON）被送到本通道的音量推子（衰减器）。通过衰减器的调整将幅度合适的信号送到缓冲放大器（BA）的输入，缓冲放大器的输出被送到声像分配电位器（PAN），然后被送往编组母线（GROUP）和回声母线（ECHO）（在其他调音台上往往是 AUX 母线）。

五、调音台举例 1

【例 7-1】YAMAHA EMX 300 带功率放大器的调音台。

（一）面板图

前面板如图 7-3 所示。

A——衰减器开关（PAD）、增益控制钮（GAIN）、发光二极管峰值指示灯（PEAK），放大图如图 7-4 所示。

按下（PAD）开关输入信号被衰减 20dB，增益控制器（GAIN）用来连续调节前置放大器的

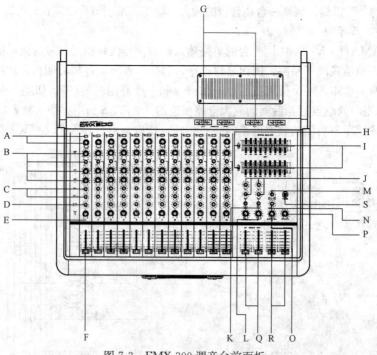

图 7-3　EMX 300 调音台前面板

放大倍数，灵敏度控制范围在 $-20dB \sim -60dB$，峰值指示灯（PEAK）在信号电平处于削波以下 3dB 时亮。

B——高频补偿控制器（HIGH）、中频频率调节（MID FREQ）、中频补偿控制器（MID）、低频补偿控制器（LOW）旋钮，统称频率均衡，用 EQ 表示。

这些连续变化的控制旋钮在以下频率范围内最大允许 $\pm 15dB$ 的调节。

(1) 高频为 8kHz 倾斜。

(2) 中频为 350Hz $\sim$ 5kHz 峰值。

(3) 低频为 100Hz 倾斜。

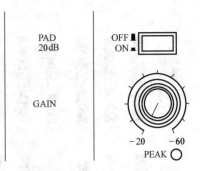

图 7-4　EMX300 通道衰减器
和增益控制部分

旋钮的指示标志对准时钟 12 点（0）位置时是平直位置。频率补偿曲线如图 7-5 所示。

C——折回 1（FB1）、折回 2（FB2）控制钮：这两个控制器可以将频率补偿后、音量推子前的信号馈送给 FB1、FB2 母线。这些母线通常用于舞台折回或监听扬声器系统，附加的效果混合、单声道或立体声录音混合可使用这些折回送出。

D——回声（ECHO 1）控制钮：这个控制器可以将频率补偿和音量推子后的信号馈送给 ECHO 母线。回声母线可用来馈给调音台内部模拟回声（ECHO）单元或外部的效果设备。

E——声像分配（PAN）控制钮：PAN 旋钮用来调节本输入通道的信号加到主输出 L、R 母线的分配比例。

F——音量推子：用以控制各通道的混合电平。

G——音量表（VU）：两块电表指示功率输出的平均电平（见图 7-6），两块仪表指示两路折回（FB）混合母线的平均输出电平，当交流电源接通时，表头受灯光照亮。

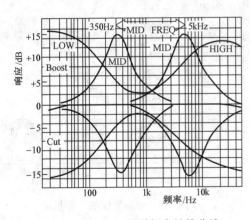

图 7-5　EMX300 通道频率补偿曲线

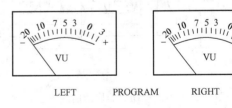

图 7-6　VU 表

H——均衡（EQ）通/断开关：用以快速比较加与不加频率均衡的效果，也可以用此开关旁路内部的均衡电路。

I——图示均衡器：两排推子能独立地变化左、右路节目输出的频响，每个通道有 9 个图示均衡推子，中间位置表示平直位置，外形如图 7-7 的双 9 段图示均衡器图，属于倍频程均衡器，均衡曲线如图 7-8 所示。

J——折回 1（FB1）、折回 2（FB2）控制钮：这两个控制旋钮用来调节从辅助（AUX）输入

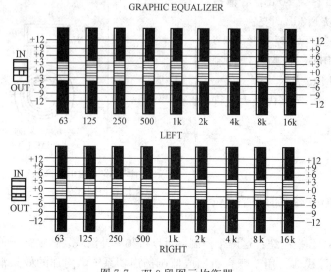

图 7-7　双 9 段图示均衡器

的信号送往折回母线（FB1、FB2）的电平。

K——辅助声像分配（AUX PAN）控制钮：这两个控制旋钮用来调节从辅助（AUX1）和（AUX2）输入信号在立体声母线上的左、右电平分配。

L——辅助（AUX）输入音量控制钮：这两个控制钮用来调节从辅助（AUX1）和（AUX2）输入信号往后馈送的电平。

M——延迟时间（DELAY）控制钮：用来调节内部模拟回声单元的延迟时间，用来模拟房间的大小。

N——反馈量控制钮（FEEDBACK）：用来调节内部模拟回声单元的反馈量，相当于卡拉 OK 功放中的重复次数（REPEATS），用来模拟房间界面的反射强弱。

O——回声返回（ECHO RETURN）控制钮：用来调节内部模拟回声单元或外部效果器往后送的信号电平，内部和外部效果器控制件如图 7-9 所示。

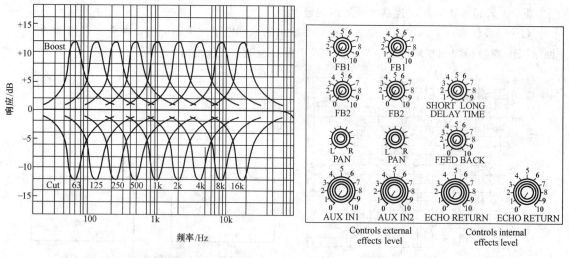

图 7-8　9 段图示均衡器均衡曲线图　　　　图 7-9　效果操作部分控制件

P——回声发送（ECHO SEND）控制钮：用来调节 ECHO 混合母线上信号的输出电平。

Q——主输出推子（PROGRAM）：分别调节 L、R 混合母线上信号的输出电平，该电平同时馈给内部功率放大部分、线路输出插口（LINE OUT）、图示均衡器输出插口（GEQ OUT）。

R——总折回推子（FB1、FB2）：用来控制从 FB1、FB2 输出口输出信号的电平。

S——耳机插口：该插口可以插阻抗为 8Ω 或更高阻抗的耳机，该信号与功率输出信号内容相同，只是输出功率很小。

（二）后面板

EMX 300 调音台后面板如图 7-10 所示。

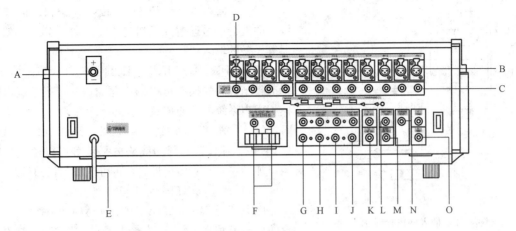

图 7-10　EMX 300 调音台后面板

A——电源开关：控制电源通/断。

B——通道低阻抗输入插口：低阻抗平衡输入卡侬插口（XLR）用以输入低阻抗传声器或低阻抗输出的电子乐器信号，输入插口如图 7-11 所示。

C——通道高阻抗输入插口：高阻抗平衡输入大三芯插口（TRS）用以输入高阻抗或中阻抗传声器、低电平电子乐器或高电平电子乐器等线路输出设备的信号，如图 7-11 所示。

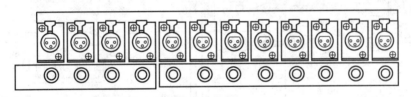

图 7-11　输入插口

D——插入插口（INSERT）：在输入通道 9～12 上提供大三芯（TRS）插入插口允许插入线路电平的信号处理设备，插入点在通道前置放大器与均衡级之间，插入点位置及接线方法如图 7-12 所示。

E——交流电源电缆。

F——功率放大器输出插口：用以连接扬声器系统。

G——功率放大器输入插口：可以从外部将线路电平信号输入到内部功率放大器的输入端，替代内部混合母线上的信号，也可以通过此插口插入一台例如压限器这样的设备。

H——图示均衡器（GEQ）输出插口：此插口的信号可以馈给线路电平输入的任何设备。

I——图示均衡器（GEQ）输入插口：此插口可以将任何线路电平设备的输出信号输入到左、右内部图示均衡器，以替代来自混合母线的内部信号。

J——线路（LINE）输出插口：能输出左、右路节目混合信号，作为外接功率放大器或录音机的输入信号。

K——折回（FB）输出插口：是线路电平输出口，能输出相应的折回 1 和折回 2 的混合信号。通过前面板上的总折回推子可以控制输出电平，但是不受主输出推子状态的影响。

L——回声返回（ECHO RETURN）插口：可以输入外部效果器等线路输出电平设备的信号，当外部设备的插头插入本插口后，内部模拟回声系统被断开。

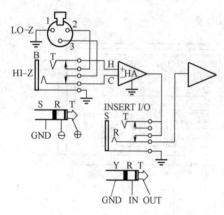

图 7-12 插入插口接线示意图

M——回声发送（ECHO SEND）插口：回声母线上的混合信号通过此插口送出，可以接到外部效果器等设备的输入口。

N——回声脚踏开关（ECHO SWITCH）插口：标准脚踏开关的插头可以插入此插口，用来控制内部模拟回声系统的接通或断开。

O——辅助输入（AUX INPUT1、AUX INPUT2）插口：外部的线路电平信号可以通过这对插口加到左、右立体声母线，也可以加到折回母线。

（三）信号流程图和电平图

图 7-13 是 YAMAHA EMX300 型带功率放大调音台的信号流程图，图 7-14 是电平图。图 7-13 中的左上部是输入通道 1～8 的流程示意，传声器的平衡信号从卡侬（MIC）插口的 2、3 脚输入，然后经过线路输入（LINE）插口的内部触点后送往前置放大器的输入端，当固定衰减器开关（PAD）按下时，信号被切换到先经过 PAD 然后再送入前置放大器的输入端。增益（GAIN）控制旋钮调节前置放大器的电压放大倍数，不论是低电平信号还是高电平信号，通过组合调整 PAD 开关和 GAIN 旋钮，使得前置放大器的输出电平总能保持在一个既不削波又有高信噪比的合适电平。前

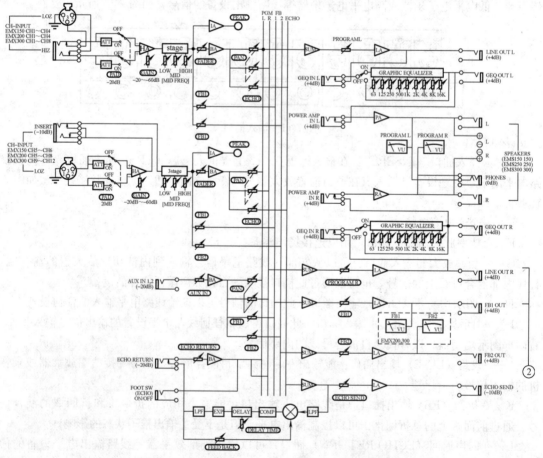

图 7-13 YAMAHA EMX300 调音台信号流程图

置放大器的输出被送到频率均衡电路（EQ），经过高、中、低频频率均衡后被分成四路，一路作为峰值（PEAK）指示用，一路经过音量推子调节电平后送入缓冲放大器（BA），另外两路分别通过折回电位器调节电平后送到折回FB1、FB2母线。缓冲放大器（BA）的输出又被分成三路，其中两路通过声像分配电位器（PAN）分配后送到主输出（PGM L、R）母线，另外一路通过回声（ECHO）控制电位器调节后送到回声（ECHO）母线。图7-13输入通道1～8流程示意的下面是输入通道9～12的流程示意图，与输入通道1～8稍有不同的是增加了一个插入（INSERT）插口，插入点在前置放大器和频率均衡电路之间，在插入（INSERT）插头插入前，前置放大器的输出通过INSERT插座内的触点被加到频率均衡电路，在插入（INSERT）插头后，插头将插座上原先相通的触点断开，前置放大器的输出通过INSERT插头的尖端（TIP）送到外接设备的输入口，外接设备的输出通过插头的环（RING）返回到频率均衡电路的输入端，其余部分与输入通道1～8相同。图7-13中再往下面是辅助输入（AUX IN 1、AUX IN 2），从插口输入的信号先经过AUX IN电位器调节，然后送入缓冲放大器（BA），缓冲放大器的输出被分成四路，两路经过声像分配（PAN）电位器分配后送到主输出（PGM L、R）母线，另外两路通过折回电位器FB1、FB2调节后加到FB1、FB2母线。再下面是回声返回（ECHO RETURN）插口，在插头插入前，内部的模拟回声电路的输出信号通过ECHO RETURN插座内部触点被加到ECHO RETURN调节电位器，调整后的信号送入缓冲放大器（BA），然后被送到主输出（PGM L、R）母线，当ECHO RETURN插头插入后，插座内部触点断开，内部的模拟回声电路的输出信号被切断，外部来的信号被加到ECHO RETURN调节电位器。图7-13中部五条垂直线是母线，它们分别是PGM L、R母线、FB1母线、FB2母线和ECHO母线。

图7-13中右部最上面是主输出左路（PGM L）通道，PGM L母线的信号先被送到相加电路（SUM），然后经过主输出推子PGM L的调节电平后送到末级放大器（LA），末级放大器（LA）的输出被分成两路，一路送到线路输出插口（LINE OUT L），一路经过内部图示均衡器（GEQ IN L）插座内的触点后送到内部图示均衡器的输入端。内部图示均衡器的输出又被分成两路，一路送到图示均衡器输出插口（GEQ OUT L），另外一路经过内部功率放大器（PA）输入插座（POWER AMP IN L）的内部触点后送到内部功率放大器（PA）的输入端。功率放大器（PA）的输出送到功率输出口（SPEAKER），同时送到音量表（VU），当有插头插入图示均衡器（GEQ IN L）插座后，内部触点断开，末级放大器（LA）的输出信号不能加到内部图示均衡器的输入端，从插口来的外部信号被加到内部图示均衡器的输入端，当有插头插入内部功率放大器（PA）的输入插座（POWER AMP IN L）后，内部图示均衡器的输出不能加到内部功率放大器（PA）的输入端，从插口来的外部信号被加到内部功率放大器（PA）的输入端。主输出的右路与主输出的左路相同，这里不再详细介绍。折回输出通道FB1 OUT、FB2 OUT的信号从折回母线（FB1、FB2）取，先被送到相加电路（SUM），然后经过折回输出音量推子（FB1、FB2）调节后送到末级放大器，然后加到输出插口。回声发送（ECHO SEND）通道与折回输出通道相似，只不过信号从回声母线（ECHO）取。

图7-14是电平图，从图中可以看出MIC口输入正常电平为-60dB，LINE口为-20dB电平，当输入信号电平大得太多时，可以按下PAD开关，将输入信号衰减20dB，通过调节GAIN使从这两个输入口输入的信号电平最终达到-10dB左右，而调音台的削波电平在+20dB，所以正常工作电平以上还有30dB的动态余量。通道的PEAK指示灯在信号电平达到+17dB时被点亮，此时离开真的削波还有3dB的余量，所以说PEAK灯偶尔闪亮属于正常的，不属于信号已被削波。辅助输入（AUX IN）、回声返回（ECHO RETURN）电平被设计在-20dB，LINE OUT、FB OUT被设计在+4dB，，ECHO SEND被设计在-10dB。

151

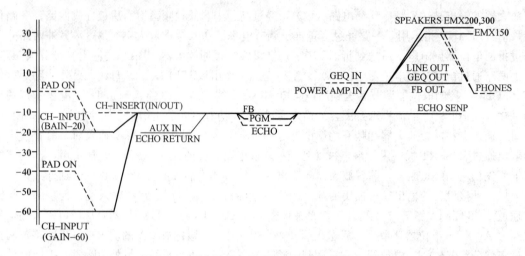

图 7-14　YAMAHA EMX300 调音台信号电平图

（四）音量表

音量表又称标准音量表（STANDARD VOLUME INDICATORS，VU 表）。标准音量表是用来确定语言和音乐节目的电信号强度的指示器，它的单位是 VU。它的基准是在音量表输入端加 1kHz 正弦信号，电压为 1.228V（＋4dB）时表头的示值，在表头刻度盘上标为 0 或 100％。

音量表的主要特性：

（1）幅频特性为 31.5Hz ～ 16kHz±0.5VU（参考值为 1kHz、1.228V）。

（2）响应时间。上升时间 300ms（±10％）ms，下降时间约为 300ms。

（3）过冲。指针至少过冲 1％，不得大于 1.5％。

（4）输入阻抗为 7.5kΩ（1±3％）kΩ。

（5）反接引起的误差小于 0.2VU。

（五）关于音量的表示方法

这里的音量表实际上是对音频电信号的大小进行度量，而不是对最终的声音大小进行度量。当然这两者之间存在着某种关系，音量表指示的音频电压信号大小不能直接换算出声压大小，但是却能反映出相对变化，例如音量表指示值大时，声压级也大；反之音量表指示值小时，声压级也小。音频电信号的电压或表示音频声信号的声压大小目前有几种表示方法，即电压或声压的峰值、有效值、平均值、准峰值、准平均值等五种，其中峰值是指信号电压或声压在一个全周期或一定长的时间内（非周期信号）的最大瞬时绝对值的最大值。有效值（或称方均根值）是信号瞬时值平方平均值的平方根值，它是用与声音信号相同功率的直流信号强度来代表的数值。整流平均值（简称平均值）是指声音信号瞬时绝对值的平均值，也即将声音信号进行全波整流后的直流分量数值。准峰值是用与声音信号相同峰值的稳态正弦波信号有效值表示的数值，由于声音信号本身不是正弦波信号，所以用这种方法表示的声音信号峰值称为准峰值。准平均值是用与声音信号相同平均值的稳态正弦波信号的有效值表示的数值。

（六）技术指标

（1）频率响应。20Hz ～ 20kHz，0^{+1}_{-3}dB（功率输出 1W、8Ω；线路输出 4dB、10kΩ）；

（2）谐波失真。线路输出 20Hz ～20kHz，＜0.2％（10kΩ，＋4dB）；功率输出 20Hz ～ 20kHz，＜0.05％（4Ω，＋125W）。

（3）最大输出功率。250W＋250W，4Ω；170W＋170W，8Ω。

（4）最大输出电平。线路输出＋20dB，10kΩ，0.5％，20Hz ～ 10kHz。

（5）等效输入噪声电平为－126dB（R_s＝150Ω）。

（6）最大电压增益。

1）通道输入→线路输出 64dB。

2）通道输入→功率输出 92dB。

3）通道输入→折回输出 64dB。

4）通道输入→回声送出 56dB。

5）回声返回→线路输出 24dB。

6）辅助输入→线路输出 24dB。

7）通道输入→通道插入输出为50dB。

8）辅助输入→折回输出为24dB。

9）通道插入输入→线路输出为14dB。

（7）通道均衡特性。

1）低频为±15dB（100Hz 倾斜）。

2）中频为±15dB（350Hz ～5kHz 峰值）。

3）高频为±15dB（8kHz 倾斜）。

（8）图 示 均 衡：± 12dB，63Hz，125Hz，250Hz，500Hz，1kHz，2kHz，4kHz，8kHz，16kHz；

（9）串音（1kHz）＜－60dB

（10）峰值指示。输入（红） 在削波以下 3dB 亮。

（11）电源：220V 、50Hz。

六、调音台举例2

【例7-2】声艺 LX7 调音台。

声艺 LX7 型调音台面板图如图 7-15 所示。

（一）单声道输入通道

图 7-16 所示为单声道输入通道示意图。图中各功能件说明如下。

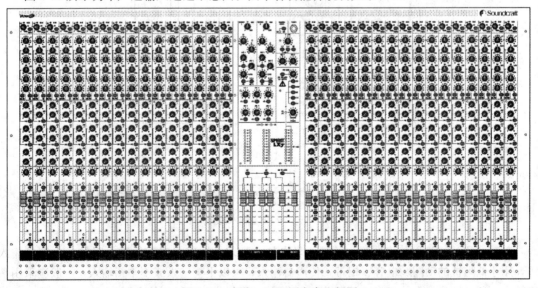

图 7-15 声艺 LX7 调音台面板图

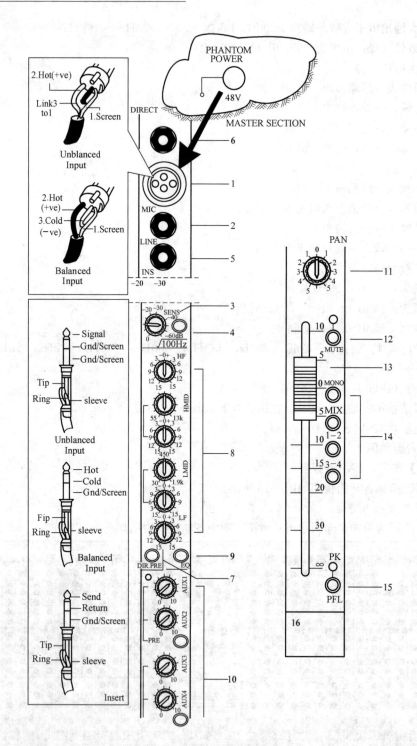

图 7-16　单声道输入通道

1——MIC INPUT 传声器输入插口：母卡侬（XLR）插座、属于低输入阻抗、小信号输入口，用于低阻抗的动圈、电容、铝带式传声器输入，可以平衡输入或不平衡输入，一般应采用平衡输入。通过调音台上的幻像电源开关可以在 2、3 脚提供＋48V 幻像电源。

2——LINE INPUT 线路输入插口：大三芯（TRS，φ6.35）插座，属于高输入阻抗、大信号输入口，用于除传声器以外的其他声源输入，可以平衡输入或不平衡输入。

3——SENS 灵敏度控制旋钮：相当于其他调音台上的增益（GAIN）控制旋钮，用来控制对输入到本输入通道信号的电压放大倍数，对于输入的小信号可以将电压放大倍数调大一些（顺时针方向负的 dB 数愈大表示输入信号越小、增益越大），对于输入的大信号可以将电压放大倍数调小一些。

4——100Hz 高通滤波器控制开关：按下此开关接通高通滤波器，对低频信号进行每倍频程 18dB 的衰减。

5——INSERT 插入口。插入点在通道均衡前面；

6——Direct Outpit 直接输出插口：

为 1～16 输入通道提供推子前、后的本输入通道信号单独输出，可以将此信号送往外部设备诸如录音机、效果器等；

7——直接输出选择开关 DIR PRE：正常情况下直接输出是从推子后取的，但是也可以通过按下此开关选择从推子前取信号。

8——通道频率均衡（EQ）控制旋钮：

1）高频均衡旋钮（HF EQ）。用来对 12kHz 以上的信号频率成分进行提升或衰减，高频均衡曲线是倾斜形，也称搁架式，也就是单调上升或单调下降的曲线。中间位置（0）处于既不提升也不衰减状态，也就是平直状态，顺时针方向为提升，逆时针方向为衰减，最大提升或衰减量为 ±15dB。提升此频段能够增加钹、声乐、电子乐器的活跃度，衰减此频段能够减小弦乐器的咝声和过分的嘘声。

2）中频均衡旋钮（MID EQ）。中频均衡旋钮包括高中频（HMID）和低中频（LMID）两个频段。高中频的频率可调范围是 550Hz～13kHz，低中频的频率可调范围是 80Hz～1.9kHz。中频均衡曲线为峰形或谐振式曲线，以所选择的频率为中心频率，中心频率提升最多，低于或高于中心频率时比中心频率的提升少，偏离中心频率越多，提升越少；反之，衰减时也是如此，中心频率衰减最多，偏离中心频率越多，衰减越少。其品质因数 Q 为 1.5，也就是说谐振曲线比较平缓。需要说明的是只有在中频均衡旋钮处于提升或衰减状态，调节频率选择旋钮才有意义，当中频均衡旋钮处于既不提升又不衰减的中间位置时，调节频率选择旋钮是没有意义的。下面的旋钮为均衡旋钮（提升或衰减旋钮），中间位置（0）处于既不提升也不衰减状态，也就是平直状态，顺时针方向为提升，逆时针方向为衰减，最大提升或衰减量为 ±15dB。

3）低频均衡旋钮（LF EQ）。用来对 60Hz 以下的信号频率成分进行提升或衰减，低频均衡曲线也是倾斜形，低频提升有利于声乐的温暖感，给合成器、吉他、鼓以活力。衰减此频段能减少哼声、舞台隆隆声，改善声音的模糊感。

9——EQ SWITCH 均衡开关：当开关抬起来时旁路均衡部分。通过按下和抬起开关可容易地比较信号加均衡和不加均衡的效果。

10——AUX SENDS 辅助送出旋钮：总共有 6 个辅助送出旋钮，其中辅助送出 1、2 和 3、4 对可以通过开关选择在音量推子前送出或音量推子后送出，辅助 5、6 总是在音量推子后送出。所有辅助送出都在均衡后取得信号。各辅助旋钮可以独立地将本输入通道的信号加到相应的辅助母线上。辅助送出可以作为折回、效果、录音等信号用。作为效果用时通常从音量推子前取信号，作为折回用通常从音量推子后取信号。所有辅助送出都能用静音开关切断。

11——声像分配旋钮（PAN）：用以将本输入通道的信号分配到立体声混合的声像，中间位置时分配到 L、R 的信号相等，反时针旋转时分配到 L 声道的信号多，顺时针旋转时分配到 R 声道的信号多，反时针或顺时针旋转到头将使信号全部加到 L 声道或 R 声道；

12——静音（也称哑音）开关（MUTE）：当此开关被按下时，本输入通道的信号的所有输出路径（除了插入口输出外）被切断；

13——音量推子（衰减器、直滑电位器）（FADER）：100mm 行程直滑电位器，用以控制本输入通道的信号送出去的电平大小，当上面的灵敏度旋钮设置恰当时，一般将音量推子推到满度。

14——路径开关（ROUTING）：本输入通道的信号通过这些开关分别被加到单声道（MONO）母线、混合立体声（MIX）母线、编组 1-2 母线、编组 3-4 母线。至于分配到 L、R 或编组 1-2、编组 3-4 的比例则取决于声像分配（PAN）旋钮的位置。

15——音量推子前监听/峰值指示（PFL/PEAK）：当按下此开关时，均衡后、音量推子前的信号被送到监听输出、控制室输出、主输出，同时上方的发光二极管亮，说明本输入通道处于 PFL 状态，同时在主输出部分的 PFL/AFL 的发光二极管亮，警告有一个 PFL 被激活。这对于监听、调节或跟踪本通道的信号并且不切断送往主输出的通路是有用的。当抬起此开关时，发光二极管作为峰值指示用，大约在削波前 4dB 发光二极管亮，可以给出可能削波的警告，此信号是取自均衡后。

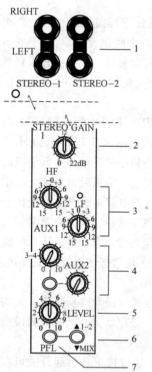

图 7-17　立体声输入通道

（二）立体声输入通道（见图 7-17）

INPUT JACKS 输入插口用大三芯（TRS）插头输入平衡信号，诸如键盘（电子琴）、鼓放大器、合成器、磁带录音机等或是从处理设备返回的信号。也可以输入不平衡信号，但是连接线应尽可能短，以免引入过大的哼声。如果是单声道信号可以从左声道插口输入。

1——立体声输入插口：两对莲花插座（RCA），分别作为 STEREO 1 和 STEREO 2 输入口。

2——增益控制旋钮（GAIN）：在前级调整对输入信号的放大量，允许宽范围的线路输入信号电平输入；

3——均衡（EQUALISER）：

1）高频均衡旋钮（HF EQ）：在 12kHz 以上最大提升 15dB，最大衰减 15dB。

2）低频均衡旋钮（LF EQ）：在 60Hz 以下最大提升 15dB，最大衰减 15dB。

4——辅助送出旋钮（AUX SENDS）：信号从音量衰减器前取。

5——电平控制旋钮（LEVEL）：用以调节送往混合或编组的信号电平；

6——路径选择开关（ROUTING）：开关抬起时立体声信号被送往子编组对，立体声 1 被送往子编组 1、2，立体声 2 被送往子编组 3、4。开关按下时立体声信号被送往立体声混合。

7——音量衰减器前监听开关（PFL）：开关按下时均衡后、音量衰减器前的信号被送到监听耳机、控制室输出、指示器，同时在主输出部分的 PFL/AFL 发光二极管亮，警告有一个 PFL 被激活。

（三）主输出部分（见图 7-18）

1——6 个辅助输出的每一个都有主输出电平控制旋钮，并伴有音量推子后监听开关。按下这个开关可以监听音量推子后的辅助通道信号。

2——电源指示灯（POWER INDICATORS）：指示调音台已经被供电。

3——条形指示器（BARGRAPH METERS）：3色峰值条形指示器提供监视4个子编组和选择监视＋耳机源（2轨、单声道、混合或编组）。当任何一个 PFL 或 AFL 开关被按下后，L、R 两条指示灯的显示自动切换到被选择的 PFL 或 AFL 源，用两条或一条指示灯显示。

4——混合开关（MIX）：按下混合开关音量推子后的子编组对的信号进入主混合，编组 1、3 进入主混合的 L 通道，编组 2、4 进入主混合的 R 通道。

5——主音量推子（主衰减器）（MASTER FADERS）：用以控制子编组和 L、R 混合输出。如果增益设置正确，在正常情况下主音量推推到 0 的位置。

6——混合（立体声）到单声道开关（MIX TO MONO）：按下此开关音量推子后的混合信号 L/R 信号被合到单声道母线。注意，如果有输入通道的信号被同时送入混合母线和单声道母线，则再按下此开关将引入反馈。

7——48V 幻像电源开关〔48V（PHANTOM POWER）〕：按下此开关给所有传声器输入插口提供 48V 直流幻像电源，同时指示灯亮。

8——耳机插口（PHONES）：大三芯（TRS）插口，用以插入阻抗为 200Ω 或更高阻抗的立体声耳机。

9——对讲电平旋钮（TB LEVEL）：用以调节对讲传声器输入信号的增益。可以通过开关将对讲信号送入辅助 1、2 母线或辅助 3、4 母线，也可以送入主混合 L/R 母线。

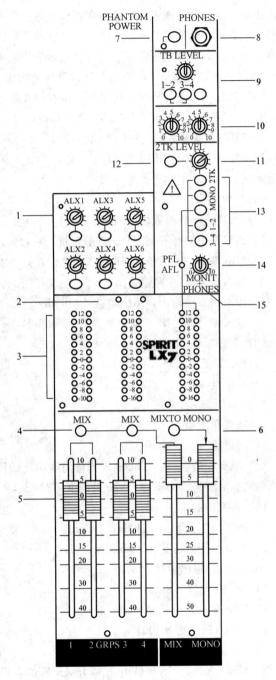

图 7-18　主输出部分

10——立体声返回旋钮（STEREO RETURNS）：用以控制立体声返回信号加到立体声母线上的信号电平。

11——2 音轨电平调节旋钮（2TK LEVEL）：用以调节立体声磁带放音设备送来的信号增益。信号可以送到耳机、监听输出、指示器，或通过按旁边的开关将信号直接送到主混合 L/R 母线。

12——2TK REPLACES MIX OUTPUT 2 音轨替换混音输出开关 当按下此开关时，混音输出被切换到 2 音轨输入，并且是在现场应用中没有可用的输入通道时馈送预听音乐到主输出的一种理想方式。例如，按下此开关，能够播放预听已连接的 CD 机音乐，音响调音人员可以调节电平、均衡、对讲和监听任何混合对（包括最终输出）而不影响听众。

13——MONITOR SOURCE SELECT 监听源选择开关 允许选择 2 音轨、单声道、混合、编组信号到耳机、监听输出、指示器。可以选择单独的或组合的；

14——MONITOR+ PHONES 监听和耳机电平控制旋钮 用以调节到左、右监听输出的电平，如果耳机插头插入则切断监听输出，调节的是耳机音量。当拔出耳机插头后恢复到监听输出；

15——PFL/AFL PFL/AFL 指示灯 当音量推子前监听或音量推子后监听、电平指示被激活时此指示灯亮，不然此指示灯灭。

（四）技术指标

（1）噪声：测量有效值（22Hz～22kHz 带宽）。

1）MIC 输入，单位增益 150Ω 源阻抗：−129dBu。

2）MIX 输出，24 路输入到 MIX、静音：<−80dBu。

3）MIX 输出，24 路输入到 MIX、衰减器拉下：<−100dBu。

4）输入到直接输出，单位增益<−90dBu。

5）输入到直接输出，40dB 增益：<−80dBu。

（2）串音（1kHz 典型）。

1）Fader 衰减：>95dB。

2）Aux 衰减：>80dB。

3）Pan 隔离：>75dB。

4）临近通道串音：>−80dB。

5）通道静音：>90dB。

（3）频率相应。Mic/Line 输入到任何输出 20Hz～20kHz：<1dB。

（4）总谐波失真＋噪声。Mic 灵敏度−30dBu，20dBu 任何输出 1kHz：<0.006%。

（5）共模抑制比：

1）典型，最大增益，1kHz：>80dB。

2）典型，任何增益，50Hz：>60dB。

（6）输入、输出阻抗。

1）Mic 输入为 1.8kΩ。

2）Line 输入为 10kΩ。

3）Stereo 输入为 8.6kΩ。

4）2Tr 返回为 12kΩ

5）Mix，Aux，Direct Output 和 Insert Sends：75Ω。

（7）输入、输出电平。

1）Mic 输入最大电平为＋22dBu。

2）Line 输入最大电平为＋22dBu。

3）Stereo 输入最大电平为＋22dBu。

4）2Tr 返回大于 30dBu。

（8）耳机（200Ω）功率为 150mW。

七、调音台举例 3

【例 7-3】 声艺 Si 系列数字实况调音台

（一）概述

Si 系列数字实况调音台外形如图 7-19 所示。

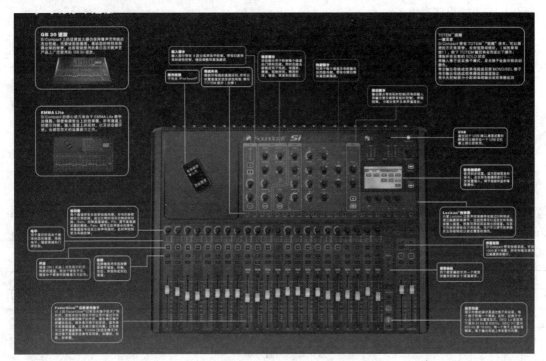

图 7-19　Si 系列数字实况调音台外形

1. 开机

（1）前面板的 POWER ON 按键控制调音台的开机和关机。当外部电源连接好，电源开关打开时，POWER ON 按键会闪烁速度较慢的绿色亮光（同时调音台侧面蓝色的 SoundCraft Logo 也会变亮）。

当 POWER ON 按键闪烁绿灯时，按下这个按键，将会进入调音台的开机程序。这时，POWER 按键将会停止闪烁，并保持绿灯常亮状态。触摸屏也会显示调音台启动界面。

（2）如果安装了主备电源，当其中一个电源有故障或开关没有打开时，POWER 按键将会亮红灯而不是绿灯。当调音台启动后，这个按键的亮度是保持不变的。

2. 关机

警告！如果没有正确关机，有可能损坏 OLED 显示屏。在下面正确的关机程序完成前，不要直接关掉总电源或将供电断开。

长按 POWER ON 按键超过 2s，调音台将进入关机程序。当 POWER ON 按键开始闪烁时，可以关闭电源。

3. 特性

（1）64（48）路单声道话筒/线路输入。

（2）4 组立体声线路输入。

（3）24 路输出母线，可以自定义为辅助送出母线或编组母线。

(4) 左、右、中主输出母线。

(5) 8 路矩阵输出母线。

(6) 8 组可分配的插入点。

(7) 32 (24) 个输入通道推子。

(8) 12 个输出通道推子。

(9) 每个通道都独立具有高质量的 OLED 显示屏。

(10) 56 (48) 个控制旋钮。

(11) 中央触摸控制屏。

(12) 4 个 Lexicon 效果器。

(13) 4 个空余的卡槽,支持 64 进 64 出的数字信号。

(14) Fader Glow™专利的推子发光技术。

(15) 所有输出母线都具有完整的表桥。

(16) 括号中的数字指 Soundcraft © Si2 调音台。

4. 输入推子面板

分配到输入推子面板上控制的 64 (48) 路话筒/线路输入、4 组立体声线路输入和 4 个 Lexicon 效果器返回通道,按照表 7-1、表 7-2 列出的方式进行排列。

表 7-1   Si2 输入推子面板

推子层	推子 1～16	推子 17～24
A	输入通道 1～16	右边的推子为输入通道 17～24
B	输入通道 25～40	右边的推子为输入通道 41～48
C	输入通道 1～16	右边的推子为立体声输入通道 1～4,Lexicon 效果器返回通道 1～4
D	输入通道 25～40	右边的推子为立体声输入通道 1～4,Lexicon 效果器返回通道 1～4

表 7-2   Si3 输入推子面板

推子层	推子 1～16	推子 17～32
A	输入通道 1～16	输入通道 17～32
B	输入通道 33～48	输入通道 49～64
C	输入通道 1～16	输入通道 17～32
D	输入通道 33～48	输入通道 49～56,立体声输入通道 1～4,Lexicon 效果器返回通道 1～4

注 Soundcraft Si3 共有两套按键,位于输出区域的两边,每边各有一套。这两套按键允许输入推子 1～16 和输入推子 17～32 作为两个独立的区域进行控制。

5. 输出推子面板

(1) 输出推子面板用于控制母线输出通道 1～24、矩阵输出通道 1～8 和左/右/中主输出通道。VCA 编组也通过输出推子面板进行控制。

(2) 输出推子层。使用输出推子面板右侧的 Output Faders Select 按键选择当前输出推子的功能。当选择好某一层时,这些按键会同时变亮。

四个互锁按键如下。

(1) 1～12。按下这个按键,输出推子控制母线输出通道 1～12 的输出电平。

(2) 13～24。按下这个按键,输出推子控制母线输出通道 13～24 的输出电平。

（3）MTX/MAST。按下这个按键，输出推子控制矩阵输出通道 1～8 和左/右/中主输出通道的输出电平。

（4）VCA 按下这个按键，输出推子控制 VCA 编组 1～12 的输出电平。

6. 监听

Si3 监听系统可以满足多种功能的监听需求——控制室监听、LR 监听、LCR 监听、耳机监听、FOH 监听和舞台监听。

监听特性如下。

（1）3 路监听扬声器输出。

（2）可自定义为 LCR、LR 和单声道模式。

（3）可调整输出延时。

（4）对讲话筒输入。

（5）对讲线路输入。

（6）对讲线路输出。

（7）具有 DIM（衰减）功能。

（8）SOLO 混合功能。

（9）SOLO 高亮功能。

（10）振荡器 Oscillator /粉红噪声 Pink Noise 信号发生器。

7. FADERGLOW™推子发光技术

除了 LCR 主控推子外，调音台上的每个推子都具有一个 FaderGlow™ 光导管，位于调音台面板下方与下一个推子狭槽之间。FaderGlow 可以根据不同的推子功能和使用模式，发出颜色不同的亮光。

（1）指示的颜色。Aux 和 LRC 通道为黄色，编组通道为绿色，Lexicon™效果器送出/返回为浅蓝色，链接的通道为白色，立体声通道为粉红色，矩阵通道为橙色，VCA 通道为深蓝色。

（2）输入推子。当输入推子从标准的混音功能改变为其他模式时，FaderGlow 会使推子变亮指示这个改动。

（3）输出推子。与 Output Faders Select 按键配合使用，FaderGlow 使推子变为不同颜色，确认输出通道推子的功能改变。

8. 背面接口面

调音台的背面具有模块化的接口面板，A/D、D/A 转换都集成在此标准模块中。每个调音台都具有一块主控背板模块、四块（Si3）或三块（Si2）通道背板模块。

主控背板模块具有以下接口。

（1）主输出（左、右、中）为卡侬接口。

（2）监听输出（左、右、中）为卡侬接口。

（3）4 组立体声线路输入为大三芯 Jack。

（4）8 组插入（独立的送出 & 返回）为大三芯 Jack。

（5）耳机插孔为大三芯 Jack。

（6）对讲话筒（具有 48V 幻像电源）为卡侬接口。

（7）外部对讲输入为卡侬接口。

（8）振荡器 Oscillator 输出为卡侬接口。

（9）MIDI 输入、输出 & 环通接口为 5 针 DIN 接口。

（10）HiQnet™接口为卡侬接口的网络接口。

（11）所有输入、输出接口都是平衡方式。每个通道背板模块都具有以下接口：16 路话筒/线路输入接口、8 路母线输出接口均为卡侬接口。

9. 通道和母线名称

本调音台的输入通道和输出母线具有以下方式的名称。如果名称被重新编辑，用户可以通过重置调音台将厂方预设的缺省名称重新调用回来。

  注意：

> 按下"i"按键将显示此通道或母线的背板物理接口标识，这个标识是不能被编辑或删除的。

（1）输入通道名称。缺省的输入通道名称告诉了用户每个推子配置到哪个话筒/线路输入接口上。名称采用 CHnn−cmm 的格式表示，nn 表示通道路数，从 01～64，c 表示背面的接口面板（A～D），mm 表示这块接口面板上话筒/线路的输入通道接口（1～16）。

例如：

CH01-A01　表示通道 1 的信号是由输入背板 A 的第 1 个话筒/线路接口送入。

CH16-A16　表示通道 16 的信号是由输入背板 A 的第 16 个话筒/线路接口送入。

CH17-B01　表示通道 17 的信号是由输入背 B 的第 1 个话筒/线路接口送入。

（2）输出母线名称。缺省的输出母线名称告诉用户每个输出母线配置到哪个输出接口上。名称采用 BSnn 的格式表示，nn 代表母线 01～24。

（3）矩阵输出名称。缺省的矩阵输出名称告诉用户每个矩阵输出母线配置到哪个输出接口上。名称采用 MXnn 的方式，nn 代表矩阵输出 01～08。

10. 触摸控制屏

在中央控制区域的上方，有一块 480×272 像素的 LCD 显示屏，上面附有一层触摸膜。这个触摸控制屏可以用于改变结构、配置路由和设置菜单等，如图 7-20 所示。

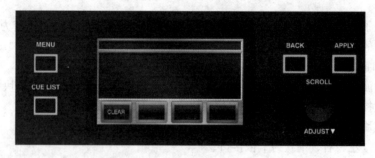

图 7-20　触摸控制屏

触摸屏的左边有两个亮的快捷键，可以直接打开 CUE LIST 菜单或主控 MENU 菜单。

触摸屏的右边有两个亮的导航按键，BACK 后退和 APPLY 应用，还有一个 SCROLL / ADJUST 滚动/调整旋钮。这个 SCROLL / ADJUST 旋钮具有"按下"的功能，可以直接按下旋钮，选择功能或确认改变。

为了便于操作，在某些情况下，只有能够"激活"的按键是亮的，而其他不能操作的按键则不亮。例如，如果控制屏上显示的是 MENU 菜单，此时只有 CUE LIST 按键是亮的。按下 CUE LIST 按键，屏幕上将显示 CUE LIST 控制，此时 MENU 按键会变亮。

11. 表桥

（1）输入通道的信号电平表。显示在每个通道推子上方的 OLED 显示屏内。

（2）输出表桥。所有输出母线的信号电平表都位于调音台上方的 12 段表头中。这些电平表都是专用的，如图 7-21～图 7-23 所示。

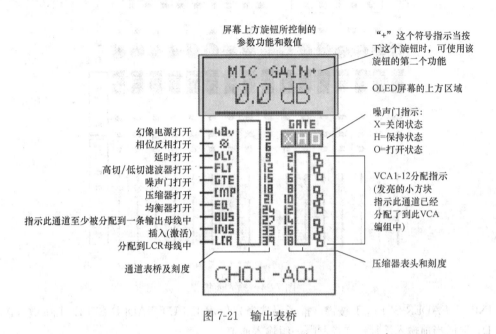

图 7-21　输出表桥

图 7-22　输出母线 1～24

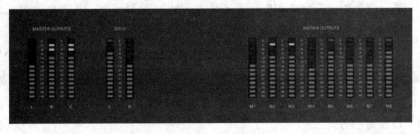

图 7-23　矩阵左右和中央声道、SOLO L＋R、矩阵 1～8

（二）输入通道

1. 输入面板（见图7-24）

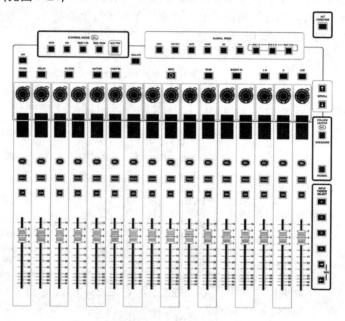

图 7-24　输入面板

INPUT FADER SELECT 按键（推子层选择）使用 INPUT FADER SELECT 按键（A，B，C 和 D）选择当前输入面板正在控制哪一组输入通道。

注意一共有两组按键，每块输入面板上各有一组。

2. 输入通道推子

输入通道推子用于控制单声道输入、立体声输入和 Lexicon 效果器返回通道的输出电平，如图 7-25 所示。

当调音台置于 Fader Follow 推子跟随模式下时，推子则用于控制输入通道的母线送出。当转换为其他功能时，推子的 FaderGlow™功能将被打开，指示此时推子的功能。

（1）ON 按键。通道的 ON 按键用于打开或关闭通道。当关闭时，此通道的信号将无法送入主输出母线或任何编组/辅助母线。当打开时，这个按键将变亮，颜色为绿色。

 注意：

　　（1）如果通道设置了 Mute 或 VCA 编组，则 ON 按键具有最高优先级。例如，如果一个通道的 ON 按键处于关闭状态，则无论 Mute 或 VCA 编组都无法打开这个通道。

　　（2）如果输入通道推子被用于辅助送出，此时 ON 按键用作此通道送入选定母线的开关。

（2）SOLO 按键。按下 SOLO 按键，可以将信号送入 SOLO 母线中进行监听，一共有三种不同的操作 SOLO 按键的方式。

1）PFL SOLO 推子前监听。单独按下某一个通道的 SOLO 按键，可以监听此通道 Pre-Fade 推子前和 Pre-PAN 声像前的信号。短按 SOLO 按键可以打开这个功能，长按这个按键可以暂时打开此功能，松开按键时功能关闭。在 PFL SOLO 模式下，SOLO 按键为橘黄色。

2）AFL SOLO 推子后监听。当按下多个通道的 SOLO 按键或 SO-LO 一个 VCA 通道时，自动调整为 AFL SOLO 推子后监听模式。在 AFL SOLO 模式下，SOLO 按键为蓝色。

3）AFL SOLO Highlight 推子后突出监听。按下 AFL Solo 组合中某一路信号的 SOLO 按键，可以"突出"听到这一路信号的电平，电平的大小可以预先设置。被按下的 solo 键为蓝色，其他则为粉红色。当松开 solo 键时，所有按键返回原先的状态。

4）Solo-In-Place（SIP）SOLO 替换。当使用 SIP 模式时，按下一个 SOLO 按键将使其他所有通道哑音。在 SIP Solo 模式下，SOLO 按键为红色。

（3）SELect 按键。SEL 按键通常用于选择通道进行编辑或控制，它也可以用于设置 VCA 或 MUTE 编组、COPY & PASTE 等其他一些功能。

（4）输入通道状态窗口。每个输入通道都有一个状态窗口，可以显示以下信息。立体声输入通道和 FX 效果返回通道具有立体声输入表桥，如图 7-26 所示。

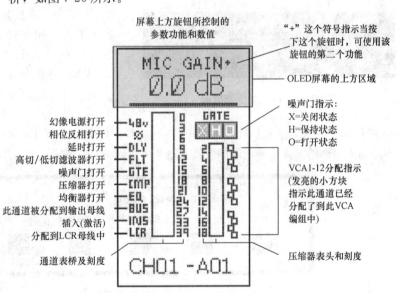

图 7-25　输入通道推子　　　　图 7-26　输入通道状态窗口

（5）旋钮。

每个输入通道都有一个旋钮，通道状态窗口的上方区域与这个旋钮相关，显示了当前旋钮的功能和参数值。

旋钮具有两种使用模式：①GLOBAL 整体模式，在这个模式下，每组 16 个旋钮（Si2 为 24 个）分别控制相应通道的一个相同的参数。例如，每个旋钮都显示并控制各自通道的增益；②CHANNEL通道模式，在这个模式下，所有的旋钮和 OLED 屏的上方区域一起配合使用，显示并控制一个选定通道的参数。这种共同控制的方式称为 Virtual Channel Strip 虚拟通道条（VCS），当一个输入通道的 SEL 按键被按下时，便可以进入这种控制模式。

注意：

在 Channel 模式下，Si3 左右两侧的推子面板可以独立控制，而 Si2 由于右侧没有 VCS 控制按键，因此全部由左边进行控制。

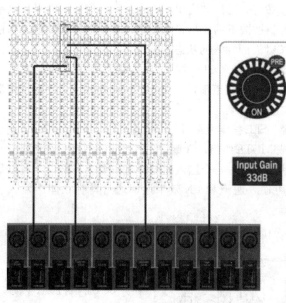

图 7-27　VCS 对比模拟调音台

理解 VCS 最好的方法就是对比一个典型的模拟调音台，如图 7-27 所示。在这个例子中，控制模拟调音台上通道 6 的 EQ（黑框中区域），当于数字调音台按下通道 6 的 SEL 按键，并选择 Channel 模式下的 EQ 按键。

图 7-27 模拟调音台中黑框选定的区域，可以完全显示在 VCS 上，只是 VCS 将模拟调音台的显示旋转了 90°，由纵向控制变为横向控制而已。

按下 Channel 模式下的任何按键（见图 7-28），将打开此通道的 VCS。如果没有打开，按下任意通道的 SEL 按键，就可以打开这个通道的 VCS。CHANNEL MODE 按键确定了哪些参数可以显示在 VCS 中。控制功能如下。

1）DYN。图 7-29 显示 VCS 控制 Gate 和 Compressor。注意 Lo & Hi Cut filters 指噪声门旁链通道（side-chain）的高低切滤波器，而不是输入通道的。旁链通道的滤波器只有当 GATE IN 按键按下才起作用。

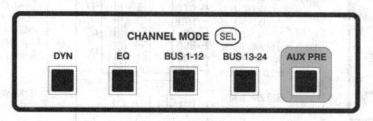

图 7-28　VCS 控制功能

Channel		Gate							Compressor						
1 Mic Gain	2 Gt-Lo/Cut	3 Gt-Hi/Cut	4 Threshold	5 Attack	6 Gate Hold	7 Release	8 Depth	9	10 Threshold RMS/PK	11 Ratio	12 Attack	13 Release	14 Knee	15 Gain	16 Pan

图 7-29　VCS 动态处理

 注意：

第 10 个旋钮的 Threshold 可以使用 PK 峰值或 RMS 平均值两种方式，按下这个旋钮可以在这两者之间切换。

2）EQ。图 7-30 显示 VCS 控制 4 段参数均衡。按下 LF 和 HF 的 Q/shelf 旋钮，可以将这两个均衡器切换成 shelve 搁架或 bell 钟形。通过 Gain 旋钮，每一段参数均衡都可以独立打开或关闭。

Channel															EQ
1 Mic Gain	2 Lo Cut	3 Hi Cut	4 LF Gain	5 LF Freq	6 LF Q/Shelf	7 LM Gain	8 LM Freq	9 LM Q	10 HM Gain	11 HM Freq	12 HM Q	13 HF Gain	14 HF Freq	15 HF Q/Shelf	16 Pan

图 7-30　VCS 频率均衡

母线（BUS）1～12：图 7-31 显示 VCS 控制输入通道送至编组/辅助母线 1～12 的送出电平。按下旋钮可以打开或关闭母线送出，旋钮下方的 ON 指示当前母线送出状态。转动旋钮可调节送出电平（只针对辅助输出而言）。对于立体声辅助母线，左边的旋钮控制母线送出电平，右边的旋钮控制声像。按下开启/按下关闭的功能这两个旋钮同时操作。

Channel						Sends to Aux Busses									
1 Mic Gain	2	3 Bus 1	4 Bus 2	5 Bus 3	6 Bus 4	7 Bus 5	8 Bus 6	9 Bus 7	10 Bus 8	11 Bus 9	12 Bus 10	13 Bus 11	14 Bus 12	15	16 Pan
Gain	Cut	Cut	Gain	Freq	q/Shelf	Gain	Freq	Q	Gain	Freq	Q	Gain	Freq	Q/shelf	

图 7-31　VCS 母线 1～12

BUS 13～24：图 7-32 显示 VCS 控制输入通道送至编组/辅助母线 13～24 的送出电平，操作同上。在默认设置下，母线 21～24 作为内置 Lexicon 效果器送出。

Channel						Sends to Aux Busses									Channel
1 Mic Gain	2	3 Bus 13	4 Bus 14	5 Bus 15	6 Bus 16	7 Bus 17	8 Bus 18	9 Bus 19	10 Bus 20	11 LEX1 SND	12 LEX2 SND	13 LEX3 SND	14 LEX4 SND	15	16 Pan

图 7-32　VCS 母线 13～24

3）AUX PRE。与 1～12 和 13～24 按键配合使用，独立调节每个通道辅助送出的推子前/后状态。注意：当母线送出旋钮处于关闭的情况下，长按此旋钮，可以快速将母线送出电平设置为 0dB。

打开 AUX PRE 按键，按下旋钮，可以在推子前、后之间切换。当切换到推子前状态时，旋钮旁边的 PRE 灯会发亮，指示当前状态。

 注意：

母线可以自由配置为辅助或编组。

GLOBAL 整体模式：在这个模式下，旋钮的控制方式与传统模拟调音台的控制方式基本一致，采用横向控制方法，如图 7-33 所示。控制一排通道的 PAN 声像。

如图 7-34 所示。Global 模式共有 9 个控制按键，配 Global Scroll 按键使用。

1）GAIN。控制输入通道的 Gain 增益。

2）FILTERS/DLY。控制输入通道的 Lo-cut（低切）、Hi-cut（高切）滤波器和 Delay 延时。

3）GATE。控制 Gate 噪声门的 Threshold（门限）、Attack（启动时间）、Gate Hold（保持

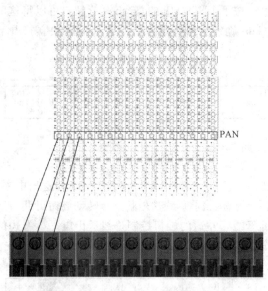

图 7-33 GLOBAL 整体模式

钮控制母线送出开关（辅助及编组母线都有效）。

时间）、Release（释放时间）、Range（幅度）、旁链通道的低切及高切滤波器等参数。

4）COMP。控制 COMP 压缩器的 Threshold（门限）、门限检测类型 RMS/Peak（平均值/峰值）、Ratio（压缩比）、Attack（启动时间）、Release（释放时间）、Knee（拐点）、Gain（增益）等参数。

5）EQ。控制 EQ 均衡器。

6）PAN。控制输入通道信号送入 LCR 母线的声像（左—右）。

7）BUS。1～8、BUS 9～16、BUS 17～24 使用这些按键，可以先"跳转"到母线 1、9 和 17，然后再转到其他所有 24 条辅助/编组母线。先选择一个按键，然后使用 Global Scroll 按键选择至其他母线。转动旋钮控制母线送出电平（只对于辅助母线有效），按下旋

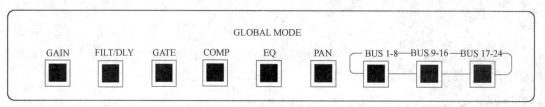

图 7-34 控制一排通道的 PAN 声像

 注意：

1）对于立体声辅助母线，左边的旋钮控制母线送出电平，右边的旋钮控制声像。按下开启/按下关闭的功能这两个旋钮同时操作。对于立体声编组母线，按下开启/按下关闭的功能这两个旋钮同时操作。使用输入通道的声像来控制送入立体声编组母线的声像。

2）当母线送出旋钮处于关闭的情况下，长按此旋钮，可以快速将母线送出电平设置为 0dB。

3）在任何使用模式下，如果任何一个旋钮有多于一种的功能，旋钮旁边会出现一个"+"符号，提示按下此旋钮，可以设置为另一种功能。

8）GLOBAL SCROLL 按键。需要注意的是：在 GLOBAL 模式下的大多数情况，都有不止一排参数可以控制。例如在 EQ 模式，共有 14 个参数可以控制。为了控制所有的参数，需要使用 GLOBAL SCROLLl 按键上下翻页。

图 7-35 显示了在 GLOBAL 模式下，不同按键中包含的不同控制参数。通过 Global Scroll 区域内的 UP 和 DOWN 按键上下翻页。

母线 1～8、9～16 和 17～24 的按键使用环形框包围起来，便于用户更直观快捷的操作。

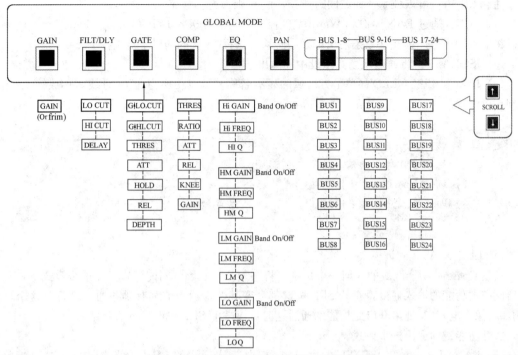

图 7-35 GLOBAL 不同按键的不同控制参数

注意:

Global Scroll 按键只有当它们可用的时候才会发亮。

（6）通道功能按键。无论输入面板处于 Channel 模式或 Global 模式，按下输入通道的 SEL 按键，同时选择下列任意功能按键，将打开此通道相应的功能，如图 7-36 所示。

图 7-36 通道功能按键

按键具体功能如下。

1）48V：48V 幻像供电开关（仅对于 Mic 输入接口）。

2）PHASE：反相开关。

3）DELAY：通道延时开关。

4）FILTERS：高、低通滤波器开关。

5）GATE IN：噪声门开关。

6）COMP IN：压缩器开关。

7）EQ IN：均衡器开关。

8）INSERT IN：插入开关，可以给通道插入已经配置好路由的插入点。

9）LR：通过 PAN 声像控制，将信号送入 L/R 母线。

10）C：将信号送入 C 母线。

注意 LR 和 C 可以独立选择或同时选择，LCR 则不行。

11）LCR：通过 PAN 声像和 Width 宽度控制，将信号送入 L/R/C 母线。Pan/Width 的调节可以将信号的声像连续在这三条输出母线中转移。选择 LCR 的同时不能选择 LR 或 C。

12）ISOLATE：将通道从场景预设中隔离出来。

13）INFO：切换 OLED 屏幕下方区域的显示名称，可以切换为通道/母线名称或输入/输出物理接口位置。

 注意：

1）切换名称对音频信号没有任何影响。

2）调音台的 INFO 按键是链接在一起的。

3）即使输入面板在 Global 模式下，所有这些按键也都可以使用。

INTERROGATE 问询模式。

长按 Channel 功能区域的任何一个按键，将进入 interrogate 问询模式。在这个模式下，凡是开启此按键功能的输入通道，它的 SEL 按键都会变亮，指示当前都有哪些通道已打开这个功能（例如幻像供电）。其他未开启此功能的通道这时可以按下 SEL 按键，将功能打开。

放开功能键即退出这个模式。

（7）PANNING 声像/ WIDTH 宽度控制。就像输入通道的 LR 声像控制方法一样，当单声道信号送入 LCR 母线时，需要控制此信号的 Width 宽度。

1）Channel 模式。无论 DYN/EQ/BUS1~12/BUS13~24 中的任何一个按键是否被按下，输入面板最右边的旋钮都作为 PAN。按下 SEL 按键，选择需要控制的通道即可。

2）Global 模式。选择 Global 模式区域内的 PAN 按键，则输入面板上的每个旋钮都变为各自相应通道的 PAN。

选择 Width：长按 PAN 旋钮，将切换到 Width 控制模式。如果要返回 PAN 控制，长按旋钮直到它切换为止。

 注意：

这个功能只有当单声道信号送入 LCR 母线时才能实现，可调节宽度范围为 0~100%。

图 7-37　FOLLOW
OUTPUT 按键

（8）FOLLOW OUTPUT SELect BUTTONS（跟随输出通道 SEL）按键。FOLLOW OUTPUT SEL 按键可以为任何一条选定的输出母线建立一个快速的混音方法，如图 7-37 所示。可以使用推子或 VCS 旋钮进行操作，共有两种控制方式——ENCODERS（旋钮跟随输出选择）和 FADERS（推子跟随输出选择）。无论任何一个按键被按下，调音台就进入跟随输出模式，按键同时会变成白色提醒操作者，再次按下此按键则返回正常操作模式。

注意:

1）如果当前选择的输出推子不具有 FOLLOW OUTPUT SEL 功能，则这个按键会变成橙色，提醒用户此按键当前处于"优先"模式。

2）Si3 有两套按键，每块输入面板各一套。这两套按键独立操作。

（9）Encoders Follow Output Select（跟随输出选择）旋钮使用每个输入通道的旋钮控制此通道送入选定输出母线的电平。

 注意:

输出通道 SEL 按键的优先级高于输入通道，因此，按下输入通道的 SEL 按键不会将旋钮替换为 VCS。

（10）Faders Follow Output Select（推子跟随输出选择）。使用每个输入通道的推子控制此通道送入选定输出母线的电平。输入通道推子下方的 FaderGlow 颜色将显示输出母线的颜色。

（11）链接单声道输入通道。如果需要，相邻的一对输入通道可以链接在一起进行控制。左边的通道为奇数通道，它可以与相邻的右边通道链接。链接一对通道的步骤如下。

1）如果触摸屏当前没有显示 Menu 菜单，按下触摸屏旁边的 MENU 按键。

2）触摸屏幕上的 INPUT 按键。

3）这将打开 SETUP 页面，有两个参数可以控制：Input Name 和 Type。

4）使用 SCROLL 滚轮选择 TYPE 类型，然后改为 LINKED。

当设置为链接后，这两个通道的 FaderGlow™ 显示白色，推子也链接在一起。除此之外，左边通道的所有参数都将被复制到右边通道上：增益、幻像供电、母线路由、压缩器和噪声门。延时和相位设置不链接在一起，声像控制变为平衡控制。

 注意:

链接只对奇数通道起作用。

每个输入通道都有一个默认名称，例如 CH01-A01，如果要改变名称，旋转 ADJUST 旋钮（位于屏幕右边），使 Channel Name 高亮显示，然后按下 ADJUST 旋钮。屏幕上将显示 QWERTY 键盘并编辑名称。当名称编辑完成后，再次按下这个旋钮，或按下 APPLY 按键（同样位于屏幕右边）即可。可以使用 BACK 按键取消编辑名称。

默认的通道类型为 Mono 单声道，可以改为 Linked 链接。如果要改变通道类型，旋转 ADJUST 旋钮（位于屏幕右边）使 Type 高亮显示，然后按下 ADJUST 旋钮。旋转旋钮选择需要的类型，然后按下旋钮确认（或者按下 APPLY 按键）。

（12）立体声线路输入。共有四组立体声线路输入通道。这四组信号通过调音台主控面板背面的四对 TRS 插头送入信号。在默认设置下，这四个通道位于推子面板 D 层的 25～28 推子上。

立体声通道的控制和路由配置与单声道基本一致。

（13）LEXICON™效果器返回。共有四个 Lexicon 效果返回通道。在默认设置下，这四个通道位于推子面板 D 层的 29～32 推子上。推子 FaderGlow 的颜色是浅蓝色。这些通道的信号直接从内置 Lexicon FX 效果器模块上取得。

> **注意：**
>
> Lexicon 效果器的参数控制位于主控区域，按下 UPPER ROW 区域内的 LEXI-CONS 按键，就可以在主控区域控制效果器。

图 7-38　CUE CONTROL 区域

（14）COPY & PASTE 复制 & 粘贴。一旦设置好一个通道的增益、EQ 等参数，便可以快速将这个通道的全部设置复制到其他通道上去。首先，按住 ALT 键，同时按下源通道的 SEL 按键，然后仍然按住 ALT 键，同时按下目标通道的 SEL 按键，就可以完成参数复制/粘贴过程。这个过程将复制/粘贴选定通道的所有参数。

（15）保存。调音台基本设置完成后，可以将设置保存为一个 CUE。通常情况下，可以保存到 CUE 001 上。名称为 Snapshot 1（这个名称可以任意更改）。

在靠近中央面板下方的 CUE CONTROL 区域（见图 7-38），按下 STORE 按键，就可将调音台现在的设置保存为一个 CUE。如果调音台内之前没有保存过任何 CUE，那当前的设置就保存在 CUE 001 内，名称为 Snapshot 1（这个名称可以任意更改）。

（三）输出通道

1. 输出面板（见图 7-39）

（1）MUTE ALL OUTPUTS（所有输出通道哑音按键，见图 7-40）。位于电源开关 Power On 按键的下方，为调音台所有输出通道提供一个 50dB 切除。这个功能完全是硬件方面的，不受调音台内部软件控制。

（2）OUTPUT FADERS SELECT（输出推子选择按键，见图 7-41）。位于输出推子面板右侧，定义当前输出推子的功能。

共有四个按键。

1）1~12。按下这个按键，输出推子将控制母线输出 1~12。

2）13~24。按下这个按键，输出推子将控制母线输出 13~24。

3）MTX/MAST。按下这个按键，输出推子将控制矩阵输出 1~8，以及左、右、中主输出。

4）VCA。按下这个按键，输出推子将控制 VCA 编组 1~12。

2. 输出母线推子

12 个输出母线推子的功能取决于 Output Faders Select 按键。

3. ON 按键

ON 按键的功能取决于 Output Faders Select 按键。

（1）输出推子 1~12、13~24 和 Matrix/Master 模式。输出通道的 ON 按键用于打开或关闭输出通道。当它关闭时（灯不亮），任何信号都无法从输出通道送至输出接口。

（2）VCA 模式。输出通道的 ON 按键用于切换 VCA 编组的打开或关闭。当它关闭时，VCA 编组将哑音，同时 ON 按键亮红色。当 VCA 编组哑音时，任何已经设置到这个 VCA 编组中的通道也将哑音，并且这些通道的"ON"按键也变为红色。

在 VCA 模式下，VCA 编组的 SOLO 按键将强制所有编入此编组的通道一起 SOLO。VCA 的 SOLO 永远是 AFL 模式，即使只有一个单声道信号被配置到此 VCA 编组中，也是 AFL。

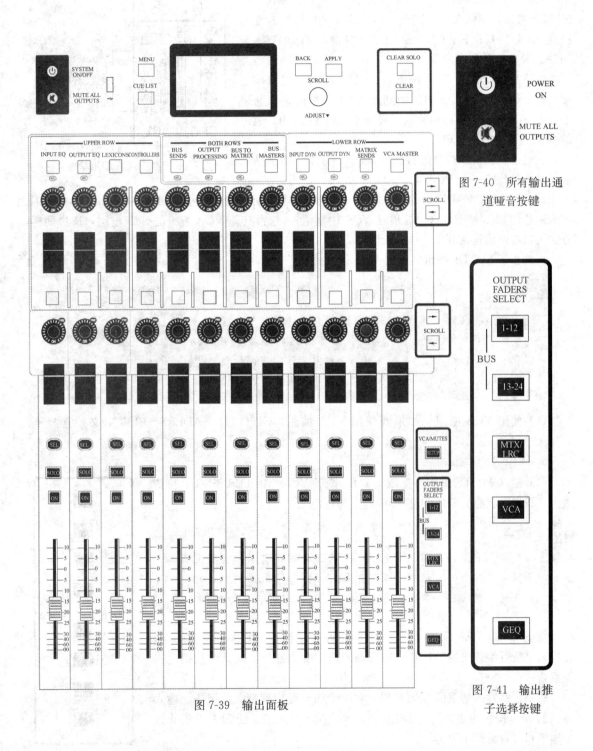

图 7-40　所有输出通道哑音按键

图 7-39　输出面板

图 7-41　输出推子选择按键

4. VCA 编组

(1) 建立 VCA 编组（见图7-42）。按下 VCA/MUTES SETUP 按键，进入 VCA 设置状态，SETUP 按键同时变为白色。OUTPUT FADERS SELECT 按键将自动选择至 VCA，并显示蓝色。

按下想要设置的 VCA 编组（1~12）SEL 按键（位于输出推子面板），再按下想添加到此 VCA 编组的输入通道上方的 SEL 按键，就可以将这个通道添加到 VCA 中，通道的 SEL 按键也变为蓝色。

在通道状态显示窗口的右侧有12个小方块，指示输入通道被添加到哪一个 VCA 中。

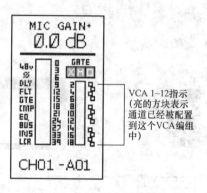

VCA 1~12指示（亮的方块表示通道已经被配置到这个VCA编组中）

图 7-42　建立 VCA 编组状态窗

通过 INPUT FADERS SELECT 按键，可以将其他层的输入推子编辑到 VCA 中（再次按下输入通道的 SEL 按键将这个通道从 VCA 中取消）。选择其他 VCA 编组的 SEL 按键，通过同样方法可以将通道送入其他 VCA 编组中。

再次按下 SETUP 按键，退出 VCA 设置模式。

 注意：

1）在 VCA 设置模式下，VCA 母线推子同时可以操作。

2）VCA 编组的 SEL 按键和哑音编组的按键是互锁的，因此 SETUP 模式（Mute Group 设置或 VCA 设置）是由最后被按下的按键确定。

3）如果需要，一个输入通道可以被设置到多个 VCA 编组中。

(2) 使用 VCA 编组。如果要使用 VCA 编组，OUTPUT FADERS SELECT 必须选择到 VCA 按键上。

5. MUTE 哑音编组

(1) 建立 MUTE 编组（见图7-43）。按下 VCA/MUTES SETUP 按键进入"设置"状态，SETUP 按键同时变为白色。

 注意：

OUTPUT FADERS SELECT VCA 按键将自动选择并显示蓝色，因为此时可以选择设置 VCA 编组或 Mute 编组，按的下一个键将告诉调音台想设置什么。

按下 USER DEFINED（1~8）按键（哑音编组按键）中的任何一个，将进入"哑音编组设置"模式。被选择的按键变为红色，确认此按键进入设置模式。

按下任意输入通道的 SEL 按键，将这个通道配置到哑音编组中。输入通道的 SEL 按键将变为红色确认选择。再次按下输入通道的 SEL 按键将这个通道从哑音编组中取消。

通过 INPUT FADERS SELECT A/B/C/D 按键，可以将其他层的输入推子编辑到 MUTE 编组中。

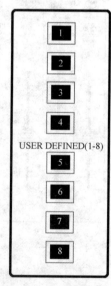

USER DEFINED(1-8)

图 7-43　建立 MUTE 哑音编组

174

再次按下 SETUP 按键，退出 MUTE 设置模式。

 注意：

　　1）选择其他哑音编组按键，可将通道设置到其他哑音编组中。

　　2）VCA 编组的 SEL 按键和哑音编组的按键是互锁的，因此 SETUP 模式（Mute Group 设置或 VCA 设置）是由最后被按下的按键确定。

　　3）如果需要，一个输入通道可以被设置到多个哑音编组中。

（2）使用 MUTE 编组。8 个用户自定义按键现在被设置为哑音编组 1～8。除了进入设置模式（参见上文），这 8 个按键可以在任意情况下进行操作。

1）任何哑音编组按键，一旦有输入通道设置进来将变为白色（当设置完成并退出设置模式时）。

2）当哑音编组按键按下处于激活状态时，将显示红色。

3）当哑音编组按键按下时，任何相关联的输入通道的 ON 按键都将显示红色。

和 VCA 操作类似，任何一个通道被 MUTE MASTER 哑音时，它的 ON 按键都将由绿色变为红色。

6. SOLO 按键

输出通道的 SOLO 按键用于监听选择通道的信号，输出 SOLO 永远为 AFL 模式。

除非输出母线是立体声母线，SOLO 信号为立体声，否则输出 SOLO 信号均为单声道信号。

7. SEL 按键

12 个输出通道的 SEL 按键总有一个保持点亮状态。根据外部因素，一个新被按下的 SEL 按键有以下三种可能性。

选择输出通道并进行参数编辑。根据输出面板 UPPER ROW/BOTH ROWS/ LOWER ROW 区域的按键选择，决定此时输出通道可以控制的参数。

8. 中央区域面板显示及旋钮控制（见图 7-44）

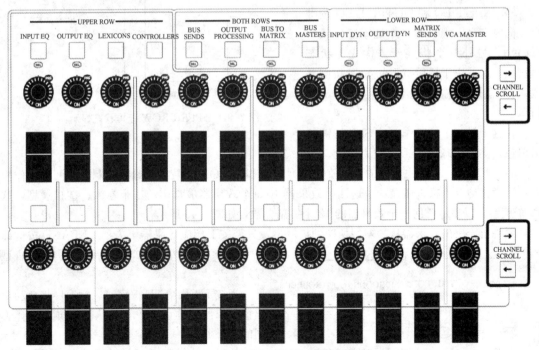

图 7-44　中央区域面板显示及旋钮控制

（1）中央区域面板提供了一个类似输入面板的 VCS 控制界面，只是它具有两排显示及旋钮控制。

（2）输出面板的控制通过 UPPER ROW 上排、LOWER ROW 下排或 BOTH ROWS 双排区域的按键进行选择。

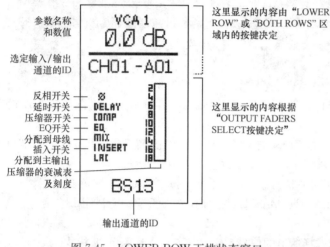

图 7-45　LOWER ROW 下排状态窗口

（3）中央区域可以同时显示并控制输入通道、输出通道或输入及输出通道的共 24 个参数。

9. 输出状态窗口

每一个输出通道条都具有两个状态显示窗口——Upper Row 上排窗口和 Lower Row 下排窗口。窗口中显示的内容由 UPPER ROW 上排、LOWER ROW 下排或 BOTH ROWS 双排区域内的按键决定。图 7-45、图 7-46 举例说明可能出现的参数。

（1）UPPER ROW 上排状态显示窗口。注意每一个上排窗口的下方都有一个功能按键，它的功能，当可用时，将指示在这个窗口的底部。

在 Upper Row 区域共有 4 个按键（见图 7-47）。

1）INPUT EQ。中央区域的上排旋钮作为任何选定输入通道的 EQ。

2）OUTPUT EQ。中央区域的上排旋钮作为任何选定输出通道的 EQ。

3）INPUT EQ 和 OUTPUT EQ 按键可以同时选择，但只有一个处于工作状态（绿色），另外一个将处于"优先"状态（橙色），这取决于最后按下的 SEL 按键是输入通道还是输出通道的，如图 7-48 所示。

在这个模式下，工作中的 SEL 按键将为白色，优先状态的 SEL 按键为橙色。

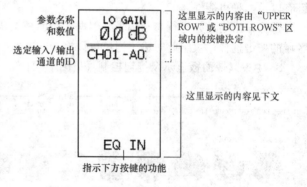

图 7-46　UPPER ROW 上排状态显示窗口

4）LEXICON。中央区域的上排旋钮作为内置 LEXICON 效果器的参数控制。有两种操作模式：①紧缩型，上排旋钮显示了这四个效果器中每个效果器最常用的三个参数；②扩展型，这 12 个旋钮可以显示任何一个效果器的 12 个控制参数，如图 7-49 所示。

要将所需要的效果器从紧缩型切换到扩展型，只需按下相应效果器下方的 EXPAND 按键即可。按下下方的 CLOSE 按键可返回紧缩型显示。

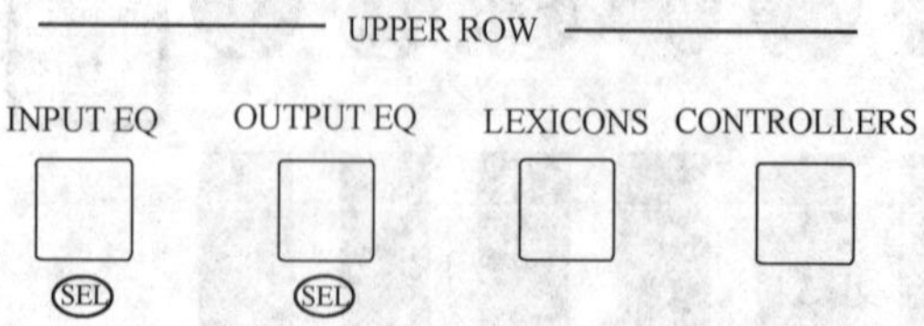

当按下 EXPAND 按键时，触摸屏将自动跳出该效果器的预设菜单，可从触摸屏上选择不同的效果器。

效果器的类型通过触摸屏选择。当 LEXI-

图 7-47　Upper ROW 区域的 4 个按键

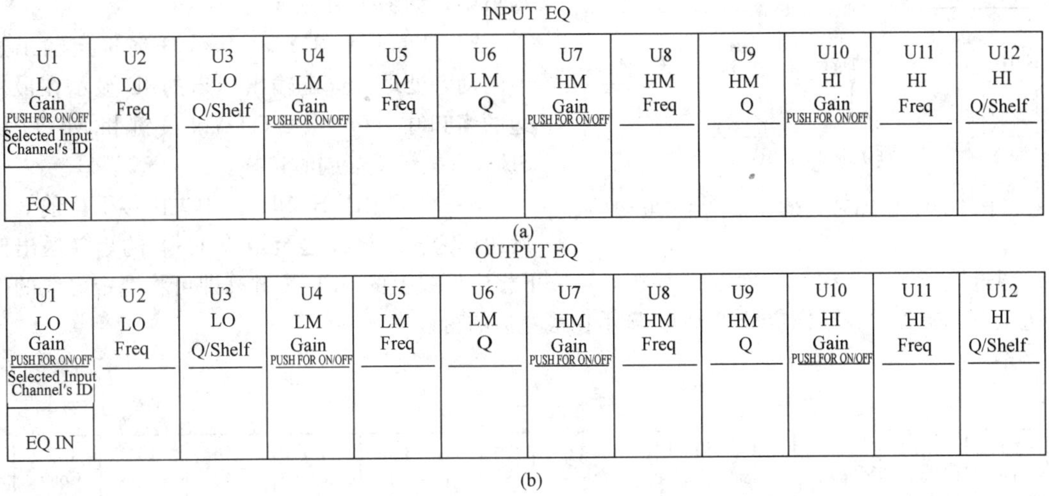

INPUT EQ

U1	U2	U3	U4	U5	U6	U7	U8	U9	U10	U11	U12
LO	LO	LO	LM	LM	LM	HM	HM	HM	HI	HI	HI
Gain	Freq	Q/Shelf	Gain	Freq	Q	Gain	Freq	Q	Gain	Freq	Q/Shelf
PUSH FOR ON/OFF			PUSH FOR ON/OFF			PUSH FOR ON/OFF			PUSH FOR ON/OFF		
Selected Input Channel's ID											
EQ IN											

(a)

OUTPUT EQ

U1	U2	U3	U4	U5	U6	U7	U8	U9	U10	U11	U12
LO	LO	LO	LM	LM	LM	HM	HM	HM	HI	HI	HI
Gain	Freq	Q/Shelf	Gain	Freq	Q	Gain	Freq	Q	Gain	Freq	Q/Shelf
PUSH FOR ON/OFF			PUSH FOR ON/OFF			PUSH FOR ON/OFF			PUSH FOR ON/OFF		
Selected Input Channel's ID											
EQ IN											

(b)

图 7-48　INPUT EQ 和 OUTPUT EQ 按键

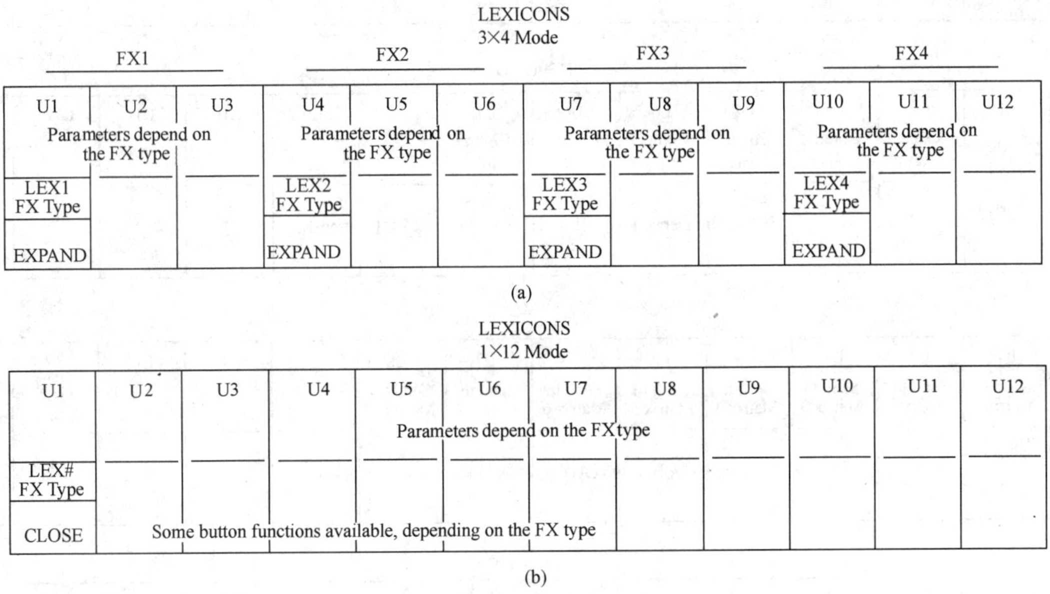

LEXICONS
3×4 Mode

FX1			FX2			FX3			FX4		
U1	U2	U3	U4	U5	U6	U7	U8	U9	U10	U11	U12
Parameters depend on the FX type			Parameters depend on the FX type			Parameters depend on the FX type			Parameters depend on the FX type		
LEX1 FX Type			LEX2 FX Type			LEX3 FX Type			LEX4 FX Type		
EXPAND			EXPAND			EXPAND			EXPAND		

(a)

LEXICONS
1×12 Mode

U1	U2	U3	U4	U5	U6	U7	U8	U9	U10	U11	U12
				Parameters depend on the FX type							
LEX# FX Type											
CLOSE	Some button functions available, depending on the FX type										

(b)

图 7-49　LEXICON 效果器操作模式

CON 按键被按下时，将取消掉任何之前已经按下的按键。

5）CONTROLLERS。这个按键的功能预留。

 注意：

选择 Both Rows 区域的按键，将取消掉任何已经选择的 Upper Row 或 Lower Row 区域的按键。

（2）LOWER ROW 下排。在 Lower Row 区域共有 4 个按键，如图 7-50 所示。

1）INPUT DYN。作为任何选定输入通道的动态处理，选定输入通道的 ID 显示在最左边的

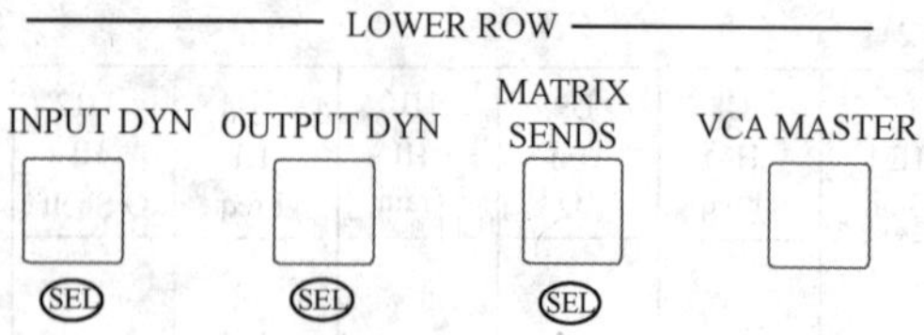

LOWER ROW

INPUT DYN	OUTPUT DYN	MATRIX SENDS	VCA MASTER
☐	☐	☐	☐
(SEL)	(SEL)	(SEL)	

图 7-50　LOWER ROW 下排 4 个按键

窗口中，如图 7-51 所示。

2）OUTPUT DYN。作为任何选定输出通道的动态处理，选定输出通道的 ID 显示在最左边的窗口中。OUTPUT DYN 按键和 MATRIX SENDS 按键不能同时选择。

3）MATRIX SENDS。中央区域下排前 8 个旋钮作为输出母线送至矩阵 1～8 的矩阵送出使用。通过选择 1～12 和 13～24 推子面板，再按下相应母线上的 SEL 按键，即可将选定母线的信号送至 8 个矩阵中。已选定母线的 ID 显示在最左边的窗口中。

INPUT DYN

L1 Gate Threshold	L2 Gate Attack	L3 Gate Hold	L4 Gate Release	L5 Gate Depth	L6	L7 Comp. Threshold RMS/Pk	L8 Comp. Ratio	L9 Comp. Attack	L10 Comp. Release	L11 Comp. Knee	L12 Comp. Gain
Selected Input Channel's ID					Content Depends On OUTPUT FADERS SELECT buttons						

(a)

OUTPUT DYN

L1 Comp. Threshold RMS/Pk	L2 Comp. Ratio	L3 Comp. Attack	L4 Comp. Release	L5 Comp. Knee	L6 Comp. Gain	L7 Comp. In	L8	L9	L10	L11	L12
Selected Onput Channel's ID					Content Depends On OUTPUT FADERS SELECT buttons						

(b)

MATRIX SENDS

L1 Send to Matrix 1	L2 Send to Matrix 2	L3 Send to Matrix 3	L4 Send to Matrix 4	L5 Send to Matrix 5	L6 Send to Matrix 6	L7 Send to Matrix 7	L8 Send to Matrix 8	L9	L10	L11	L12
ID of the Sending bus					Content Depends On OUTPUT FADERS SELECT buttons						

(c)

VCA MASTERS

L1 VCA Master 1	L2 VCA Master 2	L3 VCA Master 3	L4 VCA Master 4	L5 VCA Master 5	L6 VCA Master 6	L7 VCA Master 7	L8 VCA Master 8	L9 VCA Master 9	L10 VCA Master 10	L11 VCA Master 11	L12 VCA Master 12
					Content Depends On OUTPUT FADERS SELECT buttons						

(d)

图 7-51　LOWER ROW 下排 4 个按键作用

注意：

INPUT DYN 与 OUTPUT DYN 或 MATRIX SENDS 这两个按键中的一个可以同时选择，但只有一个处于工作状态（绿色），另外一个将处于"优先"状态（橙色），这取决于最后按下的 SEL 按键是输入通道还是输出通道的。任何一个输入或输出通道的 SEL 按键都可以随时被按下，这时，相应的 INPUT DYN、OUTPUT DYN 或 MATRIX SENDS 按键都将被重新激活。

4）VCA MASTER。中央区域的下排旋钮作为 VCA1～12 的推子。

VCA MASTER 按键的优先级高于前面的按键，按下这个按键，之前选择的其他按键都将被取消。再次按下 VCA MASTER 按键将退出 VCA 模式，这时，INPUT DYN、OUTPUT DYN 或 MATRIX SENDS 按键将返回各自之前的状态。

 注意：

选择 Both Rows 区域的按键，将取消掉任何已经选择的 Upper Row 或 Lower Row 区域的按键。

（3）BOTH ROW 双排。在 Both Row 区域共有 4 个按键（见图 7-52）。

1）BUS SENDS。中央区域的上排和下排旋钮共同作为任意选定输入通道的母线（辅助/编组）1～24 送出，如图 7-53（a）所示。

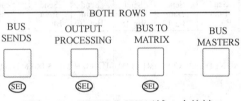

图 7-52 BOTH ROW 区域 4 个按键

 注意：

在默认设置下，4 个内置 Lexicon™ 效果器已经插入到母线 21～24 中，是推子后插入。

上排旋钮最左边的 AUX PRE 按键用于切换母线送出的推子前或推子后状态。按下 AUX

BUS SENDS

U1 Send to Bus 1	U2 Send to Bus 2	U3 Send to Bus 3	U4 Send to Bus 4	U5 Send to Bus 5	U6 Send to Bus 6	U7 Send to Bus 7	U8 Send to Bus 8	U9 Send to Bus 9	U10 Send to Bus 10	U11 Send to Bus 11	U12 Send to Bus 12
Sending Input Channels ID AUX PRE											

L1 Send to Bus 13	L2 Send to Bus 14	L3 Send to Bus 15	L4 Send to Bus 16	L5 Send to Bus 17	L6 Send to Bus 18	L7 Send to Bus 19	L8 Send to Bus 20	L9 Send to Lex 1	L10 Send to Lex 2	L11 Send to Lex 3	L12 Send to Lex 4
Sending Input Channels ID			Content Depends On OUTPUT FADERS OUTPUT PROCESSING				ELECT buttons				

(a)

图 7-53 Both Row 区域 4 个按键作用（一）

OUTPUT PROCESSING

U1 LF Gain	U2 LF Freq	U3 LF Q/Shelf	U4 LM Gain	U5 LM Freq	U6 LM Q	U7 HM Gain	U8 HM Freq	U9 HM Q	U10 HF Gain	U11 HF Freq	U12 HF Q
Sending Input Channels ID									* BUS 1-12/13-24 only		
EQ IN			ISOLATE	INFO	PHASE*	COMP IN	INSERT	DELAY	LR*	C*	LCR*

L1 Comp. Threshold RMS/Pk	L2 Comp. Ratio	L3 Comp. Attack	L4 Comp. Release	L5 Comp. Knee	L6 Comp. Gain	L7	L8	L9 Delay	L10 AFL Trim*	L11	L12 PAN/ BALANCE*
					Content Depends On OUTPUT FADERS SELECT buttons						

(b)

BUS TO MATRIX(MTX/MAST must also be selected)

U1 Send from Bus 1	U2 Send from Bus 2	U3 Send from Bus 3	U4 Send from Bus 4	U5 Send from Bus 5	U6 Send from Bus 6	U7 Send from Bus 7	U8 Send from Bus 8	U9 Send from Bus 9	U10 Send from Bus 10	U11 Send from Bus 11	U12 Send from Bus 12
Destination Matrix Bus ID											
											LRC —

L1 Send from Bus 13	L2 Send from Bus 14	L3 Send from Bus 15	L4 Send from Bus 16	L5 Send from Bus 17	L6 Send from Bus 18	L7 Send from Bus 19	L8 Send from Bus 20	L9 Send from Lex 1	L10 Send from Lex 2	L11 Send from Lex 3	L12 Send from Lex 4
MTX1-D01	MTX2-D02	MTX3-D03	MTX4-D04	MTX5-D05	MTX6-D06	MTX7-D07	MTX8-D08		LEFT	RIGHT	CENTRE

Shifted Function
(LCR button below top right status window)

									L10 Send from LEFT	L11 Send from RIGHT	L12 Send from CENTRE

(c)

BUS MASTERS

U1 Output Level of Bus 1	U2 Output Level of Bus 2	U3 Output Level of Bus 3	U4 Output Level of Bus 4	U5 Output Level of Bus 5	U6 Output Level of Bus 6	U7 Output Level of Bus 7	U8 Output Level of Bus 8	U9 Output Level of Bus 9	U10 Output Level of Bus 10	U11 Output Level of Bus 11	U12 Output Level of Bus 12
BUS PRE											

L1 Output Level of Bus 13	L2 Output Level of Bus 14	L3 Output Level of Bus 15	L4 Output Level of Bus 16	L5 Output Level of Bus 17	L6 Output Level of Bus 18	L7 Output Level of Bus 19	L8 Output Level of Bus 20	L9 Output Level of B21(Lex1)	L10 Output Level of B22(Lex2)	L11 Output Level of B23(Lex3)	L12 Output Level of B24(Lex4)
					Content Depends On OUTPUT FADERS SELECT buttons						

(d)

图 7-53　Both Row 区域 4 个按键作用（二）

PRE 按键，就可以按下旋钮进行推子前/后切换。母线送出旋钮可以通过长按的方式快速设置为 ON，0dB 或 OFF，−∞。

2）OUTPUT PROCESSING。当按下 OUTPUT PROCESSING 按键时，两排旋钮和位于上排区域的按键都作为选定母线输出、矩阵输出或主输出通道的参数控制及处理。这与输入通道

VCS™的控制方法极为类似［见图7-53（a）］。

任何选定的母线都有以下参数处理：4-band parametric EQ（4段参数均衡）、Compressor（压缩器）、Delay（延时器）、AFL trim（增益，Matrix1～8，L、R、C没有这个功能）、Phase reverse（反相，L、R、C没有这个功能）、Isolate（隔离）、Insert（插入）。

3）BUS TO MTX。中央区域的上排和下排旋钮共同作为母线输出1～24及左/右/中主输出送至选定矩阵输出的矩阵送出。按下BUS TO MTX按键，它将变为优先按键（橙色），用户必须将输出面板Output Fader select section选择到MTX/MAST按键，再通过矩阵输出通道的SEL按键选择至需要设置的矩阵通道［见图7-53（c）］。

使用旋钮控制母线1～24的矩阵送出。如果要将L/R/C信号送至矩阵，按下上排区域最右边的L.R.C按键，原本控制母线22～24的旋钮就变为控制L/R/C的母线送出。

4）BUS MASTERS。中央区域的上排和下排旋钮作为母线1～24的输出电平控制［见图7-53（d）］。

上排区域最左边的BUS PRE按键可以切换这条母线对所有输入通道的推子前、推子后状态。

当按下BUS PRE按键，再按下选定母线的旋钮，就可以切换这条母线对所有输入通道的推子前、推子后状态。

 注意：

① 如果这条母线被设置为Group，则BUS PRE按键不起作用。

② 按下Upper或Lower Row区域按键，将替换掉BOTH ROWS区域的按键。

③ 记住，如果需要给同一条母线同时送入推子前和推子后的混合信号时，每个输入通道在CHANNEL模式或GLOBAL模式下，都可以独立切换推子前/后状态。

10. CHANNEL SCROLL 通道切换按键

这些按键位于输出面板上排旋钮和下排旋钮的右侧，它们的功能与Upper Row、Lower Row和BothRows区域内的按键结合在一起使用。当切换到某个功能使得CHANNEL SCROLL通道切换按键可以使用时，这些按键会亮白色灯指示它们当前进入使用状态。用户只需简单地按一个向左或向右的按键，就可以切换不同的通道。此时，正在切换的输入或输出通道上方的SEL按键也会相应地变亮，指示当前切换到的通道。

（1）Upper Row模式。按下Input EQ按键，通过CHANNEL SCROLL按键，用户可以将当前正在控制的Upper Row区域内输入通道的这个参数替换成其他输入通道。

输入推子上方的SEL按键将随着CHANNEL SCROLL按键的使用而移动。

 注意：

按键左、右切换的数量为当前推子面板的16个通道（Si2为24个）。

按下Output EQ按键，通过CHANNEL SCROLL按键，用户可以将当前正在控制的Upper Row区域内输出通道的这个参数替换成其他输出通道。

输出推子上方的SEL按键将随着CHANNEL SCROLL按键的使用而移动。

注意:

　　按键左、右切换的数量为当前推子面板的 12 个通道。

　　(2) Lower Row 模式。Input Dyn 按键 ，通过 CHANNEL SCROLL 按键，用户可以将当前正在控制的 Lower Row 区域内输入通道的这个参数替换成其他输入通道。

　　输入推子上方的 SEL 按键将随着 CHANNEL SCROLL 按键的使用而移动。

 注意:

　　按键左、右切换的数量为当前推子面板的 16 个通道（Si2 为 24 个）。

　　按下 Output Dyn 按键，通过 CHANNEL SCROLL 按键，用户可以将当前正在控制的 Lower Row 区域内输出通道的这个参数替换成其他输出通道。

　　输出推子上方的 SEL 按键将随着 CHANNEL SCROLL 按键的使用而移动。

 注意:

　　按键左、右切换的数量为当前推子面板的 12 个通道。

　　(3) Both Rows 模式。按下 BUS SENDS 按键，通过 CHANNEL SCROLL 按键，用户可将当前正在控制的 Upper 和 Lower Row 区域内输入通道的这个参数替换成其他输入通道。

　　输入推子上方的 SEL 按键将随着 CHANNEL SCROLL 按键的使用而移动。

 注意:

　　按键左、右切换的数量为当前推子面板的 16 个通道（Si2 为 24 个）。

　　按下 OUTPUT PROCESSING 按键，通过 CHANNEL SCROLL 按键，用户可将当前正在控制的 Upper 和 Lower Row 区域内输出通道的这个参数替换成其他输出通道。

　　输出推子上方的 SEL 按键将随着 CHANNEL SCROLL 按键的使用而移动。

 注意:

　　按键左、右切换的数量为当前推子面板的 12 个通道。

　　按下 BUS TO MATRIX 按键，通过 CHANNEL SCROLL 按键，用户可将当前正在控制的 Upper 和 Lower Row 区域内的矩阵输出通道替换成其他矩阵输出通道。

　　如果按下 MTX/MAST 按键，推子上方的 SEL 按键将随着 CHANNEL SCROLL 按键的使用而移动。

 注意:

　　在 Both Rows 模式时，上下两排 CHANNEL SCROLL 按键的操作链接在一起，同时进行操作。

11. 配置输出通道

母线输出通道 1~20 可独立配置成辅助或编组输出（在 V1.0 版本里，母线 21~24 只能作为辅助输出），或配置成单声道或立体声母线。如果配置为立体声母线，则这个母线是奇偶通道相对应的，而且左声道都是奇数通道，右声道是偶数通道。

（1）送至辅助输出。输入通道送入辅助输出母线具有一个 ON/OFF 开关和一个电平控制（立体声辅助母线具有一个电平控制和一个声像控制）。辅助输出可送入 LR 和 C 主输出中，送入点位置可选择为 EQ 前或 EQ 后。辅助输出推子的 FaderGlow™ 颜色为黄色。

（2）送至编组输出。输入通道送入编组输出母线只有一个 ON/OFF 开关而没有电平控制。立体声编组直接使用输入通道的声像来调整送入母线的信号。编组输出可以送入 LR 和 C 主输出中。编组输出推子的 FaderGlow™ 颜色为绿色。

通过触摸屏配置输出母线，过程如下。

1）如果触摸屏当前不在主菜单，按下 MENU 按键，然后选择 OUTPUTS & VCA 标签。

2）按下输出面板推子层 1~12 按键或 13~24 按键，然后按下相应输出通道上方的 SEL 按键，则此通道的参数会显示在屏幕上。

3）旋转 ADJUST 旋钮，选择需要调整的参数，然后按下这个旋钮选定参数。可供调整的参数有：bus type（母线类型，Aux or Group 辅助或编组）、bus name（母线名称）、bus width（宽度，Mono or Stereo 单声道或立体声）和 PRE FADER SOURCE（推子前状态，Pre or Post EQ 均衡前或均衡后）。

4）旋转旋钮，改变所选择的参数。按下旋钮确认改变。

5）重复第 3、4 步改变其他参数。

6）重复第 2 步选择其他母线。

7）再次按下 MENU 按键退出此菜单。

 注意：

可以任意建立辅助输出和编组输出，每个都包括单声道通道和立体声通道。

12. 建立辅助混音母线

共有 4 种方法可将输入通道的信号送入辅助输出母线（辅助母线最多 24 路）。

（1）方法 1：Channel Mode 通道模式。选择一个输入通道，然后调整这个通道送到辅助母线的电平（这一操作从输入面板完成）。操作过程如下。

1）按下输入面板 Channel Mode 区域内的 1~12 或 13~14 按键，则输入面板上的一排控制旋钮中间的 12 个旋钮就成为送至辅助母线 1~12 或 13~24 的送出电平旋钮。

2）通过 INPUT FADER SELECT 区域内的按键 A~D 选择相应的推子层，然后再按下通道上方的 SEL 按键选择相应的通道。

3）按下旋钮可控制送出电平的开关，旋钮下方会出现一个绿色的"ON"指示当前状态。如果要切换至推子后，按下 Channel Mode 区域内的 AUX PRE 按键，则按下旋钮就变成为推子前、后状态切换。旋钮右上角的"PRE"指示当前状态。

（2）方法 2：Global Mode 整体模式。选择一个输出母线，然后调整输入通道送至这条母线的送出电平（这一操作从输入面板完成）。

按下输入面板 Global Mode 区域内 BUS 1~8、BUS 9~16 或 BUS 17~24 按键，然后使用 SCROLL Up 或 Down 按键选择需要设置的输出母线。母线的名字将会显示在每个输入通道

OLED 屏的最上方区域。

每个输入通道的旋钮现在成为送至相应母线的送出旋钮。

ON/OFF 和 PRE/POST 切换同方法 1。

（3）方法 3：选择一个输入通道，然后调整这个通道送至多条母线的送出电平。操作过程如下。

1）按下输出面板 BOTH ROWS 区域内的 BUS SENDS 按键，则输出面板上的旋钮变成为控制选定的输入通道送至辅助母线的送出电平。注意如果当前辅助母线被配置为立体声通道，则两个旋钮关联在一起控制，一个控制送出电平，一个控制声像。按下旋钮可以控制 ON/OFF，并具有 ON 状态指示灯。

2）选择需要的输入通道，先通过 INPUT FADER SELECT 区域内的按键 A～D 选择推子层，然后再按下通道上方的 SEL 按键选择相应的通道。

（4）方法 4。选择一个辅助输出母线，然后利用输入通道推子控制每个通道送至这条母线的送出电平（这个方法也可以叫做"Follow"推子跟随）。操作过程如下。

1）按下输出面板上 1～12 或 13～24 按键，然后按下通道上方的 SEL 按键选择相应的输出通道。

2）输入通道的推子或它们上方的旋钮可以作为每个通道送至这条母线的送出电平控制。按下输入面板上（Si2 只有一块面板）的 FADERS（FOLLOW OUTPUT SEL）按键，注意一旦按下 FADERS 按键，此时面板上的推子就进入了"跟随"状态，作为这个输入通道送至选定输出母线的送出电平。FaderGlow 会变为黄色指示当前状态。

3）使用 INPUT FADER SELECT 区域内的按键 A～D 选择推子层。

4）再次按下 ENCODERS（FOLLOW OUTPUT SEL）或 FADERS（FOLLOW OUTPUT SEL）将退出"跟随"模式，返回正常使用状态。

13. 建立编组混音母线

共有 4 种方法可将输入通道的信号送入编组输出母线（编组母线最多 24 路）。

（1）方法 1：Channel Mode 通道模式。选择一个输入通道，然后将这个通道送入需要的编组母线（这一操作从输入面板完成）。操作过程如下。

1）按下输入面板 Channel Mode 区域内的 1～12 或 13～14 按键，则输入面板上的一排控制旋钮中间的 12 个旋钮就成为送至编组母线 1～12 或 13～24 的开关（按下开/按下关）。

2）通过 INPUT FADER SELECT 区域内的按键 A～D 选择相应的推子层，然后再按下通道上方的 SEL 按键选择相应的通道。

3）按下旋钮可以切换送出开、关，旋钮下方会出现一个绿色的"ON"指示当前状态。

（2）方法 2：Global Mode 整体模式。选择一个输出母线，然后控制输入通道送至这条母线的开关（这一操作从输入面板完成）。

按下输入面板 Global Mode 区域内 BUS 1～8、BUS 9～16 或 BUS 17～24 按键，然后使用 SCROLL Up 或 Down 按键选择需要设置的输出母线。母线的名字将会显示在每个输入通道 OLED 屏的最上方区域。每个输入通道的旋钮现在成为这个通道送至相应母线的开关，操作方法如方法 1。

（3）方法 3：选择一个输入通道，然后控制这个通道送至多条母线的开关。操作过程如下。

1）按下输出面板 BOTH ROWS 区域内的 BUS SENDS 按键，则输出面板上的旋钮变成为控制选定的输入通道送至编组母线的开关（按下开/按下关）。

2）选择需要的输入通道，先通过 INPUT FADER SELECT 区域内的按键 A～D 选择推子层，然后再按下通道上方的 SEL 按键选择相应的通道。

（4）方法 4：选择一个编组输出母线，然后从每个独立的输入通道控制每个通道送至这条母线的开关（这个方法也可以叫做"Follow"推子跟随）。操作过程如下。

1）按下输出面板上 1～12 或 13～24 按键，然后按下通道上方的 SEL 按键选择相应的输出通道。

2）输入通道的 ON 按键就作为每个通道送至这条母线的开关。按下输入面板上 FADERS（FOLLOW OUTPUT SEL）或 ENCODERS（FOLLOW OUTPUT SEL）按键，注意一旦按下这些按键，输入面板上每个推子的 ON 按键或旋钮就进入了"跟随"状态，作为这个输入通道送至选定输出母线的开关。例如，当前有一个输出通道被选择，则通道的 ON 按键和旋钮就无法控制此通道的原有功能，而作为编组送出开关使用。

3）FaderGlow 会变为绿色指示当前状态。

4）使用 INPUT FADER SELECT 区域内的按键 A～D 选择推子层。

5）再次按下 ENCODERS（FOLLOW OUTPUT SEL）或 FADERS（FOLLOW OUTPUT SEL）将退出"跟随"模式，返回正常使用状态。

14. 建立矩阵混音母线

共有两种方法可以将 24＋3 条输出母线的信号送至 8 条矩阵母线。

（1）方法 1：将一条输出母线的信号送至多条矩阵输出母线。操作过程如下。

1）按下输出面板 LOWER ROW 区域的 MATRIX SENDS 按键，则下排左边 8 个旋钮现在成为选定输出通道送至 8 条矩阵母线的矩阵送出。

2）使用 OUTPUT FADERS SELECT 区域内的按键 1～12 和 13～24，然后再按下相应输出通道上方的 SEL 按键就可进行通道选择。如果要将 L、R 和 C 主输出母线的信号送至 8 个矩阵输出，选择 MTX/MAST 按键，然后按下相应 L、R 和 C 主输出上方的 SEL 按键即可。注意：在这个模式下，矩阵输出通道不能被选择，防止将矩阵输出的信号送入矩阵输入。

3）按下 MTX/MAST 按键，左边的 8 个推子可以控制矩阵输出电平，记住每个通道都有 ON 开关。

（2）方法 2：将多条输出母线的信号送至一条矩阵母线。操作过程如下。

1）按下 MTX/MAST 按键，再按下相应矩阵输出通道上方的 SEL 按键（靠左边的 8 个通道），选择需要设置的矩阵输出通道。

2）按下 BOTH ROWS 区域内的 BUS TO MATRIX 按键，则输出面板上 24 个旋钮就成为 24 条输出母线送入选定的矩阵输出通道的矩阵送入电平。

3）如果要将 L、R 和 C 主输出母线的信号送至矩阵输出，按下第一排最右边旋钮下方的按键，则母线 22～24 就变为 L、R、C 母线控制。

 注意：

　　因为许多"信号送出"的功能都要使用旋钮，因此可以使用旋钮"长按"的功能简化操作。旋钮关@至 0dB，旋钮开@至－∞。

15. 复制 & 粘贴

一旦将通道的增益、EQ、动态等参数设置完毕，即可很方便地将这个通道的参数复制到其他多条通道中。

如果要复制参数，按住 ALT 键，同时按一下要复制的通道（源通道）的 SEL 按键，然后一直按着 ALT 键不放，再按下你想要粘贴的通道（目标通道）的 SEL 按键即可。

这个过程将复制选定通道内的所有参数。

（四）监听系统

监听系统共包括以下部分：Solo 单独监听、Audio Monitors 信号监听、Talkback 对讲。

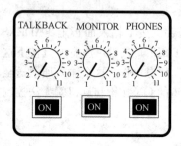 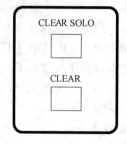

图 7-54　监听控制按钮

1. 监听控制

调音台面板上有三个旋钮，分别控制 Talkback 对讲、Monitor 监听扬声器和 Headphones 耳机，每个旋钮都有独立的 ON 按键，如图 7-54 所示。

无论 SOLO 一个或多个通道，CLEAR SOLO 按键都将点亮。按下这个键将清除所有面板上所有正在 SOLO 的通道。

2. CLEAR 按键

CLEAR 按键用于将通道的参数重新设置到出厂状态，如图 7-54 所示。可控制的参数如下。

（1）输入面板 VCS/CHANNEL MODE/GLOBAL MODE。这个按键使用了询问模式，例如，长按下列 VCS/CM/GM 表格中的一个按键，则面板上的所有输入通道，只要打开此功能的通道的 SEL 按键都将被点亮。此时，按下 CLEAR 按键，将出现表 7-3 所描述的情况。

表 7-3　　　　　　　　　　　　　　　输入面板 SEL 按键的动作

VCS 按键	动　作	CHAN Mode 按键	动　作
48V	切换所有通道的 48V 按键至 OFF 状态	DYN	重置选定通道的动态参数
Phase	切换所有通道的 PHASE 按键至 OFF 状态	EQ	重置选定通道的均衡参数
Delay	切换所有通道的 DELAY 按键至 OFF 状态	1-12	重置选定通道的母线送出电平
Filters	切换所有通道的 FILTERS 按键至 OFF 状态	13-24	重置选定通道的母线送出电平
Gate In	切换所有通道的 GATE IN 按键至 OFF 状态	GLOBAL Mode 按键	动　作
Comp In	切换所有通道的 COMP IN 按键至 OFF 状态	GAIN	重置所有通道的 GAIN 设置
EQ In	切换所有通道的 EQ IN 按键至 OFF 状态	FILT/DLY	重置所有通道的 FILT/DLY 设置
LR	切换所有通道的 LR 按键至 OFF 状态	GATE	重置所有通道的 GATE 设置
C	切换所有通道的 C 按键至 OFF 状态	COMP	重置所有通道的 COMP 设置
LCR	切换所有通道的 LCR 按键至 OFF 状态	EQ	重置所有通道的 EQ 设置
Isolate	切换所有通道的 ISOLATE 按键至 OFF 状态	PAN	重置所有通道的 PAN 设置
		BUS 1-8	重置所有通道的 BUS 1～8 母线送出电平
		BUS 9-16	重置所有通道的 BUS 9～16 母线送出电平
		BUS 17-24	重置所有通道的 BUS 17～24 母线送出电平

（2）输出面板。输出面板与输入面板上面所描述的状态基本一致，选择下面三个表格中的任意一个按键，然后按下 CLEAR 按键，再按下相应输出通道的 SEL 按键，就可以出现相对应的情况，见表 7-4。

3. SOLO 系统

（1）输入优先模式。在工厂默认设置下，输入优先模式是打开状态。因此，如果一个或多个输入通道的 SOLO 被激活，则任何输出通道的 SOLO 不起作用。注意，此时输出面板上的 SOLO 按键是黄色的，它指示当前这个按键没有真正打开，但是如果输入通道的 SOLO 被取消，则输出通道的 SOLO 就可以起作用，并显示蓝色。

如果关闭输入优先模式，则 SOLO 输出通道会自动取消输入通道的 SOLO，反之亦然。

表 7-4　输出面板 SEL 按键的动作

UPPER ROW 按键	动　作
INPUT EQ	重置选定输入通道的均衡参数
OUTPUT EQ	重置选定输出通道的均衡参数
BOTH ROWS 按键	动　作
BUS SENDS	重置选定输入通道的母线送出电平
OUTPUT EQ & DYN	重置选定输出通道的 EQ & DYN 设置
BUS TO MATRIX	重置选定输出通道的 BUS TO MATRIX 电平
BUS MASTERS	重置 BUS MASTER 输出电平
LOWER ROW 按键	动　作
INPUT DYN	重置选定输入通道的动态参数
OUTPUT DYN	重置选定输出通道的动态参数
MTX SENDS	重置选定输出通道的 MTX SEND 电平

 注意：

如果要改变 SOLO 设置，可以在主屏幕上选择 SOLO 页面。

（2）短按/长按。短按 SOLO 按键，可以打开此通道的 SOLO 功能，再次按下取消 SOLO；长按 SOLO 按键，可以暂时打开此通道的 SOLO 功能，放开 SOLO 按键则取消。

（3）输入面板。按下一个通道的 SOLO 按键，可以将这个通道的信号送入 SOLO 母线用于监听。对于输入通道来说，共有三种不同的监听模式。

1）PFL Solo 推子前监听。当只有一个输入通道的 SOLO 按键被按下，则监听的是推子前的信号。此时 SOLO 按键显示橘黄色，指示当前只有一个输入通道的 SOLO 按键被激活，当前监听为 PFL 推子前监听；按下另一个输入通道的 SOLO 按键，调音台将自动跳转到 AFL 推子后监听模式。

2）AFL Solo 推子后监听。

在 AFL 模式下，监听信号从推子后取出。当有多于一个输入通道的 SOLO 被按下时，自动进入 AFL 模式。在 AFL 模式下，被按下的 SOLO 按键为蓝色。

3）AFL 信号突出监听 Highlight。

当多个输入通道处于 SOLO 状态时，长按其中任意一个通道的 SOLO 按键，其他通道的 SOLO 信号会自动衰减 20dB（此为默认设置，使用触摸屏上的 SOLO 菜单，可以改变这个数值），并且这个通道的 SOLO 按键自动变为粉红色。放开 SOLO 按键可以返回到标准的 AFL 模式。

Solo-in-place（SIP）SOLO 替换模式　这是一个危险的 SOLO 模式

当选择到 SIP 模式时（通过触摸屏上的 SOLO 菜单），按下任意一个通道的 SOLO 按键将哑音其他所有通道送入主输出母线的信号。

在 SIP 模式下，被按下的 SOLO 按键为红色。

（4）输出面板。输出通道的 SOLO 按键用于监听选定输出通道的信号，输出通道的 SOLO 都是 AFL 模式。输出通道的 SOLO 信号都是单声道，除非输出母线被设置为立体声通道，则

SOLO 母线为立体声信号。被按下的 SOLO 按键为蓝色。

 注意：

L、R、C 母线不能被 SOLO。如果 VCA 通道没有设置输入通道进来，也不能被 SOLO。

1) AFL 信号突出监听 Highlight。如果几个输出通道处于 SOLO 状态，长按其中任意一个通道的 SOLO 按键，其他通道的 SOLO 信号会自动衰减 20dB（此为默认设置，使用触摸屏上的 SOLO 菜单，可以改变这个数值），并且这个通道的 SOLO 按键自动变为粉红色。放开 SOLO 按键可以返回到标准的 AFL 模式。

2) Solo Trim SOLO 增益。用于调整 SOLO 母线的整体电平。默认设置是 0dB，可以通过触摸屏上的 SOLO 菜单进行调整。

3) Blend Level 混合电平。当按下一个 SOLO 按键时，SOLO 信号被送入监听系统，同时，监听系统中的其他信号会自动衰减，衰减量的大小就通过这个参数进行调节。默认设置为负无穷，可通过触摸屏上的 SOLO 菜单进行调整。

4. 信号监听

(1) 监听输出。L、R、C 监听输出接口位于调音台后面板，有 3 个 XLR 输出接口。

(2) 耳机输出。

Soundcraft Si3 共有 3 个耳机插孔，一个位于后面板，两个位于前面板下方。

Soundcraft Si2 共有 2 个耳机插孔，一个位于后面板，另一个位于前面板下方。

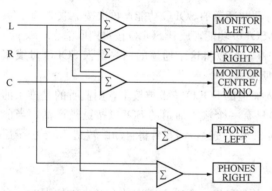

图 7-55 LCR 母线送入监听输出及耳机输出信号路由

(3) 信号路由。LRC 母线送入监听输出及耳机输出的信号路由如图 7-55 所示。

这个路由设置确保操作者通过耳机监听时，能够听到 C 声道的信号。这个路由也保证了当系统中只接了一只监听扬声器时（连接在监听 C 输出），操作者仍可听到 L/R 声道的信号。

1) Delay 延时。通过触摸屏上的 MONITOR 菜单，可以给监听通路插入延时。

2) Monitor Dimming 监听信号衰减。当按下内部对讲按键和任意输出通道的 SOLO 按键时，监听信号电平自动衰减 −30dB（默认设置下）。可通过触摸屏上的 MONITOR 菜单改变衰减量的大小。这样可以防止调音师正在监听的信号被送入对讲话筒中。

3) Mono Check 单声道检查。通过触摸屏上的 MONITOR 菜单可以使用此项功能，它将监听系统的左声道信号和右声道信号同时送入左、右监听输出口上。

 注意：

监听系统的设置位于触摸屏上的 MONITOR 菜单中。

5. TALKBACK 对讲

(1) External Talkback 外部对讲。外部对讲的 XLR 插孔位于后面板，是一个线路输入接口。

它的增益可以调节，通过触摸屏上 TB/OSC 菜单中 EXTERNAL 屏幕上的 Level 参数进行。选择 EXTERNAL 屏幕上的 Route to headphones 设置，可将信号送入耳机输出。选择 EXTERNAL 屏幕上的 Route to monitors 设置，可将信号送入监听输出接口。

（2）Internal Talkback 内部对讲。内部对讲的 XLR 插孔位于后面板，它是一个话筒输入接口。在 XLR 接口旁边有一个 48V 幻像供电开关，这个开关在一个小孔中。内部对讲信号电平可以使用调音台前面板上的 TALKBACK LEVEL 旋钮调节，在前面板上还有一个 TALKBACK ON 按键，用于开关信号。

通过 Internal Talkback 屏幕上的 Route to external 设置，可以将信号送入后面板的 TALKBACK OUT 对讲输出接口。通过 Internal Talkback 屏幕上的 Route to headphones 设置，可将信号送入耳机输出。对讲话筒送入耳机的电平可以通过 Internal Talkback 屏幕上的 TB headphone level 设置进行调节。

（3）Talkback To Busses 母线对讲。如果按下 Talkback On 按键，再按下任意输出通道的 SOLO 按键时，内部对讲话筒的信号将会送到这个输出母线中。

 注意：
　　对讲系统的设置位于触摸屏上的 OSC/TALKBACK 菜单中。

6. 表桥

调音台的表桥包括以下部分：

母线输出通道 1~24，位于左边的输入面板上方（见图 7-56）；主输出通道（LRC）、SOLO 通道（LR）、矩阵输出通道（M1~M8），位于右边的输入面板上方（见图 7-57）。

图 7-56　母线输出通道

图 7-57　主输出通道

（五）菜单

1. 触摸控制屏

 注意：
　　"Button" 指调音台面板上的硬件按键，"Pad" 指触摸屏区域内的软按键。

与触摸屏相关的控制键如图 7-58 所示。

图 7-59 是调音台开机后显示的默认界面。

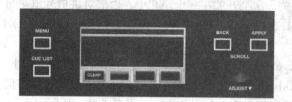

图 7-58　与触摸屏相关的控制键

图 7-59　调音台开机后显示的默认界面

（1）MENU 按键。触摸屏左侧的 MENU 按键，可以在任何时候返回到此界面。

（2）BACK 按键。当 Back 按键能够使用时，它会自动变亮。使用这个按键，可返回上级菜单，或取消某些设置。

（3）APPLY 按键。当 Apply 按键能够使用时，它会自动变亮。这个按键用于在当前页面确认某个设置的改变。

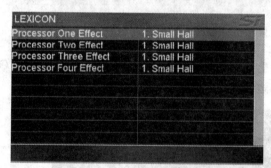

图 7-60　按下 LEXICON 按键打开的界面

（4）SCROLL（Encoder）滚轮。ADJUST 旋钮可使光标在菜单列表上下滚动，它还具有按下功能，用于选中某个菜单项目，或确认设置的改变。

（5）LEXICON 按键（快捷键）。

按下 LEXICONS 按键（位于输出面板的 UPPER ROW 区域），可以打开图 7-60 所示的界面。通过这个界面，可以设置内置的 4 个效果器类型。

使用 ADJUST 旋钮，将光标选择到需要设置的效果器上。然后按下旋钮，将会出现一个效果器类型的下拉菜单，转动滚轮并选择需要的效果器类型。

 注意：

　　按下上排任意一个 EXPAND 按键，光标将会自动选择至这个效果器上。

（6）CUE LIST 按键。触摸屏左边的 CUE LIST 按键，将打开 cue list 菜单（见图 7-61）。需要注意的是，必须有一个 Cue 被建立，CUE LIST 按键才能起作用。建立 Cue 的方法可以直接按下 CUE CONTROL 面板上的 STORE 按键即可。

使用 ADJUST 旋钮可以在 CUE LIST 中上下滚动。

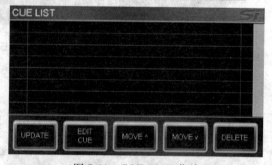

图 7-61　COE LIST 菜单

（7）UPDATE 按键。按下这个按键，选定的 CUE 将替换为调音台当前状态。这个按键按下后，将出现一个确认对话框，选择 YES 或 NO 决定是否更改设置。

（8）EDIT 按键。这个按键可用于编辑 CUE 的名字，通过屏幕上的 QWERTY 键盘完成；还可以用于编辑下面的参数：MIDI 程序改变状态、MIDI 传输通道号码和 MIDI 程序号码。

（9）MOVE ∧ 按键。将列表中当前选定 CUE 的位置向上移动一个位置。

（10）MOVE ∨。将列表中当前选定 CUE 的位置向下移动一个位置。

（11）DELETE 按键。删除当前选定的 CUE。按下这个按键后，将出现一个确认对话框，可以选择 YES 或 NO 决定是否保存设置。

2. CUE CONTROL 按键

CUE CONTROL 包括 4 个按键，如图 7-62 所示。

（1）STORE 按键。按下这个按键将在 CUE LIST 列表的最后位置建立一个新的 CUE。

（2）RECALL 按键。按下这个按键将调用 CUE LIST 列表中当前选定的 CUE，将调音台的设置改变为存储好的状态。可通过 ADJUST 旋钮选择至需要调用的 CUE。

（3）NEXT 按键。按下这个按键将调用 CUE LIST 列表中下一个 CUE。

（4）PREVIEW 预览模式。这个功能现在还不能实现。

3. ISOLATING 从预设中隔离单独的通道或母线

使用 ISOLATE 隔离功能，可将单独的通道或母线从预设调用中隔离出来。

图 7-62 CUE CONTROL 按键

（1）输入通道，ISOLATE 按键位于通道的功能按键区域。按下某个通道的 SEL 按键，再按下 ISO 按键启用此功能。输入面板无论在 Channel Mode 或 Global Mode，这个按键都起作用。

（2）输出母线，ISOLATE 按键位于 BOTH ROWS 区域的 OUTPUT PROCESSING 按键里面。ISOLATE 按键在第一排旋钮下方左数第四个按键上。按下 SEL 按键选择某个输出通道，然后再按下 ISOLATE 按键启用此功能。

4. SHOW 文件

（1）EXPORT & IMPORT 输出 & 输入。调音台操作界面上只能存储一个 SHOW 文件，就是当前正在使用中的文件。如果将调音台关机后再打开，将会自动装载关机前使用的这个文件。

如果要存储多个文件，可以使用 USB 存储设备。

EXPORT 输出和 IMPORT 输入按键只有当 U 盘插入时才能使用，U 盘插口位于触摸屏左边。

EXPORT 按键可将当前的 SHOW 复制到 U 盘中。按下这个按键，屏幕上将会出现一个键盘，用户可以给这个 SHOW 重命名。同一个 SHOW 可以使用不同的名字存储许多次。

IMPORT 按键将显示 U 盘上存储的所有文件，使用 ADJUST 旋钮选择需要使用的文件，按下这个旋钮将文件装载到调音台上。

（2）NEW SHOW 新的文件。按下 NEW SHOW 按键将删除调音台上当前正在使用的文件，并装载一个新的空白文件（没有 snapshots）。如果旧的文件没有输出到 U 盘，那这个文件将会丢失，窗口如图 7-63 所示。

（3）EDIT SHOW 编辑文件。按下 EDIT SHOW 按键将打开图 7-64 的页面，用户可以编辑文件的名字，还可以编辑当调用 CUE 时哪些参数可以被调用。

图 7-63　NEW SHOW 窗口

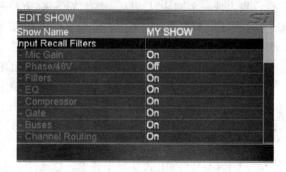

图 7-64　按 EDIT SHOW

5. SYSTEM 系统

这个菜单可以将通道和母线重置为出厂默认状态，窗口如图 7-65 所示。

6. INSERT 插入

这个菜单可以用来配置 8 个插入点和 4 个 Lexicon 效果器的位置。

可以使用 ADJUST 旋钮在列表中上下选择，再按下此旋钮确认。如果要将插入点设置到输入通道或母线中，直接按下所需要通道的 SEL 按键，再旋转旋钮将插入点设置到相应的通道中（见图 7-66）。

图 7-65　SYSTEM 系统窗口

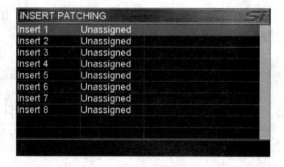

图 7-66　INSERT 窗口

（1）INSERTS 插入点。插入点的物理接口位置位于调音台后面板上，这些接口可以配置到任意输入通道（EQ 前）、母线输出通道（EQ 前、EQ 后或推子后）、矩阵输出通道或 LCR 主输出通道中。

（2）LEXICONS 效果器。默认设置下，Lexicon 效果器被插入到母线 21～24 中，母线默认名称为 LEX1～LEX4。另外，D 层最后 4 个输入通道被强制连接到这四个效果器的立体声输出上，作为立体声效果器返回通道使用。这些效果器返回通道可以配置到任何母线输出或主输出中。

注意，不要再将这些通道送回到自己的效果器输出母线中，否则会引起反馈。

7. CHANNEL 通道

按下通道上方的 SEL 按键选择需要设置的通道，编辑通道的名字和类型（单声道或链接）。当设置为链接后，这个通道会自动与相邻的通道链接起来，而且左边的通道为奇数通道，右边为偶数通道。对于链接的通道，FaderGlow™ 功能会自动点亮，变为白色，如图 7-67 所示。

TB/OSC 对讲/信号发生器。一共有三个控制页面，可以通过 INTERNAL、OSC 和 EXTER-

NAL 按键选择。

（1）INTERNAL TALKBACK 内部对讲（见图 7-68）。

1）Route To Headphones 送至耳机。将内部对讲话筒信号送至耳机。

2）TB headphone level 耳机对讲电平。设置送出至耳机的电平，参见上条。

3）Route to external 送至外部接口。将内部对讲话筒信号送至后面板的 Talkback Out 对讲输出接口。

4）Talk to bus 与选定母线对讲。如果打开这个功能，再打开内部对讲话筒的 ON 按键，则它的信号将送到任何按下 SOLO 按键的辅助或编组通道。

5）Talk to all buses 与所有母线对讲。如果打开这个功能，再打开内部对讲话筒的 ON 按键，则它的信号将送到所有辅助或编组通道。

图 7-67　CHANNEL 通道窗口

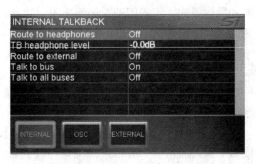

图 7-68　内部对讲窗口

图 7-69　OSC 信号发生器窗口

图 7-70　EXTERNAL TALKBACK 外部对讲

（2）OSCILLATOR 信号发生器（见图 7-69）。

1）Route to bus 送至母线。如果打开这个功能，再打开对讲的 ON 按键，则信号发生器的信号将送到任何按下 SOLO 按键的辅助或编组通道。

2）Route to all buses 送至所有母线。如果打开这个功能，再打开对讲的 ON 按键，则信号发生器的信号将送到所有辅助或编组通道。

3）Level 电平。设置信号发生器的电平。

4）Frequency 频率。设置信号发生器的频率（只对正弦波）。

5）Type 类型。正弦波或粉红噪声。注意：OSC 信号会一直送至后面板的 OSC OUT 接口上。

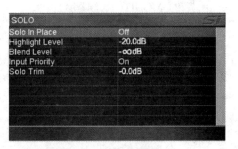

图 7-71　SOLO 监听窗口

（3）EXTERNAL TALKBACK 外部对讲（见图 7-70）。

1）Route to monitors 送至监听。将外部对讲信号从后面板的 External Talkback Line Input 接口送至监听。

2）Route to headphones 送至耳机。将外部对讲信号从后面板的 External Talkback Line Input 接口送至耳机。

3）Level 电平。调整外部对讲输入电平。

8. SOLO 监听

此页面（见图 7-71）具有以下功能。

（1）Solo in Place Solo 替换。当选择到 SIP 模式时，按下任意一个通道的 SOLO 按键将哑音其他所有通道送入主输出母线的信号。在 SIP 模式下，被按下的 SOLO 按键为红色。这是一个很危险的操作模式，不能用于现场演出中。注意：当处于 SIP 模式时，屏幕的右上角将会出现一个红色的 SIP 标识，指示当前的状态。

（2）Highlight Level 突出监听。如果几个通道（或输出通道）处于 SOLO 状态，长按其中任意一个通道的 SOLO 按键，其他通道的 SOLO 信号会自动衰减，衰减的量在此处调节。

（3）Blend Level 混合电平。当按下一个 SOLO 按键时，SOLO 信号被送入监听系统，同时，监听系统中的其他信号会自动衰减，衰减量的大小就通过这个参数进行调节。默认设置为负无穷。

（4）Input Priority 输入优先。在工厂默认设置下，输入优先模式是打开状态。因此，如果一个或多个输入通道的 SOLO 被激活，则任何输出通道的 SOLO 不起作用。注意，此时输出面板上的 SOLO 按键是黄色的，它指示当前这个按键没有真正打开，但是如果输入通道的 SOLO 被取消，则输出通道的 SOLO 就可以起作用，并显示蓝色。

如果关闭输入优先模式，则 SOLO 输出通道会自动取消输入通道的 SOLO，反之亦然。

SOLO TRIM SOLO 增益：

用于调整 SOLO 母线的整体电平。默认设置是 0dB。

9. MONITOR 监听

此页面（见图 7-72）具有以下功能：

（1）L/R Monitor Speakers 左、右监听扬声器打开或关闭左、右监听扬声器。

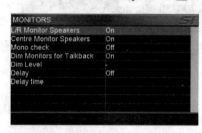

图 7-72 MONITOR 监听窗口

（2）C Monitor Speaker 中央监听扬声器打开或关闭中央监听扬声器。

（3）Monitor Source Playback 监听信号回放。此功能还未实现。

（4）Mono Check 单声道检查。将监听系统左声道和右声道的信号同时送入左、右监听输出上。

（5）Dim Monitors 减弱监听信号。当内部对讲 ON 按键和输出母线的 SOLO 按键打开时，正在监听的信号会自动减弱，减弱的量由下面参数进行调节。这样有助于防止调音师正在监听的信号送入内部对讲话筒中。

（6）Dim Level 减弱电平。设置减弱电平大小，参见上条。

（7）Delay 延时。用于打开监听扬声器的延时。

（8）Delay Time 延时时间。设置监听扬声器的延时时间，从 0～1s，延时的单位（frames（帧）/ms（毫秒）/s（秒）是自动选择的。

10. BUS 母线

按下通道上方的 SEL 按键选择需要配置的通道，如图 7-73 所示。

（1）Bus Name 母线名称。工厂默认的母线名字可以被编辑为用户需要的名称。

（2）Bus Type 母线类型。可以设置为辅助 Aux 或编组 Group。辅助母线的 FaderGlow™颜色为黄色，编组母线为绿色。

（3）Bus Width 母线宽度。可以设置为单声道 Mono 或立体声 Stereo 母线。如果选择立体声母线，则奇数通道母线和偶数通道母线被链接在一起。

图 7-73　母线窗口

＊注意：偶数通道的母线没有此项功能。

（4）Bus Send 母线送出。输入通道的母线送出位置可以选择 EQ 前或 EQ 后。

（六）技术参数表（见表 7-5）

表 7-5　　　　　　　　　　技术参数表

频率响应		输入 & 输出阻抗	
话筒输入至线路输出	+0/−1dB, 20Hz −20kHz	话筒输入	6.8kΩ
立体声输入至母线输出	+0.5/−0.5dB, 20Hz −20kHz	其他所有模拟输入	>10kΩ
T. H. D. 总谐波失真 & 噪声		线路输出	<75Ω
10Hz～22kHz 话筒输入（最小增益）至母线输出	0.006% @ 1kHz	Oscillator 振荡器	
		20Hz～20kHz Sine/Pink Noise，电平可调	
话筒输入（最大增益）至母线输出	0.008% @ 1kHz	滤波器	
立体声输入至母线输出	0.005% @ 1kHz	通道高通滤波器 HP 22Hz～1kHz，18dB 每倍频程	
话筒输入等效输入噪声 E. I. N.		通道低通滤波器 LP 500Hz～20kHz，18dB 每倍频程	
22Hz～22kHz，无计权 <−126dBu（150Ω 输入源）		EQ 均衡（输入和母线输出）	
本底噪声		HF 22Hz～20kHz，±15dB，Q= 0.3～6.0 或 Shelving	
母线输出；无输入通道送入，输出母线推子位于 0dB<−88dBu		Hi-Mid 22Hz～20kHz，±15dB，Q=0.3～6.0	
CMRR 共模抑制比		Lo-Mid 22Hz～20kHz，±15dB，Q=0.3～6.0	
80dB @ 1kHz 话筒输入		LF 22Hz～20kHz，±15dB，Q= 0.3～6.0 或 Shelving	
采样率		电平表	
48kHz		输出通道	14 段 LED 电平表
转换率		输入通道	12 段 OLED 输入表及 9 段动态表
24 bit			
延时			
话筒输入至母线输出	<1ms @48kHz	电源电压工作范围	
DSP 处理		90～264V，47～63Hz，自适应	
40～bit 浮点处理		电源功率消耗	
内部时钟		400W	
Accuracy 精度	<±50ppm		
Jitter 抖动	<±5ns	温度/湿度范围	
输入 & 输出电平		工作温度 0 ～ 45℃（32～113℉）	
话筒输入	+26dBu max	相对湿度 0～90%，无凝固 T_a=40℃（104℉）	
立体声输入/返回	+28dBu max		
母线输出	+22dBu max	保存温度 −20～60℃（−4～ 140℉）	
标称操作电平	0dBu（−22dBFS）		

🔊 第二节 调音台电平调节举例及与外部设备的连接

一、输入灵敏度调整

在调音台的输入通道上的衰减 20dB 开关和连续变化的增益控制钮，可用来在－60dB 和 0dB 之间的任何电平上对每一通道的输入灵敏度进行调整。衰减器开关在 0dB（未按下状态）情况下，增益控制钮可在－60dB 和－20dB 之间调整灵敏度。当衰减器开关在－20dB（按下状态）情况下，增益控制钮实际是－40dB 和 0dB 之间的灵敏度。这里应注意增益控制钮逆时针旋到头时（指示－20dB 位置）是增益最小，而顺时针旋到头时（指示－60dB 位置）是增益最大。0dB 电平相当于电压为 775mV，－20dB 电平时相当于电压为 77.5mV，－40dB 电平时相当于电压为 7.75mV，－60dB 电平时相当于电压为 0.775mV。通常，大约－50dB 的输入灵敏度的调整值用于动圈式传声器，－40dB 用于电容传声器，－20dB 用于低电平线路输入信号，0dB 用于高电平线路输入信号。

二、电平调整建议程序

（1）将所有的输入信号源连到各自的通道，不接任何功率放大器和扬声器，插入监听耳机，用耳机监听。

（2）调整调音台各开关和控制器，使各通道的输入信号都能馈送到立体声混合母线上。将所有通道的音量推子推到 0 位置，将立体声左声道音量推子推到刻度大约"6"的位置。

（3）从最低的输入灵敏度（衰减器开关按下，衰减 20dB）开始，如果必要，可将通道音量推子向下拉到刻度为"6"的位置。使用增益控制钮（GAIN），逐渐提高灵敏度（旋钮顺时针转动），直到清楚听到输入信号声为止。如果旋钮转到头还听不清楚声音，则说明灵敏度还太低，这时先将增益控制逆时针退到头，然后弹出衰减器开关（没有衰减），再顺时针拧增益控制钮，直到清楚听到输入信号声为止。这时立体声音量表指针随节目信号摆动，其最大值应在 0VU 位置附近。如果指针超出 0VU 位置，或听到耳机中失真，则表示输入灵敏度调得太高了，这时应调节增益控制钮（GAIN），降低输入灵敏度（向逆时针稍微拧一下），直到电平正确为止。

在调整增益控制钮时，输入峰值发光二极管（Pk 指示灯）可作为一个直观的辅助装置。如果峰值发光二极管连续亮，则表明增益控制钮调整得太高了，应向逆时针将增益降低一些。通常，在放送响亮的音乐节目时，峰值发光二极管偶尔亮一下是允许的。

（4）对于每一路输入通道，都要重复上述程序，直到所有通道都调整好为止，从而得到适当的输入灵敏度，然后关掉调音台电源，再把输出通道接好，再次开通电源后可以调其他控制钮了。

（5）通道频率补偿控制钮的调节。

1）低频补偿控制钮可以在低频范围调整通道的频率响应，当置于中间位置（0 位置）时，没有频率补偿（即处于"平直响应"位置），低频提升（顺时针方向旋转）可使口声、吉他声等更加丰满，使管乐器的声音更加圆润，低频衰减（逆时针方向旋转）则可消除箱体谐振和避免来自打鼓时所发出的过分能量，并可降低电源交流声和舞台噪声。低频段（LOW）主要影响乐器的低音区，提升时音色浑厚。衰减时音响较轻松，可有效去除背景噪声和嗡嗡声。

2）在由中频频率旋钮（350Hz～5kHz）所确定的频率，中频补偿控制钮可以对以该频率为峰点（中心频率）的中频进行提升或衰减。提升大约在 2.5～3kHz 的中频能显著增加整个声音的"近场感"。歌手好像正向前走来，衰减中频具有相反的效果，口声似乎在降低，而总的声音则变得"更加淡薄"。为了使口声特别清楚地突现出来，衰减伴奏乐器的中频，并略微提升口声的中频，通常是有效的。对于中频，若中心频率调在 3kHz，则主要影响乐器和人声的高音区。

提升时音色明亮、质感较硬。提升过多听觉容易疲劳，衰减时音乐或声音的平衡感会倾向低音。若中心频率调在 1kHz 则主要影响乐器和人声的中音区。提升时音色轮廓明确，声音会向前突出，衰减时声音会后缩。若中心频率调在 500Hz，则主要影响乐器和人声的中低音区。提升时音色厚实有力，提升过多会出现电话音色，衰减时音质较硬，平衡倾向高音，衰减过多音感变薄。

3）高频补偿控制钮可通过调节高频来调整通道的频率响应。高频提升（顺时针方向旋转）可使弦乐中发出的声音更加"有棱有角"，更具"穿透力"，并可使打击乐器更具有"冲击力"。高频衰减（逆时针方向旋转）可以消除来自管乐器的一些呼吸声，降低用手指弹拨吉他弦的碰击声，减小咝咝声，并能避免口声中的嘘音。在避免声反馈方面，高频衰减是有帮助的。高频段（HIGH）主要影响乐器高音区的高次谐波，提升多时，金属声增多，音色比较尖，提升过多会使噪声明显增加。衰减时可去除噪声，衰减过多则高音区的透明感就会失落。

4）频率补偿要适当。例如对于鼓这种乐器，只要将传声器的位置移动 2cm 多一点，便能够显著地改变它的音色，而不必调整频率补偿，并且，所使用的传声器性能也能够大大影响音色。

三、调音台与外部设备的连接

（1）调音台各通道输入高、低阻抗输入口都是平衡输入口，所以与通道输入相连的设备，最好是平衡输出，尤其是传声器，最好是平衡输出的。

（2）插入输入/输出，都是不平衡输入、输出，所以与插入相接的都应是不平衡输入、输出，插入接线的连接方法如图 7-74 所示。

（3）副输入包括编组输入、折回输入、回声输入、辅助输入都是不平衡输入，而编组输出、折回输出都是平衡输出，所以两台调音台连用组成主副调音台时就有一个平衡—不平衡相连接的问题，做连接线时要特别注意信号热端、冷端、屏蔽的位置。

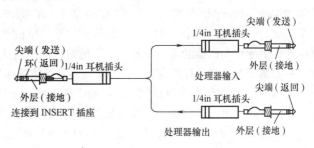

图 7-74　插入接线的连接图

（4）所有输出口与后级设备连接时，因为此时信号电平已较高，所以不是一定要平衡连接，可以换成不平衡连接。当然如有平衡输入口的，最好还是平衡连接为好。

（5）平衡与不平衡的配接。

1）通过平衡、不平衡转换的连接，图 7-75 中提供了五种转换电路。

2）不经转换直接连接，接线方法是平衡端的热端接不平衡端的信号端，平衡端的冷端接不

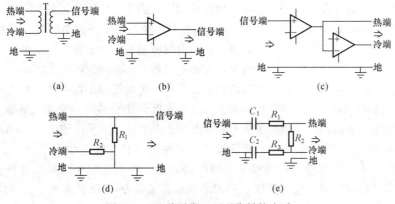

图 7-75　几种平衡，不平衡转换方式

平衡端的地端，平衡端的地端接屏蔽层。

⬛ 第三节 频率均衡器

一、频率均衡器的用途

音响系统中的均衡器，通常是指频率均衡器，又称房间均衡器（Room Equalizer），因为用它可以补偿房间内传输频率特性的频率响应；还称图示均衡器（Graphic Equalizer），因为其对音源的频率补偿特性可以从各控制钮的排列位置直观地看出。

（1）房间均衡。由于建筑设计和装修上的缺陷以及扬声器系统的原因，影院、剧场、厅堂及各种场馆可能出现声场的频率响应不均匀性。借助频率均衡器，可以对某些频段进行适当的提升，对另一些频段进行适当的衰减，以使声场在整个频带内频响尽可能平直，达到相关标准或规范的要求。均衡器的频率分段常见的有 5、9、15、31 段以及双 5 段、双 9、双 15、双 31 段的均衡器，31 段均衡器的频率从 20Hz～20kHz，按 1/3 倍频程规律的优选频率分布。

图示均衡器中的倍频程均衡器的 −3dB 带宽是 0.707、Q 值是 1.414；2/3 倍频程均衡器的 −3dB 带宽是 0.466、Q 值是 2.145；1/2 倍频程均衡器的 −3dB 带宽是 0.345、Q 值是 2.87；1/3 倍频程均衡器的 −3dB 带宽是 0.232、Q 值是 4.32。四种均衡器比较，1/3 倍频程均衡器的带宽最窄、Q 值最高；1/2 倍频程均衡器的带宽次窄、Q 值次高；2/3 倍频程均衡器是带宽次宽、Q 值次低；倍频程均衡器的带宽最宽、Q 值最低。常用的 31 段均衡器属于 1/3 倍频程均衡器，15 段均衡器属于 2/3 倍频程均衡器，9 段均衡器属于倍频程均衡器。这几种均衡器的幅频特性曲线与图 7-53 中的频率均衡曲线相似，曲线的尖锐程度取决于相应的均衡器 Q 值，也就是取决于带宽。Q 值越高则曲线越尖锐，Q 值越低则曲线越平坦。通常倍频程图示均衡器中的频段分布为 63、125、250、500、1k、2k、4k、8k、16kHz 9 个频段。通常 2/3 倍频程图示均衡器中的频段分布为 25、40、63、100、160、250、400、630、1k、1.6k、2.5k、4k、6.3k、10k、16k 等 15 个频段。1/3 倍频程图示均衡器中的频段分布见后面主要技术指标部分。

（2）反馈控制。在扩声系统工作中，由于室内声反射的存在，传声器、扬声器的布置等原因引起声回授，不很严重时好像没有产生啸叫，但是此时由于声回授的存在，实际上已经由于声回授引起干涉现象的产生，可能已经引起频率响应曲线出现"梳状滤波器"现象，引起音色的变化，产生所谓的"声染色"。绝对避免声染色是不现实的，但是"梳妆滤波器"现象产生的声染色不严重，以致一般情况下，听众听不出来声染色，那么就是允许的。回授严重时会产生啸叫，从而使传声增益变小，声压级明显不够。啸叫产生于其相位满足正反馈条件的若干个频率点。若用频率均衡器对这些频率段进行适当衰减，使这些相位上满足正反馈的频率点，其振幅增益低于产生振荡的要求值，也就是闭环增益小于 1，从而破坏了振荡两个条件中的振幅平衡条件，而达到消除振荡的目的，也即抑制了啸叫。当然，在演出现场能迅速确定啸叫的频率点，从而用均衡器迅速予以适当衰减，达到抑制啸叫的效果，需要音响师有足够的现场操作经验。一般可以在演出前按照实际演出状态时传声器、扬声器的选型和位置，用均衡器先找出在这个既定条件下最可能产生啸叫的几个频率点，然后进行抑制，方法是在实际使用条件下整套系统正常工作状态时，将 1/3 倍频程均衡器各均衡频段的推子从平直状态逐个向上推，如果推到头（＋12dB）没有产生啸叫，则说明此频段不容易产生啸叫，将此推子恢复原位（平直位置），依次下去；如果当某一个频段的推子推上去一定高度后产生啸叫，则应将此推子拉到比原先增益位置低若干 dB 的位置，具体大概是比啸叫临界增益再降低 6～7dB，也就是留有 6～7dB 的余量，这样找出的是最容易产生啸叫的频段（频点），是在既定的场合和既定的系统条件下可能产生的啸叫点。如果声场条件变化了或系统变化了，最容易产生啸叫的频率点也将变化，需要重新寻找最容易产生啸叫的频率点。

（3）增强监听效果。通过适当调节频率均衡，可以改善舞台上大型演出时的舞台噪声情况，从而提高清晰度。例如有意适当衰减 3kHz 以上和 500Hz 以下频段，从而大体上保留歌声的频谱，则能更好地监听歌声。

（4）改善节目效果。通过适当调节频率均衡，可以改善节目的效果，这一点在制作节目时尤为重要。在扩声中通过调节频率均衡可以使声音更悦耳，减少不舒服感，提高语言清晰度，减小齿声等。当然，这要求音响师了解各种乐器、口声以及电声器件（尤其是传声器）的性能，及各频段在主观听感中的贡献，否则将越调越糟，还不如不进行修饰。

二、均衡器的简单构成及工作原理

图 7-76 是单通道频率均衡器的原理框图。从图 7-76 中可看出，输入（INPUT）口有两个，一个是卡侬插座，一个是 φ6.35mm 的耳机插座，这两个输入口都是平衡输入口（BALANCED），均衡开关（EQ）用来切换直通或均衡状态，（在面板上）打在 OUT 时是直通，即不加均衡，打在 IN 时是加均衡。输出电平指示灯（SIGNAL）亮时表示有输出信号。输出口（OUTPUT）也有两个插座，卡侬插座是平衡输出（BALANCED），φ6.35mm 耳机插座是平衡输出（BALANCED）。频率均衡原理如图 7-77 所示，其中 BPF 是带通滤波器，频率均衡器有多少个频段，就有多少个带通滤波器，R_v 是中点接地的电位器，现在我们来简单分析一下原理。当电位器的动点在中心位置时，带通滤波器的输出被接地，所以带通滤波器的输出对放大器 A1、A2 都没有影响。当电位器的滑动点移到 A 点时，带通滤波器的输出通过 R_0 加到 A2 的反相输入端 $\Sigma2$，从而使与此带通滤波器通带相应的频段内的信号输出加大，也即信号提升最大。当电位器动点移到 B 点时，带通滤波器的输出通过 R_0 加到 A1 的反相输入端 $\Sigma1$，由于加强了负反馈，所以使与此带通滤波器通带相应的频段内的信号输出减小，也即衰减最大。而电位器滑动点在 C 和 A 之间时信号得到不同量的提升。在 C 和 B 之间时信号得到不同量的衰减，因此，只要推动相应频段的电位器控制钮，就可以对此频段提升或衰减。

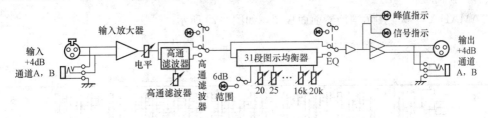

图 7-76　单通道频率均衡器的原理框图

一般来说 9 段频率均衡器的频率点以倍频程间隔分布，使用在一般场合下，15 段频率均衡器是 1/2 倍频程均衡器，使用在专业扩声上，现在大部分专业扩声场合使用的 31 段频率均衡器是 1/3 倍频程均衡器，1/3 倍频程均衡器的频率均衡曲线如图 7-78 所示，这里画出了 31 个频段的每个增益调节推子处于最大提升（图中上部的曲线）和最大衰减（图中下部的曲线）位置时的幅频响应曲线。

除了常用的房间均衡器以外，还有参量均衡器，参量均衡器是指频率、增益、品质因数

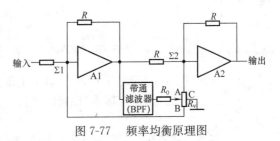

图 7-77　频率均衡原理图

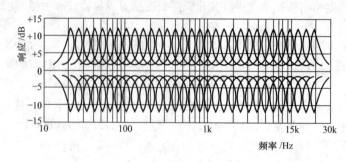

图 7-78　频率均衡曲线图

Q 都能按照需要调整的均衡器。对于一般的房间均衡器不论是 1/3 倍频程均衡器、1/2 倍频程均衡器或倍频程均衡器，每一种频率均衡器（带通滤波器）其品质因数 Q 都是按照其带宽要求固定设置的（例如倍频程滤波器的相对带宽是 0.707，Q 值是 1.414；1/2 倍频程滤波器的相对带宽是 0.349，Q 值是 2.87；1/3 倍频程滤波器的相对带宽是 0.232，Q 值是 4.32），而参量均衡器的品质因数 Q 是可以根据需要改变的，也就是可以按照需要改变带通滤波器的 −3dB 带宽，这样用起来更合适一些，但是由于这样的带通滤波器更复杂一些，所以一般每通道的参量均衡器个数做得不是很多。

三、均衡器主要技术指标

（1）频率响应为 ±0.5dB，20Hz～20kHz，低于 +4dB，600Ω。

（2）总谐波失真小于 0.05%，在 +4dB，20Hz～20kHz，全部均衡控制钮都在平直位置。

（3）哼声和噪声为 −96dB（12.7kHz，每倍频程衰减 6dB 低通滤波器计权，平均值）。

（4）最大电压增益为 0dB。

（5）控制为图示均衡 31 段（三分之一倍频程）。

（6）中心频率为 20、25、31.5、40、50、63、80、100、125、160、200、250、315、400、500、630、800Hz 以及 1、1.25、1.6、2、2.5、3.15、4、5、6.3、8、10、12.5、16、20kHz。

（7）可变范围为 ±12dB/±6dB。

四、均衡器举例

【例 7-4】 YAMAHA Q2031 型图示均衡器

（一）前面板

YAMAHA Q2031 图示均衡器前面板图，如图 7-79 所示。

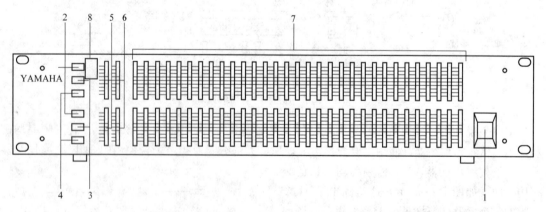

图 7-79　YAMAHA Q2301 图示均衡器前面板图

1——电源开关：按下是通（ON），开关上部的红色发光二极管亮。

2——范围开关：允许选择提升/衰减范围，弹起时为 ±12dB，按下时为 ±6dB，同时指示灯量。

3——高通滤波器开关：当按下时高通滤波器接通，接通时指示灯量，提供对低频每倍频程

12dB 的衰减。

　　4——均衡开关：按下是均衡状态（IN），开关上部的红色发光二极管亮，弹起是直通（OUT）。

　　5——输入电平控制：向上推增益增大，向下拉增益减小。

　　6——高通滤波器截止频率调节 HPF：允许从 20Hz～200Hz 调节。

　　7——均衡控制：这里有 31 个频段的控制推子，向上推提升，向下拉衰减，中间是平直位置，最大提升 12dB，最大衰减 12dB。如果输出电平达到削波电平，削波（CLIP）指示灯将亮，此时可以减小提供给均衡器的信号源电平，或调均衡器输入电平控制钮，使输出减小，达到不削波的目的。

　　8——信号和峰值指示灯：当输出信号电平低于正常电平以内 13dB 时信号指示灯亮，输出信号电平达到削波以下 3dB 时峰值指示灯亮，当峰值指示灯连续闪亮时，通过调节输入电平控制钮，可以使峰值灯不亮。

（二）后面板

YAMAHA Q2031 图示均衡器后面板图如图 7-80 所示。

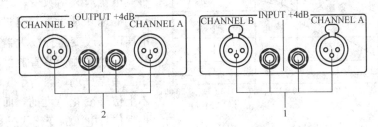

图 7-80　YAMAHA Q2031 图示均衡器后面板

1——输入连接：平衡卡侬母插座（3针）和平衡耳机插座（φ6.35。）
2——输出连接：平衡卡侬公插座（3针）和平衡平衡耳机插座（φ6.35。）。

（三）中英文对照

均衡器前后面板中英文对照见附录。

五、均衡器的使用与维护

　　根据使用均衡器的目的区分使用方法。作为补偿房间声场缺陷用的均衡器，调节各段均衡控制钮，要根据仪器对房间声场测试来逐步进行，直到对声场相对满意，或达到相应标准。作为其他用途的均衡器，则要根据当时的具体情况灵活操作，但所有的这些操作均要求音响师具有必要的经验和足够的知识。

　　对于电平控制，一般来说不要使信号出现削波，但又不要因怕削波而把输出信号调得太小，因为这样将使信噪比降低。

　　除按一般音响设备的正常维护外，对在正常使用范围内的均衡器不必特别维护，但一定要注意，均衡控制器实际上是 31 个直滑电位器，电位器滑动触点和电阻膜片间的摩擦是有一定寿命次数的。摩擦次数越多，则电接触的良好性越差，所以不是操作需要，不应无故推动均衡控制推子。

第四节　压　限　器

一、压限器的简单原理

　　不同节目信号的动态范围差别很大，交响乐的动态范围可以高达 100dB，CD 机（指一般的16bit 量化）可达 90dB 以上，普通磁带录放机在 70dB 左右，而语言的动态范围更小。每台音频设备也有自己的动态范围，制约其动态范围的高端是受最大输出电压的限制，动态范围的低端受设备本身的噪声电平限制，如节目动态范围的高端电平超出设备最大输出电平，这将产生削波，从而增加高次谐波，使听感不好，同时可能损坏功率放大器和扬声器系统，尤其容易使高音扬声器损坏。而低端电平过低将使信号和噪声电平可以相比，从而能听到噪声。压限器的主要功能是当电平高端超过某一规定值（称为阈值）后，使输出信号的增长受到约束，减缓其增长，把本来会产生削波的一些峰值信号，降到低于削波电平以下，从而避免了削波产生。

压限器实际上是压缩器和限幅器的组合。压缩器的主要功能是把节目信号过大的动态范围压缩到音频设备允许的动态范围以内，从而避免产生削波失真。限幅器的主要任务是防止因动态范围过大，产生严重削波而损坏功率放大器和扬声器系统。实际上这两者原理是相同的，只不过使用目的有差别而已，所以一般在一台设备中同时满足两种使用。

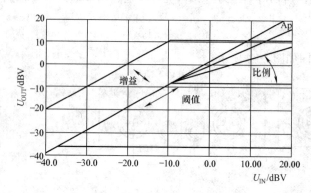

图 7-81　压缩器的输入、输出特性

压缩器的工作原理如图 7-81 所示，从图 7-81 可见，输入信号经压控放大器（VCA）后送往输出端。压控放大器是一种其电压放大倍数受一个直流控制电压控制的电压放大器，通过调节直流控制电压可以改变压控放大器的电压放大倍数。当然这种调节直流控制电压不是用手工来完成的，因为手工调节是绝对跟不上信号变化速度的，而是由设备本身根据信号电压的变化状况自动来完成的。图 7-82 下半部分检波器和压缩调节两块电路就是用来完成控制放大器放大倍数的，只要我们设定了压缩阈值、压缩时间、释放时间、压缩比例，电路即能按要求自动控制放大器的放大倍数，从而达到压缩动态范围的目的。图 7-82 是压缩器的输入—输出特性，当信号幅度达到设置的阈值后，按照设定的压缩比使输出信号的幅度增长速度减小，所谓压缩比 2∶1，就是在阈值以上，输入信号增长 2dB，输出信号增长 1dB，从而使最大峰值小于削波电平，达到避免削波的目的。信号的被压缩和被削波是完全不同的（见图 7-83），信号被削波时尖峰顶端被削平了，所以会产生很多高次谐波，而信号被压缩后只是在阈值电平以上的放大倍数变小了，所以顶部是平滑的圆弧状的。

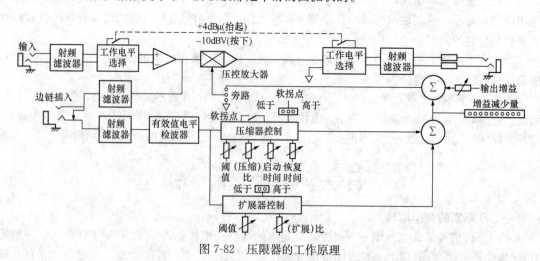

图 7-82　压限器的工作原理

二、压缩器的几个主要参数

（1）阈值电平（THRESHOLD）。阈值电平是指压缩器起控制作用的信号电平，这个电平的确定是非常重要的，选得太低则信号的大部分时间都处于压缩状态，会使信号严重失真；选得太高，则达不到防止削波的目的。

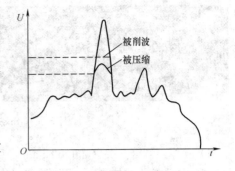

图 7-83 信号的被压缩和被削波的区别

（2）压缩比（RATIO）。压缩比是指在阈值电平以上压缩器开始压缩工作后，其输入信号变化的分贝数与输出信号变化的分贝数之比，如 2∶1、3∶1、…n∶1。压缩比越大，则在阈值以上的输入信号变化时输出信号变化越小。压缩比一般应从小压缩比开始选，因为压缩比越大，引起的失真越大，一般可选 2∶1 或 3∶1，只有在信号峰值因数很大时才选较大压缩比。

（3）压缩启动时间（ATTACK）。压缩器启动时间是指当信号达到阈值电平，压缩器进入工作状态的 63% 所需时间。此时间一般在 100μs～10ms，时间过短则会导致节目被过分压缩，影响动态效果；过长则会产生可感觉到的起始促感，产生不自然的"音头加重"现象。压缩器不同启动时间对波形的影响如图 7-84 所示。

（4）压缩恢复时间（RELEASE）。压缩恢复时间是指当信号退出阈值电平，压缩器开始退出压缩工作，其退到正常工作状态的 37% 所需时间。恢复时间一般为 0.1s 至几秒。时间过短会产生可感觉到的电平变化，造成"喘息效应"；时间过长，则将破坏音源的实际动态变化状况。压缩器不同恢复时间对波形的影响如图 7-85 所示。

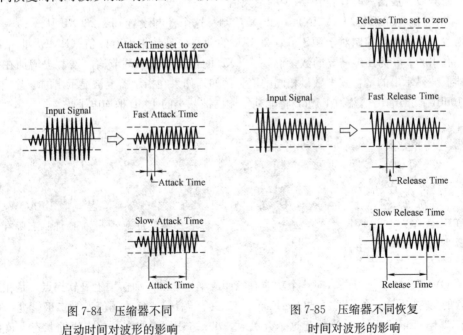

图 7-84 压缩器不同
启动时间对波形的影响

图 7-85 压缩器不同恢复
时间对波形的影响

三、压限器举例及其应用

【例 7-5】 dbx266XL 型压限器。

（1）图 7-86 是 dbx266XL 型压限器的前面板图。

图 7-86　dbx266XL 型压限器的前面板图

1) 立体声耦合开关（stereo couple）和发光二极管。这个开关将 dbx266XL 设置立体声或双单声道操作。按下立体声耦合开关作为立体声操作，通道 1 成为两条通道主控制器。通道 2 的控制开关和所有的发光二极管将被停用（除了通道 2 的增益减小指示），因为通道 2 是"从"控制。

立体声耦合开关抬起时，作为两个分开的单声道压缩器/门工作单元功能，每个通道有它自己独立的控制。红色的立体声耦合发光二极管亮指示 dbx266XL 处于立体声耦合状态。

2) 直通（旁路）（bypass）开关和发光二极管。按下前面板这个开关进入直通状态，有效取消 266XL 的压缩功能和噪声门效果以及增益设置处理，输入信号仍然在 dbx 266XL 的输出存在，但是现在不由 dbx 266XL 的控制来改变。直通（旁路）在比较信号通过压缩处理和不通过压缩处理的效果差别时特别有用。注意立体声操作（立体声耦合开关被按下时），通道 1 直通（旁路）开关控制两个通道。当直通（旁路）被激活时，红色直通（旁路）发光二极管亮。

3) 增益减小（GAIN REDUCTION）（dB）指示。这个发光二极管条指示输入信号被 dbx 266XL 的压缩器或扩展器/噪声门衰减的数值。当压缩器和扩展器/噪声门都被激活时，指示器显示被压缩器或扩展器/噪声门当中减少的最大值。

4) 输出增益（OUTPUT GAIN）（dB）控制。这个控制设置 dbx 266XL 从 $-20 \sim +20$dB 的整个增益。输出增益控制对于源于 dbx 266XL 的动态处理效果的有效值（RMS）电平减小补偿是特别有用的。在为压缩需要的数量调整 266XL 的控制以后，调节输出增益去增加在增益衰减指示器上被显示出的增益减少数量相同的值。例如，如果在指示器上被显示出的增益减小的平均数是 10dB，调节输出增益为 $+10$dB 将能补偿输出被减小的 10dB 平均电平。

注意：

266XL 的压缩器和扩展器/噪声门控制背景是交互的并且能影响增益，所以要注意播放电平。

将压缩比置于 1∶1 将关掉压缩器，不考虑压缩器的设置阈值控制和 BELOW/OVEREASY/ABOVE 发光二极管的状态。使压缩器阈值控制到 $+20$dB 将阻止所有最高电平尖峰，被压缩。

5)"OVEREASY"开关（对这个功能有翻译成半生熟的，而实质上是软拐点，是相对于硬拐点而言的）。按下这开关去选择"OverEasy"特征的压缩。黄色的阈值发光二极管亮，那时信号工作在"OverEasy"区域。当抬起这个开关时，dbx266XL 工作在硬拐点压缩状态，黄色发光二极管不点亮。工作在软拐点时，不是像硬拐点那样当信号低于阈值时没有压缩，超过阈值时按照压缩比进行压缩，软拐点工作时信号在阈值以下就开始慢慢进入压缩，随着信号继续增大，压缩也增大，压缩的阈值作为 OverEasy 阈值区域被定义在中间，就是半途进入压缩，其输出、输入特性曲线如图 7-87 所示。

6) 压缩器阈值控制（THRESHOLD）和发光二极管（BELOW/OVEREASY/ABOVE）。

调整这个控制将压缩的阈值设置在从−40dB～+20dB。在硬拐点模式，压缩的阈值定义为输入电平变化时，输出电平不长期在1∶1基础上改变。

在 OverEasy 模式压缩的阈值作为 OverEasy 阈值区域被定义在中间，就是半途进入压缩。它是根据节目内容来自动设定的，大大方便了经验不足的操作人员。

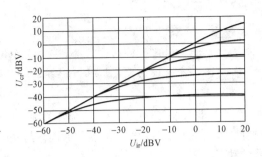

图 7-87　工作在软拐点时的输出、输入特性

3 个阈值发光二极管显示输入信号电平和压缩阈值的关系。当信号在阈值以下时，绿色发光二极管亮；当信号在阈值以上时，红色发光二极管亮；当 OVEREASY 开关被按下时且输入信号在 OVEREASY 范围，黄色发光二极管亮。

dbx 266XL 的 OverEasy 压缩使得压缩后的声音极其光滑、自然，因为在阈值附近的压缩是渐渐变化的，没有人工处理痕迹。由于 OverEasy 压缩，输入信号接近阈值参考电平时开始逐渐激活 dbx 266XL 内部的增益变化电路。它们不马上完全处理压缩比、启动时间和释放时间控制，直到它们有点超过阈值参考电平。当信号电平超过阈值电平，处理增加直到控制设置决定了的程度才充分处理。

在硬拐点模式，dbx 266XL 能像硬限幅应用一样提供突然的压缩效果。注意当输入信号超过阈值，在硬拐点模式黄色发光二极管将不点亮。信号或被压缩（在阈值以上），或没被压缩（在阈值以下）。

 注意：

尽管没有输入信号正在被使用，电源接通或关断时发光二极管闪烁是正常的。

7) 压缩比（RATIO）控制。调整这个控制被用于设置输入信号的压缩数量。顺时针方向旋转控制从 1∶1（没有压缩）增加压缩比直到∞∶1（压缩器在那儿能被看作是峰值限幅，特别是快的启动时间的情况）。当输入电平在设置的参考电平阈值以上时，设定的压缩比决定输入信号电平必须增加的分贝值，去产生在 dbx 266XL 输出的信号电平增加 1dB 的数值。例如，设置成显示输入/输出比率 2∶1，输入信号（在阈值以上）增加 2dB 将产生输出信号增加 1dB；设置∞∶1，将被要求输入电平的无限增加才使输出电平提升 1dB。

8) 压缩器启动时间（ATTACK）和释放时间（RELEASE）控制。启动时间就是 dbx 266XL 一旦检测到一个在阈值以上的信号，开始压缩信号所花费的时间。尽管使用了有效值检测电路，设定很快的启动时间，将引起 dbx 266XL 像峰值限幅一样动作。更慢的启动时间设置引起 dbx 266XL 像有效值或平均值检波压缩器/限幅器一样动作。

释放时间指的是压缩电路从输入电平退到阈值以下时，压缩比恢复到 1∶1 所需时间有多快。释放速率从快（压缩很紧跟随节目素材的包络）变慢（为很光滑的压缩）。

没有设置启动时间和释放时间控制的绝对正确方法。然而，总的来说，当背景声音被可听到的主导信号能量调制时，将要设定足够慢的释放时间以避免类似泵声或呼吸声。为避免突然短暂的或大的音符以后需要的信号被衰减，释放时间必须是足够快。对低频率音调（例如低音吉他），设置释放时间和启动时间可到 2s 或更慢。

注意:

> 启动时间和释放时间控制应该与压缩比结合一起操作。改变一个设定也许需要另外一个也改变设定,例如设定压缩比小,则启动时间就应该适当快一些。

9)自动(AUTO)开关。这个开关跳过你设定的启动时间和释放时间控制,转而启用预先设置的节目依赖的启动时间和释放时间。这些时间从输入信号被导出并且连续地变化匹配输入信号的动态。

 注意:

> 当扩展器/噪声门阈值被设置成"OFF"时,扩展器/噪声门就关了。

10)扩展器/噪声门阈值(EXPANDER/GATE THRESHOLD)控制和发光二极管(BELOW/ABOVE)。调整这个控制设置门将要打开,并且允许输入信号通过到输出的电平。逆时针方向调节旋钮到头(到 OFF),门允许所有的信号无衰减地通过,有效地将门旁路。顺时针方向调节旋钮到头引起门衰减输入信号在 +15dBu 以内。衰减的深度取决于扩展器/噪声门比率控制。两个扩展器/噪声门发光二极管显示输入信号电平和设定阈值的关系。当信号在阈值以下时,红色发光二极管亮;当信号在阈值以上时,绿色发光二极管亮。

11)扩展器/噪声门比率(EXPANDER/GATE RATIO)控制。扩展比调节范围为 1:1~4:1。一旦输入信号在阈值以下,衰减值由控制设置,从轻轻向下扩展(适于混合的节目、声乐等),到硬的门控效果(它对打击乐器是有用的)。相当低的扩展比(和比较高的扩展/门阈值)设置作为向下扩展工作最好,而更高的扩展比设置(顺时针方向到最大)作为门控工作最好。如果一个设置产生不受欢迎的泵声现象,重新调整扩展器/噪声门比率或阈值设置。

扩展器/噪声门的启动时间和释放率由节目决定,对于瞬时的素材(例如,打击乐器)要求很快,对于更慢的素材(例如,声乐)用慢的启动时间。持续的低频信号用快的门控将导致"嗝啾声"。调整扩展比控制可以消除任何"嗝啾声"。合适的阈值设置也将使错误触发和"嗝啾声"减到最小。

(2)图 7-88 是 dbx266XL 型压限器的后面板图。

图 7-88 dbx266XL 型压限器的后面板图

1)输入(INPUTS)插口(通道 1 和 2)。

使用(1/4)in 电话插头或公 XLR 插头,可以平衡或不平衡输入,输入阻抗大于 40kΩ。

2)输出(OUTPUTS)插口(通道 1 和 2)。插口接受(1/4)in 的平衡或不平衡电话插头或母 XLR 插头。最大的输出信号电平大于 +20dBu。在 +4dBu 设置,平衡的输出阻抗是 100Ω,不平衡的输出阻抗是 50Ω;在 -10dBV 设置,平衡的输出阻抗是 1kΩ,不平衡的输出阻抗是 500Ω。

3)工作电平开关。这个开关在 -10dBV 和 +4dBu 之间选择正常工作电平。当开关被按下时，工作电平被选择－10dBV；当开关被弹出时，工作电平被选择＋4dBu。

4）SIDECHAIN（边链）插入插口。这插口接受（1/4）in TRS 电话插头并且提供一个连接到 dbx 266XL 检测器通路。插头的"环"将边链控制信号送出，阻抗为2kΩ。插头的"尖"充当设备返回，馈入 dbx 266XL 的检测电路，例如作为嘶声消除器的均衡器或频率敏感的门控/压缩。大多数设备的输出通过使用一个单声道（1/4）in 电话插头也能驱动 dbx 266XL 边链输入。输入阻抗大于 10kΩ。

 注意：

> 当一个插头被插进这插口时，它自动地切断从输入插口连接到 dbx 266XL 的检测电路。

5）交流电源线插头插入 dbx 266XL。注意 266XL 没有电源开关，插上电源线后电源总是打开着。电源消耗很低。如果长时间不准备用 dbx 266XL，请拔去电源插头。

6）dbx 266XL 能与任何线路电平设备连接使用。

（3）技术指标。

1）频率响应。

平直：20Hz～20kHz，＋0，－0.5dB。

宽带：0.35Hz～90kHz，＋0，－3dB。

2）输入（平衡或不平衡）。阻抗大于40kΩ，最大电平为＋22dBu。

3）输出（阻抗平衡）阻抗为＋4dBu，平衡：100Ω；不平衡：50Ω。

－10dBV，平衡：1kΩ；不平衡：500Ω。

最大电平大于＋21dBu，大于＋18dBm（输入到 600Ω）。

4）边链插入。

输入阻抗大于 10kΩ，输出阻抗为 2kΩ。最大输入电平为＋22dBu，最大输出电平大于＋20dBu。

5）失真＋噪声小于0.2%，（在 1kHz）。

6）互调失真小于0.2%（SMPTE 电影与电视工程师协会标准）。

7）噪声小于－93dB，不计权（22kHz 宽带测量）。

8）动态范围大于114dB，不计权。

9）通道串音大于－95dB，20Hz～20kHz。

10）共模抑制比大于40dB，典型大于55dB，在 1kHz 时。

11）立体声耦合。

12）阈值。压缩－40～＋20dBu；扩展/门－60～＋10dBu；

13）比例。压缩 1:1～∞:1；扩展/门：1:1～4:1。

14）启动时间。压缩：跟随节目动态；扩展/门：<100μs。

15）释放时间。压缩：跟随节目动态；扩展/门：跟随节目。

16）电源为 AC 230V、50/60Hz。

17）功耗为 15W。

18）尺寸。（$H \times D \times W$）45mm×146mm×485mm。

19）净重为（4.84 lbs），毛重为 2.99kg（6.6 lbs）。

【例 7-6】YAMAHA GC2020C 型压限器。

（1）YHMAHA GC2020C 型压限器前、后面板如图 7-89、图 7-90 所示。

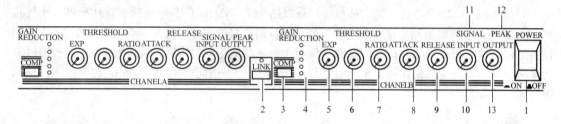

图 7-89　YAMAHA GC2020C 型压限器前面扳图

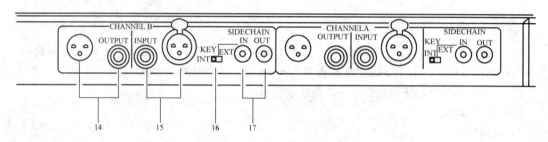

图 7-90　YAMAHA GC2020C 型压限器后面版图

1——电源开关（POWER）。

2——立体声连锁开关（LINK）。按下开关，左右声道的压缩、限幅关系相连，只要其中一路开始动作，另一路也跟着相应动作，以保证立体声信号左、右两路的比例不变。在阈值电平以下压限器不工作时，二者没有联动关系。

 注意：

　　LINK 开关被按下时，两个通道的电平控制和压缩比是相同的。

3——压缩开关（COMP）按下此开关：发光二极管亮，处于压缩器状态，弹出处于旁路状态。

4——增益降低指示（GAIN REDUCTION）：当信号被压缩时，指示显示被压缩掉的电平。

5——扩展门（噪声门）调节钮（EXP GAIN）：可以使输入电平被控制在−80dB～10dB，一般应使输入电平接近信号电平最低处或稍高于设备的噪声电平。

6——起控门限调节钮（THRESHOLD）：用以设置阈值电平。

7——压缩比例调节钮（COMP RATIO）：用以设置压缩比。

8——起控时间调节钮（ATTACK）：用以调节启动时间，可调范围为 0.2～20ms。

9——恢复时间调节钮（RELEASE）：用以调节恢复时间，可调范围为 0.05～2s。

10——输入电平控制钮（INPUT）。

11——信号指示（SIGNAL INDICATOR）。

12——峰值指示（PEAK INDICATOR）。

13——输出电平控制钮（OUTPUT CONTROL）。

14——音频信号输出插口（OUTPUT JACKS）：卡侬插座和 φ6.35mm TRS 插座，都是平衡输出，输出阻抗 600Ω。

15——音频信号输入插口（INPUT JACKS）：卡侬插座和 $\phi6.35mm$ TRS插座，都是平衡输入，正常阻抗 600Ω。

16——边链进入/退出开关（SIDE CHAIN INT/EXT SWITCH）。

17——边链信号输入/输出插口（SIDE CHAIN IN/OUT JACK）。

注：$0dBu = 0.775V_{RMS}$。

（2）技术指标。

1）频率响应为 $20Hz \sim 20kHz$、$+1dB$，$-3dB$，在 $+4dB$。

2）总谐波失真。优于 0.05%（失真＋噪声），$20Hz \sim 20kHz$，在 $+4dB$。

3）哼声＋噪声（平均，源阻抗 600Ω，$20Hz \sim 20kHz$ 带通测量为 $-85dB$）。

4）压缩比为 $1 : 1 \sim \infty : 1$（最大限度 $32dB$）。

5）压缩/限幅阈值电平为 $+20dB \sim -35dB$。

输入控制在 0：$+20 \sim +5dB$。

输入控制在 5：$+20 \sim -20dB$。

输入控制在 10：$+5 \sim -35dB$。

6）扩展噪声门阈值 $+0dB \sim -80dB$。

输入控制在 0：$+0 \sim -40dB$。

输入控制在 5：$-25 \sim -65dB$。

输入控制在 10：$-40 \sim -80dB$。

7）启动时间为 $0.2 \sim 20ms$。

8）释放时间为 $0.05 \sim 2s$。

9）峰值指示。削波以下 $3dB$ 红色指示灯亮。

10）信号指示。输出信号在正常电平以下 $17dB$ 绿色指示灯亮。

11）输入（平衡或不平衡）。阻抗为 $15k\Omega$；最大电平为 $+20dBu$。

12）输出（平衡）。阻抗为 150Ω，最大电平小于 $+20dBu$。

13）电源为 AC 230V、50Hz。

（3）功耗为 20 W。

（4）尺寸为（$H \times D \times W$）$49.4 \times 246 \times 480mm$。

（5）质量为 3.2kg。

四、压限器的正确使用

（1）压限器在系统中的位置。压限器通常接在调音台的后面，并且大多系统中都接在房间均衡器前面。

（2）压限器的调节。压限器的主要调节参数有压缩器的阈值电平、压缩比、启动时间、恢复时间和限幅器的阈值电平。

1）阈值电平的调节。压缩器的阈值电平不宜选得过高，选得过高起不到压缩作用，大信号来时还会出现削波现象。阈值电平也不宜选得太低，选得太低则在节目信号的整个过程中大部分时间处于压缩状态，使信号严重失真，同时还降低信噪比。

2）压缩比的调节。压缩比宜从小压缩比开始调，如节目的动态范围不是很大，则压缩比取 $2 : 1$ 即可；如动态范围很大，则可增加压缩比。调压缩比要和阈值电平相配合，当阈值取得较高，则压缩比应取大一些，因为压缩的起点电平已经高了，压缩比仍然取得较小，则压缩后的峰值电平仍然会很高，引起削波；如阈值取得不很高，则压缩起点电平低，压缩比虽然取得不大，但压缩后的峰值电平不会太高。如操作人员经验丰富对节目信号了解较多，则可灵活掌握压缩比，例如对动态范围不大的节目，诸如古典音乐、交谊舞曲等，压缩比可取 2∶1；如对动态范围大的节目，诸如流行音乐、迪斯科之类，则压缩比可取大一些，如取 4∶1 或 5∶1。总之具体取值，一是要根据具体节目、具体条件来确定；二是取值不是一个很临界的数，而是允许有一定范围的。

3）压缩启动时间。压缩启动时间的物理概念是压缩器开始动作后的压缩速度，即单位时间压缩多少 dB。

4）恢复时间。恢复时间的物理意义和启动时间的相似，只不过压控放大器的放大量向增大的方向变化与启动时间一样，过快不好，过慢也不好，要与节目相适应。速度较慢的节目和宽广、辉煌的乐段适合较长的恢复时间，可以保证节目音尾的完整性和丰满度；节奏快的节目，如轻音乐、摇滚乐和迪斯科等节目适合较短的恢复时间。但是如果恢复时间选得过短，短于声音的自然衰减时间，就会出现声音的断续现象，会产生可感觉到的电平变动。恢复时间长，声音不会出现突然跳跃的感觉，恢复时间过长会使后面没有超过阈值的信号也被压缩，会破坏节目的实际动态变化状况。现在不少压限器除了人工设定启动时间和恢复时间外，还能自动设定这两种时间，它是根据节目内容来设定的，大大方便了经验不足的操作人员。

5）限幅器的阈值、压缩比。限幅器是用来保证不削波的，所以阈值应取得比压缩器高若干 dB，但压缩比应大，以保证把信号的峰值限制在规定数值以内，不出现削波。

6）扩展/噪声门的调节。阈值应取得比噪声电平高 10dB 左右，当阈值取得太小且信号很弱或无声时，使背景噪声变得很显著；但随着信号再次增强，噪声又被掩蔽掉，形成一种令人讨厌的所谓"噪声喘息。"当阈值取得太大时，可能将节目信号中一些低电平信号也被挡在门外而使信号受到损失。

▣ 第五节 延 时 器

一、数字延时器的简单工作原理

延时器是一种可将音源信号延迟一段时间后再重放的效果处理设备。目前的延时器基本上都是数字化延时器，其特点是延迟时间长、延迟时间精度高、失真小、操作方便。

数字延时器的原理是把需要延迟的模拟信号通过模—数变换器变成数字信号，然后把这数字信号储存在存储器中，经过预定的延迟时间后，再把存放在存储器中的数字信号取出来，通过数—模变换器恢复成模拟信号后重放出来。

二、延时器的几种用途简介

（1）补偿扩声系统中分散布置的声源之间因声音到达观众的距离不同（即声程差）而造成的先后时间差。

（2）利用延时来产生一些特定的效果，当延迟时间在 3～35ms 时，人耳感觉不到滞后音的存在，但是滞后音与原音叠加后，会因相位上不同相而产生声干涉，引起"梳状滤波"效应，听感上叫做"镶边（Flange）"效果；如延迟时间在 35～50ms，人耳开始感觉到滞后音的存在，但延迟后音与原音叠加近似于同时发声，所以可以用来产生合唱（Chorus）效果。如延迟时间在 50ms 以上时，迟后音便清晰可辨，可产生回声效果（ECHO），在回声效果的基础上引入反馈，则可产生简单的混响效果。利用延迟时间来模拟声程差，则可将单声道声音变成模拟立体声。

以上所介绍的利用延时器来达到的镶边、合唱、回声等效果功能在现在的混响处理器中基本都已具备，而且使用起来更方便，所以不少场合被混响处理器所替代。

三、延时器实例

【例 7-7】DOD SR400D 数字房间延迟处理器。

前面板图见图 7-91 所示，后面板图见图 7-92 所示。

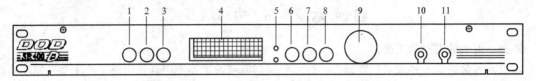

图 7-91　DOD SR400D 数字房间延迟处理器前面板图

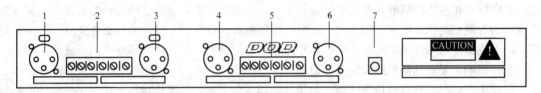

图 7-92　DOD SR400D 数字房间延迟处理器后面板图

（一）延迟器前面板各功能件

1——直通、旁路（BYPASS）：选择 BYPASS 模式时，信号将不经延迟地直通过去。

2——模式（MODE）：用以选择输入、输出模式，即选择一进二出，还是二进二出。

3——功能（UTILITY）：用以选择编辑功能，即选择温度、湿度、延迟、屏幕对比度和键盘锁定等功能。

4——显示屏（DISPLAY）：显示与程序信息相关的内容。

5——削波（CLIP）：削波指示灯（红）。如削波指示灯亮，则应调节输入电平钮，以降低信号电平。
信号（SIGNAL）：信号指示灯（绿）。

6——存储（STORE）：按此钮将参数保存，再按其他任何钮退出存储操作。

7——延迟 1（DELAY 1）：按此钮选择延迟 1 进行编辑。

8——延迟 2（DELAY 2）：按此钮选择延迟 2 进行编辑。

9——数据转盘（DATA WHEEL）：用以调整数据和功能。

10——输入通道 1 钮（INPUT KNOB CHANNEL 1）：用以控制通道 1 的信号电平。

11——输入通道 2 钮（INPUT KNOB CHANNEL 2）：用以控制通道 2 的信号电平。

（二）后面板各功能件

1——通道 1 输入（CHANNEL 1 XLR INPUT）：卡侬，通道 1 的信号输入口。

2——输入接线端子板（RARRIER STRIP INPUT CONNECTION）：通道 1 和通道 2 的输入也可从此接入。

3——通道 2 输入（CHANNEL 2 XLR INPUT）：卡侬插座，通道 2 的信号输入口。

4——通道 1 输出（CHANNEL 1 XLR OUTPUT）：卡侬插座，通道 1 信号输出口。

5——输出接线端子板（RARRIER STRIP OUTPUT CONNECTION）：通道 1 和通道 2 的输出也可从此接出。

6——通道 2 输出（CHANNEL 2 XLR OUTPUT）：卡侬插座，通道 2 信号输出口。

7——交流电源（AC INPUT）。

（三）指标

（1）延迟时间为 0～2000.0ms。

（2）延迟距离为 0~697.651m。

（3）延迟距离为 0~697.651m（2288.88ft）。

第六节 混响效果器

一、混响效果器的用途

混响效果器是一种效果处理设备。顾名思义，混响效果器使声音在听感上产生某些原声音所没有的效果。具体地说，用混响声可以模仿多种声学环境，简称混响器。

在没有声反射的环境，例如消声室、旷野里听音乐，会觉得乏味，听上去觉得很"干"。在消声室唱歌和在浴室中唱歌，自我感觉完会不同，会觉得在浴室里自己的嗓音好得多，这就是没有混响和有混响的明显区别。唱卡拉OK时，给歌声加一点混响，就会觉得嗓音"变厚"了，好听了。混响器可以用来模仿大厅、中厅、小厅、教堂、山谷等多种声学环境中的听感。

二、混响效果器的简单结构和工作原理

早期生产的混响器有钢板混响器、弹簧混响器、金箔混响器等机械加电子电路构成的混响效果器。随着电子技术的发展，又有了斗链式（BBD）混响器。目前主要是数字电路加模拟电路构成的数字混响器。混响是由多方向、多次的反射声构成的，斗链式混响器就是利用回声（ECHO）原理构成的一种简单混响器。其声学原理如图7-93所示。取一定比例的直达声，经延迟一定时间后，跟在直达声后送出，这就是第一次回声（ECHO）。再从第一次回声中按同一比例取值，经同样时间的延迟后跟在第一次回声后送出，这就是第二次回声。依次可得到第3次、第4次、…、第 n 次回声，这些回声就模仿了混响效果。这里第一次回声和直达声之间的延迟时间，或者说任两次相邻回声

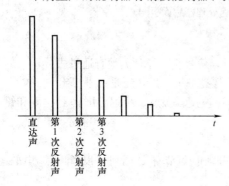

图7-93 混响效果器声学原理

之间的时间差，模仿了经反射面反射后到达听音者的时间比直达声延迟的时间。显然，延迟时间越长，说明反射声行程越长，也说明声学环境的几何尺寸越大。而每次反射声比前一次反射声衰减的值，模仿了反射面的反射系数（或吸声系数）。显然衰减量越小，则表示反射面的反射系数越大，或者说反射面的吸声系数越小。

简单的数字式混响效果器也是这种原理，只不过它利用了数字技术，音频信号输入后，先经过低通滤波器（LPF），使信号中的最高频率低于采样率的1/2，以满足奈奎斯特采样定律。然后经模—数变换器（ADC），将音频模拟信号变成数字信号。此数字信号被存入存储器（RAM），经过预定的延迟时间后，再从存储器中取出来，这就构成了延时（Delay）。取出来的数字信号经数—模变换器（DAC）恢复成音频模拟信号，再经低通滤波器滤除变换过程中产生的高频成分，经缓冲放大器送出的回声与直达声信号合并送出。同时把延时后的信号取一定量反馈到输入端产生下一次回声，从而模拟出混响声。数字混响器原理框图如图7-94所示。

这种简单方式只产生一种选定的延迟时间，但是实际的声学环境有很多从不同途径产生的回声，回声的声程是不相同的，延迟时间也有长有短。为了更逼真地模拟混响声场，则应该可以设多种延迟时间，多种衰减系数。这就是较复杂的数字信号处理技术。目前利用数字信号处理（DSP）技术可以产生更完美的混响效果。

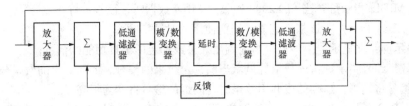

图 7-94 数字混响器原理框图

图 7-95 YAMAHA SPX2000 专业多效果处理器外形图

三、混响效果器产品举例

【例 7-8】YAMAHA SPX2000 专业多效果处理器。

1. 特点（外形图见图 7-95）

（1）96 kHz 24bit 数字处理确保了高水平的完美音质。

（2）预置有 122 种不同效果，可满足各种场合及用途的需要，可对这些预置效果进行编辑以创建自己的独特音响效果。

（3）可使用 SPX2000 Editor 或 MIDI 信息远程控制效果，不仅可切换效果，还可以修改效果以进行微调或通过 MIDI 键盘来改变效果。

（4）可使用 SPX2000 Editor 来管理或备份原始效果及数据。例如，可为每次现场演出创建独立的数据库或录音项目，并存储效果，然后就只需调换各场合的数据（用户库），即可有效使用效果。

2. 前面板功能件说明（见图 7-96）

1—— ［INPUT L R］控制器：这一对旋钮可调节模拟输入信号的电平。内侧的旋钮控制左声道，外侧的旋钮控制右声道。

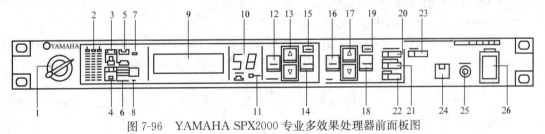

图 7-96 YAMAHA SPX2000 专业多效果处理器前面板图

2——电平表：显示效果处理前或效果处理后的信号电平。

3—— ［INPUT MODE］按钮／指示灯：该按钮可选择单声道输入或立体声输入。该指示灯将点亮以显示当前选定的输入模式。

4—— ［METER］按钮／指示灯：该按钮可选择在电平表 2 中显示效果处理前或效果处理后的信号。该指示灯将点亮以显示当前选定的信号。

5—— ［INPUT SOURCE］指示灯：该指示灯显示当前选定的输入源。使用"INPUT SOURCE"选择输入源。

6—— ［CLOCK］指示灯：该指示灯显示当前选定的时钟字源。使用"CLOCK SOURCE"选择时钟字源。

7——[MIDI] 指示灯：当 SPX2000 接收到 MIDI 数据时，该指示灯将点亮。

8——[kHz] 指示灯：该指示灯显示当前使用的时钟字频率。

9——显示屏：在显示屏上将显示当前调用效果或选定的工具功能的信息。

10——效果编号指示灯：该指示灯显示当前选定效果的编号。如果选定的效果与调用的效果不同，则该编号将闪烁。当存储或调用效果时，闪烁的编号将变为恒亮。

11——[BANK] 按钮/指示灯：该按钮可选择效果库。选定的效果库对应的指示灯将点亮。

12——[STORE] 按钮：该按钮可存储选定的效果。

13——[▲] / [▼] 按钮：这些按钮可选择效果。

14——[RECALL] 按钮：该按钮可调用选定的效果。

15——[UNDO] 按钮/指示灯：当想要撤销之前的存储/调用/取消操作时，可使用该按钮。如果 [UNDO] 按钮可用，则指示灯将点亮。

16——[BACK] 按钮：该按钮可选择前一个参数。

17——G [▲INC] / [▼DEC] 按钮：使用这些按钮可编辑参数值。

18——[NEXT] 按钮：该按钮可选择下一个参数。

19——[COMPARE] 按钮/指示灯：使用该按钮可将编辑前（调用后不久）与编辑后的效果进行比较。如果在调用某个效果后对参数进行编辑，该指示灯将点亮。当存储或调用效果时，该指示灯将熄灭。

20——[PARAMETER] 按钮/指示灯：该按钮可选择效果的基本参数。如果选择了基本参数，则该指示灯将点亮。

21——[FINE PARAM] 按钮/指示灯：该按钮可选择效果的微调参数。微调参数是基本参数的补充。如果选择了微调参数，则该指示灯将点亮。

22——[UTILITY] 按钮/指示灯：该按钮可选择 SPX 2000 的实用功能。如果选择工具，则该指示灯将点亮。

23——[BYPASS] 按钮/指示灯：该按钮可切换效果的通/断。当 [BYPASS] 按钮为通（指示灯熄灭）时，输入信号将被加上效果并从输出插口输出；当 [BYPASS] 按钮为断（指示灯点亮）时，从输出插口传送出的输入信号将不做任何修改。

注：当您调用效果时，[BYPASS] 按钮将被关闭。

24——[TAP] 按钮/指示灯：使用该按钮可设定效果的节拍数值。当按下该按钮两次或以上，机器将根据按击按钮的平均间隔对节拍数值进行计算。如果效果同步参数为开，则指示灯将按照节拍数值的间隔进行闪烁。

25——[FOOT SW] 插口：可将选配的脚踏开关（如 FC5）连接至该插口，用脚踏开关输入节拍等同于使用 [TAP] 按钮的功能（N）。

26——[POWER ON/OFF] 按钮：该按钮可关断 SPX2000 的电源。

注：当 [UTILITY] 指示灯（22）点亮时，· [BANK] 按钮（11）、· [STORE] 按钮（12）、[▲] / [▼] 按钮（13）、· [RECALL] 按钮（14）、· [UNDO] 按钮（15）、· [COMPARE] 按钮（16）将失效。

3. 后面板功能件说明（见图 7-97）

27——接地螺钉：为了安全起见，请使用此螺钉对 SPX2000 进行接地。附带的电源线带有 3 眼插头，如果使用的电气插座接地正确，则 SPX2000 将被正确接地；如果电气插座未接地，请使用此螺钉对 SPX2000 进行接地。对 SPX2000 进行正确接地可有效降低"嗡嗡"声及干扰。

28——[AC IN] 插口：将电源线连接至此插口。先将电源线连接至 SPX2000，然后将另一

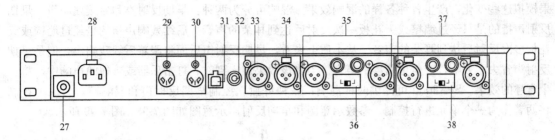

图 7-97　YAMAHA　SPX2000 专业多效果处理器后面板图

端连接至电气插座。

29——［MIDI OUT/THRU］接口：可将 MIDI 设备与该接口相连，然后使用 MIDI 信息将 SPX2000 数据发送至 MIDI 设备。可通过 MIDI 对 SPX2000 数据进行批量转储，或将［MIDI IN］接口（30）接收到的 MIDI 数据原封不动地再次从该接口传送出去。使用"MIDI OUT SETUP"指定该接口用作"MIDI OUT"还是"MIDI THRU"。

30——［MIDI IN］接口：可将 MIDI 设备连接至该接口，然后使用该设备传送的信息远程控制 SPX2000。

31——［TO HOST USB］接口：可使用 USB 电缆从此处连接计算机。可使用 SPX2000 编辑器或 MIDI 应用程序通过计算机远程控制 SPX2000。

32——［WORD CLOCK IN］插口：将该插口连接至可提供时钟字信号的设备。该插口的终端带有 75Ω 的电阻。将该插口与提供时钟字信号的设备进行一对一的连接。

33——［AES/EBU OUT］插口：将 AES/EBU 格式的设备连接至该插口。这个 XLR-3-32 插口可输出 AES/EBU 格式的数字信号。

34——［AES/EBU IN］插口：将 AES/EBU 格式的设备连接至该插口。这个 XLR-3-31 插口可输入 AES/EBU 格式的数字信号。

35——［OUTPUT］插口：将这些插口连接至调音台的效果返回端或是功率放大器的输入端。这些插口可输出模拟信号。使用适合所连接设备的 XLR-3-32 插口或 TRS 耳机插口。

36——［OUTPUT－10dBu/＋4dBu］开关：根据与［OUTPUT］插口（35）相连设备的输入电平，将该开关设定为－10dBu 或＋4dBu。

37——［INPUT］插口：将这些插口连接至调音台的效果发送端或电子乐器的输出端。这些插口可输入模拟信号。使用适合所连接设备的 XLR-3-31 插口或 TRS 耳机插口。若要启用这些插口，您必须将输入源设定为"ANALOG"。

38——［INPUT－10dBu/＋4dBu］开关：根据与［OUTPUT］插口（35）相连设备的输出电平，将该开关设定为－10dBu 或＋4dBu。

4. 各种效果简介

本效果器中包含三个效果库，其中 PRESET 库为预置库，也就是出厂时已经由厂家预先设置好的各种效果的库，其中包含 97 种效果，这些效果都是只读的，用户可以从中调出需要的效果。USER 库为用户库，这个库中的内容是由用户自己制作的效果，也就是用户从 PRESET 库和 CLASSIC 库中调出一种效果，自己对此效果进行编辑，修改了部分参数后，用户认为需要保存作为以后使用的，用户可以将自己制作的这些效果存放到这个库中。CLASSIC 库为经典库，其中包含 25 种 YAMAHA 以前效果器中简单、便于使用的效果。

（1）混响。由于众多因素（如房间大小和墙壁材料）的影响，混响将有所不同。可使用该效果模拟这些变化，产生各种各样的混响效果。混响可分为两种：早期反射声和后续残响声。早期反射声指的是只经过墙壁或天花板一次反射后达到耳朵的声音。后续残响声指的是经过墙壁或天花板多次反射后达到耳朵的声音。从本质上来看，早期反射声后面将跟着后续残响声，但是早期反射声省去了残响，产生更紧凑的声音。当将该效果加入到鼓、打击乐器或吉他的声响中，将产生有趣的效果。SPX2000 可提供两种混响；一种可独立控制早期反射声和混响声，另一种控制将两者作为一个单元进行控制。参数示意图和早期反射声示意图如图 7-98、图 7-99 所示。

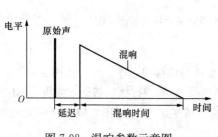

图 7-98　混响参数示意图

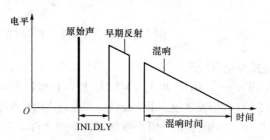

图 7-99　早期反射声和后续残响参数示意图

（2）门限混响。这些效果通过门限传送信号，从而使得仅当门限打开时才加入混响。使用这些效果的一种方法是仅加入超出指定电平的混响，关闭门限以除去慢慢减弱的混响。参数示意图如图 7-100、图 7-101 所示。

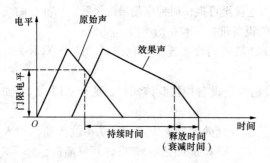

图 7-100　门限混响参数示意图

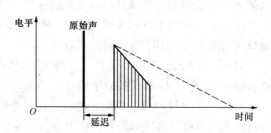

图 7-101　早期反射、门混响参数示意图

（3）延时、回声。这些效果可加入一种或多种延时声。卡拉 OK 回声就是典型例子，用于增加声音的深度。延时可在声音衰减时进行重复。某些效果可使延时与节拍同步。立体声延时原理图如图 7-102 所示，立体声延时参数示意图如图 7-103 所示，调制延时原理图如图 7-104 所示。回声原理图如图 7-105 所示。

（4）调制。这些效果可以各种方式对输入信号进行调制。用一个信号改变另一个信号被称为

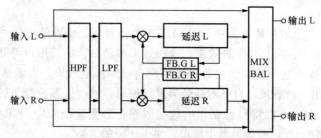

图 7-102　立体声延时原理图

"调制"。被改变的信号被称为"受调信号"，进行调制的信号被称为"调制信号"。调制型效果可改变音量、音调或效果声的延时时间以产生"嗖嗖响"或"转调"声（镶边器、移相器）、音量的变化（颤音）或位置的变化（自动声像）。

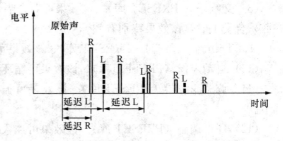

图 7-103　立体声延时参数示意图

（5）镶边器（PRESET 库）。这些效果可加入喷气式飞机起飞和着陆时的"嗖嗖"的声响。对于延时型效果，与原始声相关的

延时时间不会变化；但是对于镶边器，将对延时时间进行循环调节。正是这种延时时间的变化，产生了镶边器的"嗖嗖"效果，参数示意图如图 7-106 所示。

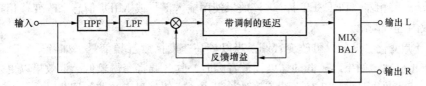

图 7-104　调制延时原理图

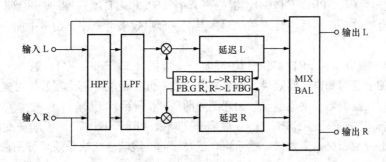

图 7-105　回声原理图

（6）移相器（PRESET 库）。通过循环变化移相的频率，该效果创造出一种空间感以及移动感。采用移相电路对指定频率的相位进行延时。

（7）合唱（PRESET 库）。该效果创造出一种由多个声源演奏 1 个声音的感觉。通过加入 3 种音量和音调循环变化的延时，使得原始声更丰富。该效果使用调幅（AM）和音调调节（PM）。合唱参数示意图如图 7-107 所示。

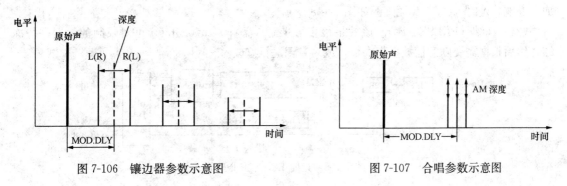

图 7-106　镶边器参数示意图　　　　　　图 7-107　合唱参数示意图

（8）交响乐（PRESET 库）。该效果可对合唱效果增加更多声部，并增强即时变化。当使用在弦乐合奏上时，该效果特别有效。

（9）Tremolo（颤音）（PRESET 库）。该效果可循环改变音量，产生调幅（AM）。

（10）自动声像（PRESET 库）。该效果可循环移动声像的相位。

（11）调制滤波器（PRESET 库）。该效果可循环移动滤波器的频段，对指定频率区域进行调节。

（12）环形调制（PRESET 库）。该效果可加入类似金属铃声的共振。

（13）动态滤波器（PRESET 库）。该效果使用输入信号或 MIDI 信息来改变滤波器的频段，在指定频率区域内进行调制。

（14）动态镶边器（PRESET 库）。该效果使用输入信号或 MIDI 信息来改变效果声的延时时间，在指定频率区域内进行调制。

（15）动态移相器（PRESET 库）。该效果使用输入信号或 MIDI 信息来改变移相频段，在指定频率区域内进行调制。

（16）音调变化。该效果可改变音调。当以较高速度播放音频信号（如音乐）时，其音调将变得较高。相反地，如果以较低的速度播放音频时，其音调将变得较低。该效果以更复杂的方式进行模拟。某些效果可加入 2 种音调不同的效果声，或使效果声与节拍同步。

（17）变形→延时（PRESET 库）。这些效果可对原始声施加变形效果，然后施加增效或延时。

（18）混响＋合唱（PRESET 库）。混响→合唱（PRESET 库）。混响＋合唱可分别对原始声加上混响和合唱效果，然后再合成在一起。混响→合唱效果可先在原始声中加入混响声，然后加入合唱。

（19）混响＋镶边器（PRESET 库）、混响→镶边器（PRESET 库）。混响＋镶边器效果可分别对原始声加上混响和镶边器效果，然后再合成在一起。混响→镶边器效果可先在原始声中加入混响，然后加入镶边器。镶边器参数示意图如图 7-106 所示。

（20）混响＋交响乐（PRESET 库）、混响→交响乐（PRESET 库）。混响＋交响乐效果可分别对原始声加上混响和交响乐效果，然后再合成在一起。混响→交响乐效果可先在原始声中加入混响，然后加入交响乐效果。

（21）混响→声像（PRESET 库）。该效果可先在原始声中加入混响，然后加入移相。

（22）延时＋早期反射（PRESET 库）、延时→早期反射（PRESET 库）。延时＋早期反射效果可分别对原始声加上延时和早期反射效果，然后再合成在一起。延时→早期反射效果可对原始声加上延时效果，然后再加上早期反射。

（23）延时＋混响（PRESET 库）、延时→混响（PRESET 库）。延时＋混响效果可分别对原始声加上延时和混响效果，然后再合成在一起。延时→混响效果可先在原始声中加入混响，然后加入混响。延时 L、C、R 原理图如图 7-108 所示。

（24）冻结（PRESET 库）。该效果最多可录制（采样）2970.5ms。可对录制的数据进行冻结，然后根据需要随意播放多少次数，或对音调进行修改。

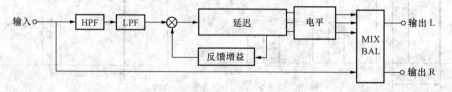

图 7-108　延时 L、C、R 原理图

（25）多重滤波器（PRESET 库）。该效果可让您同时使用 3 种不同的滤波器。

（26）多频段动态处理器（PRESET 库）。该效果可将信号分成 3 个频段，并分别控制每个频段的动态范围。该效果可允许组合使用 3 种处理器：压缩器、扩展器和压限器。该信号通过扩展器、压缩器和压限器依次发送。

（27）旋转扬声器（PRESET 库）。该效果可模拟旋转扬声器。旋转扬声器可以物理方式旋转内置扬声器和喇叭以产生多普勒效果，可赋予声音独特的效果，原理图如图 7-109 所示。

（28）变形（PRESET 库）。该效果可对声音进行扭曲。主要用于电吉他，原理图如图 7-110 所示。

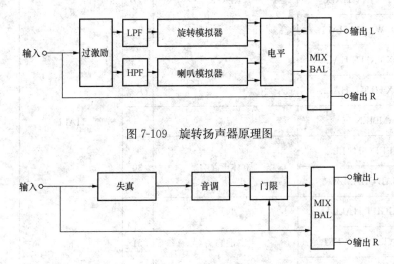

图 7-109　旋转扬声器原理图

图 7-110　变形原理图

（29）模拟放大器（PRESET 库）。该效果可模拟吉他放大器的特点。以前在录音室里录制电吉他声音时，通常通过放大器演奏吉他，然后将放大器接上麦克风以获取放大器的音效。该效果可使你在不使用放大器的情况下模拟这种效果，原理图如图 7-111 所示。

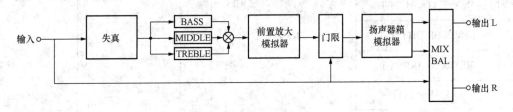

图 7-111　模拟放大器原理图

PRESET 库见表 7-6，CLASSIC 库见表 7-7。

5. 技术指标

（1）频率响应。

1）f_s＝48 kHz：20Hz～20kHz，参照额定输出电平 1kHz，-0.3～$+1.0$dB。

2）f_s＝96kHz：20Hz～40kHz，参照额定输出电平 1kHz，-3.0～$+1.0$dB。

（2）增益误差（1kHz）。

1）输入、输出电平开关＋4dB，＋2dB～＋6dB。

2）输入、输出电平开关－10dB，－12dB～－8dB。

表 7-6　　　　　　　　　　　　　　　PRESET 库

序号	效 果 名 称	类　型	页码	类　　别	显示屏背景颜色
1	REV-X LARGE HALL	REV-X	27	HALL	青色
2	REV-X MED HALL				
3	REV-X SMALL HALL				
4	REV-X TINY HALL				
5	REV-X WARM HALL				
6	REV-X BRITE HALL				
7	REV-X HUGE HALL				
8	AMBIENCE	混响	31		
9	STEREO HALL	立体声混响	30		
10	VOCAL CHAMBER				
11	BRIGHT HALL	混响	31		
12	BREATHY REVERB				
13	CONCERT HALL				
14	REVERB FLANGE	合成效果	69		
15	REVERB STAGE	混响	31		
16	REV-X VOCAL PLT	REV-X	27	PLATE	
17	REV-X BRIGHT PLT				
18	REV-X SNARE PLT				
19	VOCAL PLATE	混响	31		
20	ECHO ROOM 1				
21	ECHO ROOM 2				
22	PRESENCE REVERB				
23	ARENA				
24	THIN PLATE	立体声混响	30		
25	OLD PLATE	混响	31		
26	DARK PLATE				

续表

序号	效 果 名 称	类 型	页码	类 别	显示屏背景颜色
27	REV-X CHAMBER	REV-X	27	ROOM	青色
28	REV-X WOOD ROOM				
29	REV-X WARM ROOM				
30	REV-X LARGE ROOM				
31	REV-X MED ROOM				
32	REV-X SMALL ROOM				
33	REV-X SLAP ROOM				
34	FAT REFLECTIONS	早期反射	35		
35	BIG SNARE	门限混响			
36	BAMBOO ROOM	混响	31		
37	REFLECTIONS	早期反射	35		
38	STONE ROOM	混响	31		
39	CONCRETE ROOM	门限混响	35		
40	REVERSE PURPLE			GATE REVERBS	
41	FULL METAL GATE				
42	REVERSE GATE	反向门混响			
43	DRUM MACH AMB S	立体声混响	30	DRUM MACHINE REVERBS	
44	DRUM MACH. AMB L	混响	31		
45	ELECT SNR PLATE	反向门混响	35		
46	MONO DELAY	单声道混响	38	DELAYS	白色
47	120 BPM MONO DDL				
48	120 BPM X-DDL	回声	44		
49	STEREO DELAY	立体声延时	40		
50	DELAY L. C. R	延时 L. C. R	43		
51	KARAOKE ECHO	回声	44		
52	GOOD OL P CHANGE	双音调	62	PITCH EFFECTS	红紫色
53	VOCAL SHIFT				
54	STEREO PITCH				
55	PITCH SLAP				
56	HALO CCMB				
57	GRUMPY FLUTTER				
58	ROGER ON THE 12	高质量音调	61		
59	BOTTOM WHACKER	双音调	62		
60	VOICE DOUBLER				

续表

序号	效 果 名 称	类 型	页码	类 别	显示屏背景颜色
61	SYMPHONIC	交响乐	52	MODULATION	红紫色
62	REV＋SYMPHONIC	合成效果	71		
63	DETUNE OHORUS	合唱	51		
64	CHORUS &. REVERB	合成效果	68		
65	BASS CHORUS	双音调	62		
66	STEREO PHASING	调制延时	41		
67	CLASSY GLASSY	合唱	51		
68	SILKY SWEEP	调制延时	41		
69	UP DOWN FLANGE	镶边器	47		
70	TREMOLO	颤音	53		
71	ROTARY SPEAKER	旋转扬声器	85		
72	AUTO PAN	自动声像	55		
73	PHASER	移相器	49		
74	RING MODULATION	环形调制器	57		
75	MOD FILTER	调制滤波器	58		
76	DYNA FLANGE	动态镶边器	59		
77	DYNA PHASER	动态移相器	60		
78	DYNA FILTER	动态滤波器	58	FILTER	
79	M. BAND DYNA	多频段动态处理器	83		
80	MULTI FILTER	多重滤波器	82		
81	FILTERED VOICE	多频段动态处理器	83		
82	DISTORTION	变形	86	DISTORTION	
83	AMP SIMULATOR	功放模拟器	87		
84	DIST→FLANGE		66		黄色
85	DIST→DELAY				
86	REV→CHORUS		68	MULTIPLE	
87	REV＋FLANGE		69		
88	REV→SYMFHONIC		71		
89	REV→PAN		72		
90	DELAY＋ER 1	合成效果	73		
91	DELAY＋ER 2				
92	DELAY→ER 1				
93	DELAY→ER 2				
94	DELAY＋REV		75		
95	DELAY→REV				
96	RESO DRONE				
97	FREEZE	冻结	77	SAMPLING	

表 7-7 CLASSIC 库

序号	效 果 名 称	类 型	页码	显示屏背景颜色
1	REV1 HALL	混响	29	
2	REV2 ROOM			
3	REV3 VOCAL			
4	REV4 PLATE			
5	EARLY REF1	早期反射	37	
6	EARLY REF2			
7	DELAY LR	延时 L.R	46	
8	STEREO EOHO	立体声回声		
9	STEREO FLANGE A	立体声镶边器	50	
10	STEREO FLANGE B			
11	CHORUS A	合唱	54	
12	CHORUS B			
13	STEREO PHASING	立体声相位调整	50	绿色
14	TREMOLO	颤音	54	
15	SYMPHONIC	交响乐	54	
16	GATE REVERB	门限混响	37	
17	REVERSE GATE	反向混响		
18	REVERB & GATE	混响和门限	33	
19	PITCH CHANGE A	音调变更 A、D	64	
20	PITCH CHANGE B	音调变更 B	65	
21	PITCH CHANGE C	音调变更 C	65	
22	PITCH CHANGE D	音调变更 A、D	64	
23	FREEZE A	冻结 A	78	
24	FREEZE B	冻结 B	79	
25	PAN	声像	56	

（3）总谐波失真小于 0.06%。

（4）嘶嘶声和噪声为 -60dB。

（5）动态范围为 100dB。

（6）串音为 -80dB。

（7）最大电压增益为 +10dB。

第七节 噪 声 门

所有不是节目内容的声音我们统称为噪声，音响工作者可能遇到的噪声包括：①音响系统产生的噪声；②磁带录放、放音过程中产生的噪声；③音响工程设计、施工不合理产生的噪声（以哼声为主）。音响工程设计、施工不合理产生的噪声包括：①对背景噪声没有采取必要的降噪措施；②音响系统和灯光系统的电源没有隔离；③音频线缆和灯光、动力线缆并行走线产生的耦合；④两个系统连接时由于两个系统的电源地电位差过大引起的哼声等，这些都要靠正确的设计、施工来避免。至于磁带录、放音过程中产生的噪声采用专门的降噪手段来解决，在另外的章节中专题介绍。本节主要介绍解决降低音响系统本身产生的噪声影响的专门设备——噪声门。

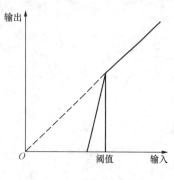

图 7-112　噪声门扩展器
输出—输入特性

利用噪声门可以对进入噪声门的不是很强的噪声进行处理，使之对听感的影响降到最低。这种降噪的原理是基于人耳听觉的掩蔽效应，当节目信号声比噪声大得比较多时，节目信号声可以将噪声掩蔽，使人耳没有明显感觉到噪声的存在，而在节目信号很小时人耳就能明显感觉噪声的存在，为此设立一个门——噪声门，当信号非常小而噪声变得明显时噪声门将信号和噪声都进行很大的衰减，使没有明显的噪声往后传送，达到抑制噪声的目的。正因为这样，噪声门只能用在噪声信号强度较小的场合，如果噪声信号强度偏大，则将损失一部分幅度小的信号，也就是丢掉了一些节目信息。

噪声门的原理是对进入噪声门的信号进行检测，并且跟一个我们人为设置的门限——阈值比较，当进入噪声门的信号电平低于这个阈值时，噪声门将信号通道衰减。其实现在的很多压限器中大多带有噪声门。噪声门、扩展器输出—输入特性如图 7-112 所示。

【例 7-9】 dbx1074 四噪声门。

一、工作原理

图 7-113 中信号输入后先经过缓冲放大器，缓冲放大器的输出分成两路，一路从主通路经过压控放大器（VCA），一路去图 7-113 下半部的检测控制电路，通过开关切换可以决定经过滤波器（FILTER）或不经过滤波器，然后经过检波器检测出有效值电压，用此电压去推动控制电路，控制电路输出控制信号去控制压控放大器，改变压控放大器的电压放大倍数，从而达到噪声门对信号的控制作用。

dbx1074 四噪声门有 4 个独立的噪声门通道，可以组合成两对立体声或两个单声道加一对立体声。先进的自适应电路保证快的启动时间以保留冲击声的特性。异常平滑的恢复过程不会切掉混响声尾部或吉他的和弦。每通道两段阈值状态发光二极管指示。平衡输入和输出，通道 1、2 和通道 3、4 分别有立体声耦合。有外部门触发的键控输入。其前后面板图如图 7-114、图 7-115 所示。

二、功能说明

1. 前面板

(1) 滤波器控制（80Hz～8kHz）。用以选择滤波器的频率。

(2) 滤波器开关。用以选择接入滤波器或不接入滤波器。

(3) 键控输入开关。用以选择是否采用键控信号控制。

(4) 立体声耦合开关。在立体声使用时按下立体声耦合开关可以在通道 1 和 2 之间或通道 3 和 4 之间达到立体声耦合。处于立体声耦合状态时通道 1 和 3 变成主通道，同时通道 2 和 4 变成从通道，它们的控制件和发光二极管指示失去作用。

(5) 立体声耦合发光二极管指示灯。当两个通道处于立体声耦合状态时，此指示灯亮。

(6) 阈值控制。调节门控的电平，信号在此设置的电平以上时门被打开，信号可以通过门去输出，逆时针旋转到头（off）允许所有信号不被衰减地通过门去输出，其效果相当于噪声门被旁路；顺时针旋转到头，在 +10dBu. 以下的信号都被噪声门衰减掉。

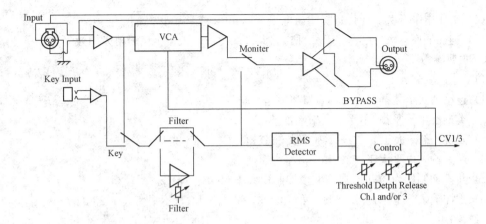

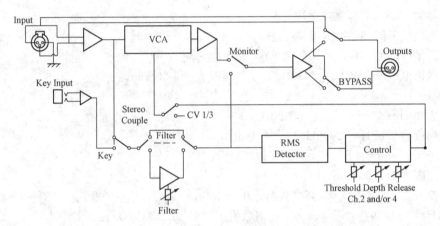

图 7-113 dbx1074 四噪声门原理示意图（其中的两路）

图 7-114 dbx1074 四噪声门前面板图

图 7-115 dbx1074 四噪声门后面板图

（7）深度控制。控制在阈值以下的信号衰减量。

（8）恢复速率控制。设置在输入信号下降到阈值以下时以多快的速度关闭噪声门。恢复速率从 0.1～3s（顺时针到头）。

注：当噪声门关闭以后每秒钟连续增加的 dB 数大时，噪声门恢复速率加快。

2. 后面板

（1）电源线插口。用来插 dbx 1074 四噪声门出厂时所带电源线。

（2）电源开关。开、关本设备电源。

（3）输出连接器。卡侬插座，电子平衡输出插口。

（4）工作电平开关。允许选择输出电平为＋4dBu 或－10dBv。

（5）键控插座。大三芯（TRS）插口，允许从此口输入一个信号触发门效果。

3. 主要参数

（1）输入。

1）连结器。卡侬插口 XLR（2 脚和尖是热端）。

2）类型。电子平衡/不平衡，射频滤波。

3）阻抗。平衡大于 50kΩ，不平衡大于 25kΩ。

4）最大输入电平大于＋22dBu，平衡或不平衡。

5）共模抑制比为 40dB；典型共模抑制比大于 55dB、1kHz。

6）键控输入。电平衡/不平衡，射频滤波，平衡 50kΩ，不平衡大于 25kΩ。

（2）输出。

1）连结器为 XLR（2 脚是热端）。

2）类型。伺服平衡/不平衡，射频滤波。

3）阻抗。平衡 60Ω，不平衡 30Ω。

4）最大输出电平平衡时大于＋22dBm，不平衡时大于＋20dBm。

（3）系统特性。

1）带宽为 20Hz～20kHz，＋0/－0.5dB。

2）频率响应为 0.35Hz～200kHz，＋0/－3dB。

3）噪声小于－96dBu，不计权，22kHz 带宽测量。

4）动态范围大于 115dB，不计权。

5）总谐波失真＋噪声。0.008％（典型，在＋4dBu、1kHz、单位增益）、0.08％（典型，在＋20dBu、1kHz，单位增益）、＜0.1％（任何数值压缩到 40dB，1kHz）。

6）通道串音小于－80dB，20Hz～20kHz。

7）立体声耦合。真有效值功率之和。

🔊 第八节　电子分频器

一、电子分频器的作用和简单原理

　　扩声系统的终端是扬声器系统，扬声器系统是电—声换能系统，它负责把电信号转变成声信号，前面已介绍过，声频的范围是 20Hz～20kHz，是一个比较宽的频带，相应的声波波长大约为 17m～17mm。低频端要求扬声器纸盆的口径越大越好，口径越大，辐射出去的能量越多，电—声转换效率越高，而高频时要求扬声器辐射系统的质量小，辐射的效率才高。这样低频段和高频段对扬声器提出了相互矛盾的要求，显然到目前为止还未想出用一个扬声器辐射系统能同时较好地满足低频段和高频段的要求，所以为了满足宽频带的要求不得不把扬声器系统做成分频段服务单元，根据对扩声要求高低，有用两路扬声器单元组成的系统，其中一路扬声器单元负责低频段，另一路扬声器单元负责中、高频段；有用三路扬声器单元组成系统，其中低频段、中频段和高频段各由一路扬声器单元来负责。前一种称为两分频扬声器系统，后一种称为三分频扬声器系统，要求更高的还有四分频扬声器系统。

　　由于各路扬声器只负责相应频段的电—声转换，所以应把电信号分频段地馈给相应扬声器，这就是分频器的任务。

　　大家见得较多的是由电感、电容组成的无源分频器，这种分频器接在功率放大器和扬声器之间（通常放置在音箱内，称为功率分频器、内置式分频器）。无源分频器简单，而且由于在功率放大器后才分频，所以一台功率放大器为各频段都提供了电功率信号，成本低；但缺点是在功率较大时，分频器要承受大的功率，分频器本身也消耗一定量的信号电功率，另外分频器中的电感也会带来失真，再有扬声器的阻抗与频率有关，这就引起分频点也随信号频率而有变化，使分频点附近的频率响应变坏，所以在大功率、高要求的场合无源分频器不是最好的选择。

电子分频器是有源分频器，通常的基本单元是一个可变频率的低通滤波器（LPF）和一个可变频率的高通滤波器（HPF），这两个基本单元即可组成一个二分频电子分频器，另外，一个低通滤波器和一个高通滤波器可以组成一个带通滤波器（BPF），所以不少电子分频器可以接成立体声二路二分频，也可接成单声道三分频的分频器，电子分频器接在功率放大器前，电子分频器的每一频段输出加到一路功率放大器去驱动相应的扬声器系统。用电子分频器的优点是分频点稳定、失真小，避免了高、低音扬声器之间的互调失真。

低通滤波器是允许低频信号通过，限制高频信号通过的滤波器，低通滤波器的截止频率是频响曲线中幅度下降 3dB 点的频率（f_{LC}），频率高于 f_{LC} 的信号被衰减掉，频率低于 f_{LC} 的信号不被衰减。高通滤波器与低通滤波器相反，允许频率高于其截止频率 f_{hC} 的信号通过，衰减频率低于其截止频率 f_{hC} 的信号。带通滤波器是频率高于其高端截止频率 f_{hC} 的信号和频率低于其低端截止频率 f_{LC} 的信号被衰减，允许频率低于其高端截止频率 f_{hC} 并高于其低端截止频率 f_{LC} 的信号通过。

采用电子分频器的缺点是用功率放大器数量多，增加了成本。

二、电子分频器举例

【例 7-10】dbx 234/234XL 型电子分频器。

（一）dbx 234/234XL 型电子分频器前、后面板（见图 7-116～图 7-118）

图 7-116　dbx 234/234XL　电子分频器前面板图

图 7-117　dbx 234XL　电子分频器后面板图

图 7-118　dbx 234XL　电子分频器后面板图

（1）立体声二分频模式。立体声二分频模式控制件在蓝色水平线以下的标志，在立体声模式下通道 1 和通道 2 是相同的。在立体声二分频模式不操作的部分在此不说明。

1 和 7——INPUT GAIN：控制输入增益，控制范围±12dB。

13 和 20——LOW CUT：低频切除，按下此开关，插入 40Hz 高通滤波器，同时发光二极管亮。

2 和 8——LOW/MID：选择低频和高频之间的分频点频率。

14 和 21——×10：×10 发光二极管亮时，表示 2 和 8 的频率范围在 450Hz～9.6kHz。

4 和 10——LOW OUTPUT：低频段输出电平控制，调节范围在 $-\infty$～$+6$dB。

15 和 22——PHASE INVERT：按下此开关可以将低频段输出的相位翻转 180°，同时发光二极管亮。

6 和 12——HIGH OUTPUT：高频段输出电平控制，调节范围在 $-\infty$～$+6$dB。

17 和 24——PHASE INVERT：按下此开关可以将高频段输出的相位翻转 180°，同时发光二极管亮。

19——STEREO：此发光二极管亮表示处于立体声工作模式。

（2）立体声 3 分频模式。

1 和 7——INPUT GAIN：控制输入增益，控制范围 ±12dB。

13 和 20——LOW CUT：低频切除，按下此开关，插入 40Hz 高通滤波器，同时发光二极管亮。

2 和 8——LOW/MID：选择低频和中频之间的分频点频率。

14 和 21——×10：×10 发光二极管亮时，表示 2 和 8 的频率范围在 450Hz～9.6kHz。

3 和 9——MID/HIGH：选择中频和高频之间的分频点频率。

4 和 10——LOW OUTPUT：低频段输出电平控制，调节范围在 $-\infty$～$+6$dB。

15 和 22——PHASE INVERT：按下此开关可以将低频段输出的相位翻转 180°，同时发光二极管亮。

5 和 11——MID OUTPUT：中频段输出电平控制，调节范围在 $-\infty$～$+6$dB。

16 和 23——PHASE INVERT：按下此开关可以将中频段输出的相位翻转 180°，同时发光二极管亮。

6 和 12——HIGH OUTPUT：高频段输出电平控制，调节范围在 $-\infty$～$+6$dB。

17 和 24——PHASE INVERT：按下此开关可以将高频段输出的相位翻转 180°，同时发光二极管亮。

19——STEREO：此发光二极管亮表示处于立体声工作模式。

（3）单声道 4 分频模式。

1——INPUT GAIN：控制输入增益，控制范围 ±12dB。

13——LOW CUT：低频切除，按下此开关，插入 40Hz 高通滤波器，同时发光二极管亮。

2——LOW/LOW-MID：选择低频和低中频之间的分频点频率。

14——×10：×10 发光二极管亮时，表示 2 的频率范围在 450Hz～9.6kHz。

3——LOW-MID/HIGH-MID：选择低中频和高中频之间的分频点频率。

9——HIGH-MID/HIGH 选择高中频和高频之间的分频点频率。

4——LOW OUTPUT：低频段输出电平控制，调节范围在 $-\infty$～$+6$dB。

15——PHASE INVERT：按下此开关可以将低频段输出的相位翻转 180°，同时发光二极管亮。

5——LOW-MID OUTPUT：低中频段输出电平控制，调节范围在 $-\infty$～$+6$dB。

16——PHASE INVERT：按下此开关可以将低中频段输出的相位翻转 180°，同时发光二极管亮。

11——HIGH-MID OUTPUT：高中频段输出电平控制，调节范围在 $-\infty$～$+6$dB。

23——PHASE INVERT：按下此开关可以将高中频段输出的相位翻转 180°，同时发光二极管亮。

12——HIGH OUTPUT：高频段输出电平控制，调节范围在$-\infty\sim+6$dB。

24——PHASE INVERT：按下此开关可以将高频段输出的相位翻转180°，同时发光二极管亮。

18——MONO 此发光二极管亮表示工作在单声道模式。

后面板最左边是电源插座，往右在通道框外的左边上中下的三行字分别如下。

最上面一行是单声道4分频 MONO 4-WAY，中间行是立体声三分频 STEREO 3-WAY，下面一行是立体声二分频 STEREO 2-WAY。

往右是通道2 CHANNEL TWO 输入、输出部分，用一个线条围成一个框，其中从左往右分别是高 HIGH、高中 HIGH MID 和中 MID、低 LOW 三个输出插座，然后是分频频率×10 按键，最右边是输入 INPUT 插座。

再往右是工作模式，用线框围住的左右两个按键，组成三种工作模式，左高右低是单声道4分频模式、左右都高是立体声三分频模式、左低右高是立体声二分频模式。

再右面是"低频和"模式按键，抬起时正常，按下时"低频和"。

最右面是通道1 CHANNEL ONE 输入、输出部分，用一个线条围成一个框，和通道2 CHANNEL TWO 输入、输出部分一样。

（二）技术指标

（1）输入。

1）连接器为 TRS（234）和 XLR（234XL）。

2）类型。电子平衡/不平衡，射频滤波。

3）阻抗：平衡>50kΩ，不平衡>25kΩ。

4）最大输入电平。典型$+22$dBu，平衡或不平衡。

5）共模抑制比大于40dB，典型>55dB，1kHz。

（2）输出。

1）连接器为 TRS（234），XLR（234XL）。

2）类型。电子平衡/不平衡，射频滤波。

3）阻抗。平衡200Ω，不平衡100Ω（234）；平衡60Ω，不平衡30Ω（234 XL）。

4）最大输出电平。大于$+21$dBu，平衡或不平衡，输入到2kΩ或更大（234）。

　　　　　　　　大于$+20$dBu，平衡或不平衡，输入到600Ω或更大（234XL）。

（3）带宽为20Hz$\sim$20kHz，$+0/-0.5$dB。

（4）频率响应小于3Hz$\sim$>90kHz，$+0/-3$dB。

（5）信噪比。基准$+4$dBu，22kHz 测量带宽，见表7-8。

表7-8　　　　　　　　　　　信　噪　比

输出	立体声模式	单声道模式
低输出	>94dB	>94dB
低中输出	—	>94dB
中输出	>93dB	—
高中输出	—	>92dB
高输出	>90dB	>88dB

（6）动态范围大于106dB，不计权，任何输出。

（7）总谐波失真$+$噪声。$<0.004\%$ at $+4$dBu，1kHz；$<0.04\%$ at $+20$dBu，1kHz；

（8）通道串音小于-80dB，20Hz$\sim$20kHz。

（9）分频频率。

1）立体声模式 Stereo Mode。

Low/High：45～ 960Hz 或 450Hz ～ 9.6kHz（x10）。

Low/Mid：45～ 960Hz 或 450Hz ～ 9.6kHz（x10）。

Mid/High：450Hz～ 9.6kHz。

2）单声道模式。

Low/Low-Mid：45～ 960Hz 或 450Hz ～ 9.6kHz（x10）。

Low-Mid/High-Mid：450Hz～ 9.6kHz。

High-Mid/High：450Hz～9.6kHz。

（10）滤波器类型。Linkwitz-Riley（林克威兹-瑞利），24dB/倍频程，状态可变。

（11）功能开关。

1）前面板。

低切：有源勃特沃斯高通滤波器 40Hz，12dB/倍频程，每通道一个开关。

相位翻转：在输出端翻转相位，每通道一个开关。

2）后面板。

x10：分频频率范围×10，每通道 1 个开关。

模式：选择立体声/单声道和 2/3/4 路分频工作。

低频相加：选择正常（立体声）或单声道低频相加工作。

（12）指示。

1）立体声工作。绿色发光二极管。

2）单声道工作。黄色发光二极管。

3）低切。每通道 1 个红色发光二极管。

4）x10。每通道 1 个绿色发光二极管。

5）相位翻转。每路输出 1 个红色发光二极管（每通道 3 个）。

（13）电源。

1）工作电压。AC100V、50/60Hz；AC120V、60Hz；AC230V、50/60Hz。

2）功耗为 15W。

3）电源连接器为 IEC 320 插口。

4）尺寸为 4.4cm×48.3cm×17.5cm。

5）质量为 234/234XL，1.8kg。

第九节 声 激 励 器

一、声激励器的简单原理

声音激励器是用来产生与节目信号相关高次谐波的一种声频处理设备，它是不能用频率均衡器来替代的。频率均衡器只能对信号中已有的频率成分进行提升或衰减，而声音激励器能产生高次谐波，也就是增加新的频率成分。每个乐音除了其基频外，还有丰富的高次谐波，也称为泛音。基频决定其音高，而丰富的高次谐波决定其音色，所以多种乐器同时演奏同一音高的乐音时，我们还能把各种乐器产生的声音区分出来，例如钢琴、小提琴、大提琴、单簧管、小号同时演奏"a_1"，虽然它们发出的基频都是 440Hz，但是由于钢琴、小提琴、大提琴、单簧管、小号各自发音机理、结构、制作工艺不同，它们的谐波成分是各不相同的，正是这些谐波成分的不同，形成了它们各自的特色，所以谐波成分决定了音色。而在制作节目的过程中，在重放时，由于设备条件的限制，谐波成分中幅度较小而频率较高的那些高次谐波往往受到损失，或被噪声所掩盖，于是音质的纤细、明亮感表现不出来或大为逊色。为了改善这种情况，需在重放过程中，在功率放大器前恢复、加强其高次谐波，这就是声激励器被引用的原因。

图 7-119 是声激励器的简单原理。输入信号经隔离放大后分成三路：①送高通滤波器；②送低通滤波器；③送混合电路。高通滤波器提取节目信号中一定频率以上的成分，高通滤波器的转折频率是可调节的，以适应不同节目的实际情况。高通滤波器的输出先送到谐波发生器，在谐波发生器内产生与节目信号中原高频成分相关的谐波，并且将节目信号中的原高频成分通过反向相加的方法抵消，而只留下新增加的谐波成分，谐波发生器将新增加的谐波成分输出送到相加器；同时低通滤波器也提取节目信号中一定频率以下的成分，低通滤波器的转折频率也是可调节的，以适应不同节目的实际情况。低通滤波器的输出先送到相位动态处理器，相位动态处理器的输出也送到相加器。这三路送入相加器的信号在这里相加，使送出的信号中除主要的原节目信号外，增加了丰富的高次谐波，而这些高次谐波所占的能量很小，不会使总的信号功率明显增大，一般只增加零点几分贝。

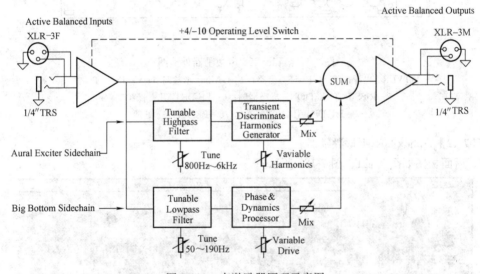

图 7-119　声激励器原理示意图

二、声激励器在系统中的位置及其应用

（1）由于声激励器为原节目增加了丰富的高次谐波，为避免这些高次谐波再次被其他设备衰减掉，所以一般应把声激励器接在其他音频设备的后面，功率放大器的前面。以便宽频响的功率放大器把丰富的高次谐波和原节目一起放大输出。

（2）声激励器的调节没有什么明确的数据参数，主要靠听感来调节激励量，但要避免过分激励。过分激励会把乐器的音色过分改变，以致失去了乐器的本身特色。对古典乐曲不宜激励过多，而对于电子乐器演奏的流行音乐可以适当多加激励，声激励器的应用效果如下。

1）提高声音的清晰度，尤其是纤细部分。这相当于改善了瞬态特性，提高了可懂度，增强了表现力，使声音更加悦耳动听，降低了听音疲劳。

2）增强了声音的穿透力，增强了响度感。在同一声压级时，感到响度增加了，所以在保证同样响度感同时，可以适当降低声压级，这对减小声回授，降低自激啸叫的可能性有贡献。

3）提高节目制作效果，可用激励器对节目进行补偿，制作时即使丢失一部分高次谐波，仍然保留较多的高次谐波。

原则上声激励器可调量为三个，即激励电平调节、频率调节和混合深度调节。激励电平调节是指控制加到激励电路的输入电平，频率调节是指高通滤波器的转折频率控制。如语言信号可以选转折频率低一些，对音乐信号则可选高一点。混合深度调节是指新增加的高次谐波与原节目之间能量的比例关系。高次谐波所占的比例高一些，激励效果强一些，但强不等于好，所以要掌握适度。事实上各厂家出品的声激励器，操作都差不多，但叫法上有区别，如有的叫增益控制、高音美化、低音美化等，只要理解了原理，就不难理解操作钮的含义。

三、声激励器举例

【例 7-11】 dbx 296 声激励器。

dbx 296 型声激励器外形图如图 7-120 所示。

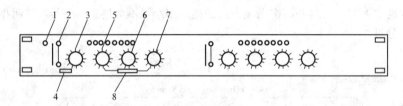

图 7-120　dbx 296 声激励器外形图

1—POWER　电源；2—BYPASS　旁路；3—GAIN　增益调节；4—INPUT　输入；
5—RISS REDUCTION　咝声抑制；6—LF DETAIL　低频美化；
7—HF DETAIL　高频美化；8—PROCESS　处理

【例 7-12】 Aphex 204 听觉激励器。

前、后面板图如图 7-121、图 7-123 所示。

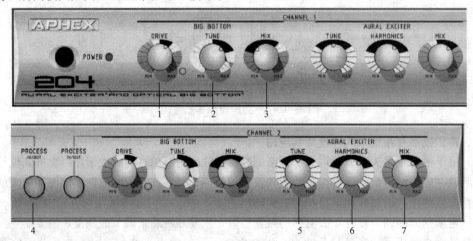

图 7-121　Aphex 204 听觉激励器前面板图

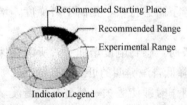

图 7-122　指示器图例

1——低音加重驱动控制钮和指示器（BIG BOTTOM DRIVE CONTROL & INDICATOR）：顺时针旋转低音加重钮（BIG BOTTOM）直到绿色发光二极管闪亮，在低音峰时绿色发光二极管变得明亮，如果旋转到时针 2 点的位置发光二极管还没有闪亮，则需要检查工作电平开关是否设置正确。

2——低音加重调谐控制钮（BIG BOTTOM TUNE CONTROL）：设置作用的低音频率范围，顺时针旋转到低音频率的高端，逆时针旋转低音比较低。

图 7-123　Aphex 204 听觉激励器后面板图

3——低音加重混合控制钮（BIG BOTTOM MIX CONTROL）：调整低音加强的量加到原始声音中。加的量多效果更明显。避免加得高于必要的量或超过的量使峰值电平上升。

4——处理/直通按钮开关（PROCESS IN/OUT SWITCH）：同时加听觉激励和低音加重处理或不加，当加处理时按钮发绿色。每个通道独立地切换。

5——听觉激励调谐控制旋钮（AURAL EXCITER TUNE CONTROL）：调谐频率，实质上是指高通滤波器截止频率的选择，也就是对节目信号中多高频率以上取样用以产生高次谐波，这与具体节目内容有关，对于语言类节目调谐频率可以适当选低些。

6——听觉激励谐波控制（AURAL EXCITER HARMONICS CONTROL）：设置由听觉激励建立的与声源相关的丰富谐波。对于器乐用多一些，对于声乐用少一些，到底加多少为最好由试验决定。

7——听觉激励混合控制（AURAL EXCITER MIX CONTROL）：调节加到原始声的听觉激励数量。加多了更具引人注目的效果，但是加过量会使声音刺耳。提示控制设置（Suggested Control Settings）开始旋钮设置如图 7-122（Recommended Starting Place 推荐开始位置）所示，然后试验不同的设置（Recommended Range 推荐范围；Experimental Range 试验范围）。在试验低音加重效果时，关掉听觉激励混合。同样地，当试验听觉激励效果时关掉低音加重混合。当你感觉低音加重和听觉激励已经设置好，开始加低音加重混合和听觉激励混合，并且用 IN/OUT 按钮比较处理和直通的区别。

交流电源连接器：看清旁边的电源要求是否与本地电源一致，确认一致后将所配的电源线插入。

输入连接器：每通道两个输入连接器，一个是大三芯 TRS 插座，一个是三芯母卡侬插座。两种插座都是平衡输入，也可以接成不平衡输入。

输出连接器：每通道两个输出连接器，一个是大三芯 TRS 插座，一个是三芯公卡侬插座，可以平衡或不平衡输出。

工作电平开关：同时选择输入电平和输出电平为－10dBV 或＋4dBu。如果太高的输出（＋4dBu）连接到要求低输入电平（－10dBV）的设备，可能引起信号在输入级就削波，产生谐波；相反，如果低电平输出（－10dBV）连接到要求高电平输入（＋4dBu）的设备，虽然不会产生削波，但是会降低信噪比。通常，家用设备的工作电平在－10dBV 的低电平状况，专业设备工作在＋4dBu 的高电平状况。

204 型听觉激励器的特点为：

听觉激励和低音加重技术解释听觉激励是一种重建和恢复丢失的谐波音频处理器。谐波是与原始声在音乐上和动态上相关的，显示声乐和多种乐器之间的细节差别。因为丢失谐波成分重放声和原始演出声听感上不同，重放声经常发暗和没有生气。

听觉激励器增加谐波，恢复声音自然的亮度、清晰度和风度，有效补充细节和可懂度。在特殊乐器用听觉激励或在录音最终混合中带来生气。由于听觉激励，立体声声像被增强，引起响度

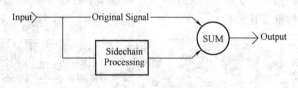

图 7-124　简化的边链方框图

增大的感觉而没有噪声引入音频通道。听觉激励是单独的处理，能够在音频链路的任何点插入。输入信号被分成两个通路，一个通路没有改变地去输出，另一个通路被称为边链（见图 7-124），包括一个可调高通滤波器和一个谐波发生器组成的听觉激励电路。听觉激励电路应用频率相关相位移和瞬间判别的谐波。听觉激励器的谐波电路在电平上低许多的输出被与没有改变的信号混合。当用标称设置，听觉激励电路不显著增加原始信号的电平。即使增加的信息是低电平，感觉中频和高频的增加是引人注目的。

204 型也混合了另一个功能——低频加重。倘若一个更强劲的低音，增加持久和密度但没有增加峰输出，当用频率均衡静态低频提升和次谐波发生器将增加低频能量的电平，引起峰值电平大的提升经常增加过载失真。

在处理信号方面，低音加重类似听觉激励，处理过的信号又被混合到没有改变的原始信号中，以产生一个增强的输出信号。该功能包括一个低通滤波器和一个相位和动态处理器组成低音加重的边链通道。低音加重电路动态地勾画 $20\sim120\text{Hz}$ 频段范围的低频相应曲线。低音加重增加低频的感觉，但是没有明显增加最大峰值输出。低频相应被动态地优化去隔离和放大最低的低频以提供一个较深和更多的共鸣低音。

Aphex 204 型听觉激励器技术指标见表 7-9。

表 7-9　　　　　　　　　　　Aphex 204 型听觉激励器技术指标

工作电平开关设置		+4dBu	−10dBV
输入	连接器	XLR-3F 和 TRS 1/4"	XLR-3F 和 TRS (1/4) in
	类型	无变压器，有源平衡	无变压器，有源平衡
	平衡	40kΩ	40kΩ
	不平衡	20kΩ	20kΩ
	正常电平	+4dBu	−10dBV（−7.8dBu）
	最大电平	+27dBu	+12.5dBV（+14.8dBu）
	共模抑制比	>40dB	>40dB
输出	连接器	XLR-3M 和 TRS 1/4"	XLR-3M 和 TRS (1/4) in
	类型	有源平衡（也可以用不平衡）	有源平衡（也可以用不平衡）
	平衡	112Ω	112Ω
	不平衡	56Ω	56Ω
	正常电平	+4dBu	−10dBV（−7.8dBu）
	最大电平	+27dBu 空载，+25dBu 600Ω	+12.5dBV（+14.8dBu）
音频	频率响应	+0.5dB 10~38kHz	0.5dB 10~38kHz
	动态范围	120dB	120dB
	哼声和噪声	−93dBu，不计权 22~22kHz	−93dBu，不计权 22Hz~22kHz
	串音	10Hz~22kHz，−79dB	10Hz~22kHz，−79dB
	总谐波失真	10Hz~22kHz，最大输出，0.0003%	10Hz~22kHz，最大输出，0.0003%
	互调失真	10Hz~22kHz，最大输出，0.0007%	10Hz~22kHz，最大输出，0.0007%

第十节　反馈抑制器

在具有传声器的音响系统中，由于扬声器系统的声音通过不同的途径又进入传声器，这样就形成了闭环系统，当满足相位平衡和振幅平衡条件时就产生振荡，这就是音响系统产生啸叫的原因。啸叫是音响工作者不希望产生的现象，为了抑制啸叫的产生，需要做不少工作。例如满足需要的建筑声学处理，正确的设计音响系统，尤其是声场设计，在这些工作的基础上，为了进一步抑制啸叫，有必要采取设备来补救。最早有采用移频器、移相器来抑制啸叫的。但是采用移频器抑制啸叫存在一定的缺点，通常移频器可以将输入信号改变 3～5Hz 后输出，这样使扬声器系统出来的声音再次进入传声器时，与原频率不相等，从而避免啸叫产生，但是在信号的低频段，频率改变 3～5Hz 已足够使人感到音调的变化，因为升高半个音阶或降低半个音阶实际上就是频率变化将近 6%，对于 50Hz 的信号，改变 3Hz 就相当于改变了半个音阶，所以除了在语言扩声中可以用移频器来抑制啸叫外，在音乐扩声时是不能用移频器来抑制啸叫的。对于采用移相器抑制啸叫，它是通过将输入信号移动一定的相位来达到使原先满足相位平衡条件而产生的啸叫被破坏，但是一条路经、某个频率的反射声的相位平衡条件被破坏了，也许使另外一条路经、另外一个频率的反射声满足了相位平衡条件，从而产生啸叫，所以抑制啸叫的效果并不是非常好。还有一种方法是使用三分之一倍频程均衡器来抑制啸叫，不光要求操作人员有一定技巧，还由于为了抑制啸叫而拉低的频段比较宽而影响音质，最少为一个三分之一倍频程频段带宽，有时不得不将两个相邻的三分之一倍频程频段同时拉低，此时对音质的影响就更大了。反馈抑制器是一种相对来说比较好的抑制啸叫的设备，因为它可以只拉低十分之一倍频程带宽的频段，所以基本不影响音质。

一、简单原理

反馈抑制器能自动扫描、自动寻找出反馈信号频率（在这频率处出现异常的幅度变化）并且能自动生成一组与之频率相应的窄带滤波器，去对这一窄频带进行衰减，使啸叫不能产生。

二、反馈抑制器举例

Sabine 的 FBX2020＋型反馈抑制器

前后面板图如图 7-125 和图 7-126 所示。

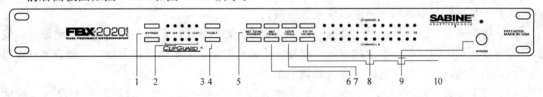

图 7-125　Sabine FBX2020＋反馈抑制器前面板图

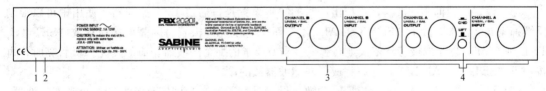

图 7-126　Sabine FBX2020＋ 反馈抑制器后面板图

（一）前面板功能件说明

1——ACTIVE/BYPASS（激活/直通）：直通（BYPASS）时，红色发光二极管亮，激活（ACTIVE）时，机器将自动控制反馈。

2——SIGNAL LEVEL（信号电平）：指示相对于输入削波电平的信号电平强弱。

3——RESET（重置）：按住不放直到"动态滤波器"发光二极管灭，则可重置"动态滤波器"。直到所有"滤波器"发光二极管都灭了，则可重置所有"滤波器"。

4——TURBO MODE（TURBO模式）：TURBO模式时，设计成固定滤波器允许最大反馈灵敏度，这个缺省设置模式允许反馈抑制器抓取反馈快得多，同时电平也低得多。当反馈抑制器的一个通道在TURBO模式时，削波电平指示灯将闪烁。

5——SET TOTAL NO.（设置滤波器总数）：按下此钮4 s然后释放，发光二极管将依次亮，当与所要求的那个滤波器相应的发光二极管亮时，按下此钮将寄存你的选择。

6——SET FIXED（设置固定滤波器）：按下此钮4s、然后释放，即设置了固定滤波器，发光二极管将依次亮。当与所要求的那个滤波器相应的发光二极管亮时，按下此钮，即能寄存你的选择。

7——LOCK FIXED FILTERS（锁住固定滤波器）：当此钮被按下，发光二极管亮。指示处于"锁住固定"模式，激活后将一直保持到再次按下此钮，同时发光二极管灭。

8——FIFTH OCTAVE（五分之一倍频程）：在设置新的滤波器带宽时，接下此钮，以选择带宽，可以选择五分之一倍频程或十分之一倍频程带宽的恒定"Q"值有源滤波器，一个通道的滤波器同时被选择。

9——FILTER STAGE ACTIVITY（滤波器激活期）：当一个滤波器被激活，相应的发光二极管亮。发光二极管闪烁，指示这滤波器是最近被激活的。

10——POWER SWITCH（电源开关）：按下电源通。

（二）后面板功能件：

1——FUSES：保险丝。

2——A/C POWER INPUT：交流电源插口。

3——INPUTS AND OUTPUTS：输入和输出接口包括1/4" TRS、XLR平衡和不平衡。

4——GROUND LIFT：接地开关。

（三）如何操作反馈抑制器

（1）按实际使用布置扬声器和传声器，但要避免将传声器放在扬声器直达声场内。

（2）将反馈抑制器的两个通道都设成直通模式。

（3）将调音台主音量推子拉到最低点，先开调音台，然后是反馈抑制器和其他辅助设备，最后开功率放大器，如果用了图示均衡器，仅按音质调节，但是不要给反馈留缺口。调节调音台每一个通道的平衡，同时把系统的主音量调到最小。

（4）按下重置（RESET），直到所有滤波器的发光二极管都熄灭，以清除先前设置的滤波器。现在处于TURBO模式，同时削波电平指示灯闪亮。

（5）设置反馈抑制滤波器，工厂出厂时的缺省设置是每通道12个滤波器，使用中可以限制反馈抑制滤波器数。接下"SET TOTAL NO"钮4s，发光二极管将闪亮四次；释放"SET TO-TAL NO"钮，发光二极管将依次地亮起来。当所要求的那个滤波器相应的发光二极管亮时，再按一下"SET TOTAL NO"，这就完成了对滤波器数的设置。

（6）设置固定滤波器，工厂出厂时的缺省设置是每通道9个固定滤波器和3个动态滤波器。按下"SET FIXED"钮4s，滤波器发光二极管将闪亮四次，然后熄灭。恢复"SET FIXED"钮，此时发光二极管将依次亮起来。当亮到所要求的那个滤波器所对应的发光二极管时，再按一下"SET FIXED"钮，剩下的滤波器将作为动态滤波器。

（7）按"BYPASS"钮，置所选通道为激活模式（即红发光二极管灭）。

（8）慢慢提升系统相应通道的主音量，直到发生反馈啸叫，反馈抑制器将迅速消除反馈，第一个滤波器发光二极管闪烁。这指示第一个滤波器已被设置完毕。重复这个操作，直至所想设置的滤波器都已设置完毕，同时动态滤波器中的一个也已设置完毕。

（9）现在稍微调低一下主音量，以避免系统处于临近啸叫的反馈点附近，这就是反馈抑制器所能提供的最大音量，太大的音量将造成不能控制反馈。

（10）建议你按一下"LOCK FIXED"钮，以便将固定滤波器深度锁住。

（11）通道 A 和 B 必须分别地单独设置。设置第二通道时拉下第一通道的主音量，并将第一通道设成直通，然后照前面介绍的方法设置第二通道。

（四）用 FBX-2020＋特点

用"LOCK FIXED"特点为：在个别场合 FBX 可能将音乐误认为反馈，同时驱动滤波器比必要的深度更深些。诸如教堂中的管风琴或较大规模的演奏电吉他。可以按下前面板上的"LOCK FIXED"钮来防止固定滤波器出现超过预置深度的动作。"LOCK FIXED"发光二极管亮表示 FBX 在"锁住固定滤波器"模式，再按一次"LOCK FIXED"钮可以退出锁定状态。这个锁定功能对"动态滤波器"不起作用。

（五）选择滤波器带宽

在音乐节目中，FBX 选用标准的十分之一倍频程恒定 Q 值的滤波器效果最好。然而在语言应用中，诸如演讲或电话会议等场合，我们建议用带宽为五分之一倍频程滤波器，此时反馈得到更强的控制。按下"FIFTH OCTAVE"扭，看到发光二极管亮，则滤波器带宽已被选为五分之一倍频程。再次按下"FIFTH OCTAVE"，则退回到标准的十分之一倍频程带宽。

（六）技术指标

1. 滤波器

（1）每通道 12 个独立数字窄带滤波器，被控制自动地从 40Hz～20kHz 扫描。

（2）滤波器带宽。1/10 或 1/5 倍频程用户可控制，固定 Q 值。

（3）分辨能力。1/50 倍频程，从 100Hz～20kHz。

（4）从发现和消除反馈需要的时间为 0.4s，典型，1kHz。

（5）每通道可激活的滤波器总数。用户从 1～12 选择。

（6）每通道固定滤波器和动态波器分配。用户选择。

2. 输入/输出

（1）输入/输出最大信号电平。平衡＋27dBV 峰值，不平衡＋21dBV 峰值。

（2）输出驱动。负载阻抗＞600Ω。

（3）输入阻抗。平衡或不平衡＞10kΩ，2 脚高。

（4）输出阻抗。平衡或不平衡，正常 10Ω，2 脚高。

（5）动态余量。＋23dB 峰值，@正常输入 4dBV 峰值，平衡。

3. 性能参数

（1）频谱变化。＋0.5dB，从 20Hz 到 20kHz。

（2）信噪比小于 100dB，典型，A 计权。

（3）总谐波失真小于 0.02％，@27dBV 正弦波，1kHz。

（4）动态范围大于 105dB，当 ClipGuard™自动削波电平控制激活时。

（5）电源。工厂配置 AC115V 或 AC230V，50/60Hz，12W。

（6）熔丝：5×20mm，0.315A，250V。

（7）存储器电池寿命为典型 7 年。

第十一节　自动混音台

【例 7-13】SHURE SCM810/810E　8 通道传声器混音器。

一、前面板功能件说明（见图7-127）

（1）传声器通道增益控制旋钮1~8。用来调节各传声器通道的增益。

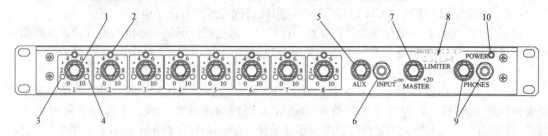

图7-127　SHURE SCM810　8通道传声器混音器前面板图

1—传声器通道增益控制旋钮；2—输入指示发光二极管；3—低切滤波器；4—高频均衡；5—辅助电平控制；6—辅助输入口；7—主电平控制；8—输出电平指示器；9—耳机控制和耳机插口；10—电源指示灯

（2）输入指示发光二极管1~8。发绿色光时表示该通道被激活，也就是有信号输入；发红色光时表示已经进入比削波电平低6dB的大小，要注意信号可能出现削波，需要适当减小增益。

（3）低切滤波器1~8。用螺丝刀调节低切频率以减少不需要的低频信号。

（4）高频均衡1~8。提升或衰减中频/高频部分以补偿音色或去除嗖嗖声，属于坡形（倾斜形）曲线。

（5）辅助电平控制。调节辅助输入信号或从后面板输入的辅助输入信号大小。辅助输入从旁边的1/4in插口或后面板的1/4in辅助输入口加入。

（6）辅助输入口。混合外部辅助线路电平源到输出。

（7）主电平控制。调节混合后的总电平。

（8）输出电平指示器。9个发光二极管组成电平指示器，指示输出信号的峰值电平，最后一个发光二极管作为限幅指示。

（9）耳机控制和耳机插口。允许通过耳机监听混合后的输出信号，并且可以调节耳机的音量。

（10）电源指示灯。通电时发绿色光。

二、后面板功能件说明（见图7-128）

（1）交流电源插座和开关。插交流电源线，用于电源开关开机。

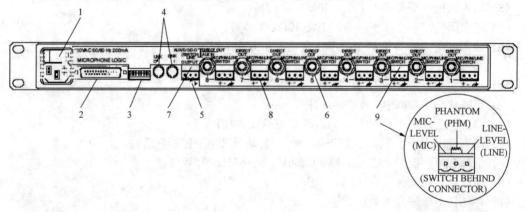

图7-128　SHURE SCM810　8通道传声器混音器后面板图

1—交流电源插座和开关；2—传声器逻辑插座；3—DIP开关；4—连接IN/OUT插座；5—线路输出连接器；6—直接输出插座；7—辅助/D. O. /D. O. 开关；8—输入通道1~8可更换连接器条；9—输入通道1~8传声器/幻象电源/线路开关

（2）传声器逻辑插座。DB-25 公插座，各通道的门输出（GATE OUT）、静音输入（MUTE IN）、超越输入（OVERRIDE IN）的逻辑终端接口。注：这不是 RS-232 口。

（3）DIP 开关。7 位 DIP 开关，设置混音器的选项安装。开关位置和功能显示如图 7-129 所示。后面板的 DIP 开关提供表 7-10 的设置选项，显示的粗体字是工厂设置位置。

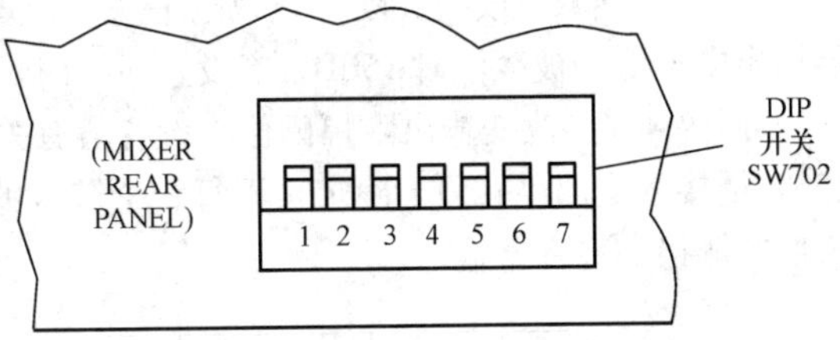

图 7-129　可改变功能 DIP 开关

（4）连接 IN/OUT 插座。允许多台混音器联合应用，最多可以接 50 台混音器。

（5）线路输出连接器。有源平衡线路电平信号输出到放大器、录音机或其他混音器。输出能被改变为传声器电平。

（6）直接输出插座。提供从每个通道非门控辅助电平信号。直接输出是在衰减器前和均衡前，能够被改变作为一个门控通道输出用，送出/接收插入点，或外部的语言门用于混音调音台。

（7）辅助/D.O./D.O. 开关。位于线路输出连接器后面，用来选择通道 8 的直接输出插座作为辅助输入功能还是直接输出功能，打向左边位置是辅助输入，中间位置和右边位置是直接输出。

（8）输入通道 1～8 可更换连接器条。有源平衡传声器或线路电平输入。

（9）输入通道 1～8 传声器/幻像电源/线路开关。位于可更换连接器条后面，开关打向左边位置是传声器电平，中间位置是传声器带 48V 幻像电源，右边位置是线路输入电平信号。

三、SHURE SCM810　8 通道传声器混音器功能

（1）DIP 开关 SW702 功能见表 7-10。

表 7-10　　　　　　　　　　　　　　　　DIP 开关 SW702 功能

开关功能	手动/自动	最后传声器锁定	保持时间	关—衰减电平	限幅阈值	链接局部/全部
开关位置号→	1	2	3	4	5、6	7
开关向上	自动	通	0.4s	15dB	5 向上 　=限幅关 6 向上 5 向下 　=+8 dBm 6 向上	全部
开关向下	手动	在保持时间后所有传声器断	1.0 s	∞（完全关）	5 向上 　=+16 dBm 6 向下 5 向下 　=+4dBm 6 向下	局部

1）手动/自动。在手动位置自动功能被消除，在手动模式，功能作为标准的 8×1 混音器。

2）最后传声器锁定。最后传声器锁定特性保持最多的最近被激活传声器接通，直至一个新的传声器被激活取代它的位置。当消除时，在它们预设保持时间后传声器被关掉。

3）保持时间。调整被激活传声器（传声器没有被锁定）在讲话人停止讲话后多长时间关断，选择 0.4s 或 1.0s。

4）关断—衰减。改变关断—衰减电平从 15dB 到无穷大（∞）。当设置在 15dB 时，不用的传声器输出电平低于被激活时 15dB。当设置在∞时，不用的传声器被完全关断。

5）限幅阈值。改变输出限幅阈值。设置值有关断（工厂设置）、＋16、＋8dBm 或＋4dBm。

6）链接（全部/局部）。确定是否每一个链接的 SCM810 输出仅包含它自己的节目输出，或是全部被链接的混音器输出。

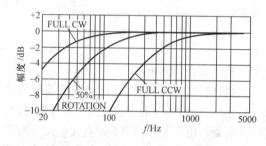

图 7-130 低切滤波器频率响应

（2）频率均衡功能。

1）低切滤波器（高通）。低切（或高通）滤波器允许所有高于截止点频率的信号没有衰减地输出，低于截止频率的信号被衰减（见图 7-130）。

截止频率点定义为相对于平直部分低 3dB 的频率点。低于截止点，其斜率为每倍频程 6dB，属于单极点低切滤波器。

2）高频坡形频率均衡。固定频率均衡在 5kHz 以上产生 6dB 的提升或衰减（见图 7-131），图 7-130 中最上面一条曲线代表电位器顺时针到头时的特性，中间一条曲线代表电位器旋转到 50％时的特性，最下面一条曲线代表电位器逆时针旋转到头时的特性。

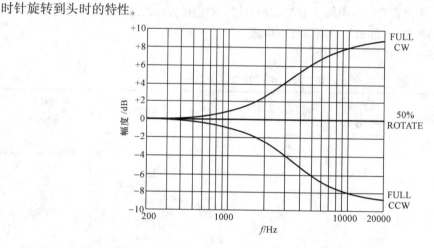

图 7-131 高频均衡特性

四、技术指标

（1）频率响应（基准 1kHz，通道控制器在中间位置）为 50Hz～20kHz、2dB，－3dB 点在 25Hz。

（2）电压增益（典型，控制器顺时针到头）见表 7-11。

表 7-11

电 压 增 益

输入	输 出/dB		
	线 路	耳 机	直接输出
低阻抗传声器（150Ω）	80dB	88dB	34dB
线路	40dB	48dB	－6dB

续表

输入	输出/dB		
	线 路	耳 机	直接输出
辅助	44dB	52dB	—
送出/返回	20dB	28dB	—

输 入			
输入	阻抗/Ω		输入消波电平/dBV
	设计用于	实际（典型）	
传声器	19~600	1.6	−15
线路	≤2	10	+22
辅助	≤2	10	+22
送出/返回	≤2	10	+18

输 出			
输出	阻 抗/Ω		输出削波电平/dBV
	设计用于	实际（典型）	
线路	>600	60	+18
耳机	8~200，推荐60	300	+12
直接输出	>2000	1000	+18
送出/返回	>2000	1000	+18

（3）其他指标见表7-12。

表 7-12 其 他 指 标

总谐波失真	<0.1% 在+18dBV输出电平，50Hz~20kHz（通过20Hz~20kHz滤波器，输入1，主控制在5，所有其他控制器全部反时针到头）	
哼声和噪声	等效输入噪声	−125dBV（150Ω源阻抗，通过400Hz~20kHz滤波器）
	等效输入哼声和噪声	−123dBV（150Ω源阻抗，通过20Hz~20kHz滤波器）
	输出哼声和噪声（通过20Hz~20kHz滤波器，通道控制器反时针到头）	主控制器反时针到头−90dBV
		主控制器顺时针到头−70dBV
共模抑制比	>70dB 在1kHz	
极性	传声器/线路，输出和输入同相位，辅助输入到所有输出反相位	
输入通道激活	起动时间	4ms
	保持时间	0.4s（可以切换到1.0s）
	衰减时间	0.5s
关断—衰减	15dB（可以切换到∞）	
均 衡	低频	6dB/倍频程，拐点从25~320Hz可调
	高频	±6dB 在5kHz，±8dB 在10kHz，坡形（倾斜型）

续表

限　幅	类型	峰值
	可调阈值	off、+4、+8、+16dBm（在输出）
	起动时间/ms	2
	释放时间/ms	300
指示灯	当发生限幅时红灯亮	
输入指示灯	通道被激活时绿灯亮，在削波以下 6dB 红灯亮	
幻像电源	DC 46V 开路，每脚通过 6.8kΩ 串联电阻	
尺　寸	44.5mm（H）× 483mm（W）×317mm（D）	
净　重	4.3kg	

第十二节 功率放大器

一、功率放大器的定义和用途

功率放大器简称功放，是对音频信号进行电压、电流综合放大得到功率放大的。功率放大器在系统图中的位置在扬声器系统前面，它的输出直接送到并驱动扬声器系统。由于功率放大器的输入灵敏度一般在 0dB 左右，所以加到功率放大器的输入信号一般取自调音台或周边设备的 0dB 输出信号。而对于像传声器等低电平的输出信号，必须经过前置放大器放大或调音台进行电压放大后才能推动功率放大器。前置放大器、调音台或周边设备输出的都是电压信号，只能输出极小的电流，不是功率信号，所以它们不能用来驱动扬声器系统。必须经过功率放大器将音频电信号进一步做电压放大，最后对电流和功率进行放大，使其具有足够的功率输出才足以推动扬声器系统工作，也就是推动音箱正常工作。

二、功率放大器的工作原理

下面举例一种 OCL 功率放大器的方框图来简单介绍功率放大器的工作原理，方框图如图 7-132 所示。

（1）平衡输入、不平衡输入插口。

（2）平衡→不平衡转换级。其作用是将平衡输入信号转换成不平衡信号。

（3）线路输出隔离级。其作用是将输入到本功率放大器的信号通过有源隔离级后再向外输出。当一路信号要同时驱动多台功率放大器时，采用简单并机方式会降低总的合成输入阻抗，其结果是使得前级设备的实际输出信号幅度降低，也就是各个功率放大器实际得到的输入信号幅度降低，如果采用这种方式转接后，每一信号的负载阻抗都相当于一台功率放大器的输入阻抗。

（4）音量调节级。实际上是通过电位器从总输入信号中取需要的量加到后级，使输出功率为需要的值。

（5）输入级。此级的主要任务是起缓冲作用，同时提供一定的电压放大量，并且如果功率放大器出现削波现象时给出削波指示，以便操作者将音量适当减小，这一级往往采用差分放大器电路形式。

（6）主电压放大级。本级提供大的电压放大倍数，整个功率放大器的开环电压放大倍数主要靠本级提供。

（7）预推动级。由于主电压放大级只能提供极小的输出信号电流，所以本级主要是将主电压放大级提供的微小信号电流进行初步放大，将信号电流放大几十倍到一百多倍，而对信号电压不仅没有放大，反而稍微有一些降低。这一级采用射极跟随器电路，也就是共集电极电路。

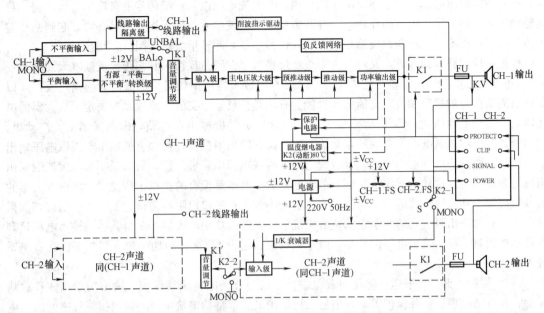

图 7-132 GZ 系列立体声功率放大器方框图

（8）推动级。将已经被预推动级放大了的信号电流进一步放大，对信号电流的放大倍数大约在几十倍到一百多倍，以便给功率输出级提供足够的信号驱动电流。与预推动级一样，对信号电压不仅没有放大，反而稍微有一些降低，这一级也采用射极跟随器电路。

（9）功率输出级。本级将再一次对信号电流进行放大，与预推动级和推动级一样，对信号电压不仅没有放大，反而稍微有一些降低，这一级也采用射极跟随器电路。本级是整台功率放大器这一通道的最后输出级，其输出电压取决于加到本级的驱动信号电压，而输出电流则主要取决于输出信号电压与负载阻抗的比值。这里说主要取决于的意思是输出电流不能随负载阻抗的无限减小而无限增大，如果超过本级的电流放大倍数与加到本级的驱动信号电流的乘积，则本级将无力提供。最大输出信号电流也受为本级工作提供的直流工作电源输出电流的限制。实际上更主要的是受输出功率晶体管的参数限制，所以使用功率放大器时一定要注意不使功率放大器过载，否则有可能超过输出功率晶体管的能力而使功率放大器损坏。

（10）负反馈网络。其作用是控制功率放大器的电压放大倍数为预定值，并且改善放大器的各种性能，例如降低失真、展宽频带等。绝大部分功率放大器的电压放大倍数在 20～40 倍，并且多数在三十几倍。所谓负反馈是指取输出信号中的一部分（取自输出电压或输出电流）加到输入端，其相位与输入信号反相，起到抵消部分输入信号的作用，这种反馈称负反馈，负反馈对放大电路有如下影响：

1）提高放大电路放大倍数的稳定性。

2）减小放大器本身产生的非线性失真和抑制干扰。

3）展宽通频带。

4）改变输入电阻和输出电阻。

负反馈对放大电路的这些贡献，是以牺牲一定量的放大倍数换来的。根据反馈信号取自输出电压还是输出电流，可分为电压负反馈和电流负反馈。根据反馈信号与输入信号的关系，可分为并联负反馈和串联负反馈，组合起来有四种负反馈形式：①电压负反馈：反馈信号取自输出电压，起到稳定输出电压、减小输出阻抗的作用；②电流负反馈：反馈信号取自输出电流，起到稳定输出电流、增大输出阻抗的作用；③并联负反馈：反馈信号与输入输入信号并联，起到减小输入阻抗作用；④串联负反馈：反馈信号与输入信号串联，起到增大输入阻抗作用。

根据负反馈路程的远近，又可分为单级负反馈（小回路负反馈）和多级负反馈（大回路负反馈），还可分为直流负反馈和交流负反馈。OCL功率放大器中一般是交、直流大回路负反馈，以保证直流工作点的稳定和改善交流放大性能。直流是全反馈，交流的反馈系数决定了放大器的电压增益。按照上面所说，OCL功率放大器中包含三级射极输出器电路，即预推动级、推动级、输出级。射极输出器电路本身的特点是输入阻抗高、输出阻抗低，再加上从输出端提取电压输出信号经过反馈网络加到输入级的差分放大电路，构成电压串联负反馈，所以说功率放大器的输出阻抗是非常低的，这样才能保证足够高的阻尼系数。并不是像有的文章中所说的，功率放大器的负载阻抗等于功率放大器的输出阻抗，实际上功率放大器的输出阻抗应该远低于负载阻抗，如果功率放大器的输出阻抗真的等于它的负载阻抗的话，那么功率放大器接上负载后的输出电压只剩下功率放大器空载时输出电压的一半，阻尼系数也只是为1，这样的功率放大器是不能在音响系统中使用的。

（11）保护电路。一般包括输出过载保护、输出端直流电位偏移保护、输出功率晶体管过热保护、开机延迟接通负载保护等。其中后三种保护最后都将功率输出级与输出接线柱之间的继电器触点脱开，从而使功率输出级与负载断开，达到保护负载、保护功率放大器的目的。

（12）削波指示驱动电路。本削波指示器是真削波指示，当输出有削波时，输出波形与输入波形比较后驱动指示发光二极管亮。

三、功率放大器的主要性能指标

（1）频率响应。功率放大器输出的电压信号随频率变化的关系，一般为20Hz～20kHz范围内不均匀度±0.5dB或更小。

（2）额定输出功率。指制造商规定的，失真限制的输出电压在额定负载阻抗上产生的功率。

（3）输入灵敏度。指功率放大器达到额定输出电压时的输入电压。

（4）负载阻抗。指制造商规定的在功率放大器输出端所接的阻抗，一般以8Ω为基础，也有标明可以接4Ω，甚至2Ω阻抗的，对于接大于制造商规定的阻抗一般不受限制。

（5）信噪比。功率放大器的额定输出电压和功率放大器的固有输出噪声电压之比，一般用dB表示，专业使用功率放大器的宽带信噪比一般为94dB以上。

（6）谐波失真。指在功率放大器输出额定功率和百分之一额定功率时输出信号中产生了输入信号以外的谐波成分，一般用百分率表示。百分之一额定功率时的失真主要考核交越失真，专业使用的功率放大器的谐波失真一般小于0.5％。

（7）阻尼系数。可以看成额定负载阻抗与功率放大器输出阻抗之比，由制造商规定，一般在几十到几百的范围，大部分功率放大器的阻尼系数都在几百左右。

（8）串音衰减。对立体声功率放大器而言，指其中一路功率放大器加额定电压时，对另一路没有加输入信号的功率放大器干扰大小，一般而言频率越高，串音现象越严重。

四、数字功率放大器的工作原理

数字功率放大器其实就是D类功率放大器，传统功率放大器都是模拟功率放大器，也就是说利用模拟电路对信号进行功率放大，放大处理的是连续信号，而D类功率放大器是一种数字功率放大器，其功率输出管处于开关工作状态，即处于饱和导通与截止两种状态的交换，用一种固定频率的矩形脉冲来控制功率输出管的饱和导通或截至。一般D类功率放大器中的矩形脉冲频率（其作用相当于采样频率）在100～200kHz，每台D类功率放大器生产出来后其矩形脉冲的频率就固定为一具体频率了，也就是脉冲周期固定了。矩形脉冲在一个周期内的宽度（或者说占空比）受到音频模拟信号的控制而改变，从而改变了功率输出管在一个脉冲周期内的导通时间，脉冲越宽（占空比越大），功率输出管在一个（采样）脉冲周期内导通时间越长，则输出电压就越高，输出功率就越大，PWM调制波形图如图7-133所示，图7-133（a）是模拟信号波形，这里以半个正弦波为例，图7-133（b）是输出管导通状况，在各个脉冲周期内，导通时间长短不一（也就是脉冲周期内的占空比不一样），导通时间长（占空比大），则输出功率大；反之，导通时间短（占空比小），则输出功率小，专业上称为脉冲宽度调制，用英文字母PWM（Pulse Width Modulation）表示，PWM是一种对模拟信号电平进行数字编码的方法。数字功率放大器的特点是效率远比传统的模拟功率放大器高，可以达到百分之八十甚至百分之九十。由于D类功率放大器比AB类功率放大器在功率输

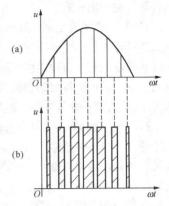

图7-133　PWM调制波形
示意图
（a）模拟信号；（b）输出管导通状况

出管上白白损耗的功率小得多，产生的热量也少得多，所以D类功率放大器的散热器可以减小，自重可以减轻。数字功率放大器电源部分采用开关电源，包括功率输出部分的直流供电电源在内均是稳压电源（一般模拟功率放大器的功率输出部分的直流供电电源不是稳压电源），因此整机效率将进一步提高，可以设计出输出功率相当大的数字功率放大器。早期的D类功率放大器失真比较大，经过科技工作者的不断努力，目前D类功率放大器的失真已经降到较低水平，可以满足专业音响的要求。但是由于D类功率放大器功率输出管的开关频率很高，功率又很大，所以难免会有信号泄漏，这样也就容易引起信息的泄漏，所以在一些需要保密的场合还是以不采用D类功率放大器为好。目前一些数字功率放大器产品已经同时具有模拟输入口和数字输入口，既适合模拟信号输入，也可以数字信号输入，所以应用更灵活。

五、功率放大器的使用

（1）功率放大器原则上不能并联输出。绝大部分情况下，不允许两路功率放大器的输出并联连接，即不允许将一台立体声功率放大器的两路输出的红色接线柱相互连接起来，两路输出的黑色接线柱相互连接起来这样使用。由于每路功率放大器的电路是由很多元器件组成的，两路功率放大器的电路元器件很难做到参数完全一致，尤其是晶体管的参数一般离散性比较大，所以两路功率放大器很难做到性能参数完全一致，比如两路功率放大器的电压放大倍、频率响应、输出—输入间的相位移等参数可能不同，尤其是输出—输入的相位移，甚至差异很大，特别是高频时，两路功率放大器的输出—输入相位移可能相差很多度（直至接近反相），这样就可能在同一输入信号作用下，一路功率放大器输出是正最大时，另一路功率放大器的输出是接近负最大，造成两路输出信号之间接近反相，这样两路功率放大器之间接形成了互为负载的状态，而功率放大器的输出阻抗都很低，一般小于0.08Ω（也就是阻尼系数大于100），使得功率放大器接近处于负载短路状态，实际输出电压会变得很低，很可能造成功率放大器损坏。目前市场上只有极少数型号的立体声功率放大器可以两路并联输出，这样的立体声功率放大器会在使用手册中明确说明可以并联输出，如果功率放大器使用手册中没有明确说明可以并联输出的，则原则上是不允许并联输出的。即使功率放大器使用手册中明确说明可以并联输出的那些功率放大器，也只是限于本台功率放大器的两路输出之间并联，而不允许两台同型号功率放大器之间并联输出。

（2）专业功率放大器通常的几种输出模式。目前专业立体声功率放大器大概有以下几种输出模式，即立体声输出（STEREO）模式、单声道输出（MONO）模式、桥接单声道输出（BTL）

模式等三种输出模式。

1）专业功率放大器立体声输出。专业功率放大器在立体声输出（STEREO）模式时，工作模式选择开关打向立体声输出（STEREO）模式，功率放大器的左、右声道信号输入口分别与前面设备的左、右声道输出线相连接，功率放大器左、右声道输出端分别接左、右声道音箱，功率放大器左、右声道各自的音量控制旋钮（LEVEL）分别控制各自通道的输出电压大小（输出功率大小），这是一种最普通、最简单的使用模式。

2）专业功率放大器单声道输出。专业功率放大器在单声道输出（MONO）模式，工作模式选择开关打向单声道输出（MONO）模式，输入信号从功率放大器的左声道（A声道、1声道）输入口加入，用左声道（A声道、1声道）音量控制旋钮（LEVEL）同时控制左、右声道两路输出的信号电压大小（输出功率大小），此时右声道（B声道、2声道）输入口和音量控制旋钮（LEVEL）的信号通路都已在内部被开关切断，所以即使调节右声道音量控制旋钮也不起作用了，同样右通道输入即使插入输入信号线也没有作用了，左、右声道输出的是同相位、同幅度的相同信号，都与输入信号同相位，如图7-134波形图中标有MONO文字所指两路波形。图7-134中最上面的一条曲线，是加到功率放大器（左声道输入口）的输入电压信号波形；第二条曲线是MONO工作模式时的左声道输出电压信号波形，它与输入信号同相位（在不考虑放大电路引入的附加相移条件下），只是电压幅度变大了；第三条曲线是MONO工作模式时的右声道输出电压信号波形，它也与输入信号同相位（在不考虑放大电路引入的附加相移条件下），电压幅度与左声道输出相等；第四条曲线是BTL工作模式时的左声道输出波形，它与输入信号同相位（在不考虑放大电路引入的附加相移条件下），只是电压幅度变大了。MONO输出模式只要一路输入信号即可，可以用于推动迪厅音箱和舞台返送音箱。

3）专业功率放大器桥接单声道输出（BTL）。专业功率放大器在桥接单声道输出（BTL）模式，工作模式选择开关打向桥接单声道输出（BTL）模式，输入信号从功率放大器的左声道（A声道、1声道）输入口加入，用左声道音量控制旋钮（LEVEL）同时控制左、右声道两路输出信号的电压大小，此时右声道（B声道、2声道）输入口和音量控制（电位器）旋钮（LEVEL）的信号通路都已在内部被开关切断，左声道输出的是与输入信号同相位、幅度被放大了的信号，右声道输出的是与输入信号反相位、幅度与左声道输出信号幅度绝对值相同的信号，如图7-133波形图中标有BTL文字所指两路波形，最下面一条曲线是BTL工作模式时的右声道输出波形，它与输入信号反相位（在不考虑放大电路引入的附加相移条件下），也就是与左声道输出反相位，电压幅度绝对值与左声道输出相等。这种输出模式也只要一路输入信号即可，通常在音箱额定输入电功率很大时使用，用一台立体声功率放大器的两路功率放大器共同推动一只音箱，由于左、右声道输出是同幅度、反相位，所以加到音箱上的电压是单路输出电压的两倍，那么功率就是四倍了，所以一般应将左声道（A声道、1声道）的音量控制

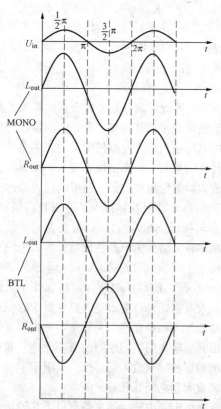

图7-134　MONO和BTL输出波形图

旋钮（LEVEL）从最小开始慢慢往大调节，到音量满足要求为止。从波形图中看到，由于左声道功率放大器的输出是与输入信号同相位的，所以左声道功率放大器的红色输出接线柱（正端）应接音箱的红色接线柱（正端），右声道功率放大器的红色输出接线柱（正端）应接音箱的黑色接线柱（负端），接线示意图如图7-135所示。由于一台立体声功率放大器只能推动一只音箱，所以一对音箱就需要两台相同的立体声功率放大器来推动，但是接线时不论推动的是左音箱，还是右音箱，接线方法都是左声道功率放大器的红色输出接线柱（正端）应该接音箱的红色接线柱（正端），右声道功率放大器的红色输出接线柱（正端）应该接音箱的黑色接线柱（负端），其区分左、右声道的是前面设备输出的是左声道信号，还是右声道信号加

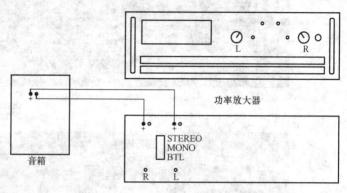

图 7-135　功放 BTL 输出音箱接线示意图

到处于 BTL 工作模式的立体声功率放大器，如果是取自前面设备的左声道信号，则功放输出用来推动左音箱；反之，如果是取自前面设备的右声道信号，则功放输出用来推动右音箱。

【例 7-14】皇冠 CE2000TX 功率放大器。

图 7-136 是其前、后面扳图。功率放大器的使用没有太多的技术问题，主要是注意所接负载是否符合本功率放大器技术指标的要求，接线是否可靠，应绝对避免使功率放大器的输出端出现短路现象，要经常注意削波指示灯是否亮，应该避免削波指示灯出现亮的情况。要经常注意故障指示灯是否亮，一旦故障指示灯亮，应立即关掉功放电源，在断开负载的情况下通电检查。一定要保证功率放大器的通风良好，以便有良好的散热条件，必要时可以用外部的电风扇给功率放大器散热。根据所接负载情况接线和操作后面板相应功能开关，例如在作为立体声功率放大器使用时，将开关打向立体声位置，两只音箱各自接在左、右路输出端；当作为桥接使用时，音箱接在两路功放的红色输出接线柱（＋端）间，黑色接线柱（－端）空着不接，接音箱红接线柱的导线与左路功放的红色接线柱相接，接音箱黑色接线柱的导线与右路功放的红色接线柱相接，相位不要接反。皇冠 CE2000TX 型功率放大器原理框图如图 7-137 所示。

技术指标为：

（1）输出功率。

1）1kHz 在 $THD<0.5\%$ 时，双通道输出，4Ω（每通道）660W；双通道输出，8 Ω（每通道）400W。

2）1kHz 在 THD 0.1% 时，桥接单声道，8Ω 1，320W。

（2）特性参数。

1）频率响应（在 1W，20Hz～25kHz）小于±0.2dB。

2）相位响应（在 1W，20Hz～20kHz）小于±15°。

3）信噪比（20Hz～20kHz）＞100dB。

4）总谐波失真（THD）（在额定功率，20Hz～20kHz）小于 0.5%。

5）互调失真（IMD）60Hz 和 7kHz 在比例是 4：1，从 163mW 到满带宽功率小于 0.1%。

6）阻尼系数（10Hz～400Hz）大于 400。

7）串音衰减（低于额定功率，20Hz～20kHz）大于 55dB。

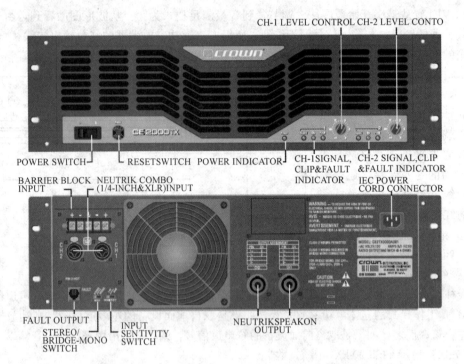

图 7-136　皇冠 CE2000TX 功率放大器前、后面板图

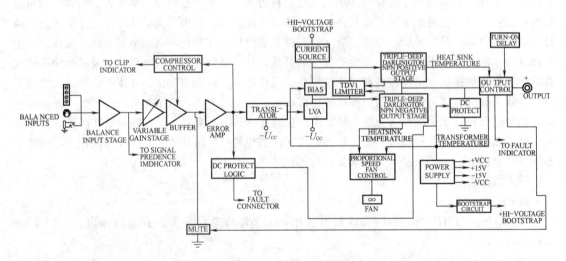

图 7-137　皇冠 CE2000TX 功率放大器原理框图

POWER SWITCH—电源开关；RESET SWITC—复位开关；POWER INDICATOR—电源指示灯；CH—1 SIGNAL, CLIP & FAULT INDICATOR—通道 1 信号削波和故障指示灯；CH-2 SIGNAL, CLIP & FAULT INDICATOR—通道 2 信号削波和故障指示灯；CH-1 LEVEL CONTROL—通道 1 电平控制；CH-2 LEVEL CONTROL—通道 2 电平控制；BARRIER BLOCK INPUT—接线端子输入口；NEUTRIK COMBO—NEUTRIK 输入口（可以用卡侬插头或大三芯插头输入）；IEC POWER CORD CONNECTOR—电源线插座；FAULT OUTPUT—故障（指示）输出；STEREO /BRIDGE-MONO SWITCH—立体声/桥接—单声道输出转换开关；INPUT SENTIVITY SWITCH—输入灵敏度开关；NEUTRIK SPEAKON OUTPUT—NEUTRIK 扬声器输出口

8）共模抑制比（CMRR）（20Hz～1kHz）大于 70dB。

9）直流输出偏移（输入短路）为 ±10mV。

10）输入阻抗为平衡 20kΩ，不平衡 10kΩ。

（3）负载阻抗。立体声：4 、8Ω；桥接单声道：8Ω；

（4）电压增益。26dB 灵敏度：26dB；1.4V 灵敏度：32.1dB。

（5）交流电源为 50/60Hz，AC100～240V。

（6）尺寸。宽、高、深（EIA 标准）分别为 19″（48.3cm）×5.25″（13.34cm）×12.25″（31.11cm）；

（7）净重、毛重分别为 40.3lb（18.28kg），46.4lb（20.98kg）。

🔊 第十三节 媒 体 矩 阵

矩阵可以分为模拟矩阵和数字矩阵，模拟矩阵是由模拟电路加上开关组成的，在输入、输出路数稍微多些时，设备就会变得比较大了。数字矩阵是在数字电路技术发展到一定水平后产生的，它的特点是一个不太大的设备就能完成相当数量的输入、输出路数的组合切换。由于现代计算机技术的发展，加上 DSP（数字信号处理）性能的高速发展，无论在信号处理能力上，还是在信号处理速度上都已经达到相当高的水平，再加上有先进的软件配合，所以今天的数字媒体矩阵除了能完成最基本的矩阵功能，也就是将任何输入通道的信号按照需要加到任何的输出通道去之外，增加了很多其他的功能，甚至将一些设备的功能做在媒体矩阵中。目前的媒体矩阵，有的规模不是很大，内部包含的设备不是很多，但是作为一个不是很大的系统也够用了；有的做得规模非常大，功能也非常强，适合于大型系统，当然其价格也比较高，但是作为大型系统，其价格还是可以接受的，有的媒体矩阵能同时处理音视频信号，下面分别介绍小型矩阵设备和大型矩阵设备。

一、小型数字矩阵

这种设备属于小型数字媒体矩阵设备，这些设备的引入应用使音响系统更简洁，使用更灵活，功能越来越完善。例如 dbx 的数字处理器 dbx480 就属于小型数字媒体矩阵设备，下面简要介绍 dbx480 数字处理器。

此数字处理器可以看成是一个比较简单的数字媒体矩阵设备，它包含了不是太多的输入、输出通道，作为不是太庞大的音响系统也够用了，还包含了相当数量和品种的周边设备，例如均衡器、压限器、电子分频器、延迟器、实时分析仪等。所有这些都是建立在功能强大的硬件和软件相结合的基础上的。使用一台数字处理器可以节省相当数量和品种的周边设备，不光节省了这些周边设备所占用的资金和空间，还由于数字处理器可以将这些设备的设置参数保存起来，当下次使用情况相同时，可以直接将这些参数调出来使用，而不必重新设置。这台设备在系统中放置在调音台和功率放大器之间，其前面板图如图 7-138 所示。

PREV PG—跳到当前所选效果菜单的前一页；NEXT PG—跳到当前所选菜单的下一页；EQ—选择均衡效果菜单（连续按可以改变各种均衡参量）；XOVER—选择分频模式菜单（连续按将在各种分频模式中切换）；RTA—进入 DriveRack 的实时监测模式（连续按可在各种 RTA 模

图 7-138　dbx480 DriveRack™数字音箱管理系统前面板图

式中切换）；DELAY—选择延时效果菜单（连续按可在各种延时模式中切换）；DYNAMICS—选择压缩/限幅效果菜单（连续按可以进入各种动态模式）；OTHER—选择输入和输出编辑部份；PROGRAM/CONFIG—可加载一个已选程序、加载程序模式或按住不放进入编辑配置模式；STORE—用于保存设定好的程序；UTILITY—选择功能编辑菜单；COMPARE—用于对已编辑的节目和原始（未被编辑过）的节目进行比较；PARAMETER KNOBS—参量旋钮可执行各种功能〔包括节目变化（参量1旋钮）、参量值编辑和指针导航（参量旋钮2、3）；见图7-139〕。

【例7-15】dbx型数字处理器。

（一）基本性能

（1）4路输入通路和8路输出通路。

（2）每路输入通道（在分频器前）包括31段图示均衡器或9段参量均衡器。

（3）两个实时音频分析器。

（4）电子分频器的滤波器特性包括伯特沃斯、贝塞尔、Linkwitz-Riley。

（5）27种不同的分频器结构。

（6）时间调准和扬声器单元微调延迟。

（7）每输出通道有压缩器/限幅器。

（8）扬声器补偿均衡器（在分频器后）。

（9）多级安全系统。

（二）基本模式

480 DriveRack™提供了三种不同的编辑方式。

（1）FX按钮。由12个FX按钮组成的阵列是进入各种效果模块的主要方式，如图7-140所示。

（2）NEXTPG和PREVPG按钮。在编辑界面时按下一页或前一页按钮可进行翻页。

（3）PARAMETER KNOBS。除了用参量旋钮（PARAMETER）编辑参量值外，在程序使用模式下，参量旋钮2、3可以垂直、水平移动指针。

图7-139　参量按钮

图7-140　FX按钮阵列

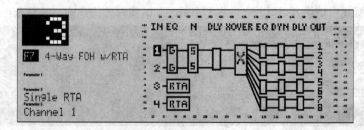

图7-141　液晶显示屏图

dbx480 液晶显示屏如图 7-141 所示，后面板如图 7-142 所示。

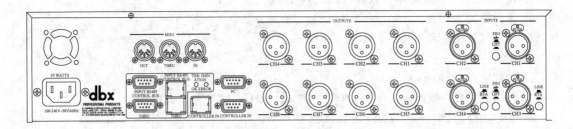

图 7-142　dbx480 DriveRack™数字音箱管理系统后面板图

IEC 电源插座：①电源电压为 100～240V，频率为 50～60Hz；②MIDI IN、OUT 和 THRU 连接器；③RS485 控制母线输入（DB-9 型连接器）；④RS485 控制 THRU 母线（DB-9 型连接器）；⑤RS485 控制母线输入（RJ-45 型连接器）；⑥RS485 控制 THRU 母线（RJ-45 型连接器）。遥控输入连接器（从 480R 遥控单元接收遥控信号）；

PC 连接：输出通路 1～8 插口，输入通路 1～4 插口。

（三）技术指标

1. 输入

1）输入通道数为 4 个（输入通道 3 和 4 可以被选为实时分析 RTA 的传声器输入）。

2）连接器为母卡侬。

3）类型为电子平衡/射频滤波。

4）阻抗大于 40kΩ。

5）最大输入电平为硬件选择＋30、＋22、＋14dBu。

6）最大输入 RTA 电平为－10dBu。

7）共模抑制比。40dB 典型，应大于 55dB、1kHz。

8）RTA 输入增益范围为 10dB～70dB，典型 60dB。

2. 输出

1）输出通道数为 8 个。

2）连接器为公卡侬。

3）类型为电子平衡，射频滤波。

4）阻抗为 120Ω。

5）输出变压器为选项。

6）最大输出电平为＋25.5dBu，负载 1kΩ；＋22dBu，负载 600Ω。

3. A/D 变换

1）类型。Type IV™变换器系统。

2）线路动态范围。大于 112dB，不计权，115dB，A 计权。

3）Type IV™动态范围。瞬态信号 127dB，A 计权，22kHz 带宽；瞬态信号 125dB，不计权，22kHz 带宽；节目信号 119dB，A 计权，22kHz 带宽。

4）采样率为 48kHz。

5）字长（量化）为 24bit。

4. D/A 变换

1）动态范围。112dB，不计权；115dB A，计权。

2）采样率为 48kHz。

3）字长（量化）为 24bit。

5. 系统

1）内部字长为 48bits。

2）总谐波失真＋噪声为 0.003％典型＋4dBu，1kHz，输入增益 0dB。

3）频率响应为 20Hz～20kHz，±0.5dB。

4）串音小于－85dB，1kHz，输入增益 0dB。

6. 前置均衡器

1）类型。每通道一个 31 段图示均衡器或每通道一个 9 段参量均衡器，在通道 3 和 4 中可以用实时分析 RTA 代替均衡器。

2）调节范围为±12dB。

7. 陷波器

1）数量。每输入通道 1～5 个，所有输入通道的总数不超过 10 个。

2）前置延时。每通道最长 680ms。

8. 分频器

1）类型。1×2，1×3，1×4，1×5，1×6，2×3，2×4，2×5，2×6，2×7，2×8，3×4，3×5，3×6，3×7，3×8，4×6，4×8。

2）滤波器类型。Butterworth、Bessel 或 Linkwitz-Riley。

3）斜率为 6、12、18 或 24dB/倍频程，在 Butterworth 或 Bessel 型滤波器；12、24、36 或 48dB/倍频程，在 Linkwitz-Riley 型滤波器。

9. 后置均衡器

1）类型为参量均衡器。

2）数量为每输出通道 4 段均衡。

3）调节范围为±15dB。

10. 动态处理

1）类型为压缩器/限幅器带 PeakStopPlus™。

2）启动/释放。依赖节目。

3）链接。全部 8 段都能链接。

11. 后置延时（驱动调准）

延迟时间为每输出通道最长 170ms。

12. 粉红噪声发生器

位置在选择的输入通道插入粉红噪声。

13. 相位补偿。

1）数量为每输出通道一个。

2）调整范围为 0～180°相位移。

3）输出极性为可翻转。

二、大型媒体矩阵举例

美国百威公司的 MediaMatrix 媒体矩阵是一种将硬件和软件以及通信协议集成为一体化的专业音响设备，是一个综合了硬件、软件、设计，可提供一个稳定、有效率、功能强大的音频处理系统。基于强大的 DPU 处理器，媒体矩阵内含多个音响设备、图形元素、测试工具、诊断工具。系统设计者可通过操作一个很直观而简洁的界面，设计、设定与控制整个复杂的音响系统。将音响设计和应用集于一身来完成，使得工程设计师在进行通常设计的时候，充分享受了计算机带来的便利。例如通常的模拟设备如果想拔掉一条设备连线，我们必须走到机柜后面，按照图纸拔下这根连线；但是在媒体矩阵中就完全不同了，您只要用鼠标点击一下不需要的连线，然后按键盘上的"Del"就行了，和我们通常的文字处理是一样的。同样的，如果需要第二台均衡器，只需按动鼠标将第一台均衡"拷贝"再"粘贴"，就是这样方便。因为媒体矩阵的软件设计就是使用我们每天都在接触的微软（Microsoft）公司出品的 Windows 操作平台。每一个 MediaMatrix 媒体矩阵系统由四个基本部件组成：主机、操作系统、数字处理部分和声音输入/输出设备。这种系统有很强的扩展性——从基本的单装卸处理器到大型多通道并行音频处理网络。

媒体矩阵的硬件包括主机（Frame）和接口箱（Break－Out－Box）。主机为媒体矩阵提供一个对信号进行操作和处理的环境；接口箱就是音频的输入、输出接口，也就是能够进行 A/D、D/A（模数、数模）的转换设备。在设备的数据库中存有各种不同种类的自动调音台、信号路由器、自动反馈抑制器、自动语音播放器、逻辑门、信号显示器、数字式可调整参量均衡器和图示均衡器、二分频至多分频的分频器、延时器、激励器、压缩限幅器、扩展器、噪声门、低音处理器、变调器、接线分配器、信号发生器、测试仪等超过 250 种音频信号处理器，这些处理器通过软件将它们集成在一部主机之中。也就是说，一部主机可以代替上百种音频处理设备。系统通过接口箱把音频信号转化成数字信号，以便可以在主机内部实现对音频信号的处理，处理后的信号还要转化成模拟信号，以便输出。媒体矩阵的硬件系统完成了从音源输入到信号输出至功率放大器输入端之间的所有声音处理。

MediaMatrix 媒体矩阵的主机分为三种类型：X-Frame、Miniframe、Mainframe。对于小型系统来说，X-Frame 就可以完成，X-Frame 是基于数模转换设备和主机为一体的最小型的媒体矩阵设备。对于中型的系统来说，用 Miniframe 来完成，Miniframe 的主机和数模转换设备是分离的，这样它的声音处理能力和功能比 X-Frame 强大得多。对于大型的系统，要用 Mainframe 来完成，它的主机和数模转换设备也是分离的，有比 Miniframe 还强大的处理能力。

（一）最小型设备 X-Frame（见图 7-143）

媒体矩阵最小型的 X-Frame 是不同于 Miniframe 和 Mainframe 的媒体矩阵设备，Miniframe 和 Mainframe 只是媒体矩阵的主机，而 X-Frame 可以被认为是主机和数模转换设备集于一体的媒体矩阵设备，这个仅有

图 7-143　最小型设备 X-Frame

1U（44mm）高的 X-Frame 可以完成对信号的所有处理和转换功能。它的内部相当于固化了一块 DPU 卡，从而实现系统中多种音频设备的功能。一个 X-Frame 可提供 8 路线路输入和 8 路线路输出。另外每个 X-Frame 有两组扩展接口，用户可以通过这两组扩展接口连接两个接口箱（BOB）来增加输入、输出通道的数量，使其并行处理 24 路输入和 24 路输出音频信号，这两个接口也可用于多台 X-Frame 的连接。X-Frame 还有不同于 Miniframe 和 Mainframe 的一个方面，就是针对 X-Frame 产品的控制软件——Xware。而 Miniframe 和 Mainframe 共同使用一种软件。由于 X-Frame 的功能相对功能比较少，所以它的软件也要有所区别。

（二）Miniframe（见图 7-144）

Miniframe 是媒体矩阵的小型主机，它具有对转换成数字信号的音频信号进行处理的功能。

图 7-144 小型主机 Miniframe

目前的 Miniframe 有 4 种型号：Miniframe108nt、Miniframe208nt、Miniframe208nt-aes、Miniframe208nt-cn。这几种型号的区别在于主机内部的 DPU 卡有所不同。用户需要根据声源的性质来选择相应的 DPU 卡。Miniframe 主机最多可以支持两块 DPU 卡，如果要支持更多的 DPU 卡，可以选用 Mainframe 主机。

（三）大型主机 Mainframe（见图 7-145）

Mainframe 是媒体矩阵的大型主机。它是媒体矩阵里处理功能最强大的主机设备。目前，它包括 MM700 和 MM900 两个系列，它们的区别在于内部的配置不同，例如 MM-760nt 采用的是奔腾Ⅲ 700MHz 的 CPU、128M 内存，而 MM-960nt 采用奔腾Ⅲ 800MHz 的 CPU、512M 内存，另外它的电源和硬盘也有所改善，这样可以保证系统更稳定地工作，以便于处理更大量的信号。MM-980nt Mainframe 大型的媒体矩阵主机最多可以支持 8 块 DPU 卡。

（四）DPU 卡

DPU——Digital Processing Units，数字处理单元。DPU 卡成为媒体矩阵的核心，在媒体矩阵系统里不需要再添加任何类似调音台、均衡器、效果器和反馈抑制器等一系列周边和中间设备，我们就可以对声音进行复杂处理，这些处理功能都是通过这个功能强大的 DPU 数字处理单元来完成的。DPU 是一块集成的卡，每块 DPU 卡包含了 4 片摩托罗拉 5600 280MHz DSP（Digital Signal Processing 数字信号处理）芯片，采用 24bit 处理。由于每片 DSP 可以处理 8 路输入和 8 路输出（8×8）信号，所以一块 DPU 卡可以同时并行处理 32×32 路信号。DPU 卡通过 ISA 插口与主机的主板相连接，主机的主板上有多余的 ISA 插槽，可供用户增加 DPU 卡的数量。媒体矩阵对声音处理能力的大小，取决于主机里含有 DPU 卡的多少，更多的 DPU 卡可

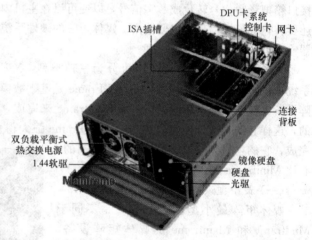

图 7-145 大型主机 Mainframe 外形图

以提高对信号的处理能力，以适应更大、更复杂的系统。媒体矩阵所有的数字处理过程都在 DPU 卡上。每个 DPU 卡有 4 个 DSP 芯片，每个 DSP 芯片的运转能力是有限定的。当一个 DSP 芯片全被占用时候，同一块 DPU 上的下一个 DSP 芯片便开始运转。这样一直持续到一块 DPU 的 4 个 DSP 芯片全部使用完。DPU 卡上一个接一个 DSP 芯片传递信号被称作 LDAB（local digital audio bus 局部数字音轨）传输，这个也可以被称为"Intercell Nets"。每个 DPU 最多可以到 254 个数字音轨传输。当一个 DPU 卡的容量被完全占用的时候，信号将从第一块 DPU 卡转移到第二块 DPU 卡，以此类推。系统当中需要多个 DPU 卡并行处理数据时，普通的 PC 机总线根本无法提供足够的带宽，所以 DPU 卡之间的连接需要依靠插入 DPU 卡顶部带状的电缆，来完成 DPU 卡之间的信号传输，而不再依赖 PC 机系统。这个带状电缆被称作 DAB 电缆。信号可以从一块 DPU 传递到另一块 DPU 卡，这个过程被称为 DAB（数字音轨）传输，在媒体矩阵编辑系

统里称为"Interboard Net"。根据对音频信号处理功能的不同，DPU 卡有三种型号。

（五）接口箱（Break-Out-Box）

根据处理的信号类型不同，接口箱分为三大类：MM-88××系列、CAB 系列和 16XT 系列。一般将 MM-88××系列称为 BOB。不论哪种型号，都属于模数、数模转换设备，它们的功能都是将音频信号转换成可供 DPU 处理的数字信号。

1. MM88××

MM88××用来连接模拟音频信号，它为模拟音频信号的数字处理搭建了桥梁。由于 MM88××每种设备内部晶振的频率有所不同，导致了有不同的采样频率，并且可以三个同时共享同一个采样频率。根据支持的采样频率不同，可分为以下几种型号：MM8830、MM8840、MM8848 和 MM8802。由于 MM8830 内部只有一个 32kHz 的晶体振荡器，所以它只支持 32kHz 的 A/D、D/A 采样频率，相似的 MM8840 支持 44.1kHz 的采样频率，MM8848 支持 48kHz 的采样频率，对于 MM8802 来说，它是最新的一种产品，由于在它的内部集成了 32、44.1kHz 和 48kHz 三个晶体振荡器，所以它可以支持三种不同的 A/D、D/A 采样频率。用在同一媒体矩阵系统中的所有 MM88××必须使用同一个采样频率，不同的采样频率是不能被混用的。采样频率在 MM88××设备上选择，同时媒体矩阵软件上也要选择相应的采样频率。系统当中软件必须与接口箱（BOB）选择同样的采样频率。如果把 MM88××连接到不同采样频率的媒体矩阵系统中，MM88××将自动哑音，这样系统将发不出任何声音。另外，要指出的是 BOB 接口箱需要尽可能接近媒体矩阵计算机。MM88××规定使用 6ft（1.8288m）电缆，如果使设备完全的工作，就不可再加长。如果想让 MM88××与媒体矩阵计算机相隔更长一段距离，应该使用以太网的 CAB 设备或使用新的 MM8802 RJ 型号连接，这种设备将接口箱和媒体矩阵计算机的连接距离提高到 50ft（15.24m）。下面以 MM8802 为例，对接口箱进行介绍。

模拟信号进入 MM8802 接口箱后，首先要经过输入灵敏度的限制，之后再经过模拟信号增益调整，才进入模拟信号向数字信号的转化过程，再将转化后的信号送出去。这里值得指出的是，对输入灵敏度的限制和模拟信号的增益调整都在软件内部进行设置。对于送回来的数字信号，MM8802 接口箱首先将其转化成模拟信号，再经过模拟信号电平调整和输出电平控制，送给后级设备，其中模拟信号电平调整和输出电平控制也是在软件内部进行设置的。以下是 MM8802 的前面板和后面板介绍，如图 7-146、图 7-147 所示。希望更能直观地了解 BOB 接口箱。

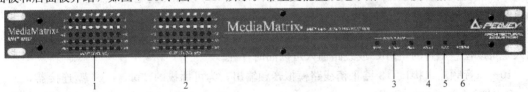

图 7-146　MM8802 前面板

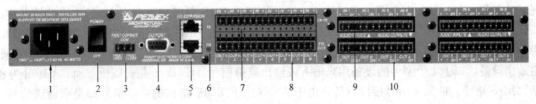

图 7-147　MM8802 后面板

（1）MM8802 前面板。

1——五段 LED 输入电平显示：显示了输入的模拟信号转换成数字信号后，数字音频信号的输入电平。

2——五段 LED 输出电平显示：显示了在数字信号转换成模拟信号前，数字音频信号的输出电平，而不能体现输出的模拟信号的电平值。

3——采样频率 LED 显示：指示当前的运行采样频率。采样频率决定于连接媒体矩阵系统编译的配置。MM 8802 可以采用 32kHz、44.1kHz 或 48kHz。

4——故障 LED 灯：当这个 LED 亮的时候，便有故障发生在 MM 8802 的硬件当中。在正常操作下这个 LED 灯是灭的。这个 LED 和后面板的故障接口是联系在一起的，如果后面板故障连接接口出错误，则 LED 灯就会有所显示。

5——链接 LED 指示灯：当这个 LED 亮的时候，说明 MM 8802 成功地连接了媒体矩阵系统。在正常操作下这个 LED 灯是亮的。

6——电源 LED 指示灯：设备通交流电后，如果后面板电源开关打开，那么这个 LED 灯亮表示了系统有电，可以进行工作。

(2) MM8802 后面板。

1——电源插座：电源插座用来连接出厂时提供的交流电源线。值得注意的是必须用原厂提供的电源线。

2——电源开关：这个开关控制电源开或关。当开关在上面位置的时候，电源打开，设备可以工作。

3——故障连接 3 个位置：可插拔的插口用于连接外部警报指示。产生故障后将反映在前面板的故障 LED 灯上。

4——LEGACY（旧型号）数字接口连接：9 针母插头 DB9 用于连接 DPU 卡。需要用百威公司提供的电缆来连接这个接口。这个接口主要用于和以前老款的 DPU 卡相连接。

5——数字接口连接：用 RJ-45 双绞线来连接 MM-DSP 卡或 X-Frame 数字音频处理产品，上边是发送接口，下面是接收接口。

6——接收指示 LED 灯：这个 LED 灯亮的时候，就说明音频数据从 DPU 成功的接收。

7——控制电压输入：8 个 2 线，DC0～10V 控制电压端口为了连接外部模拟控制。通过偶数针来提供正电压，地为参考点。奇数针为控制输入信号。

8——逻辑输出控制：8 个 2 线 TTL 逻辑输出端口。奇数针是正电压表示逻辑高电平状态。偶数针为逻辑电压接地。

9——音频输入接口：8 路平衡 MIC 或模拟线路音频输入，此接口用"phoenix"型连接器。输入是可以任意配置的，MIC 或线路输入可以同时存在。

10——音频输出接口，8 路平衡线路模拟音频输出，为可插拔的"phoenix"型连接器。

2. CAB（CobraNet. BOB）

CAB 是以太网音频传送的桥梁，它把音频信号和网络联系在一起。正因为有了 CAB 的出现，才能使音频信号在以太网上实时传输。这是由于在 CAB 设备中，有 CobraNet 技术的支持。CAB 有以下几个型号：CAB8i、CAB8o、CAB16i、CAB16o、CAB16d 和 CAB 4n。其中，CAB8i 为 8 通道输入设备，CAB8o 为 8 通道输出设备，CAB16i 为 16 通道输入设备，CAB16o 为 16 通道输出设备，以上 4 个型号的设备用来输入或输出模拟信号，CAB 4n 是音频桥。而 CAB16d 为 8 路输出/8 路输入的数字信号接口设备，由于 AES3 或 S/PDIF 格式的数字信号都是双通道信号，所以实际上 CAB16d 是 16 路输入/16 路输出的数字接口设备。可以看到，CAB 的输入和输出设备是分离的，这和 MM88×× 系列的 BOB 有所不同，所以当输入和输出通道数不同时，用户可以根据需要任意搭配。CABin 将输入的音频信号转换成数字信号后，以网络数据包（Network

Bundles）的形式发送到以太网上。而 CABout 则进行相反的工作，将以太网上接收的网络数据包转化成模拟音频信号，送给后级。下面以 CAB 8i 和 CAB16o 为例介绍 CAB，分别如图 7-148 和图 7-149 所示。

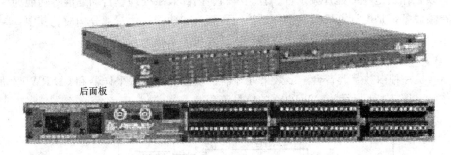

后面板

图 7-148　CAB-8i

图 7-149　CAB16o

CAB-8i 包含 8 路通道，是以太网输入的接口箱，它包括远程增益控制的 8 路传声器前置放大器（传声器和线路大小输入开关），远程幻像电源开关（+48V）和远程传声器/线路输入选择开关，同时提供 8 路分离的远程控制转换。

前面板包括 8 个 5 段的 LED 表用来监视音频信号，4 个旋钮用来设置 CAB8i 在网络上的硬件地址，还有 9 个 LED 指示灯。后面板包括 8 组平衡音频输入口，8 个继电器（relay）端口（正常、正常关闭和正常打开连接）3 种方式，8 个 TTL 输出（0～5V），8 路输入控制电压（0～10V），同轴电缆链接输入/输出插口，以太网 485 接口、电源开关和电源插座。

CAB16o 有 16 个通道，是每路输出都含有远程增益控制和哑音控制的以太网线路输出接口箱。前面板包含 16 个 5 段的 LED 表用来监视音频信号，4 个旋钮用来设置 CAB16o 在网络上的硬件地址，还有 9 个 LED 指示灯。后面板包括 8 组平衡音频输出口，同轴电缆链接输入/输出插口、以太网 485 接口、电源开关和电源插座（IEC）。CAB16o 和 CAB 8o 相比，虽然 CAB16o 在通道的数量上相当于两台 CAB 8o，但是事实上 CAB 8o 所具有的功能要比 CAB16o 强。

3. 16XT（见图 7-150）

16XT 用于连接 AES3 或 S/PDIF 数字音频信号，通过 DB37 电缆连接 MM-DSP-AES DPU 卡。由于 AES3 和 S/PDIF 本身就是数字信号，所以在它的内部就省略了输入的 A/D 转换，但是由于 DPU 卡采用了 24bit 处理，所以它要将输入信号的高倍采样转化成 24bit 的数据流，才能被 DPU 卡所接受。它的功能和 CAB16d 很类似，但是 CAB16d 可以连接以太网，而 16XT 却不能和以太网相连接。

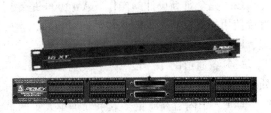

图 7-150　16XT

⚡ 第十四节 数字音频工作站

数字音频工作站是一部集音频录音、音频编辑、内部效果处理、自动缩混等功能为一身的一体化专业音频设备，是由计算机及其操作系统、音频卡和功能软件三部分构成。其中音频卡是最核心的技术，功能软件是在音频卡所提供的专用开发包的基础上开发的。

【例 7-16】YAMAHA 的 AW1600 数字音频工作站。

AW1600 是一种由数字调音台、多效果处理器、硬盘录音机、采样器和 CD-RW 驱动器构成的音频工作站。图 7-151 所示为 AW1600 的信号流程。

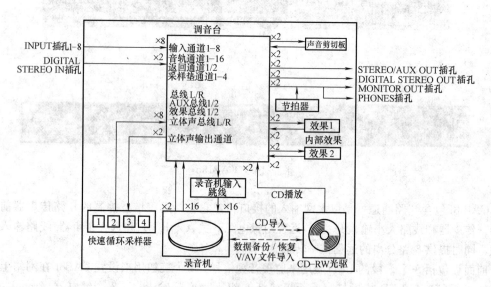

图 7-151 AW1600 的信号流程

一、组成

1. 调音台部分

(1) 拥有 36 个输入通道、功能完善的调音台。AW1600 包含一个数字调音台，共拥有 36 个输入通道，包括 8 个模拟输入通道、1 个数字立体输入通道、16 个录音音轨通道、两个效果处理返回通道。24 位 AD/DA 和 32 位内部处理可确保其音频质量，另外还提供可直接连接电子吉他或电贝斯的 Hi-Z 输入插口。

(2) 完全重新设计的操作。AW1600 是专门设计用来给音乐家（吉他手、歌唱家、鼓手等）直接使用的。仅需很少的步骤，即可将输入信号设定给相应音轨、切换监听信号并在应用效果处理、EQ、动态处理的基础上进行录音。

(3) 各通道的 4 频段 EQ 和动态处理器。几乎在每个通道上都提供 4 频段全参数 EQ 和动态处理。可从记忆库中调出所需要的预先设定，并用面板上旋钮和键快速调节这些设定。

(4) 2 个内置高质量多效果处理单元。两个内置效果处理单元可提供各种效果，包括空间效果，如回响和延迟、调制效果如合唱和镶边、吉他效果如失真和放大模拟。这些效果可通过发送/返回来使用，也可插入所需要的通道。

2. 录音机部分

(1) 8 音轨同时录音和 16 音轨同时回放（16 位乐曲），可逐个录制多个乐器音轨，也可设定多个传声器录制一组鼓音或整个乐队的演奏。还提供立体音轨用来直接混合所有 16 个音轨，可将多音轨音频和双音轨混音作为一组数据进行管理。对于多音轨和立体音轨，每个音轨都可使用 8 个幻像音轨。在录制各个声部或混音过程中，可将幻像音轨切换到多条录制，然后选择最好的一条。对于每首乐曲，录制在各个音轨上的音频数据"位深"（量化位数）可设定 16 位或 24 位。16 位乐曲允许进行 8 音轨同时录音和 16 音轨同时回放，最多可同时录音或回放 8 音轨的 24 位乐曲如图 7-152 所示。

（2）多种编辑功能。使用各种命令可对录制在某音轨上的音频数据进行复制、移动、编辑等操作。通过重复使用相同的连复段或增加合唱部数量可对乐曲结构进行详细编辑甚至大幅改动。通过"时间压缩"可在 50%～200% 的范围内压缩或扩展音频数据的时间轴。通过改变音调功能一个八度范围内升高或降低音调。可使用撤销（Undo）功能最多后退 15 步最新编辑操作。

（3）各种定位方法和自动切入/切出。7 个定位点（开始/结束、相对零点、A/B、切入/切出）和 99 个标记可定义在乐曲的任意点，以便于定位操作时的快速定位，还提供切入/切出和 A-B 重复回放功能。AW1600 还拥有按节拍谱打节拍的节拍器。

（4）声音剪贴板功能。利用声音剪贴板功能可录制和回放某输入信号而不影响录音音轨。可用该功能为某乐曲或编排的创作打草稿。

（5）固定音调的声音编辑。音调固定功能用来对某声部音轨的音调进行精确调节，以及从主声部生成合唱声部。该功能也可用来改变声部声音的特征。

3. 快速循环采样器部分

AW1600 拥有一个内置的衬垫式采样器，利用采样库可将 16 个立体声波形设定给 4 个采样垫。可读入来自硬盘的音频音轨或来自 CD-ROM 光盘或计算机的 WAV 文件。

可在专用采样垫音轨上记录按压每个采样垫的时间，供以后编辑。来自采样库的鼓乐句可定义到采样垫上，然后可录制采样垫的动作，以便将该功能用作简单的节拍器。对于整个快速循环采样器，复音最多有 4 对音符，最长回放时间为 47s 立体声（约 29s24 位乐曲）。

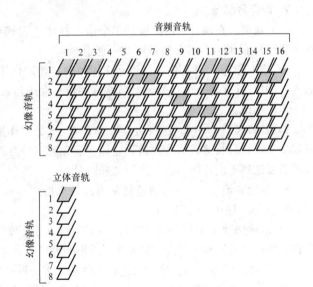

图 7-152 幻像音轨

4. CD-RW 驱动器

在 AW1600 中装有专用 CD-RW 驱动器，可利用录制在硬盘上的立体声轨制作音频 CD，定义在乐曲中标记也可用作 CD 的音轨编号，甚至可使用更高级的技巧，如在一首乐曲中定义多个音轨编号，也可用 CD-RW 驱动器备份/恢复乐曲、回放音频 CD、从 CD-ROM 光盘读入 WAV 数据。

5. 连接到计算机

通过内置 USB 接口，可将 AW1600 直接连接到某计算机。这样，即可在计算机和 AW1600 之间复制 WAV 格式的音频文件以便于在计算机应用程序中管理和处理加工，备份乐曲文件也可保存在计算机的存储媒体中。

二、AW1600 术语

1. 录音机部分

（1）音轨。录制数据的位置被称为"音轨"。AW1600 的录音机部分采用如下类型的音轨。

1）音频音轨。用来录制和回放音频数据的物理音轨被称为"音频音轨"或简称为"音轨"。AW1600 有 16 个音频音轨，可同时录制 8 个音轨，同时回放 16 个音轨（16 位乐曲）。

2）立体声音轨。独立于音频音轨 1～16，AW1600 还有"立体声音轨"，可用来录制和回放立体声音频信号。立体声音轨主要用作录制最后混音的专用缩混音轨。

3）幻像音轨。每个音频音轨 1～16 和立体声音轨由 8 个音轨构成。这些 8 个一组的音轨被称为"幻像音轨"。对于音频音轨和立体声音轨，每次只能录制或回放 1 个幻像音轨。但是，可通过切换幻像音轨继续录制其他条，同时保留此前录制的内容。

图 7-151 所示为幻像音轨的概念。横排表示音频音轨 1～16，竖列对应于幻像音轨 1～8。带阴影的区域表示当前选中正在录制或回放的幻像音轨。

（2）配对音轨。对于音频音轨 9/10～15/16，调音台将相邻的一对音轨作为一个单元来处理。这些音轨对被称为"配对音轨"。配对音轨可用来录制某立体声音源或双吉他演奏等。

（3）定位点/标记。在乐曲中指定的用来执行某功能，如自动切入/切出或 B 重复回放的点被称为"定位点"。定位点包括切入/切出点和 A/B 点，可用定位部分的键立即移动到这些点。独立于这些点，还可在某个乐曲的任意位置定义"标记"以便快速找到这些位置。使用 AW1600 最多可设定 99 个标记（1～99）。通过使用定位部分的键，可立即移动到上一个或下一个标记。

2. 调音台部分

（1）通道。在调音台内处理某单个信号并将它发送到各个部分的信号路径被称为"通道"。在 AW1600 的调音台部分可使用如下通道。

1）输入通道 1～8。这些通道将 EQ 和动态处理作用于从 MIC/LINE INPUT（传声器/线路输入）插口 1～8 输入的信号，然后将这些信号发送到录音机音轨或 STEREO OUT（立体声输出）插口。

2）音轨通道 1～16。这些通道将 EQ 和动态处理作用于来自录音机的音频音轨 1～16 的音频回放信号，然后将这些信号发送到立体声音轨和 STEREO OUT（立体声输出）插口。通过将这些通道发送到不同音轨，也可执行"并轨录音"。

3）返回通道 1/2。这些通道将从内部效果处理器返回的信号发送到立体声音轨和 STEREO OUT（立体声输出）插口。

4）采样垫通道 1～4。这些通道将 EQ 和动态处理作用于快速循环采样垫 1～4 的回放，然后将这些信号发送到立体声音轨和 STEREO OUT（立体声输出）插口。

5）立体声输出通道。这些通道将 EQ 和动态处理作用于立体声母线（包含各种通道的信号）的信号，然后将这些信号发送到立体声音轨和 STEREO OUT（立体声输出）插口。同样的信号也将从 MONITOR OUT 插口和 PHONES 插口输出。

（2）配对通道。对于音轨通道 9/10～15/16、采样垫通道 1～4、返回通道 1/2，参数（声像和相位除外）总是链接在相邻的配对通道上。它们被称为"配对通道"。

对于输入通道 1～8 和音轨通道 1～8，也可切换两个相邻的奇数/偶数通道作为配对通道。配对通道的参数（声像和相位除外）将被链接，因此调节一个参数将导致另一通道的相同参数产生相同的变化。

（3）母线。混合来自多个通道的信号并将这些信号发送到输出接口或录音机音轨输入的信号路径被称为"母线"。与通道不同，通道仅处理单个信号，母线将多个信号合成一个或两个，然后将它们发送到目的地（术语"母线"起源于可运送众多乘客的公交车）。在 AW1600 的调音台部分可使用如下母线。

1）立体声母线。该母线将输入信号混合成立体声，并通过立体声输出通道将它们发送到录音机的立体声音轨或 STEREO OUT（立体声输出）插口。

2）AUX 母线 1/2。这些母线将混合来自各种音轨、输入、返送通道和采样垫的信号，再通过 STEREO/AUX OUT 插口将它们输出到外接设备。当要使用外接效果处理器或要创作不同于立体声通道的混音效果以便让音乐家进行监听时，可使用这些母线。

3）效果母线 1/2。这些母线混合来自音轨、输入、返送通道、采样垫的信号，然后将它们输入到内置效果处理器 1 和 2（但是，不可能让返回通道 1/2 的信号再返回到同一效果处理器的输入端口）。

4）母线 L/R。这些母线混合音轨、输入通道的信号，然后将它们发送到录音机音轨输入。

3. 快速循环采样器部分

（1）样本库和样本。在快速循环采样器部分，可将立体声波形定义给 4 个采样垫，敲击这些采样垫可回放这些波形。这些立体声波形被称为"样本"。定义有样本的存储器被称为"样本库"，每个采样垫可提供 4 个样本库（A～D）。

（2）采样垫音轨。AW1600 可实时录制并回放在采样垫上的敲击。录制这些采样垫动作的存储器被称为"采样垫音轨"。与录制音频的音轨不同，采样垫音轨只是简单记录每次"按压某采样垫"或"释放某采样垫"的时值。

4. 整体

（1）歌曲。AW1600 管理作品时的最小单位被称为"乐曲"。当在硬盘上保存一首乐曲时，再现该乐曲所必需的所有数据都将被保存，即不仅音频数据被保存，还将保存调音台设定、快速循环采样器所使用的样本等。通过读入所保存的乐曲，可随时恢复其初始状态。

（2）场景和场景记忆。"场景"是指所保存的用于调音台部分和效果处理器的一组设定。存储器中保存场景的区域被称为"场景记忆"，分别为每首乐曲保存有 96 个场景。场景记忆将作为乐曲的一部分保存在硬盘上。

（3）记忆库。"记忆库"是存储器中用来保存每个设定如 EQ 或动态处理的区域。AW1600 拥有多个独立的记忆库分别用于保存 EQ、动态处理、效果、通道、输入和管理等设定。每个记忆库将作为乐曲的一部分保存在硬盘上。

（4）节奏谱。"节奏谱"记录乐曲进行过程中的速度和拍号变化。节奏谱将作为乐曲的一部分保存在硬盘上。

（5）系统数据。将作用于所有乐曲的各种整体设定被统称为"系统数据"。系统数据保存在硬盘上并独立于每个乐曲。

三、AW1600 的各个部分及其功能

这里将说明位于 AW1600 顶部面板、背面面板和正面面板的各个项目名称及其功能。

（一）顶部面板（见图 7-153）。

1. 输入/输出部分（见图 7-154）

1——［GAIN］旋钮 1～8：这些旋钮用来调节从背面面板 MIC/LINE INPUT（传声器/线路输入）插口输入的各信号灵敏度。

2——［INPUT SEL］键 1～8：这些键用来选择将要使用的调音台输入通道。

3——［MONITOR/PHONES］旋钮：用该旋钮可调节从 MONITOR OUT（监听输出）插口和 PHONES 插口输出的信号电平。

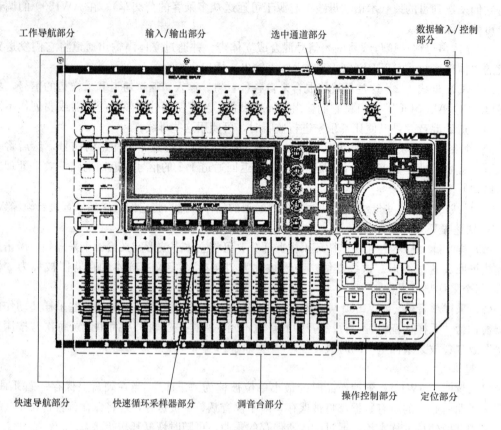

工作导航部分　　输入/输出部分　　选中通道部分　　数据输入/控制部分

快速导航部分　　快速循环采样器部分　　调音台部分　　操作控制部分　　定位部分

图 7-153　　AW1600 顶部面板

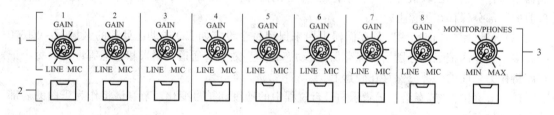

图 7-154　　输入/输出部分

2. 工作导航部分（见图 7-155）

1——［SONG］键：该键用来打开 SONG（乐曲）画面，在该画面可保存或读入乐曲、执行关闭操作。

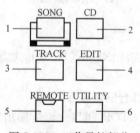

图 7-155　工作导航部分

2——［CD］键：该键用来打开 CD 画面，在该画面可写入或回放音频 CD、备份或恢复数据。

3——［TRACK］键：该键用来打开 TRACK（音轨）画面，在该画面可检查各个音轨是否包含数据，并可切换将用来录音或回放的幻像音轨。

4——［EDIT］键：该键用来打开 EDIT（编辑）画面，在该画面可复制或删除音轨。

5——［REMOTE］键：该键用来打开 REMOTE（遥控）画面，在该画面可使用正面衰减器和［TRACK SEL］键来控制外接 MIDI 设备或计算机上的音序器软件。

6——［UTILITY］键：该键用来打开 UTILITY（实用程序）画面，在该画面可进行 MIDI、振荡器、数字输入设定，格式化硬盘。

3. 快速导航部分（见图 7-156）

1——［RECORD］键：该键用来打开 RECORD（录音）画面，在该画面可快速指定要录制到各个音轨输入的信号，进行录音设定。

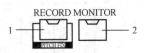

图 7-156 快速导航部分

2——［MONITOR］键：该键用来打开 MONITOR（监听）画面，在该画面可快速指定要监听的信号或在立体声音轨回放 ON/OFF 之间进行切换。

4. 显示屏（见图 7-157）

这是一种带背景照明的液晶显示屏，可显示当前的操作状态或各种参数的设定。所显示的画面视操作的正面面板键和旋钮的不同而变化。

1——读写指示灯：该指示灯表示内置硬盘的读写状态。当正在读/写硬盘时，该指示灯将亮。

2——对比度：调节显示屏的亮度。

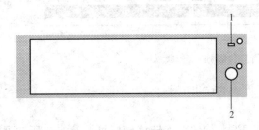

图 7-157 显示屏

 注意：

当该指示灯亮时，切勿关闭 AW1600 的电源。否则不仅可能会损坏内置硬盘上的数据，也可能损坏硬盘本身。当您想要关闭 AW1600 的电源时，必须执行关闭步骤。

5. 快速循环采样器部分（见图 7-158）

1——［SELECT］键：按住并保持该键，同时按采样垫 1～4 可选择要操作的采样垫。

2——采样垫 1～4：每个采样垫可回放定义在该采样垫上的样本。

3——［SAMPLE EDIT］键：该

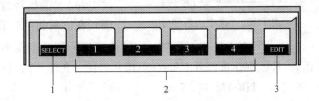

图 7-158 快速循环采样部分

键用来打开 SAMPLE（样本）画面，在该画面可进行设定并执行快速循环采样器的操作。

6. 调音台部分（见图 7-159）

1——［TRACK SEL］键 1～8。

2——［TRACK SEL］键 9/10～15/16。

3——［STEREO SEL］键：用这些键可选择要控制的调音台音轨通道或录音机音轨。

4——衰减器 1～8。

5——衰减器 9/10～15/16：一般这些衰减器用来调节各个录音机音轨的回放电平。通过改变内部设定，也可用这些衰减器控制输入通道 1～8 和采样垫 1～4 的输入电平。

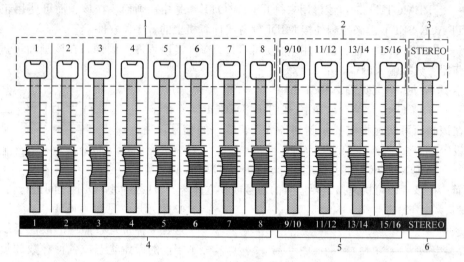

图 7-159　调音台部分

6—— ［STEREO］衰减器：用于调节立体声母线的输出电平。

7. 选中通道部分（见图 7-160）

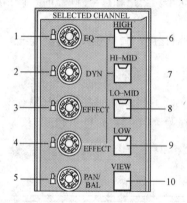

图 7-160　选中通道部分

1—— ［EQ］旋钮：旋转该旋钮可调节当前所选通道的 EQ（均衡器）增益。按该旋钮可打开 EQ 画面，在该画面可调节所有的 EQ 设定。

2—— ［DYN］旋钮：旋转该旋钮可调节当前所选通道的动态深度。按该旋钮可打开 DYN（动态）画面，在该画面可调节所有的动态设定。

3—— ［EFFECT 1］旋钮。

4—— ［EFFECT 2］旋钮：旋转这些旋钮可调节从当前所选通道发送到内置效果处理器 1 和 2（即效果发送电平 1 和 2）的信号量。按这些旋钮可打开 EFF1 或 EFF2 画面，在该画面可调节内部效果处理器的参数。

5—— ［PAN/BAL］旋钮：旋转该旋钮可调节当前所选通道的声像（或立体声输出通道的平衡）。按该旋钮可打开 PAN（声像）画面，在该画面可调节多个通道的声像设定。

6—— ［HIGH］键。

7—— ［HI-MID］键。

8—— ［LO-MID］键。

9—— ［LOW］键：这些键用来选择要进行调节的四个 EQ 段（HIGH，HI-MID，LO-MID，LOW）之一。

10—— ［VIEW］键：该键用来打开 VIEW（查看）画面，在该画面可检查各通道的电平，在画面上对各通道的衰减器和其他混音参数进行调节。

8. 数据输入/控制部分（见图 7-161）

1—— ［UNDO/REDO］键：该键用来取消录音或普轨编辑操作的结果（Undo），或重新执行已经取消的操作（Redo）。

2—— ［SCENE］键：该键用来打开 SCENE（场景）画面，在该画面可保存或调用场景记忆。

3——［JOG ON］键：该键可开启/关闭 Nudge 功能，该功能使用［DATA/JOG］旋钮（5）。当该功能开启时，该键将亮灯。

4——［CURSOR］键（［▲］/［▼］/［◀］/［▶］键）：用这些键可在画面上移动光标（闪烁的边框），用来选择特定项目。

5——［DATA/JOG］旋钮：使用该旋钮可改变参数值。若［JOG ON］键（3）处于开启状态，通过旋钮操作可操作 Nudge 功能。

6——［ENTER］键：用该键操作显示在画面上的某个按钮，或执行特定功能。

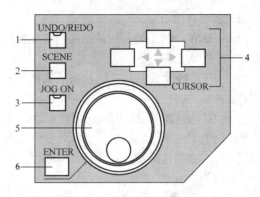

图 7-161　数据输入/控制部分

提示：1）如果可以执行 Undo（撤销）操作，该键将亮灯。

2）如果按住并保持该键，将出现 UNDO LIST 画面。此时可转动［DATA/JOG］旋钮最多后退 15 步操作。

9. 定位部分（见图 7-162）

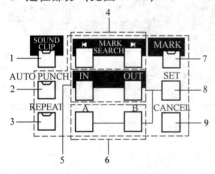

图 7-162　定位部分

1——［SOUND CLIP］键：该键用来打开 CLIP（剪贴板）画面，在该画面可录音或回放声音片断。

2——［AUTO PUNCH］键：用该键可在自动切入/切出功能的开启/关闭之间切换，可用来进行自动录音。

3——［REPEAT］键：用该键可在 A-B 重复回放功能的开启/关闭之间切换，可用来重复回放特定部分。

4——MARK SEARCH［◀◀］/［▶▶］键：用这些键可搜索在乐曲中插入的标记。

5——［IN］/［OUT］键：用这些键可指定自动切入/切出录音将开始（切入点）和结束（切出点）的点。这些键也可用作直接移动到切入点或切出点的定位键。

6——［A］/［B］键：用这些键可指定重复回放功能的开始点（A 点）和结束点（B 点）。这些键也可用作直接移动到 A 点或 B 点的定位键。

7——［MARK］键：用该键可在乐曲的当前位置插入一个标记。

8——［SET］键：将该键与［IN］/［OUT］键或［A］/［B］键组合使用可将当前位置设置为定位点。

9——［CANCEL］键：将该键与［IN］/［OUT］键或［A］/［B］键组合使用可取消已设置定位点。

10. 操作控制部分（见图 7-163）

1——RTZ［◀◀］键：用该键可直接移动到相对零时间位置。将该键与［SET］键组合使用可将当前位置登录为相对零时间位置。

提示：一般而言，显示在 AW1600 计数器上的时间可以

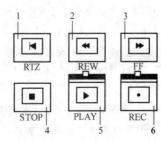

图 7-163　操作控制部分

是绝对时间（ABS），也可以是相对时间（REL）。绝对时间的零点位置是固定的，但相对时间的零点位置可自由指定。

2——REW［◀◀］键：用该键使当前位置后退。每次按一次该键，将在 8 倍和 16 倍速之间切换。

3——FF［▶▶］键：用该键使当前位置快速前进。每次按一次该键，将在 8 倍和 16 倍速之间切换。

4——STOP［■］键：用该键可使回放、录音、快速前进或后退等操作停止。

5——PLAY［▶］键：当录录机处于停止状态时，如果按该键，将开始回放。在快速前进或后退过程中，如果按该键，将开始常速回放。在录音过程中，如果按该键，将停止录音并恢复回放（"切出"）。

6——REC［●］键：若按住并保持该键，并在录音机处于停止状态时按 PLAY［▶］键，将开始录音；若按住并保持该键，并在回放过程中按 PLAY［▶］键，将从回放状态切换到录音（"切入"）。

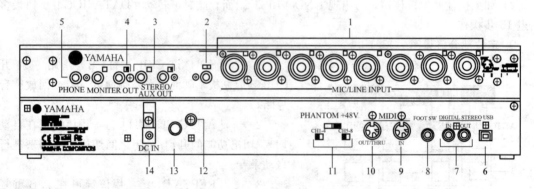

图 7-164　背面面板

（二）背面面板（见图 7-164）

1——MIC/LINE INPUT 插口 1～8（XLR/TRS Phone）：这些平衡式输入插口可插入 XLR-3-31 和 TRS phone 型接头，标称输入灵敏度可在－46～＋4dBu 调节。任何平衡型信号源可连接在该插口—传声器、直通盒或来自带平衡线路电平输出的设备的输出。带标准 phone 型接头的非平衡线路可直接连接到 TRS 输入。

2——MIC/LINE INPUT 插口 8（Hi-Z）：这是一种高阻抗（1/4in　phone 型输入插口（非平衡式）。标称输入电平为－46～＋4dBu。带高输出阻抗的乐器如电子吉他或带被动式拾音器的电贝斯可连接该插口。

3——STEREO/AUX OUT 插口：这些是 1/4in phone 型输出插口（非平衡式），可输出立体声母线或 AUX 母线 1/2 的信号。

4——MONITOR OUT 插口：这些是 1/4in　phone 型输出插口（非平衡式）可用于连接监听设置如立体声系统或有源音箱。

5——PHONES 插口：这是一种 1/4in　TRS phone 输出插口，可用于连接耳机以便进行监听。

6——USB 接头：利用该接头可将设备通过标准 USB 电缆直接连接到配置了 USB 的计算机（与 USB 2.0 兼容）。当选择了 USB 存储模式时，可在 AW1600 和计算机之间传输 WAV 文件和乐曲文件。在"标准"模式，可将 USB 连接用于 MIDI 控制。USB 接口不直接处理音频信号。

注意：

　　1）USB 接口不能直接连接到外接硬盘或 CD-R/RW 驱动器。

　　2）AW1600 可连接到 USB 2.0 或 USB 1.1 接口，但若使用 USB 1.1 接口，数据传输节奏较慢。

　　3）当通过 USB 2.0 连接时，请务必使用指定用于 USB 2.0 的电缆。

　　4）为了确保 MIDI 信息的传输和接收，请务必正确安装附带的 CD-ROM 光盘中包含的 USB MIDI 驱动程序。

　　5）当连接 USB 电缆时，请务必将 AW1600 直接连接到计算机，不要使用 USB 集线器。

　　使用 USB 接头时的注意事项，当通过 USB 接头将 AW1600 连接到计算机时，请务必遵守如下事项。如果未遵守这些事项，可能会导致计算机或 AW1600 停止操作（死机），并可能导致数据损坏或丢失。如果计算机或 AW1600 停止工作，请切断电源，然后再接通，并重新启动计算机。

　　（1）在通过 USB 接头连接计算机之前，请切出计算机上的电源管理模式（暂停/睡眠/待机/休眠）。

　　（2）请在接通 AW1600 的电源之前将 USB 接头连接到计算机。

　　（3）在接通/断开 AW1600 电源、连接/断开 USB 电缆、开启/关闭 USB 存储模式之前，请先执行下列操作。

　　1）关闭所有应用程序。

　　2）若 USB 存储模式处于关闭状态，请确认当前未从 AW1600 输出数据。

　　3）若 USB 存储模式处于开启状态，请确认当前没有正在进行文件的读写操作。

　　4）若 USB 存储模式处于开启状态，请在关闭所有 AW1600 窗口之后，从 Windows 任务栏安全地删除 AW1600 图标或在 Macintosh 桌面上将 AW1600 图标拖放到垃圾篓。

　　（4）在接通和切断电源之间或在连接/断开 USB 线缆之间，至少保持 6s 的时间间隔。

　　7——DIGITAL STEREO IN/OUT 插口：这些插口可用来在 AW1600 与 DAT 录音机、MD（MiniDisc）录音机、CD 录音机或其他用户格式数码音频设备之间直接传输数码音频数据。这些接头与 IEC 60958 标准兼容。

　　8——FOOT SW 插口：可将一种单独销售的脚踏开关（Yamaha FC5）连接在该插口，用来控制转移操作如启动/停止或执行切入/切出。

 注意：

　　1）如果使用 Yamaha FC5（或同等设备）之外的其他脚踏开关，可能无法完成相应的操作。

　　2）当 MTC MODE 处于"SLAVE"或正在使用 REW [◀◀]、FF [▶▶] 或 [JOG ON] 键时，该插口将不起作用。

　　3）当在 RECORD 画面指定录音音轨时，各功能将按照如下顺序切换：回放 [▶] 切入切出停止 [■]。但当自动切入/切出功能处于开启状态时，切换顺序为切入停止 [■]。

9——MIDI IN 接头。

10——MIDI OUT/THRU 接头：利用这些接头可与外接设备交换 MIDI 信息。MIDI IN 接收 MIDI 信息。MIDI OUT/THRU 可通过内部切换发挥 MIDI OUT 插口（传输在 AW1600 内部产生的 MIDI 信息）功能或 MIDI THRU 插口（传输在 MIDI IN 插口接收到的信息）功能。

11——PHANTOM＋48V CH1-4 和 CH5-8 开关：为 XLR-type MIC/LINE INPUT 接头组 1～4（CH1-4）和 5～8（CH5-8）提供独立的幻像电源开关。当使用一个或多个带幻像电源的电容传声器时，将相应的接头对应的幻像电源置于 ON。

 注意：

1）当不需要幻像电源时，请务必将幻像电源开关置于 OFF。

2）请注意，当幻像电源处于 ON 时，请确认在输入组的 XLR 输入中没有连接除自带幻像电源的传声器之外的其他设备。将幻像电源外加在不具备幻像电源功能的设备上可能会引起设备损坏。但是动圈传声器即使加上幻像电源也不会引起负面影响。

3）为了避免损坏扬声器，打开或关闭幻像电源之前，请务必先关闭放大器（或自带电源扬声器）的电源。将所有主衰减器和输出音量控制旋钮调到最小位置也是一个好办法。打开或关闭幻像电源时产生的噪声可能会损坏系统组件，当放大器处于很大的电平时甚至会损坏听力。

12——接地螺钉：为了最大程度地确保安全，请务必将接地螺钉妥善连接在牢固的接地点。正确的接地还可将嗡嗡声、噪声及干扰降到最低水平。

13——POWER 开关：用来在 ON（打开）和 STANDBY（待机）之间切换电源的状态。

 注意：

1）当在 ON（打开）和 STANDBY（待机）之间切换 AW1600 的电源状态时，必须按照"打开/关闭电源"步骤进行操作。

2）本装置只能使用附带的 AC 电源适配器（PA-300）。使用其他型号的适配器可能会导致火灾或触电。

14——DC IN 接头：将附带 AC 电源适配器（PA-300）连接到该接头。

（三）CD-RW 驱动器（见图 7-165）

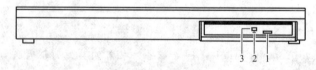

图 7-165　CD-RW 驱动器

（1）弹出开关。用该开关可弹出光盘托盘。

（2）弹出孔。通过该孔可手动打开光盘托盘。

（3）读写指示灯。当正在读写插入该驱动器的 CD 时，该指示灯将亮灯。

第八章

音 响 系 统

第一节 音响系统的构成和工作原理

一、音响系统方框图举例

音响系统方框图举例如图 8-1 所示，这是一个歌舞厅音响系统方框图，当然具体到某一个歌舞厅，还得视歌舞厅的几何尺寸、形状、要求水平高低、资金情况来具体设计，增减设备，例如，需要时还可配上摄像机，把歌舞者的形象在屏幕上显示出来，以增加气氛。

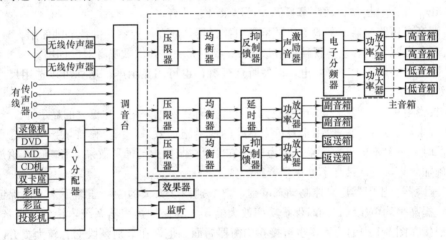

图 8-1 音响系统方框图举例

二、各单元在系统中的作用

（1）调音台。调音台是音响系统中的主要设备，其任务是对各路音源电信号进行必要的技术处理和效果处理，依合适的电平值加以混合、分配，然后传输给重放系统的后级设备。调音台的输入、输出路数多少，功能强弱是有很大差别的，因此价格也很悬殊，选择时应综合考虑。

（2）有线传声器。传声器用于拾取声音信号，转换成电信号后送入调音台。传声器的数量、型号应根据具体要求选择，如纯唱歌则有三、四只传声器即够，其中两只供唱歌用，1~2 只供主持人用，如歌舞厅有乐队伴奏，则需根据乐队大小，配置乐队用传声器，包括传声器附件，如立式架、摇臂架、减震架等。对于流行唱法，要配近讲传声器，也就是所谓的卡拉 OK 传声器。

（3）无线传声器。无线传声器是为歌唱者、主持人提供更大的活动范围而设置的。可以根据具体情况而定，如为歌唱者提供一套双路无线传声器系统；为主持人提供一套单路或双路无线传声器系统；也可为主持人和歌唱者共用一套无线传声器系统，一般以分开用为好，因为歌唱用传声器后面要加效果器处理，而主持人传声器后面就不必加效果器处理，对主持人传声器通道的要求是语音清晰。

(4) AV分配器。使用AV分配器有两个目的：①在多路线路输出的音源，可以共用一对音频线送入调音台，能节省调音台输入路数，因为这些音源每个时间只可能选一套节目送到扬声器系统，所以不会产生矛盾，当然为了调音员预先准备好音源，可单独进调音台，调音员可以在播放前一节目时，利用监听把下一节目选择好，则可每个音源独立送调音台，但是这会增加调音台输入路数，使调音台体积增加，价格也增高；②把视频信号分配到各视频显示设备上，以便收视，也可以将音频分配跟视频分配分开，也就是音频信号单独用一台分配器，视频信号也单独用一台视频分配器，这样虽然会增加一定的投资，但是使用会更方便。

(5) 激光唱机（CD机）。激光唱机作为音源能够提供优质的音源信号，频响宽、信噪比高、失真小、动态范围大，所以有可能最好配置一台。

(6) 双卡座。双卡座指的是专业用的双卡录音机，它比一般家用录音机音质好，必要时还可录制节目。

(7) 影碟机（DVD机）。影碟机图像质量较好，常用来作为卡拉OK的节目源。

(8) 录像机（VCR）。录像机作为卡拉OK的节目源，其图像质量不如DVD机好，但可以录制节目。

(9) MD机。MD机作为数字节目源，可以录音、放音。

(10) 调音员用监视器。一般用小屏幕黑白监视器，放在播控室，供音响师使用。

(11) 彩色监视器。彩色监视器一般选35cm或更大一些，供歌唱者对歌词用。

(12) 彩电。一般选大屏幕彩电，以便听众观看，也可用显示屏，这样可以选用尺寸大一些的，观看效果会更好。

(13) 投影电视。一般选250cm或更大一些的屏幕，例如采用尺寸更大的显示屏。

(14) 效果器。效果器一般用来对传声器来的信号施加效果，用于修饰歌声等。在重放录制好的节目源时，一般不要再加效果，因为这些节目源在制作中已加了效果，音响师在重放时再对这些节目施加效果，反而破坏了原来录音师的创作。

(15) 压限器。压限器用来控制动态范围，把个别幅度太大的尖峰压缩下来，以保证不出现削波现象，提高平均声压级，同时保护功率放大器，尤其保护扬声器系统，特别是高音扬声器。压限器可以接在图8-1中的位置，也可接在均衡器后面。也许在个别频段上有较大提升时，压限器放在均衡器后面可以防止对均衡器不适当的操作而引起个别峰太大可能造成的削波。

(16) 均衡器。均衡器的作用有：①作为房间均衡器用，用来补偿房间的声缺陷和传声器、扬声器系统的不足，以及声干涉造成的频响起伏。这种弥补调整必须以测试仪器对声场的测试标准为基准；②现场实际工作时，均衡器主要用来改善音色，要根据现场节目来进行调整，这个全靠音响师的听感来决定了；③必要时采用均衡器来抑制啸叫。

(17) 反馈抑制器。由于传声器（包括有线和无线传声器）的使用，引入了声回授。当传声器与扬声器系统的相对位置不当时声回授会加强。尤其是传声器位置不固定时。极易因声回授太强而引起振荡，产生啸叫。一则听着不舒服，二则容易损坏功率放大器和扬声器系统。为避免这种情况，加入反馈抑制器，调试得当时，能大为减小啸叫的可能性，提高传声增益4～5dB。但是请注意，使用了反馈抑制器不是可以绝对不产生啸叫，所以一定要尽量不使传声器进入扬声器系统的直达声场里，如存在驻波，则应改变传声器位置，避开驻波波腹，以避免因强烈的声回授而产生啸叫。由于声回授发生在扬声器系统和传声器之间，所以反馈抑制器也可以不接在图8-1的位置。而是单独在传声器信号通道中加反馈抑制器，在有多个传声器的系统中需要采用一些手段来把反馈抑制器插进去，例如将传声器统一编组，然后将反馈抑制器插入编组。

(18) 声音激励器。声音激励器是用来在节目中添加一些与节目相关的高次谐波，使声音听起来更细腻、明亮，更富有表现力；在语言信号时使语音更清晰，更具穿透力。为了不使已经添加的高次谐波不再减弱和失去，所以应接在尽可能靠近功率放大器的位置。当然，如果利用声音激励器来创造一些特殊效果，也可以将声音激励器插入相应通道。

（19）延时器。这里设置了主音箱和副音箱，为了避免因主音箱和副音箱发出的声音到听众的声程差而产生声音到达的时间差，所以在副音箱通道的功率放大器前加了延时器。仔细调整延时器的距离、温度、湿度参数可以把声程差引起的时间差进行补偿。这里我们不一定把延迟时间作为主要参数来设置，也可以根据主音箱和副音箱到听音位置的距离差，也就是声程差，以及环境温度、湿度作为设置参数。这是因为声波在空气中传输的速度不是一个固定的数值，而是与传播媒质的性质有关的一个量，即传播媒质温度、湿度会对声波的传播速度产生微小的影响。但是不要设想这个"补偿"能使主音箱和补声音箱到达每一听音位置的声程差都很好地补偿，因为各个听音位置到主音箱和补声音箱的距离差是有差别的，不可能全部照顾到。

（20）电子分频器。这里我们选定的分频器是立体声二分频分频器，因为我们假设的主扬声器系统是二分频的。如选用三分频扬声器系统，则应选相应的三分频分频器。分频器的分频点应与扬声器系统的分频点相一致，为此应先仔细了解所选扬声器系统的各项性能指标，绝对不能盲目地调分频器的分频点。

（21）功率放大器。实用中可以将其配置为四台立体声功率放大器，即主音箱的两路低音扬声器共用一台立体声功率放大器，主音箱的两路中高音扬声器共用一台立体声功率放大器，两路副音箱共用一台立体声功率放大器。两路返送音箱共用一台立体声功率放大器。这样每台立体声功率放大器的左右声道功率容量相等，推动的两路扬声器容量也是相等的。而四台立体器声功率放大器可以根据相应扬声器的功率容量来合理选取，做到既能有足够的动态范围，又不易损坏音箱，不易产生互调失真，并且成本低。

（22）主音箱。为保证主要声场频带足够宽，声学性能好，这里选用了电子分频器在功率放大器前进行分频。主音箱可以是两体的，效果较好，这里值得一提的是中、高音扬声器系统与低音扬声器系统的选配一定要合理。不能随便用一个中、高音扬声器系统与一个低音扬声器系统就组成二分频扬声器系统，应先对拟选的扬声器详细了解其各项指标，包括频带、−3dB点、功率容量、灵敏度、频响曲线等多项指标，然后经过仔细分析后再组合。有些扬声器系统生产厂家已对搭配组合做了推荐，则挑选时要省事得多。当然首先是要根据所需声压级等各种参数选定扬声器系统。这里着重提一下，据有关人员的大量调查研究，从统计学的观点出发，得到一组典型曲线来描述节目信号的频谱曲线、能量分布曲线以及不同峰值出现的概率等。IEC268-1模拟节目信号（国家标准 GB 6278—2012《声音系统设备 概述 模拟节目信号》），就是体现这些研究成果的频谱曲线。从这些研究中可知，一旦分频点确定下来，则各频段的能量分配比例可以大致确定下来，如图8-2所示。例如二分频，分频点为1000Hz时，则低频段能量约占总能量的67％左右，高频段约占总能量的33％左右。例如三分频，分频点为600Hz、2.2kHz时，则低频段能量约占总能量的56％左右，中频段能量约占总能量的28％左右，高频段约占总能量的16％左右。这里尤其要注意高音扬声器的容量是否足够，因为一旦出现削波，高频能量将

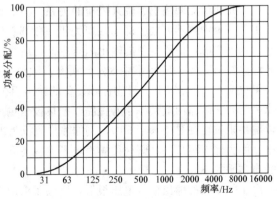

图8-2 分频点与功率分配关系曲线

剧增，如高音扬声器功率容量不足则很容易烧坏高音扬声器。目前比较流行的增加"重低音音箱"，这时低音箱的功率配置就不那么受中高频音箱额定功率的限制了，一般选用低音箱的额定功率都比较大，或者说最后的低音声压级追求大一些。

（23）副音箱。副音箱通常用来补后场声场，或为前排服务的，其服务距离小，所以功率容量可以比主音箱小一些，具体数据要计算后选择。

（24）返送音箱。返送音箱是供演员听的，为的是好把握住一个"度"。如没有返送音箱，演员不容易判断自己的演出音量是否够，找不到感觉。返送音箱的数量要根据演出规模的大小来决定，不一定只用两只返送音箱。

上面举例音响系统系统方框图中，不是唯一的，具体一个系统要用什么设备，要用多少设备需要根据具体音响系统要达到的扩声类型、功能、场地条件、投资规模等很多种因素来具体设计的。另外现在已经有很多数字音频处理器之类的先进设备，其中根据功能强弱一台数字设备中可能包含多种、多台周边设备功能，那么系统方框图中虚线部分的设备也许可以用一种数字设备来完成，所以我将这些周边设备用虚线框起来，具体设计时可以根据所选数字设备的功能来决定哪些设备已经包含在数字设备中了，减去已包含的周边设备配置。

🔊 第二节 音响系统接口的配接原则

一、系统中相邻单元的电平配接

（1）传声器与调音台（或前置放大器）的配接。传声器的输出电压很小，尤其是动圈式传声器，其灵敏度要比电容式传声器低 20dB 左右，所以要求调音台的传声器输入口要有足够高的灵敏度，一般要有-60dB 左右。对于电容式传声器要求调音台输入灵敏度在 -40dB 左右。无线传声器接收机的音频输出电平一般在 -10dB 左右，所以一般从调音台的线路输入口输入，也有个别型号的无线传声器接收机的音频输出电平只有 -30dB 左右，对于这样的无线传声器应将接收机的音频输出加到调音台的传声器输入口。

（2）音源设备（MD、LD、CD、磁带机、DVD 等）与调音台的配接。一般来说这些设备之间应是 0dB 配接，但是实际上数字音源设备的输出信号大一些，如 CD 机可达 +8dB，而卡座就低一些，在 -10dB 左右，所以调音台线路输入口灵敏度在 -10dB 就能满足要求。

（3）其他信号处理设备之间，一般都是 0dB 进、0dB 出。不少信号处理设备上有 -20dB、+4dB 输入、输出的选择，只要前后级之间选择一致即可配接。

（4）功率放大器的灵敏度一般为 0dB 或 +4dB，所以容易与前一级设备配接。

二、相邻单元间输出、输入阻抗的关系

扩声系统中到功率放大器输入口为止一般都看作是电压传输，而不是功率传输。所以从电压传输的角度考虑，前级设备的输出阻抗应低，后级设备的输入阻抗应高，这样电压传输系数才能大。所以在 IEC 268-15 标准中规定，所有音频设备的线路输出端阻抗都应在 50Ω 以下，线路输入端阻抗应在 10kΩ 以上。目前音频设备的输出阻抗低，在技术上很容易做到，实际上设备生产厂家为了防止因输出端被不小心短路而损坏设备输出电路，往往有意识地在输出端串接小电阻，所以输出阻抗往往是稍大于 50Ω，例如输出阻抗为 100、200Ω 等。而输入阻抗高，则受制于噪声电平，因为输入阻抗高，则往往噪声电平也容易高，设计精良的音频设备就表现出输入阻抗高，但噪声电平并不高。

由于传声器的输出信号电压很低，所以要求调音台有较大的电压放大倍数，若调音台的传声器输入通道输入阻抗过高，将会使调音台输入端感应的干扰信号增大，降低信噪比，所以调音台

的传声器输入口的输入阻抗不宜过大，一般在 $1.5\sim3k\Omega$。按照 IEC 新的规定，要求调音台的输入阻抗不小于 5 倍传声器输出阻抗要求，根据传声器的低输出阻抗优选值为 200Ω 和 600Ω，则调音台传声器输入口的输入阻抗应该不小于 $3k\Omega$。

三、平衡式连接和不平衡连接

由于传声器的输出信号电压很小，加之传声器线往往较长，很容易接收到外界的干扰信号，使信噪比降低，为此，传声器与调音台之间应采用平衡式连接，即用二芯屏蔽线和三针插头，对于卡侬插头而言，2 脚接信号高端（也称热端、同相端），3 脚接信号低端（也称冷端、反相端），1 脚接地，也就是接屏蔽线的屏蔽层。对于 $\phi6.35$ 的耳机插头来说，顶端接信号高端（热端、同相端），环接信号冷端（低端、反相端），套接地，也就是屏蔽线的屏蔽层。

至于线路输入，线路输出之间的连接，凡能接平衡式时最好接平衡式。因为音频设备中凡平衡输入时，目前大多用差分放大器作为输入级，差分放大器在双端输入时其共模抑制比很大，而传输线接收到的外界电磁波干扰信号为共模信号，即信号线的高端与低端由于处在同一空间位置，所以在传输线的高端与低端感应到的干扰信号是同相位、同幅度的干扰信号，这种信号叫共模信号。差分放大器的两个输入端接收到同相位、同幅度的共模信号，其两输入端的电位差为零，理论上差分放大器对共模信号的放大作用也为零，所以差分放大器能抑制共模信号。而平衡连接导线所感应到的干扰信号正是共模信号，因此能被抑制。有用的节目信号在传输线的高端和低端之间有电位差，不是共模信号，而是差模信号，所以能被差分放大器放大，正是由于这个原因，所以要求传声器与调音台之间采用平衡传输。当然在 0dB 电平传输时，由于信号电平比较高，所以一般来说即便不采用平衡传输造成的干扰信号影响也不大。但是当设备与设备之间的连接线过长时干扰信号也就大了，所以应优先采用平衡式连接。

第三节 音响设备相位关系的正确处理

一、相位正确的重要性

所谓相位关系，是指扬声器与扬声器之间的相位关系和传声器与传声器之间的相位关系，并且重点是指极性，例如同一声源激励下，两只传声器的输出电信号极性是否相同，或同一信号激励下两只音箱输出的声信号极性是否相同，而不是指两只传声器输出的电信号之间，或两只音箱输出的声信号之间的相位差多少度，所以说成是两只传声器之间极性关系或两只音箱之间的极性关系也许更恰当。因为若扬声器与扬声器之间的极性相反，将使声波由于干涉现象而明显削弱，另外左右两声道之间的极性相反还使声像位置偏移。而传声器与传声器之间极性相反，在对同一声源拾声时，将使两只传声器输出的电信号在加到调音台母线上时起相互抵消作用，使信号明显减弱。

二、如何检查系统的相位是否正确

（一）扬声器相位（极性）检查

左、右声道扬声器之间的相位（极性）检查，可以用单声道信号同时加到左右声道，这时若相位（极性）正确，则左、右声道扬声器应同振幅、同相位（极性）。声像的位置应在两扬声器连线的垂直平分线上，即在两扬声器前方的中间位置。如声像位置偏到扬声器外侧，则说明两扬声器的相位（极性）是反的，如声像位置虽不在前方正中间，但向一侧偏了一些，则说明左右通道增益不一致，可以通过调节增益，使声像位置正确。专业的可以用"极性测试仪"（目前大多数将其称之为相位测试仪）来测试扬声器的相位（极性）是否正确。在不具备"极性测试仪"时，如初学者不能判断声像位置，简便易行的是使用一台声级计，在两扬声器连线的垂直平分线上和偏离平分线同样距离的左、右位置,测三点。如这三点声压级相近,则说明左、右声道扬声器的相位(极性)连接是正确的。另外一种简单易行的方法是用单声道信号同时加到左、右声道,人站在两扬声器连线的垂直平分线上,比较使两路扬声器同时发声时的声音大小是否比单路扬声器发声时小,如果确实小了,则说明两路扬声器间的相位(极性)相反了,如果没有感觉出声音小,则说明两路扬声器之间的相位(极性)是相同的。同理,在左、右两路扬声器的相位(极性)相同时,两路扬声器同时发声时应该比单路扬声器发声时的声压级高 3dB;如果两路扬声器的相位(极性)相反,则理论上声音相互抵消了,实际上由于两路扬声器的性能有差别,再说人站的位置很难保证正好在两扬声器连线的垂直平分线上,所以只是声音比单路扬声器发声时明显减小,考虑到初次从事音响工作的人听力对声压级的分辨能率还比较差,不一定能感觉到 3dB 的声压级差,但是当两路扬声器的相位(极性)相反时,合成的声压级减小量远比 3dB 要多,所以很容易感觉到。

同一声道扬声器与扬声器之间的相位(极性)关系,一般可以用一节 1.5V 的干电池来检查。电池正极接扬声器正极,电池负极接扬声器负极,用导线与扬声器的接线端子碰一下,看纸盆运动方向,如刚接触时纸盆向外运动,则说明扬声器接线端子与音圈的连接是正确的,如此检查所有扬声器的接线是否正确。

(二)传声器与传声器之间相位(极性)的检查

简单的检查方法是把两只传声器同时连到调音台的两个输入通道,先把其中一个输入通道的音量推子推上去,对相应传声器讲话,听扬声器中发出的声音;然后把两个输入通道的音量推子都推上去,把两个传声器靠在一起,对两个传声器说话,听扬声器发出的声音。比较用两只传声器和一只传声器时扬声器发出的声音,如用两只传声器时的声音不如用一只传声器时扬声器里出来的声音大,则说明两只传声器的相位(极性)是相反的,否则就说明两只传声器的相位(极性)是相同的。当然也可用声级计测声压级代替人耳听,以避免主观错觉。另外也可用吹气的方法判断传声器输出线是否接错。规定传声器振膜向内运动时,输出高电位端为正极,低电位端为负极,所以可用一个直流电压表的最小量程挡,接在传声器的两输出端上,用向传声器吹一口气的方法,看刚吹气时电压表指针摆动方向来判断传声器内部连线是否正确。

第四节 功率放大器与扬声器系统的配接及声压级的估算

扩声系统中的功率放大器按照使用来区分,功率放大器通常分成定阻输出功率放大器和定压输出功率放大器。

一、定阻输出功率放大器与扬声器系统的配接

每台定阻输出功率放大器都规定了额定负载阻抗和在接这个额定负载阻抗时的额定输出功率。大多数定阻功率放大器的额定负载阻抗是 8Ω,并且大多数定阻功率放大器也标明接 4Ω 负载阻抗时的输出功率,有的功率放大器甚至可以接 2Ω 的负载阻抗,所有定阻输出功放都能允许接 16Ω 负载阻抗的。但一定要看产品说明书,了解接多大负载阻抗时功率放大器的额定输出功率是多大。功率放大器所接的负载阻抗不允许小于制造商在技术指标中规定的最小负载阻抗,至于负载阻抗的上限则不受限制,只不过随着负载阻抗的增大,负载上能得到的功率成比例地减小。由于大多数定阻功率放大器的额定负载阻抗是 8Ω,所以大多数扬声器系统的标称阻抗也是 8Ω。如扬声器系统的标称阻抗与功率放大器的额定负载阻抗不同时,最好选相同阻抗的相配,其实,因为功率放大器的技术指标中往往已经标明接 8Ω 负载阻抗时的额定输出功率,和接 4Ω 负载阻抗时的额定输出功率,所以一般不存在阻抗匹配问题,哪怕接 6Ω 负载阻抗也可以,因为它大于技

术指标中规定的 4Ω 阻抗了，只不过接 6Ω 负载阻抗时的额定输出功率比接 8Ω 负载阻抗时大，比接 4Ω 负载阻抗时小，至于接 16Ω 负载阻抗时虽然技术指标中没有说明，但是功率放大器的额定输出功率必定为接 8Ω 负载阻抗时的一半。特殊情况下，也可将扬声器系统串联、并联的方法来与功率放大器的负载阻抗相配接。但这时一定要注意每个扬声器系统的阻抗和扬声器系统的额定功率。在串联情况下，阻抗大的扬声器将分到多的功率；在并联情况下，阻抗小的扬声器将分到多的功率。而扬声器系统的标称阻抗和各频率情况下的实际阻抗是有区别的，扬声器系统的实际阻抗是随频率不断变化的（请看本书第五章第二节"扬声器与扬声器系统"部分的产品举例中的图 5-35 频率响应和阻抗曲线），每只扬声器的阻抗有自己的变化规律，各只扬声器的阻抗变化互不一致，并且同一型号的扬声器系统中的两个系统在同一频率时的阻抗也不相等，以至于在串联或并联情况下，两个扬声器系统之间的功率分配随频率在不断变化。所以原则上不提倡将扬声器系统串联、并联的方法来达到所谓的与功率放大器的额定负载阻抗相配，因为弊病很多。定阻输出功率放大器与扬声器系统之间不存在阻抗匹配功率高的问题。因为目前的定阻输出功率放大器输出阻抗都非常小，远低于其规定的额定负载阻抗（8Ω），功率放大器的输出阻抗一般小于 0.1Ω（阻尼系数大于 80）。如果一定要使功率放大器的输出阻抗等于额定负载阻抗 8Ω，一则阻尼系数将变得非常小，声音混浊；二则接上负载后，负载上的电压将只有开路时的一半，输出功率减小到 1/4。如果一定要使负载阻抗和功率放大器的输出阻抗一样小于 0.1Ω，则等于将功率放大器的输出短路，必定会损坏功率放大器，也不可能做出额定输入阻抗为 0.1Ω 的扬声器来。功率放大器的输出功率受设计决定的输出电压和输出电流的制约。由于功率放大器内部电路的直流工作电源电压（$\pm U_{CC}$）在设计时已经根据技术指标确定在某一电压值，超过设计规定的输出电压将引起信号削波；超过设计规定的输出电流，将损坏功率放大器的器件。实际上传统的功率放大器输出级直流工作电源电压是由不稳压的整流滤波电源提供的，在输出电流增大时，直流工作电源电压（$\pm U_{CC}$）会随输出电流的增大而降低，这主要是由下面几个因素造成的：①输出电流增大时，电源变压器一、二次绕组电阻上的阻性压降增大，使得一次输入电压用于绕组上产生磁通的电压降低和二次绕组的内部压降增大，使二次输出电压降低；②随着输出电流的增大，电源中的大容量滤波电容器（也是储能电容器）单位时间内释放的能量增大而引起电容器两端的电压降低，所以在输出功率很大时，也就是输出电流增大时供给输出级的直流供电电压也在降低，再加上随着输出电流增大，功率输出晶体管上的管压降也会增大，从而使不失真输出功率比根据轻负载时测量得到的直流工作电源电压（$\pm U_{CC}$）所计算出来的不失真最大输出功率要小。对于一些开关电源供电的功率放大器而言，其为功率输出级供电的直流工作电源是稳压的，所以可看作直流工作电源的电压基本不变，则输出电流增大时只需要考虑输出级管压降随输出电流增大的因素就可以了。目前的 D 类功率放大器，也就是所谓数字功放中基本都采用开关电源供电。

至于功率放大器的额定输出功率与扬声器系统的额定输入电功率之间，可以这样考虑：在专业的高保真系统中，具体的操作人员一般都是较有经验的专业人员，所以为保证有足够的峰值因数，规定功率放大器的额定输出功率应大于扬声器系统额定输入电功率，推荐功率放大器的额定输出功率为扬声器系统额定输入电功率的两倍，也就是大 3dB。但对于由经验不足人员来操作的扩声系统时，一般规定功率放大器的额定输出功率应不大于扬声器系统的额定输入电功率，否则，把功率放大器的功率开足了会损坏扬声器系统。实际上，选择的功率放大器容量偏小，如果操作人员为了提高音量而盲目地加大输入到功率放大器的信号电压，功率放大器会由于过激励而造成信号被削波，从而引起高次谐波能量显著增加，也会引起烧掉高音扬声器的。这里说明一下，对于一个全频带扬声器系统，俗称全频带音箱来说，其中的低频单元、中频单元、高频单元之间的额定功率比例可以参照图 8-2 的曲线来确定。图 8-2 是通过对大量节目信号的能量分布进行分析、统计后得出的模拟节目信号能量分布曲线。从此可以看出，整个音箱的额定功率和分频频率确定后，就可以估算出高音单元应该具有多少额定功率了，例如某一款三分频音箱的额定功率是 750W，分频点分别是 250Hz、2.6kHz，则从图 8-2 中可查得 250Hz 以下的低频能量约占总能量的 34%，2.6kHz 以上的高频能量约占总能量的 13%，而中频能量约占总能量的 53%，也就是低频功率约为 255W，中频功率约为 400W，高频功率约为 100W，为了保险起见，扬声器系统设计者一般再适量地增大高音单元的额定功率，这个"适量"是由设计者来掌握的。如果信号被削波，将大大增加信号中高次谐波的能量，则有可能使实际加到高音单元的能量远超过设计者选定的高音单元额定功率，从而使高音单元损坏。高音单元的烧坏基本就是这个原因，至于信号中的直流成分，由于信号是通过功率分频器加到高音单元的，而从图 8-3 中可以看出一般专业级音箱中分频器都通过电容器将信号的高频成分加到高音单元的，所以直流电流是加不到高音单元的。可以这样设想，分频器中电容器（和电感器一起）的作用就是使一定频率（分频频率）以上的高频成分能够顺利地加到高音单元，而阻止一定频率（分频频率）以下低频成分进入高音单元的，因为信号中低频成分的能量比高频成分的能量大得多，如果让低频能量加到高音单元，则会烧坏高音单元，并且分频器使得加到高音单元的能量随着频率的降低，衰减量也增大，理论上对直流的衰减量为无穷大，所以高音单元的损坏不是直流电压加到高音单元而引起的，而是由于高频能量超过设计时确定的允许值而造成烧坏高音扬声器音圈的。至于前面谈到的推荐功率放大器的额定功率比扬声器系统的额定功率大 3dB，是为了保证最终播放出来的节目信号峰值因数不小于 4，并不是专业扩声系统中引起扬声器损坏的原因。因为专业扩声系统是由具有专业操作经验的人员来操作的，一般不会盲目增大功率放大器输出功率的，所以一般也不会由于操作失误造成烧坏高音单元。

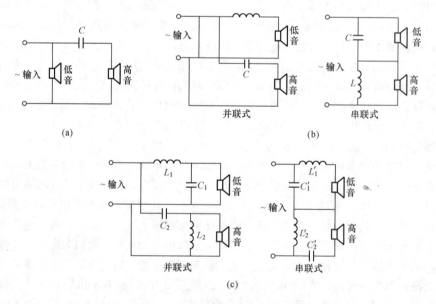

图 8-3 功率分频器电路举例

定阻输出功率放大器适用于扬声器系统距离功率放大器较近的场合，也就是说功率放大器到扬声器系统的连接导线不是很长的场合。因为连接导线本身有电阻存在，如果连接导线的电阻比扬声器系统的阻抗小得不是很多，在连接导线上损耗的功率就占了功率放大器输出功率很大的比例，降低了效率。一般可以这样来考虑，截面积 $1mm^2$ 的铜线电阻为 $0.02\Omega/m$（铜线的质量比较好时），如果连接导线的长度较长，则所用铜线有效截面积就应大一些。所以定阻功率放大器适用于连接导线不是很长的专业扩声场合，例如厅堂、剧场、影院、音乐厅、歌舞厅、多功能厅、场馆等。

二、定压输出功率放大器与扬声器系统的配接

定压输出功率放大器不以额定负载阻抗作为技术参数，而以额定输出电压作为技术参数。至于额定输出功率，则与定阻输出功率放大器一样，是一项主要技术指标。目前国内生产的定压输出功率放大器的额定输出电压多为 120、240V 且大多数既可 120V 定压输出，又可 240V 定压输出。实际上在功率放大器的内部，是在输出变压器上绕了两组相同的输出绕组，每组输出 120V，两组绕组并联时 120V 输出，输出电流为两组绕组各自输出电流之和。在接成 240V 时是把两组 120V 绕组串联使用，输出电流等于流过每组绕组的输出电流。显然在 120V 输出时，输出电压低，输出电流大；在 240V 输出时，输出电压高，输出电流小。两种情况下的额定输出功率是一样的。对于一台定压输出功率放大器，要么接成 120V 输出，要么接成 240V 输出。不要在一台定压输出功率放大器上又接 120V 输出，又接 240V 输出。需要说明的是，额定 120V 输出，并不是只要有信号，输出信号电压总是 120V 了，每个节目、每个时间的输出电压都是在变化的。其平均值远不到 120V，大部分时间电压表的指针在 30～50V 摆动。所谓定压输出功率放大器，只是其规定的技术指标是额定输出电压和额定输出功率，而定阻输出功率放大器规定的技术指标是额定负载阻抗和额定输出功率。国外不少的定压输出功率放大器规定的额定输出电压有 70V 的，也有 100V 的。

一般而言，定压输出功率放大器的输出电压高，同样输出功率时其输出电流就小，所以适于扬声器距离功率放大器较远、扬声器接线长的场合使用，例如大型商场、大型公共场合（如机场、车站候车大厅）的公共广播、宾馆内的背景音乐广播、校园广播、社区广播等。传输接线长必然导线电阻大，所以选用高电压、小电流的方式传输，以便减小线路上的信号压降和线路上消耗的功率。所以扬声器距功率放大器不太远时，可以用 120V 输出；而较远时，则应接成 240V 输出，以减少线路上的功率消耗。

由于定压输出功率放大器的额定输出电压是 120V 或 240V，所以扬声器系统也应是额定输入电压为 120V 或 240V，只有额定电压相一致才能配接。实际上定压扬声器系统并不是把音圈允许电压做成能接 120V 或 240V 的，而是用阻抗为 8Ω 或 16Ω 的扬声器，通过一个变压器变压来达到的。例如一个额定功率为 10W 的扬声器，其音圈阻抗是 8Ω，则在额定功率是 10W 时加在音圈两端的电压大约是 9V 左右，如要与 120V 定压输出功率放大器相接，则要设计一个一次侧为 120V，二次为 9V 的音频变压器，若要接 240V，则变压器的一次为 240V，二次为 9V。事实上定压扬声器系统中的输入变压器和定压输出功率放大器中的输出变压器一样，往往做成两个 120V 绕组，并联时用于 120V 定压，串联时用于 240V 定压。若定压输出功率放大器的额定输出功率是 250W，接成 240V 定压输出。对于扬声器系统来说，你只要看扬声器系统的额定输入电压是不是 240V 的，若是 240V 的，则不论该扬声器系统的额定功率是 3、5W 或 10W，只要它不大于 250W，都可以接到这台功率放大器的输出端上去，不会因为扬声器的额定功率是 3W，而功率放大器的额定输出功率是 250W 而把扬声器烧坏。相反对于功率放大器这一边来考虑，则所有接到这台功率放大器输出端上的扬声器功率之和应小于功率放大器的额定输出功率，否则会因为负载过重损坏功率放大器。

三、声压级的估算

声压级的估算可以这样进行，一种是已知扬声器系统，则可根据扬声器系统的额定功率、额定灵敏度来计算。扬声器的灵敏度是 dB/m·W，表示给扬声器加 1W 电功率，在沿参考声轴距

扬声器 1m 远的位置（在扬声器正前方）测出的直达声声压级值为

$$L = L_0 + 10\log_{10}P \ \text{(dB)} \tag{8-1}$$

式中：L_0 为扬声器灵敏度；P 为加给扬声器的电功率。扬声器在加额定功率时在 1m 处的直达声声压级可用式（8-1）计算，也可以更粗略地估算。P 为 2W 增加 3dB，P 为 5W 增加 7dB，P 为 10W 增加 10dB，P 为 20W 增加 13dB，P 为 50W 增加 17dB，P 为 100W 增加 20dB。例如，扬声器的灵敏度是 90dB，加 100W 电功率时，在 1m 处的直达声声压级应是 90dB ＋20dB ＝110dB。值得注意的是，在正常扩声时，加在扬声器系统上的功率并不是扬声器的额定功率，在专业扩声中，为了达到高保真（Hi-Fi）要求，也就是峰值因数不小于 4 的要求，节目信号的有效值功率应不大于扬声器系统额定功率的 1/8（也就是降低 9dB），最好降低 10dB 使用（也就是不大于 1/10 额定功率）。在背景音乐或校园广播中可以适当降低要求，节目信号的有效值功率应该不大于扬声器系统额定功率的 1/4.5，也就是保证峰值因数不小于 3。

这里说明一下峰值因数的概念。峰值因数是指节目信号中的瞬时峰值最大值与有效值之比，正弦波的峰值因数为 1.414，见本书第二章第一节图 2-8 和式（2-11）、式（2-12）。节目信号可以理解为由很多不同频率、不同幅度、不同相位差的正弦波组合在一起构成的。它的大小，也就是瞬时幅度是随时间变化的规律与正弦波不同，其最大瞬时峰值与有效值之比大于正弦波的比值。按照高保真（Hi-Fi）的要求，必须保证幅度为有效值 4 倍的峰不被削波，也就是要保证峰值因数不小于 4，因为当瞬时峰值是有效值 4 倍以下的峰被削波时，听感上能听出信号被削波的感觉，那么就不能算高保真了。正因为这个原因，对扬声器系统和功率放大器来说都应该保证峰值因数不小于 4。由于功率与电压的平方成正比，正弦波的峰值因数为 1.414，其平方为 2，节目信号的峰值因数为 4 时，其平方为 16，两者相差 8 倍。因此功率放大器以正弦波测量的不削波最大输出功率（通常是指额定输出功率）除于 8 即为节目信号的最大允许有效值功率。扬声器系统以正弦波测量的额定有效值输入功率除以 8 即为节目信号的最大允许使用功率。所以在正常播放节目信号时，其有效值功率必须小于正弦波不削波有效值功率的 1/8（降低 9dB 使用），通常控制在 1/10（降低 10dB 使用），这个数值也称为动态裕量。关于节目信号中瞬时值每分钟超过有效值规定倍数的次数和时间数值（ms），可以参考荷兰飞利浦公司科研人员对大量不同类型节目分析、统计后绘制的曲线图，如图 8-4 所示。顺便提一下图 8-2 也是该公司的研究成果。

上面是指正弦波状态下的额定功率，如果扬声器用额定噪声功率作为技

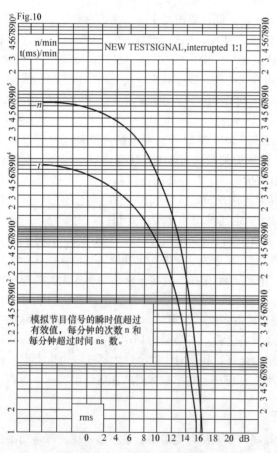

图 8-4　瞬时值每分钟超过有效值的次数和时间

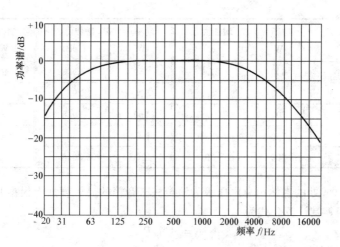

图 8-5 模拟节目信号的频率特性

术指标时，按规定要将测试用的模拟正常节目噪声信号（IEC 268-1，国家标准 GB 6278-1986）的基准峰值因数为 2，因为做不到绝对等于 2，所以要求峰值因数控制在 1.8～2.2，那么以 1.8 作为计算依据，1.8 的平方是 3.24，16 除以 3.24 等于 4.94，接近 5，所以节目信号的最大有效值功率应小于扬声器额定噪声功率的 1/5，当峰值因数为 2.2 时，2.2 的平方是 4.84，16 除以 4.84 等于 3.3，所以节目信号的最大有效值功率应小于扬声器额定噪声功率的 1/3.3。如果以基准峰值因数为 2 来考虑，则 2 的平方等于 4，节目信号的最大有效值功率应该小于扬声器额定噪声功率的 1/4。一般我们以额定正弦功率来考虑，所以推荐节目信号有效值功率控制在小于额定功率的 1/8，甚至 1/10 或更小。一般我们以额定噪声功率来考虑，则推荐节目信号有效值功率控制在小于额定功率的 1/4，甚至 1/5 或更小。模拟节目信号的频率特性如图 8-5 所示。

为了对不太熟悉对数计算的读者提供方便，下面提供两个速查表，见表 8-1 和表 8-2。

表 8-1　　加不同电功率时距声柱、音箱 1m 处直达声声压级增加值（Δ）速查表

功率/W	增加值 Δ/dB	功率/W	增加值 Δ/dB	功率/W	增加值 Δ/dB	功率/W	增加值 Δ/dB
1	0	25	14	85	19.3	190	22.8
2	3	30	14.8	90	19.5	200	23
3	4.77	35	15.4	95	19.8	210	23.2
4	6	40	16	100	20	220	23.4
5	7	45	16.5	110	20.4	230	23.6
6	7.77	50	17	120	20.8	240	23.8
7	8.45	55	17.4	130	21.1	250	24
8	9	60	17.7	140	21.5	260	24.1
9	9.54	65	18.1	150	21.8	270	24.3
10	10	70	18.5	160	22	280	24.5
15	11.8	75	18.8	170	22.3	290	24.6
20	13	80	19	180	22.6	300	24.8

功率/W	增加值 Δ/dB	功率/W	增加值 Δ/dB	功率/W	增加值 Δ/dB	功率/W	增加值 Δ/dB
350	25.4	600	27.7	850	29.3	1400	31.5
400	26	650	28.1	900	29.5	1600	32
450	26.5	700	28.5	950	29.8	1800	32.6
500	27	750	28.8	1000	30	2000	33
550	27.4	800	29	1200	30.8		

距声柱、音箱 1m 处的直达声总声压级为该声柱、音箱的灵敏度加上根据其所加电功率从表 8-1 中查得的增加值，其计算公式为

$$\Delta = 10\lg P$$

式中：P 为所加的电功率，W。

【例 8-1】某声柱的额定电功率为 50W，其灵敏度为 98（dB.1m/1W），则根据额定功率为 50W 从表 8-1 中可查到其增加值为 17dB，加上灵敏度 98dB，其和为 115dB，所以给该声柱加额定功率时，在距声柱 1m 处的直达声声压级将应为 115dB。

至于在距扬声器系统 X 米处的直达声声压级可以根据平方反比定律来计算

$$L_x = L - 20\lg X \qquad \text{(dB)} \tag{8-2}$$

式中：L_x 为在 X 米处的声压级；L 为距扬声器系统 1m 处的直达声声压级；X 为距离，m。

【例 8-2】扬声器系统的灵敏度是 90dB，加 100W 电功率时，在距扬声器 1m 处的直达声声压级为

$$L = 90 + 10\lg 100 = 110 \text{（dB）} \tag{8-3}$$

在距该扬声器系统 20m 处的直达声声压级为

$$L_{20} = 110 - 20\lg 20 = 110 - 26 = 84 \text{（dB）} \tag{8-4}$$

在距该扬声器系统 20m 处的直达声声压级为 84dB，这里要注意，这里计算出来的是直达声声压级，不是室内该处实际测量出的声压级，而测量点实际测量出的声压级应该是该点的直达声声压级与室内混响声场声压级的合成。因为在临界距离以外以混响声场为主，离临界距离越远，直达声声压级比混响声场声压级低得越多，也就是说该处以混响声场为主，所以实际测量的总声压级要比计算出来的直达声声压级大。至于混响声场可以根据室内声学参数来估算。

表 8-2　　距声柱、音箱 X 米处比 1m 处直达声声压级减小值（Δ）速查表

距离/m	减小值 Δ/dB	距离/m	减小值 Δ/dB	距离/m	减小值 Δ/dB	距离/m	减小值 Δ/dB
1	0	8	18.1	35	30.9	70	37
2	6	9	19.1	40	32	75	37.5
3	9.54	10	20	45	33.1	80	38.1
4	12	15	23.5	50	34	85	38.6
5	14	20	26	55	34.8	90	39.1
6	15.6	25	28	60	35.6	95	39.6
7	16.9	30	29.5	65	36.3	100	40

距离/m	减小值 Δ/dB	距离/m	减小值 Δ/dB	距离/m	减小值 Δ/dB	距离/m	减小值 Δ/dB
110	40.8	200	46	290	49.2	700	56.9
120	41.6	210	46.4	300	49.5	750	57.5
130	42.2	220	46.8	350	50.9	800	58.1
140	42.9	230	47.2	400	52	850	58.6
150	43.5	240	47.6	450	53.1	900	59.1
160	44.1	250	48	500	54	950	59.6
170	44.6	260	48.3	550	54.8	1000	60
180	45.1	270	48.6	600	55.6		
190	45.6	280	48.9	650	56.3		

距声柱、音箱 X 米处的直达声声压级为该声柱、音箱再加上其额定电功率后在距离为 1m 处的直达声声压级减去从表中查得的减小值，其计算公式为

$$\Delta = 20 \lg X$$

式中：X 为离声柱或音箱的距离，m。

【例 8-3】 某声柱的额定电功率为 50W，其在距离为 1m 处的声压级为 115dB。设要求距离为 50m 处的直达声声压级，则根据距离为 50m 从表中可查到其减小值为 34dB，1m 处的声压级 115dB 减去距离为 50m 时的减小值 34dB，所以给该声柱加额定功率时，在距声柱 50m 处的直达声声压级将应为 81dB。

实际上室内各点的声压级不是单纯的直达声声压级，因为室内必定还有混响声场存在，所以室内各点的实际声压级是由直达声场和混响声场组合后的混合声场声压级。由于假定室内混响声场是均匀的，也就是室内各点的混响声场声压级被看成是相等的，而室内直达声场的声压级是按照离开声源距离的平方变化的，也就是按照直达声的平方反比定律变化的。离开声源越近，直达声声压级越大，大于混响声声压级；离开声源越远，直达声声压级越小，可能小于混响声声压级。在临界距离（也称混响半径）处直达声场和混响声场的声压级相等，此处的总声压级比由直达声场或混响声场单独产生的声压级高 3dB；在 1/2 临界距离处总声压级比只有直达声场的情况高 1dB；在两倍临界距离处，总声压级比只有混响声场情况高 1dB。各距离处总声压级符合直达声场和混响声场能量相加的关系，可以简单地从本书第三章第一节图 3-3 查出，图 3-3 是用来估算两个声音能量相加后的总声压级的，图中横坐标数值是两个相加声场声压级间的差值 Δ，纵坐标数值是两个声场相加后在其中较大声压级值上增加的值 ΔL。例如一个声场产生的声压级为 80dB，另一个声场产生的声压级是 86dB，则两个声压级的差值 Δ 为 6dB，从图 3-3 查得 ΔL 为 1.1dB 左右，两个声场合成以后的总声压级为 86+1.1，约为 87dB。这里我们想说明一下厅堂内最大声压级的问题，最大声压级是扩声声学特性指标之一，很多设计人员在考虑最大声压级时往往用直达声声压级来说明是否达到要求，实际上这样的想法是不准确的。因为在厅堂内最远观众席处的声压已经主要是混响声场了，直达声场声压级与混响声场声压级相加后非常接近混响声场声压级的数值，例如当混响声场声压级比直达声场声压级高 12dB 时，从图 3-3 查出增加值约 0.3dB，即混响声场和直达声场相加后的总声压级只比混响声场声压级高 0.3dB，其贡献几乎可以忽略不计，所以最大声压级基本取决于混响声场声压级。那么如何计算出厅堂内混响声场声压

级呢？那就是首先计算出混响半径，然后计算给扬声器系统加 1/8～1/10 额定电功率（对于噪声决定额定功率的扬声器来说是 1/4～1/5 额定电功率）时在混响半径处产生的直达声声压级，因为在这个距离上混响声场声压级与直达声场声压级相等，所以这个计算出来的直达声场声压级就是整个房间的混响声场声压级，也是可能达到的节目信号有效值最大可用声压级。

这样，对于厅堂内集中供声方式的专业扩声系统来说，最大声压级的验算就变成给扬声器加 1/8～1/10 的额定功率时（对于噪声决定额定功率的扬声器来说是 1/4～1/5 额定电功率），以距离扬声器主轴 1m 处的直达声声压级为基础，再根据平方反比定律计算出在混响半径处的直达声声压级，如果计算出来的声压级数值大于要求的最大声压级指标（有效值），则满足要求。这里顺便说一下，事实上一般都是立体声（L 路、R 路）工作状态，所以根据一路扬声器系统计算得到的最大声压级只要达到比所要求的最大声压级低 3dB 以内，那么最大声压级就能达到指标要求了。

至于定压功放及定压扬声器系统组成的系统，只要接在定压输出功率放大器上的所有定压输入扬声器系统的额定输入电压与功率放大器的额定输出电压相等，扬声器系统额定功率的总和小于功率放大器的额定输出功率就行，当然播放节目信号的有效值电压也应该控制在功率放大器的输出电压有效值应小于额定输出电压的 1/2.83 或更小，同样扬声器系统的额定功率也应大于加于此扬声器系统的播放节目信号有效值功率的 8 倍或更大（对于噪声决定额定功率的扬声器来说是 4～5 倍额定电功率），以保证信号有足够的峰值因数。

目前对于声场设计中音箱选择方面，圈内有一种说法，说是可以按照室内容积值来推算所需扬声器系统电功率大小，例如有说可以按照 $1W/m^3$（当然不一定是这个数据，也看到过说是 $0.5W/m^3$ 的）来估算室内所需扬声器系统的电功率。实际上这两种估算方法是没有理论依据的，试想，这些数据是适合什么样条件的房间及其使用要求的，例如最大声压级为 93dB，还是 98dB，或是 103dB，甚至更高声压级的要求，$1W/m^3$ 到底适合哪个最大声压级指标，如果是适合最大声压级为 98dB 的，那么如果在要求最大声压级为 104dB 时，是否意味着要按照 $4W/m^3$ 来计算，或在要求最大声压级为 92dB 时，是否意味着要按照 $0.25W/m^3$ 来计算；另外，$1W/m^3$ 到底是适合混响时间长的房间（活跃的房间）还是适合混响时间短的房间（沉寂的房间），又如何按照混响时间来修正这个数值（$1W/m^3$ 或 $0.5W/m^3$），还有如果选择灵敏度低的扬声器系统和选择灵敏度高的扬声器系统又如何来修正这些数值。例如选用 90dB 灵敏度的扬声器系统应该修正成多大值，再如选用 105dB 灵敏度的扬声器系统又应该修正成多大值，恐怕一个三维图形也无法描绘出来这些修正数据。所以还是采用正确的途径一步一步地老老实实计算得出的估算值比较准确。因为所需扬声器系统电功率大小，除了与室内房间尺寸、室内表面吸声情况、所需最大声压级大小、所用扬声器系统的指向性因数大小有关外，还与扬声器系统的电声转换效率有关。因此不同室内情况与要求，所选扬声器系统不同，则所需扬声器系统的电功率大小也是不同的。另外不同扬声器系统的电声转换效率会有很大不同，如果我们用扬声器系统的灵敏度来表述扬声器系统的电声转换效率，在几十年前，扬声器系统的灵敏度 95dB（1W，1m）就算比较高了，但是现在扬声器系统的灵敏度达到 105dB（1W，1m）也不算最高的。试想，两个灵敏度相差 10dB 的扬声器系统，到底哪个灵敏度的扬声器系统是与 $1W/m^3$（或 $0.5W/m^3$）相对应的呢。我们再举一个实际的例子来说明，如果有一个厅堂的室内容积为 6000m³，如果按照 $0.5W/m^3$ 的数值来计算室内所需扬声器系统电功率，应要求 3000W 电功率的扬声器系统能满足要求。如果选用一对音箱，则每只音箱应该是 1500W 电功率，如果选用 95dB（1W、1m）灵敏度的音箱，考虑到加 1500W 电功率，增加的声压级值是 31.8dB，则在距离音箱 1m 处的直达声声压级为 95＋31.8＝126.8（dB）；如果选用 105dB（1W，1m）灵敏度的音箱，考虑到加 1500W，增加的声压级是 31.8dB，则在距离音箱 1m 处的直达声声压级为 105＋31.8＝136.8（dB），两种音箱灵敏度情况下距离音箱 1m 处的直达声声压级相差 10dB。假定通过计算得知在距离音箱 1m 处的直达声声压级达到 126dB 就能满足要求，如果采用灵敏度为 95dB 的音箱，则给音箱加 1500W 电功率才能达到预期的直达声声压级要求；假定采用灵敏度为 105dB 的音箱，则需给音箱加 150W 电功率就能达到预期的直达声声压级要求，两者所需电功率相差 10 倍。从此可以看出，采用室内每立方米容积需要多少瓦电功率的音箱估算方法，会因为所选音箱灵敏度的差别而造成很大误差。如果考虑到室内声场设计还与室内表面吸声情况、所需最大声压级大小、所用扬声器系统的指向性因数大小等因素有关，那么这种用室内单位容积需多少瓦扬声器电功率的方法带来的准确性几乎无法使人相信。我们常说的，选择音箱时，所选的音箱灵敏度每提高 3dB，则音箱的功率可以减少一半，相应地功率放大器的功率也可以减少一半，这种观点就明显说明了室内所需音箱的电功率大小与音箱灵敏度密切相关，也间接地说明按照每立方米室内容积来确定室内所需扬声器系统电功率的方法是说不通的。编者在十几年前写书时曾经介绍一种快速估算室内所需声功率的方法，如图 8-6 所示。已知室内容积和室内需要的声压级后可以快速地从图中找出相应所需的声功率值大小。但是实际操作时，还是很难进一步确定选用什么样的音箱能满足设计要求，因为我们不知道各种音箱的电声转换效率具体值是多少，实际上，由于所采用的扬声器单元性能不同，扬声器系统的电声转换效率范围非常宽。转换效率低的小型音箱，其电声转换转换效率不到百分之一；电声转换效率高的音箱，其电声转换转换效率可达百分之十几，所以即使知道室内需要多少瓦声功率，还是不知道音箱应该具有多少瓦电功率这个指标，也就无法确定音箱的额定输入电功率应该不小于多少瓦这个重要指标。到目前为止，我们看到的各音箱生产厂家提供的各种型号音箱的技术指标中，都没有标明音箱电声转换效率这个指标值，恐怕很多音箱生产厂家也不一定能说出自己生产的各个型号音箱的电声转换效率具体数值，更不用说广大音箱用户——音响工程设计师了，所以知道了室内需要多少瓦声功率，还是无法确定需要的某型号音箱应该具有的额定输入电功率。对于音响工程设计者而言，想通过理论计算来确定所设计的工程中应该选择什么样的音箱能满足

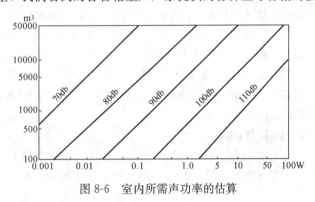

图 8-6　室内所需声功率的估算

实际需要，比较可行的办法还是按照本书第九章第五节的设计过程，通过一步一步的计算，最后确定选择哪种音箱能符合设计要求。当然也可以通过声学辅助设计软件，例如 EASE 软件等来模拟所选音箱是否满足该工程要求。

第五节　视频信号的概念

一、电视信号概论

电视是把图像分成若干行（我国分成 625 行），再从每行的左面开始向右分成若干点（我国是每行 833 个点），通过光—电变换原理把图像信号从光信号转变成电信号，用这个信号根据调幅原理去调制频率甚高的射频信号而成为图像调幅信号。而伴音信号则根据调频原理对射频信号进行调制形成伴音调频信号，再把这两种被调制的射频信号一起发送出去。在接收端则反过来，对这两种被调制信号解调成图像电信号和伴音电信号，图像电信号再通过电—光转换，在显像管上恢复成图像。

二、视频接口阻抗和电缆阻抗

视频的输入、输出阻抗都是 75Ω，视频电缆的特性阻抗也是 75Ω，而天线口即射频口的阻抗分为 75Ω 和 300Ω 两种。

视频不像音频，视频对接口阻抗的要求较严，因为视频的频率很高，波长很短，所以阻抗不匹配将引起波的反射，产生重影，严重时产生驻波影响信号传播，所以要特别注意输出阻抗、输入阻抗和电缆阻抗的匹配。目前常用的视频电缆型号有 75-3、75-4、75-5、75-7 等。其特性阻抗都是 75Ω。这里的 75Ω 是指电缆的交流特性阻抗，而不是导线线芯的直流电阻，所以不能用万用表来测量电缆的特性阻抗。

三、输出、输入格式

输出、输入格式是指设备规定的输出、输入接口能接收和处理的信号种类。

（1）RF（射频）输出、输入格式。射频信号是包含了图像信息和伴音信息在内的全部电视信息被调制高频信号。其中图像信号采用调幅方式，伴音信号采用调频方式，射频信号的频率范围在几十兆赫兹到几百兆赫兹之间，分成 VHF（甚高频）和 UHF（超高频），我国在 VHF 有 12 个频道，在 UHF 有 56 个频道，射频信号实际上就是电视机从天线接收到的信号。

（2）Video（复合视频）输出、输入格式。Video 格式是将亮度信号 Y、色度信号 C、复合消稳信号 A 及复合同步信号 S 组合在一起的一种信号输出、输入格式，也称全电视信号 FYAS。复合视频信号包含了全部视频图像信息，但不包括伴音信号。

（3）S端子输出、输入格式。S端子输出、输入格式就是 Y/C 分离输出、输入格式，它是将复合视频信号（Video）中的亮度信号（Y）和色度信号（C）分开传送的输出、输入方式。

（4）Y/R-Y/B-Y 输出、输入格式。Y/R-Y/B-Y 输出、输入格式是将色度信号中的 R-B 分量去除亮度信号后得的两个色差信号 R-Y 和 B-Y，随亮度信号 Y 一同输出、输入的方式。

（5）R、G、B 输出、输入格式。R、G、B 格式就是三基色信号输出、输入格式，它是直接将图像信号转化成单独的基色图像信号输出、输入的。三基色是：RED 红、GREEN 绿、BLUE 蓝。

四、电视制式

（1）PAL 制（Phase Alternation Line）。是相位逐行交变制式（"逐行倒相正交平衡调幅制"简称"逐行倒相制"）。PAL 制内又分了几个尾号，有 PAL/I、D、K、B、G 等，中国是 PAL/D 制式。

（2）NTSC 制（National Television Systems Committee）。是美国国家电视制式委员会制定的格式，它是一种"正交平衡调幅制"。NTSC 制又有 NTSC/M、N 等。

（3）SECAM 制（法文 Séquential couleur á Mémoire）。是"顺序传送彩色与记忆制"，也可分 SECAM/K、KI 等。

三种制式各有优缺点，不存在哪一种更好的问题，但是各国采用的多种电视制式给信息交流带来了不便。

五、关于 VGA 格式

VGA 的英文全称是 Video Graphic Array，即视频绘图阵列（也叫 D-Sub 接口）。通常 VGA 支持在 640×480 的较高分辨率下同时显示 16 种色彩或 256 种灰度，同时在 320×240 分辨率下可以同时显示 256 种颜色，如将显卡显存提高至 1M 以上，并使其支持更高分辨率如 800×600 或 1024×768，这些扩充的模式就称之为 VESA（Video Electronics Standards Association，视频电子标准协会）的 Super VGA 模式，简称 SVGA，现在的显卡和显示器都支持 SVGA 模式。不管是 VGA 还是 SVGA，使用的连线都是 15 针的 D 型插头，传输模拟信号。VGA 接口上面共有

15 针孔，分成三排，每排五个。其传输的是经过模拟调制成 R、G、B（三原色）三通道的模拟高频信号，这样在 VGA 信号输入端（投影机、电视内），就不必像其他视频信号那样还要经过矩阵解码电路的换算。视频传输过程是最短的，处理电路也是最少的，所以 VGA 接口拥有许多的优点，如无串扰无电路合成分离损耗等。这个接口可以用来传输逐行信号，更多的是应用于电脑成像。但是这个接口也存在一个问题，就是需要专门的电缆，并且电缆长度受限制。

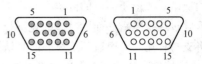

图 8-7　VGA 用 D15 母插座和公插头

VGA 用 D15 母插座和公插头如图 8-7 所示，引脚功能见表 8-3。

表 8-3　　　　　　　　　　　　　　**VGA 用 D15 插座引脚功能**

引脚	功　能	引脚	功　能	引脚	功　能	引脚	功　能
1	红基色信号	5	自测试	9	保留	13	行同步 c
2	绿基色信号	6	红地	10	数字地	14	场同步
3	蓝基色信号	7	绿地	11	地址码 ID Bit 0	15	地址码 ID Bit 3
4	地址码 ID Bit 2	8	蓝地	12	地址码 ID Bit 1		

六、隔行扫描和逐行扫描

（1）I——隔行扫描（interlace）。隔行扫描就是把一个电视帧分成两个电视场分别扫描，奇数扫描行构成的场称为奇数场，偶数扫描行构成的场称为偶数场，奇数和偶数场交错组成一个电视帧。

（2）P——逐行扫描（progressive）。逐行扫描是将所有扫描线以从上到下、从左到右的顺序一次扫完，不分奇偶帧。这样就消除了由于隔行扫描而带来的图像抖动问题。逐行显示就是把隔行扫描的电视信号用数字处理的方式转换成逐行扫描信号以达到改善显示质量的目的。

（3）480I 是标准的 NTSC 电视显示模式，60Hz 频率，525 条垂直扫描线，483 条可见垂直扫描线，4：3 或 16：9，记为 480i 或 525i。

（4）480P 是 D2 标准数字电视显示模式，60Hz 频率，525 条垂直扫描线，480 条可见垂直扫描线，4：3 或 16：9，记为 480p 或 525p。

（5）576I 是标准的 PAL 电视显示模式，50Hz 频率，625 条垂直扫描线，576 条可见垂直扫描线，4：3 或 16：9，记为 576i 或 625i。

（6）720P 是 D4 标准数字电视显示模式，60Hz 频率，750 条垂直扫描线，720 条可见垂直扫描线，16：9，记为 720p 或 750p。实际图像分辨率 1280×720。

（7）1080I 是 D3 标准数字电视显示模式，60Hz 频率，1125 条垂直扫描线，1080 条可见垂直扫描线，16：9，记为 1080i 或 1125i。实际图像分辨率 1920×1080。

七、标清、高清

所谓标清，是物理分辨率在 720p 以下的一种视频格式。720p 是指视频的垂直分辨率为 720 线逐行扫描，具体是指分辨率在 400 线左右的 VCD、DVD、电视节目等"标清"视频格式，即标准清晰度。而物理分辨率达到 720p 以上则称为高清（High Definition，HD）。关于高清的标准，国际上公认的有两条：视频垂直分辨率超过 720p 或 1080i，视频宽纵比为 16：9。

由于图像质量和信道传输所占的带宽不同，使得数字电视信号分为 HDTV（高清晰度电视）、SDTV（标准清晰度电视）和 LDTV（普通清晰度电视）。

HDTV 标准是高品质视频信号标准，720p、1080i、1080p，但目前支持 480p 也大概称为支持 HDTV。

从视觉效果来看 HDTV 的规格最高，其图像质量可达到或接近 35mm 宽银幕电影的水平，它要求视频内容和显示接收设备水平分辨率达到 1000 线以上，分辨率最高可达 1920×1080。从画质来看，由于高清的分辨率基本上相当于传统模拟电视的 4 倍，画面清晰度、色彩还原度都要远胜过传统电视。而 16：9 的宽屏显示也带来更宽广的视觉享受。从音频效果看，高清电视节目将支持杜比 5.1 声道环绕声，而高清影片节目将支持杜比 5.1 True HD 规格，音频流传送，配合 DAV-DZ770W 的 5.1 声道的光纤输出。

所谓全高清（FULL HD），是指物理分辨率高达 1920×1080 逐行扫描，即 1080p，是高清的顶级规格，因此被称为"全高清"，而对应地把 720p 和 1080i 称为标准高清。很显然，由于在传输的过程中数据信息更加丰富，所以 1080p 在分辨率上更有优势，尤其在大屏幕电视方面，1080p 能确保更清晰的画质。

摄像设备和显示设备都有标清和高清问题，在同一系统中，两者应该遵循同一标准，即要么都是标清，要么都是高清，这样不至于浪费资源。另外也不必一律追求高清，其实在大部分情况下采用标清就能满足要求，并且作为会议摄像也不必刻意追求高清，其实高清标准的清晰度确实是高了，同时也将人物面部的一些缺点完全暴露出来也不见得是一件好事。

第六节 晶闸管和灯光控制

一、晶闸管控制的优点

灯光控制技术是一步步发展到目前阶段的，最原始用开关通断来控制灯的亮、灭两种状态，然后改良成用串联电阻来调节灯光的亮暗程度，再往后是用自耦变压器，通过调节加在灯上的电压来控制灯的亮暗程度，这比用串联电阻减少了电能的消耗，发热也少，但体积大。到 20 世纪 60 年代开始采用晶闸管来控制灯光的亮暗程度。晶闸管控制的原理是通过触发电信号来改变晶闸管的导通角，导通角越大则灯光越亮，导通角越小则灯光越暗，导通角为 360°时最亮，导通角为 0°时灯灭。这种控制方法操作方便，消耗电能少且能实现程序控制，大大减少了操作人员的工作量和体力，缺点是产生大量的高频干扰信号，污染了电网。目前已到了利用计算机技术来控制灯光的阶段，同样条件的演出，这次演出时用的程序可以放在移动存储器里带走，下次再演出时插入计算机就能照上次演出的程序控制灯光。

二、电脑灯控制器举例

以柯达 432 全能数码灯光控制台为例。

（1）432 个控制通道。

（2）DMX512/1900 输出，1～24 通道同时具备 0～10V 模拟输出。

（3）触摸式键盘，背光式液晶显示屏。

（4）带 CRT 电脑显示器接口，RS232 接口，可与 PC 机联机使用。216 个调光场景，54 个场走灯，48 个灯光环境（由调光、场景和场走灯构成组合），6 个环境走灯程序。

三、晶闸管调光设备对音频系统的干扰。

由于调整过程中使 220V、50Hz 的电网脉冲式接通和断开，负载电流脉冲式的变化，所以产生丰富的高频谐波信号。这些高频信号很容易通过电网窜入音响系统中，从而使音响系统产生噪声，所以一般原则是灯光用电应单独用一相，和音响系统用电不在同一相上，灯光系统的电源线、地线都应单独走，与音响系统的走线保持足够的距离。必要时还应采用滤波网络来净化电网。

第七节 音频系统接地问题

一、音频设备的干扰噪声源

干扰噪声的主要来源是高压交变电场干扰和空间的电磁场干扰，以及来自电网的干扰信号。这些干扰信号产生噪声，严重时影响收听，甚至达到不可容忍的程度。来自电网的干扰只能靠优化电网的措施来解决，而来自高压交变电场和空间电磁场的干扰则通过屏蔽和接地方式来解决。一般音频设备多采用铁质外壳，对电场干扰和磁场干扰都有屏蔽作用。音频传输电缆应选铁质材料屏蔽层的音频电缆来作为传输线。屏蔽要接地才能起良好的屏蔽作用。

二、接地方法

屏蔽接地连接时，一定要注意屏蔽线绝对不能形成闭合回路，闭合回路中会感应工频感应电流，产生新的干扰。因此两台设备之间只允许有一根信号线的屏蔽层两端分别与两台设备的外壳相连，通常是在设备输入端接地，详细请见第四章第二节。同时设备外壳不与电源地线相连，这样可避免形成接地回路。

比较好的接地方式是所谓星形接地。如图 8-8 所示，图中每条屏蔽线的屏蔽层只有一端与设备的外壳相连，另一端悬空，通常以信号传输的末端与外壳相连。每一台设

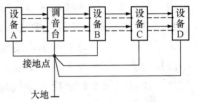

图 8-8 系统星形接地示意图

备在信号输入端附近选一接地点，通过铜芯导线集中到一点，然后再用铜芯导线直接与大地相连。这根导线最好选截面积较大的线，以减小接地电阻。上述每条屏蔽线只有一端接外壳的方式要求在不平衡方式连接时选用双芯屏蔽线。其中一根芯线作信号热端，另一根芯线作信号冷端，屏蔽不作为信号回路的一部分。

三、电源安全接地

(1) 安全接地的重要性。目前国内音响系统的设备基本上都是用 220V、50Hz 的交流电供电。如果一旦发生漏电现象，足以对人身造成伤害，严重时能致人死亡，所以音响系统的安全接地是极其重要的。因此在音响系统的安装中一定要把安全接地当作音响设备安装工作中一项重要项目来进行及检查，即使临时性使用的设备，如流动演出等，也一定要注意安全接地，以免造成不必要的人员伤亡。

(2) 几种接地方式。目前电力供电一般采用三相四线制，即 L1、L2、L3 相三条相线和一条中线。对于中、大型用电场所，一般采用三相四线制入户，在户内再适当分配 A、B、C 相的负载，使三相用电基本均衡，以免在中线上产生较大电压。以前也把接中线称为"接零"，即接零线的意思。它与"接地"是有分别的，"接地"指的是用电设备外露可导电部分直接对"地"的电气连接。这里的"地"是指大地中导电性好的地点，即土壤中应有一定的湿度且这一部分土壤直接与地球的一片不小的土地相连接的。对于已经被人工砌造的墙体与大地分隔开的空间中的土壤不算"大地"。水泥地面、沥青路面也不能算"大地"，这些都不能用来做"接地"。

1) TN 系统。电力系统由一点直接接地，用电设备的外露可导电部分通过保护线与接地点连接，即电力系统的中线（N）直接接接地端子，各用电设备外露可导电部分（机壳）分别用保护线连到同一接地接线端子上，接地接线端子再与埋设在地下的良好导电体（接地体）相连接，如图 8-9 所示。

2) TT 系统。电力系统由一点直接接地，用电设备的外露可导电部分通过保护线接至与电力系统接地点无直接关系的接地体，如图 8-10 所示。

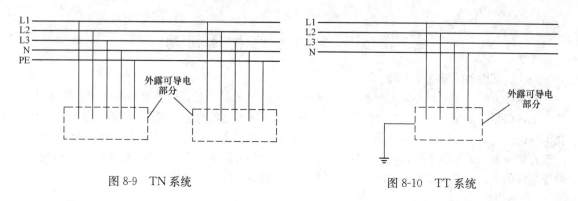

图 8-9　TN 系统　　　　　　　　图 8-10　TT 系统

3）接地体。接地体应是导电体，应耐腐蚀，如钢板、钢圆、角钢、钢管等。接地体应有足够的表面积与泥土相接触，接地体与地线的连接应保证可靠，所以一般均用焊接法。

4）对接地电阻的要求。接地电阻越小越好，一般不宜超过 10Ω，接地电阻能小于 4Ω 则更理想。为了保证接地电阻足够小，接地体埋设点应准确选择，包括深度、土壤湿度，必要时应在土壤中添加盐类，以增加土壤的湿度。

总之音响工作者要重视安全接地，但接地设计不是调音员必须掌握的知识，而音响工程设计、施工者则应掌握的。

第九章

音 响 工 程 设 计

第一节 声 场 设 计 概 论

一、声场设计概述

一个音响工程的设计，首先就是声场的设计，因为如果声场情况很糟糕，那么所采用的设备再先进、再高级、再全面也不能使重放音质达到优美的程度。严格来说，声场设计包括建筑声学设计和扩声声场设计。建筑声学设计包括房间结构设计、形状设计、尺寸设计、装修设计等，这些主要应由建筑设计师来完成。扩声声场设计主要是扬声器系统放置位置、角度的选择、数量的选择、扬声器系统型号的选择。目的是力求系统声学特性满足相关标准或规范的规定要求、声场尽量均匀、直达声达到一定比例，以保证清晰度、可懂度达到要求，并且重放音质好，而这些应由音响工程设计者负责。当然在建筑声学存在先天不足时，为了使最后的扩声效果达到满意，音响工程设计者有必要在接触具体工程项目时先估算建筑声学设计是否已到位，如果发现存在重大缺陷时，应对建筑声学缺陷的改善提出可行的补救方案，包括做一些吸声、扩散、隔声处理意见，有必要的话，甚至可以提出增加早期反射声的可行方案；否则，由于确实存在建筑声学缺陷，音响工程设计者没有发现，或确实发现了但是没有主动提出补救措施，则最后的扩声质量就很难保证，到最后使用方表示不满意后，再提出存在建筑声学的缺陷作为扩声质量不满意的理由，就不能使人信服。即便对建筑声学缺陷采取补救措施后提高了扩声音质，也说明音响工程设计人员的水平不高或对工作不负责任。

二、与室内音响有关的其他问题

厅堂尺寸应有合理的长、宽、高比例。一般认为长、宽、高的比例为无理数时，可克服共振频率的简并化。这个比例还要照顾到具体厅堂的用途，不同用途时其高度不同，所以长、宽、高的比例也会不同。实际上大多数厅堂尺寸是已定的，音响工程设计者只能根据具体情况来尽力改善音响效果。下面介绍一些应该考虑的具体问题。

为了更好地保证扩声效果和灯光投射区域，尽量保留最高的厅堂内部空间高度。

为了避免声场出现声振颤，尽可能使墙面稍有些不平行，可以在装修时将两面墙面有意识的做成上下不完全垂直，例如上下形成3°左右的斜度，一般情况下这种稍微有些不垂直不容易看出来，但是却有利于避免两面墙之间形成颤动回声。尤其是对狭长的厅堂更应注意墙壁的处理，如做成拉毛或装饰不平行的反射面等，以利于声场扩散。为了避免声聚焦影响声场均匀度，尽量要对凹形的弧形墙面和顶部进行必要的处理，至少不要将其用作舞台。

应坚决避免在扩声区域内出现中空较大或支撑较差的腔体结构，否则极易产生共振和噪声。木墙裙里的龙骨一定要牢固而密实，里面的空间也不能太大，舞台或舞池的地板支撑点一定要多，舞池的地板下空间也不要太高，天花板和玻璃的安装一定要考虑减振，一般不要使用大面积的玻璃窗，不要将石膏天花板直接安装在铝合金槽里，应增加胶垫等防振材料。

基本声场设计包括隔声的处理，现场噪声的降低，对建筑结构和装修的要求，声场均匀度的实现，避免声颤动，聚焦，减少声反馈等问题，计算混响时间等。

隔声包括建筑与外部的隔声、建筑内各房间的隔声。隔声部位包括隔墙的隔声、门窗的隔声、顶部相通房间的天花顶隔声等。必要时采用合成革等材料包门和采用双层玻璃窗隔声，或在门外增加隔声过渡区及在窗户内悬挂厚重的窗帘等。在天花板上面再覆盖一层防火吸音棉或在天花顶上面一定距离再增加一层吊顶等，都有利于隔声。通常不要选楼房的高层作音响用房以减少对外部的干扰。

控制室的空间应该尽量大些，一般应有 $7m^2$ 以上，以利于设备安放、检修和人员活动。控制室的位置应有利于铺设管线，应利于与外界的联系。以舞台演出为主的场所，可以将控制室设在舞台侧上方，最好将控制室设在舞台对面，以便于很好地观察舞台和观众席的气氛、需求及灯光的工作情况。

安全性的考虑，配电是否合理，用电是否安全，设备连接是否科学，接大地的点是否符合标准要求，承重是否得到保证，布线是否正确；设备安装是否牢固，调试是否正确，人员的疏散问题，应急广播问题等均应予以充分重视。

三、扩声声场设计内容

首先要明确设计的是什么性质的音响工程，是属于音乐厅、剧场、歌舞厅、卡拉 OK 厅等文娱场所，演播室、录音棚等节目制作场所，会议厅、多功能厅、体育场、体育馆、公共广播等以语言类为主的场所或背景音乐等中的哪一类，然后再根据具体类别结合具体情况确定要达到什么等级水平，也就是达到相应标准的什么等级。没有相应标准时，则可根据常规要求来确定技术指标，例如最大声压级、传输频率特性、声场不均匀度、传声增益等。至于混响时间则主要根据用途来确定，相应标准中有明确规定的，则按照标准规定执行；如果没有明确规定的，则可根据一些原则来确定，如用于语言类时，则混响时间不应太长；用于音乐类时，则混响时间宜稍微长一些。

在技术指标确定后，则可以开始声场设计。第一步先仔细查看建筑图纸，搞清房间形状、具体尺寸、墙壁、天花、地板等各个界面的装修情况。根据以上资料可初步估算出混响时间，如果发现估算出的混响时间明显超出根据标准或用途设定的混响时间范围，则应提出整改措施，或帮助修改装修材料的选用，或提出应该达到的混响时间范围要求，由其他方面的人员来设法达到混响时间范围要求。一般的情况下音工程设计人员最好能帮助提出修改装修材料的具体意见供参考。

混响时间的计算方法请参考本书第 3 章式（3-7）～式（3-11）。计算空场混响时间时，应将观众席座椅的吸声系数考虑进去；计算满场混响时间时，应将观众在座椅中的吸声系数考虑进去。如果计算得到的混响时间满足本工程的要求，则可考虑下一步的声场设计工作。具体不同用途厅堂混响时间参考值见表 9-1。当然例如中华人民共和国建设部的 JGJ/T 131—2012《体育馆声学设计及测量规程》标准中规定了具体不同频率混响时间要求的，则应按照相应标准规定来取值。

表 9-1   不同用途厅堂的最佳混响时间

厅堂用途	混响时间/s	厅堂用途	混响时间/s
电影院	1.0～1.2	电影同期录音摄影棚	0.8～0.9
立体声宽银幕电影院	0.8～1.2	电视演播	0.8～1.0
演讲、戏剧	1.0～1.4	语言录音（播音）	0.3～0.4
歌剧院及音乐厅	1.5～1.8	音乐录音（多声道）	0.6
多功能厅堂	1.3～1.5	音乐录音（自然混响）	1.4～1.6
电话会议	0.3～0.4	多功能体育馆	<1.8

　　声场设计的第一步是确定采用什么供声方式，实际上就是设计扬声器系统安放位置和选择扬声器系统。目前通常有集中供声、分散供声、分区供声三种方式，应根据厅堂等扩声场所的使用要求和实际条件而定。对于会议厅、公共广播系统主要考虑语言的清晰度、可懂度，所以可选择分散式扬声器系统，也就是分散供声方式，这种供声方式声场以直达声场为主，直达声场均匀，清晰度高，不容易引起啸叫，但缺乏方位感。对于大多数用于演出的厅堂应优先考虑集中式扬声器系统，也就是集中供声方式，如对于剧场、音乐厅等均将扬声器系统装在舞台口上方，最好有"声桥"，将主扬声器系统放置在声桥上，在没有声桥，也不能将扬声器系统放置在舞台口上方的情况下，也可以将扬声器系统放置在台口两侧较高位置，这样使观众的听觉和视觉保持一致，并且使直达声声场尽可能比较均匀。对于四面有观众的大型厅堂如体育馆等，一种方式是可以将扬声器系统吊装在大厅的中央，必要时可增设扬声器系统的自动升降装置。此时，由于扬声器系统和吊架的自重较大且集中在一起，所以应考虑场馆建筑的力负荷问题，要精确计算，确保在安全负荷以内。另一种方式是可以将扬声器系统分散开，每一组扬声器系统就近为一部分观众供声，这样供声，观众席处直达声场比例可以提高，直达声声压级可以比较均匀，每一组扬声器系统的声压级不必太高，尤其是在混响时间较长的体育馆中，清晰度能提高，回声影响能减小。

　　第二步是根据最大声压级要求和扩声距离，计算出离扬声器 1m 处应有的声压级，进而选择扬声器系统，根据扬声器系统的灵敏度计算出要求的电功率，看该扬声器系统的额定输入电功率是否大于所计算出的电功率要求，再选择相应的功率放大器。这里要注意，直达声场是按照平方反比定律计算。由于室内存在混响声场，在临界距离处直达声场和混响声场的声压级相等，此处的总声压级比由直达声场或混响声场单独产生的声压级高 3dB，在 1/2 临界距离处总声压级比只有直达声场的情况高 1dB，在两倍临界距离处，总声压级比只有混响声场情况高 1dB。各距离处总声压级符合直达声场和混响声场能量相加的关系，具体计算方法请参考本书第三章式（3-4）或根据图 3-2 简单查出。这里我们想说明一下最大声压级的问题，最大声压级是扩声声学特性指标之一，很多设计人员在考虑最大声压级时往往用直达声声压级来说明是否达到要求，实际上这样的想法是不准确的，因为在最远处的声场已经主要是混响声场了，直达声场声压级与混响声场声压级相加后非常接近混响声场声压级的数值，所以最大声压级基本取决于混响声场声压级。那么如何计算出混响声场声压级呢？首先计算出混响半径，然后计算在混响半径处扬声器系统产生的直达声声压级，因为在这个距离上混响声场声压级与直达声场声压级相等，所以这个计算出来的直达声场声压级就是整个房间的混响声场声压级。

　　由于混响声场没有方位感，不利于声场定位，混响声场清晰度低，所以设计声场时应考虑最远处观众席的混响声场声压级与直达声场声压级的差值不能太大。这里可以这样考虑，先根据厅堂的容积、总表面积、平均吸声系数、扬声器系统的指向性因数等计算出混响半径，计算方法请参考本书第三章内容及式（3-7）～式（3-14）。根据厅堂具体长、宽、高尺寸，舞台尺寸等确定扬声器系统的摆放位置，尤其是主扬声器系统的摆放位置，然后通过画图来确定扬声器系统的水平辐射角和垂直辐射角数值，选择相应的扬声器系统作为参考（因为这时还不知道具体需要的扬声器系统额定功率大小），使用这个扬声器系统的水平辐射角和垂直辐射角数值来计算得到扬声器系统的指向性因数 Q 值（如果扬声器系统生产厂家提供的技术指标中已标出了指向性因数 Q 值，那么就应采用厂家提供的参数）；然后计算最远观众席处离开为其供声的扬声器系统的距离为混响半径的多少倍，一般应控制不大于 3～4 倍，如果为 3 倍，则最远处观众席处的混响声声压级比直达声声压级大 9.5dB，当达到 4 倍时，则最远处观众席处的混响声声压级比直达声声压级将大 12dB，此时清晰度已不很高，如果超过 4 倍，则应该考虑在适当距离处增加辅助扬声器系统，以保证观众席距离相应扬声器系统的距离不大于混响半径的 4 倍。

扬声器系统的指向性和辐射范围极大地影响室内声场的均匀性、传声增益和传输频率特性。扬声器系统的指向性是描述扬声器系统在不同方向上声辐射性能的。低频时扬声器辐射面的线度要比扬声器辐射的声波波长小得多，可将扬声器看作一个点声源，所以其声辐射是无指向性的。随着频率的升高，波长减短，当波长与辐射面的线度可比较或小于辐射面的线度时，扬声器辐射将明显出现指向性。一般而言，扬声器口径越大、频率越高，指向性越尖锐。扬声器辐射指向性的出现，是辐射面不同部位辐射的声波互相干涉的结果，此外，扬声器振膜的形状、纸盆顶角的大小（包括号筒的角度和曲线形状）等也影响扬声器的指向性。扬声器系统指向性因数 Q 这个参数，在很多比较正规的公司生产的产品技术指标中通常是标示出来的，很多产品技术指标中没有标出指向性因数 Q，而是标出水平辐射角（α）和垂直辐射角（β），可以通过公式估算出指向性因数 Q，有关扬声器系统指向性因数 Q、指向性指数 DI 的定义，请看本书第五章内容和式（5-11）、式（5-12）。

厅堂扩声中如采用集中式扬声器系统，尤其是在舞台口上方（声桥上）的扬声器系统，为减小扬声器系统辐射的声波对舞台上传声器的声回授，一般选水平辐射角较大，垂直辐射角较小的扬声器系统，例如选水平辐射角为 90°，垂直辐射角为 40° 的扬声器系统（辐射角可以写成 90°×40°）等。

利用组合式扬声器系统可以达到水平辐射角大、垂直辐射角小的目的，即用两只或两只以上的同口径扬声器垂直排列。由于垂直方向的线度增大，所以垂直方向的指向性尖锐，辐射角变小。声柱的指向性就是水平辐射角大、垂直辐射角小。高音号筒主要是利用改变号筒形状、尺寸来改变辐射角，目前扬声器系统中的高音部分大部分采用所谓"恒指向性号筒"，此类号筒一般都设计成水平辐射角大、垂直辐射角小，就是为了这个目的。合理选择扬声器系统的辐射角，并且安装在合适的位置和合适的安装角度，使传声器处于需拾音声源的直达声场中，而在扬声器系统的直达声场以外，即处于混响声场中，有利于减小声回授。当然，再经过合理选择传声器的指向性，能够进一步减小声回授。

指向性指数 DI 的物理概念为：对于一个全指向的点声源，其声能是均匀地向各个方向辐射的，换句通俗的话，其向"四面八方"辐射的声能量是一样多的；而对于一个有指向性的声源，由于其辐射出去的声能比较集中地限制在一定角度范围内，当声功率相等的情况下，指向性声源在这一定角度限制的范围内每一点处的声能就比全指向性时在该点处的声能多，所以声强大，声压级也高。对于一个装在大平面障板上的活塞来说，当声波波长用 λ 表示，活塞直径用 D 来表示时，在活塞主轴上，$D=\lambda/4$ 时，$DI=+3\mathrm{dB}$；$D=\lambda/2$ 时，$DI=+4\mathrm{dB}$；$D=\lambda$ 时，$DI=+10\mathrm{dB}$；$D=2\lambda$ 时，$DI=+16\mathrm{dB}$；$D=4\lambda$ 时，$DI=+22\mathrm{dB}$；$D=6\lambda$ 时，$DI=+25\mathrm{dB}$。从这些数据看出，当活塞直径一定时，声波的频率越高，其波长越短，则辐射出去的声能越集中在主轴上，偏离分布的角度越小，指向性曲线越尖锐。对于一个具体的扬声器系统，其指向性曲线的趋势可以参考活塞的指向性曲线，但并不与之相同。每个扬声器系统的指向性曲线要靠在消声室测试来得到。比较正规的生产商会给出扬声器系统的指向性因数 Q、指向性指数 DI 的值，可以作为声场设计的参考。

歌舞厅、舞厅与剧场有所不同，一般没有大的舞台，只有小舞台，但是仍然适于用集中式扬声器系统。扬声器系统宜斜挂在靠近小舞台一端的偏上位置，可以左、右音箱保持适当距离，同时保证音箱距离两侧墙有一定距离，但是左、右音箱间的距离应大于音箱与近侧侧墙的距离。应避免将音箱直接放在地面，因为放在地面上时音箱高度比较低，将产生距音箱近处声压级高，距离越远声压级越低，声场很不均匀，并且由于低频成分受地面反射而增强，另外在舞池中的舞者将吸收较多声能，尤其是中高频声能。如将音箱斜挂起来，音箱到各点的距离差会减小，声场的均匀性得到改善，舞池中的舞者对声波的吸收也会减少。目前很多舞厅在舞池周围放置扬声器系统，并且往往放在地面上，用以对舞池供声。其实，在条件允许的情况下，也许将扬声器系统放置在舞池中央顶部，由中央向四周辐射声能效果会更好些。因为将扬声器系统放置在舞池周围，由周围向中心辐射声能恐怕有两个缺陷：①产生扬声器系统辐射的声波相互干涉的现象，造成频率响应的梳状滤波器效应；②当舞者不在中央位置时，必然是与不同位置的扬声器系统距离有远、有近，那么远处扬声器系统的声音就比近处扬声器系统的声音到达得晚，当舞池比较大时可以感觉到声音不清晰。当然，一般舞池顶部都放置了效果灯光，为了将扬声器系统放置在舞池顶部的中央或靠近中央的位置，需要综合考虑灯光和扬声器系统的布置。至于低音扬声器系统则放在哪里都可以，只要视觉上可以接受就行。

第二节 扩声系统声学指标

一、扩声系统声学指标

由于不同使用要求的声学特点是不同的，所以对扩声声学指标的要求也是不同的，为此有关部门对不同使用要求的厅堂、场馆制定了不同的扩声声学指标标准，下面列举部分目前我国已制定了的不同标准和规范。

GB 50371—2006《厅堂扩声系统设计规范》

JGJ 57—2000《剧场建筑设计规范》

GB/T 28049—2011《厅堂、体育场馆扩声系统设计规范》

JGJ/T 131—2000《体育馆声学设计及测量规程》

WH/T 18—2003《演出场所扩声系统的声学特性指标》

WH 0301—1993《歌舞厅扩声系统的声学特性指标与测量方法》

（1）文艺演出类扩声系统声学特性指标见表9-2、表9-3。

表 9-2　　　文艺演出类扩声系统声学特性指标（一）（摘自 GB 50371—2006）

等级	最大声压级/dB	传输频率特性	传声增益	稳态声场不均匀度/dB	早后期声能比（可选项）/dB	总噪声级
一级	额定通带*内≥106dB	以80～8000Hz的平均特性声压级为0dB，在此频带内允许≤±4dB，40～80Hz和8000Hz～16 000Hz的允许范围如图9-1所示	100～8000Hz的平均值≥－8dB	100Hz时≤10dB，1000Hz时≤6dB，8000Hz时≤+8dB	500～2000Hz内1/1倍频带分析的平均值≥+3dB	≤NR20
二级	额定通带*内≥103dB	以125～4000Hz的平均特性声压级为0dB，在此频带内允许≤±4dB，63～125Hz和4000Hz～8000Hz的允许范围如图9-1所示	125～6300Hz的平均值≥－8dB	1000、4000Hz时≤+8dB	500～2000Hz内1/1倍频带分析的平均值≥+3dB	≤NR20

*　额定通带是指优于表9-2～表9-4中传输频率特性所规定的通带。

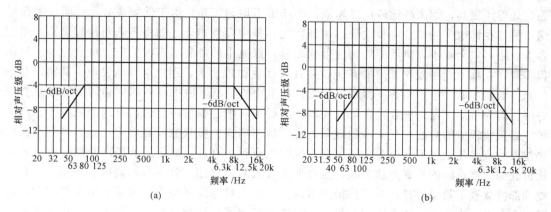

图 9-1　文艺演出类传输频率特性范围

（a）一级；（b）二级

表 9-3　　　　　　　文艺演出类扩声系统声学特性指标（二）（摘自 GBT 28049—2011）

等级	最大声压级（峰值）	传输频率特性	传声增益	稳态声场不均匀度	语言传输指数（STIPA）	系统总噪声级	总噪声级	早后期声能比（可选项）
一级	额定通带内≥106dB	以 100～6300Hz 的平均特性声压级为 0dB，在此频带内允许范围：−4dB～＋4dB，40～80Hz 和 8000～16000Hz 的允许范围如图 9-2 中的斜线部分	100～8000Hz 的平均值≥−8dB	100Hz 时≤10dB、1000Hz 时≤6dB、8000Hz 时≤8dB	≥0.5	NR20	NR30	500～2000Hz 内 1/1 倍频带分析的平均值≥3dB
二级	额定通带内≥103dB	以 80～8000Hz 的平均特性声压级为 0dB，在此频带内允许范围：−4dB～＋4dB，50～100Hz 和 6300Hz～12500Hz 的允许范围如图 9-3 中的斜线部分	125～6300Hz 的平均值≥−8dB	1000Hz、4000Hz≤8dB	≥0.5	NR20	NR30	500～2000Hz 内 1/1 倍频带分析的平均值≥3dB

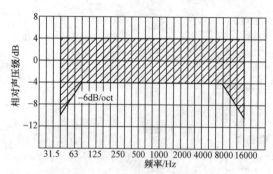

图 9-2　文艺演出类一级传输
　　　　频率特性范围

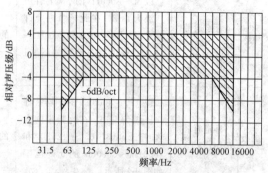

图 9-3　文艺演出类二级和多用途类
　　　　一级传输频率特性范围

（2）多用途扩声系统声学特性指标见表9-4和表9-5。

表 9-4　　　　　　多用途扩声系统声学特性指标（一）（摘自 GB 50371—2006）

等级	最大声压级/dB	传输频率特性	传声增益	稳态声场不均匀度/dB	早后期声能比（可选项）/dB	总噪声级
一级	额定通带内≥103dB	以 100～6300Hz 的平均特性声压级为 0dB，在此频带内允许 ≤±4dB，50～100Hz 和 6300Hz～12 500Hz 的允许范围如图9-4所示	125～6300Hz 的平均值≥－8dB	1000Hz 时≤6dB，8000Hz 时≤+8dB	500～2000Hz 内 1/1 倍频带分析的平均值≥+3dB	≤NR20
二级	额定通带内≥98dB	以 125～4000Hz 的平均特性声压级为 0dB，在此频带内允许范围－6dB～＋4dB，63～125Hz 和 4000～8000Hz 的允许范围如图9-4所示	125～4000Hz 的平均值≥－10dB	1000、4000Hz 时≤+8dB	500～2000Hz 内 1/1 倍频带分析的平均值≥+3dB	≤NR25

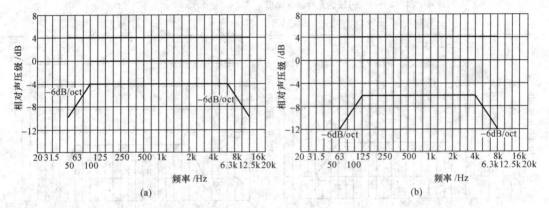

图 9-4　多用途类传输频率特性范围
（a）一级；（b）二级

表 9-5　　　　　　多用途类扩声系统声学特性指标（二）（摘自 GBT 28049—2011）

等级	最大声压级（峰值）	传输频率特性	传声增益	稳态声场不均匀度	语言传输指数（STIPA）	系统总噪声级	总噪声级	早后期声能比（可选项）
一级	额定通带内≥103dB	以 100～6300Hz 的平均特性声压级为 0dB，在此频带内允许范围：－4dB～＋4dB，40～80Hz 和 8000～16000Hz 的允许范围如图9-3中的斜线部分所示	125～6300Hz 的平均值≥－8dB	1000Hz 时≤6dB，4000Hz 时≤8dB	≥0.5	NR20	NR30	500～2000Hz 内 1/1 倍频带分析的平均值≥3dB
二级	额定通带内≥98dB	以 125～4000Hz 的平均特性声压级为 0dB，在此频带内允许范围：－6dB～＋4dB，63～125Hz 和 4000～8000Hz 的允许范围如图9-4中的斜线部分所示	125～6300Hz 的平均值≥－10dB	1000、4000Hz 时≤8dB	≥0.5	NR20	NR30	500～2000Hz 内 1/1 倍频带分析的平均值≥3dB

（3）会议类扩声系统声学特性指标见表9-6和表9-7。

表9-6　　　　　　　会议类扩声系统声学特性指标（一）（摘自 GB 50371—2006）

等级	最大声压级/dB	传输频率特性	传声增益	稳态声场不均匀度/dB	早后期声能比（可选项）/dB	总噪声级
一级	额定通带内≥98dB	以 125～4000Hz 的平均特性声压级为 0dB，在此频带内允许范围－6dB～＋4dB，63～125Hz 和 4000～8000Hz 的允许范围如图 9-5 所示	125～4000Hz 的平均值≥－10dB	1000、4000Hz 时≤8dB	500～2000Hz 内 1/1 倍频带分析的平均值≥+3dB	≤NR20
二级	额定通带内≥95dB	以 125～4000Hz 的平均特性声压级为 0dB，在此频带内允许范围－6dB～＋4dB，63～125Hz 和 4000～8000Hz 的允许范围如图 9-5 所示	125～4000Hz 的平均值≥－12dB	1000、4000Hz 时≤+10dB	500～2000Hz 内 1/1 倍频带分析的平均值≥+3dB	≤NR25

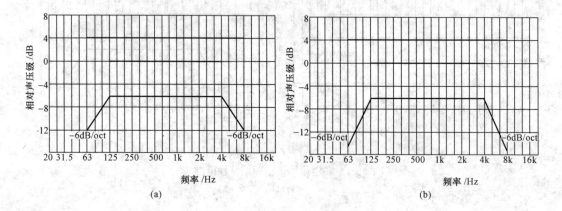

(a)　　　　　　　　　　　　　(b)

图 9-5　会议类传输频率特性范围

(a) 一级；(b) 二级

表9-7　　　　　　会议类扩声系统声学特性指标（二）（摘自 GBT 28049—2011）

等级	最大声压级（峰值）	传输频率特性	传声增益	稳态声场不均匀度	语言传输指数（STIPA）	系统总噪声级	总噪声级
一级	额定通带内≥98dB	以 100～4000Hz 的平均特性声压级为 0dB，在此频带内允许范围为－6dB～＋4dB，63～125Hz 和 4000～8000Hz 的允许范围如图 9-6 中的斜线部分所示	125～4000Hz 的平均值≥－10dB	1000、4000Hz 时≤8dB	＞0.5	NR20	NR30
二级	额定通带内≥95dB	以 125～4000Hz 的平均特性声压级为 0dB，在此频带内允许范围为－6dB～＋4dB，63～125Hz 和 4000～8000Hz 的允许范围如图 9-7 中的斜线部分所示	125～4000Hz 的平均值≥－12dB	1000、4000Hz 时≤10dB	＞0.5	NR25	NR35

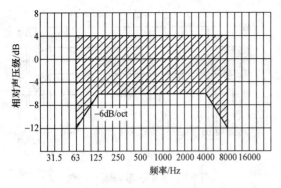

图 9-6　多用途类二级和会议类一级　　　　　图 9-7　会议类二级传输频率
　　　　　传输频率特性范围　　　　　　　　　　　　　　特性范围

（4）音乐、歌剧扩声系统声学指标见表 9-8。

表 9-8　音乐、歌剧扩声系统声学指标（摘自 WH/T 18—2003）

演出场所环境	等级	声学特性						
		最大声压级	传输频率特性	传输增益	声场不均匀度	失真度	总噪声	系统噪声
室内	一级	80～8000Hz 范围内平均声压级≥109dB	以 80～8000Hz 的平均声压级为 0dB，在此频段内允许≤±4dB，40～80Hz 和 8000～16 000Hz 的允许范围如图 9-8 所示	80～8000Hz 的平均值≥-6dB	80Hz≤10dB 500、1000Hz 2000、4000Hz 8000Hz≤6dB 16000Hz≤8dB	≤3%（500、1000Hz）	≤NR25 噪声评价曲线	≤NR20 噪声评价曲线
室外	一级	80～8000Hz 范围内平均声压级≥109dB	以 80～8000Hz 的平均声压级为 0dB，在此频段内允许≤±4dB，40～80Hz 和 8000～12500Hz 的允许范围如图 9-9 所示	80～8000Hz 的平均值≥-4dB	80Hz≤12dB 500、1000Hz 2000、4000Hz 8000Hz≤10dB 12500Hz≤12dB	≤3%（500、1000Hz）	≤NR50 噪声评价曲线	≤NR35 噪声评价曲线
室内	二级	100～6300Hz 范围内平均声压级≥105dB	以 100～6300Hz 的平均声压级为 0dB，在此频段内允许≤±4dB；50～100Hz 和 6300～12500Hz 的允许范围如图 9-10 所示	100～6300Hz 的平均值≥-8dB	100Hz≤10dB 500、1000、2000、4000、6300Hz≤8dB	≤5%（500、1000Hz）	≤NR30 噪声评价曲线	≤NR25 噪声评价曲线
室外	二级	100～6300Hz 范围内平均声压级≥105dB	以 100～6300Hz 的平均声压级为 0dB，在此频段内允许≤±4dB；50～100Hz 和 6300～12 500Hz 的允许范围如图 9-11 所示	100～6300Hz 的平均值≥-6dB	100Hz≤14dB 500、1000、2000、4000、6300Hz≤10dB	不考核	不考核	不考核

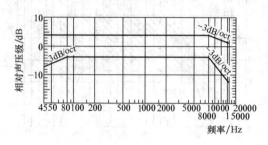

图 9-8　音乐、歌剧室内一级

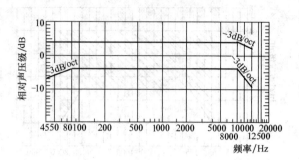

图 9-9　音乐、歌剧室外一级

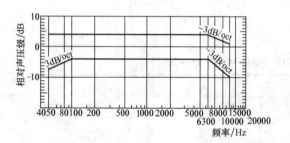

图 9-10　音乐、歌剧室内二级

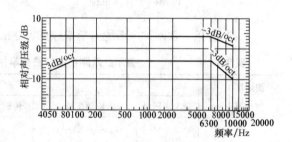

图 9-11　音乐、歌剧室外二级

（5）歌舞剧扩声系统声学指标见表 9-9。

表 9-9　　　　　　　　歌舞剧扩声系统声学指标（摘自 WH/T 18—2003）

演出场所环境	等级	声　学　特　性					
		最大声压级	传输频率特性	传输增益	声场不均匀度	失真度	总噪声	系统噪声
室内	一级	80～8000Hz 范围内平均声压级≥109dB	80～8000Hz 的平均声压级为 0dB，在此频段内允许≤±4dB；40～80Hz 和 8000～12 500Hz 的允许范围如图 9-12 所示	80～8000Hz 的平均值≥—6dB	80Hz≤10dB 500、1000、2000、4000、8000Hz≤6dB	≤3% （500、1000Hz）	≤NR25 噪声评价曲线	≤NR20 噪声评价曲线
室外	一级	80～8000Hz 范围内平均声压级≥109dB	以 80～8000Hz 的平均声压级为 0dB，在此频段内允许≤±4dB，40～80Hz 和 8000～12 500Hz 的允许范围如图 9-13 所示	80～8000Hz 的平均值≥—4dB	80Hz≤12dB 500、1000、2000、4000、8000Hz≤10dB	≤3% （500、1000Hz）	≤NR50 噪声评价曲线	≤NR35 噪声评价曲线
室内	二级	100～6300Hz 范围内平均声压级≥103dB	以 100～6300Hz 的平均声压级为 0dB，在此频段内允许≤±4dB，50～100Hz 和 6300～10000Hz 的允许范围如图 9-14 所示	100～6300Hz 的平均值—8dB	100Hz≤10dB 500、1000、2000、4000、6300Hz≤8dB	≤5% （500、1000Hz）	≤NR30 噪声评价曲线	≤NR25 噪声评价曲线

演出场所环境	等级	声学特性						
		最大声压级	传输频率特性	传输增益	声场不均匀度	失真度	总噪声	系统噪声
室外	二级	100～6300Hz范围内平均声压级≥103dB	以100～6300Hz的平均声压级为0dB，在此频段内允许≤±4dB；50～100Hz和6300～10000Hz的允许范围如图9-15所示	100～6300Hz的平均值≥-6dB	100Hz≤14dB 500、1000、2000、4000、6300Hz≤10dB	不考核	不考核	≤40dB
室内	三级	125～5000Hz范围内平均声压级≥100dB	以125～5000Hz的平均声压级为0dB，在此频段内允许≤±4dB，63～125Hz和5000～8000Hz的允许范围如图9-16所示	125～5000Hz的平均值≥-8dB	125Hz≤12dB 500、1000、2000、4000、5000Hz≤8dB	≤7% (500、1000Hz)	≤NR35 噪声评价曲线	≤NR30 噪声评价曲线
室外	三级	125～5000Hz范围内平均声压级≥103dB	以125～5000Hz的平均声压级为0dB，在此频段内允许≤±4dB，63～125Hz和5000～8000Hz的允许范围如图9-17所示	125～5000Hz的平均值≥-8dB	125Hz≤14dB 500、1000、2000、4000、5000Hz≤10dB	不考核	不考核	≤45dB

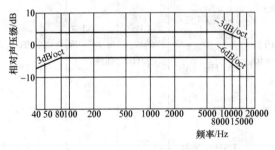

图 9-12　歌舞剧室内一级

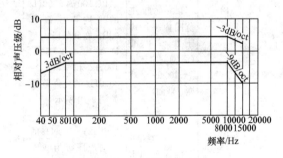

图 9-13　歌舞剧室外一级

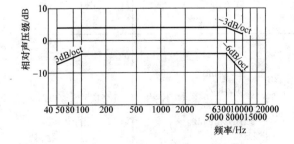

图 9-14　歌舞剧室内二级

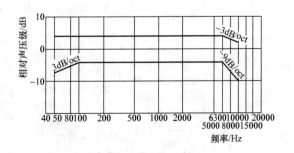

图 9-15　歌舞剧室外二级

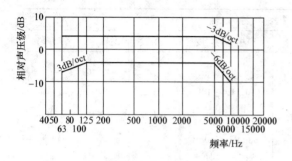

图 9-16　歌舞剧室内三级

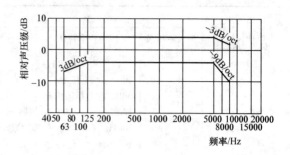

图 9-17　歌舞剧室外三级

（6）戏剧、戏曲及话剧、曲艺扩声系统声学指标见表 9-10。

表 9-10　　　戏剧、戏曲及话剧、曲艺扩声系统声学指标（摘自 WH/T 18—2003）

演出场所环境	等级	声学特性						
		最大声压级	传输频率特性	传输增益	声场不均匀度	失真度	总噪声	系统噪声
室内	一级	100～6300Hz 范围内平均声压级 ≥103dB（话剧、曲艺），≥106dB（戏剧、戏曲）	以 100～6300Hz 的平均声压级为 0dB，在此频段内允许 ≤±4dB，50～100Hz 和 6300～10000Hz 的允许范围如图 9-18 所示	100～6300Hz 的平均值≥-6dB	100Hz≤10dB 500、1000、2000、4000、6300Hz≤6dB	≤3%（500、1000Hz）	≤NR25 噪声评价曲线	≤NR20 噪声评价曲线
室外	一级	100～6300Hz 范围内平均声压级 ≥103dB（话剧、曲艺），≥106dB（戏剧、戏曲）	以 100～6300Hz 的平均声压级为 0dB，在此频段内允许 ≤±4dB，50～100Hz 和 6300～8000Hz 的允许范围如图 9-19 所示	100～6300Hz 的平均值≥-4dB	100Hz≤12dB 500、1000、2000、4000、6300Hz≤8dB	≤3%（500、1000Hz）	≤NR50 噪声评价曲线	≤35dB
室内	二级	125～5000Hz 范围内平均声压级 ≥100dB（话剧、曲艺），≥103dB（戏剧、戏曲）	以 125～5000Hz 的平均声压级为 0dB，在此频段内允许 ≤±4dB，63～125Hz 和 5000～8000Hz 的允许范围如图 9-20 所示	125～5000Hz 的平均值≥-8dB	125Hz≤10dB 500、1000、2000、4000、5000Hz≤8dB	≤5%（500、1000Hz）	≤NR30 噪声评价曲线	≤NR25 噪声评价曲线
室外	二级	125～5000Hz 范围内平均声压级 ≥100dB（话剧、曲艺），≥103dB（戏剧、戏曲）	以 125～5000Hz 的平均声压级为 0dB，在此频段内允许 ≤±4dB，63～125Hz 和 5000～6300Hz 的允许范围如图 9-21 所示	125～5000Hz 的平均值≥-6dB	125≤14dB 500、1000、2000、4000、5000Hz≤10dB	不考核	不考核	≤40dB

续表

演出场所环境	等级	声学特性						
		最大声压级	传输频率特性	传输增益	声场不均匀度	失真度	总噪声	系统噪声
室内	三级	200～4000Hz范围内平均声压级≥96dB（话剧、曲艺），≥100dB（戏剧、戏曲）	以200～4000Hz的平均声压级为0dB，在此频段内允许≤±4dB，100～200Hz和4000～6300Hz的允许范围如图9-22所示	200～4000Hz 的平均值≥−8dB	200、500、1000、2000、4000Hz≤8dB	≤7%（500、1000Hz）	≤NR35噪声评价曲线	≤NR30噪声评价曲线
室外	三级	200～4000Hz范围内平均声压级≥96dB（话剧、曲艺），≥100dB（戏剧、戏曲）	以200～4000Hz的平均声压级为0dB，在此频段内允许≤±4dB，100～200Hz和4000～5000Hz的允许范围如图9-23所示	200～4000Hz 的平均值≥−8dB	200、500、1000、2000、4000Hz≤10dB	不考核	不考核	≤45dB

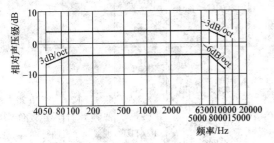

图 9-18　戏剧、戏曲及话剧、曲艺室内一级

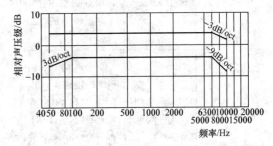

图 9-19　戏剧、戏曲及话剧、曲艺室外一级

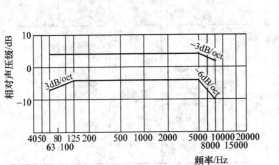

图 9-20　戏剧、戏曲及话剧、曲艺室内二级

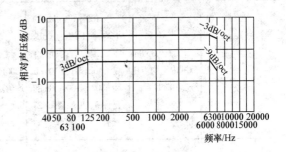

图 9-21　戏剧、戏曲及话剧、曲艺室外二级

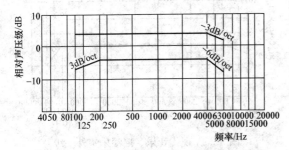

图 9-22　戏剧、戏曲及话剧、曲艺室内三级

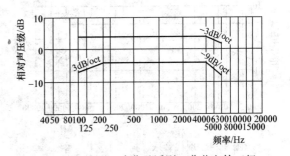

图 9-23　戏剧、戏曲及话剧、曲艺室外三级

（7）现代音乐、摇滚乐扩声系统声学指标见表 9-11。

表 9-11　　　　现代音乐、摇滚乐扩声系统声学指标（摘自 WH/T 18—2003）

演出场所环境	等级	声学特性					
		最大声压级	传输频率特性	传输增益	声场不均匀度	失真度	总噪声	系统噪声

演出场所环境	等级	最大声压级	传输频率特性	传输增益	声场不均匀度	失真度	总噪声	系统噪声
室内	一级	800～8000Hz 范围内平均声压级≥109dB	以 80～8000Hz 的平均声压级为 0dB，在此频段内允许≤±4dB，40～80Hz 和 8000～12500Hz 的允许范围如图 9-24 所示	80～8000Hz 的平均值≥-6dB	80Hz≤10dB 500、1000、2000、4000、8000Hz≤6dB	≤3%（500、1000Hz）	≤NR25 噪声评价曲线	≤NR20 噪声评价曲线
室外	一级	80～8000Hz 范围内平均声压级≥112dB	以 80～8000Hz 的平均声压级为 0dB，在此频段内允许≤±4dB，40～80Hz 和 8000～12500Hz 的允许范围如图 9-25 所示	80～8000Hz 的平均值≥-4dB	80Hz≤12dB 500、1000、2000、4000、8000Hz≤8dB	≤3%（500、1000Hz）	不考核	≤35dB
室内	二级	100～6300Hz 范围内平均声压级≥106dB	以 100～6300Hz 的平均声压级为 0dB，在此频段内允许≤±4dB，50～100Hz 和 6300～10000Hz 的允许范围如图 9-26 所示	100～6300Hz 的平均值≥-8dB	100Hz≤10dB 500、1000、2000、4000、6300Hz≤8dB	≤3%（500、1000Hz）	≤NR30 噪声评价曲线	≤NR25 噪声评价曲线
室外	二级	100～6300Hz 范围内平均声压级≥106dB	以 100～6300Hz 的平均声压级为 0dB，在此频段内允许≤±4dB，50～100Hz 和 6300～10000Hz 的允许范围如图 9-27 所示	100～6300Hz 的平均值≥-6dB	100Hz≤14dB 500、1000、2000、4000、6300Hz≤10dB	不考核	不考核	≤40dB

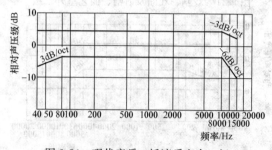

图 9-24　现代音乐、摇滚乐室内一级

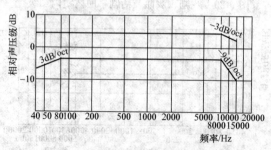

图 9-25　现代音乐、摇滚乐室外一级

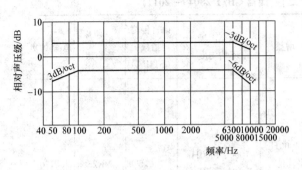

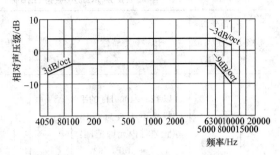

图 9-26　现代音乐、摇滚乐室内二级

图 9-27　现代音乐、摇滚乐室外二级

（8）体育馆扩声系统声学指标见表 9-12 和表 9-13。

表 9-12　　　　　　　　　体育馆扩声系统声学指标（一）

等级	最大声压级（空场稳态声压级）	传输频率特性	传声增益	声场不均匀性	系统噪声
一级	105dB	以 125～4000Hz 的平均特性声压级为 0dB，在此频带内允许±4dB 的变化（1/3 倍频程测量），63～125Hz 和 4000～8000Hz 的允许变化范围由图 9-28 确定	125～4000Hz 平均不小于一10dB	中心频率为 1000、4000Hz（1/3 倍频程测量）时，大部分区域不均匀度不大于 8dB	扩声系统不产生明显可觉察的噪声干扰（如交流噪声）
二级	98dB	以 250～4000Hz 的平均特性声压级为 0dB，在此频带内允许±4～一6dB 的变化（1/3 倍频程测量），100～250Hz 和 4000～6300Hz 允许变化范围由图 9-28 确定	250～4000Hz 的平均不小于一12dB	中心频率为 1000、4000Hz（1/3 倍频程测量）时，大部分区域不均匀度不大于 10dB	扩声系统不产生明显可觉察的噪声干扰（如交流噪声）
三级	98dB	以 250～4000Hz 的平均特性声压级为 0dB，在此频带内允许±4～一10dB 的变化（1/3 倍频程测量）	250～4000Hz 的平均不小于一14dB	中心频率为 1000、4000Hz（1/3 倍频程测量）时，大部分区域不均匀度不大于 10dB	扩声系统不产生明显可觉察的噪声干扰（如交流噪声）

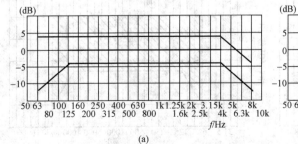

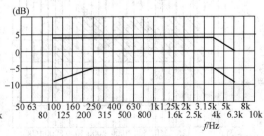

图 9-28　体育馆传输频率特性指标

(a) 一级；(b) 二级

303

表 9-13　　**体育馆扩声系统声学特性指标（二）（摘自 GB/T 28049—2011）**

等级	最大声压级（峰值）	传输频率特性	传声增益	稳态声场不均匀度	语言传输指数（STIPA）	系统总噪声级	总噪声级
一级	额定通带内 ≥105dB	以 125～4000Hz 的平均特性声压级为 0dB，在此频带内允许范围：-4～+4dB，63～125Hz 和 4000Hz～8000Hz 的允许范围如图 9-29 中的斜线部分所示	125～4000Hz 的平均值 ≥-10dB	1000、4000Hz 时≤8dB	>0.5	NR25	NR30
二级	额定通带内 ≥100dB	以 125～4000Hz 的平均特性声压级为 0dB，在此频带内允许范围：-6～+4dB，100～125Hz 和 4000Hz～8000Hz 的允许范围如图 9-30 的斜线部分所示	125～4000Hz 的平均值 ≥-12dB	1000、4000Hz 时≤10dB	≥0.5	NR25	NR35
三级	额定通带内 ≥95dB	以 250～4000Hz 的平均特性声压级为 0dB，在此频带内允许范围：-10～+4dB，125～500Hz 和 4000～8000Hz 的允许范围如图 9-31 中的斜线部分所示	250～4000Hz 的平均值 ≥-12dB	1000、4000Hz 时≤10dB	≥0.45	NR30	NR35

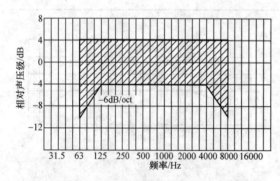

图 9-29　体育馆一级传输频率特性范围

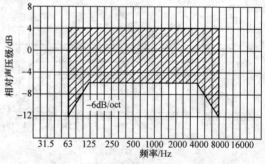

图 9-30　体育馆二级传输频率特性范围

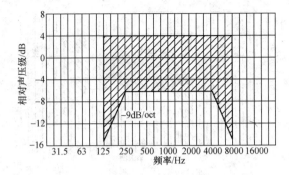

图 9-31　体育馆三级传输频率特性范围

（9）体育场扩声系统声学指标见表 9-14。

表 9-14　　　　体育场扩声系统声学特性指标（摘自 GB/T 28049—2011）

等级	最大声压级（峰值）	传输频率特性	传声增益	稳态声场不均匀度	语言传输指数（STIPA）	系统总噪声级	总噪声级
一级	额定通带内 ≥105dB	以 125～4000Hz 的平均特性声压级为 0dB，在此频带内允许范围：－4～＋4dB，63～125Hz 和 4000Hz～8000Hz 的允许范围如图 9-32 中的斜线部分所示	125～4000Hz 的平均值 ≥－10dB	1000、4000Hz 时≤8dB	≥0.5	NR25	NR35
二级	额定通带内 ≥100dB	以 125～4000Hz 的平均特性声压级为 0dB，在此频带内允许范围：－6～＋4dB，63～125Hz 和 4000～8000Hz 的允许范围如图 9-33 中的斜线部分所示	125～4000Hz 的平均值 ≥－12dB	1000、4000Hz 时≤10dB	≥0.5	NR25	NR35
三级	额定通带内 ≥95dB	以 250～4000Hz 的平均特性声压级为 0dB，在此频带内允许范围：－6～＋4dB，125～250Hz 和 4000～8000Hz 的允许范围如图 9-34 中的斜线部分所示	250～4000Hz 的平均值 ≥－12dB	1000、4000Hz 时≤14dB	≥0.45	NR30	NR40

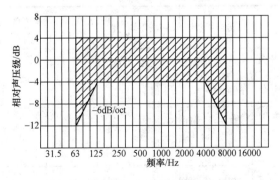

图 9-32　体育场一级传输频率特性范围

注：从图上看应该是 －8dB/OCT，而不是标注的
－6dB/OCT

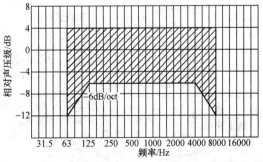

图 9-33　体育场二级传输频率特性范围

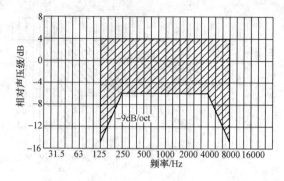

图 9-34　体育场三级传输频率特性范围

（10）体育馆比赛大厅混响时间及背景噪声限值见表 9-15～表 9-18。

表 9-15　　　　　　综合体育馆比赛大厅满场 500～1000Hz 混响时间

比赛大厅容积/m³	＜40000	40000～80000	＞80000
混响时间/s	1.2～1.4	1.3～1.6	1.5～1.9

表 9-16　　　　　各频率混响时间相对于 500～1000Hz 混响时间的比值

频率/Hz	125	250	2000	4000
比　值	1.0～1.3	1.0～1.15	0.9～1.0	0.8～1.0

表 9-17　　　　　　游泳馆比赛厅满场 500～1000Hz 混响时间

每座容积/（m³/座）	≤25	＞25
混响时间/s	＜2.0	＜2.5

表 9-18　　　　　　体育馆比赛大厅等房间的背景噪声限值

房间种类	室内背景噪声限值	房间种类	室内背景噪声限值
比赛大厅	NR—35	电视评论员室	NR—30
贵宾休息室	NR—30	扩声播音室	NR—30
扩声控制室	NR—35		

（11）演出场所扩声系统声学特性指标见表 9-19～表 9-22 和图 9-35。

表 9-19　　　　歌厅、卡拉 OK 厅扩声系统声学特性指标（摘自 WH 0301—1993）

等级	最大声压级/dB	传输频率特性	传声增益	声场不均匀性	总噪声级/dB（A）	失真度（%）
一级	100～6300Hz ≥103dB	40～12500Hz，以 80～8000Hz 的平均声压级为 0dB，允许＋4～－8dB，在 80～8000Hz 内允许＋4～－4dB	125～4000Hz 的平均值 ≥－6dB	100Hz≤10dB，1000～6300Hz ≤8dB	35	≤5
二级（一级卡拉 OK 厅）	125～4000Hz ≥98dB	63～8000Hz，以 125～4000Hz 的平均声压级为 0dB，允许＋4～－10dB，在 125～4000Hz 内允许＋4～－4dB	125～4000Hz 的平均值 ≥－8dB	1000～4000Hz ≤8dB	40	≤10
三级卡拉 OK 厅（卡拉 OK 包间）	250～4000Hz ≥93dB	100～6300Hz，以 250～4000Hz 的平均声压级为 0dB，允许＋4～－10dB，在 250～4000Hz 内允许＋4～－6dB	250～4000Hz 的平均值 ≥－8dB	1000～4000Hz ≤12dB，卡拉 OK 包间不考核	40	≤13

表 9-20　　　　　歌舞厅扩声系统声学特性指标（摘自 WH 0301—1993）

等级	最大声压级/dB	传输频率特性	传声增益	声场不均匀性	总噪声级/dB（A）	失真度（%）
一级	100～6300Hz ≥103dB	40～12500Hz，以 80～8000Hz 的平均声压级为 0dB，允许＋4～－8dB，且在 80～8000Hz 内允许＋4～－4dB	125～4000Hz 的平均值 ≥－8dB	100Hz≤10dB，1000～6300Hz ≤8dB	40	≤7
二级	125～4000Hz ≥98dB	63～8000Hz，以 125～4000Hz 的平均声压级为 0dB，允许＋4～－10dB，在 125～4000Hz 内允许＋4～－4dB	125～4000Hz 的平均值 ≥－10dB	1000～4000Hz ≤8dB	40	≤10
三级	250～4000Hz ≥93dB	100～6300Hz，以 250～4000Hz 的平均声压级为 0dB，允许＋4～－10dB，在 250～4000Hz 内允许＋4～－6dB	250～4000Hz 的平均值 ≥－10dB	1000～4000Hz ≤12dB	45	≤13

表 9-21　　　　　迪斯科舞厅扩声系统声学特性指标（摘自 WH 0301—1993）

等级	最大声压级/dB	传输频率特性	传声增益	声场不均匀性	总噪声级/dB（A）	失真度（%）
一级	100～6300Hz ≥110dB	40～12500Hz，以 80～8000Hz 的平均声压级为 0dB，允许＋4～－8dB，在 125～4000Hz 内允许＋4～－4dB	125～4000Hz 的平均值≥ －8dB	100Hz≤10dB，1000～6300Hz ≤8dB	40	≤7
二级	125～4000Hz ≥103dB	63～8000Hz，以 125～4000Hz 的平均声压级为 0dB，允许＋4～－10dB，在 125～4000Hz 内允许＋4～－4dB	125～4000Hz 的平均值≥ －10dB	1000～4000Hz ≤8dB	45	≤10

注　1. 歌舞厅扩声系统的声压级，正常使用应在 96dB 以下为宜，短时间最大声压级应控制在 110dB 以内。
　　2. 迪斯科舞厅的扩声系统声学特性指标，只在舞池考核。歌舞厅的混响（T_{60}）、卡拉 OK 包厢的混响时间不考核。

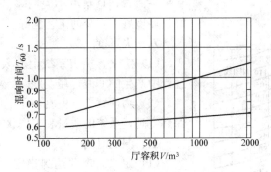

图 9-35　歌舞厅合适混响时间（500Hz）
与厅容积 V（m³）的关系和允许范围

表 9-22　　　　　歌厅、歌舞厅各频率混响时间与 500Hz 混响时间的比值

频率/Hz	比　值	频率/Hz	比　值
125	1.0～1.4	2000	0.8～1.0
250	1.0～1.2	4000	0.7～1.0

第三节　室内扩声系统的技术指标及物理意义

一、最大声压级

（1）定义。厅内空场稳态时的最大声压级。

（2）物理意义。说明系统能提供的声能量大，这除了系统配的功率大，或扬声器系统效率高外，还与房间声学处理、系统设计和调试、不易产生声反馈、自激和啸叫有关。

二、传声增益

（1）定义。扩声系统达最高可用增益时，厅内各测点处稳态声压级平均值与扩声系统传声器处声压级的差值。

（2）物理意义。传声增益大，说明声场设计比较合理，系统对声的放大能力强，在正常工作时不容易产生啸叫，工作就比较稳定。

三、传输频率特性

（1）定义。厅内各测点处稳态声压的平均值相对于扩声系统传声器处声压或扩声设备输入端电压的幅频响应。

（2）物理意义。传输频率特性好，则说明系统对从低频到高频的放大能力一致性好，有效工作频率范围就宽。

四、声场不均匀度

（1）定义。有扩声时，厅内各测点得到的稳态声压级极大值和极小值的差值，以分贝表示。

（2）物理意义。声场不均匀度小，则说明厅内各点声音大小的差别小。

五、总噪声

（1）定义。扩声系统达到最高可用增益，但无有用声信号输入时，厅内各测点处噪声声压级的平均值。

关闭扩声系统后测得的室内噪声称为背景噪声。

（2）物理意义。总噪声小，则干扰小，信号最低声压级时信噪比高，可用的动态范围就大；从另一面看，总噪声小说明系统器材好、配接好、调试好、环境好、安装的工艺也好。

六、失真度

（1）定义。扩声系统由输入声信号到输出声信号全过程中产生的非线性畸变度。

（2）物理意义。失真度小，则说明信号传送过程中，保真度高，系统的质量和工作状态好。

七、混响时间

（1）定义。声源达到稳定，待停止发声后，室内声压级衰减60dB所需时间。

（2）物理意义。以室内建筑声学设计为主，混响时间太长则显得"混"，太短则显得"干"。

八、客观评价厅堂语言可懂度的"RASTI"法

"RASTI"（Rapid Speech Transmissing Index）法是"快速语言传输指数"法的简称。语言传输指数（STI）是一个物理量，表示有关可懂度的语言传输质量。"RASTI"法是"STI"（Speech Transmission Index）法的简化形式。

九、NR噪声评价曲线

NR噪声评价曲线实际上是一组噪声频带声压级曲线，NR噪声评价曲线，如图9-36所示，噪声评价曲线

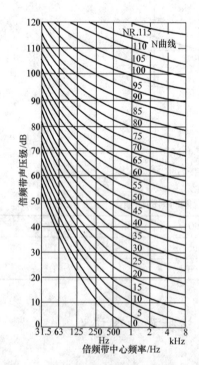

图 9-36　NR 噪声评价曲线

NR（N）数对应的倍频程声压级（dB）见表 9-23。

表 9-23　　　　　　噪声评价曲线 NR（N）数对应的倍频程声压级　　　　　　/dB

NR（N）	倍频带中心频率/Hz								
	31.5	63	125	250	500	1000	2000	4000	8000
NR-0	55	35	22	12	4	0	−4	−6	−7
NR-5	58	39	26	16	9	5	1	−1	−2
NR-10	62	43	30	21	14	10	6	4	3
NR-15	65	47	35	25	19	15	11	9	8
NR-20	69	51	39	30	24	20	16	14	13
NR-25	72	55	43	35	29	25	21	19	18
NR-30	76	59	48	39	34	30	26	25	23
NR-35	79	63	52	44	38	35	32	30	28
NR-40	82	67	56	49	43	40	37	35	33
NR-45	86	71	61	53	48	45	42	40	38
NR-50	89	75	65	58	53	50	47	45	44
NR-55	93	79	70	63	58	55	52	50	49
NR-60	96	83	74	68	63	60	57	55	54
NR-65	100	87	78	72	68	65	62	60	59
NR-70	103	91	83	77	73	70	67	65	64
NR-75	106	95	87	82	78	75	72	70	69
NR-80	110	99	92	86	82	80	77	76	74
NR-85	113	103	96	91	87	85	82	81	79
NR-90	117	107	100	95	92	90	87	86	84
NR-95	120	111	105	100	97	95	92	91	89
NR-100	123	115	109	105	102	100	97	96	94
NR-105	127	119	113	110	107	105	103	101	100
NR-110	130	122	118	115	112	110	108	106	105
NR-115	134	126	122	117	115	115	113	111	110
NR-120	137	130	127	124	121	120	118	116	115

第四节　扩声系统技术指标的测量

一、测试设备简介

（1）传统电声测量设备有声频信号发生器、噪声信号发生器、功率放大器、测试传声器、带通滤波器、声级计、测量放大器、失真度测量仪、混响时间测试仪、记录仪等。

（2）现代综合测试系统。随着电子技术的发展，尤其是数字技术的发展，目前已有不少专用的软件与计算机组合在一起能构成声学测量的系统。例如 Smart live 等软件装入计算机，通常是装入笔记本电脑，加上相配的测量传声器、声卡，再配合已完成的扩声系统，就能对各项技术指标进行测量，当然每次测量前应该用"声级校准器"或"活塞发生器"对测量系统灵敏度进行校准，因为测量传声器、声卡、软件等的性能直接影响测量准确度，所以需要对整套测量系统进行校准。

二、测量条件

（1）测量前，扩声设备须按设计要求在厅堂内安装完毕，并调整扩声系统，使之处于正常工作状态，测量前均衡器需要进行系统最佳补偿调整。

（2）测量时，扩声系统中调音台的音调调节器置于"平直"位置，功率放大器的音调补偿（如有的话）置于正常位置。

（3）测量时，厅堂内测点的声压级至少应高于厅堂总噪声15dB，混响时间及再生混响时间测量时信噪比至少应满足35dB要求。

（4）各项测量一般应在空场及满场条件下分别进行。满场或模拟满场难以进行时可只做空场测量。

（5）测点的选取应符合下列条件。

1）所有测点离墙1.5m远，测点距地高度1.2～1.3m。对于有楼座的厅堂，测点应包括楼座区域；对于有舞台或主席台扩声的场所，测点还应包括舞台区或主席台区。

2）对于对称厅堂，测点可在中心线的一侧（包括中心线附近）区域内选取。

① 传输频率特性、传声增益、最大声压级、系统失真和反射时间分布的测点数宜选全场座席的0.5％且最好不得少于8点（无楼座场所不得少于5点），测点的分布应当合理并有代表性。

② 声场不均匀度的测点数不得少于全场座席的1/60。它可以是中心线附近，左半场（或右半场）再均匀取1～2列。每隔几排进行选点测量。对于大型场所，为减少测量工作量，测点数可适当减少。

③ 混响时间及再生混响时间测量，空场时不少于5点，满场时不少于3点。满场测点一般应与空场测点一致。

④ 总噪声及背景噪声测量只在空场条件下进行。测点选取同上条。

⑤ 混响时间及反射声时间分布测量时可增设舞台上的测点。

⑥ RASTI指数的测量可在空场及满场条件下进行，测点的选取同第③条。

3）对于非对称厅堂，应增加测点。

（6）有些项目的测量可采用录音法（声记录、重放）。

三、测量方法

（1）传输（幅度）频率特性。可以分为声输入法和电输入法。

1）声输入法的测量方框图如图9-37和图9-38所示。图9-37测量方框图中的噪声信号发生

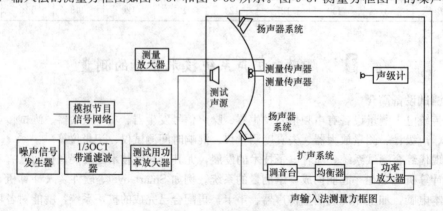

图9-37 声输入法的测量方框图

器、1/3 倍频程滤波器、测试用功率放大器和测试用扬声器都属于测试信号源用，传声器为专门的测量传声器，应符合相应的技术要求，图中用了两只测量传声器紧挨着摆放，其中一只通过测量放大器来读出系统测试传声器处的实际声压级值。调音台、均衡器、功率放大器、扬声器系统为专门给该厅堂、场馆所配的整套扩声系统，也就是实际使用的扩声系统，图中没有一一列举各种周边设备，用均衡器代表了所有周边设备，并且扩声系统已预先调整完毕。声级计用来读取测量数据。当采用专用软件加计算机的方法测量时，噪声信号发生器、1/3 倍频程滤波器、声级计由计算机加软件系统以及测量传声器来代替，此时必须注意对包含计算机、测量软件、声卡、测量传声器在内的整套测试系统的灵敏度进行校准，图中标明了使用"声级校准器"或"活塞发生器"作为校准基准源，如图 9-38 所示。

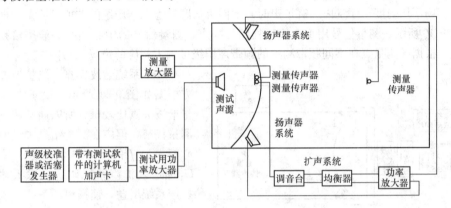

图 9-38 计算机加软件声输入法的测量方框图

2）电输入法的测量方框图如图 9-39 和图 9-40 所示。测量方框图中的噪声信号发生器、1/3 倍频程滤波器（或模拟节目信号网络）都属于测试信号源用，应符合相应的技术要求。调音台、均衡器、功率放大器、扬声器系统为专门给该厅堂、场馆所配的整套扩声系统，也就是实际使用的扩声系统，图中没有一一列举各种周边设备，用均衡器代表了所有周边设备，并且扩声系统已预先调整完毕。声级计用来读取测量数据。当采用专用测量软件加计算机的方法测量时，噪声信号发生器、1/3 倍频程滤波器、声级计由计算机加软件系统以及测量传声器来代替，此时必须注

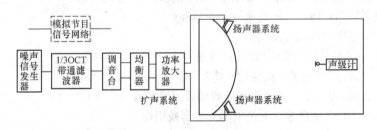

图 9-39 系统电输入法的测量方框图

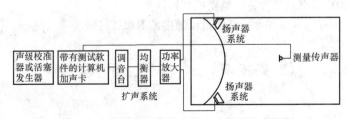

图 9-40 计算机加软件电输入法的测量方框图

意对包含计算机、测量软件、声卡、测量传声器在内的整套测试系统的灵敏度进行校准，图中标明了使用"声级校准器"或"活塞发生器"作为校准基准源。

（2）传声增益。测量方框图如图9-37和图9-38所示。将在观众厅内各测量点测得的声压级平均值减去传声器处的声压级，按频率加以平均即得该频带的传声增益。

（3）最大声压级。电输入法测量方框图如图9-39和图9-40所示。将1/3倍频程（或1/1倍频程）粉红噪声信号直接馈送到扩声系统调音台输入端，调节噪声源输出，使扬声器系统的输入电压相当于1/10～1/4设计使用功率的电平值，当声压级接近90dB时可用小于1/10的使用功率，在系统的传输频率范围内，测出每一个1/3倍频程（或1/1倍频程）频带声压级，加以换算获得相应频带的最大声压级然后平均。

（4）声场不均匀度。厅堂内（有扩声时）不同听众席处稳态声压级的差值。测量方框图如图9-39或图9-40所示。测量信号用1/3倍频程粉红噪声。测量信号的中心频率一般按倍频程中心频率取值。根据各测量点在不同频带测得的频带声压级可画出相应的声场分布图。

（5）系统谐波失真。测量谐波失真的方框图如图9-41所示。由于声输入法测量谐波失真比较难，所以通常用电输入法测量代替，但应在测量结果中说明。用中心频率为 f 的1/3倍频程粉红噪声信号 U_F 馈送入扩声系统调音台输入端，调节扩声系统增益，使扬声器系统输入电压相当于1/4设计使用功率的电平值。在厅堂内规定的测点上，通过测试传声器用声频

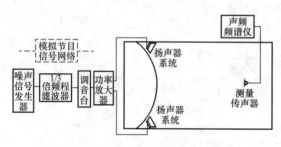

图9-41　测量谐波失真的方框图

频谱仪测量中心频率为 f、$2f$、$3f$ 的信号按式（9-1）计算谐波失真系数。测试频率可从125～4000Hz按倍频程中心频率取值

$$K = \frac{\sqrt{U_{2F}^2 + U_{3F}^2}}{U_F} \times 100\% \tag{9-1}$$

四、测量中应注意的问题

首先要仔细看相应标准，标准中规定了各种用途的厅堂、场馆的扩声声学特性指标和测量方法，还包括测试方框图，还要了解其他相关的标准。

GBJ 76—1984《厅堂混响时间测量规范》

GB/T 4959—2011《厅堂扩声特性测量方法》

GB 3240—1982《声学测量中的常用频率》

GB 3241—2010《电声学　倍频程和分数倍频程滤波器》

SJ/T 10724—2013《电声学　测量电容传声器通用规范》

GB/T 3785.2—2010《电声学　声级计　第2部分：型式评价试验》

GB/T 6278—2012《声系统设备　概模拟节目信号》

GB/T 14476—1993《客观评价厅堂语言可懂度的RASTI法》

第五节　工程设计举例

一、礼堂

这里我们举例的设计项目是一个多功能厅，按照工程要求达到国家标准GB 50371—2006

《厅堂扩声系统设计规范》中"多用途扩声系统声学特性指标"一级标准，要求实现双声道立体声，具体指标开列见表 9-24。

表 9-24   多功能厅技术指标

等级	最大声压级 /dB	传输频率特性	传声增益	稳态声场不均匀度 (dB)	早后期声能比 (可选项) (dB)	总噪声级
一级	额定通带＊内 ≥103dB	以 100～6300Hz 的平均特性声压级为 0dB，在此频带内允许≤±4dB，50～100Hz 和 6300Hz～12500Hz 的允许范围如图 9-4 所示	125～6300Hz 的平均值 ≥-8dB	1000Hz 时≤6dB，8000Hz 时 ≤+8dB	500～2000Hz 内 1/1 倍频带分析的平均值 ≥+3dB	≤NR20

＊　额定通带是指优于表中传输频率特性所规定的通带。最大声压级是指峰值声压级。

（一）声场设计

具体场地情况为：一座多功能厅，有一个镜框式舞台，没有声桥，没有眺台。多功能厅池座宽度为 26m，长 29m，面积 754m²。舞台台口宽 14m，台口净高 8m，舞台深 15m，舞台台面高 0.8m，舞台台口面积 14×8=112（m²），池座吊顶高 9m。座位宽 0.55m，每排座位分三段，左右两边设座位较少（各 8 个座位），中间座位较多（22 个座位），合计每排 38 个座位。在中间座位两侧各设置一条纵向走道，在池座左右两侧靠侧墙各设置一条纵向走道，每条纵向走道宽均为 1.20m，四条纵向走道总宽 4.80m。第一排到舞台距离为 2.9m，中间横向走道宽 1.50m，后排座位后背离后墙 0.8m。中间横向走道前面 14 排座位，横向走道后面 14 排座位，前后共 28 排椅。中间一列座位宽度为 22×0.55=12.1（m），左右两侧座位每列宽 8×0.55=4.4（m），座位总宽 12.1+4.4+4.4=20.9（m）。座位和纵向走道合计宽 20.9+4.8=25.7（m），池座总宽 26m，富裕 0.3m，可以保证前后排座位有错开的余量。座位排距 0.85m，去除第一排到舞台距离、中间横向走道宽度、后墙到最后一排间走道宽度之和，留下放置座位的尺寸是 29-2.9-1.50-0.8=23.8（m），可安排 23.8/0.85=28 排。池座座位总数可达 28×38=1064 个座位，为了前几排最靠边座位能看清舞台上的演出，前几排座位靠边外侧适当留出空间不安排座位，考虑第一排少 6 个座位（两侧座位各减少 3 个），第二排少 4 个座位（两侧座位各减少两个），第三排少两个座位（两侧座位各减少 1 个），前三排共减少 12 个座位。实际座位为 1064-12=1052 个座位。为了前排观众不挡住后排观众视线，每排座位地面比前一排地面升高 0.12m，28 排计算应该有 28-1=27 个升高，共升高 0.12×27=3.24（m），也就是起坡 3.24m，起坡从第一排座位后面（或从第二排）开始，采用台阶式，每后一排比前一排地面升高 0.12m。第一排距离舞台口 2.9m，座位 0.85m，2.9+0.85=3.75（m），所以起坡从离开舞台口 3.75m 处开始，到离开后墙 1.65m 处止（最后一排后背离后墙 0.8m，座位 0.85m，也就是最后一排座椅前面或倒数第二排座位的后背）。吊顶高 9m，按照舞台口前地面为 0m 计算，侧墙起坡部分平均高为 9+9-3.24=14.76（m），除以 2 为 7.38m，起坡部分侧墙平均高度为 7.38m。侧墙总长 29m，减去前后平坦部分长 3.75+1.65=5.4（m），斜坡部分侧墙长为 29-5.4=23.6（m），这部分平均高度是 7.38m，面积是 23.6×7.38=174.168（m²），左右两面起坡部分侧墙合计面积为 348.336m²。考虑舞台口侧墙有一部分是呈现"八字墙"，"八字墙"部分斜面墙长度为 7m（从舞台口到第二排座椅对着的侧墙），高度为 9m，面积为 7×9=63（m²），两个斜面八字墙总面积为 126m²，靠后墙部分侧墙长 1.65m，高 9-3.24=5.76（m），两边面积为 1.65×5.76×2=19（m²）。侧墙和八字墙及后面侧墙合计面积为 348.336+126+19=493.4（m²）。后墙宽 26m，高度 9-3.24=

5.76（m），后墙面积为 26×5.76＝149.76（m²）。吊顶面积为 26×29＝754（m²）。池座走道总面积为：纵向走道总宽为 4.8m，长度为 29m，则纵向走道总面积为 4.8×29＝139.2（m²）；横向走道面积：宽 2.9＋1.5＋0.8＝5.2（m）。长度为 26－4.8＝21.2（m），横向走道面积为 5.2×21.2＝110.24（m²），走道总面积为 139.2＋110.24＝249.24m²；每边侧墙两个木门，两侧侧墙合计 4 个木门，每个木门宽 2m，高 2m，每个木门面面积为 2×2＝4（m²），侧墙 4 个木门面积为 4×4＝16（m²），后墙两个木门，面积为 2×4＝8（m²），木门总面积为 16＋8＝24（m²），那么侧墙和八字墙的净面积为 493.4－16＝477.4（m²），后墙净面积为 149.76－8＝141.76m²，池座室内地面表面积为 754m²，天花 754m²，全部侧墙净面积 477.4m²，舞台口面积 112m²，后墙净面积 141.76m²，六扇木门面积之和 24m²，室内总表面积为 754＋754＋477.4＋112＋141.76＋24＝2263.16（m²）。八字墙部分容积平均宽为（14＋26）/2＝20（m），长 3.75m，高 9m，3.75×20×9＝675（m³），靠后部侧墙部分容积宽 26m，高 5.76m，长 1.65m，1.65×26×5.76＝247.104（m³），中间起坡部分容积宽 26m，长 23.6m，平均高 7.38m，26×23.6×7.38＝4528.368（m³），池座总容积 V＝675＋247.104＋4528.368＝5450.472（m³）。

混响时间计算为

$$0.161×V＝0.161×5450.472＝877.525（m^3）$$

首先，根据工程多功能厅建筑图纸和装修图纸资料，将房间内各个表面按照材料性质不同，区分成若干个区域，例如木门、玻璃窗、天花、走道、座椅（空场时用）、人坐在座椅（满场时用）、侧墙、后墙、台口等类，从相关资料中查找各种材料在频率分别为 125、250、500、1000、2000、4000Hz 时的吸声系数值，然后利用第三章第五节中计算平均吸声系数的式（3-9）来计算各频率时房间的空场平均吸声系数值和满场平均吸声系数，为了方便说明，这里将式（3-9）再列出如下

$$\bar{\alpha}=\frac{\alpha_1 S_1+\alpha_2 S_2+\cdots+\alpha_n S_n}{S_1+S_2+\cdots+S_n}$$

式中：α_1、α_2、α_n 是各种材料在某一频率（例如 500Hz）时的吸声系数值；S_1、S_2、S_n 是与吸声系数相对应的吸声材料表面积值。通过对式（3-9）计算可以求得各个频率对应的房间空场和满场时的平均吸声系数值，类似于我们下面计算例子中表 9-25 中。

表 9-25　　　　　　　　　　　吸声系数和混响时间计算

频率（Hz）	125	250	500	1000	2000	4000
侧墙和八字墙面积 477.4m²	0.05	0.05	0.06	0.07	0.07	0.08
侧墙和八字墙总吸声量	23.87	23.87	28.64	33.4	33.4	38.19
后墙面积 141.76m²	0.44	0.85	0.9	0.7	0.5	0.3
后墙吸声量	62.37	120.50	127.58	99.23	70.88	42.53
天花面积 754m²	0.20	0.48	0.40	0.35	0.31	0.32
天花吸声量	150.8	361.9	301.6	263.9	233.7	241.3
木门总面积 24m²	0.14	0.20	0.10	0.06	0.10	0.10
木门吸声量	3.36	4.8	2.4	1.44	2.4	2.4
走道面积 249.24m²	0.01	0.01	0.02	0.02	0.02	0.04
走道吸声量	2.49	2.49	4.98	4.98	4.98	9.97
台口面积 112m²	0.30	0.35	0.40	0.45	0.50	0.50

续表

频率（Hz）	125	250	500	1000	2000	4000
台口吸声量	33.6	39.2	44.8	50.4	56	56
空人造革座椅1052	0.06	0.08	0.09	0.10	0.08	0.06
空椅子吸声量	63.1	84.2	94.7	105	84.2	63.1
人和座位1052座	0.23	0.34	0.37	0.33	0.34	0.31
人座吸声量	242	358	389	347	358	326
空场总吸声量	339.59	636.96	604.34	558.35	485.56	453.49
满场总吸声量（总面积2263.16m²）	518.49	910.76	898.64	800.35	759.36	716.39
满场平均吸声系数	0.2291	0.4024	0.3971	0.3536	0.3355	0.3165
空场平均吸声系数 $\bar{a}$	0.1501	0.2814	0.267	0.2467	0.2145	0.2004
$1-\bar{a}$	0.8499	0.7186	0.733	0.7533	0.7855	0.7996
$-\ln(1-\bar{a})$	0.1626	0.3305	0.3106	0.2830	0.2414	0.2236
$-S\ln(1-\bar{a})$	368.0	747.97	702.9	640.47	546.33	506.14
4mV					42	103
0.161V=877.525						
T_{60}	2.38	1.17	1.25	1.37	1.49	1.44
满场平均吸声系数 $\bar{a}$	0.2291	0.4024	0.3971	0.3536	0.3355	0.3165
$1-\bar{a}$	0.7709	0.5976	0.6029	0.6464	0.6645	0.6835
$-\ln(1-\bar{a})$	0.2602	0.5148	0.5060	0.4363	0.4087	0.3805
$-S\ln(1-\bar{a})$	588.2	1165	1145	987.5	925.0	861.2
4mV					42	103
T_{60}	1.49	0.75	0.77	0.89	0.91	0.91

依据500Hz时满场平均吸声系数$\bar{a}$为0.3971和1000Hz时满场平均吸声系数$\bar{a}$0.3536，计算出房间常数R（这里选用500Hz和1000Hz两个频率来计算，而不是单个通常不加说明时所指500Hz的混响状态，是因为一般主扬声器系统的辐射角定义频率是指中高频，通常是500～16000Hz的平均值，也就是指向性因数值是与声波频率相关的，500Hz是辐射角定义的下限频率，所以分别选500Hz和1000H两个频率时的平均吸声系数作为计算依据）。

房间常数R计算如下。

如果以1000Hz满场时的平均吸声系数0.3536来计算，则有1000Hz时满场房间常数为

$$R=\frac{S\bar{a}}{1-\bar{a}}=\frac{2263.16\times0.3536}{1-0.3536}=\frac{800.25}{0.6464}=1238$$

如果以500Hz满场时的平均吸声系数0.3971来计算，则有500Hz时满场房间常数为

$$R=\frac{S\bar{a}}{1-\bar{a}}=\frac{2263.16\times0.3971}{1-0.3971}=\frac{898.7}{0.6029}=1490.6$$

如果以1000Hz空场时的平均吸声系数0.2467来计算，则有1000Hz时空场房间常数为

$$R=\frac{S\bar{a}}{1-\bar{a}}=\frac{2263.16\times0.2467}{1-0.2467}=\frac{558.3}{0.7533}=741.17$$

如果以500Hz空场时的平均吸声系数0.267来计算，则有500Hz时空场房间常数为

$$R = \frac{\overline{S\alpha}}{1-\overline{\alpha}} = \frac{2263.16 \times 0.267}{1-0.267} = \frac{597.05}{0.733} = 814.54$$

我们在上面计算混响时间过程中出现了数值有效位数太多的现象，因为这里作为计算范例，所以要求尽可能精确，选用有效位比较多。但声场计算的实际要求不必追求有效位太多，因为用来计算混响时间的计算公式本身并没有保证计算的结果是非常精确的，由于计算公式本身是利用实验和统计方法建立的，如果各种参数都是比较准确的，那么计算结果误差也许在10%以内。再说，各种材料的吸声系数也不是非常精确的，因为同一种吸声材料，不同厂家生产出来的吸声性能也是不一样的，不同厂家生产时的原材料性质不尽相同，生产工艺也有差别，另外混响室法和驻波管法两种测试吸声系数的方法不同，也会造成测试参数结果的差异，同一种吸声材料在装修安装中的状态也有差别，所以计算混响时间等参数最后出现10%的误差是可能的，并且测量仪器本身也会产生误差。一般而言，测量仪器产生的误差可达0.5dB，用百分数来描述相当于6%，所以我们计算过程中不必选取太多有效位数值，那种为了数据精确，计算过程中保留小数点后很多位的做法只会增加计算的工作量，对工程设计毫无贡献。事实上建声设计的结果，在最后完成装修后各频率的混响时间还要靠测试来验证，必要时还要做适当的调整才能达到预定要求。至于各种装修材料的吸声系数值请参考中国建筑工业出版社出版的《建筑声学设计手册》（中国建筑科学研究院建筑物理研究所主编）和上海科学技术出版社出版的《噪声控制技术》（国家劳动总局主编，方丹群、王文奇、孙家其、陈潜等编）等书的有关表格，以及各厂家的产品技术说明。

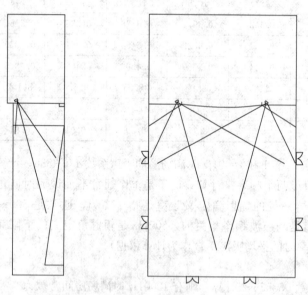

图9-42 多功能厅音箱摆放示意图

首先，按照已给出的池座尺寸长29m，宽26m，吊顶高9m，画出顶视图和剖面立面图（侧视剖面图），如图9-42所示。先确定供声方式，考虑这是多功能厅，应该采用集中供声方式，然后设计主扬声器系统（为了和我们平时习惯的称呼一致，也为了叙述简单，以下"扬声器系统"都简称为"音箱"）的摆放位置。由于本厅堂中没有声桥，台楣处无法放置主音箱，所以主音箱只能放置在舞台口两侧，为了使主音箱提供的直达声在观众区尽可能比较均匀，所以设计将主音箱尽可能往高处摆放，倾斜往下投射声波，这样我们将左右主音箱设置在舞台口外侧的左右侧墙上部（暗埋在八字墙），并且尽可能靠近舞台口，如图9-42所示。因为如果将左右主音箱分得太开，也就是左右主音箱离开舞台开口比较远，声场会出现中间"空"的感觉。从此，也可以看出设置声桥的好处，因为设置了声桥，可以将左右主音箱放置在声桥上，可以放置在舞台口内侧，并且适当选择两只主音箱之间的距离，从而使听感上声场既不"中间空"，也不显得声场"挤在一起"，又能呈现出双声道立体声声像。建议将舞台开口宽度分成五份，左右音箱之间距离占三份，左右音箱两侧到台口边沿距离各占一份。通过画出音箱辐射角的声投射线，来确定需要的音箱水平辐射角和垂直辐射角大小。本例中我们从画图看出水平辐射角选90°，垂直辐射角选40°是比较合适的，左右主音箱基本都能覆盖整个池座观众席位置，按照图中的摆放位置布置，能使主音箱辐射的声能主要投向观众座位置，并且使直达声声场尽可能比较均匀。

根据确定的主音箱辐射角为 $90°\times40°$，则此时主音箱的指向性因数 Q 为

$$Q=\frac{180°}{\sin^{-1}\left[\sin\left(\frac{\alpha}{2}\right)\times\sin\left(\frac{\beta}{2}\right)\right]}=\frac{180°}{\sin^{-1}(0.707\times0.342)}$$

$$=\frac{180°}{\sin^{-1}0.242}=\frac{180°}{14°}=12.9$$

根据上面已经求出 1000Hz 时满场条件下的房间常数 $R=1238$ 和音箱指向性因数 $Q=12.9$ 可以计算出混响半径 r_c 值为

$$r_c=\sqrt{\frac{QR}{16\pi}}=0.14\sqrt{QR}=0.14\sqrt{12.9\times1238}=0.14\sqrt{15970}$$

$$=0.14\times126.4=17.69(m)$$

500Hz 时满场条件下的房间常数 $R=1490.6$ 和音箱指向性因数 $Q=12.9$ 可以计算出混响半径 r_c 值为

$$r_c=\sqrt{\frac{QR}{16\pi}}=0.14\sqrt{QR}=0.14\sqrt{12.9\times1490.6}=0.14\sqrt{19228.7}$$

$$=0.14\times138.67=19.41(m)$$

1000Hz 时空场条件下的房间常数 $R=741.17$ 和音箱指向性因数 $Q=12.9$ 可以计算出混响半径 r_c 值为

$$r_c=\sqrt{\frac{QR}{16\pi}}=0.14\sqrt{QR}=0.14\sqrt{12.9\times741.17}=0.14\sqrt{9561}$$

$$=0.14\times97.78=13.69(m)$$

500Hz 时空场条件下的房间常数 $R=814.54$ 和音箱指向性因数 $Q=12.9$ 可以计算出混响半径 r_c 值为

$$r_c=\sqrt{\frac{QR}{16\pi}}=0.14\sqrt{QR}=0.14\sqrt{12.9\times814.54}=0.14\sqrt{10507.6}$$

$$=0.14\times102.5=14.35(m)$$

从计算所得 1000Hz 满场混响半径为 17.7m，500Hz 满场混响半径为 19.41m，1000Hz 空场混响半径为 13.69m，500Hz 空场混响半径为 14.35m 的数据来看，观众席最远处到主音箱的距离（测量图中主音箱到最后排座位的距离大约为 27m）不到混响半径的两倍，所以语言清晰度是有保证的，不必再给后排增加补声音箱了。

根据"多用途扩声系统声学特性指标"一级标准规定最大声压级为 103dB 的要求，先通过计算确定对主音箱系统最大声压级的要求。我们知道，一个厅堂内各处的声场包含了音箱产生的在该处直达声声场和室内的混响声声场，或者说厅堂内各个位置的声压级是该处的直达声声场与混响声场的合成声压级。如果室内混响声场声压级达到了最大声压级指标要求，则室内各位置的声压级必定都达到了最大声压级的要求，因为室内各位置的声压级在混响声场声压级基础上还要加上直达声声场的能量，所以该点的合成声压级必定大于混响声场产生的混响声声压级。关于两个声能合并后的总声压级计算方法，请参阅本书第三章式（3-4）和图 3-3。

标准中规定多用途一级最大声压级 103dB，并且规定这个最大声压级是指峰值声压级，扣除峰值因数 6dB（标准规定测试用噪声信号的峰值因数在 1.8～2.2，基准峰值因数为 2，见国家标准 GB 50371—2006 中 2.0.4 最大声压级），那么实际最大连续有效值声压级应为 $103-6=97$（dB），

考虑是左右一对主音箱供声,所以每只音箱只要产生 97−3＝94(dB)混响声场声压级即可。由于最远处观众席的最大声压级基本取决于混响声声压级,同时因为在混响半径处(这里分别以 500Hz 及 1000Hz 时的满场混响半径和空场混响半径来计算)直达声声压级等于混响声声压级,这个最大声压级可以通过计算混响半径处音箱产生的直达声声压级达到 94dB 来实现。在混响半径处单只音箱的直达声声压级达到了要求的 94dB 数值,那么两只主音箱在整个池座区的混响声声压级就达到 94dB＋3＝97dB 的要求,则最远处观众席的最大有效值声压级达到 97dB 就有保证了,从而峰值声压级为 97＋6＝103(dB)了,达到了标准规定的参数值。

500Hz 满场时如果单只音箱在距离 19.4m 处直达声有效值声压级要求达到 94dB,则距离音箱主声轴 1m 处有效值声压级应达到 94＋20lg19.4＝94＋25.76＝119.76(dB)。

1000Hz 满场时如果单只音箱在距离 17.7m 处直达声有效值声压级要求达到 94dB,则距离音箱主声轴 1m 处有效值声压级应达到 94＋20lg17.7＝94＋25＝119(dB)。

500Hz 空场时如果单只音箱在距离 14.35m 处直达声有效值声压级要求达到 94dB,则距离音箱主声轴 1m 处有效值声压级应达到 94＋20lg14.35＝94＋23.14＝117.14(dB)。

1000Hz 空场时如果单只音箱在距离 13.69m 处直达声有效值声压级要求达到 94dB,则距离音箱主声轴 1m 处有效值声压级应达到 94＋20lg13.69＝94＋22.73＝116.73(dB)。

从上面满场和空场,500Hz 和 1000Hz 合计四种情况计算得到的四种需要音箱 1m 处的直达声有效值声压级要求来看,我们选用 120dB,因为所有四种情况中需要最大的是 119.76dB,取整数 120dB 作为选择音箱最大声压级的基本要求,那么无论是空场或满场,无论是 500Hz 还是 1000Hz 都能满足要求了。当然,实际上标准规定的最大声压级是在空场时的指标(见国家标准 GB 50371—2006 中的 5.0.2 扩声系统声学特性指标测量均应在空场条件下进行)。

如果用噪声测试,音箱主声轴 1m 处的峰值声压级应该能达到 120＋6＝126(dB)。那么,我们可以根据这个数据来选择音箱了,峰值声压级应不小于 126dB,如果音箱的额定功率指标是用正弦波确定的,则音箱的连续有效值声压级应不小于 126−3＝123(dB)(正弦波的峰值声压和有效值声压之比为 $\sqrt{2}$,所以峰值声压级比有效值声压级高 3dB)。如果音箱的额定功率指标是用噪声确定的,则音箱的最大连续有效值声压级应不小于 126−6＝120(dB)(因为测试用噪声的峰值因数规定为 2,所以峰值声压级比有效值声压级高 6dB),然后可以根据音箱的灵敏度和额定功率来综合考虑了。对于额定功率是用正弦波测试确定的音箱,假定音箱的灵敏度是 96dB,差值是 123−96＝27(dB),正弦波测试确定的音箱额定功率应该是不小于 500W($P = 10^{\frac{27}{10}} = 10^{2.7} = 501W$,计算方法请参阅本书第八章第四节内容),对于音箱的额定功率指标是用噪声测试确定的,则差值为 120−96＝24(dB),噪声测试的音箱额定功率应该不小于 $P = 10^{\frac{24}{10}} = 10^{2.4} = 251(W)$。

至此,可根据已知最大声压级这个指标及我们已经确定的音箱水平辐射角 90°,垂直辐射角 40°来选择音箱了。但实际上根据国家标准《厅堂扩声系统设计规范》GB 50371—2006 中"多用途扩声系统声学特性指标"一级标准要求,还有传输频率特性这个指标也与音箱的技术指标密切相关的。标准中规定"多用途扩声系统声学特性指标"一级的传输频率特性应该满足"以 100～6300Hz 的平均特性声压级为 0dB,在此频带内允许≤±4dB,50～100Hz 和 6300Hz～12500Hz 的允许范围见图 9-4"(在本节开始部分摘录的标准要求中表格下方还有注"＊额定通带是指优于表中传输频率特性所规定的通带",说明系统总的频率特性应该比此表中规定更宽一些),也就是要优于下限频率 100Hz,上限频率 12500Hz,实际上为了保证声音好听,也许需要将频率范围扩展到下限频率接近 50Hz,上限频率接近 16000Hz(说明一下,这里音箱的频率特性是以−10dB 定义的"频率范围"为准)。但是考虑到我们还需要为系统配置低音箱,所以主音箱的下限频率不必追求太低,因为低音部分由低音箱负责转换,因此如果主音箱的下限频率选得太低没有价值,另外如果所选主音箱的下限频率太低,会使主音箱中的低音扬声器单元尺寸过大,增加主音箱的尺寸和自重,也增加成本。如果根据最大声压级、指向特性和频率特性这三个指标来选择音箱,那么理论上扩声系统的技术指标应该能达到标准规定要求了。但是事实上,扩声系统中的音箱是用来重放声音供听众欣赏的,所以实际听感是非常重要的,这就是主观评价存在的意义。当然实际上最后达到的听感不是唯一决定于音箱特性,还与系统中其他设备技术参数有关,也与音响师操控系统的水平有关,但是音箱的声音是否"好听"还是非常重要的。事实上,音箱的技术指标高不等于放出来的声音就一定"好听",因为到目前为止,还没有研究到将客观技术指标直接与主观听感完全匹配的水平,往往单凭客观技术指标并不能最终确定主观听感的好坏,所以确定的客观技术指标可以作为选择音箱的基础要求,为了主观听感满足要求,有必要对拟选用音箱的主观听感进行测评,这一点还是非常必要的。

另一方面,实际上我们上面根据分析计算得到的灵敏度和音箱额定功率指标只是基本满足了国家标准所规定的指标,从主观听感上"好听"来说,如果要使播放节目信号时最大有效值声压级也达到97dB,则上面计算得到的音箱额定功率数值还是不够的。因为对于"高保真"(HiFi)系统来说,必须满足信号中(电压或声压)的峰值与有效值之比不小于4,也就是峰值因数不小于4,以dB来描述,峰值要比有效值高12dB,那么如果标准中规定峰值声压级是103dB,节目信号有效值最大声压级就只能保证103−12=91(dB),当然最大有效值声压级达到91dB已经不算小了。如果要求节目信号最大有效值声压级达到97dB(也就是最大声压级103dB减去噪声的峰值因数6dB得到的有效值声压级),则峰值声压级就应该达到97+12=109(dB)了,与前面的103dB峰值声压级比提高了109-103=6(dB)。对于同样灵敏度为96dB的音箱来说相当于功率需要乘以四倍,原先需要500W的变成了需要2000W,原先需要250W的变成了1000W。这样,配置的音箱功率提高了,只有要求音质非常高,指标也非常高时我们才这样选择,因为音箱额定功率大了,同时也要提高功率放大器的额定功率,会增加较多成本,所以通常设计时仅以满足标准规定的峰值声压级为基准,然后再适当增加余量。例如原先需要音箱额定功率500W的可以适当提高到800~1000W,原先需要音箱额定功率250W的可以适当提高到400~500W。

然后要确定低音箱的摆放和选择了,低音箱目前大多采用放置在舞台口两侧稍低一些的位置,但是当厅堂建有比较好的声桥时,也就是声桥承重比较富裕时,可以将低音箱也放置到声桥上,这样低音箱和主音箱位置比较靠近,在低频分频点附近的声音是由主音箱和低音箱同时转换、同时辐射声波的。由于主音箱和低音箱两只音箱位置比较近,所以两只音箱到池座各听众席的声程差几乎可以忽略,那么,在分频点附近两只音箱产生的声信号相互干涉的现象就比较弱,产生梳状滤波器效应就可以忽略不计了,对提高音质是有好处的。对于低音箱不能放置在声桥上的情况(属于大多数情况),低音箱只能放置在舞台口两侧,一般放置位置比较低,最好是暗装,暗装时开口要和音箱尺寸较好地配合,尽可能避免音箱后部的声音从安装空隙绕到前面来与音箱前面的声音叠加产生干涉,不管怎样,音箱的放置一定要保证可靠,并且避免产生共振。假如主音箱放置位置比较高,为了使前排观众的视觉和听觉比较接近,需要再设置拉声像音箱,一般拉声像音箱由于供声距离比较短,所以音箱主声轴1m处的直达声声压级就不必很大了,也就是拉声像音箱的功率可以比主音箱小得比较多,同时音箱尺寸也不会很大,从原理上来说,拉声像音箱放置高度在舞台面以上1m多比较好。当为了提高传声增益,主音箱的俯角不是很大时,会出现前几排听众席声压级比较低的现象,那时就需要对前几排听众席增加补声音箱,一般前排补声音箱功率比较小,体积也不大,所以往往可以放置在台唇立面位置暗装。根据实践经验,拉声像音箱和前排补声音箱可以共用,也就是用了前排补声音箱,那么可以省去拉声像音箱;反之,用了拉声像音箱,也可以省去前排补声音箱。如果主音箱到池座最后排的距离与计算出来混响半径之比达到或接近4倍,则一定要考虑给后排观众席增加补声音箱,主音箱到池座最后排的距离与计算出来混响半径之比最好不超过3倍,因为如果是3倍,最后排听众席的直达声场声压级比混响声场声压级低了9.5dB,那时清晰度只是维持在基本保证的水平,如果比值达到4倍,则直达声声压级就比混响声声压级低了12dB,清晰度就没有保证了,所以必须要给后排观众席直达声补声了。如果观众厅有眺台(楼座),那么无论主音箱到池座观众席最后排的距离与计算出来混响半径之比是多少倍,都要考虑增加补声音箱了。假定主音箱放置位置是在靠近吊顶的较高位置,则主音箱的中高频声波可能被眺台前沿挡住,出现中高频声波不能直接辐射到一层后排,而产生声影区,清晰度降低,所以要给一层后排补声。如果主音箱放置位置比较低(例如与舞台台面高度接近),则可能使主音箱的中高频声波被眺台前沿挡住,不能辐射到楼座后排,楼座后排也会出现声影区,也会损失清晰度,需要给楼座后排补声,上述几种音箱布置示意图如图9-43所示。不要忘了给舞台配置返听音箱,因为即便是会议扩声,也应该给主席台提供返听音箱的,一般小型舞台,演出规模不是很大的情况下,可以配置两只返听音箱,如果舞台较大或演出规模较大时,需要增加返听音箱的数量。

至于音源、调音台、周边设备等可以根据实际需要来设计和选择了,但是如果加了后排补声音箱,则应该考虑增加延时器。

音源部分关于音频分配器使用,可以使用例如四进二出音频分配器这样可以使用分配器同时给主调音台和返送监听调音台同时提供音源信号。

这里编者想说明一下关于对扩声声场计算机辅助设计软件 EASE 的使用问题。编者曾参加对不少音响系统工程的评标工作,发现不少投标书中都有用 EASE 软件做的声场图。本来用 EASE 软件作为计算机辅助设计手段来校验设计声场是比较好的,可以节省时间,并且可以将声场情况形象地画出来。但是实际上往往不能体现真正的声场情况,因为许多投标者没有按照应该做的去做,往往只是从 EASE 库中调出一个房间模型,然后简单地稍微修改成与自己投标的房间相似的房间形状、尺寸,在并不知道房间内各处的实际装修情况下,随便给一个吸声系数,从 EASE 库内调出一个音箱的参数,就开始让计算机软件计算声场,画出声场分布图,这种声场分布图实际上没有参考价值,并且 EASE 软件并不支持所有你所选择的音箱,只支持少量品牌、型号的音箱,那么画出来的图就更没有多少实际意义了。如果能严格按照实际房间的形状、尺寸、各门和窗户的具体位置和尺寸,准确建模画图,并且将各部位的具体装修材料以及厚度、容重、穿孔率等所决定的各频率吸声系数,以及所选用的音箱的各种技术数据(当然应该是 EASE 数据库包含的此型号音箱)输入计算机后再用计算机的 EASE 软件计算声场情况,最后画出的声场分布图才有参考价值。

图9-43中显示了第一种方案,具体是设置了 A、B、C、D、L、R、M、N 几只音箱,其中音箱 A、B 为主音箱,音箱 C、D 为拉声像的全频带音箱,同时也能起到给前排补直达声作用,L、R 为低音箱,E、F 为后排补直达声的全频带音箱,M、N 为给主音箱覆盖不到的前几排观众席补直达声,同时也起到拉声像的作用,图9-43(c)中 G、H 为眺台下面补直达声的音箱。主音箱 A、B 放置在台楣(声桥)位置,即台口前上方,这种方案的前提是此位置允许放置音箱,也就是建筑结构承重有保障,有声桥便于安装与维修,这种方案属于最佳方案。主音箱的角度设置如图9-43(b)所示,音箱主声轴对准倒数第4~6排距地1.2~1.3m处,也就是那一排观众的耳朵高度,具体在哪一排要看观众厅的长度来决定。这样设置角度的优点是直达声场比较均匀,因为音箱辐射的直达声场以主声轴上为最强,假定选择的音箱二分频全频带音箱,指标中垂

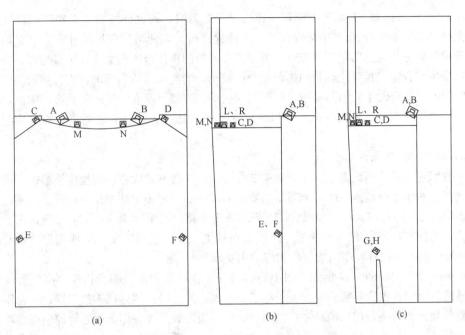

图 9-43　音箱摆放示意图
(a) 顶视图；(b) 侧视图；(c) 带眺台的侧视图

直覆盖角为 40°，以主声轴为中心，上下的有效覆盖角均为偏离主声轴 20°，但是在同样半径的情况下，偏离主声轴 20°的位置比主声轴位置的直达声声压级要低 6dB，当如图 9-43 (b) 所示放置主音箱 A、B 时，前排、中排、后排听众离开主音箱的距离有差别，后排听众离开主音箱的距离远，按照直达声场的平方反比定律，直达声场声压级降低得比较多，但是处于直达声场最强的音箱主声轴附近，而前中排听众离开主音箱的距离近，直达声场声压级降低得比较少，但是处在直达声场比较小的偏离音箱主声轴的位置，并且前排比中排距离音箱近，但是前排比中排偏离主轴角度大，所以总体上前后排听众处的直达声场声压级相对比较均匀。拉声像音箱 C、D 可放置在台口两侧，由于放置高度比主音箱的放置高度低 [见图 9-43 中图 (b)]，显然，音箱 C、D 比主音箱 A、B 离前排观众近，所以音箱 C、D 的声音要比主音箱 A、B 的声音先到达前排观众处，根据哈斯效应，听众的主观感觉上会认为声音就是从拉声像的音箱 C、D 出传来的，达到拉声像的目的。当台口上方不允许放置主音箱时，可以考虑第二种方案，将主音箱放置在台口两侧，根据第一种方案的同样原理，音箱高度应该放置在高一些的高度，以利于声场均匀，此时最好能将音箱暗埋在墙面内，表面装饰钢网加音箱布，颜色最好与墙面相同或相近，放置的俯角也要合适才行。目前流行的做法是一般都设置低音箱加全频带音箱，以改善低音重放效果，有的甚至由低频音箱、中频音箱加恒指向高音号筒组成，并且可每边用两只恒指向高音号筒，一只恒指向高音号筒投向近处观众席，称为近投，另一只恒指向高音号筒投向远处观众席，称为远投，以便指向性强的高频的直达声场更均匀。但是此时组成一路扬声器系统的低频音箱、中频音箱、恒指向高音号筒必须是经过严格选择的，不是任意拿三种音箱就能组成性能良好的系统的，最好选择厂家产品目录中推荐组合的配套产品，并且根据厂家推荐的分频点来分频，此时应在主音箱通路中加电子分频器。假设厅堂的后面设有眺台，如图 9-43 (c) 所示，则应考虑是否需要为一层后排，也就是眺台下的观众席增加补声音箱。如果主音箱辐射到后排的中高频直达声会被眺台阻挡，在后排观众席处形成缺少中高频直达声的声影区，则应在侧墙的靠后适当位置加挂补声音箱，例如

321

图 9-43（c）中的音箱 G、H。当主音箱放置位置比较低时，则也许眺台上面楼座的后排也需要补声，此时可以将图 9-43（c）中的音箱 G、H 位置提高，以便给楼座后排补声。所有补声音箱由于离开相应服务的观众席距离比较近，所以音箱辐射的声压级不必太高，可以选择额定功率相对较小的全频带音箱，相应地音箱的体积也会比较小，当然所有给后面的补声音箱通路中都应该增加延时器，以便补偿主音箱与补声音箱到观众席的声程差。所有音箱的安装必需牢固，高度不能太低，以免伤及观众，并且应该考虑相对比较美观。最后不要忘了给舞台上的演员配置返送音箱。

（二）设计扩声系统方框图

现在我们可以设计系统方框图，配置系统设备，其中功率放大器的选型应该根据所用音箱的功率来选择。对于专业扩声系统，推荐定阻功率放大器的额定输出功率比定阻音箱的额定输入电功率大 3dB，也就是功率大一倍。以我们上面所选主音箱的额定功率为 500W 为例，则照理所选功率放大器的额定功率以 1000W 为好。所以说在这里，我们选择功率放大器额定功率时，可以考虑从 800～1200W 选择功率放大器的额定输出功率。

扩声系统方框图如图 9-44 所示，图中我们设计主音箱采用由低频音箱和中高频音箱组成的扬声器系统，所以在主音箱通路中加入了电子分频器，并且使用两台功率放大器，一台用来推动左、右路低频音箱，一台用来推动左、右路中高频音箱。如果准备用低频音箱加中频音箱和恒指向高音号筒组成三分频主扬声器系统，则应选择电子分频器的型号，因为大多数电子分频器是可以接成两路两分频、一路三分频的，有的电子分频器可以接成两路三分频的。如果选用前一种电子分频器，则主音箱通路要使用两台电子分频器，左、右声道各一台电子分频器；如果选用后一种电子分频器，则使用一台就可以了，不论使用那种电子分频器，都应该改成三台功率放大器，一台功率放大器用来推动低频音箱，一台用来推动中频音箱，一台用来推动恒指向高音号筒。

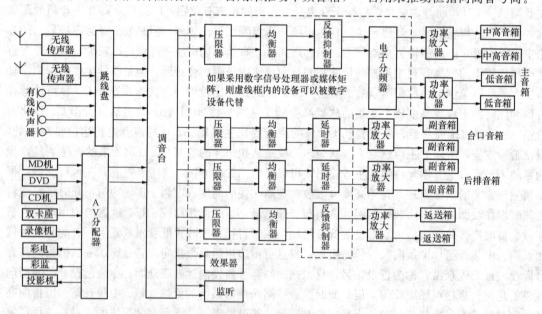

图 9-44　扩声系统方框图

系统还配置了均衡器、压限器、反馈抑制器、声音激励器。这里要说明的是反馈抑制器可以串在主音箱通道中，也可以利用调音台的编组功能，将所有传声器编在一对编组中，然后将反馈抑制器插入编组的插入口。声音激励器不是必需的，当为了提高开会时的语言清晰度、可懂度而增加声音激励器时，可以插在主音箱通路中，也可以插在会议传声器的调音台输入通道中。主音箱通路的信号取自调音台的主输出，也就是立体声输出。扩声系统方框图中设计了两路补声音箱通路，一路作为前排观众席补声兼拉声像用，另外一路作为后排补直达声用，可以根据具体情况确定是否需要后排补直达声音箱和是否需要设置跳台上观众席的补直达声音箱。在这两路音箱通路中都设置成使用全频带音箱，所以没有电子分频器，也没有设置声音激励器和反馈抑制器，因为补声音箱距离观众比较近，有足够的直达声，语言清晰度有保证，可以不用声音激励器。并且补声音箱也不容易因声波反馈到传声器而引起啸叫，所以可不插入反馈抑制器。当主音箱通路中的反馈抑制器移到调音台的输入通道或编组中去时，更不必在补声音箱通道中插入反馈抑制器了。但是在补声音箱通路中增加了延时器，为的是补偿补声音箱和主音箱到观众席的声程差，给前排观众的补声音箱中的延时器是否需要视具体情况而定。返送音箱通路中加入了反馈抑制器，因为返送音箱的声波容易反馈到传声器而引起啸叫。

声源部分设计了两路无线传声器，4 路有线传声器，至于具体需要多少传声器，应该根据实际情况来确定。一般礼堂作为开会的会堂用时，往往坐在主席台上的人数比较多，并且往往需要给主席台上的每个座席都设有传声器，这样一般可能需要 8 只传声器或更多。在系统方框图中其他声源设置的品种比较多，应该根据实际情况来确定，包括是否需要电视机和投影仪。从目前的情况看，这些视频终端设备往往是需要配置的，可以根据甲方要求具体设置。由于考虑到有舞台，除了开会时主席台需要传声器外，可能会有演出，所以应该在靠近舞台口部分均匀地多设置一些暗埋式传声器插座盒，以便开会、演出时演员和乐队能插传声器。显然那么多的传声器不会同时使用，所以我们设置了一个跳线盘或 AV 分配器，如果选用一台 16 路输入通道、4 编组或 6 编组调音台，那么可以同时使用的传声器数量就完全能满足需要了。在图 9-44 中，台口音箱、后排音箱、返送音箱通路的信号分别从调音台的编组 1、2；编组 3、4；编组 5、6 输出口取，这样使用的编组就显得有些多，当然也可以从一对辅助输出中取信号，但是这对辅助输出必须是从推子后取信号才方便操作。如果我们将系统方框图改成图 9-45 的连接方法，将台口的补声音箱通路信号输入端改从主音箱通路的压限器后面取信号，则可省去一对编组，这样连接没有太大的缺陷。由于压限器的输出阻抗非常低，而均衡器的输入阻抗非常高，所以一台压限器的输出供给

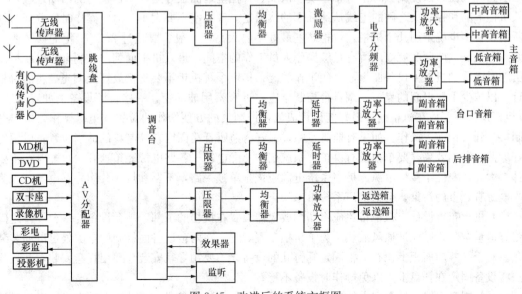

图 9-45　改进后的系统方框图

两台均衡器的输入基本不会产生觉察得到的影响，并且各自音箱均得到各自均衡器的频率均衡。这样如果还有后排补声音箱，调音台只要有 4 路编组输出就可以了，当不需要后排补声音箱时，只要两路编组输出供返送音箱通路就可以了。返送音箱通路的信号不一定要从编组输出，也可使用一对辅助输出作为信号输出口，有些情况下还可以直接从调音台的"MONO"单声道输出取信号。各音箱通路中的均衡器在测试厅堂声学特性时，是用来调整房间声场，调整达到传输频率特性指标的，所以这些均衡器属于房间均衡器，当然在实际扩声过程中主要是用来修整音色的，是根据音响师在现场的实际听感来调整参数的。

在系统方框图确定后，先确定各种设备的具体品牌、型号，然后就可以列出设备采购清单，但是在清单中不要忘了相应的配件和附件，例如音箱的安装件、传声器的立式架、机柜以及线材、接插件等。

一般来说，对于一个系统中所配音箱最好是同一个品牌的音色相近音箱，而不要选择音色相差很大的不同品牌音箱用在同一个系统中。一般来说，对于一个系统中各设备的档次也应相当，要么档次都高，要么档次都低，而不要有的设备档次很高，有的设备档次又很低，尤其不要出现其他设备的档次都很高，只有一两台设备的档次明显偏低这种情况，这样配置的结果是浪费了档次高的设备，因为最终效果往往是由最低档次的设备决定的，也就是我们常说的"短板效应"。

（三）设计施工图

（1）设计管线布置图。要注明用不同规格的穿线管各需多少根、各穿线管中布设什么规格的导线几根。扩声系统的走线一定要注意不要和灯光线、动力电源线等强干扰线并排走，要注意保持一定的距离，尤其不能在一根穿线管中走。即便同是音频线，也不要将强信号的线与弱信号的线穿在同一管中。穿线管要选择防火、阻燃的管材，例如阻燃 PVC 管材，最好能用铁质镀锌穿线管，在室内使用可用壁薄的，在室外地下使用则应选壁厚一些的。如果建筑设计中有弱电桥架的话，可以走桥架。选择穿线管时，面积要留有足够余量，导线所占毛面积最好不要超过管子面积的 70%，能控制在 50% 更好，如果导线面积占穿线管面积的比例太大，会在实际穿线时增加难度，并且容易损伤导线。

（2）音控室布置设计。音控室最好选择在能方便观察舞台情况的位置，朝舞台方向要设置一扇双层的玻璃窗，以便调控时了解舞台现场情况。音控室地面最好用计算机机房的活动地板，以便从机柜下部和控制桌之间的走线从地板下的线槽走。音控室不要太小，以免操作时不方便。根据所用设备多少确定用几个机柜，机柜高度最好不要太高，一般不要超过 2m。机柜的摆放要考虑使用和维修，两侧和后面应留有足够操作人员工作的空间，最好机柜面朝向控制桌，以便控制人员随能看到机柜上设备面板显示的工作状况，扩声系统机柜不要离摆放灯光调光硅箱的机柜太近，以减少干扰引起的噪声。调音台控制桌应靠近观察用玻璃窗，一些音源设备例如双卡座、CD 机等最好不要放在机柜内，最好能设计成放在控制桌的方便操作的位置，免得操作时要离开控制桌走到机柜前去操作。如果有监听音箱，最好将监听音箱固定在控制桌的适当位置，以便能很好地监听音响效果。要单独设有供扩声系统用的总配电箱，各路电源能单独开关，配电箱不要设计得太高，要便于接插电源。扩声系统电源应该是单独一路，不要和灯光共用一路电源，因为灯光电源有严重的污染，会给扩声系统带来噪声。

（3）机柜布置设计。机柜布置应将功率放大器放置在机柜的下部，一台设备与一台设备之间要留有适量空隙，以保证通风散热。为了机柜布置好看，在两台设备面板间的空隙处可以加装装饰条。对于一些前面板上没有上柜固定螺钉孔的设备，不要用导轨安装，要用托盘安装，并且要设法将设备固定在托盘上，以免操作时设备不稳。

（4）控制室走线。控制室内的走线要规范，与室外相连的走线，要从墙上的走线槽通过线槽走到机柜和控制桌。必要时要留有与外部相连的接口，例如转播用接口。机柜内的走线要整齐合理，最后都应通过走线槽或采用捆绑的方式将连接线固定好，让人看着舒服。每一根连接线都要做标记，传统的方法是号码卡圈，但是这种方法显示不直接，最好采用直接注明这根连接线两端走向的方式。

（四）估算电源需要容量

整套扩声系统的用电总量主要取决于功率放大器的用电量，调音台和周边设备的用电量都不大，一般总容量不超过 300W，功率放大器的开机冲击电流非常大，可以是正常用电量的十几倍到几十倍，这取决于功率放大器电源部分滤波电容的电容量。传统功率放大器电源部分（非开关电源）的滤波电容容量非常大，一般为 $10000\mu F$ 或更大，开机前滤波电容上的电压为 0V，所以功率放大器开机时给滤波电容器充电的电压很大（尤其是开机瞬间正好是处于 220V 交流电的峰值，那时的开机冲击电流会非常大），充电电流很大，进入稳态后滤波电容器上的电压已在正常工作电压附近，那时充电电流的大小就取决于负载电流了。如果若干台功率放大器同时开机的话，总的冲击电流将是非常大的，所以低压断路器的容量应取得比较大。如果系统中引入顺序电源，将每台设备的开机时间错开，则开机冲击电流在时间上被分散，情况会好得多。稳态情况下系统电负荷可以这样估算，一般定阻功率放大器播放节目信号时的输出功率应工作在额定输出功率的 1/10～1/20 功率，那时功率放大器的效率（指传统功率放大器，不是数字功率放大器）大约在 30% 左右，例如每通道额定输出 300W，则节目信号时输出在 15～30W，两个通道总输出在 30～70W，如果考虑功率放大器空载消耗，则效率大约为 25%，估计功率放大器总消耗电功率大约在 300W。如果节目信号时功率放大器每通道输出功率为额定输出功率的 40%，则每通道输出 120W，此时效率将近 40%，两个通道总输出 240W 电功率，则功率放大器总消耗电功率约为 600W，一般对于每通道额定输出 300W 的功率放大器，节目信号时每通道的输出功率不可能达到 300W 的，所以计算功率放大器额定功率输出时的消耗电功率没有意义。其实，节目信号输出功率达到额定输出功率 40% 的可能性也非常小，因为此时节目信号的峰值因数只有 2.83，已经有不少尖峰被削掉，听感上明显地有削波感觉。所以从上面的分析可大概确定定阻功率放大器在播放节目信号时消耗的电功率大概不会超过两通道额定输出功率之和的 90%，为了留有一定余量，每台立体声定阻功率放大器的消耗电功率可以按照两个通道的额定输出功率之和作为参考，这样系统的总需要电源容量就能初步估计出来，然后再增加 40% 作为对电源的要求，对电源的要求通常不以多少 W 来说明，而是以多少 VA 来说明。这里考虑了从电源吸取的无功功率，一般来说扩声系统从电源吸取的无功功率非常小，所以完全可以按照有功功率来计算，再说上面我们已考虑了适当的功率余量，所以这种估算可以作为对电源的要求指标。

上面讨论的礼堂扩声设计方法也可在剧场等场所应用，当然按照规范，要求主音箱能为整个池座观众席（指一层的观众席）供声，并且要求的扩声系统声学特性指标也要高许多，具体按照哪一种类型、哪一个等级，要根据剧场等场所本身的要求来确定，要求等级高时，对设备的要求，尤其是对扬声器系统的特性要求也高，并且对音箱的摆放位置、高度、角度更严格一些。还要考虑对前厅、观众休息厅、各种辅助用房提供声音，但是对那些地方的音质要求不像对观众厅的音质要求那么高，也不要求立体声，为了方便，可考虑采用定压式扬声器系统与定压输出功率放大器配接来供声。还要考虑消防广播强制切换方案，预留实况转播时的音视频接口等。

二、体育馆

对于体育馆我们不准备像上面对礼堂这样来讨论全面的设计步骤，我们只准备根据体育馆的特点来讨论怎样供声，设计声场以及需要单独考虑的一些事项。体育馆的特点是高度高、空间大，一般在装修上不采用太多较强吸声系数的材料，所以总体上来说体育馆的混响时间普遍比较长，能达到 JGJ/T 131—2000、J 42—2000［体育馆声学设计及测量规程］标准要求的场馆相对比较少。为了增加吸声量，减小混响时间，在条件允许时，可以考虑在顶部适当位置吊挂吸声体。再考虑到固定的扩声系统主要作为比赛时用，当文艺演出时几乎都采用流动扩声系统来进行扩声这种现实情况，固定扩声系统的设计主要考虑比赛时的观众席、主席台、比赛场地、辅助用房等区域的音响效果。

体育馆的供声方法可以是集中供声方式，也可以是分散供声方式。所谓集中供声方式往往是在体育馆中央采用吊篮方式，将所有音箱集中放置在吊篮中，各高、低音音箱分别朝向需要供声的方向，例如各观众席、比赛场地。此种供声方式的优点是显得简洁明快，但是由于吊篮中音箱多，由于音箱的总重非常大，再加上为了吊篮的强度保证，吊篮本身的自重也非常大，所以音箱加吊篮能达到几吨重，并且集中在局部，因此要求体育馆的顶部局部区域能承担非常大的载荷。这种供声方式声源离开观众席的距离较远。另外一种供声方式是分散供声方式，一般将音箱分散开，都在观众席附近上部就近供声，也有专门的音箱对比赛场地供声，这种供声方式不像集中供声方式那么简洁明快，但是由于供声音源离开观众席的距离近，所以观众席处的直达声场比例较高，尤其在混响时间偏长的情况下，能提高直达声场的比例，有利于提高语言的清晰度、可懂度。在采用分散式供声时，应该将音箱放置在观众席的斜前上方，使音箱的垂直辐射范围覆盖上部观众席到下部观众席的全部，如果观众席的排数比较多，由于频率越高音箱的指向性越尖锐，有效辐射角度越小，可能不能覆盖从最低一排观众席到最高一排观众席，此时可以考虑用一只低音箱配两只中高音箱的方式供声，其中两只中高音箱一只用以覆盖中、上排观众席，另一只用以覆盖下、中排观众席。为主席台供声的音箱应该单独走一路，并且在这一路中最好串入反馈抑制器，因为对主席台供声音箱的声音容易再次进入传声器而引发声回授，导致产生啸叫。一般来说，体育馆扩声系统对音质的要求不像对剧场等的音质要求那么高，也不要求立体声供声，而且由于体育馆的扬声器系统走线比较长，如果不采用有效截面积很大的音箱线，浪费在音箱线上的电功率将会非常可观，导致供给音箱的实际电功率明显减少，所以可考虑采用定压式扬声器系统与定压输出功率放大器配合的方式，一般来说定压式连接的频率响应这个技术指标可以满足体育馆扩声的音质要求，频率响应能达到 $40\sim16000$ Hz 范围，并且定压式连接方式走线比较省事，当低频音箱的功率比较大时，如果采用定压式连接要为（定阻）音箱设置一个大功率的音频变压器，此时不一定合算，所以对大功率低音音箱来说可以采用定阻连接，此时要根据音箱线的长度来确定选用多大截面积的音箱线为好，截面积偏小使消耗在音箱线上的电功率太多，影响效率，降低音箱的声压级；截面积偏大，虽然提高了传输效率，但是所用的音箱线外径粗、导线硬、成本高。当然采用有源音箱能克服由于音箱线太长造成传输效率降低的缺点，因为输送到有源音箱的信号是低电平电压信号，而不是高电平功率信号，在传输线中的电流极小，所以可用传统屏蔽线缆来传送信号，缺点是音响师在音控室不能直接看到驱动音箱功率放大器的工作状态了，如果能将有源音箱中功率放大器的工作状况在音控室显示，那么和传统无源音箱加功率放大器一样了。这里顺便说一下，走线也有一些技巧，例如为相邻区域观众席供声的两组扬声器系统不要由同一台功率放大器来驱动，因为用同一台功率放大器来驱动，一旦这一台功率放大器出现故障，那么相邻近的两组扬声器系统都没有声音了，影响一大片观众席，如果相邻近的两组扬声器系统由两台功率放大器来驱动，则这两台功率放大器同时出现故障的概率是非常低的，如果一台功率放大器出现故障，则只影响一组扬声器系统不出声，而相邻的扬声器系统还在供声，那么不出声的扬声器系统服务观众席还可以听到正在供声的相邻近扬声器系统的声音，只是声音小了，不至于处于完全无直达声状态。其实这种功率放大器与音箱错开连接的技巧在其他许多单声道分散式供声场合也是适用的。为比赛场地供声的音箱应单独走一路，这样方便对比赛场地的音量控制。

设计体育馆扩声系统时还要考虑诸如消防应急广播的连接以及强制控制问题，为主席台供声的音箱如何放置能减少声反馈而引起声啸叫问题，主席台的传声器插座盒、比赛场地传声器插座盒的合理设置问题，检录处除了要配传声器插座盒外，还应该单独配一套小型流动扩声系统，最好将机柜、音箱都做成小车一样能推着走的，方便使用。还要考虑到实况转播的音视频接口，与大屏幕显示屏的接口等问题。还有运动休息室等不少辅助用房的广播问题，以及馆外进出馆疏导广播等问题。现在大部分体育馆的一边或相对应的两边设有大屏幕显示屏，所以设大屏幕显示屏那边有的观众席排数少，有的干脆就不设观众席，对于这种情况可以减少这个方向音箱的数量。体育馆扩声设计时由于预留的传声器插座盒比较多，引入机房的传声器线也多，而那么多的传声器不是同时使用的，再说调音台的输入通道也不可能那么多，所以应配置跳线盘，使用时按照当时实际情况将要用的传声器传输线通过跳线盘接入调音台的输入通道。

三、体育场

体育场虽然与体育馆相似，但是体育场有自己的特点。体育场一般都是不封顶的，体型也比体育馆大得多，观众席一般也比体育馆多，大多四周都有观众席，并且每边的观众席排数也多，从下面第一排到顶部最后一排之间的高度差大。目前兴建的体育场大多四周观众席都有雨棚，并且最近几年兴建的体育场多采用索膜结构雨棚，形状差别较大，所用塑料复合膜的吸声系数非常小。体育场采用索膜结构雨棚后，加上体育场都是钢筋水泥结构的建筑，表面光滑，观众席的椅子一般采用玻璃钢等反射强的材料做成，所以体育场的混响时间一般来说也比较长，另外由于体育场的体型大，反射声走的路线长，所以回声比直达声晚到的时间长、强度也很强，通常称为长延时回声，所以能明显感觉得到回声的存在。

体育场的声学特点与体育馆还是有差别的，在声场设计上也应有该差别。体育场的扩声也有集中供声和分散供声之分，但是体育场不采用体育馆的中间吊挂吊篮的方法，采用集中供声方式时一般将扬声器系统设置在一边，这样供声由于声源到观众席的距离比较远，所以要求扬声器系统的声压级非常大，声音到达各观众席处的时间差比较明显。体育场一级标准规定的最大声压级要求不小于 105dB，所以很少采用集中供声的方案，大多采用分散供声的方案。理论上如果能为每位观众配一副耳机，则保证每位观众都听得非常清楚，但是实际上不可能这么办，从这个思路看，如果沿观众席上方分布一周设置音箱，并且尽可能使每只音箱服务范围窄一些，每只音箱所产生的声压级可不要太高，则每个观众席处都能听到比较强的直达声，回声的影响就能降到非常低的程度，并且音箱产生的声音到达不同观众席的时间差可以忽略不计。对比赛场地的供声也应分布在四周上空，方向朝向比赛场。由于现在的体育场大多四周观众席上方都有雨棚，所以将音箱沿观众席上方布置的方案有条件实现。这样布置的另一个优点是雨棚结构上每一延长米上的实际载荷比较小，不会超出允许载荷。也有一些体育场只是东西两个长边观众席上部有雨棚，南北两侧没有雨棚的，但是南北两侧还有观众席，只是排数少，对于这种情况，可以在东西两侧雨棚的两端，即东西侧雨棚的南端和北端吊挂朝向南北观众席的音箱，给南北两侧观众席供声，缺点是声源离观众席的距离会稍微大一些。考虑到现代体育场几乎都设置了大型显示屏（LED 大型显示屏），通常设置在体育场的短边，有时两个短边都有显示屏，所以在显示屏那边的观众席座位就少了，供声音箱也可以少一些。由于体育场观众席的排数多，从最下面一排到最上面一排的落差比较大，所以设计时应考虑一个方向的观众席要用几只中高音音箱分别为下、中部和中、上部观众席供声，甚至分别为下部、中部、上部三部分观众席供声。对主席台的供声应单独设计一路，因为主席台音箱的声音容易反馈到传声器而引起啸叫，主席台音箱的摆放位置和角度都应该使最后的声音既保证主席台观众听得到、听得清、听得好，还要尽量避免发生啸叫，所以这一路的音量要求能单独调整，并且最好在这一路中插入反馈抑制器。由于体育场对观众席、场地供声的音箱几乎处于露天的状态，所以这些音箱都应采用全天候的音箱，不怕雨淋，不怕日晒，包括吊装音箱的结构材料也应该是耐雨淋、耐日晒的。关于传声器插座盒的设置，要保证主席台有足够的传声器可以使用，所以应多设置传声器插座盒，另外在比赛场地的足球场四周也应设置传声器接线盒，在检录处也应设置传声器接线盒，还要给检录处设置一套小型流动扩声系统，条件允许时可以在观众席的适当部位预留传声器接线盒。现在很多新建体育场还要求配置无线传呼系统，也叫内通系统，以解决活动中临时性办公地点之间的通信联系，例如检录处、各出入场口、流动演出等，这些临时性办公地点需要彼此相互通信联络或与固定办公地点之间的通信联络。但是如果要配置无线传呼系统，必须取得当地无线电管理部门的批准，所以应在预先请业主向当地无线电管理部门提出申请，在获得批准后才能采购安装。体育场的扩声系统中必须考虑大型活动的安全问题，所以应有消防信号强制切换功能，以保证一旦发生意外情况时，能及时将消防指挥内容播送到相应区域或整个体育场范围。为了将消防指挥内容有效地播送到整个体育场的各个部位，就应在相应部位设置扬声器、音箱、声柱等。例如休息走廊、各进出口、运动员休息场所、公共场所例如卫生间等包括所有辅助用房都应按照服务区域的大小、人员密度等因素考虑扬声器系统的音量，以保证在非正常情况下在场人员能听清楚消防指挥的内容，及时避险。所有辅助用房、走廊、进出口、场外广场等的扬声器系统都采用定压连接方法，对体育场外广场的供声可以考虑用功率稍微大些的声柱，以便扩声声压级足以超过人群情绪高涨时的噪声，使听众能听清楚广播的信息。图 9-47 是采用数字处理器的体育场扩声系统方框图。

由于体育场的尺寸大，所以音箱线必然会比较长，通常不采用定阻输出功率放大器与定阻音箱的配接方式，通常采用定压输出功率放大器与定压音箱的相配方式。有时也会采用定阻输出功率放大外加变压器来与定压音箱相配合，此时应注意接在定阻输出功率放大器后面的变压器应是指标符合技术要求的音频变压器，这种音频变压器是应该由专门制作音频变压器的厂家来制作的，千万不要请制作电源变压器的厂家来制作。另外对于采用定阻输出功率放大器后面外接变压器的连接方式，由于接在功率放大器输出端的负载是感性负载——变压器，而变压器输入阻抗中感性部分的特点是感抗与频率成正比，在低频时，变压器的输入阻抗很低，可能对功率放大器造成损害，所以有必要对功率放大器施加保护措施，通常的做法是外接一个功放输出保护器，如图 9-46 所示，图中功放输出保护器电路由一只大功率电阻与一只或两只大容量、高耐压的电容器并联构成。当低频时，由于变

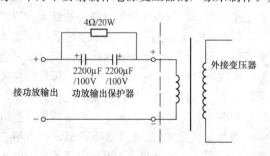

图 9-46　接功放输出保护器示意图

压器的输入阻抗很低，但是串接的保护器中具有一只 4Ω 的电阻器，所以对于功率放大器而言，其输出端的负载阻抗不会很低，至于高频时，则变压器的输入阻抗随频率增高而增大，达到额定的阻抗值，例如 8Ω 阻抗。大功率电阻器可以选择被釉电阻器、漆膜电阻器等大功率电阻器，对于电容器而言，如果是采用一只电容器，则应选取一只大容量的无极性电容器，例如 1000μF、100V 的无极性电容器；如果采用如图 9-46 的两只电容器，则应选取两只同样容量和耐压的大容量、高耐压有极性电容器，两只电容器反相串联连接，也就是如图中的两只电容器负极性端子相连，正极性端子分别与功率放大器的输出端以及变压器的输入端相连接，例如可以选取两只 2200μF、100V 的电解电容器反相串联，实际上电阻器的阻值和电容器的电容量值不是唯一的，应根据实际负载情况而定，例如 1000μF 电容器在 20Hz 时的阻抗接近 8Ω，40Hz 时的阻抗接近 4Ω，变压器的输入阻抗是 8Ω 时，电阻可选取 4Ω 值，如果变压器的输入阻抗变小了，则电阻器

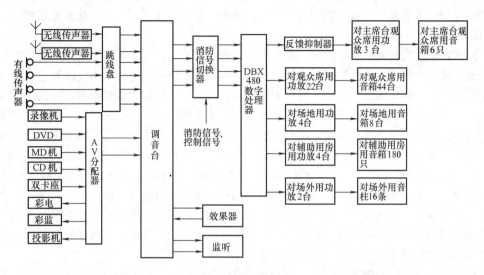

图 9-47 采用数字处理器的体育场扩声系统方框图

的阻值也会相应减小。电容器耐压值的选取应根据功率放大器中功率放大电路的直流供电电压值来决定，应比直流供电电压值大一些，例如功率放大电路的直流供电电压是＋90V 和－90V，则电容器的耐压至少不低于 100V。图中的外接变压器应是符合技术要求的音频变压器，例如规定额定功率、频率响应、谐波失真、温升等技术指标要求，额定功率应与功率放大器的额定输出功率及后面所接音箱容量的数值相适应，频率响应一般应为 40Hz～16000Hz，谐波失一般不大于 1%等。至于变压比决定于变压器的输入电压值（功率放大器输出电压额定值）与输出电压值（定压音箱额定电压值），变压器的输入电压值取决于功率放大器的额定输出功率和额定负载阻抗，例如本书第七章第十二节功率放大器部分举例的皇冠 CE2000TX 功放技术指标中规定：在 8Ω 负载上的额定功率为 400W，在 4Ω 负载上的额定功率为 660W。如果按照 8Ω 负载来计算，则在额定输出时的输出电压为 56.7V，那么变压器输入端的额定电压可以是 56.7V 或稍微大一些，变压器的输入阻抗是 8Ω，如果规定定压音箱的额定输入电压是 240V，则变压器的输入、输出电压值就有了，分别是 56.7V 和 240V，变压比就出来了。如果选择 4Ω 时输出 660W 的输出方式，则变压器的一次电压可以是 51.4V 或稍微大一些，如果定压音箱的额定输入电压还是 240V，则变压器的输入、输出电压值也就可以定下来了，分别是 51.4V 和 240V。

四、中小型多功能厅、阶梯教室等以语言为主场合的扩声系统

对于以开会、讲课、学术交流等用途为主的扩声系统要求以保证语言清晰度、可懂度为首要条件，一般适宜采用分散式供声方式，例如采用吸顶扬声器供声的优点是声场均匀，每位听众听到的都是以直达声为主，所以语言清晰度、可懂度比较高，并且不容易因为声回授而引起啸叫。如果还要兼用于文艺活动，则可以考虑设置一套以主音箱为主的扬声器系统作为文艺活动时用，而会议或其他语言类活动时以吸顶扬声器供声为主。在小型会议室也可以用小型壁挂式音箱代替吸顶扬声器，但是效果不如吸顶扬声器效果好，尤其是在圆桌会议等情况下，由于传声器朝向四面，不能避免音箱的声音和讲话者的声音来自同一方向，都处于传声器 0°方向，靠传声器的指向特性无法使从音箱来的声音降低灵敏度，也就不利于抑制啸叫，但是当采用吸顶扬声器时，可以使扬声器的声音从传声器的 100°附近方向进入传声器，利用传声器的指向特性可以降低扬声器声音进入传声器时的灵敏度，从而在一定程度上起到抑制啸叫的效果。有时也采用四面放置配有音箱架的移动式音箱供声方式，这种供声方式的优缺点与采用壁挂音箱相近似，但是使用比较灵活，当然也带来了音箱架易被碰倒的安全性不很高的问题，其缺点与采用壁挂式音箱相同。

五、室外扩声

室外扩声有其自身的特点，室外一般反射声比较少，所以声压级主要靠直达声的声压级，也就是说在音箱发出同样大小声压级声音的情况下，在同等距离上，室外的声压级要比室内小，因此要求音箱产生的声压级比室内高。目前大型广场扩声经常采用称为线性扬声器阵列的组合式扬声器系统，由于这种扬声器系统的设计合理，所以其垂直方向的辐射波束理论上在一定范围内几乎不随距离的增大而增加波束宽度，按照理论来说，其直达声的声压级随距离变化，呈现距离每增加一倍，直达声声压级降低 3dB，而不是传统音箱的距离每增加一倍，直达声声压级降低 6dB，因此适合用于广场扩声等需要远距离传播声波的场合。实际上目前供应的"线性扬声器阵列"在垂直方向上并不是 0°，而是有一个比较小的张角的，所以实际上距离增大一倍，直达声声压级的减小量要比 3dB 大。当然由于室外扩声缺少混响声，所以在设备配置中数字效果器变得比较重要了。另外室外扩声还受气候影响，例如温度、风的影响。地上不同高度的气温有差别，称为温度梯度，我们已知声速为 $C = 331.4 + 0.607\theta$。

式中：θ 为空气温度的摄氏度，℃，可以看出温度越高声速就越快，那么当地面空气随高度存在温度差时，引起声波传播的速度也有差，会引起声波不是直线传播，而变成弧形传播，傍晚和早晨的地面附近空气温度随高度变化规律是相反的，所以声波传播的弧形也是相反的，一者向上弯，一者向下弯。一般在晴朗的白天，风力较小的天气，地面由于吸收太阳辐射温度升高，使近地空气也得以加热，形成气温沿高度逐渐递减，这种现象到傍晚最甚。晴朗无云或少云、风速不大的夜间，夜晚地面向大气辐射白天吸收的热量而逐渐冷却，近地面的气温随之降低，离地越近，气温冷却越快，离地越远的空气受地面影响越弱，降温越慢，形成自地面开始的气温沿高度逐渐递增，这种现象到早晨最甚。风速也有梯度，也就是说随着距离地面的高度不同，风速也不同，声波顺风传播时加快声波的传播速度，逆风传播时减慢声波的传播速度。如果风速随高度增加，当顺风传播时声波传播也从直线传播变为弧形传播，方向朝向地面；当逆风传播时方向朝向高处，靠近地面处可能形成声影区，所以声波顺风传播比逆风传播对扩声有利。

六、歌舞厅、迪厅

歌舞厅由于舞池地面光滑平整，加之有不少灯具吊挂在舞池上方，声反射比较强，所以声场设计时应考虑增强直达声的强度。一般有舞台及舞池的情况下，可以考虑在舞台两侧摆放主音箱，在舞池四周或舞池上方设置对舞池供声的声源。舞台两侧的主音箱应考虑全频带音箱加重低音音箱的方案，这样能充分达到跳舞时需要的低音贝斯效果，音响操作人员调音比较方便，能对低音单独调节而不影响整体音量调节。而对舞池供声的声源最优方案是选用体积不大的音箱集中吊挂在舞池上方，将声音投射到整个舞池，这样的供声方案能使整个舞池得到均匀的直达声场，并且中高频不会受舞池内人体的影响。一般来说歌舞厅对声压级的要求不是很高，正常播放时在 80~90dB 就可以，但是要求音乐优美。相对来说迪厅要求的声压级就要高得多，往往经常要达到 90~100dB，甚至达到 110dB 以上，歌舞厅、迪厅一般来说不要求立体声播放，但是最好考虑对供休息的舞池周边座位供声的声压级应该比较小，在扩声系统中应设置质量比较高的数字效果器，以增加声音效果。

七、公共广播、背景音乐

公共广播，例如飞机场的候机大厅、火车站的候车大厅、长途汽车站的候车大厅、客运轮船的候船大厅等广播要求有足够的音量，语言清晰、可懂度高。但是这些场合往往是容积大、反射强、混响时间长、回声明显、噪声大，要达到语言清晰度高、可懂度高还是有一定难度的。由于从音控室到广播音箱的距离一般比较远，所以一般采用定压单声道的供声方式，对于高度不是特别高的大厅可以采用吸顶扬声器供声，这种方式供声声场均匀，直达声场比较强，对提高语言的清晰度、可懂度有利。当大厅的高度太高时，可以考虑采用声柱供声，将声柱分散倾斜吊挂，使直达声均匀覆盖整个大厅，由于大厅内噪声比较大，但是噪声又不稳定，人员多时噪声大，人员少时噪声小，白天噪声大，夜晚噪声小，噪声大时要求广播的声压级高，噪声小时广播的声压级可以低一些，尤其在夜间能使等候的人们得到休息，所以最好在大厅的适当位置安装用以测量噪声大小的测量用传声器对声音采样，将测量得到的噪声信号大小传送到音控室，用这个噪声信号通过压控放大器来控制广播信号的强弱。当噪声信号小时，压控放大器的电压放大倍数也小，最后加到扬声器系统的功率小，辐射的声功率也小，广播的声压级也低；当厅内噪声信号大时，压控放大器的电压放大倍数也大，最后加到扬声器系统的功率大，辐射的声功率也大，广播的声压级也高。总体上保证有用的广播声音能大于厅内人员产生的噪声，一般起码广播声声压级要比噪声声压级高 10dB 以上，保证广播声音能比较清晰地传送到大厅内等候的人员耳朵。为了提高语言的清晰度，在音响系统的调整上，可以通过频率均衡器将低频的增益多拉低一点，对 6.3kHz 以上的高频增益也适当拉低一些，突出中间的语言频率范围，有利于提高语言的清晰度。对于背景音乐，例如商场营业厅、宾馆的走廊等一般也采用定压单声道广播。这些广播要求声压级不要太高，一般在 60dB 多，以免影响人们的正常商业活动和客人的休息，所以在音响系统的调整上也要有所不同。由于声压级低，而人耳的听觉特性在声压级低时对低频声音的灵敏度比对中频声音的灵敏度要降低非常多，所以此时应该用频率均衡器适当提高低频的增益，以便在低声压级时也能感觉到低频声音的存在。不论是公共广播还是背景音乐广播，其扩声系统都必须能与消防应急广播系统配合，因为大多数情况下消防应急广播是借用音响广播的扬声器系统来达到的，所以需要将两个系统联结起来，并且还要保证当时的广播信息能被强制切换成消防应急广播信息，也就是消防应急广播信息有优先权，属于越权信号，这一点一定要在扩声系统设计时充分考虑。其他公共广播例如校园广播、小区广播等的设计要求也要参考上面提到的一些设计原则。公共广播最好能与现代的电脑技术相结合，甚至与网络技术相结合，通过硬件和软件实现自动广播和人工插入广播相结合，实现远距离控制广播，这样便于管理也节省人力，对一些重要广播内容和需要反复广播的内容，可以预先录制好，并且按照时段的要求预先设置好，保证广播的质量。公共广

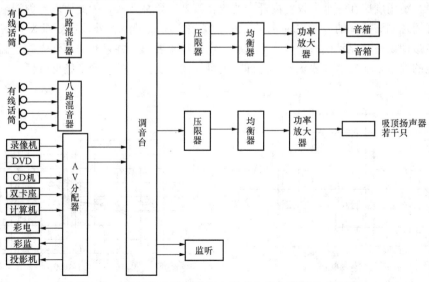

图 9-48 采用传声器自动混音器方案的会议扩声系统图

播的绝大多数项目要求能对广播区域进行分区控制，所以应设置分区控制器，分区控制每一路的功率容量都要进行计算，以便正确配接分区控制器和功率放大器输出的容量。公共广播中有不少位置需要能由收听者自己控制音量大小，往往需要安装音量控制开关，但是一定要注意应该保证控制室具有强制控制的措施，以便一旦发生紧急情况时控制室能将消防应急信号强制向需要广播的区域进行消防广播。

八、会议扩声

会议扩声的主要任务是保证语言信号的清晰度、可懂度，语言信号的频谱不很宽，频率范围大约在 100Hz～5kHz 就能保证语言的清晰度。其实外语的频谱范围也基本在这个范围内，所以不必追求语言扩声时频率响应范围很宽，频带太宽反而对语言扩声不利，能显露出语言中的缺陷，例如齿音等。对于室内混响时间的要求，一般会议只要混响时间在 1.2s 以内即能保证语言清晰度，而对于要向远程发送的语言信号，则室内混响时间最好能短一些，以便传送的语言有足够的清晰度。会议扩声不追求立体声，但是要求室内直达声声场相对比较均匀，直达声与混响声的比例不要太低，最好直达声声压级不低于混响声声压级的 10dB 以上，也就是要求供声声源（扬声器系统）到最远听众席处的距离不要大于室内混响半径的三倍。

会议扩声可分为报告型会议扩声、讨论型会议扩声以及远程会议扩声等。报告型会议是指设有主席台，报告人在主席台讲话，听众不发言，听众面向主席台的会议形式。由于现在往往主席台上传声器数量比较多，这就给会议扩声带来了一些麻烦，例如增加了啸叫的可能性，也会拾取更多的无用噪声。关于报告型会议扩声我们已经在前面的礼堂、多功能厅等扩声中加以谈论了，所以这里不再进一步阐述。讨论型会议的特点是与会人员都可能发言，所以基本上每位与会人员都需要配备传声器，并且会议形式的不同，座位的排列形状也是各式各样，比较多的形式是围坐，例如有圆桌会议形式、长桌会议形式等。所需配置的传声器数量比报告型会议的传声器数量要多，并且传声器主声轴方向几乎朝向室内四面，所以很难保证使传声器不处于扬声器系统的直达声声场内，大大增加了啸叫的几率，如果不在技术上采取必要且恰当的措施，很难保证在满足声压级需要的条件下不产生啸叫，也就是很难达到必要的传声增益。远程会议主要是指电话会议和视频会议，较早主要是纯音频的电话会议，随着技术的进步，兼有声音和图像的视频会议技术已比较成熟，所以现在更多的是视频会议。由于远程会议要将声音信号传送到比较远的会场，所以传输的语言清晰度比在一个会议室内开会的语言清晰度要高一些，为此要求室内混响时间更短一些，最好能达到演播室的混响时间水平。对于视频会议除了声音外，还要求视频图像也要清楚，所以对摄像设备和显示设备的分辨率也有一定的技术要求，并且对照明灯光的色温和照度也提出了一定的要求，如果这些要求不能达到，则可能使传送出去的图像清晰度降低，图像颜色不

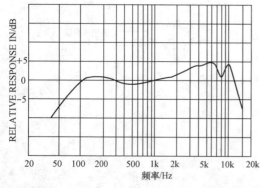

图 9-49　中频灵敏度突出的传声器频响图一

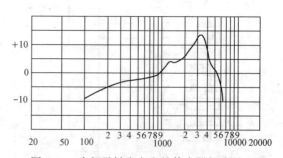

图 9-50　中频灵敏度突出的传声器频响图二

正，尤其是人物的颜色偏离很多，出现不正常的颜色，或图像对比度达不到要求。同声传译类会议扩声也分报告型会议和讨论型会议，但是更多偏向于报告型会议。目前常用的有红外传输系统、射频无线电系统和手拉手有线系统等同声传译系统。除了专门的场所以外，一般用户不必自己配备同声传译系统，因为使用率不高，相对来说投资和维护费用就显得很高了，所以一般采用租赁形式，需要时打电话租赁一套符合要求的系统，出租方会承担包括提供整套系统和安装、使用的服务。

会议系统传声器选择原则：从指向性方面来说应该选择单指向性传声器，例如心形、超心形指向性传声器，选择单指向性传声器有利于减少啸叫概率；从传声器换能原理方面来说，一般应选择动圈式传声器或驻极体电容传声器，极少选用需外加极化电源的纯电容传声器，因为这类传声器价格太高，从技术指标上说，前两类传声器的技术指标完全能满足会议使用了；从传声器幅频特性来说，不追求响应曲线在宽频带内平直，在中频有些突出反而对语言拾音效果更好，例如图 9-49 和图 9-50 这两张图中，频响曲线"很不好看"，但是实际在对口声（包括语言和唱歌）拾音时效果反而好。从传声器外形来说，鉴于目前很多会议需要摄像功能，在传声器外形上，要求传声器头部的体积不要太大，头部体积太大会遮挡发言者面部，影响摄像效果，所以选择驻极体电容传声器更适合，例如鹅颈传声器，因为驻极体电容传声器的灵敏度比动圈传声器高，并且体积小；从有线传声器和无线传声器的角度来说，各有优缺点，无线传声器不用传声器线，方便移动，也显得干净利索，但是不能做到绝对保密，再先进、高级的加密技术也会有破解方法的，所以谈不上绝对保密，如果一般性会议不牵涉机密问题，则选择无线传声器比较方便，如果是机密性会议则还是选择有线传声器比较妥当；至于选择分立式传声器还是手拉手传声器，则选择手拉手传声器有一些优点，我们已知，同时开通的传声器数量越多则啸叫概率越高，目前市场上的手拉手传声器系统基本都有传声器管理功能，限制同时开通的传声器数量，从而能减小啸叫概率，同时减少了噪声的拾取。但是对于嵌入式安装时，手拉手方式恐怕会带来一些缺点，例如实际需要使用的传声器数量比配置的数量多或少时，想增加或减少配置数量是做不到的，另外，一旦嵌入式手拉手系统中有一个单元或一根传输线出了问题，将会使整套系统无法使用等缺点。当然如果选择了分立式传声器再配上自动混音器，因为自动混音台也具有管理传声器的功能，也能限制同时开通的传声器数量，同样能减小啸叫概率，同时减少了噪声的拾取。图 9-48 是采用传声器自动混音台的系统方案之一。目前一些数字音频处理器及音频媒体矩阵也有传声器管理功能了，可以限制同时开通的传声器数量，一般是哪个传声器拾到正常声压级的声信号时，这个传声器的信号能正常往后级送，而那些没有达到正常声压级传声器的信号被衰减后往后级送，所以能减少啸叫的概率。

对于会议室的扩声无论是报告型会议扩声，还是讨论型会议扩声，由于房间容积一般不会很大，需要的声功率不是很大，所以建议选择质量好的小型音箱或吸顶扬声器系统，如果选用由低频扬声器单元、中高频扬声器单元构成的二分频全频带音箱或选用由低频、中频、高频扬声器单元构成的三分频全频带音箱作为会议重放扬声器系统，反而不如小型音箱或吸顶扬声器系统好，因为小型音箱或吸顶扬声器系统大多是由中型尺寸的单一尺寸扬声器单元构成的，包括直径为 5″、6.5″的扬声器单元构成的，语言频段的信号由一种尺寸的扬声器单元来完成电声转换的，这些扬声器单元的频率响应基本能覆盖语言频段，而由多种尺寸的扬声器单元构成的二分频全频带音箱和三分频全频带音箱，语言频段内的电声转换是由大小不同的几种尺寸的扬声器单元共同来完成的，二分频全频带音箱的分频点一般在 1～3kHz，三分频全频带音箱的低频分频点一般在几百赫兹，高频分频点在 2～3kHz 之间，所有这些分频点都落在语言频带中，这样势必造成分频频率附近的信号是由两只不同尺寸的扬声器单元共同完成电声转换，而两只不同尺寸的扬声器单元的性能是不同的（尺寸不同，振动系统质量不同造成的"惯性"不同，或者说瞬态特性不同引起的电声转换结果不同），所以辐射出来的声波之间很难配合得很好，对音质会造成不良影响的，听感不如不分频扬声器单元构成的小音箱好。

会议扩声往往需要录音，所以一般应该配备录音设备，现在用得比较多的是盒式磁带录音机，也就是我们平时经常给工程配备的所谓双卡录音机（双卡座），但是类似 MD 机之类的先进录音设备逐渐进入扩声系统了，近年来数字会议系统中使用硬盘录音更方便。

九、房间声学特性估算

对于不能在设计前知道室内装修情况，不知道各个界面的装修材料品种及其各频率下的吸声系数值，甚至连标有准确尺寸的图纸都没有的情况下，也可以按照该工程的最终使用要求来初步确定应该控制的混响时间范围、最大声压级要求等。先根据房间尺寸（必要时，可以采取自己到现场去测量房间的长、宽、高等具体几何尺寸）来计算出房间的容积 V 和各个界面的面积大小，以及房间室内总面积 S，再根据混响时间计算公式［赛宾公式 $T_{60} = \dfrac{kV}{A} = \dfrac{0.161V}{S\bar{a}}$ 或艾润公式 $T_{60} = \dfrac{0.161V}{-S\ln(1-\bar{\alpha})}$］，估算出需要的房间总吸声量 A，进一步可以估算出需要的房间平均吸声系数值，初步选定音箱指向特性的基础上，估算出音箱的指向性因数 $Q = \dfrac{180°}{\sin^{-1}[\sin(\alpha/2) \times \sin(\beta/2)]}$，以及房间常数 $R = \dfrac{S\bar{\alpha}}{1-\bar{\alpha}}$，从而再可以根据公式 $r_c = \sqrt{\dfrac{QR}{16\pi}} = 0.14\sqrt{QR}$ 估算出房间的混响半径 r_c 值。在此基础上可以进一步对房间装修的吸声情况提出声学要求，以便装修时考虑建筑声学的条件要求，然后可进一步设计扬声器系统的选用及其布置方案。

如果接手音响工程设计时，房间室内已完成装修，但是不知道各界面装修材料在各频率下的吸声系数值，则可试着用一套简单的扩声系统对房间的混响时间进行实际测量，并且可以估算出房间的混响半径值，从而可以进行具体的声场设计，计算出需要的扬声器系统数据以及需要的音箱数量和摆放位置。如果不能估算出混响半径，则可以尝试利用简单的试验方法来估计混响半径的大概值，具体理论依据和方法参如图 9-51 所示。图 9-51 水平轴是离开声源的距离，单位是米，垂直轴是声压级值。假定图中线段 a 表示室内混响声压级，因为我们认为室内的混响声是均匀的，所以与位置无关，这里我们假定室内混响声压级是 72dB；线段 b 表示声源产生的声能按照平方反比定律分布的室内直达声声压级，它是一条斜直线，这里假定距离声源 1m 处的直达声声压级为 90dB，然后按照点声源直达声的平方反比定律向远处变化；线段 c 表示室内某点由混响声和直达声叠加后的总声压级，也是室内某点测量出来的实际声压级值，这是一条曲线，在距声源 1m 处，是一个 90dB 的直达声和一个 72dB 的混响声叠加后声压级，非常接近直达声声压级 90dB，具体计算可参考本书第三章图 3-3 两个能量相加后声压级增加量 Δ 来计算，也可以通过计算公式来计算，现将式（3-4）重新列出

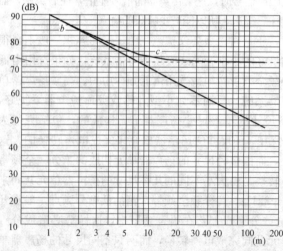

图 9-51　室内声压级与离开声源距离关系示意图

$$L_{p\Sigma} = L_1 + 10\lg(1 + 10^{-0.1\Delta})$$

由于在混响半径处直达声声压级与混

响声声压级相等，图中距离声源 8m 处，在这个位置上直达声声压级与混响声声压级相等（因为假定混响声声压级是 72dB，距离声源 1m 处的直达声声压级是 90dB，两者相差 18dB，根据直达声的平方反比定律可以计算出离开声源 8m 处，直达声减小 18dB），此距离（8m）为混响半径，混响半径处的总声压级比直达声声压级或混响声声压级都高 3dB，在距离声源 16m 处总声压级比混响声声压级高 1.1d 左右，在距离声源 32m 处总声压级比混响声高 0.2dB 左右，从而可以画出曲线 c。从此，我们可以看出室内总声压级与声源距离之间的关系，如果我们在舞台口处以一定高度放置一只我们准备选用的音箱作为声源，则我们可以通过沿着音箱主声轴逐步往远走来测出距离声源不同距离时的总声压级，再对照图 9-51 中曲线 c 与曲线 a 之间的关系，加入假定最远处观众席的总声压级看作就是混响声声压级，则在比最远处观众席处的声压级高 3dB 位置与声源的距离，可以大致确定是混响半径的近似值。有了混响半径的近似值，大致可以看出观众席最后一排到声源的距离与混响半径之比，如果比值等于或接近 3，则说明语言可懂度尚可；如果比值等于 4，则说明后排观众席处的语言可懂度已经非常低，有必要在适当位置增加补声音箱来为后排观众席供声，从而提高语言可懂度。

有人说可以采用按照 1W/m³ 的数值来估算，即用 1W/m³ 这个数值乘以房间容积来估算需要的扬声器电功率，也有人说按照 0.5W/m³ 的数值来估算。实际上这两种估算方法是没有理论依据的，试想，这些数据是适合什么样条件的房间及其使用要求的，例如最大声压级为 93dB，还是 98dB，或者是 103dB，甚至更高声压级的要求，1W/m³ 到底适合哪个最大声压级指标，到底是适合混响时间长的房间（活跃的房间）还是适合混响时间短的房间（沉寂的房间），又如何按照混响时间来修正这个数值（1W/m³ 或 0.5W/m³），还有如果选择灵敏度低的扬声器系统和选择灵敏度高的扬声器系统又如何来修正这些数值。例如选用 90dB 灵敏度的扬声器系统应该修正成多大值，再如选用 105dB 灵敏度的扬声器系统又应该修正成多大值，恐怕一个三维图形也无法描绘出来这些修正数据。所以还是采用正确的途径一步一步地老老实实计算得出的估算值比较靠谱。

第六节　扩声过程中啸叫的产生机理和抑制方法

音响扩声中的啸叫是最让人头疼的，也是经常碰到的，同时也是比较难解决的问题。为了抑制啸叫，我们必须先了解啸叫形成的原因，只有了解了啸叫形成的原因，才能对症下药，采取合理的措施来抑制啸叫。

一、啸叫的形成机理

啸叫实际上是扩声系统由于存在正反馈而产生的自激振荡，这里的正反馈是扩声系统的声回授。按照振荡形成的原理，一个系统只有在满足下述两个条件时才能形成自激振荡：振幅平衡条件和相位平衡条件。对一个系统来说，所谓振幅平衡就是只有某频率的反馈信号幅度大于此频率原先输入信号的幅度时才能引起自激振荡，或者说系统对某频率的闭环电压放大倍数必须大 1。所谓相位平衡是只有某频率的反馈信号与此频率输入信号同相位才能引起振荡，也就是必须构成正反馈才能引起自激振荡。这两个条件必须同时满足，缺一不可。那么我们来对照扩声系统形成振荡的情况，扩声系统中传声器接受声信号，并且将其变为电信号，电信号经过从调音台、周边设备到功率放大器等设备的放大，然后由扬声器系统将电功率信号变成声音辐射出去。辐射出来的声音中的一部分声信号通过各种不同路径又返回到传声器就是声反馈。那么对照前面产生振荡的两个条件，就是某频率从扬声器系统辐射出来的声音又反馈到传声器而产生的电压幅度必须比此频率原先输入传声器的声音产生的电压幅度大，并且此频率反馈声音信号相位上与此频率原先输入传声器的声音同相位。当这两个条件同时满足了，就产生自激振荡，表现为啸叫。扬声器系统辐射出来的声音可以是直接返回到传声器，也就是扬声器系统的直达声返回传声器，也可以是通过界面反射后再返回到传声器，甚至经过界面的多次反射后返回到传声器，统称反射声返回传声器。从振幅平衡的角度来说，不论是从什么途径返回到传声器的声音，只要该频率声音返回传声器产生的电压幅度比此频率声音原先送入传声器产生的电压幅度大，就满足了振幅平衡条件。这里我所以用这么绕嘴的语言主要是要反映出传声器指向特性对啸叫的影响，因为如果使用单指向性传声器，有用声信号往往是从传声器主声轴附近送入传声器的，传声器的灵敏度高，而反射声往往从灵敏度比较低的非主声轴方向加入的，所以同样大小的有用声和反射声信号产生的电信号是不一样大的，这就是使用单指向传声器能减小啸叫概率的原因。从相位平衡的角度来说，只要返回的该频率声音与原先送入传声器的此频率声音同相位，就满足了相位平衡条件。如果破坏了这两个条件中的任何一个，自激振荡就不可能产生。也就是说，只要我们想法使振幅平衡条件不能满足，或者使相位平衡条件不能满足，就能使系统不会自激振荡，达到抑制啸叫的目的。事实上，对于一套扩声系统来说，要绝对避免产生啸叫是不可能的，也是不必要的，只要在达到使用要求最大声压级的情况下不产生啸叫，那么此套系统的啸叫问题可以算是已经得到解决。

二、振荡（啸叫）形成的过程

如果一个室内扩声系统已经建立，所使用的具体扬声器系统、传声器都已在固定位置，那么必定有不少的频率能满足正反馈的条件，或者说产生振荡的两个条件之一相位平衡条件，也就是从扬声器系统辐射出来的声音又从不同的途径返回到传声器，并且相位上满足与原输入传声器该频率声波同相位。此时只要使这些满足相位平衡条件的频率同时满足产生自激振荡的第二个条件要求，即满足幅度平衡条件，也就是满足闭环电压放大倍数大于1，那么自激振荡就开始逐步形成。随着音响师将调音台上输出音量控制推子逐渐往上推，扩声系统的电压增益逐渐增大，或者说电压放大倍数逐渐增大，当电压放大倍数增大到那些已经满足了相位平衡条件的频率点中有一个频率的闭环电压放大倍数最先达到大于1时，开始在这个频率点逐渐形成自激振荡。

那么这个自激振荡是如何逐步形成的呢？首先我们知道在扩声系统工作的环境中存在着噪声，尽管我们并没有明显感觉这些噪声的存在。这些噪声的频谱是非常宽的，当然这种噪声与我们作为声学测量用的粉红噪声、白噪声或模拟节目信号噪声在频谱能量分布上是有差别的。这种环境噪声中首先满足振荡条件的那个频率的声音进入传声器变成电信号，并且通过从调音台到功率放大器等设备的放大，再经过扬声器系统变成声信号辐射出来，经过某个途径重新回到传声器，由于此频率信号在整个扩声系统中的闭环电压放大倍数已满足大于1的，并且相位上也满足同相位条件，所以再次进入传声器时，已比原先进入传声器的噪声信号幅度增大了，那么经过一个新的循环后必然在幅度上比第一次从扬声器出来后返回传声器的信号幅度更大了，如此一个循环、一个循环地反复放大，信号幅度也一个循环比前一个循环时大，通过若干次循环后，从扬声器辐射出来的声音已达到我们可以感觉到的响度，此时我们就觉察到啸叫的苗头。继续循环下去，声音会越来越大，最后达到我们不能忍受的程度。当然这个过程比电子电路中自激振荡形成的时间要长得多，因为单在电子电路中，由于电子在电路中传输的速度是非常高的，所以每个循环所需时间是非常短的，达到一定振幅所需循环次数一样的话，总的时间会非常短。而在扩声系统中同样多次数的循环需要的时间就长得多，因为在扩声系统的闭环中有一个扬声器辐射出来的声信号从扬声器系统经过空间传播，或再加上传播到某个界面后反射出来的声波再在空间传播后才到达传声器这个过程，而声波在空间传播的速度是比较低的，按照每秒钟传播340m的速度计算，如果扬声器辐射出来的声波通过某个途径返回到传声器需要走17m路程，并且如果不考虑电信号在设备电路中极快的传输速度所花费的时间，一个闭环循环需要50ms时间。假设闭环增益为1dB，也就是闭环电压放大倍数为1.12，稍大于1，假定最初进入传声器的该频率噪声信号声压级为 20dB，则升到 60dB 这个已经能明显听出啸叫苗头的声压级需要循环 40 次，也就是需要 2s 时间。这时如果不赶紧将系统对这个频率的闭环电压放大倍数降下来，使之闭环电压放大倍数降到小于 1，则啸叫声会越来越大。如果我们设法降低了这个频率的闭环电压放大倍数，并且闭环电压放大倍数降到小于 1，则此频率的啸叫将被抑制。如果继续将调音台上输出音量控制推子逐渐往上推，那么第二个已满足相位平衡频率的闭环电压放大倍数又可能大于 1，在这个新的频率上又会上演与第一个频率一样的形成啸叫的过程。如果继续将调音台上输出音量控制推子逐渐往上推，还会出现第三个、第四个、…啸叫频率。事实上在一个室内的扩声系统工作中可能产生啸叫的频率点远多于一、两个，可能有几十个、几百个。

在我们了解了啸叫形成的过程后，可以清楚地看出，啸叫形成过程有它自己的特点，即每经过一次循环同一频率的信号幅度都比前一次大。这种特性显然与绝大部分节目信号中的情况不同，除了极个别的节目气氛要求对同一个音符随着时间增加其强度这种情况外，节目信号几乎不会出现啸叫形成过程中的特性。所以我们可以比较容易地根据啸叫形成过程的特点来判断啸叫正在形成，从而对该频率的增益予以降低，比如降低 3dB，如果在此频率的信号幅度继续增大，则可能继续降低增益 3dB，直至该频率的信号不出现继续增大的现象。道理讲起来容易，实际做起来就不那么容易了，在原来电子技术还没有像现在这样水平时，只能靠模拟信号来处理时就不能及时找到啸叫形成过程。现在利用数字电子技术，再加上 DSP（数字信号处理）的处理速度已非常快，完全能在极短的时间内发现啸叫形成的过程，并且利用数字技术形成一个中心频率非常接近该啸叫频率的频带非常窄的陷波滤波器将该窄频段增益降低，降到小于 1，达到抑制啸叫的目的。可以这样说，利用专门的设备自动抑制啸叫的机理是根据啸叫形成过程的特点，而不是根据哪个频率上幅度比其他频率的幅度大这个原则，所以一般来说，自动找出啸叫频率点并且抑制它这种方法，通常不会影响节目信号声音的听感的。

三、减少产生啸叫的措施

为了抑制啸叫的产生，需要做不少工作。首先是在建筑声学设计上考虑，这方面的工作通常情况下不由扩声系统设计人员决定。例如将建筑设计成什么尺寸、什么形状，内部装修设计等，一般在扩声系统招标前已基本确定了。你面对的往往是一个已经完工的建筑，或建筑结构已经完工，只是正在准备装修，并且装修方案也已确定。因为大多数业主并不了解建筑物的形状、尺寸、装修会影响将来的扩声效果，所以在最初很少想到建筑声学的设计是一门专门的科学，需要专门的人员来进行设计。还有更多扩声工程的情况是后来改变建筑用途，才需要增加扩声系统的。面对这样的现实情况，如果你接手扩声系统设计时，装修还没有完成，那么你应该就此建筑的情况进行初步的声学估算，看混响时间是否过长，是否有会产生声缺陷的凹形曲面，在传声器附近是否存在强反射的反射面，尤其是将来传声器是否会正对着强反射的界面，如果确实存在问题，那么应该与业主商量适当修改装修方案。总之，对相位平衡条件很难有效采取破坏措施，因为破坏了这个频率在这条反馈路线上的相位平衡，也许正好又满足了另一个频率在另一条反馈路线上的相位平衡，所以我们重点在破坏幅度平衡上下功夫，首先应尽可能使反馈信号的幅度不容易满足幅度平衡的条件，这就要求返回到传声器的反射声波尽可能不要太强，为此我们应该在建筑声学上，或者说装修上采取必要的措施。

在建筑声学有了基本保证后，进行正确的音响系统设计，尤其是声场设计，这里我们主要探讨与减少声反馈引起啸叫相关的声场设计，不讨论声场设计的其他方面，其他方面的设计请参看本章第五节内容。首先要尽可能使传声器不处于扬声器的直达声场内，这是减少声反馈引起啸叫的重要条件，也就是要正确布置扬声器系统和传声器的位置，包括选择扬声器系统的指向特性、放置位置、角度等，传声器指向特性的选择，放置位置的确定以及传声器面对的界面是否为强反

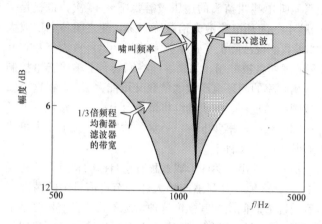

图 9-52　1/3 倍频程均衡器的滤波器带宽与反馈抑制器窄带滤波器带宽的比较

射界面，距离反射界面的远近，传声器附近是否有强反射体等。当受条件所限，传声器 0°所对反射面距离太近，并且反射面为强反射面时，可以考虑加挂厚且多褶的吸声较好的挂帘以减少反射声强度。在这里我们要强调，扬声器系统、传声器的频率响应特性，也会影响啸叫的产生。当扬声器系统的幅度频率响应曲线出现比较多的尖峰时，就容易形成啸叫，因为在这些尖峰所在的频率点的增益比平均增益大，但是对平均声压级贡献不大，那么这些频率点的闭环放大倍数就容易满足大于 1 的条件，就容易产生啸叫。同理，传声器的幅度频率响应曲线上出现比较多的尖峰时也容易产生啸叫，这是被实践证实了的，所以在选择扬声器系统和传声器时，除了要关心其他技术指标外，还应关心他们的幅度频率响应曲线是否相对比较平滑，出现尖峰的频率点越少越好，尤其是不要出现比较大的尖峰。相对而言，幅度频率响应曲线上出现一些低谷比出现尖峰要有利一些。还要说明的是，在同一个扩声系统中同时使用的传声器数量越多，可能产生啸叫的频率点也越多，几乎是随传声器数量成倍地增加，抑制啸叫的难度也越大，所以在使用过程中，应尽可能将那些不在使用的传声器置于关断的状态，例如采用具有传声器管理功能的"手拉手"传声器系统或具有传声器管理功能的传声器自动混音台、数字音频处理器、数字媒体矩阵等来管理传声器，使那些不在使用的传声器往后送信号的通路增益受到一定量的衰减，减小这些传声器通路的增益，从而使这些不在使用的传声器不会产生啸叫。还有就是充分利用传声器的指向特性和扬声器系统的指向特性，使得扬声器出来的声信号回到传声器的声压级尽可能小，使得回授到传声器的声信号转变出来的电信号尽可能小，从而降低出现闭环电压放大倍数大于 1 的可能，减小啸叫出现的概率。

在这些工作的基础上，为了进一步抑制啸叫，有必要采用专用设备来补救。最早有采用移频器、移相器来抑制啸叫的。但是采用移频器抑制啸叫存在一定的缺点，通常移频器可以将输入信号频率改变 3～5Hz 后输出，这样使扬声器系统出来的声音再次进入传声器时，与原频率不相等，从而避免啸叫产生，但是在信号的低频段，频率改变 3～5Hz 已足够使人感觉到音调的变化，因为升高或降低半个音阶实际上就是频率变化将近 6%，对于 50Hz 的信号，改变 3Hz 就相当于改变了半个音阶，肯定能感觉到音调的变化。但是在纯语言扩声时，使用移频器抑制啸叫还是相当有效的，并且也不容易感觉到音调有多大变化，所以不会

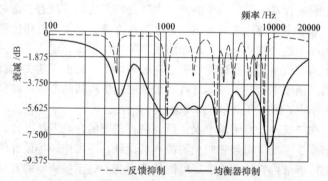

图 9-53　用 1/3 倍频程均衡器抑制反馈和用反馈抑制器抑制反馈形成的频率响应曲线比较

降低扩声效果，使用得好，可以提高传声增益 4dB，甚至更多一些。对于采用移相器抑制啸叫，它是通过将输入信号移动一定的相位后输出，来达到使原先满足相位平衡条件而产生的啸叫被破坏，但是一条路径、某个频率反射声的相位平衡条件被破坏了，也许使另外一条路径、另外一个频率的反射声又满足了相位平衡条件，从而又产生新的啸叫频率点，所以抑制啸叫的效果并不是非常好。还有一种方法是使用 1/3 倍频程均衡器拉低啸叫频率点所在的相应 1/3 倍频程带宽频段的增益来抑制啸叫，这不光要求操作人员有一定技巧，还由于为了抑制啸叫而拉低的频段带宽比较宽而影响音质，最少为一个 1/3 倍频程频段带宽，有时当振荡频率点处于两个 1/3 倍频程频带的交界点附近时，不得不将两个相邻的 1/3 倍频程频段同时拉低，此时对音质的影响就更大了。

　　目前很多扩声系统中配置有一种称为反馈抑制器的设备，反馈抑制器首先由美国的赛宾（SABINE）公司研制出来，目前已有不少公司推出了相似功能的反馈抑制设备，甚至在新投放市场的数字音频系统（如数字媒体矩阵、数字信号处理器）等设备中已经包含了反馈抑制器的功能。赛宾的反馈抑制器能根据啸叫形成的机理自动找到啸叫频率点，并且自动生成中心频率与该啸叫频率非常接近的窄带陷波滤波器，并降低该窄频带的增益，从而破坏幅度平衡条件，达到使闭环放大倍数小于 1 的目的，使自激振荡不能形成。赛宾的反馈抑制器（以 FBX2020＋为例）设置有两种宽度的窄带陷波滤波器，一种为 1/5 倍频程带宽（相对带宽 $\Delta f/f_0 = 0.1387$），一种为 1/10 倍频程带宽（相对带宽 $\Delta f/f_0 = 0.0693$）。不论是 1/5 倍频程带宽还是 1/10 倍频程带宽，都远比 1/3 倍频程带宽（相对带宽 $\Delta f/f_0 = 0.232$）小得多，所以对音质的影响也远比用 1/3 倍频程频率均衡器抑制啸叫小得多，而且原则上说，在 1/3 倍频程带宽内出现梳状滤波器效应，听感上是听不出来的。其与用 1/3 倍频程频率均衡器抑制啸叫的影响比较可以看两张附图。图 9-52 是 1/3 倍频程频率均衡器的滤波器带宽与反馈抑制器窄带滤波器带宽的比较，从图上可以看出反馈抑制器的窄带陷波滤波器的带宽远比 1/3 倍频程均衡器滤波器的带宽小得多，当然反馈抑制器窄带陷波滤波器对音质的影响也远比 1/3 倍频程均衡器小得多。图 9-53 举例说明用 1/3 倍频程均衡器抑制反馈和用反馈抑制器抑制反馈形成的频率响应曲线比较，其中粗实线代表 1/3 倍频程频率均衡器的曲线，细实线代表反馈抑制器窄带陷波滤波器的曲线。显然，用反馈抑制器后的频响曲线对音质的影响要好于用 1/3 倍频程频率均衡器。

　　问题是有不少人在扩声系统中使用了反馈抑制器，但是感觉效果不明显。这个问题要从两个方面来分析：①前期对声场的设计是否合理；②是否在防止啸叫方面进行了设计、采取了措施，如果声学条件极端的差，声场设计不合理，那么要抑制啸叫就是一件相当困难的事，此时应优先考虑改善声学条件，或改善声场设计方案，如果声场设计不合理，包括传声器的选用和摆放不合理，扬声器系统的选用和摆放不合理，则应予以改正。如果声学条件已作了考虑，也采取了一定的措施，声场设计也基本到位了，那么就应该在是否正确使用反馈抑制器上来找问题。相当一部分人认为反馈抑制器参数以前已经调试过，反馈频率点也被保存在反馈抑制器中，所以理应能自动抑制可能产生的啸叫了。其实他们不了解可能产生的啸叫频率点与声场情况有关，当声场条件变化后，最可能产生啸叫的频率点也变化了，不再是原先情况下的啸叫频率点了。这些变化包括场所是否有变化，所用扬声器系统是否有变化，扬声器系统放置位置是否有变化，所用传声器是否有变化，包括传声器数量，每个具体传声器放置的具体位置是否有变化，房间内设置的位置是否有变化等。所有这些变化都会影响到满足相位平衡频率点的参数，也影响到幅度平衡频率点的参数。一句话，情况变化了，最容易产生啸叫的频率点也跟着变化了。所以原先在反馈抑制器中设置的参数基本与现在的情况不相关了，当然就不能有效地抑制现在情况下产生的啸叫了。所以每次使用扩声系统前必须重新调整反馈抑制器的参数，也就是重新寻找最容易产生啸叫的频率点，并且重新设置对这些频率点的增益进行衰减的程度。一般来说，只要扩声现场的各种条件已基本确定下来后，最容易产生啸叫的频率点也就基本定下来了，因为这些最容易产生啸叫的频率点与具体声场情况、具体设备情况相关，一旦这些都已定下来后，最容易产生啸叫的频率点以及需要拉低的增益数值也基本定下来了。所以在正式活动开始前，将以前设置的反馈抑制器滤波器参数删去，通过慢慢向上推调音台输出音量控制推子，重新逐个找出最容易啸叫的频率点和需要衰减的增益值是十分必要的操作。

目前市场上的赛宾反馈抑制器上通常每通道有 12 个滤波器，厂家推荐设置 9 个固定滤波器，剩下 3 个滤波器作为动态滤波器使用。这种设置在传声器位置固定的情况下是比较合理的设置，9 个固定滤波器用来抑制当前声场条件下最容易产生啸叫的 9 个频率点，余下的 3 个作为动态滤波器用，用来对付临时出现的新满足条件的啸叫频率点。但是当传声器位置移动的情况下，设置 9 个固定滤波器、3 个动态滤波器就不那么合理了，因为传声器位置发生变化，最容易产生啸叫的频率点也就变化了，所以在预先设定 9 个固定滤波器的参数就没有太大意义了，应该少设固定滤波器的个数，多设动态滤波器的个数，靠动态滤波器来抑制临时出现的啸叫频率点产生的啸叫，靠动态滤波器抑制啸叫可能效果不如靠固定滤波器在预先对最可能产生的啸叫频率点进行抑制，因为可能偶尔会听出啸叫的苗头。其实在传声器移动的情况下，系统设置时设置成能对单个的音箱进行音量控制，在传声器向某个音箱靠近时，适当拉低此音箱的音量，也是减少啸叫的一种有效手段。

最后谈一下使用反馈抑制器抑制啸叫是否对音质产生影响的问题。一般情况下，合理使用反馈抑制器不会对音质产生可感觉到的影响。因为反馈抑制器的滤波器带宽比 1/3 倍频程图示频率均衡器滤波器的带宽要窄得多。1/3 倍频程滤波器 −3dB 带宽为 0.23，1/5 倍频程滤波器 −3dB 带宽为 0.1387，接近 0.14，1/10 倍频程滤波器 −3dB 带宽为 0.0693，接近 0.07。在非语言节目时，例如音乐节目，应选用 1/10 倍频程滤波器，这样对啸叫频率点拉下增益的陷波滤波器 −3dB 带宽只有 0.07，也就是 $\Delta f / f_0 = 0.07$，此时对音质的影响就会非常小。而对于语言节目使用，可以考虑选用 1/5 倍频程带宽陷波滤波器，虽然此时 −3dB 带宽为 0.14，但是对于语言在听感上并不会造成明显的影响，并且由于带宽比 1/10 倍频程陷波滤波器时宽了，当啸叫频率点有稍微漂移时，往往还在拉下增益的窄带陷波滤波器频率范围以内，仍然可对啸叫进行抑制。还有，由于啸叫只在有传声器工作时才产生，所以可设法将反馈抑制器串在传声器的通路中，例如在调音台上将传声器输入通道编入编组，再将反馈抑制器插入编组，使反馈抑制器只对传声器通路信号进行抑制处理，而对其他非传声器通路的信号不进行抑制处理。总之，当扩声系统存在反馈时，使用反馈抑制器来抑制反馈在一定程度上能提高传声增益。当声场条件非常好，在实际需要使用的传声增益满足的条件下不会出现啸叫时，完全可以不使用反馈抑制器。如果系统中接有反馈抑制器，则可将反馈抑制器设置成"直通"状态，那么反馈抑制器的影响就完全被排除了，与不使用反馈抑制器完全一样。还要说明的一点是，使用了反馈抑制器不等于能绝对避免发生啸叫了，所以抑制啸叫的工作首先要在声场设计上下功夫。

但是要注意，如果一路反馈抑制器用来同时抑制多路传声器（例如 8 路传声器）的啸叫，就存在反馈抑制器检测到某一频率的信号具有啸叫特征，从而将此频率（窄频带）的增益拉低，但是这个具有啸叫特征的频率只是 8 路传声器中某一路传声器（例如第 3 路传声器）由于声回授而可能引发啸叫（闭环放大倍数大于 1），对于其他 7 路传声器而言，这个频率不是产生啸叫的频率，也就是其他 7 路传声器在这个频率上的系统闭环增益并不大，但是反馈抑制器已经将此频率（窄频带）的增益拉低了，因此对于这 7 路传声器而言，在幅频特性的这个频率（窄频带）处可能出现一个低谷，从而影响了音色，并且一路反馈抑制器处理的传声器数量越多，出现这种拉低一路传声器的啸叫频率（窄频带）的增益而对其他传声器通路幅频特性的影响越严重。假如 8 路

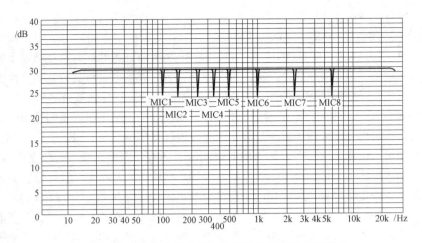

图 9-54 多路传声器共用一路反馈抑制器的频率特性

传声器每路出现 1 个啸叫频率点，并且都被反馈抑制器将增益拉低了，则每路传声器的幅频特性中还出现 7 个因为其他传声器的啸叫而被拉下的低谷，这些不应出现的低谷严重影响了每路传声器通路的幅频特性。如果每路传声器出现两个啸叫频率点，则问题就更严重了。多路传声器共用一路反馈抑制器的频响特性如图 9-54 所示，所以最好每路反馈抑制器只处理 1 路传声器的啸叫，即每一路传声器都有自己单独的反馈抑制器来抑制啸叫，这样每路反馈抑制器只针对一路传声器，它检测到的啸叫频率点就是此路传声器通路系统闭环放大倍数大于 1 的，此时该路传声器通路的幅频特性在这个频率处已经出现明显的高峰，所以从幅频特性平直的观点看也要求将此频率的增益拉下来，这样才能保证音色真实自然。其实采用一路 1/3 倍频程均衡器来抑制多路传声器的啸叫，除了拉下的低谷带宽比用反馈抑制器拉下的低谷带宽要宽很多这个缺点外，还存在与用反馈抑制器一样的每路传声器通路的幅频特性由于出现不应该被拉下的低谷太多并且太宽，而引起的幅频特性严重起伏，严重影响音色。总之，当扩声系统存在反馈时，使用反馈抑制器来抑制反馈在一定程度上能提高传声增益。

介绍一下具体寻找啸叫频率点的方法。首先寻找最容易产生啸叫的频率点必须是在现场条件已经定下来后，或者说是在一场活动正式开始前进行，因为那时最容易产生啸叫的频率点已经基本定下来了，所以才有寻找的意义。关于使用赛宾反馈抑制器寻找啸叫频率点的内容请参考本书第七章第十节内容，这里不再重复。下面谈谈关于使用 1/3 倍频程频率均衡器来抑制啸叫的技术。

在一场活动正式开始前，通过操作 1/3 倍频程频率均衡器来寻找现场最容易产生啸叫的那些频率点，首先将双路（或两台单路）1/3 倍频程频率图示均衡器的各频率提衰推子置于平直位置，也就是置于 0 的位置（或者说中间位置），开通并调整好整套扩声系统，使系统能正常工作。调整好调音台上各传声器输入通道的增益控制及通道推子（衰减器），使各传声器通道输出处于正常工作状态，在不有意识加声源信号的条件下，接着可以先逐步、缓慢地推起调音台上 L 通道主输出推子（关于先调左通道还是右通道上可以自己决定），一开始除了听到扬声器系统可能发出的很小噪声外听不到其他声音，当推子推到一定高度后可能听到刚刚产生的啸叫声，此时应停止继续往上推推子，并且将推子稍微往下拉一点（例如拉低 1dB），直至听不到啸叫声为止，但是也不要太多拉下推子的量，然后可以改为调节 L 通道（左主音箱通道）的 1/3 倍频程频率图示均衡器，可以从低频推子开始，也可以从高频推子开始，并且最低那些频段和最高那些频段的推子也许可不操作，因为很少在那些频段产生啸叫的。逐个推起推子，例如先推起 100Hz 频段

341

的推子，如果推到＋12dB还没有产生啸叫，则说明正式使用时，这个频段是不容易产生啸叫的，所以将其推子恢复到平直（0dB）位置；接着推起125Hz这个推子，如果与100Hz这个推子一样没有啸叫，则继续往后操作160Hz的推子；如果推到＋9dB时开始啸叫，则说明这个频段在增益很高时会产生啸叫的，但是对于这个频段的推子不必过分处理，可以将其拉到平直位置，也可以拉到比平直位置稍低一些的位置，例如－1dB位置；如此继续操作后面其余频段的推子，如果当操作到315Hz的推子时，刚刚将推子推到＋3dB位置就已经产生啸叫了，说明这个频段是比较容易产生啸叫的，此时可将此频段的推子拉到比平直位置低得多一点的位置，例如拉到－3dB或更低一些的位置即可，这样正常扩声时距离啸叫时的增益还有一定的裕量（6dB或更多），所以就比较安全了。如此操作逐个推起推子，一直到高频端，然后从推子所处位置可以直观地看出，被拉得最低的那个频段是最容易产生啸叫的，还可以看出第二个、第三个…容易产生啸叫的频段。采用同样的方法操作右主声道的1/3倍频程图示频率均衡器各个推子，寻找最容易产生啸叫的那些频段，并给予适当的衰减。如果有舞台返听系统，则可以采用同样的方法来寻找啸叫频段，并予以预先加以处理。这里强调一点，在厅堂扩声中舞台返送系统是最容易引起啸叫的，因为返听系统的扬声器系统与传声器的距离更近，所以抑制啸叫工作的重点是先调好返送系统，保证不啸叫。当这些操作都完成后，正式活动时再产生啸叫的可能性就很小了。万一正式活动时又产生了啸叫，那么需要音响师具有一定的经验来对付了，首先是判断啸叫是由哪个声道产生的，一般情况下，应该优先查看是否返送系统引起的啸叫。先检查各个返送音箱中串接的频率均衡器，这可以尽快操作1/3倍频程图示频率均衡器左返送音箱通道上的总音量控制器（有的均衡器上是推子，有的均衡器上是旋钮），例如先适当减小此声道的电平（只要降低3dB即可），看啸叫是否被抑制，如果没有被抑制，则将此声道的电平恢复到原先位置，马上更换R返送音箱通道均衡器音量控制器来操作，一般来说这个音量被降低（只要降低3dB即可）应该能将啸叫抑制下来，还存在啸叫，则需要以同样的方法来判断是左主音箱通道产生的啸叫还是有主音箱通道产生的啸叫。找到了产生啸叫的通道后，此时再根据刚才听到的啸叫声音判断其大致频段，继而将该相应频段的推子拉下3dB或更多一些，然后将此声道音量控制器恢复到原先位置。

最后说一下，在条件允许时，减小传声器与音源的距离，也就是减小拾音距离，对于减少啸叫概率是非常有用的，因为我们假定声源属于点声源，则声源的直达声符合直达声的平方反比定律，距离每增大一倍或减小一半，直达声声压级变化6dB。如果我们有意将拾音距离减小一半，则传声器上得到的直达声声压级将提高6dB；如果还要保持原先的扩声声压级，则由于传声器的输入信号增大了6dB，所以系统的增益可以较小6dB，当然就不容易产生啸叫了。流行唱法使用近讲传声器近距离唱歌时，因为拾音距离比传统演播时拾音距离近了16～32倍，也就是到达传声器的直达声声压级大了24～30dB；换一种说法，如果声源的声压级不变，扩声声压级不变，则由于加到调音台输入通道的信号增大了24～30dB，所以可将调音台相应输入通道的增益减小24～30dB，当然就不容易产生啸叫了。

第十章

扩声系统的调节

🔊 第一节　几种音频处理器的正确使用及系统开启

我们平时听到的声音信号绝大部分是波形非常复杂的音频信号，它们是由很多不同频率、不同幅度、不同相位差的正弦波信号组合而成的复杂波形，与典型的纯正弦波波形完全不同。对于一个音频信号，我们可以用几种方式来描述它，例如用幅度和时间关系（信号的时间函数）来描述，也就是从时域的角度来研究信号，如图 10-1（a）～（d）所示；也可以用幅度和频率关系（幅频响应）来描述，也就是从频域的角度来研究信号，如图 10-1（e）～（h）所示，还可以用相位和频率关系（相频响应）来描述等。

在图 10-1 中，每组图的左半部分四张图为幅度对时间关系图（图中纵坐标为幅度坐标，横坐标为时间坐标），这种图形通常被称为波形图；右半部分为幅度对频率关系图（图中纵坐标为

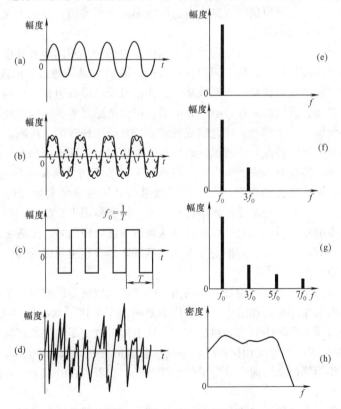

图 10-1　波形和频谱关系图

（a）正弦波的波形图；（b）失真正弦波的波形图；（c）矩形波的波形图；（d）一个音频节目信号的波形图；

（e）正弦波的频谱图；（f）失真的正弦波的频谱图；（g）矩形波的频谱图；（h）一个音频节目信号的频谱图

幅度坐标，横坐标为频率坐标），这种图形通常被称为频谱图。在图 10-1（a）不失真正弦波幅度对时间关系，从时域来说，正弦波的幅度对时间关系符合正弦曲线的规律；在图 10-1（e）是不失真正弦波幅度对频率关系中就只有单一频率的信号，这种信号称为纯音信号。在图 10-1（b）是失真正弦波的幅度对时间关系，图中显示了 1 条实线曲线和 2 条虚线（正弦）曲线，实线曲线是由 2 条虚线曲线合成的波形，失真正弦波的幅度对时间关系接近于正弦曲线的规律；图 10-1（f）是失真正弦波的幅度对频率关系中除了幅度最大的基波信号（f_0）外还包含有少量谐波，这里显示的是 3 次谐波（$3f_0$），事实上当失真情况不同时，谐波的数量和幅度也不同。在图 10-1（c）是对称矩形波的幅度对时间关系，从时域来看，信号的幅度对时间关系曲线是矩形曲线；图 10-1（g）是对称矩形波幅度对频率关系，其中除了基波信号外还包含了丰富的谐波成分。在图 10-1（d）是一个音频节目信号在一个非常短时间内的幅度对时间关系，从时域来看，节目信号的幅度对时间关系曲线是频繁起伏变化的，不规则的；图 10-1（h）是一个音频节目信号在一个非常短时间内幅度对频率关系，从频域来看，节目信号具有丰富的基频和丰富的谐波，广义上说，音频节目信号的频率范围可以从 $20\text{Hz}\sim20\text{kHz}$。

音频电信号从幅度—时间关系看是信号幅度随时间不断变化着的，音频电信号显然不属于直流电，所以说音频电信号属于交流电，但又不是正弦交流电，因为音频电信号的幅度—时间关系曲线不是正弦曲线。实际上音频电信号是由非常多不同频率、不同幅度、不同初相位的正弦波组合而成的，或者说音响工作者所接触到的各种声音节目信号都是由基音（也称基波）和很多泛音（也称谐波）组合成的，大部分声音节目信号的频谱比较宽。每个声音的电信号具有自己的波形图和频谱图，同样每个声音的声信号也具有自己的波形图和频谱图，理论上同一个声音的声信号和电信号具有相同的波形图和频谱图。

在音响系统的周边设备中，信号处理设备占据了主要部分，不同信号处理设备用来完成对音频电信号进行不同的处理任务，达到不同的处理目的，总的来说是通过不同设备对信号的处理，最终使音频节目信号达到我们预期的听感效果。这些信号处理设备包括频率均衡器、压限器、噪声门和扩展器、效果器、反馈抑制器、电子分频器、声音激励器等各类信号处理设备，它们都是被设计来从不同的角度去处理信号，使之完成特定的信号处理任务的。压限器、噪声门和扩展器用来改变信号的幅度—时间特性，或者说从时域角度处理信号，而噪声门和扩展器用来在小信号时扩展信号动态范围，抑制不太强的噪声；效果器用来对节目信号增加一些与节目相关的内容，主要是增加反射声，以模拟各种声学环境，初看效果器是从时域角度处理信号，改变了信号波形，实质上同时也改变了信号的幅度—频率特性；反馈抑制器用来检测啸叫频率点，并减小啸叫频率点的增益，从而抑制啸叫，初看反馈抑制器从频域角度处理信号，实质上同时改变了信号的波形；电子分频器用以将信号按照频率划分为几个范围，是从频域角度处理信号。

一、频率均衡器

频率均衡器的作用是改变节目信号中不同频率的增益，也就是改变节目信号的幅度对频率的关系，或者说从频域的角度来处理信号。频率均衡器中由于采用了滤波器（带通滤波器），所以主要是改变信号的幅频关系，同时也必然在一定程度上附带改变了信号的相频关系（引入了相位失真），尤其是在通带的边界处其相位移随频率发生急剧的变化，因为频率均衡器改变了幅频特性，也附带改变了相频特性，从而也改变了信号的波形，或者说在时域上也被改变了。

二、激励器

（1）激励器的作用。是增加与信号相关的高次谐波，改变节目信号的幅度对频率的关系，使高次谐波能量增强，初看是改变了信号的频谱，也就是从信号的频域来处理信号的，实质上同时也改变了信号的波形，或者说在时域上也被改变了。

声音激励器是不能用频率均衡器来替代的，频率均衡器只能对信号中已有的频率成分进行提升或衰减，而声音激励器能产生高次谐波，也就是增加新的频率成分。每个乐音除了其基频外，还有丰富的高次谐波，也称为泛音。基频决定其音高，而丰富的高次谐波决定其音色，所以多种乐器同时演奏同一音高的乐音时，我们还能把各种乐器产生的声音区分出来，例如钢琴、小提琴、大提琴、单簧管、小号同时演奏"a_1"，虽然它们发出的基频都是 440Hz，但是由于它们各自发声机理、结构、制作工艺均不同，它们的谐波成分（包括各次谐波与基波的幅度比及相位差）是各不相同的，形成了它们各自的声音特色，所以说谐波成分决定了音色。所以尽管不同乐器演奏的是同一音高的音符，但是出来的信号波形是有差别的。而在制作节目的过程中，在重放过程中，由于设备条件的限制，谐波成分中幅度较小而频率较高的那些高次谐波往往受到损失，或被噪声所掩盖。于是音质的纤细、明亮感表现不出来，或大为逊色。为了改善这种情况，需在重放过程中，在功率放大器前恢复、加强其高次谐波，这就是声激励器被引用的原因。

（2）激励器的调节。激励器的调节没有明确的参数指标，主要靠主观听感来调节。可调节部分大致是：激励电平、调谐频率和混合比例。激励电平不能太高，调得太高了，在提取节目包络时已产生削波失真；当然也不要调得太低，太低了效果不明显。所谓调谐频率，实质上是指高通滤波器截止频率的选择，也就是对节目信号中多高频率以上取样用以产生高次谐波。这与具体节目内容有关，例如语言信号时，可以将调谐频率适当调低一些。混合比例是指新产生的高次谐波和节目的直接信号相混合时，高次谐波的幅度和直接信号幅度之间的比例。显然比例高效果强，但太强后可能不是使声音纤细、明亮、清晰，而是改变了节目原来的"味"了，所以先决条件是不变味，然后才是效果好。

三、压限器

压限器处理的是信号的幅度与时间关系，从时域角度来处理信号，如果压限器各项参数设置合理，其任务是保证不论何时当信号出现大的峰值引起要削波的趋势时，通过压缩功能将输出信号控制在不会出现削波的幅度范围内。所以压限器的作用是控制节目信号的动态范围，防止节目信号出现削波失真。不同节目信号的动态范围差别很大，交响乐的动态范围可以高达 100dB，而摇滚乐只有 10dB 的动态范围，CD 机（指一般的 16bit 量化）可达 90dB 以上，普通磁带录放机在 70dB 左右，而语言的动态范围比较小。每台音频设备也有自己的动态范围，制约其动态范围的电平高端是受最大输出电压的限制，动态范围的电平低端受设备本身噪声电平的限制，如节目信号动态范围的高端电平超出设备最大输出电平，这将产生削波失真，从而增加高频谐波，使听感不好，同时可能损坏功率放大器和扬声器系统，尤其容易使高音扬声器单元损坏；而信号低端电平过低将使信号和噪声电平可以相比，从而能听到噪声。

（1）压限器在系统中的位置。压限器通常接在调音台的后面，并且大多系统中都接在房间均衡器前面。

（2）压限器的调节。压限器的主要调节参数有压缩器的阈值电平、压缩比、启动时间、恢复时间和限幅器的阈值电平。

1）阈值电平的调节。压缩器的阈值电平不宜选得过高，选得过高起不到压缩作用，仍然可能出现削波。阈值电平也不宜选得太低，选得太低则在节目信号的整个过程中大部分时间处于压缩状态，使信号严重失真。

2）压缩比的调节。压缩比宜从小压缩比开始调，如节目的动态范围不是很大，则压缩比取 2∶1 即可；如动态范围很大，则可增加压缩比。调压缩比要和阈值电平相配合，当阈值取得较高，则压缩比应取大一些，因为压缩的起点电平已经高了，压缩比仍然取得较小，则压缩后的峰值电平仍然会很高，引起削波；如阈值取得不很高，则压缩起点电平低，压缩比虽然取得不大，但压缩后的峰值电平不会太高。从保护扬声器的角度，压缩比可适当取大一些，尤其是操作人员经验不多时，压缩比可取 10：1；如操作人员经验丰富，对节目信号了解较多，则可灵活掌握压缩比。例如对动态范围不大的节目，诸如古典音乐、交谊舞曲等，压缩比可取 2：1，如对动态范围大的节目，诸如流行音乐、迪斯科之类，则压缩比可取大一些，如取 4：1 或 5：1，总之具体取值为：①要根据具体节目、具体条件来确定；②取值不是一个很临界的数，而是允许有一定范围的。

3）压缩启动时间。压缩启动时间的物理概念是压缩器开始动作后的压缩速度，即单位时间压缩多少 dB。例如 3dB/ms，如要压缩 9dB，则需 3ms 时间，假设压缩前峰值在阈值以上 12dB，压缩后峰值在阈值以上 3dB，需压缩 9dB。如果这个尖峰很窄，只有 1ms 时间，则压缩对这个尖峰影响不大；如这个峰值较宽，有 5ms 时间，则这个尖峰确实被压缩了。这里存在这样的原则，该压缩的峰要保证压缩，而一些比阈值高得不多的峰或很窄的峰对听感不会产生不良影响的则应予保留，这样才能基本保持节目的动态特征，使听感有生气。这里要说明一点，以上所说的是压缩启动时间的物理意义，而不是压缩启动时间的定义，它的定义还是前面所介绍过的，压缩开始工作，其进入工作状态的 63% 所需时间。通过上面的介绍，说明启动时间的选择与节目内容有关，所以说没有一个"最佳启动时间"能适合所有节目内容的，到底取多大，要靠操作人员对节目的了解，及相关知识的掌握，使压缩后有效、自然。

4）恢复时间。恢复时间的物理意义和启动时间的相似，只不过压控放大器的放大量向增大的方向变化。与启动时间一样，过快不好，过慢也不好，要与节目相适应。时间过短会产生可感觉到的电平变动，时间过长会破坏节目的实际动态变化状况。现在不少压限器除了人工设定启动时间和恢复时间外，还能自动设定启动时间和恢复时间，它是根据检测到的节目信号内容来设定的，大大方便了经验不足的操作人员。

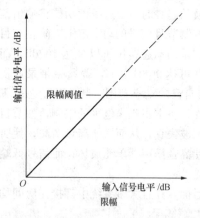

5）限幅器的阈值、压缩比。限幅器是用来保证突遇超大输入信号幅度而不削波的，所以阈值应取得比压缩器高若干 dB，但压缩比应很大，原则上限幅器的压缩比为∞：1，如图 10-2 所示，以保证把信号的峰值限制在规定数值以内，不出现削波。

压缩器使用的目的可以分成两种：①输入的信号比较大，其中个别峰值信号在不进行压缩的情况下可能产生削波现象，此时应该将阈值设置得比较高一些，以便在可能出现削波的峰信号到来时通过对其进行压缩处理，从而达到不削波的目的；②输入的信号并不太大，其中峰值因数达到 4 的峰信号也不会进入削波状态，但是需要提高整个节目的平均电平，为此也可以采用压缩的方法，将其中那些比较高的峰

图 10-2 限幅器输入、输出特性

信号进行压缩，以便提高整个节目信号平均电平后，其中那些比较大的峰信号也不至于进入削波状态，这种用法在录音工程中用得较多。

四、延时器的连接与调整

（1）延时器目前主要用来补偿由于不同扬声器系统之间到听众的声程差所产生的声音到达的时间差。而作为效果处理用，由于目前各种效果器功能全、使用方便，所以一般不必用延时器来当效果器用。所以延时器接在需延时的扬声器系统通路的功率放大器前。如用电子分频器时则在电子分频器前。

（2）延时调整。可以根据声程差计算出时间差，然后设定延时时间，但是更好的方法是直接

把实际的声程差（长度单位 m）作为设置参数，同时把扩声场所当时的环境温度、湿度也在延时器中设置。这样，延时器可以根据温度、湿度确定实际的声速，再换算成精确的延迟时间。

需要说明的是，用了延时器不等于能非常完善地弥补两个扬声器系统产生全部听众席位置的时间差，实际上由于两个扬声器系统到不同听众席位置的声程差是不同的，所以只能是以一个听众席位置作为参考来确定需要的延时时间，那么对于其他位置的声程差就不能完全补偿了，所以说非常精确地去调整延时器的延时时间并没有太大的实际意义。

五、噪声门（扩展门）的使用

噪声门和压缩器一样也是从信号的幅度和时间关系来对信号进行处理，也是只管信号是否降低到预先设定的阈值以下了，如果降低到阈值以下，则对信号按照设定的扩展比进行扩展，而在预定的阈值以上的信号不做任何处理，也就是按照一比一的原则输入和输出，当然在对信号进行幅度处理的同时，也必然带来了信号的幅度频率关系的改变，也就是说噪声门或扩展器在对信号的时域进行处理时，附带地改变了信号的频域关系。

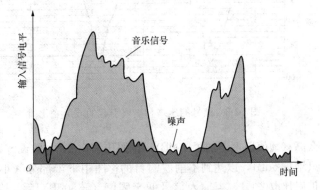

图 10-3　输入信号及噪声波形

噪声门（扩展门）主要是门限电平的设定。理论上门限电平应比系统在进入噪声门（扩展门）时的噪声电平高几个分贝（一般 10dB 左右），以便当信噪比降到某一限度（如信噪比为 10dB）时衰减通路增益。实际操作时可以在系统开启状态下不放音源时，听扬声器系统发出的噪声，调节门限电平，到噪声基本上听不到，再稍调高几分贝来设定。噪声门只能用来对不太强的噪声进行抑制，如图 10-3 所示是输入信号中除了主要为节目信号外，还有比较小的噪声信号存在。如果不对这些噪声信号进行处理，在节目信号处于低电平状态时，可以和噪声电平相比拟了，甚至几乎完全是噪声信号了，那时听到了明显的噪声信号存在，如果对这样的输入信号用噪声门进行恰当处理后，可能达到如图 10-4 所示波形，当信号降低到阈值电平以下时，将噪声信号衰减到很低电平，达到听不到的程度，从而达到抑制较小噪声的目的。如果噪声信号很大，为了抑制比较大的噪声，则不得不将阈值

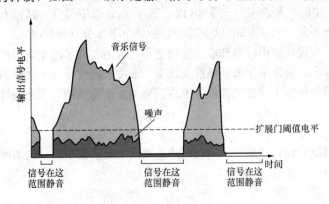

图 10-4　噪声门处理后的输出波形

设置得比较高，此时虽然也能将噪声抑制掉，但是必定也将比较小的节目信号也衰减掉了，那么听感上就觉得节目信号少了一些内容，使信号失真。

压缩器对信号的高电平从时域角度进行了处理，将输入信号的过高电平（阈值以上电平）进行压缩，使信号在阈值以上的输出电平增加量减小；噪声门和扩展器对信号的低电平从时域角度进行了处理，将过低电平（阈值以下电平）的输入信号进行扩展，使信号在阈值以下的输出电平

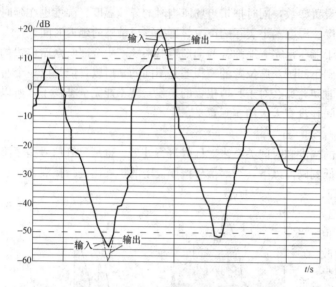

图 10-5 信号的压缩和扩展引起的波形变化

减少量增大。有人认为这两种信号处理功能是互补的，都是从时域上来处理信号的，并且处理的都是输出信号的幅度变化量，所以说可通过这两种信号处理先用压缩器将信号动态范围变小，再用扩展器将动态范围扩大，从而将信号波形恢复到原先状态的，其实这是不对的，波形是不能恢复到原先状态的，只能说其动态范围可以恢复到原先水平。信号的压缩和扩展引起的波形变化如图 10-5 所示，图中上半部分（大信号状态），假设压缩阈值取 +10dB，压缩比取 2：1，输入信号超过阈值（+10dB）后，输出信号不能像输入信号一样升到 +20dB 那么高（阈值以上增加了 10dB），按照压缩比 2：1 的设定，输出信号只能升到 +15dB（阈值以上只增加 5dB），以达到不削波的目的；图中下半部分（小信号状态），假设扩展阈值取 −50dB，扩展比取 2：1，当输入信号低于阈值（−50dB）后，输出信号不是像输入信号一样减小到 −55dB（阈值以下减小了 5dB），按照扩展比 2：1 的设定，输出信号减小到 −60dB（阈值以下减小了 10dB），以达到扩展动态范围的目的。原先输入信号是 +20−（−55）＝75（dB）的动态范围，压缩后输出信号变成 +15−（−55）＝70（dB）的动态范围，再经过扩展后输出信号的动态范围又变为 +15−（−60）＝75（dB），所以说输出信号的动态范围恢复到输入信号一样的动态范围（75dB）了，但是压缩只改变了信号的高电平部分（+10dB 以上部分），扩展只改变了信号的低电平部分（−50dB 以下部分），中间电平部分（−50dB 以上到 +10dB 以下部分）是没有经过处理的，从波形上看，信号的高电平部分（+10dB 以上部分）和低电平部分（−50dB 以下部分）都改变了模样，所以从整个波形来说，输出波形和输入波形是不一样的，有了改变，当然这种波形的改变，或者说时域角度的改变，也带来了频域角度的改变，改变了幅度与频率之间的关系，所以在录音缩混过程中利用压缩器压缩了动态范围后，也许需要用频率均衡器对幅频特性进行修改，以达到音色要求。

六、混响效果器

混响效果器表面上是对信号做了时域处理，增加了不少反射声，实质上也改变了信号的幅度与频率之间的关系。

七、电子分频器

电子分频器必定接在相应功率放大器前面。分频点是根据后面扬声器系统的分频点来设定的，因为分频器是为扬声器系统服务的。至于各频段输出电平的调节是和功率放大器的音量调节、扬声器的灵敏度密切相关的，并且是在系统声场测试时根据测试数据来调整的，所以在整套系统调整完以后，不应再随便调分频器，以免破坏声场特性。

电子分频器将全频带信号按照计划划分成几个频段，然后各个频段的信号分别被加到相应的功率放大器进行功率放大后，送到扬声器系统去驱动扬声器，使扬声器将电功率信号转变成声功率信号辐射到空间。由于将一个全频带信号分割成几个频段，并且在分频点附近必然是不同口径的扬声器各自对分频点附近的电信号进行转换成声信号，但是由于不同口径的扬声器转换性能不一样，两种扬声器发出的声音在空间合成后，在分频点附近的这些合成信号会带来失真。

八、反馈抑制器

反馈抑制器能自动扫描、自动寻找出反馈信号频率（在这频率处出现与节目信号不同的幅度变化规律），并且能自动生成一组与之频率适应的窄带滤波器（陷波器），去对这一窄频带进行衰减，使啸叫不能产生。当然最好在声场条件、扩声系统均已固定下来后，尤其是传声器、扬声器的选型及放置位置已确定之后，在正式扩声以前预先找出最容易产生啸叫的频率点，并自动减小这些频率点的增益，从而抑制可能产生的啸叫。反馈抑制器表面上是改变了信号的幅频特性，也就是从频域角度对信号进行处理，实质上同时也改变了信号的波形，从时域上对信号进行了处理。

在初步明确了各类信号处理设备的功能和机理后，有必要对上述设备在系统中处于不同位置时的情况进行分析，以便更合理地使用这些信号处理设备。

实际上从时域角度处理信号去改变信号波形的同时，也改变了信号频域特性（幅频特性）；从频域的角度处理信号去改变信号的幅频特性的同时，也会改变信号的时域特性，即也改变了信号的波形，只是不同信号处理设备在处理信号时是从不同的角度去处理信号而达到不同的目的而已。这些信号处理设备又可分为模拟信号处理设备和数字信号处理设备，其中模拟信号处理设备利用模拟的方法对模拟信号进行处理，数字信号处理设备是将模拟信号转变为数字信号后对数字信号进行处理，然后再变回到模拟信号。

对于频率均衡器来说，在补偿声场频率特性缺陷时频率均衡器一般接在扩声系统的扬声器系统通道中，当然这样接法的频率均衡器也可以用于对总体音色进行修饰，在修饰音源音色时一般可将频率均衡器插在调音台的音源输入通道中。压缩器、噪声门一般接在调音台输出后的扬声器系统通道中，为了取得特殊效果，有时需将压缩器插在调音台的音源输入通道或编组。效果器一般接在调音台，也就是通常所说的并联接法。在使用电子分频器时，总是将电子分频器接在功率放大器前面，先将全频带信号分成几个频段，然后分别输入各相应功率放大器去驱动各频段的扬声器系统。声音激励器一般用得比较少，在系统中的位置通常接在功率放大器之前，如有电子分频器，则接在电子分频器之前。在歌舞厅中，声音激励器可以作为一种效果器，接在调音台的效果输出和返回之间。例如，回声送出（ECHO SEND）和回声返回之间，也可以与混响器串起来，有时为了对个别声源进行修饰时，则将声音激励器插在调音台的该声源输入通道中。反馈抑制器可以接在容易引起啸叫的主扬声器系统通道和返送扬声器系统通道中，但是考虑到只有存在传声器时才会引起啸叫，所以最好将反馈抑制器接在传声器通路中，例如调音台的传声器编组中，甚至直接插在调音台传声器输入通道中。

频率均衡器、压缩器同时接在扬声器通道中时，应该接在靠近调音台的位置，也就是频率均衡器和压缩器哪个接在前面，哪个接在后面这个问题上，可能有两种说法，一说压缩器应接在前面，频率均衡器应接在后面，理由是我有意识地通过频率均衡器对某几个频段的增益提升了，你将压缩器接到频率均衡器后面会将本来被有意识提升了的信号又压缩回去了，破坏了原先的调整意图；另一种说法是频率均衡器应接在前面，压缩器应接在后面，理由是不适当调整频率均衡器的情况下可以造成某些本来已经比较高的信号峰进一步增大而可能引起信号削波，所以应对这些信号峰进行压缩以免产生削波失真。实际上可能没有理解压缩器是从时域角度处理信号的，而频率均衡器是从频域角度处理信号的。压缩器的处理原则是不论什么时间只要信号幅度达到设定的阈值，那么压缩器就以设定的启动时间和压缩比来压缩信号，它不考虑什么频率的幅度是多少、各个频率的幅度大小比例的问题。压缩器只对输入到压缩器的信号进行压缩，使得信号不在本级设备产生削波失真，至于输入信号本身已经削波了，压缩器不能使之返回到不削波状态，也不保证压缩器输出的信号不会再被后级设备削波。频率均衡器只对不同频率按照预先的设定给予不同的增益，它不考虑什么时间的幅度是多少的问题。所以压缩器放在频率均衡器前面时，控制从调音台来的信号的动态范围，将过高的信号峰进行压缩，使之不至于被削波。其实过高的信号峰被压缩后也使后级设备不容易产生削波了，但是后级设备的增益调得太高，或后级设备的最大输入电平或最大输出电平值太低，信号还是会在后级设备产生削波的。一般来说，频率均衡器为改善音质而对某些频段进行提升、对某些频段进行衰减不会使信号总能量变化太大，但是当对频率均衡器做不适当调节时，例如过多地同时提升多个频段，则会使信号总能量有明显的增加，也许会使一些本来就高的信号峰进一步增大而可能引起削波，也许在频率均衡器中就产生了削波，那么即使后面接有压缩器也无能为力了。如果频率均衡器接在压缩器后面，压缩器不会再对频率均衡器的输出信号进行压缩了，但是到后面其他设备时又可能会出现削波现象。当压缩器放在频率均衡器后面时，只有当均衡器多个推子被不适当地大幅度提升，使信号总能量明显增加，使本来已经比较高的信号峰进一步增大，但是又没有在本级设备造成削波的情况下，接在后面的压缩器才能起到保护作用。所以这两种设备哪个放在前面各有优缺点，压缩器放在前面时，由于已经压缩了动态范围，所以后级设备也不容易产生削波了；压缩器放在后面时，或许能补救对频率均衡器的不适当调整，而没有在频率均衡器本身产生削波时的信号。但是这里一定要注意，压缩器虽然是从时域角度处理信号，但是在改变信号峰值波形的同时也部分地改变了信号的频域特性，所以在某些情况下，也许要对幅频特性进行补偿；频率均衡器虽然是从频域角度处理信号的，但是在改变信号幅频特性的同时也部分地改变了信号的时域特性，改变了信号的波形，所以在某些情况下，也许要对某些过高的信号峰进行压缩处理。

反馈抑制器的位置问题，反馈抑制器和均衡器一样在频域处理信号，但是它只探测在哪个频率上系统闭环增益大于 0dB 了，或者说系统闭环放大倍数大于 1 了，只对系统闭环放大倍数大于 1 的频率（窄频带）降低其增益，对其他频率的信号均不做处理，它不管在哪个频率上的幅度太大了，也不管什么时间的幅度太大了，所以它与压缩器和均衡器都没有矛盾，无论将它放在前面还是后面，都不存在破坏了谁的调控设想问题。但是要注意，如果一路反馈抑制器用来同时抑制多路传声器（例如 8 路传声器）的啸叫，就存在反馈抑制器检测到某一频率的信号具有啸叫特征，从而将此频率（窄频带）的增益拉低，但是这个具有啸叫特征的频率只是 8 路传声器中某一路传声器（例如第 3 路传声器）由于声回授而可能引发啸叫，对于其他 7 路传声器而言，这个频率不是产生啸叫的频率，也就是其他 7 路传声器在这个频率上的系统闭环增益并不大，但是反馈抑制器已经将此频率（窄频带）的增益拉低了，因此对于这 7 路传声器而言，在幅频特性的这个频率（窄频带）处可能出现一个低谷，从而影响了音色，并且一路反馈抑制器处理的传声器数量越多，出现这种拉低一路传声器的啸叫频率（窄频带）的增益而对其他传声器通路幅频特性的影响越严重，假如 8 路传声器每路出现 1 个啸叫频率点，并且都被反馈抑制器将增益拉低了，则每路传声器的幅频特性中还出现 7 个因为其他传声器的啸叫而被拉下的低谷，这些不应出现的低谷严重影响了每路传声器通道的幅频特性。如果每路传声器出现两个啸叫频率点的话，则问题就更严重了，所以最好每路反馈抑制器只处理 1 路传声器的啸叫问题，也就是每一路传声器都有自己单独的反馈抑制器来抑制啸叫，这样每路反馈抑制器只针对一路传声器，它检测到的啸叫频率点就是此路传声器通道系统闭环增益大于 1 的，此时该路传声器通道的幅频特性在这个频率处出现明显的高峰，所以从幅频特性平直的观点看也要求将此频率的增益拉下来，这样才能保证音色真实自然。其实采用一路 1/3 倍频程均衡器来抑制多路传声器的啸叫，除了拉下的低谷带宽比用反馈抑制器拉下的低谷带宽要宽很多这个缺点外，还存在与用反馈抑制器一样的每路传声器通路的幅频特性由于出现不应该被拉下的低谷太多并且太宽，而引起的幅频特性严重起伏，严重影响音色。

使用效果器时如果施加的效果声太强也会产生啸叫，因为人为制造的电子效果反射声很像是从界面反射回来的自然反射声，这些反射声再次进入传声器后同样可能构成正反馈。当施加电子效果声过强时，可能满足系统闭环增益大于1的条件而引起啸叫，所以施加的效果声不能太强，尤其是在卡拉OK这样常由非专业人员操作的场合时，很容易因为施加效果声太强而引起啸叫。这里所指的效果声施加太强不仅指和直达声混合的效果声强度太大，还包括效果声中的回声次数太多，如在对卡拉OK功放中的"REPEAT"旋钮调得回声重复次数太多时，也能引起啸叫。

九、开启系统

（一）开机前检查

开机前应检查所有连接线是否连接正确，可先检查各旋钮、按键、开关、推子是否都在规定位置，至少各音量控制器都应在最小位置，尤其是功率放大器的音量控制器，以防止开机冲击。

（二）系统开机顺序和关机顺序

由于在扩声系统中各个设备电源开关开启和关闭时，会产生冲击信号，所以要防止这种强大的冲击信号施加到功率放大器和扬声器系统，可能产生很大的冲击声，并且也可能损坏功率放大器和扬声器系统。开启和关闭每台设备电源时产生冲击信号的原因有：①电源开关开启和关闭时，总会有电源开关的动触点和静触点之间位置处于将跳开未彻底跳开的状态，此时动触点与静触点之间的距离非常近，那么220V电源在两个触点非常近的距离处会出现电弧（在黑暗中能看到蓝色电火花），这是引起冲击声的一个主要原因；②电源刚接通前，设备中的电源电路——电源变压器、整流部分、滤波部分处于没有"电"的状态，尤其是滤波电容上的电压等于0V，接通电源后220V电压加到电源变压器一次绕组，二次绕组感应出电压（一般是低电压），加到整流部分将交流电变成脉动直流电，这个脉动直流电加到滤波电容上，对电容进行充电，并且由于此时滤波电容上的电压为零，所以充电电流会很大，也会产生很大的冲击信号，尤其是功率放大器。因为滤波电容既是作为滤波用，又要作为储能电容用，电容器的电容量是非常大的，所以产生的充电电流会非常大，冲击信号也会非常强，从而引起非常大的冲击信号。所以需要采取在功率放大器以前各台设备开启或关闭电源时使功率放大器处于电源关闭状态，为此必须注意系统的开机和关机程序，使得产生强大冲击信号时功率放大器处于断电状态，尽可能不要使功率放大器不产生强大的冲击电流，扬声器系统不会因强大的冲击信号而产生强大的冲击声音，避免出现功率放大器的损坏和扬声器系统的损坏。为此，在开启系统和关闭系统时应遵循下面规则。

（1）开机顺序。开机时应先开前置设备、信号处理设备，最后开功率放大器，也就是系统方框图中前面的设备先开机，如图10-6所示，功率放大器最后开，以防止功率放大器先工作，再开前面设备时开机冲击信号进入功率放大器，产生强冲击信号，容易损坏功率放大器和扬声器。

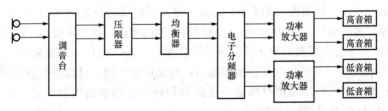

图 10-6　扩声系统局部方框图

（2）关机顺序。关机时首先关闭功率放大器电源，在关闭功率放大器前应把功率放大器的音量控制器放在最小音量位置，然后倒退逐级往前关机。

第二节 音频处理器的整体运用及其对音乐的综合处理

一、频率

（1）频率响应和听感的相应关系。可以将整个声频段大致分成四段，即高频段（4000Hz～16000Hz）、中高频段（500Hz～4000Hz）、中低频段（160Hz～500Hz）和低频段（160Hz以下）。

低频段是声音的基础部分，这部分决定了声音的丰满度。低频不足时，声音显得单薄；低频过强时声音发闷、混浊；低频适中时声音浑厚，丰满。

60Hz以下的频段，人的感觉比听觉灵敏，声压级大时能感觉到内脏的振感，80Hz附近听觉和感觉达到平衡。

中低频段是声音的结构部分，影响声音的力度和结实度。中低频不足时声音疲软，中低频过强时声音生硬，产生嗡嗡声，影响清晰度。中低频合适时，显得坚实、有力、丰满。其中100Hz～250Hz频段具有良好的丰满感。

中高频段是声音的丰富多彩部分，决定声音的明亮度、清晰度；中高频不足时，声音朦胧，主旋律不突出；中高频过强时，声音过亮、刺耳；中高频段合适时音质优美、明亮、圆润有力。

高频段是声音的音色部分，表现声音的细节，影响声音的表现力、解析力。高频段不足时韵味失落，高频段过强时尖噪、嘶哑、刺耳，高频段合适时清澈纤细，亲切自然，色彩鲜明、富于表现力，临场感好。

频率范围和人耳听觉感受的对应关系见表10-1。

表10-1　　　　　　　　　　　　频率范围和人耳听觉感受

频率	听感	频率	听感
30Hz～60Hz	沉闷	1000Hz～2000Hz	透亮
60Hz～100Hz	沉重	2000Hz～4000Hz	尖锐
100Hz～200Hz	丰满	4000Hz～8000Hz	清脆
200Hz～500Hz	力度	8000Hz～16000Hz	纤细
500Hz～1000Hz	明朗		

但其中3400Hz和其二次谐波6800Hz给人以尖刺感。

（2）具体操作。以上介绍的是各频段对人耳听感的贡献，调音时应使最终的频响是各频段搭配得当。要根据具体节目来增减，对不足部分进行适当提升，而对过强部分适当衰减，对于50Hz和100Hz这两个哼声主要频率要适当衰减，实际上频率补偿还与房间的声学特性有关，总之不能生搬硬套，而要灵活掌握。如果感到力度不够，可以适当提升200～500Hz频率范围的增益；透明度不够，可以适当提升1000～2000Hz频率范围的增益；感觉呆板，可以适当提升2000～4000Hz频率范围的增益；层次不清，可以适当提升8000～16000Hz频率范围的增益；感到声音混浊，可以适当衰减60～100Hz频率范围的增益；感到声音生硬，可以适当衰减200～500Hz频率范围的增益；声音缺乏纤细感则可以适当提升16kHz以上频率范围的增益；齿音太重，则应该适当衰减6.3kHz以上频率范围的增益。

下面用另外一种方法划分频段，然后说明一下各频段对音色的影响。

1）非常低频率范围20～40Hz。这个频段的声音大多是风声、房子共鸣声、空调系统的低音，远距离的打雷声等。

2）低频率范围 40～160Hz。这个频段的声音大多是鼓、钢琴、电子琴及大提琴或电贝斯，都是构成所有音乐的基本。

3）低中频率范围 160～315Hz。这个频段的声音通常被指为低音或中音的范围，出现在中音人声的低频部分，或号、黑管、萧及长笛也有这个频段的表现。

4）中频率范围 315～2500Hz。人耳很容易能判别这个频段，事实上如果我们单独听这个频段，它的声音品质像电话筒里听到的声音，必须要增加低频及高频才能悦耳动听。

5）中高频范围 2500～5000Hz。人耳对这个音程特别敏感，声音的清晰透明度都是由这个音程影响的，公共广播用的号角喇叭，就是设计用来播放到 3000Hz 附近的频率，音乐段落中明显的大音量也被这个频段影响，人声的泛音出会在此出现；

6）高频范围 5000～10000Hz。这个频段使音乐更明亮，然而它们只会占音乐能量的很小部分，齿音，唇音，舌音等高频率，都在此范围内；

7）超高频范围 10000～20000Hz。这是音乐频率范围内最高音程，只有很高次的泛音才会到达这个范围，而且这个频段如果在音乐中不见了，大多数人也听不太出来，然而这个频段有很丰富的泛音，我们也不能缺少它，它对每种声音本身的特点有很大的影响力，去除它，声音就显得不够真实。

对于每一种乐器，只要提升基波低端频率处的均衡，即可增强温暖感和丰满度。如果其声音太浓重或沉闷，则应降低基波的均衡量。提升谐波段的均衡可增强现场感和提高清晰度；如果声音太刺耳或出现吱吱声，则应降低谐波的均衡量。下面以几张表格形式从不同角度将整个声频范围划分成各个频段，并将相应频段能量高低对听感的影响见表 10-2～表 10-4。

表 10-2　　　　　　　　　　　　　　　　人声的各频段声音特性表

频率	过低	合适	过高
16～20kHz	韵味、色彩失落，缺乏音色表现力	靠人体颅骨传导感受声音的韵味，色彩富于音色表现力	宇宙声感和不稳定感
12～16kHz	失掉光彩	金光四溅	刺耳
10～12kHz	乏味失去光泽	金属声强烈	尖噪
8～10kHz	平淡	S音明显，通透	尖锐
6～8kHz	暗淡	透明	齿音重
5～6kHz	含糊	清晰度强	尖利
4～5kHz	音源变远	响度感强	声音变近
4kHz	模糊	穿透力强	咳音量
2～3kHz	朦胧	明亮度增强	呆板
1～2kHz	松散，使音色脱节	通透感强	跳跃感
800Hz	松弛感	强劲感	喉音重
500～1Hz	收缩感	声音的轮廓明朗	声音向前凸出
300～500Hz	空洞	语音有力度	电话声音色
150～300Hz	软绵绵	声音力度强	生硬
100～150Hz	单薄	丰满度增强	浑浊显现"哼"声
60～100Hz	无力	浑厚感强	低频共振声显现"轰"的声
20～60Hz	空虚	空间感良好	低频共振声显现"嗡"的声

表 10-3   **常用音源频率对音色的影响表**

音源	明显影响音色的频率
小提琴	200～440Hz 影响音色的丰满度，1～2kHz 拨弦声频带，6～10kHz 影响音色明亮度
中提琴	150～300Hz 影响音色的力度，3～6kHz 影响音色表现力
大提琴	100～250Hz 影响音色的丰满度，3kHz 影响音色明亮度
贝斯提琴	50～150Hz 影响音色的丰满度，1～2kHz 影响音色明亮度
长笛	250Hz～1kHz 影响音色的丰满度，5～6kHz 影响音色明亮度
黑管	150～600Hz 影响音色的丰满度，3～6kHz 影响音色明亮度
双簧管	300～1kHz 影响音色的丰满度，5～6kHz 影响音色明亮度，1～5kHz 提升使音色明亮华丽
大管	100～200Hz 音色丰满、深沉感强，2～5kHz 影响音色明亮度
小号	150～250Hz 影响音色的丰满度，5～7.5kHz 影明亮度清脆感受频带
圆号	60～600Hz 提升会使音色圆润和谐自然，强吹音色辉煌，1～2kHz 明显增强
长号	100～240Hz 提升音色的丰满度，500～2kHz 提升使音色变得辉煌
大号	30～200Hz 影响音色的丰满度，100～500Hz 提升使音色深沉、厚实
钢琴	27.5Hz～4.186kHz 是音域频段，音色随频率增加而变得单薄，20～50Hz 是共振峰频率
竖琴	32.7～3136Hz 是音域频率，小力度拨弹音色柔和，大力度拨弹音色泛音丰满
萨克斯管[b]B	600Hz～2kHz 影响明亮度，提升此频率可使音色华彩清透
萨克斯管	100～300Hz 影响音色的淳厚感，提升此频率可使音色的始振特性更加细腻，增强音色的表现力
吉他	100～300Hz 提升增加音色的丰满度，2～5kHz 提升增强音色的表现力
低音吉他	60～100Hz 低音丰满，100Hz～1kHz 影响音色的力度，2.5kHz 是拨弦声频率
电吉他	240Hz 是丰满度频率，2.5kHz 是明亮度频率，3～4kHz 拨弹乐器的性格表现更充分
电贝司	80～240Hz 是丰满度频率，600～1kHz 影响音色的力度，2.5kHz 是拨弦声频率
手鼓	200～240Hz 是影响饱满度，1～5kHz 是手鼓的泛音频率
小军鼓（响弦鼓）	240Hz 影响饱满度，2kHz 影响力度（响度），5kHz 是响弦音频率
通通鼓	360Hz 影响丰满度，8kHz 为硬度频率，泛音可达 15kHz
低音鼓	60～100Hz 为低音力度频率，2.5kHz 是击声频率，8kHz 是鼓皮泛音声频率
地鼓（大鼓）	60～150Hz 是力度音频，影响音色的丰满度，5～6kHz 泛音频率
钹	200Hz 铿锵有力度，7.5～10kHz 音色的尖利
镲	250Hz 强劲铿锵锐利，7.5～10kHz 镲边泛音金光四溅
歌声（女）	1.6～3.6kHz 影响音色的明亮度，提出升此段频率可以使音色鲜明通透
歌声（男）	150～600Hz 影响歌声力度，提升此段频率可以使歌声共鸣感强，增强力度
语音	800Hz 是危险频率，过于提升会使音色发硬，发楞
沙哑声	提升 64～260Hz 会使音色得到改善
女声带噪音	提升 64～315Hz，衰减 1～4kHz 可以消除女声带杂音（声带窄的音质）
喉音重	衰减 600～800Hz 会使音色得到改善
鼻音重	衰减 60～260Hz，提升 2.4kHz 可以改善音色
齿音重	6kHz 过高公产生严重齿音，4kHz 过高会产生咳音严重现象（电台频率偏离时的音色）

表 10-4　　　　　　　　　　　　　　　　频率均衡准则

声　源	衰减频率	提升频率
Kick（底鼓、低音鼓）	240Hz	50Hz，3～5kHz
Snare（小军鼓）	50～100Hz	5～7kHz
Hihat（踩镲）	HPF 和/或 250Hz 和以下	3～4kHz，7～10kHz
High Toms（高通通鼓）	HPF	5～7kHz
Low Toms（低通通鼓）	200～300Hz	50～100Hz，5kHz
Cymbals（吊镲）	HPF 和/或 250Hz 和以下	10～12kHz
Bass（倍司）	200～500Hz	40～100Hz，3～5kHz
Acoustic Guitar（声学吉他）	50～100Hz，600～800Hz	4～6kHz
Electric Guitar（电吉他）	6～8kHz	1～2kHz
Piano Low（钢琴低声部）	300～500Hz	50～100Hz，1.5kHz，5kHz
PianoHigh（钢琴高声部）	HPF 1.5kHz	5～7kHz
Soprano Vocal（女高音、高音部）	HPF200～500Hz 扫描并寻找最差的	300Hz，3～5kHz，10～12kHz
Alto Vocal（中音部、女低音、男声最高音）	HPF200～500Hz 扫描并寻找最差的	300Hz，3～5kHz，10～12kHz
Tenor Vocal（男高音、次中音部）	HPF200～500Hz 扫描并寻找最差的	5～7kHz，10～12kHz
Choir Vocals（合唱）	HPF 和/或 200Hz 和以下	5～7kHz，10～12kHz

二、混响时间调节

（一）混响时间与听感的关系

（1）混响时间（500Hz）小于 0.5s。混响时间短，声音干、单薄、死板。

（2）混响时间（500Hz）为 0.9s。语言节目混响时间适中，声音干净、清晰。

（3）混响时间（500Hz）为 1.2s。音乐节目混响时间适中，声音温暖、丰满、有气魄、有空间感、深度感、生动、厚实、明亮。

（4）混响时间（500Hz）大于 2s。混响时间过长，声音混浊、模糊、有回声、嗡嗡声。

（二）混响处理的几个原则

（1）不严重破坏音源的清晰度和明晰度效果。

（2）不严重破坏音源的节奏感和旋律性效果。

（3）不宜产生明显的声染色。

（4）残响声音不宜严重掩蔽音源。

三、延时处理

延时处理除了用以补偿扬声器到听众的声程差外，还可以产生一些听感效果。如可以用延时来产生合唱、镶边、回音、振铃等各种特殊效果。当延时时间在 17～60ms 时，可以产生合唱效果，延时时间在 40ms 以下时可以产生镶边效果，当延时时间在 50ms 以上时可以产生回声效果，在回声效果的基础上加上反馈可以产生振铃效果，即最简单的混响效果。当然，实际上除了弥补声程差以外，目前很少有人再使用延时来达到各种特殊效果了，因为这些效果在数字混响器中已是现存的程序，不必再用延时器来自己制造这些效果了。

🔊 第三节　主 观 音 质 评 价

对音响设备、音频节目乃至对一个已完成的包括听音环境在内的音响工程进行音质评价工作，以确定音响设备（例如传声器、扬声器系统以及功率放大器、调音台、周边设备等）对音质的影响，制作好的音频节目音质达到什么水平，一个厅堂包括房间的声学特性和声场设计、音响系统质量等总体造成对音质的影响等进行音质评价，可以分为客观音质评价和主观音质评价。客观音质评价是通过使用各种测量仪器对重放声音的一些参数（例如失真、频响、信噪比等）进行测量，给出是否符合要求的结论；主观音质评价是组织一批对音质有一定判断经验的人，对重放声音给出一定评语，以确定音质大致达到什么水平。主观评价是一种依据"人"对声音的听感表达方法，由于"人"是有感情的，不同"人"对同一种声音可以有不同的评价，并且同一个"人"，在不同情况下对同一声音也可能得出不同的评价，所以主观性极强，说不上绝对正确与否。听音评价人员除按听音要求对每个评价节目给出应得分数以外，还应给出音质评语和音质总印象。主观音质评价用语是个复杂的问题，可以表现个人音质主观感受语很多。

到目前为止，已经有了 GB/T 16463—1996《广播节目音质主观评价方法和技术指标要求》和《电声器件的主观评价方法》两种标准。现分别引用这两种主观音质评价中的评价术语供参考。

GB/T 16463—1996《广播节目音质主观评价方法和技术指标要求》评价术语如下。

（1）清晰。声音层次分明，有清澈见底之感，语言可懂度高，反之模糊、混浊。

（2）丰满。声音融会贯通，响度适宜，听感温暖、厚实，具有弹性，反之粗糙。

（3）圆润。优美动听，饱满而有润泽不尖噪，反之粗糙。

（4）明亮。高、中音充分，听感明朗、活跃，反之灰暗。

（5）柔和。声音温和，不尖、不破，听感舒服、悦耳，反之尖、硬。

（6）真实。保持原有声音的音色特点。

（7）平衡。节目各声部比例协调，高、中、低音搭配得当。

（8）立体效果。声像分布连续，构图合理，声像定位明确、不漂移，宽度感、纵深感适度，空间感真实、活跃、得体。

《电声器件的主观评价方法》评价术语，括号内为反义词。

（1）融合（离散）。整个音响交融在一起，整体感好。

（2）平衡（不平衡）。节目各声部的比例协调，立体声左、右声道的一致性较好。

（3）圆润（毛糙）。优美动听，有光泽而不尖噪。

（4）明亮（灰暗）。高、中音充分，听感明朗、活跃。

（5）丰满（单薄、干瘪）。中、低音充分，高音适度，响度合宜，听感温暖、舒适、有弹性。

（6）清晰（模糊、混浊）。语言可懂度高，乐队层次分明，有清澈见底之感。

（7）力度（力度不足）。声音坚实有力，出得来，能反映声源的动态范围。

（8）柔和（尖硬）。声音松弛不紧，高音不刺耳，听感悦耳、舒服。

（9）真实感。能保持原有的声音特点。不真实，即失真，常用于贬义，如各种染色及炸破、颤抖等。

（10）临场感。重放声使人有身临其境之感。

（11）立体感。声音有空间感，不仅声像方位基本准确，声像群分布连续，而且有宽度感、纵深感。

20 世纪 70～80 年代，南京大学包紫薇等老师也对音质进行了很多研究，并在此基础上拟定了主观音质评价术语，其罗列的术语比较多，并将听感评价术语与电声系统可测量的参数相联系。编者手上还保留一份当年的资料，见表 10-5 供读者参考。

表10-5　南京大学包紫薇老师等拟定的主观音质评价术语表

评价术语	归属的主观参量**	听感特征	听觉透视	拟形象	情绪效果	相关评语	一定程度上不兼容评语	信号特征(密切相关客观参量)	电声系统特征(起主要作用的)	代表性节目
1-1 明亮(暗闷)*	1 明亮 brightness	悦耳,清脆	声音出得来,穿透力强	鲜艳华丽的色彩	活跃,振奋	清晰、透明	—	1d,1c,4	$A(f)$	三角波与方波的对比
2-1 丰满有水分(干)	丰满度 fullness	(在消声室听音,吃力)	(出不来,声音遥远,缺乏环境感)	珠圆玉润,犹如抚摸丝绒	愉快,亲切	明亮、融合、清(暗,清晰)	过分清晰(融合,明亮)	3,1c,5	Dly、ER、T_{60}、中高频	—
2-2 丰满(单薄)	2	袅气很足	声源通近,在扬声器前部	强壮的体魄	混暖,饱满,镇定(令人为演奏者担心)	融合(干,刺耳,扁)	—	3,1b	Dly,ER,T_{60}	—
2-3 浓重	2	音头不太清楚		—	—	—	清晰	3a	Dly、快速重复	—
2-4 镶边	2	音色发麻,大幅度抖动		—	—	—	—	3a	Dly、梳状滤波	δ lexicon
3-1 层次 清晰(模糊)	3 明晰度 clarity	能听出各声部细节,语言可懂着高(隔着纱幕听音,朦胧)	出得来,声像方位明确(遥远)	与图像层次相当	给人以清醒头脑	明亮、透明、干	—	1,2,3b,3c,5b	$A(f),P(f),ER,S/N,M/m,IMD$	—
3-2 透明	Definition, distinction, 又称清晰度	声部清晰,高音部突出	穿透力强,有景深感,声像方位明确	—	活跃	明亮、清晰	—	同上	同上	—
3-3 混	3	余音太长,前音掩盖后音,声部层次不清,有喧杂感,语言可懂度低	余音太长,声部深远,有清	—	因听不清而频闷	映、虚	—	3c	T_{60}特别是低频,ER	电子琴弄彩 云诣月
4-1 融合(散)	4 融合度 perfection,smooth	整个乐队浑然一体,协调,有生气(各奏各的)	有环境感	—	亲切,愉快	实(虚,干)	过分清晰	应属综合指标		—

续表

评价术语	归属的主观参量**	听感特征	听觉透视	拟形象	情绪效果	相关评语	一定程度上不兼容评语	信号特征(密切相关客观参量)	电声系统特征(起主要作用的)	代表性节目
4-2 实(虚)	4	结实,乐队有气势,整体感(主音突出)	声像方位明确,能感到单声部(指单声道)(焦点捉摸不到)	(指挥信心不足)	饱满、振奋	(空、散)	—	1b、1c、5a(1c,中频欠缺)	ER——直达声是否突出	—
4-3 平衡	4	声部配比得当,层次清晰	—	—	—	融合	—	1,4	A(f)	—
5-1 有力	5、力度(strength),或穿透力(penetration)	气势浩大,强弱都出得来	声源逼近	能想象出舞台上的大乐队	震撼人心	—	—	5a、5b、6	S/N、M/m	—
5-2 有弹性	5	能听出爆崩音头	声源逼近	—	较刺激	丰满圆润	—	3a、2、5b	M/m、SR	—
5-3 透(缩)	5	(听着吃力)	似乎传输表减少,能直透远方(缩任扬声器后面或"空穴"音)	—	(使不上劲)	明亮、清晰、有弹性	—	5、1c、1d	S/N、M/m	—
5-4 纤细	5	花腔女高音的声音	—	工笔画	—	—	—	1d	A(f)	—
6-1 柔和软(硬)	6 柔利度 softness	—	穿透力弱	对比度不强的画面	放松、平静	丰满厚实、松(金属声)	—	5a	A(f)(THD)	—
6-2 荡(松紧)	6	柔和而有弹性	—	(急行军)	放松、舒适	松、丰满、宽	—	1,3a	A(f)、SR	—
6-3 尖锐	6	刺耳、夸张、严重着色	极穿透	—	刺激、紧张、逼人	紧	—	1d	THD、IMD、Q	—

续表

评价术语	归属的主观参量*	听感特征	听觉透视	拟形象	情绪效果	相关评语	一定程度上不兼容评语	信号特征（密切相关客观参量）	电声系统特征（起主要作用的）	代表性节目
7-1 干净（嘈杂）	7. 纯净度 cleanliness	—	—	—	—	—	—	—	—	—
7-2 毛、野、破、炸、爆	7	—	—	—	紧张、烦躁、不适	—	—	5,6	各种失真及本底噪声	—
8-1 自然	8. 自然度 naturalness、liveness	音色逼真、觉察不出电声成分	—	—	—	—	—	—	各项指标都要求好	—
8-2 木、呆、板	8	无弹性、失去了亮度、失去了信号中固有的共鸣	出不来	击数斑如击木棒或击无桶的皮膜	不活跃、沉闷	干、缩	—	—	Q太低	—
8-3 着色或染色	8	见注，顾名思义	—	—	—	—	—	—	—	—
9-1 空 空间感 spaciousness	9	大厅、教堂效果声	—	—	—	—	—	3	Dly、T60	—
9-2 太空声	9	极空、混响、轰鸣	—	—	空、混、炸、有力	空、混、炸、有力	—	5,3	M/m、Dly、T60、多次反馈	"星球大战"、"超人"音乐
9-3 飘忽	9	朦胧、飘荡、纤细	在远方、旷野	—	有强烈的衬托效果	—	—	1d,1e	Dly	人声：爱琴海的珍珠、郭兰英演唱婆娘冤托梦
9-4 有纵深感	9	—	体现主体声	—	—	—	—	—	多声道调差级的时差	—

359

续表

评价术语	归属的主观参量**	听感特征	听觉透视	拟形象	情绪效果	相关评语	一定程度上不兼容评语	信号特征(密切相关客观参量)	电声系统特征(起主要作用的)	代表性节目
10-1 宽(窄)	10. 开阔度 openness	清晰、明亮、松	—	—	舒坦、开朗	清晰、明亮、松	—	4,1	BW、A(f)	蓝色多瑙河、交响乐演奏、电子乐与的对比
	10	窄而单薄	—	—	—	窄、单薄	—	4,1	BW、A(f)	—
	11 亲切感 intimacy	不大大的场所,高水平的演出,听众与演奏者、指挥者之间有交流						综合效果	—	—
10-2 编	12 临场感 presence	宛如置身现场听音,不觉察扬声器的存在						综合效果	—	—
	13 参与感 participation	这是现代音响技术的最高水平[注]:给听音人创造"置身其中"的感觉,非但有临场感,而且能感到本人也在参加演出								

* ( )中为反义词。

** 就是衡量哪方面的音质。

代码:信号特征:1. 幅频特性:1a 低频强度;1b 中低频强度;1c 中频强度;1d 中高频强度;1e 高频强度;2. 相频特性;3 波形特性;3a 音头前沿初始延迟声;3b 前50ms或80ms;3c 音尾;4 带宽;5 音量:5a 平均音量;5b 峰值音量;6 动态范围。

电声系统特性(包括人为加工):A(f)幅频响应;BW 带宽;Dly 延迟;ER 声能比;IMD 稳态互调失真;P(f)相频响应;Q 共振;M/m 动态范围;T_{60}混响;色、尾留音振荡(ring);S/N 信噪比;SR 转换速率;THD 总谐波失真;TIMD 瞬态互调失真;XD 交越失真。

注:8-3 着色:

评语	8-3-1 麦鸣	8-3-2 鼻塞音、胸音	8-3-3 发空、哄	8-3-4 膛声	8-3-5 杯声或汽车喇叭声	8-3-6 鼻音	8-3-7 哨声、嘘嘘声	8-3-8 金属声	8-3-9 齿音	8-3-10 啸音、砂砾声
共振区(Hz)	50~80	100~150	150~300	400~600	700~1.2k	1.8~2.5k	4k左右		5k以上	

第四节　与音响有关的一些基本概念

一、音频节目信号

音频节目信号与典型的正弦波信号不同，音频节目信号的电压是随时间不断上下波动的，不同节目信号、不同时间段的电压幅度与时间关系是不同的，如图 10-7 所示，图中左边是幅度—时间关系图，纵坐标表示幅度，横坐标表示时间，也称波形图，右边是幅度—频率关系图，纵坐标表示幅度，横坐标表示频率，也称频谱图。

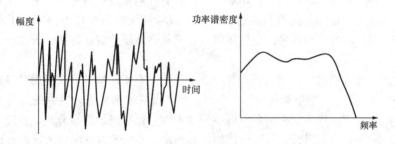

图 10-7　音频电信号的波形图及频谱图

目前表示音频电信号的电压或表示音频声信号的声压大小有五种，即电压或声压的峰值、有效值、平均值、准峰值、准平均值等五种。

（1）音频电压或声压的峰值。峰值是指信号电压或声压在一个全周期或一定长的时间内（非周期信号）瞬时绝对值的最大值。

（2）音频电压或声压的有效值。有效值（或称方均根值）是指音频电压或声压信号瞬时值平方平均值的平方根值，它是用与声音信号相同功率的直流信号强度来代表的数值，在不特别说明的情况下，我们平时所说的电压或声压就是指其有效值。

（3）音频电压或声压的平均值。整流平均值（简称平均值）是指音频电压或声压信号瞬时绝对值的平均值，即将声音信号进行全波整流后的直流分量数值。

（4）音频电压或声压的准峰值。音频电压或声压的准峰值是用与声音信号相同峰值的稳态正弦波信号的有效值表示的数值，由于声音信号本身不是正弦波信号，所以用这种方法表示的声音信号峰值称为准峰值。

（5）音频电压或声压的准平均值。准平均值是用与声音信号相同平均值的稳态正弦波信号的有效值表示的数值。

二、音频信号的峰值因数

音频信号的峰值因数指的是音频信号的峰值与其有效值之比。由于音频信号的波形与正弦信号的差别很大（见图 10-1 左边），音频信号的峰值因数比正弦波大。一般来说对音频信号的峰值因数是有要求的，要达到高保真要求，那么音频信号的峰值因数至少要达到 4，只有峰值为有效值 4 倍以内的峰值都不出现被削波现象，才能保证听不到音频信号被削波的感觉。如果峰值因数只能保证为 3，则就可以在节目播放过程中听到由于那些峰值因数在 3~4 的峰信号被削波而产生的"削波声"，或者说听出声音有"发破"的感觉。当然能保证峰值因数更高的峰值信号不被削波，例如那些其值为有效值的 5、6 倍的峰值也得到保证，则音色将更保真。

361

🔊 第五节 传声器的选择和使用

(1) 作为语言用的传声器可以选用质量好的动圈传声器或驻极体电容传声器,目前市场上的"鹅颈式传声器"就是驻极体电容传声器,这两类传声器的性能完全能满足一般语言类使用,并且价格较廉。

(2) 对于音质要求较高的语言类和音乐、戏剧等场合可以考虑选用电容传声器。

(3) 为了避免和减少由于声回授而引起啸叫现象,大多数场合可以选用单指向性传声器,例如心形指向性传声器或超心形指向性传声器,一般只有在需要拾取各个方向的声信息时,才考虑选用全指向性传声器,也就是圆形指向性传声器,或者叫无指向性传声器。至于双指向性传声器,也就是8字形指向性传声器一般使用得较少,只有在需要拾取相对两个方向的声音信息时才使用。

(4) 演播传声器和近讲传声器的使用是有分别的。具有指向特性的演播用传声器,例如心形指向性、超心形指向性、8字形指向性等传声器,或者说除了圆形指向性外的所有其他指向性传声器,均具有近讲效应。当声源距离传声器振膜变近时,低频灵敏度会升高,所以不适于用来作为卡拉OK传声器用,也不适合流行唱法使用,必须使用专门为这些唱法设计的近讲传声器,或称卡拉OK传声器。近讲传声器也不适合用来作为演播传声器用,因为在正常的30~50cm距离拾音时,低频灵敏度会严重偏低。

(5) 关于动圈传声器和电容传声器在同一台调音台上同时使用的问题。动圈传声器不需要外界为其提供电源,而电容传声器必须要外界为其提供电源供电,例如幻像供电电源。而不少调音台只有一个幻像电源(大部分为+48V幻像电源)总开关,如接通幻像电源,则所有输入通道的传声器输入口均有幻像电源供给;如果切断幻像电源,则所有输入通道传声器输入口的幻像电源都被切断了,没有各个输入通道单独控制的幻像电源开关,那么对于这类调音台,是否能在同一台调音台上同时使用动圈传声器和电容传声器呢?当动圈传声器是平衡输出时,可以和电容传声器在同一台调音台上使用。在图10-8所示动圈传声器与调音台连接电路示意图中,图中点划线左边表示动圈传声器和传声器线部分,右边是表示调音台输入通道部分的第一级放大电路——差分放大器,与通道传声器输入口(母卡侬插座)2脚相连的标有"+"号的是差分放大器的同相输入端,与通道传声器输入口(母卡侬插座)3脚相连的标有"−"号的是差分放大器的反相输入端。调音台内的

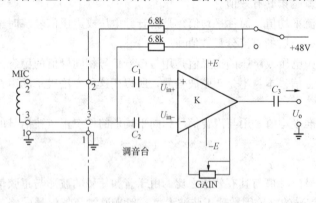

图 10-8　动圈传声器与调音台连接电路示意图

(+48V)幻像电源通过两只阻值均为 $6.8k\Omega$ 的电阻器分别加到调音台通道传声器输入插口(母卡侬插座)的2脚和3脚。当动圈传声器是平衡输出时,传声器输出插头的热端(公卡侬插头的2脚)及冷端(公卡侬插头的3脚)与调音台输入通道传声器输入插口的母卡侬插座连接后,由于幻像电源在插座2、3脚的电位相等,所以没有直流电流流过动圈传声器的音圈,动圈传声器正常工作。但是当动圈传声器是不平衡输出时,公卡侬插头的3脚与接地的1脚相通,接到调音台输入通道后造成输入通道传声器输入口的母卡侬插座3脚也接地了,3脚永远是地电位,而2

脚有一个＋48V幻像电源通过一只 6.8kΩ 的电阻器加来的直流电压,所以在没有给传声器加声信号时,动圈传声器音圈内有一个大约 7m 左右的直流电流从 2 脚通过音圈流向 3 脚,音圈中有了直流电流流过,通过电磁作用,在磁场力作用下,将音圈(和振膜)推离正常位置而偏向磁隙的一端,使音圈静态时就不在磁隙中间位置(如果传声器极性正确,则直流电流使音圈将振膜向外推),那么可能使动圈传声器在有声波作用时产生严重失真。如果音圈导线的直径以 0.025mm 计算,截面积为接近 $5 \times 10^{-4} mm^2 = 0.0005 mm^2$,按照流过 7mA 电流计算,电流密度相当于 $14 A/mm^2$,很可能将动圈传声器的音圈烧坏。

(6) 选用平衡输出的传声器,因为传声器的输出电压信号非常小,例如动圈传声器的灵敏度一般在 $1\sim2mV/Pa$,而一般讲话声音的声压不到 0.1Pa,传声器的输出电压在 0.1mV 左右。为了提高信噪比,必须尽力降低干扰信号的强度,而传声器连接线又不是很短,所以很可能感应到空间电磁波而产生干扰噪声信号,并且其幅度甚至达到可以和传声器输出有用电压信号相比拟的程度。当采用平衡输出传声器时,可以采用平衡传输方式。而调音台的输入通道的输入级是采用的差动放大器电路结构(见图10-8),差分放大器的输出电压为

$$U_{\circ} = (U_{in+} - U_{in-})K$$

式中:U_{in+} 为加到差分放大器同相输入端的电压;U_{in-} 是加到差分放大器反相输入端的电压;K 是差分放大器的电压放大倍数,实际上这个电压放大倍数是可以通过调音台输入通道上的增益(GAIN)控制旋钮来调节的。从上面的公式可见,当加到差分放大器同相输入端和反相输入端的电压是同极性、大小相等的共模信号时,差分放大器的输出为零。所以说差动放大器的特点是对共模信号有很强的抑止能力,用共模抑制比(CMRR)来表述,一般调音台的共模抑制比都能达到 $50\sim60dB$,也就是对输入到调音台的共模信号抑止能力达到 $50\sim60dB$。而平衡传输时连接导线感应到的空间电磁波干扰信号就属于共模信号,因为双芯屏蔽线的两根芯线是紧挨在一起的,所以两根芯线的每小段可以被看成处于空间同一位置,因此两根芯线感应到的干扰信号是完全一样的,即每时每刻都是同极性、等幅度,这种干扰信号就属于共模信号,进入调音台输入级的差分放大器后,能被差动放大器抑止掉 $50\sim60dB$,从而提高了信噪比。

(7) 拾音时传声器的位置。对于一般语言拾音,一般将传声器置于讲话者前方 $30\sim50cm$,高度与讲话者的嘴高度相近,但是传声器不要直接对着嘴,最好稍微偏一点角度,例如将传声器指向讲话者的两条眉毛之间。一般来说两只传声器之间距离不要太近,因为如果两只传声器之间的距离太近,同一声源到两只传声器的距离差会很小,那么在两只传声器振膜处的声压级就会非常接近,从而两只传声器对此声源的电信号输出幅度会比较接近,但是相位上是有差别的,并且不同频率的相位差也不同,这两个电信号在调音台的母线上合并时会差生梳状滤波器效应,相当于两个声波在空间干涉而产生梳状滤波器效应;当两只传声器的距离比较远时,同一声源到两只传声器的距离相差会比较大,根据点声源直达声场的平方反比定律,距离相差一倍声压级差 6dB的规律,同一声源到达两只传声器振膜的声压级就会差得比较大,那么到调音台母线上合并时,两个电压信号的幅度也会差得比较大,结果小信号对大信号的干涉作用就会小得多,梳状滤波器效应的影响就会小得多,一般如果将同一声源到两只传声器的距离差达到三倍关系,梳状滤波器效应就可以非常小了,这也是录音中常说的术语"三比一原则"。

实际上即使有乐队演出,也不宜同时使用太多传声器对乐队拾音,因为如果两只拾音传声器相互距离太近,每只传声器除了拾到自己前面声源的声音外,都会拾到侧前方声源的声音,那么每只传声器中都有前方和侧前方声源的声音经过声电转换后的电信号输出,在调音台中母线上相加后会引起梳状滤波器效果。如果相邻两只传声器距离比较远,前方声源的声音和侧前方声源的声音到达传声器时的声压级相差就比较大,引起的梳状滤波器效应就小得多。

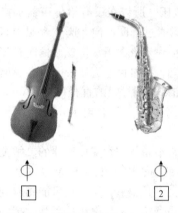

图 10-9　两只传声器拾音示意图

在用两只传声器对两个声源进行拾音时，例如图 10-9 中 1 号传声器主要对小提琴拾音，2 号传声器主要对萨克斯管拾音，但是小提琴的声音也能进入 2 号传声器，同理萨克斯管的声音也能进入 1 号传声器，1 号传声器和 2 号传声器输出的电信号分别进入调音台的输入通道后要在母线上混合相加，这样进入 1 号传声器的小提琴声信号转变成的电信号与进入 2 号传声器的小提琴声信号转变成的电信号在调音台母线上混合相加，由于小提琴到 1 号传声器和距离到 2 号传声器的距离有差异，小提琴信号中不同频率成分的声音在两只传声器振膜处的相位差不同，加到调音台输入通道中的电信号也会是不同频率成分的相位差不同，于是不同频率成分的电信号就会出现或加强或减弱的现象，最终出现所谓的频率特性的梳状滤波器效应，导致音色的改变，也即出现声染色。同理进入 2 号传声器的萨克斯管声信号转变成的电信号与进入 1 号传声器的萨克斯管声信号转变成的电信号同样存在不同频率相位差不同，也会在调音台母线上混合相加，基于同样的原理，也会出现频率特性的梳状滤波器效应。关于出现梳状滤波器效应的原理可以这样来理解，如果小提琴与 1 号传声器的距离比到 2 号传声器的距离近 0.5m，那么半波长为 0.5m 的声波到达 1 号传声器和 2 号传声器的相位正好反相，这个波长的电信号最终在调音台母线上混合时就会出现反相叠加的结果，几乎完全抵消。半波长为 0.5m，则波长为 1m，假设声波在空气中的传播速度为每秒 340m，则这个波长的声波频率为 340Hz，就会在 340Hz 处出现抵消现象，并且频率为此频率的奇数倍处也出现抵消现象，例如在频率为 3、5、7 倍…，即频率为 1020、1700、2380Hz…处也出现抵消现象；在 340Hz 的偶数倍处出现同相位相加，也就是在 680、1360、2040Hz…处幅度增大，如图 10-10 所示。为此就提出了拾音距离的三比一原则，也就是如果使一个声源到相邻两只传声器的距离之比达到 3：1，比如到 2 号传声器的距离是到 1 号传声器距离的 3 倍，那么按照直达声的平方反比定律，此声源加在 1 号传声器上的直达声声压级就比加在 2 号传声器上的直达声声压级大 9.5dB，换一种说法，如果两只传声器的灵敏度相同，则 2 号传声器输出的此声源的电信号要比 1 号传声器输出的此声源电信号小 9.5dB，此时这两只传声器的信号还会在调音台母线混合叠加，但是所造成的梳状滤波器效应已经很弱

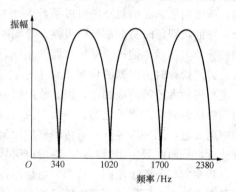

图 10-10　梳状滤波器效应频响曲线

了，其造成的声染色现象已经可以容忍了，如果距离差更大，则梳状滤波器效应会更弱。另外如果使用单指向性传声器，例如心形指向性传声器拾音，则主声源通常位于传声器主声轴（0°）方向，而侧面声源由于处于传声器的偏离主声轴方向，也就是偏离 0°方向，所以对于非主声源的声信号，其灵敏度就会低若干分贝，这也有利于减弱梳状滤波器效应的影响，当然使用单指向性传声器也会带来非轴向声染色问题，需要注意。其实这种由于两个相同性质的声音到达传声器距离差而引起的梳状滤波器效应并不限于上面我们所举例子，例如当一个声源附近有强反射面存在，而反射声波与直达声声波到达传声器的路程差如果也是 0.5m，则在一只传声器的情况下，由于直达声波与反射声波的叠加，也能引起梳状滤波器效应，其结果也是如图 10-10 所示。当然当距离差改变时，峰谷的频率也跟着改变，看来对于这种情况的解决办法最好是移开强反射面，如果

不能移开强反射面，则需要将强反射面进行必要的吸声处理，如果使得反射声的强度小于直达声10dB左右，也就算基本解决了声干涉引起的梳状滤波器效应了。

（8）对于传声器指向性的选择。只有需要将现场所有位置的声源同时拾取时才选择全指向传声器，否则尽可能不选择全指向传声器。因为全指向传声没有对音源的选择性，所以串音会比较严重，也不利于抑制啸叫，与单指向性传声器相比，拾取的声音显得混响声较强，但是全指向传声器没有近讲效应，也没有非轴向声染色。大多数情况下应选择单指向性传声器，例如心形、超心形、强指向性等，使用单指向性传声器拾音可以突出主音源，减少串音，在一定程度上减小频率响应的梳妆滤波器效应，提高直达声与混响声的比例，因为混响声绝大部分是从非轴向加到传声器的，灵敏度低于轴向灵敏度，并且对抑制啸叫比较有利，例如对于心形指向性传声器的指向特性理论计算公式是 $0.5+0.5\cos\theta$。按照这个公式计算可知，对于 $60°$ 方向入射的声波，其灵敏度比 $0°$ 方向入射时低了 2.5dB；$70°$ 方向入射的声波，其灵敏度比 $0°$ 方向入射时低了 3.5dB；$80°$ 方向入射的声波，其灵敏度比 $0°$ 方向入射时低了 5.85dB；$90°$ 方向入射的声波，其灵敏度比 $0°$ 方向入射时低了 6dB，这些数据充分说明，从这些非轴向方向入射的回授声波到传声器后灵敏度大为降低，那么就降低了啸叫的可能性。例如传声增益能提高 2.5dB，对于扩声来说贡献已经比较大了，因为对于室内扩声各种声学特性指标中传声增益这一指标，大部分标准和规范中要求达到不小于 -6dB 就算指标比较高了，大多数是要求达到不小于 -8dB，低一些的甚至只要求达到不小于 -10dB，假定某个工程对传声增益的要求达到不小于 -8dB，如果采用了心形指向性传声器而使得传声增益提高了 2.5dB，那么传声增益就变成不小于 -5.5dB 了，这个提高就相当可观了，对扩声的贡献已经很大了。但是要注意有指向性传声器拾音中的近讲效应和非轴向声染色现象的影响。关于非轴向声染色问题，我们这里稍加说明。我们已知在乐队演奏时，虽然某一时刻乐队不同乐器演奏的是同一音符，或者说是同一音高的乐音，所以乐队不同乐器演奏的乐音的基音（基波）是相同的，但是我们仍然能够区分哪些声音是那件乐器演奏出来的声音，之所以能够区分不同乐器的声音源于不同乐器的音色是不同的，而所以音色不同是由于不同乐器发出的乐音中各次泛音（谐波）与基音（基波）的比例是不同的，各次谐波和基波之间的相位差也可能不同，构成了各种乐器独特的音色。当使用单指向性传声器拾音时，由于其在非轴向方向，在同一角度上不同频率的灵敏度是不同的，尤其是高频成分，如图 10-11 所示。例如在非轴向的 $60°$ 角度上，2000、4000、8000、16000Hz 这几条曲线是不重合的，也就是灵敏度是不相同的，那么在非轴向位置（例如 $60°$ 角度）上声源的声音加到单指向性传声器后，不同频率成分的声波变换出来的电压就不同了，所以说改变了各次谐波与基波的比例，也就是改变了音色，我们称之为"声染色"，那就是单指向性传声器的"非轴向声染色"。界面传声器中的压力区传声器（PZM）虽然也是有指向性的传声器（其指向性是半球形指向性），但是可认为几乎没有非轴向声染色现象的。强指向性传声器，例如枪式传声器适合用于距离稍远的采访拾音，记者可以在距离讲话者稍微远一些的位置对讲话者拾音。双指向型传声器的使用比较少。

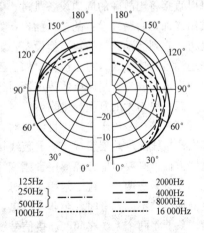

图 10-11 单指向传声器指向性图

（9）关于传声器与声源的距离问题，也就是拾音距离问题。近距离拾音，所获取的声音直达声与混响声之比就越大，距离越近，声音的内容就越丰富，细节就越多，同时就越干，声源的高频成分越多，其所表现出的方向感就越强，并且如果使用有指向性传声器而存在近讲效应，低频信号提升就越多，近距离拾音意味着可以在拾音工作中使用更多数量的传声器，但在增加传声器数量的同时也增加了噪声和相位失真的可能性；远距离拾音，传声器与声源距离越远，声音越扩散，越开放，同时直达声与混响声之比就越小，低频越多，声源就越表现出全方向的特点，在临界距离以内拾取到的直达声比混响声强，在临界距离以外拾取到的混响声比直达声强。

（10）关于传声器灵敏度与系统啸叫的关系，有人说灵敏度高的传声器容易引起啸叫，也有人说灵敏度低的传声器容易引起啸叫，其实这两种说法都不对，因为无论传声器灵敏度是高还是低，总要保证声源加到传声器的声压级一定的情况下，扬声器系统辐射到听音位置的声压级达到一定值。如果传声器灵敏度偏高，则传声器输出的电压就高，为了使听音位置声压级保证预定数值，则应该适当降低调音台传声器输入通道的增益，以保证声压级不变。反之，如果传声器灵敏度偏低，那么为了使听音位置声压级不变，就得将调音台传声器输入通道的增益调高一些，总之是保持传声增益不变，也就是系统闭环增益不变，所以就说不上容易啸叫的问题。如果将加到传声器上的声压级提高，为了听音位置声压级不变，则就需要降低调音台传声器输入通道的增益，那么就更不容易产生啸叫了，实际是将系统的传声增益降低了，所以不容易产生啸叫了，两种情况能引起加到传声器的声压级提高，一种是提高声源的声压级，另外一种是缩短传声器与声源的距离。

第六节 扩声系统中设备故障的判断与排除

一、无声故障的判断与排除

（1）检查所有设备是否都已开启，各设备的音量控制钮是否都已调到合适位置，调音台上各通道路径开关是否已选通，检查各连接线是否已连接正确可靠。

（2）如还无声则需逐级检查，可以从后向前逐级检查，也可从前向后逐级检查。从前向后查时，首先用监听耳机检查信号是否已进入调音台，然后可以用电压表或万用表逐级检查各级设备是否有信号输出，直至查出无信号输出的一级，并判断是设备无输出，还是连线有问题。如确属设备故障，则应更换备用设备以救急，如果属于周边设备出现故障，在没有备用设备的情况下，可以直接将出故障的周边设备跳过，例如均衡器出现故障了，则可将输入到均衡器的输入线插头拔出来加到后一级设备的输入插口；如果是调音台的某一输入通道出现故障，则可以换一路输入通道，直到活动结束后再更换设备；如属连接线有问题，则在急用时先换备用线，然后有空时再修理设备和连接线。对于设备，如自己不熟悉设备内部结构、原理时不要轻易动手修理，以免小故障变成大故障。当用电容传声器时还应检查幻像电源是否加上。

二、哼声大的判断与排除

哼声往往是由于接地不良或不对，系统的设备不在同一路电网上，地电位严重相差引起的，其次连接线的屏蔽层脱焊，或屏蔽线接得不对而形成地电流回路，引起哼声大。所以应着重检查这些方面，必要时应加隔离用音频变压器，以便把前后级设备间的"地"断开，而信号仍然畅通。尤其是在两个系统之间相连接时，往往会由于两个系统不用同一电源而引起两个系统之间的电源地电位不同，有时甚至非常严重，从而产生明显的哼声。对这种原因引起的哼声非常容易判断，只要将两个系统之间的连接信号线插头从一个系统拔掉，哼声马上会消失，如果确认哼声是由于两个系统电源的地电位不同引起的哼声，则可采取将两个系统的"地"隔离的方法，通常用加隔离用音频变压器来达到目的。对隔离用音频变压器的技术要求是：一二次绕组用同样规格的导线绕制，圈数比为 1:1，输入阻抗和输出阻抗均为 600Ω，谐波失真不小于 1%，频率响应在 $40Hz\sim16kHz$ 范围内优于 $\pm0.5dB$，功率最好能达到 $100mW$。因为对于 600Ω 阻抗上得到 $+20dB$

电平信号时，其功率为100mW，实际上大部分音频隔离变压器输出端的负载阻抗不是600Ω，而是比600Ω大，并且还大得多，例如调音台输入通道上的传声器输入口的阻抗大部分能达到1.5kΩ以上，而线路输入阻抗一般都在10kΩ的数量级，所以真实的音频隔离变压器的输出端负载阻抗不是600Ω，那么在＋20dB电平输出时的输出功率就不一定需要达到100mW了。例如负载阻抗为1.5kΩ，输出功率约为40mW，负载阻抗为10kΩ时输出功率6mW，所以要求的音频隔离变压器功率"最好能达到100mW"，一般情况下，能达到50mW就够用了。

三、削波失真的判断与排除

首先检查各设备上的削波指示灯是否亮着，如并未发现任何设备上的削波指示灯连续亮着，则可选择系统靠中间的一台设备把音量降下来几个dB，以判断是该设备的前面已有削波失真，还是在该设备后面才产生的削波失真。如此经不多几次调节音量控制器，即可判断削波来自哪一级。一般来说，确实系信号过强引起的削波，则应在前级设备上就将音量电平降下来，如属设备故障（如设备内的工作电源不正常，或负反馈通路开路等）则必须更换设备。

四、声音小的判断与排除

在对各台设备的操作都符合规范的情况下，声音小往往是连接线问题居多，如连接线短路，插头、插座配合不好，连线虚焊等，在判定连接线没有问题后再怀疑设备，检查是哪一台设备有了故障，然后更换设备。

如声音小还伴随声场严重不均匀则应考虑扬声器连接线的极性是否接错。

五、干扰信号的产生与处理

有时在一些地区的扩声系统中可以听到广播电台的声音，或者其他干扰声，例如来自雷达、高频热合机、电焊机等的干扰声统称为噪声。有时一套扩声系统安装完，调试时可能听到音箱中发出间隙性杂音，甚至出现广播电台的播音声，这些声音往往是由于空间有较强的（被调制的）高频电磁波，扩声系统接收到这些被调制的高频电磁场后产生高频感应电势——高频电信号，然后这个高频电信号通过扩声系统电子电路中的例如晶体管二极管、晶体三极管、场效应管、集成电路等非线性元器件构成的电路对高频电信号进行解调，将寄生于高频信号中的音频调制信号解调出来。这里高频信号相当于被调制的载波信号，而寄生于这些高频信号中的音频信号相当于调制波信号，如果我们的扩声系统设计不是很到位，就可能将射频无线电高频干扰信号通过连接线较多地接收进来，然后由于扩声设备电路的非线性，将这些高频无线电信号进行解调，从而产生可感觉到的音频干扰信号，最后在扬声器系统中播放出来。解决这个问题的首要方法是在系统设计时注意采用平衡连接，到功率放大器输入端为止的所有音频线都应该采用屏蔽性能良好的音频电缆，并且连接线的长度不要太长，接地良好。在这些措施都到位的情况下，还有干扰信号出现时，则应考虑加入射频滤波器，目前很多（周边）设备的信号输入端加有射频滤波器电路，能对射频信号进行抑制，但是调音台等设备的输入端没有设置射频滤波器电路。考虑到广播调频中波的最低载波频率是535kHz，所以建议射频低通滤波器的－3dB频率选在400kHz左右，这样比音频最高频率20kHz高了20倍，不至于影响音频信号的传输，当然比400kHz频率再低一些也不是不可以，但是起码要在200kHz以上。可以用RC构成阻容低通滤波器，也可以用LC构成低通滤波器，将低通滤波器接在调音台的输入端，尤其是小信号音源与调音台相连接的输入口，例如传声器输入口。根据滤波器理论，当用RC滤波器时，假如－3dB频率选在400kHz，可以根据以下公式计算

$\omega=1/RC$，或$C=1/\omega R$，或$RC=1/\omega=1/2\pi f=1/2\times 3.1416\times 400000=3.98\times 10^{-7}$

$C=3.98\times 10^{-7}/R$；可以先选定电阻R的值，然后计算出电容C的值。电阻值不能选得太大，因为电阻是串联在输入电路中的，如果电阻值太大，那么相当于增大了信号源的内阻，使电

压信号传输系数明显减小，当然电阻值也不能选得太小，因为电阻值选得太小的话，电容值就要选得大了。例如选电阻值为 1000Ω，则

$C=3.18×10^{-7}/R=3.98×10^{-7}/1000=3.98×10^{-10}=398\mathrm{pF}$；当选电阻值为 200Ω 时，则电容量为 2000pF。如果−3dB 频率不是选在 400kHz，则应将具体选择的频率值代入 $C=1/\omega R$ 公式来计算。

如果采用 LC 低通滤波器的话，电感 L 串联在输入电路中，由于电感在低频时的感抗值非常小，也就是在 20kHz 时的感抗值比 400kHz 时的感抗值小 20 倍，或者说 400kHz 时的感抗值是 20kHz 时的感抗值的 20 倍，所以在音频时对电压信号的传输系数减小程度很小。如果还以−3dB 频率选在 400kHz 为例，则

$$\omega=\frac{1}{\sqrt{LC}};\text{则 }LC=1/\omega^2=1/(2\pi f)^2=1/(2×3.1416×400000)^2=1.58×10^{-13}$$

$L=1.58×10^{-13}/C$，如果取电容 C 的电容量为 1500pF，则电感 L 的值可以计算得到

$$L=1.58×10^{-13}/C=1.58×10^{-13}/1.5×10^{-9}=6.8×10^{-5}=100\ (\mu\mathrm{H})$$

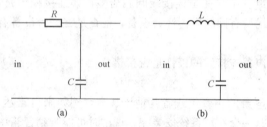

（a） （b）

图 10-12 射频低通滤波器电路图
（a）RC 低通滤波器；（b）LC 低通滤波器

如果电容值改选为 300pF，那么电感的值为 500μH＝0.5mH，这样电感量的电感器是容易做出来的。0.5mH 电感对于音频最高频率 20kHz 来说，其阻抗大约为 63Ω，串联在输入电路中对音频电压的传输效率影响就极微小了。射频滤波器电路图参考图 10-12，因为所选元器件体积很小，射频滤波器可以直接焊接在插入调音台的输入插头内。

六、系统故障检查时通常可以采用下述几种方法

（1）替代法。如用不同节目源从不同通道进入调音台以判断是调音台及其以后设备故障，还是某台节目源设备的故障，又如可用副音箱通道代替主音箱通道来检查等。

（2）超越法。此种方法可以从后级设备向前级设备逐级检查。例如，用一台音源设备直接输入到功率放大器，如正常则再往前退一级设备，如此可以较快判断是哪一台设备出故障。

（3）交换法。如甲设备与乙设备交换一下通道以便判断是设备输出有问题，还是下一级设备的通道输入有问题。

🔊 第七节 扩声系统电平调节方法讨论

关于扩声系统中的调音台各输入通道的推子（衰减器）是否要推到同一高度，功率放大器的电平控制旋钮是否应该拧到最大位置等此类问题，在业界由于个人习惯不同、爱好不同、看法不同，所以有不同意见和做法。这篇文章想对这些问题做一些探讨，为了能更清楚地说明哪种做法也许更好一些，有必要在这里先简单讨论一些理论问题。

要将一套扩声系统的电平关系调节得好，合理地分配构成这套扩声系统每一台设备的增益（或电平），也就是合理地分配每一级设备应承担的电压放大倍数，是最基本的要求。进一步要求合理地调节每一台设备中可调各级的增益分配，尤其是调音台中可调各级的增益分配，如果调节得好则信噪比高、动态范围大、失真小，反之则失真大、信噪比小、动态范围小。

一套扩声系统可由音源设备（如传声器、电声乐器、卡座、CD 机等）、调音台（或前置放大

器）、周边设备（如压限器、频率均衡器、混响效果器、电子分频器等）、功率放大器、扬声器系统（本文中以下称其为音箱）等组成，这些设备中除了混响效果器外，通常采用串联方法按照前后次序顺序连接。如果将整套扩声系统看成是一个多级放大器，则可将构成扩声系统串联回路中的每一台设备看成是一个多级放大器中的各级放大环节。调音台本身就可被看成是一个多级放大器，实际上从通道输入级经过中间的频率均衡、母线前的放大级、母线后的相加级等，一直到输出通道输出级就是一个多级放大器中的各个放大环节。

对于一个要求预定总电压放大倍数的由多级电压放大单元构成的电压放大器而言，为了达到预定的总电压放大倍数，可以有多种分配各放大单元电压放大倍数的方案。但是有经验的电压放大器设计者总是设计成前级电压放大单元的电压放大倍数尽可能地大，随后各电压放大单元的电压放大倍数依次逐级减小。因为按照电压放大器理论，为了提高整个电压放大器的信噪比，必须充分利用构成这个电压放大器的各级电压放大单元中的前级放大单元的电压增益，而不是相反。原因是如果一个电压放大器由串联的 5 级电压放大单元串联构成，由于构成整个电压放大器的每一个电压放大单元都是由电阻、电容、半导体管（包括半导体二极管、晶体管以及非半导体管的电子管等）、集成电路（其实集成电路本身就是由集成在半导体芯片上的电阻、半导体二极管、晶体管等元器件组成的）构成的，而其中电阻、半导体管等必然会产生电噪声信号，或者说构成整个电压放大系统的每一个电压放大单元本身都会产生噪声信号。这样，对于一个有 5 级电压放大单元串联构成的电压放大系统中，第一级电压放大单元产生的噪声就要经过后面四级电压放大单元的不断放大，如果后面四级电压放大单元的电压放大倍数大，则第一级电压放大单元本身产生的噪声经过后面四级电压放大单元放大后的噪声输出就大。

以图 10-13 为例说明，图中画了 5 级串联的电压放大单元组成一个电压放大器，这里我们将

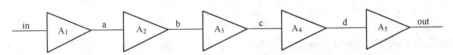

图 10-13　由 5 级放大环节构成的放大系统示意图

各电压放大单元分别称为第一级、第二级、第三级、第四级、第五级电压放大单元。电压放大单元的电压放大倍数分别以 A_1、A_2、A_3、A_4、A_5 表示，各电压放大单元的输出端分别以 a、b、c、d、out 表示。现在假设要求此电压放大器的总电压放大倍数为 5000 倍，则可以有很多分配各电压放大单元电压放大倍数的方案。可以是第一级电压放大单元的电压放大倍数最大，后续各级电压放大单元的电压放大倍数相对比较小；也可以是第一级电压放大单元的电压放大倍数最小，后续各级电压放大单元的电压放大倍数相对比较大；也可以是第一级电压放大单元和第五级电压放大单元的电压放大倍数比较大，其余各级电压放大单元的电压放大倍数相对较小等。现在来分析哪种方案最好。首先前面我们已经说过，每一节电压放大单元（也就是构成完整电压放大器的各个单级电压放大器）是由若干数量的电阻、电容、半导体二极管、晶体管或集成电路构成的，而电阻、半导体二极管、晶体管或集成电路都会产生电噪声，尤其是半导体管或集成电路是产生电噪声的主体，构成一个电压放大单元后就会产生由组成这一级电压放大单元的所有元器件综合作用而产生的噪声信号，以噪声电压的形式在其输出端表现出来，所以每一级单级电压放大单元本身都会产生一定数值的噪声电压。这里我们假定每一级单级电压放大单元在其输出端产生 $3\mu V$ 噪声电压，如果取第一种方案，我们设 A_1 的值为 200 倍，则其余 4 级电压放大单元电压放大倍数的乘积只要 25 倍即可；假如取 A_2 为 5 倍，则其余 3 级电压放大单元电压放大倍数的乘积只要 5 倍即可，第一级单级电压放大单元输出的 $3\mu V$ 噪声电压只经过后四级电压放大单元的 25 倍放

大后的噪声电压输出为 $75\mu V$；如果假设取第一级电压放大单元的电压放大倍数 A_1 为 10，则后四级电压放大单元电压放大倍数的乘积必须不小于 500，如果第一级电压放大单元还是输出 $3\mu V$ 噪声电压，则经过后四级电压放大单元 500 倍的电压放大后，由于第一级电压放大单元本身产生的 $3\mu V$ 噪声电压经后四级电压放大单元放大后的输出噪声电压为 $1500\mu V$。显然，由于第一级电压放大单元本身产生的 $3\mu V$ 噪声电压经后四级电压放大单元放大后，后一种方案的输出噪声电压要明显高于前一种方案。这里强调由于第一级电压放大单元本身产生的噪声输出电压经过后面四级电压放大单元放大后的输出电压的含义是：总输出噪声电压中除了包含第一级电压放大单元本身产生的噪声经过后四级电压放大单元放大后出现在总输出端之外，还包含第二级电压放大单元本身产生的噪声电压经过后三级电压放大单元放大后出现在总输出端的噪声电压，第三级电压放大单元本身产生的噪声电压经过后两级电压放大单元放大后出现在总输出端的噪声电压，第四级电压放大单元本身产生的噪声电压经过末级放大单元放大后出现在总输出端的噪声电压，以及末级电压放大单元本身产生的噪声电压，并且所有这些噪声电压不是以电压值直接相加的方式构成总输出噪声电压值，而是以能量相加的方式构成总输出噪声电压值。

设第一级电压放大单元输出的噪声电压为 u_{na}，假定每一级电压放大单元本身产生的噪声电压为 $3\mu V$，则后面各级放大单元的输出噪声电压依次为 u_{nb}、u_{nc}、u_{nd}、u_{nout}。计算方法为

$$u_{na} = 3 \quad (\mu V) \tag{10-1}$$

$$u_{nb} = \sqrt{(3A_2)^2 + 3^2} \quad (\mu V) \tag{10-2}$$

$$u_{nc} = \sqrt{(u_{nb}A_3)^2 + 3^2} \quad (\mu V) \tag{10-3}$$

$$u_{nd} = \sqrt{(u_{nc}A_4)^2 + 3^2} \quad (\mu V) \tag{10-4}$$

$$u_{nout} = \sqrt{(u_{nd}A_5)^2 + 3^2} \quad (\mu V) \tag{10-5}$$

如果取第一种方案，A_1 为 200 倍，A_2 为 5 倍，A_3 为 1 倍，A_4 为 5 倍，A_5 为 1 倍，则依照计算式（10-1）～式（10-5）计算出的输出噪声电压分别为 $u_{na} = 3(\mu V)$、$u_{nb} = [(3\times5)^2 + 3^2]^{1/2} = 15.297(\mu V)$、$u_{nc} = [(15.297\times1)^2 + 3^2]^{1/2} = 15.588(\mu V)$、$u_{nd} = [(15.588\times5)^2 + 3^2]^{1/2} = 78(\mu V)$、$u_{nout} = [(78\times1)^2 + 3^2]^{1/2} = 78.06(\mu V)$。

如果取第二种方案，A_1 为 10 倍，A_2 为 5 倍，A_3 为 10 倍，A_4 为 5 倍，A_5 为 2 倍，则依照计算式（10-1）～式（10-5）计算出的输出噪声电压分别为 $u_{na} = 3\mu V$、$u_{nb} = [(3\times5)^2 + 3^2]^{1/2} = 15.297(\mu V)$、$u_{nc} = [(15.297\times10)^2 + 9]^{1/2} = 153(\mu V)$、$u_{nd} = [(153\times5)^2 + 3^2]^{1/2} = 765(\mu V)$、$u_{nout} = [(765\times2)^2 + 3^2]^{1/2} = 1530(\mu V)$。

从上面计算可知，第一种方案总噪声输出电压为 $78.06\mu V$，而第二种方案总输出噪声电压为 $1530\mu V$，说明在保持总电压放大倍数一定的情况下，前级电压放大单元的电压放大倍数取得大，则总输出噪声电压就小，并且能小很多，换一种说法就是前级电压放大单元的电压放大倍数取得大，则信噪比就高。在我们上面所举的例子中，第一种方案比第二种方案的信噪比高 25.8dB，在音响扩声中信噪比能提高那么多对扩声的作用已经非常大了。

如果将上面举例的电压放大器比做一台调音台，调音台示意电路图如图 10-14 所示，则也可将组成调音台中各部分对应成上述多级电压放大器中的五级单元，A1 对应成单声道输入通道的输入放大级（包括 VT1、VT2、IC1 及其外围元器件组成的复合电压放大单元），也就是增益调节级（GAIN），这一级可以通过调节电位器 RP1 来改变负反馈电阻值达到改变电压放大倍数，通常增益调节范围可以达 40dB 以上；A2 对应成输入通道的频率均衡（EQ）级（包括 IC2、IC3 及其外围元器件组成的三段频率均衡单元），在平直位置这一级的电压放大倍数原则上为 1，即增

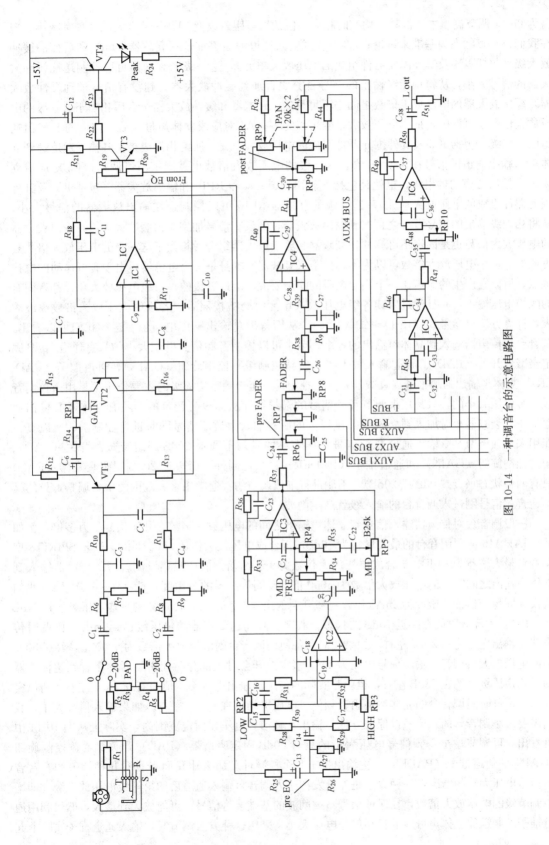

图 10-14 一种调音台的示意电路图

益为 0dB，调节高、中、低频率均衡时相应频段的增益跟着改变，提升时增大，衰减时减小，现在我们以平直状态为基准来讨论；A3 对应成输入通道的通道推子（衰减器 RP5）和后面的缓冲放大级（包括 IC4 及其外围元器件组成的电压放大单元），这一级的衰减器可以控制送往缓冲放大器的信号大小，从将均衡级输出的信号百分之百加到缓冲放大器，到没有信号加到缓冲放大器，缓冲放大器的电压放大倍数是固定不可调的，衰减器和缓冲放大器组合后相当于这一级的电压放大倍数是可调的，最小电压放大倍数可以为零；A4 对应成立体声母线后立体声的 L 输出通道的相加级（包括 IC5 及其外围元器件组成的电压放大单元，所谓相加级是指各输入通道送到立体声 L 输出通道的信号在这里相加），这一级的电压放大倍数也是固定不可调的；A5 对应成立体声 L 输出通道的输出级，也就是包括 L 输出通道衰减器 RP10 和输出放大器（包括 IC6 及其外围元器件组成的电压放大单元），这一级的衰减器 RP10 可以控制送往输出放大器的信号大小，从将相加级输出的信号百分之百加到输出放大器，到没有信号加到输出缓冲放大器，输出放大器的电压放大倍数也是固定不可调的，衰减器和输出放大器组合后相当于这一级的电压放大倍数是可调的，最小电压放大倍数可以为零。推子（衰减器）本身是一个电位器，由于有可移动的电接触点，所以它产生的噪声比一个固定电阻的噪声要大。上述五级的每一级电压放大单元都有固有的噪声电压输出，并且经过后续各级电压放大单元时会被按照后续各级的电压放大倍数逐级放大，计算方法可参考式（10-1）～式（10-5），从而得出总输出噪声电压值。这样我们可以看出，调音台从传声器输入到立体声输出的各个环节中可以控制音频信号电压大小的只有通道 20dB 固定衰减器开关（PAD）、通道输入放大级（增益控制级）控制旋钮（GAIN）、通道推子（PADER）、立体声输出通道推子（衰减器）几个控制件。至于频率均衡级的主要作用不是用来控制音频信号电压大小的，只是用来调节音频信号的幅频特性从而改变音色的。还有立体声 L 输出通道推子（衰减器）对加入到立体声 L 母线上的所有输入通道的信号同时进行控制的，所以真正能用来单独调节某个输入通道音频信号电压大小的只剩下通道 20dB 固定衰减器开关（PAD）、增益控制旋钮（GAIN）和通道推子（PADER）三个控制件，而通道 20dB 固定衰减器（PAD）只有两种状态（衰减 0dB 或 20dB），不能进行细致调节的，通常用来大范围的增益调整，目的是不让音频信号刚进入调音台的输入级就产生削波。

　　一般调音台对传声器输入信号到立体声输出之间的电压放大倍数在几千倍到一万多倍，例如 YAMAHA1604 型调音台的最大增益为 76dB，折合成电压放大倍数为 6310 倍，声艺 SPIRIT8 型调音台最大增益为 84dB，折合成电压放大倍数为 15849 倍。假如我们设调音台的传声器输入到立体声输出之间需要的电压放大倍数为 5000 倍。动圈传声器的灵敏度一般在 1～3mV/Pa，我们假设动圈传声器的灵敏度为 2mV/Pa，一般开会的语言扩声时，到传声器的平均声压级不到 74dB（0.1Pa），大部分时间在接近 70dB 的状态，假定实际到达传声器的声压级达到 74dB，则此时传声器的输出电压为 0.2mV 左右。如果我们准备使用调音台的电压放大倍数为 5000 倍，经过 5000 倍的电压放大后调音台输出信号电压为 1V。事实上开会时大部分时间讲话者的声音到达传声器的平均声压级大约在 68dB 左右，也就是实际的传声器输出电压平均值只有 0.1mV 左右，所以实际上大部分时间调音台的立体声输出音频信号电压平均值在 0.5V 左右。如果输入信号大了，我们需要减小调音台的总增益以保证立体声输出音频信号电压在预定范围内，实际上从图 10-14 中可看出，可调节输出音频信号电压大小的只有 20dB 固定衰减器（PAD）开关、增益控制旋钮（GAIN）、通道推子（PADER）、主输出推子几个控制件。那么让我们来看看几种调节调音台音频信号电压大小的情况，一种方法是充分发挥进入调音台输入通道后的第一级电压放大级，即增益调节级的电压放大倍数，在保证信号不被削波的基础上将信号尽可能放大到最大，然后利用通道推子控制送往立体声母线的音频信号电压大小，采用这种方法调节时，输入通道推子实际上起到使各输入通道之间送到母线上的音频电压信号达到平衡的状态，当然这里所说的平衡不是指各输入通道加到母线上的音频电压信号大小相等，而是指各输入通道送到母线上的音频信号电压相互比例恰当，最终达到预期的输出音频信号效果。正如前面分析放大器电压放大倍数分配中所述，第一级电压放大倍数取得大可以提高信噪比，所以这种方法的优点是能提高信噪比，或者说充分利用调音台的信噪比指标。另外一种方法是不考虑是否充分利用第一级电压放大器的电压放大能力，只考虑将各路输入通道的推子推到同一高度（例如 0dB 位置），至于调节增益级的增益大小只是为了使各输入通道送往立体声母线上的音频信号音量平衡，此时往往不能在保证信号不被削波的基础上充分利用第一级电压放大器（增益控制级）的电压放大倍数，也就不能充分利用调音台的信噪比了。那么具体是如何操作呢？按照第一种方法是分别依据每一路输入通道的输入音频信号大小，通过配合使用 20dB 固定衰减器（PAD）开关和增益控制旋钮（GAIN）来调节，使得在输入音频信号比较大时峰值指示灯（Peak 红色发光二极管）偶尔闪亮。Peak 灯是峰值指示灯，只有信号中的峰值电平达到调音台内部设定的电平大小时才会闪亮，一般调音台输入通道的 Peak 灯闪亮电平设定在削波电平以下 3～4dB（型号不同的调音台稍有差别，但是差别不大），所以当输入音频信号比较大时 Peak 灯偶尔闪亮的状态下不必担心会出现音频信号被削波。如果每一输入通道都是这样调节，那么每一输入通道在通道推子前的音频信号电平大小就比较接近（不是相等），并且每个输入通道的插入口输出、直接输出的音频信号电平也比较接近，同时每个输入通道送往辅助母线、编组母线、推子前监听母线的最大音频信号电平也比较接近。至于每一路输入通道的推子位置可以 0dB 为基础，再对各路推子做适当调整以达到各路音量之间的平衡，这样操作的好处是每一路输入通道都处于最佳信噪比的状态，动态范围也大，各路输入信号的大小差异可以从 20dB 固定衰减器（PAD）开关和增益控制旋钮（GAIN）的状态表示出来，信号混合后各路输入信号之间相互平衡的状态可以从各输入通道的通道推子位置表示出来。至于各输入通道的推子不是处在同一高度，不容易记忆，当不需要某一通道信号时，采用拉下推子的方法，再次需要这一通道信号时，要将推子推到哪里才恢复到原先设定的状态呢？这个问题可以这样解决，即不是采用拉下推子的方法来切断这个通道送往母线上的信号，而是用通道路径开关或静音开关切断本通道的输出来解决，这样做就不用记住哪个通道推子的合适位置在哪里了，并且由于推子是直滑电位器，被推动次数越多磨损就越严重，出现的噪声就越大，所以平时操作时最好少采用拉下推子的方法切断此路信号，而是采用路径开关或静音开关来切断此路信号，再说从维修成本来考虑，更换一个开关的成本比更换一个推子的成本要低得多。

对于一套扩声系统而言，也可与上面谈到的多级电压放大器来类比，例如图 10-6 所示的扩声系统一个局部的方框图中，将调音台比作多级电压放大器的第一级，将压缩器比作多级电压放大器的第二级，将频率均衡器比作多级电压放大器的第三级，将电子分频器比作多级电压放大器的第四级，将功率放大器比作多级电压放大器的第五级。每一台设备都是由相当多的电子元器件组成电路的，都会有自己的固有电噪声输出，其指标表现为各台设备的等效输入噪声、输出噪声电压或信噪比这些参数，可以根据各台设备的技术指标计算出其固有的输出噪声电压值，而且每一台设备的输出噪声电压都会被后级设备按照它的电压放大倍数进行放大，所以后级设备的电压放大倍数越大，则被放大后的噪声电压值也越大，当然信噪比也就越小。其中调音台的电压放大倍数是可调的，压缩器没有输入信号电平调节旋钮，其输入、输出电平控制开关只是切换到适合实际输入和输出音频信号电平的电平范围，以便与实际输入到压缩器的音频信号电平相适应，例如输入音频信号电平偏低时，则可以选择输入、输出电平在 -10dBV 工作状态，也就是开关处于被按下的状态；当输入音频信号电平比较高时可以选择 +4dBu 工作状态，也就是开关处于被抬起的状态，这个开关同时控制压限器的输入、输出工作电平范围，因为压限器没有输入信号电平控制件，其实也没有必要对输入信号电平进行调节，在没有进入压缩状态的情况下其增益应为0dB，或者说没有对音频信号进行放大或衰减，所以既然输入的音频信号电平是适合＋4dBu的，当然其音频输出信号电平也必然适合＋4dBu的状态。压限器输出端有输出增益调节旋钮，其调节范围是±20dB，这个旋钮是用来对经过压缩的音频信号电平进行适当补偿的。频率均衡器上有调节音频输入信号电平大小的控制旋钮或推子，通常其调节范围是±12dB，但是没有输出信号电平调节。电子分频器上有对输入信号进行增益调节的控制旋钮，它的调节范围通常±12dB，分频后的高频输出、中频输出、低频输出信号电平等也可以调节，但是这些调节都属于衰减性质，其调节范围是＋6dB到负无穷大，即只能控制将分频后的各频段信号分别衰减掉多少，而没有放大作用。因为低频、中频音箱和高频音箱的灵敏度是有差异的，设置高、中、低频输出信号电平分别调节是为了使最终重放声音的高、中、低频音量平衡。图10-15所示是一张定阻输出功率放大器方框图的局部，或者说方框图只包含立体声功率放大器的一半，从图中可以看出，功率放大器可以用电平旋钮（Level）控制输出音频信号电压的大小，但是功率放大器的电平控制方式是在功率放大器的信号输入端设置衰减器，也就是电位器来控制的，它对输出信号大小的控制机理是控制从输入口的输入信号中提取百分之多少送到实际放大电路的输入级去，而不是控制功率放大器的电压放大倍数。功率放大器的电压放大倍数在功率放大器设计制造完成后就是一个固定的数值，是不能调节的，电压放大倍数一般在三、四十倍的数量级。因为功率放大器的电压放大倍数是由电路内部负反馈网络的反馈深度决定的，而负反馈深度影响功率放大器的多项性能指标，例如频率响应、谐波失真、信噪比、稳定性等，在一定范围内负反馈越深这些指标就越好，但是负反馈过深却容易引起放大器自激震荡，如果依靠减小功率放大器的电压放大倍数来使得音箱辐射的声压级达到预定大小的话，必须加深负反馈，这很容易造成功率放大器自激震荡，所以实际上完成设计后的功率放大器的电压放大倍数就被决定了。

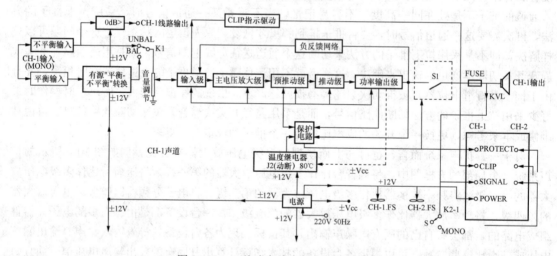

图 10-15　一种功率放大器方框图的局部

其实在扩声系统中负责对音频电信号进行放大任务的设备主要是调音台和功率放大器，调音台的主要任务之一是将输入到调音台的微弱音频电压信号放大到比较大的电平（例如0dB左右），以便将信号传输到功率放大器时有足够大的信噪比。功率放大器除了先对输入到功率放大器的音频电压信号进行必要的电压放大外，主要是再进行功率放大，在图10-15中的预推动级、推动级、功率输出级这三级电路就是进行功率放大的，由于这几级电路都是发射极跟随电路，这几级电路对音频信号电压不但没有放大作用，反而稍减小了信号电压幅度，但是对电流进行了许多倍的放大，使总输出功率满足要求，以便有足够的输出功率去推动后面的扬声器系统，从而转变成足够大的声音。而压限器、频率均衡器、电子分频器等周边设备的主要任务不是对信号进行电压放大，主要是负责对信号进行各种处理，例如对信号的动态范围进行压缩或扩展、幅频特性按照要求进行调整、将全频带的音频电信号分割成几个频段（低、高频段或低、中、高频段）的电信号等。所以周边设备原则上不是用来对音频电压信号进行放大的，我们常说周边设备是 0 进 0 出，或者说 0dB 进，0dB 出，也表明周边设备不是用来对音频电压信号进行放大的，虽然这些周边设备上也设了电平调节控制件，但是一般只对输入的音频电信号幅度进行小范围的调整。这里要说明的是所谓 0 进 0 出，只是说明没有刻意对信号进行放大，并不说明凡是进入此台设备的音频信号电平一定是在 0dB，并且实际上输入的音频电压信号是时间的函数，其幅度随时间在不断变化。例如压缩器用开关来切换成＋4dBu 或－10dBV 的输入、输出工作电平状态，不能保证在压缩器中音频电压信号就是＋4dBu 或－10dBV 了，在压缩器中音频电压信号的真实大小还是取决于实际输入到压缩器的音频电压信号大小。极端地说，虽然将压限器的电平选择开关置于＋4dBu 工作状态，但是如果前级设备实际输入到压限器输入口的音频电压信号是－20dB，那么实际在压限器里的音频电压信号就是－20dB，而不是开关所指示的＋4dBu。开关的工作状态只是表明，如果送入到压限器的音频电压信号比较大时，例如 0dB 的输入信号，应将开关设置在＋4dBu 工作状态，否则如果将开关设置在－10dBV 时，可能音频电压信号进入压限器后还没有到对信号进行压缩处理的电路部分前就已经被削波了，那么不能达到压缩器减小动态范围防止信号削波的目的；反之如果实际输入到压限器的音频电压信号比较小时，例如－12dBV 的输入信号，则应将开关设置到－10dBV 工作状态，如果将开关设置在＋4dBu 工作状态，则虽然信号不会被削波，但是信噪比会变小，动态范围也会变小。

现在我们来看看为了最终达到所需声压级，应如何调节系统各部位的信号电平。我们就两种调节方法做一个比较，第一种方法是从调音台输出开始到功率放大器输入为止，最好使传输的音频电压信号电平控制在 0dB 左右，而功率放大器的电平调节旋钮位置取决于最后从音箱辐射的声音是否达到预定的响度，或者说是否达到预定的声压级，而不必一定将功率放大器的电平控制旋钮拧到最大位置；第二种方法是将功率放大器的电平控制旋钮拧到最大位置，而靠减小调音台输出音频电压信号电平的方法使最终声压级达到预定要求。第一种方法能得到最大信噪比，并且动态范围也大。其原因还是我们前面分析由多级放大单元组成的电压放大器时所述，前级电压放大单元的电压放大倍数取得大有利于提高信噪比，而第一种方法恰恰是采用传输到功率放大器输入口为止的音频电压信号尽可能地大，然后借助功率放大器输入端的音量调节电位器来将过大的音频电压信号进行衰减，使得最终送入功率放大器实际放大电路的音频电压信号大小正好符合要求，而功率放大器输入端的音量调节电位器是以同一比例衰减有用的音频电压信号和无用的噪声电压信号的，所以衰减后的信噪比仍然保持输入到功率放大器输入端以前的信噪比水平。与此同时，因为功率放大器的音量调节电位器衰减了输入信号，所以相应地增加了功率放大器过激励的能力。至于这样调节是否造成动态范围的减小问题是不必担心的，因为我们前面已经讲过，在功率放大器中控制输出信号大小是采用调节对输入到功率放大器输入口的音频电压信号衰减程度来达到的，并没有改变功率放大器的电压放大倍数，只要提高输入到功率放大器输入口的音频电压信号幅度，那么就能增加功率放大器的输出。至于是否有能力提高输入到功率放大器输入端的音频电压信号幅度也是不用担心的，因为假设传输到功率放大器输入端的平均音频电压信号电平取 0dBu，当某些时段音频信号电平比平均值高时，功率放大器的输出也就跟着大了，当然声压级也跟着提高了。目前包括调音台、周边设备的技术指标中关于最大输出电平的指标最低为＋20dBu，这个＋20dBu 是以正弦波来测量的，也就是正弦波有效值最大输出信号应不小于

7.75V，换算成峰值应不小于10.96V。换一种说法是调音台、周边设备的最大输出峰值电平应不小于＋23dBu，那么音频电压信号的峰值允许比我们设定的传输电平平均值（0dB）高23dB，即便将传输的音频电压信号平均电平提高到4dBu，也就是以＋4dBu的平均电平传输音频电压信号，音频信号的最大输出峰值也允许比平均值高19dB，声压级也能再提高19dB。如果是最大输出峰值也允许比平均值高20dB，则相当于功率放大器的输出功率大了100倍。实际上在工程设计时，一般将音箱的额定功率取得比要达到设定的最大声压级相应的输入电功率大10dB左右，而按照推荐，通常选择功率放大器的额定输出功率比音箱的额定输入电功率大3dB，也就是功率放大器平时实际输出节目信号的有效值功率只是其额定输出有效值功率的二十分之一或更低，换一种说法，功率放大器的最大输出峰值功率比平时实际工作的节目信号有效值输出功率要大16dB（这里加进了正弦波峰值与有效值之间的3dB差值）。那么只要输入到功率放大器的信号动态范围足够大，功率放大器的输出信号动态范围也能保证足够大，而我们前面刚谈到调音台和周边设备的最大输出信号电平比通常的传输电平0dB或＋4dB要高得多，所以只要信号的动态范围足够大，调音台和周边设备就能传输动态范围足够大的信号而不必担心信号被削波。实际上最近一些年来新开发出的调音台、周边设备的最大输出电平指标大部分已高于＋20dBu这个数值了。所以当传输到功率放大器输入端的音频电压信号电平高时，功率放大器就能输出更大的信号，或者说声压级能更大，声音信号的动态范围是完全能满足要求的。从另外一个角度来说，因为扩声系统中的每一台设备本身都会产生噪声信号，如果前级设备的输出信号取得小，那么为了最终达到预定的声压级，必须要增大后级设备的电压放大倍数，这同时也对此级设备前所有设备的输出噪声进行了同样放大倍数的放大，导致信噪比下降。

如果将功率放大器的电平控制旋钮调到最大位置，采用降低输入到功率放大器的音频信号电平的方法达到预定的声压级要求，除了降低了系统信噪比以外，还有缺点如下。

1）当由于操作失误或意外原因造成功率放大器输入端以前出现冲击电信号，例如系统正常工作状态下插拔接插件、传声器倒地等意外因素而造成大的冲击电信号，那时这些冲击电信号会被百分之百加到功率放大器内部的实际放大电路上去，功率放大器就会有一个非常大的冲击电信号输出，这对于功率放大器本身和音箱都是极大的危害。反之如果功率放大器的电平控制旋钮处于比较小的状态，则实际加到功率放大器内部放大电路的冲击信号电压仅是实际输入到功率放大器输入口的冲击信号电压的若干分之一，或者说降低了多少dB，则功率放大器输出的冲击信号也会降低多少dB，显然比较有利。

2）在功率放大器处于桥接单声道（BTL）工作状态时危害更大。按照原理，功率放大器处于BTL工作状态时，在额定输入的条件下其额定输出功率应该是立体声输出时单个声道额定输出功率的四倍（输出电压是立体声输出时的二倍），为此功率放大器的制造成本要增加很多，例如增多输出晶体管对数、增加电源容量、增加滤波电容容量、增大散热器等，但是大部分用户购买立体声功率放大器不是用于桥接单声道（BTL）输出的，而是用于立体声输出的，所以功率放大器制造厂家出于提高产品性价比的需要，一般规定在BTL使用时的额定输出功率为立体声输出时单个声道额定输出功率的三倍左右，而不允许输出四倍功率。例如皇冠Reference I型功率放大器立体声输出每通道360W/8Ω，桥接单声道时1060W/8Ω；Macro Tech1202型功率放大器立体声输出每通道310W/8Ω，桥接单声道时970W/8Ω；EV的CPS4型功率放大器立体声输出每通道750W/8Ω，桥接单声道时2600W/8Ω。所以BTL使用时即便在输出额定功率时，如果输入信号为额定输入电平，电平控制旋钮也不是拧到最大位置，因为最大位置意味着输出四倍功率，而制造厂家的技术指标规定是不允许输出四倍功率的。如果在BTL使用时我们将功率放大器的电平控制旋钮拧到最大位置，将会造成很大危险，极有可能损坏功率放大器和音箱。

3）目前很多音响工程设计或投标中，为了使音质达到更高水平，保证节目信号中峰值因数高于 4 的那些尖峰也能完全表现出来，往往选配的音箱声压级远大于满足指标所需要的值，也就是音箱的电功率和声压级指标的富裕量非常大，相应地选配功率放大器的额定输出功率富裕量也很大，此时如果将功率放大器的电平控制旋钮拧到最大位置显然是极其危险的。从以上观点可看出系统调整时在保证信号不产生削波的情况下，应将输入到功率放大器输入口为止的音频电压信号电平尽可能地提高，例如以 0dB 或＋4dB 电平传输，而功率放大器的电平控制旋钮位置以音箱辐射的声压级达到要求为准。

第八节　关于音响系统中设备间连接的阻抗关系

音响系统中各设备之间的连接有一个阻抗关系问题，通常很多人将其称为阻抗匹配，但是这里所称的阻抗匹配与经典的阻抗匹配概念之间差别甚远，其实我想如果称为阻抗配接也许更恰当，下面就阻抗配接问题谈一点看法。

在音响系统中，从传声器输出，经过调音台、周边设备到功率放大器输入为止相互之间的信号传输均属于信号电压传输。按照电路原理，可以将前一级设备（信号输出设备）看作信号源，后一级设备（信号输入设备）看作负载，于是其等效电路如图 10-16 所示，图中：

负载阻抗 Z_L 上的电压可用式（10-6）求得

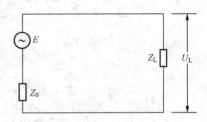

$$U_L = E \frac{Z_L}{Z_0 + Z_L} \text{ (V)} \tag{10-6}$$

由于一般音频设备输出级耦合电容器的电容值都选得较大，以保证低频响应，所以可以把信号源等效串联内阻抗看作是纯阻性的电阻 R_0。同理，一般音频设备输入耦合电容器的电容值也选得较大，所以一般情况下，可以把输入阻抗也看作是纯阻性的电阻 R_L，于是可将式（10-6）改写成

图 10-16　信号源内阻和负载电压分配
E—信号源的开路电动势，V；
Z_0—信号源等效串联内阻抗，Ω；
Z_L—负载阻抗，Ω；
U_L—负载上的电压，V

$$U_L = E \frac{R_L}{R_0 + R_L} \text{ (V)} \tag{10-7}$$

由式（10-7）可知，在信号源开路电动势相同的情况下，R_L 越大，R_0 越小，则 U_L 越大。也就是说，后级设备的输入阻抗越高，前级设备的输出内阻越低，则后级设备可以得到的信号就越大。

信号源的源阻抗、输出阻抗、信号源内阻表达的是同一个内容。所谓信号源输出阻抗就是信号源内部对信号输出的阻碍力，或者说阻碍的程度，实际上是指对信号电流的阻碍程度，为了便于了解这个概念，我们不妨以经常碰到的问题来说明，例如水流流过的路径——水管，水管的粗细、内壁的光滑程度、弯曲程度等都对流经水管的水流畅通程度有影响，管径越细则对水流的阻力越大，内壁越粗糙则对水流的阻力就越大，水管越直对水流的阻碍程度越小。另外一个例子是马路上车流的通畅情况。如果马路越窄则车流行驶就越困难，路面越高低不平则车流的行驶也越困难。对于电路中的电流来说也存在着阻力问题，在欧姆定律中表现为电阻，移到一台设备的输出端来说就是输出阻抗，如果忽略电抗（电感性的感抗或电容性的容抗）成分，那就剩下电阻了，按照物理概念的描述，设备的输出阻抗就是从设备的输出端往里看，设备所呈现的阻抗，但是这句话很多人都不很理解其意思，如何看？所以我们不妨就将其看成是设备对流出信号电流的阻碍程度，阻碍程度越大则输出阻抗就越大，反之，对流出电流的阻碍程度越小则输出阻抗就越小。在音响系统中除了前后两端的传声器和音箱以外，其余的每一台设备都有电压信号输入和电压信号输出两种口子（这里我们主要讨论电信号的传输，所以没有将声信号输入传声器列入）。从设备的输入端看进去呈现的阻抗称为输入阻抗，它反映了对流入设备输入口的电流的阻碍程度；从设备的输出端看进去呈现的阻抗就是设备的输出阻抗，它反映了设备内部对从设备输出口流出电流的阻碍程度。从图 10-17 可看出，一套音响系统由很多台音响设备组成，音频信号必然是从前一级设备的输出口输出，然后流入后一级设备的输入口，信号的通路就是前一级设备向后一级设备传送电压信号，从传声器输出开始逐级传送，直到功率放大器的输入为止，功率放大器的输出不是电压输出，而是功率输出，我们将单独对其进行讨论。既然到功率放大器输入为止属于信号电压传输，我们当然希望电压传输效率越高越好，要做到电压传输效率高，则从式（10-7）可知，要求前级设备的输出阻抗越低越好，后级设备的输入阻抗越高越好。

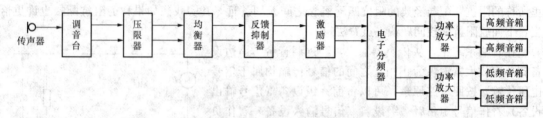

图 10-17　一套音响系统中的一路信号传输路径示意图

事实上，任何事情都有其两面性，对输出阻抗和输入阻抗来说也有其两面性。从提高电压传输效率来说希望前级设备的输出阻抗越小越好，但是从另外的角度来说设备的输出阻抗过于小，在出现输出端被意外短路的情况下，也许由于输出电流太大而导致设备的输出器件损坏。所以不少厂家在设计设备时，有意识地在输出端电路中串接一定阻值的电阻，以保护该设备输出端被意外短路时输出电流不致太大，从而保护内部的输出器件。例如大部分调音台输出口的输出阻抗选择为 150Ω（如 YAMAHA 的 MC2404、MG32、MR842 等）或 75Ω（如声艺的 LX7、SM20、SPIRIT8、live4、Digital324、RM1d、S10s 等），又如周边设备的 dbx231 频率均衡器输出阻抗是平衡输出为 100Ω，不平衡输出为 50Ω，dbx166 压限器的输出阻抗是平衡输出为 120Ω，不平衡输出为 60Ω，dbx223 分频器和 dbx286 专业处理器的输出阻抗是平衡输出为 200Ω，不平衡输出为 100Ω 等，都充分说明厂家为了设备输出端在被意外短路时得到保护，有意识地在输出端串接了电阻来限制输出电流。对于下一级设备的输入阻抗达到规定的不小于 10kΩ 的情况下，假定前一级设备的输出阻抗达到 200Ω，对于电压传输效率的损失是很微弱的。按照式（10-7）计算可得电压传输系数达 0.98，负载上得到的电压非常接近于源电动势的大小，或者说电压传输效率非常接近于 1。

从输入阻抗的角度来说，理论上按照式（10-7）的分析可知，下一级设备的输入阻抗越大，则电压传输效率越高。同样，对于输入阻抗高低也有两面性，一方面，输入阻抗高有利于电压传输效率；另一方面，输入阻抗高，则输入端产生的噪声电压会大，从而降低了信噪比。对于这个问题要综合考虑来决定输入阻抗到底取多大比较合适。拿调音台输入通道的两个输入口来说，分为传声器输入口和线路输入口，其中传声器输入口属于低电平、低输入阻抗口；而线路输入口属于高电平、高输入阻抗口。传声器接受声信号后转变成的电压信号属于低电平信号，一般动圈传声器的灵敏度大概在 $1\sim2\text{mV/Pa}$，一般电容传声器的灵敏度大概在 $10\sim20\text{mV/Pa}$，声源加到传声器的声压级动态范围范围比较宽，声压级大时达到一百多分贝，声压级小时只有几十分贝。以语言为例，一般作报告时，讲话者加到传声器的声压级大多在 68dB 左右，或者说声压在 0.05Pa 左右，以动圈传声器灵敏度为 1mV/Pa 来说，相当于传声器输出 $50\mu V$ 电压；以动圈传声器灵敏度为 2mV/Pa 来说，相当于传声器输出 $100\mu V$ 电压；以电容传声器灵敏度为 10mV/Pa 来说，相当于传声器输出 $500\mu V$ 电压；以电容传声器灵敏度为 20mV/Pa 来说，相当于传声器输出 1mV 电压。从数据中可以看出，如果报告人加到传声器的声压级在 68dB 左右，即便是大振膜电容传声器的输出电压也就是 1mV 左右，属于小信号输出，对于低灵敏度的动圈传声器而言，只有 $50\mu V$ 电压，属于极小的电压信号，这样势必要求设备的传声器输入口应该是等效输入噪声电平极低的，否则信噪比就可能很低，甚至于降低到不能容忍的程度。为了使调音台输入通道传声器输入口的等效输入噪声电平足够低，就不得不减小此输入口的输入阻抗，所以一般调音台输入通道的传声器输入口的输入阻抗都设计得不高，例如，YAMAHA 的 Mg32、MR842、MW12、PM1200 型调音台的输入通道传声器输入口的阻抗为 $3k\Omega$；YAMAHA 的 MC2404 型调音台的输入通道传声器输入口的阻抗为 $4k\Omega$；声艺的 LX7、SPIRIT8、live4 型调音台的输入通道传声器输入口的阻抗为 $1.8k\Omega$；声艺的 Ghost、Digital324、MH4、3、FIVE、FOUR、K3、K2、TWO 型调音台的输入通道传声器输入口的阻抗为 $2k\Omega$；声艺的 B800、K1 型调音台的输入通道传声器输入口的阻抗为 $1.5k\Omega$。按照 IEC 新的标准要求，调音台传声器输入口的输入阻抗应不小于传声器输出阻抗的 5 倍，那么对于输出阻抗为 200Ω 的传声器而言，调音台输入通道的传声器输入口输入阻抗应不小于 $1k\Omega$；对于输出阻抗为 600Ω 的传声器而言，调音台输入通道的传声器输入口输入阻抗应该不小于 $3k\Omega$。按照式（10-7）可知，如果调音台输入阻抗为 1000Ω，传声器输出阻抗为 200Ω，则根据式（10-2）可计算得到电压传输系数差不多是 0.83；如果调音台输入阻抗为 3000Ω，传声器输出阻抗为 200Ω，则电压传输系数差不多是 0.94；如果调音台输入阻抗为 3000Ω，传声器输出阻抗为 600Ω，则电压传输系数差不多也是 0.83，可见选用低输出阻抗的传声器可以提高电压传输效率。但是对于动圈传声器，降低输出阻抗的同时，也可能降低了传声器的灵敏度，如果能选用输出阻抗低（例如 200Ω），同时灵敏度又比较高的传声器显然是有利的。调音台传声器输入口的等效输入噪声电平大部分为 $-128dB$（例如 YAMAHA 的 MC2404、Mg32、MR842；声艺的 B800、MH4、MH3 等型号），还有不少调音台传声器输入口的等效输入噪声电平是 $-127dB$（例如声艺的 SM20、Digital324、RM1d 等型号调音台），也有一些调音台传声器输入口的等效输入噪声电平为 $-129dB$（例如声艺的 SPIRIT8、live4、ghost 等型号调音台）。调音台传声器输入口的等效输入噪声电平为 $-129dB$，则相当于调音台传声器输入端的等效输入噪声电压为 $0.275\mu V$；调音台的传声器输入口的等效输入噪声电平为 $-128dB$，则相当于调音台传声器输入端的等效输入噪声电压为 $0.309\mu V$；调音台传声器输入口的等效输入噪声电平为 $-127dB$，则相当于调音台传声器输入端的等效输入噪声电压为 $0.346\mu V$，我们粗略地认为调音台传声器输入端平均等效输入噪声电压为 $0.3\mu V$，如前面假定作报告时到达传声器的声压级是 68dB，传声器的灵敏度为 1mV/，则传声器输出电压为 $50\mu V$，那么此时信噪比大约在 44dB，还可以勉强接受，如果传声器的灵敏度高一些，则信噪比将相应提高，传声器灵敏度提高 10dB，则理论上信噪比也将提高 10dB。上面所说的调音台输入通道传声器输入口的等效输入噪声电平的测试条件规定的源阻抗值，除了个别型号规定为 200Ω 的，如声艺的 SM20（$-127dB$）、FIVE、FOUR（$-127.5dB$）等型号调音台外，大部分测试条件是规定源阻抗为 150Ω，小于通常的传声器输出阻抗 200Ω，更小于 600Ω 了。一般来说测试时规定的源阻抗越小，测试得到的等效噪声电压就越小，实际的 200Ω 或 600Ω 输出阻抗的传声器接入后调音台输入口的等效噪声电压会比指标值大一些，也就是接上实际传声器后的信噪比会低一些。如果调音台输入通道传声器输入口的阻抗提高，则将造成调音台传声器输入端的等效输入噪声电压变大，也就是信噪比会降低，所以厂家一般都不将调音输入通道传声器输入口的输入阻抗设计得很大。上述举例这些型号调音台输入通道的线路输入口输入阻抗普遍为 $10k\Omega$，只有极个别型号为 $8k\Omega$（例如声艺的 RM1d 型调音台）或 $15k\Omega$（例如声艺的 Ghost 型调音台）。因为输入到线路输入口的信号电平一般能达到 $-10dB$ 左右，也就是输入电压达到 245mV 左右，例如 JVC，TD-W254 卡座输出电压是 300mV；天龙 dn780R 卡座，输出电压是 775mV；SONYMDS-E12MD 机，输出电平是 $+10dB$；飞利浦可录 CD 机 CDR795，输出电压是 2V。所以即使调音台线路输入口的输入阻抗高一些，引入的噪声电压稍微大一些，但是由于输入信号电压已经比较大了，所以信噪比还是能达到较高水平。

至于功率放大器输出与扬声器系统输入之间不属于电压传输，而是功率传输问题。按照电工原理一般理论，认为当源阻抗和负载阻抗相等时，负载上将能得到最大功率，事实上这个理论在音频功率放大器与扬声器系统的配接中是不适用的。

定阻输出功率放大器与定阻扬声系统之间不存在阻抗匹配功率高的问题，因为目前的定阻输出功率放大器的输出阻抗都非常小，远低于其规定的额定负载阻抗，功率放大器的输出阻抗一般都小于 0.1Ω。根据功率放大器技术指标"阻尼系数"的定义，假定功率放大器的额定负载阻抗以 8Ω 为基准，功率放大器的阻尼系数为 100 时，其输出阻抗不大于 0.08Ω，当阻尼系数为 400 时，其输出阻抗不大于 0.02Ω。如果一定要使功率放大器的输出阻抗等于负载阻抗 8Ω，一则阻尼系数将变得非常小，声音混浊；二则接上负载后，负载上的电压将只有开路时的一半，输出功率减小到按照开路电压计算的输出功率的四分之一；如果一定要使负载阻抗和功率放大器的输出阻抗一样小于 0.1Ω，则等于将功率放大器的输出端短路，可能会损坏功率放大器，再说也没有标称阻抗为 0.1Ω 的音箱。功率放大器的输出功率受到设计的最大输出电压和最大输出电流的制约。由于功率放大器内部电路的直流工作电压（$\pm U_{CC}$）在设计时已经根据技术指标确定在某一电压值，超过设计规定的输出电压将引起信号削波。举例来说，在 8Ω 负载上的额定输出为 300W，则按照计算可知额定输出时 8Ω 负载上的电压有效值约为 49V，峰值约为 69V 多，随着输出电流增大，功率输出管管压降和串联在输出管发射极电路中的负反馈电阻上的电压降也随着增大，所以一般设计成正负电源电压在 $\pm80V$ 或稍大一些，例如设计为 $\pm U_{CC}=\pm80V$，那么最大输出信号的峰值肯定要小于 $\pm80V$，实际上当峰值稍微超过 $\pm70V$ 时就可能产生削波现象了；超过设计规定的最大输出电流，将被内部保护电路限制，因而不能超过设计允许的最大输出电流，并且还可能损坏功率放大器的器件，尤其是输出功率管容易损坏。例如还是上面所举例子，在 8Ω 负载上额定 300W 功率，则其输出峰值电流约为 8.7A，设计时就设定了保护工作点（过载保护）的电流值，例如取 10A 作为最大输出电流的峰值，那么一旦输出电流峰值超过 10A，保护电路就起作用，启动分流限制电路，保证输出电流在设计允许最大值之内，事实上想让输出电流无限制地增大是做不到的。实际上传统的功率放大器供给输出级的直流工作电源电压是由不稳压的电源提供的，在输出电流增大时，直流工作电源电压（$\pm U_{CC}$）会随输出电流的增大而降低，这主要是由下面几个因素造成的：①输出电流增大时，电源变压器一、二次绕组电阻上的阻性压降增大，使得一次输入电压用于绕组上产生磁通的电压降低和二次绕组的内部压降增大，使二次输出电压降低；②随着输出电流的增大，电源中的大容量滤波电容器（也是储能电容器）单位时间（或者说半个电源周期）内释放的能量增大而引起大容量滤波电容器两端的电压降低，所以在输出功率很大时，也就是输出电流增大时供给输出级的直流供电电压（$\pm U_{CC}$）也在降低。再加上随着输出电流增大，功率输出晶体管上的管压降也会增大，从而使最大不失真输出功率比根据轻负载时测量得到的直流工作电源电压（$\pm U_{CC}$）所计算出来的最大不失真最大输出功率要小。

至于 SJ2112-1982 标准所列出的输入阻抗优选值和输出阻抗优选值，是用于检测设备指标时有一个标准。例如测试调音台主输出通道的最大输出电压时，在调音台主输出端需接一个负载，那么这个负载接多大合适呢，需要一个统一的规定，才能保证各型号调音台的同一指标有可比性，所以规定接在调音台主输出通道的负载阻抗为 600Ω；同样对于设备信噪比这一指标的测试时，需要规定一个接在设备输入端的源阻抗值，例如测试功率放大器信噪比时，就规定接在功率放大器输入端的源阻抗为 600Ω，正因为有了这个统一的源阻抗值，各型号功率放大器之间的信噪比才有可比性，因为功率放大器输入端所接源阻抗值不同，功率放大器的输出噪声电压值也会改变的，如果没有统一规定，这台功率放大器测试时输入端短路，那台功率放大器测试时输入端开路，另外一台功率放大器测试时输入端接 50Ω 源阻抗，又有一台功率放大器测试时输入端接 2kΩ 源阻抗，那么这几台功率放大器测试出来的噪声电压就不具备可比性。

基于同样原因，设备最大输出电平的指标有了 dBm 和 dBu 之分。所谓 dBm 是指测试时，在设备输出端接一个阻值为 600Ω 的假负载；所谓 dBu 是指测试时，设备输出端开路，不接假负载电阻。由于前述指出，有些设备生产厂家设计设备时有意识地在输出端串接小电阻来防止设备输出端被意外短路时损坏设备内部的输出器件，所以规定线路输出的输出阻抗不太小，例如 200Ω，其实由于这些设备的线路输出口要求下一级设备的输入阻抗不小于 10kΩ，按照式（10-7）计算的电压传输系数比较大，电压传输系数达到 0.98，非常接近于 1，而当测试时接 600Ω 假负载，则其电压传输系数变成 0.75 了，所以这些设备的最大输出电平就不以 dBm 标注，而以 dBu 标注，这样更接近于实际使用状态的电压传输系数。

🔊 第九节 全通滤波器简介及其在音响系统中应用问题的探讨

近来在音响扩声圈中不断有人谈起有关全通滤波器的问题，有问如何使用全通滤波器的，有介绍全通滤波器的，有谈到可以用全通滤波器来调整相位的，有企图用全通滤波器来补偿两个声波间的相位差的。总之，目的就是想采用全通滤波器来改善音色。这里我想就全通滤波器谈一些个人的认识，供音响扩声界朋友参考。

关于扩声系统中加入全通滤波器来调整相位关系，用来弥补被发现的由于相位问题而引起的声音缺陷，是很多音响人期望达到的。但是这里必须了解"相位"和"相位差"这两个概念。这里谈的"相位差"是什么含义，是谁和谁之间的"相位差"，是哪个频率上的"相位差"，为什么要补偿这个"相位差"，是否可以如意地补偿这个"相位差"，这些问题都牵涉到一些基本概念，让我们先来谈谈这些基本概念。

作为音频声信号，它具有频率（倒数是周期）、幅度、声速、相位、声程等一些参数。如果我们确认可闻声波的频率范围是 20Hz～20kHz，也就是我们平时所说的"音频范围"，而对于我们听到的绝大多数声音不是单一频率的正弦波信号，而是由许多频率的正弦波信号组合而成的，其中主要的是"那个声音"的基音（基波）。然后还有很多个谐音（谐波）。这些谐音的频率一般应该是基音频率的不同整数倍，例如两倍、三倍、四倍、…、N 倍，通常可以称为二次谐波、三次谐波、四次谐波等，最后组成"复杂"的声音幅频响应曲线，也就是波形图。首先，让我们再次认识一下正弦波，如图 10-18 所示是正弦波交流电波形，横轴是时间轴（t），纵轴是电压轴（U），其中电压瞬时值用小写的 u 表示，U_m 为最大值，也称峰值。图中画了 u_1 和 u_2 两个正弦波，ψ 是 u_1 和 u_2 两个正弦波之间的相位差，T 是周期，一个周期 T 中包含 2π 弧度的角度，或者说是 360°角度，周期 T 是频率 f 的倒数。实际上声波正弦波的波形也是这样的，只不过将纵轴的幅度用声压来代替电压而已，正弦波声波的波形图如图 10-19 所示，横轴是时间轴（t），纵轴是声压

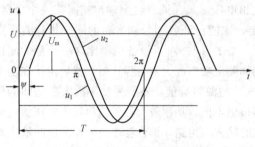

图 10-18 正弦交流电波形

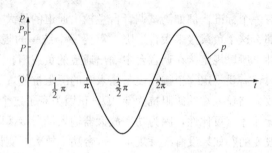

图 10-19 正弦交流声波形

轴(p)。在电声设备中传输和处理的音频信号是电信号，最后经过扬声器的换能后辐射出来就是声信号了。

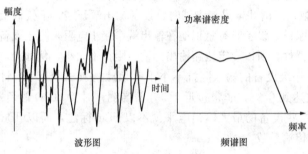

图 10-20 音频电信号的幅频特性图和频谱图

声波的"波长 λ"，可以从 20Hz 时的波长 17m，逐步减小到 20kHz 时的波长 1.7cm。每个"波长"对应一个周期声波在空间所占的长度（波长 λ）。而我们平时听到的"声音"中包含了许多"频率成分"，这些所谓的"频率成分"是指"正弦波"或叫"纯音"，也就是我们前面说的可闻声频率范围内的正弦波频率。如图 10-20 所示是某个声音信号中某个片段的幅频特性图（左图，波形图）和频谱图（右图），复杂的声波信号中包含比较宽频带的正弦波。图 10-21 是音乐（邓丽君唱"独上西楼"）片段信号的波形图和频谱图，这里的频谱图是以 1/3 倍频程带宽来显示的。从图 10-20 和图 10-21 可以看出节目信号实际上是包含了很多各自有不同强度和不同相位差的频率的正弦波组合而成的。

下面谈谈相位问题。对于单个"声源"，虽然也有一个"相位"问题，但是实际上不是问题，

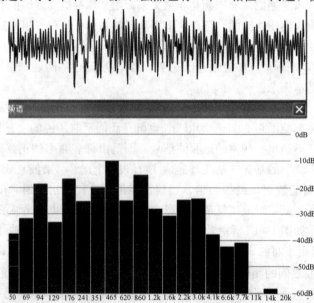

图 10-21 音乐（邓丽君唱"独上西楼"）片段信号的波形图及频谱

因为声波从声源辐射出来后，总要在媒质中向远处传播的，那么离开声源不同距离，声波的相位移就不同了，因为声波在空气中是以 340m/s 的速度传输的（这里不研究空气温度变化造成的声速变化等因素），其实这里在不同距离处只是听到"这个声音"时间的先后问题，没有产生各频率（基波和各次谐波）之间的相位关系改变的问题，理论上并不影响音色。关于声频信号中的相位失真问题，那么多年来，音响界人士一般认为声音信号的相位失真在听感上是基本听不出来的，或说基本不影响听感的，所以一直没有将"相位失真"这个指标作为对音响设备技术指标之一来进行考核，这个你们可以看看各种音响设备的技术指标，包括传声器、调音台、压限器、频率均衡器、延时器、电子分频器、功率放大器、扬声器系统等的技术指标中，确实没有相位失真这一项技术指标的，其实扬声器系统的相位失真是最大的，也没有标出相位失真来。实际上音频电信号在音响设备中传输是会带来一定相位失真的，尤其是设备的频率带宽不是非常宽，电路本身对不同频率（基波和各次谐波）的信号会产生不同附加相移的，从而引起信号的相位失真。如果设备中对音频信号处理中用上了（高通、低通、带通、带阻）滤波器或频率均衡器（其实就是利用带通滤波器来达到目的的）来调整信号的幅频特性，那么产生的附加相移就更严重了，尤其是在截止频率附近相位失真更严重。声波在空间传输经过同一长度路程，不同频率的声波相位移是不同的，例如传输距离为 3.4m，对于 50Hz 的声波来说是移动了半个波长（1π 弧度或 180°），对于 100Hz 的声波来说是移动了一个波长（2π 弧度或 360°），而对 200Hz 的声波来说是移动了两个波长（4π 弧度或 720°）。说明不同频率的声波移动同样距离，产生的相位移是不同的，相移与频率成正比，只有这样才能使声音信号经过传输后的波形不发生变化，也就是保持原来的音色。

现在我们来研究关于"相位补偿"的一些问题。

（1）你要补偿的是哪个声音（哪个声源）和哪个声音（哪个声源）传过来的声波之间的相位差。一般来说，如果是两只音箱产生的声音之间的"相位差"，那么就牵涉到你所在的听音点到这两只音箱的距离问题，如果听音点到两只音箱的距离完全相等，则理论上应该"同时"听到两只音箱所发出的"同一声音"，从相位角度考虑，则是同相位的声音。如果你所在的听音位置与两只音箱的距离不是完全相等，那么这个听音点就存在先听到距离近的音箱所产生的"那个声音"，后听到距离远的音箱所产生的"那个声音"，这种现象是普遍存在的。因为你所处的听音环境中，绝大部分听音位置是与两只音箱的距离不相等的。当然由于先后听到"同一声音"，那么就存在两只音箱的声波在你的听音位置由于存在时间差而先后到达，出现各个频率上的相位移不一致（这是必然的，因为频率不同，波长就不同，相位差也不同），引起声波的干涉现象，造成梳状滤波器效应而改变音色，但是你无法照顾不同听音位置上两个声音中由于声波传输距离的不同，各频率所产生的那么多不同声波的相位差，所以要绝对的、完全的补偿这种相位差现象是不可能的。当你所指的是同一全频带音箱中高频扬声器单元和低频扬声器单元由于安装位置造成振膜不在同一平面上，有前后位置的不同而引起的相位差问题，也许值得考虑一下，但是既然一只单元产生高频声波，另一只单元产生低频声波，那么牵涉到相位差问题的只是在分频点附近，两只单元同时产生这部分频率声波造成的相位差问题，其实这问题也是不很严重的，因为随着频率偏离分频点，高低音两只扬声器单元所产生的同频率声压就大小不同了，相互干涉的影响程度就减小了，偏离分频点越远，两个单元产生的同频率声压相差就越大，那么干涉造成的影响就越小。还有就是低音扬声器单元的振动系统质量比较大，"惯性"也比较大，或者说瞬态特性比较差，也会引起分频点附近高音单元和低音单元产生的声波出现相位差问题。当然，如果弥补到高音单元和低音单元的声波完全同时到达音箱表面位置，情况会更好，所以不妨引入一定延迟来补偿，这里补偿的是时间差，而不是相位差（因为不同频率的相位差也是不同的）。

（2）你想补偿哪个频率出现的相位差，这个问题就不那么容易解决了，因为全通滤波器并不能对某个频率的相移单独进行改变的,例如仅对某个频率的相位移增大多少度或减少多少度是没法办到的。全通滤波器产生"群延迟",可以作为延迟器来使用,那时基本上产生所谓的"线性相移"(因为实际上全通滤波器的相位移并不能完全呈现线性变化的,见本文后面说明),也就是随着频率的升高,相位移也线性地增大。

下面谈谈有关全通滤波器的一些知识。

全通滤波器(APF-AllPass Filter),延迟最大平坦的滤波器也叫贝塞尔(Bessel)滤波器,也叫汤姆逊(Thomson)滤波器。全通滤波器又称线性相移滤波器、相位均衡器。对于滤波器而言,只有衰减随频率变化的幅度特性(幅频特性)还不能完全说明滤波器的传输特性,因为当传输彩色电视以及在使用脉冲信号的各种通信里,滤波器设计者就必须考虑很多问题,例如延迟、上升时间、超量、衰竭率、瞬态震荡等。所谓延迟平坦意味着通过滤波器的各种频率都延迟一样的时间,因而不发生散射影响,使输出脉冲保持输入的原形,所以理想的情况是平坦延迟。全通滤波器的相位响应(相频特性)基本呈现线性状态,也就是相位跟随频率基本做线性变化,所以也称相位均衡器,具有一定的"群延迟"(根据定义,相移的导数叫"群延迟"),通常可作为延迟器用。全通滤波器具有平坦的幅频响应,即全通滤波器并不衰减任何频率的信号。全通滤波器虽然并不改变输入信号的幅频特性,但它会改变输入信号的相位。利用这个特性,全通滤波器可以用做延时器、延迟均衡等。但是这种延迟的延迟时间一般不很长,并且还随着选定的极点角频率 ω_x 升高,延迟时间也相应地变短,即便采用多级二阶全通滤波器级联起来,也不能构成很长时间的延迟,所以对于例如后排补声音箱与主音箱之间声程差补偿的延迟,一般采用专门的"延时器"来完成。目前数字延时器的延时技术是将模拟音频信号转换成数字信号,然后存放到存储器中,只要设定了需要延时多长时间,经过这个需要的延迟时间再次从存储器中将信号调出来即可,所以延时过程中基本不产生失真,并且设置的延时时间可以很长。

下面有必要对全通滤波器的基本原理和相关技术性能进行简单讨论,以便在音响系统中正确使用全通滤波器。

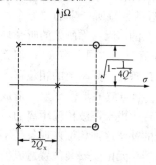

图 10-22 二阶全通网络传输
函数的零极点分布

如果将二阶传递函数典型式的零点移到 s 平面右半部与极点依 $j\Omega$ 轴对称存在时(见图 10-22),则传递函数表示式为

$$T(p) = \frac{p^2 - \dfrac{\omega_x}{Q_x}p + \omega_x{}^2}{p^2 + \dfrac{\omega_x}{Q_x}p + \omega_x{}^2} \tag{10-8}$$

式中:ω_x^2 是极点角频率的平方值;Q_x 是网络的品质因数。

传递函数有两个极点、两个零点。两个极点分布在复频率平面 p 的左半部分,两个零点分布在复频率平面 p 的右半部分,并且相互对称(对称轴为虚轴)。

如用 $j\omega$ 来代替 P 则式(10-8)可改写为

$$T(j\omega) = \frac{(j\omega)^2 - \dfrac{\omega_x}{Q_x}(j\omega) + \omega_x{}^2}{(j\omega)^2 + \dfrac{\omega_x}{Q_x}(j\omega) + \omega_x^2} = \frac{(\omega_x^2 - \omega^2) - j\dfrac{\omega\omega_x}{Q_x}}{(\omega_x^2 - \omega^2) + j\dfrac{\omega\omega_x}{Q_x}} \tag{10-9}$$

它的幅频特性是

$$T(j\omega) = \frac{(\omega_x^2 - \omega^2) - j\dfrac{\omega\omega_x}{Q_x}}{(\omega_x^2 - \omega^2) + j\dfrac{\omega\omega_x}{Q_x}} = \sqrt{\frac{(\omega_x^2 - \omega^2)^2 + \left(\dfrac{\omega\omega_x}{Q_x}\right)^2}{(\omega_x^2 - \omega^2)^2 + \left(\dfrac{\omega\omega_x}{Q_x}\right)^2}} = 1 \tag{10-10}$$

从式（10-10）可见，全通滤波器在所有频率上的振幅特性均为 1，即在所有频率上的输出幅度均等于输入幅度。它的相频特性是

$$LT(\mathrm{j}\omega) = \phi = \mathrm{tg}^{-1}\frac{-\dfrac{\omega\omega_{\mathrm{x}}}{Q_{\mathrm{x}}}}{(\omega_{\mathrm{x}}^2 - \omega^2)} - \mathrm{tg}^{-1}\frac{\dfrac{\omega\omega_{\mathrm{x}}}{Q_{\mathrm{x}}}}{(\omega_{\mathrm{x}}^2 - \omega^2)} = -2\mathrm{tg}^{-1}\frac{\omega\omega_{\mathrm{x}}}{Q_{\mathrm{x}}(\omega_{\mathrm{x}}^2 - \omega^2)}$$

$$= -2\mathrm{tg}^{-1}\frac{\dfrac{\omega}{\omega_{\mathrm{x}}}}{Q_{\mathrm{x}}\left(1 - \dfrac{\omega^2}{\omega_{\mathrm{x}}^2}\right)} \tag{10-11}$$

由式（10-11）可知：$\omega = 0$ 时，$\phi = 0°$；$\omega = \omega_{\mathrm{x}}$ 时，$\phi = -180°$；$\omega = \infty$ 时，$\phi = -360°$。

同时从式（10-11）可知相频特性和 Q_{x} 有关，Q_{x} 越小，则曲线在 ω 位于 0 附近的斜率越大（指绝对值，下同），而在 ω_{x} 附近的斜率越小；反之，Q_{x} 越大，则曲线在 ω 位于 0 附近的斜率越小，而在 ω_{x} 附近的斜率越大。全通滤波器传输函数的相频特性如图 10-23 所示。

下面看一下群延迟 $\tau(\omega)$，首先令

$$\beta = -\omega = 2\mathrm{tg}^{-1}\frac{\omega\omega_{\mathrm{x}}}{Q_{\mathrm{x}}(\omega_{\mathrm{x}}^2 + \omega^2)}$$

$$V = \frac{\omega\omega_{\mathrm{x}}}{Q_{\mathrm{x}}(\omega_{\mathrm{x}}^2 + \omega^2)}$$

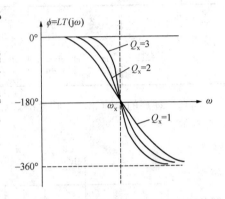

图 10-23　全通滤波器传输函数的相频特性

则有

$$\tau(\omega) = \frac{\mathrm{d}\beta}{\mathrm{d}\omega} = \frac{\mathrm{d}(2\mathrm{tg}^{-1}V)}{\mathrm{d}\omega} \tag{10-12}$$

因为

$$\frac{\mathrm{d}\mathrm{tg}^{-1}V}{\mathrm{d}\omega} = \frac{V'}{(1 + V^2)}$$

所以

$$\tau(\omega) = \frac{\mathrm{d}\beta}{\mathrm{d}\omega} = \frac{\dfrac{2Q_{\mathrm{x}}}{\omega_{\mathrm{x}}}\left(1 + \dfrac{\omega^2}{\omega_{\mathrm{x}}^2}\right)}{Q_{\mathrm{x}}^2\left(1 - \dfrac{\omega^2}{\omega_{\mathrm{x}}^2}\right)^2 + \dfrac{\omega^2}{\omega_{\mathrm{x}}^2}} \tag{10-13}$$

从式（10-13）可知：$\omega = 0$ 时，$\tau(\omega) = \dfrac{2}{Q_{\mathrm{x}}\omega_{\mathrm{x}}}$；$\omega = \omega_{\mathrm{x}}$ 时 $\tau(\omega) = \dfrac{4Q_{\mathrm{x}}}{\omega_{\mathrm{x}}}$；$\omega \to \infty$ 时 $\tau(\omega) \to 0$。

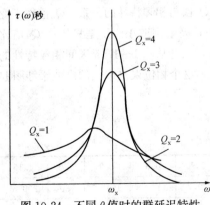

图 10-24　不同 θ 值时的群延迟特性

不同 Q_{x} 值时的群延迟特性如图 10-24 所示。从式（10-11）我们已经看出全通滤波器传递函数的相频特性是非线性的。从式（10-13）更进一步看到 ω 变化时 $\tau(\omega)$ 也在变化，$\tau(\omega)$ 不为常数。这说明相频特性的斜率在随 ω 变化。这显然是我们所不希望的。但我们可以找出在一定的频率范围内使其相频特性近似于一根直线的最佳 Q_{x} 值。其相频特性曲线和直线间的误差可被控制在允许的一定范围内。接近所谓相频特性是线性的，也就是群延迟为接近一常数。从上面分析我们已知，在 $\omega = 0$ 时，$\tau(\omega) = \dfrac{2}{Q_{\mathrm{x}}\omega_{\mathrm{x}}}$，而在 $\omega = \omega_{\mathrm{x}}$ 时 $\tau(\omega) = \dfrac{4Q_{\mathrm{x}}}{\omega_{\mathrm{x}}}$。

我们可以让在这两个特定点上的斜率相等，以求出合适的 Q_x 值。令 $\dfrac{2}{Q_x\omega_x}=\dfrac{4Q_x}{\omega_x}$。则 $Q_x^2=\dfrac{1}{2}$，即 $Q_x=\sqrt{\dfrac{1}{2}}=\dfrac{1}{\sqrt{2}}=0.707$。也就是在 $Q_x=\dfrac{1}{\sqrt{2}}$ 时相频特性在 $\omega=0$ 及 $\omega=\omega_x$ 这两点的斜率相等。然而这两点上的斜率相等并不等于在这两点之间的任意点上的斜率也相等，具体数据见表 10-6。

表 10-6　　　　　　　　$Q_x=\dfrac{1}{\sqrt{2}}$ 时 ω/ω_x 与 τ 的对应关系

ω/ω_x	0.1	0.2	0.3	0.4	0.5	0.6	0.7	0.8	0.9	1.0
τ	$\dfrac{2.86}{\omega_x}$	$\dfrac{2.94}{\omega_x}$	$\dfrac{3.06}{\omega_x}$	$\dfrac{3.20}{\omega_x}$	$\dfrac{3.33}{\omega_x}$	$\dfrac{3.41}{\omega_x}$	$\dfrac{3.40}{\omega_x}$	$\dfrac{3.29}{\omega_x}$	$\dfrac{3.09}{\omega_x}$	$\dfrac{2.83}{\omega_x}$

而真正理想的全通滤波器特性应该如图 10-25 所示，但是实际上是做不到的，会有一定的误差存在的。

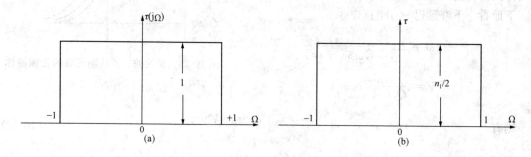

图 10-25　理想全通滤波器的幅度特性和延迟特性
（a）理想幅度特性；（b）理想延迟特性

为了更直观地看出相频特性曲线的形状，有必要把不同 Q_x 值时的相频特性计算出来，以便寻找最佳的 Q_x 值。那么怎样找最快呢？我们从表 10-6 可看出趋势来。表 10-6 是在 $Q_x=0.707$ 时的值。从中看出 ω/ω_x 从 0.1～0.6 区间斜率逐渐增长，ω/ω_x 从 0.7 以后逐渐减小，但仍比 1 时大，直至 ω/ω_x 为 1 时才稍小于 ω/ω_x 为 0.1 时的斜率。按照这种规律，频率越高则相移比线性值滞后得越多（因为差值在逐步积累）。前面我们已经说明过 Q_x 值与相频特性的关系，Q_x 值往小变化则频率低端的相频曲线斜率增大（绝对值，全文都如此），高端则减小。于是只要往 Q_x 值比 0.707 小的值寻求即可。根据分析和计算得到 $Q_x=0.645$ 时，ω/ω_x 从 0.1～1.15 区间相频特性的线性度较好，各频率时的相移与真正直线时的误差小于 $\pm7°$，这个相位误差造成的声波干涉引起的梳状滤波器效应的影响应该是非常小了，具体数值见表 10-7。

有了上述结论，我们可以选择具体的全通滤波器了。

表 10-7　　　　　　　　$Q_x=0.645$ 时的相频特性

ω/ω_x	0.1	0.2	0.3	0.4	0.5	0.6	0.7	0.8	0.9	1.0	1.15
β	17.8°	35.8°	54.1°	72.9°	91.9°	110.9°	129.7°	147.6°	164.5°	180°	200.5°
误差	−0.2°	−0.2°	+0.1°	+0.9°	+1.9°	+2.9°	+3.7°	+2.6°	+2.5°	0	−6.5°

结论

从上面分析可知，对于在音响系统中使用全通滤波器，主要是利用其群延迟特性构成一定时间的延时器，用以将两个不同音源产生的声波能够同时到达某一位置（例如，全频带音箱中高低音单元产生的声波同时达到音箱前表面），尽量减小由于两个声波先后到达某个位置而引起声波的干涉，造成梳状滤波器效应而影响音色。但是绝不能通过全通滤波器来改变信号中某个频率上两个声源的声波存在的相位差，也就是通过调节全通滤波器参数来改变某个声源中某个频率的相位移，使之能按照我们的意愿增加其相位移多少度，或者减少其相位移多少度，所以那种认为通过使用全通滤波器能调节个别频率相位差的观点是错误的。进一步探讨，你是如何知道某两个声波在哪个频率上有多少角度相位差的呢？一般手段下是不能确定两个声波声音在某个频率上的相位差的，既然不知道这些数据，又如何谈利用全通滤波器来改变相位以达到将这两个声波的相位差消除的问题呢？还有就是上面我们的分析已经证明全通滤波器并不是真正的"线性相位移"，只能说是接近"线性相位移"，所以也许使用了全通滤波器后，由于新增了附加的非线性相位移，反而将原节目信号构成的各频率之间的原始相位关系搞乱了，反而变得不符合原始信号的原状了。事实上，对于我们用惯了的改变幅频特性的高通滤波器、低通滤波器、带通滤波器、带阻滤波器（陷波滤波器）及频率均衡器的实际传输特性中的幅频特性在通带内也只是理论上是接近平坦的，实际上是会有波动的，例如切比雪夫滤波器就明确地分别规定了通带内有 0.5dB 波动的，有 1dB 波动的零极点位置数据。更明显的是规定幅频特性 $-3dB$ 频率点作为滤波器截止频率点，明显证明在通带内的增益不是完全平坦的。所以说无论使用滤波器来调节幅频特性还是使用相位均衡器来作为延迟器，都会带来幅度或相位的非线性变化。那么，我们从保证声音的"原汁原味"考虑，就应谨慎使用各类滤波器了，包括用以改变幅频特性的滤波器和用以改变相频特性的滤波器（延时器）了。

第十一章

灯 光 基 础 知 识

第一节 光 的 基 础 知 识

一、光的基础性质

（一）可见光

光是以电磁波形式传播的辐射能。电磁波辐射的波长范围很广，只有波长在 380（$0.38\mu m$ 或 3800 埃）～760nm（$0.76\mu m$ 或 7600 埃）的这部分辐射才能引起光视觉，称为可见光。由于不同人眼对光的感觉有差别，所以这个数据只能是一个统计数据，在各种资料中可能出现一定差异。波长短于 380nm 的光是紫外线、x 射线、γ 射线；波长长于 760nm 的光线是红外线、无线电波等，它们对人眼产生不了光视觉，即看不见。因此，光是一种客观存在的能量，并且与人的主观感觉有着密切的联系。

（二）颜色的分类

颜色可以分为非彩色和彩色两大类。非彩色指由白色、浅灰、灰色、深灰直到黑色，称做白黑系列。纯白是理想的完全光反射物体，其反射率为 1；纯黑是理想的无反射物体，其反射率为 0。所以，非彩色的白黑系列代表了物体对光反射率的变化。光反射率与亮度成正比，室内白色的墙壁和顶棚就可以得到较高的亮度。

彩色是指白黑系列以外的各种颜色。彩色有三个特性：色调、明度和饱和度，称为色彩三要素。

色调是表示呈现出的颜色。也就是各种不同颜色的名称，如红、绿、蓝等。它与光的波长相关。光的颜色与波长关系表见表 11-1。

表 11-1 　　　　　　　　　　　　　光的颜色与波长关系表

光的颜色	波长 λ 的大致范围/μm	光的颜色	波长 λ 的大致范围/μm
红色	0.76～0.63	青色	0.50～0.45
橙色	0.63～0.60	蓝色	0.45～0.43
黄色	0.60～0.57	紫色	0.43～0.38
绿色	0.57～0.50		

明度（亮度）是表示颜色的明亮程度。不同色调的明度有所不同，即使同一色调也会因物体表面的性质和光线强弱不同而产生明暗、深浅的差别。如同样是黄色，可以有浅黄、中黄、深黄等。

人的眼睛对不同颜色的可见光线灵敏度不同，红色光需比绿色光的功率大得多才能引起同样强度的感觉。统计出的"平均"相对敏感度的数值称为视见函数。

饱和度（彩度）表示颜色的深浅（浓淡），也可以说是彩色的纯度、鲜艳的程度。饱和度越高，彩色显得越深（浓），可见光中各种单色光是最饱和的彩色。当光谱色中掺入的白光越多，就越不饱和。例如红色光要比粉红色光的饱和度高，因为粉红色光中掺入了白光。一般说来，同一色调中，明度改变时，饱和度也随之改变，但明度的增大或减少其饱和度都降低，只有明度适中时饱和度（纯度）才最大。不过给人的感觉中，总是觉得明度大的颜色看起来鲜艳些。

（三）三原色和配色方法

红色、绿色、蓝色被称为三原色。这三种颜色按不同比例混合，能产生各种颜色。

彩色混合有两种基本方法：加色法混合和减色法混合。

（1）加色法混合。就是当不同色彩的光线混合时，把它们各自在光谱中所占部分加在一起，从而产生一种新的混合颜色的方法。图 11-1 表明光加色混合的成色关系。红、绿、蓝三种原色光等量混合时可得

图 11-1　加色法混合

$$红光＋绿光＝黄光$$
$$绿光＋蓝光＝青光$$
$$蓝光＋红光＝品红光$$
$$红光＋绿光＋蓝光＝白光$$

如果不等量三原色光混合时，就可以得到各种中间色，例如：

红光多＋绿光少＝橙光　　　红光多＋蓝光少＝粉红光

（2）减色法混合。就是不同颜色混合时，它们各自从入射光中有选择地吸收它们在光谱中所占的相应部分，而产生一种合成的彩色效果的方法。任何两种色光相加后如能产生白光，这两种色光就互称补色光（互补色）。如黄与蓝互为补色，青与红互为补色，品红与绿互为补色。所以，黄、青、品红分别称为减蓝、减红、减绿，也就是说三种补色均是由白光减去一种相应的原色而成的。因此黄、青、品红可称为减色法三原色。如图 11-2 所示，当黄、青（靛）、品红三个减色法原色重叠在一起（三原色都被吸收掉）就会产生黑色。在减色法过程中，三个减法原色的密度变化分别控制着红、绿、蓝的吸收比例，从而得出各种混合色，可达到与加色法混合的同样效果。

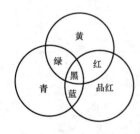

图 11-2　减色法混合

当光线透过颜料或有色物体时，这些物体吸收或［减］去某些波长的光线而反射出来的光线，就是我们看到的该物体的颜色。

减色法能让我们看见周围物体的色彩，例如：一块绿色的玉石，在白光中出现绿色是因为此玉石吸收红、蓝波长，而反射出绿色。如果光源中只发出红、蓝光（或是品红光），此玉石将出现黑色，因为绿玉石上没有绿波波长可反射出来。

（四）色彩与视觉

色彩会给人冷暖感、距离感、大小感和轻重感，并往往使人产生联想，从而形成不同的心理效果，这些都是人们长期形成的视觉习惯。

色彩通常可以分为冷色、暖色和中性色（中间色）三类。

色彩的冷与暖是根据各种色彩对人所引起的视觉反应和心理上的联想划分的。红色使人想到火的热度，从而产生温暖感，称为暖色。蓝色使人想到冷水，给人以寒冷感，故叫做冷色。紫色、绿色是不冷不暖色、中性色。暖色光的色温在 3300K 以下，暖色光与白炽灯相近，红光成分较多（低频成分较多），能给人温暖、健康、舒适的感觉。冷白色光又叫中性色，它的色温在 3300～5300K，中性色由于光线柔和，使人有愉快、舒适、安详的感觉。冷色光又叫日光色，它的色温在 5300K 以上，光源接近自然光，有明亮的感觉，使人精力集中。

色彩的轻重感也是人们长期形成的视觉习惯。一般认为，白色最轻，黑色最重。在三原色光

中，绿色最轻，蓝色最重，红色居中。由两种原色光等量混合形成的彩色，含轻色的显得轻，含重色的显得重。色彩的轻重感不仅通过亮度和纯度表现出来，还受到色彩在画面中占据面积大小的影响。面积大的显得重些并比面积小的色彩更能吸引人们的注意。

（五）光的基本参量

（1）光通量。光源在单位时间内向周围空间辐射出去的，并使人眼产生光感的能量称为光通量，用符号 Φ 表示，单位为流明（lm）。1lm 等于在一立体弧度的立体角内，从发光强度为 1 烛光的各向同性光源所发出的光通量。立体角的单位名称是球面度（sr），平面角的单位名称是弧度（rad）。

发光强度为一烛光的各向同性光源所发出的总光通量为 $\Phi=4\pi I=4\pi\text{lm}\approx12.566\text{lm}$。

（2）发光强度。光源在空间某一方向上光通量的空间密度，称为光源在这一方向上的发光强度，简称光强，符号为 I，单位为坎德拉（cd），过去称为烛光。

（3）照度。被照面上每单位面积上接收到的光通量（面密度）称为照度，符号为 E，单位为勒克斯（lx）。1lx=1lm/m^2，即每平方米面积上的光通量为 1 流明时的照度为 1 勒克斯。

40W 白炽灯下 1m 处的照度约为 30lx，加一搪瓷伞形反射罩后的照度增加到 73lx；阴天中午室外照度为 800～20000lx，晴天中午在阳光下的室外照度可高达 80000～120000lx，无云满月夜晚地面上的照度约为 0.1lx。

（4）亮度。发光体在视线方向单位投影面积上的发光强度，称为该发光体的表面亮度，符号为 L，单位为坎德拉每平方米（cd/m^2）。晴天天空的平均亮度约为 0.5×10^4 cd/m^2（即 0.5cd/cm^2），40W 荧光灯的表面亮度约为 0.7×10^4 cd/m^2（即 0.7cd/cm^2）。人眼不能忍受超过 16×10^4 cd/m^2（即 16cd/cm^2）的亮度。光的参量和能量见表 11-2。

表 11-2 光的参量和能量

参量	单位	
	光学单位	能量单位
光通量 Φ	流明 lm	尔格/秒；瓦特
发光强度 I	国际烛光（坎德拉 cd）	尔格/秒球面角；瓦特/球面角
照度 E	勒克斯 lx	尔格/秒·cm^2；瓦特/cm^2
面发光度	勒克斯 lx	尔格/秒·cm^2；瓦特/cm^2
亮度 L	坎德拉每平方米（cd/m^2）	尔格/秒球面角·cm^3；瓦特/球面角·cm^3
常见的照度近似值		
照度	Lx	
直射的日光（夏季）	10^5	
室外不见太阳的晴天	$\sim10^3$	
白天的室内	$\sim10^2$	
读书必须的照度	3×10^2	
细工必须的照度	10^2	

通常在 $\lambda=0.555\mu\text{m}$ 附近狭窄波长间隔内的光，即人眼最敏感的波长间隔内的光，在这一范围内，1lm 的光通量相当于 0.00155W 的功率。

1 斯奇里卜的亮度等于从 1cm^2 均匀发光的面积上沿着与表面垂直的方向产生一烛光的发光强度。

（5）色温。色温〔colo（u）r temperature〕是表示光源的光谱成分的概念，它是光线颜色的一种标志，而不是指光线的温度。当实际光源所发射光的颜色与黑体（一种完全辐射体）加热到某一温度时所发射光的颜色相同时，黑体被加热的这个温度就称为该光源的颜色温度，简称色温。低色温光源的特征是能量分布中，红辐射相对来说要多些，该光源的颜色就偏红、黄，通常称为"暖光"；色温提高后，能量分布中，蓝辐射的比例增加，该光源的颜色就偏蓝、青，通常称为"冷光"。

光源的颜色包括光源的色表和显色性两个方面，人眼观看光源所发出光的颜色称为光源的色表；光源照射到物体上所显现出来的颜色称为光源的显色性，即表示光源能否正确地显示物体颜色的性能。光源的色表可用色温来度量，而光源的显色性取决于光谱能量的分布，因此色温与显色性之间没有必然的联系。标准颜色在标准光源的辐射下，显色指数定为100。当色标被试验光源照射时，颜色在视觉上的失真程度，就是这种光源的显色指数。显色指数越大，则失真越少；反之，显色指数越小，失真就越大。不同的场所对光源的显色指数要求是不一样的。

一般常见照明灯具所采用的色温和显色指数见表11-3。

表 11-3　　　　　　　　　　常见照明灯具所采用的色温和显色指数

光源	色温（°K）	显色指数（％）
白炽灯	2400～2800	95～99
卤钨灯	2500～3500	95～99
碘钨灯	3200	95～100
三基色荧光灯	3200	85
日光灯	5500～6000	65～80
氙灯	6000	90～95
镝灯	5500～6000	75～85
LED灯	2700～6000，可选色温	70～95
高压钠灯	2000	21～30，高显色高压钠灯可达70～80
石英溴钨灯	3000～3200	
石英碘钨灯	3200～3400	
金属卤化物—锅钬灯	5000～6200	
金属卤化物钮灯	5000～5500	
碳弧灯	6000～6400	

人工光源的显色指数低于90％时，最好不要用来作为影视拍摄的主光源。电视拍摄的灯泡照明色温要求为（3050±150）K，显色指数大于90％。

在舞台照明中，日光和卤钨灯具有良好的显色性。实践表明白炽灯、卤钨灯、氙灯、镝灯、日光色荧光灯、三基色荧光灯的显色指数都比较高，这些光源用于照明可达到色彩还原正常的效果。

🔊 第二节　灯　　具

一、灯具结构中重要构件——反光镜和透镜

（1）反光镜。反射面是球面一部分的镜称为球面反光镜，用球的内表面作为反射面称为凹面镜，简称凹镜，用球的外表面作为反射面称为凸镜。凹面镜镜面的顶点（中心点）A 称为镜的顶点，球心 C 称为镜的曲率中心，连接球心 C 和顶点 A 的直线称为光轴，靠近主光轴射向镜面的

称为近轴光线。严格地说，只有平行于主光轴的近轴光线经球面镜反射后才能会聚于一点，此点称为焦点 F。凹面镜示意图如图 11-3 所示。

焦点到顶点的距离称为焦距，常用 f 表示，焦距等于球半径 R 的一半，即 $f=R/2$。

凹面反光镜是舞台灯具中经常使用的球面镜，能明显提高光效。

(2) 透镜。透镜是两面为球面或一面为球面的透明体，透镜按照其作用可分为凸透镜、凹透镜两类。光线通过透明媒质时，具有折射的性质，即总是向透镜厚的部分折射。

1) 凸透镜。中间厚、边沿薄的透镜，可分为不对称双凸透镜、双凸透镜、平凸透镜、凹凸透镜四类。凸透镜能使光线会聚，所以称为会聚透镜。照明灯具中的聚光灯、投影幻灯和追光灯一般离不开凸透镜。

2) 凹透镜。中间薄、边沿厚的透镜，可分为不对称凹透镜、双凹透镜、平凹透镜、凸凹透镜四类。凹透镜能使光线发散，所以称为发散透镜。

透镜有主光轴，主光轴跟透镜的两面各有一个交点，对薄透镜（透镜厚度比球面半径小）来说，可以看作这两个交点是重合在一起的，看成一个点，这个点叫透镜的光心，用 O 表示，通过光心的光线不管从任何方向射入，其传播方向都不改变。

平行于光轴的光线通过凸透镜后会聚于主轴上的一点 F，此点称为凸透镜的焦点，凸凹透镜的焦点是实焦点。平行于光轴的光线通过凹透镜后变得发散，发散光线看起来好像是从它们的反向延长线的交点 F 发出来的，点 F 也在主轴上，此点称为凹透镜的焦点，但凹透镜的焦点是虚焦点。凸透镜示意图如图 11-4 所示。

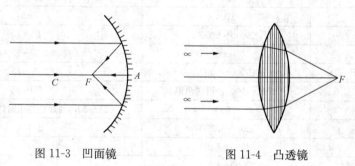

图 11-3　凹面镜　　　　　　　　图 11-4　凸透镜

二、舞台灯具

（一）舞台灯具分类

1. 泛光灯（散光灯或平光灯）

泛光灯是一种可以向四面八方均匀照射的点光源，它的照射范围可以任意调整。泛光灯制造出的是高度漫射的、无方向的光，而非轮廓清晰的光束，因而产生的阴影柔和而透明，用于物体照明时，照明减弱的速度比用聚光灯照明时慢得多，甚至有些照明减弱非常慢的泛光灯，看上去像是一个不产生阴影的光源。泛光灯的构造一般不设置透镜（除投光泛光灯外），而是利用从光源来的直射光和从曲面反射板来的反射光，使其具有指向性的结构。但也有将光源直射光由透镜聚光而射出光线，这就是投光泛光灯。此外，还有范围更广的为全部照明而设计的条灯，和为舞台的局部造成更有效果的柔和光线，或为使曲线面有均匀的照明而能调节其角度等需要而设计的单独灯具。

泛光灯具有照明范围广、光线柔和及均匀的特点，配上滤色片可获得各种颜色的光。舞台照明用的泛光灯一般设计成一排灯，进行大面积照明。舞台的局部效果照明，采用可调角度的单独灯具。泛光灯在舞台照明的范围内不能有光斑和显著的光斑边缘痕迹。

2. 聚光灯

聚光灯的构造是能把从光源发出的光束利用反射镜集中到前面,通过透镜对舞台的局部范围自由地投射光线。聚光灯的凹镜使光的输出效率提高了约 1/3 的光通量。

聚光灯是舞台照明的基本灯具,它的光学系统主要由凹面反射镜(反光碗)与聚光镜组成,光源与反射镜的相对位置是光源始终固定在反光镜球面的曲率半径上。它的特点是:其光斑中间亮,边缘清晰,其投光范围比泛光灯窄,在投光范围内可以调节光线的强弱。聚光灯能够调整光线的光通量和投射角度,调节分为光源移动式和透镜移动式两种,通过调节改变投光面的照度变化,获得局部投光效果。聚光灯一般用于面光、耳光、侧光、柱光、顶光、追光等照明,目前在舞台照明中被大量采用。

调节聚光灯的投射角和光斑大小通常有两个方法:①将灯头底座(一般与反光碗以及插口连在一起)前后移动,使灯泡获得最佳位置;②不移动灯泡,只移动前面的透镜。一般多用前一种方法,即通过调整其光源的位置来控制投射角度和范围。其具体操作方法是:调节灯壳后部的调焦杆,或转动曲柄螺轴,或在灯壳的底部直接拨动灯头的位置。这时在操作中要注意应使灯丝面积最大的一面和透镜完全平行,以及把灯丝的中心位置调在透镜的光轴上。

根据投出光线形成的边缘形状,聚光灯又可大致分为:柔光聚光灯、平凸透镜聚光灯和轮廓聚光灯三种。

(1)柔和聚光灯。发出光线的轮廓柔和的聚光灯,是聚光灯中光线柔和而显出轻松情绪的器具,它的照度均匀、光质柔软,投射光区没有交叉的干扰光。由于通常使用菲涅耳透镜(螺纹镜)的结构,所以也可称为菲涅耳透镜聚光灯。

(2)平凸透镜聚光灯。光线的性质较柔光聚光灯为强,轮廓虽然也显得清楚,但不像轮廓聚光灯那样是聚焦的光。因为从光线的质量上来表示它比较困难,所以一般按它的构造通称为平凸透镜聚光灯。它现在已成为舞台照明的主要照明器具,在舞台上是必不可少的。

(3)轮廓聚光灯(造型聚光灯)。这种投光灯的结构,可使投光面周围的光线强烈聚焦,是用于追踪表演者不可缺少的聚光灯。它与其他的聚光灯不同,有两个透镜,还附有能改变投光面积大小的光阑和能使投光变化形状的截光板。

3. 回光灯

回光灯采用组合式金属反射器,具有投程远、照度高、光质硬的特点。为突出人和景物的轮廓效果,大都作为逆光和侧光使用。回光灯是一种反射式灯具,它的光源不是固定在球面的曲率半径上,而是在凹镜的光轴上可前后移动,以达到投射光斑放大或缩小的目的。调焦范围是球心 C 与焦距 F 之间的距离,光斑的大小取决于 CF 光轴上的光源与凹镜顶点 A 的距离,如图 11-3 所示。回光灯具有光影硬、射程远的特点,但在放大光区中有黑芯,同时干扰光线多。

4. 散光灯

散光灯没有复杂的光学控制系统,通常是由金属反射器(一般经柔光处理以产生漫反射)和柔光玻璃组成,是漫反射灯,照度均匀、光线柔和,适用于大面积泛光照明。如天幕灯、地排灯。

5. 效果照明灯

效果照明是表现雨、雪、云、波涛、火焰等现象的照明器具,也可为歌舞、戏剧的背景进行效果照明,是现代舞台非常重要的照明手段。效果照明器与一般的幻灯机不同,它体积大、亮度强,可以进行投影,是舞台专用的投影器具。效果灯分为:

(1)舞台效果灯。多数是幻灯,大而亮,原理与一般幻灯相同。需要动的投影时,则采用专用的投影幻灯。舞台效果灯有许多种,如有在天幕上产生各种背景的天幕幻灯,用于戏剧演出时进行文字说明的字幕幻灯，表现行云、波浪、红旗飘动等特技效果的转盘幻灯，表现微波荡漾的跑水幻灯，以及与天幕幻灯配套的闪电效果器、雨雪效果器、转盘效果器、双环带效果器等。

（2）影视效果灯。这是一种照明场面大、功率也大的灯具，有采用 1000～2000W 长弧氙灯，得到大面积闪电光场效果的闪电效果灯，投射天片背景用的电影幻灯，得到太阳或扫描文字等的激光效果器等。

（3）舞厅效果灯。是舞厅中为各类舞曲、节奏音响等配置各种不同效果的灯具。常见的有宇宙球灯、滚筒灯、多头旋转灯、镜面反射球、频闪灯、扫描灯、蘑菇灯、飞碟灯、彩灯链、喷水池效果灯等各种形式的效果灯。下面分别介绍：①宇宙球灯：通过电动机与电气控制调光调速，既能自转又能公转，同时投射出 20～30 股彩色光束的圆球形效果灯，在较暗的舞厅或酒吧里，使人有如置身于宇宙、太空之中的感觉；②滚筒灯：置 8～20 股同时投射的彩色光束于长方体滚筒 4 个面上的效果灯，作用与宇宙球灯相同；③多头旋转灯：有 4、6、8 头，可单独旋转，在一定范围内可调节光束投射角度的效果灯；④镜面反射球：在一个圆球外表面上有规则地贴上大小不一的玻璃镜，由电动机带动单向旋转，周围放 3、5 只向圆球表面投射彩色光束的细光束灯具，在室内得到许多大小不一的移动反射光斑；⑤频闪灯：调节氙灯的脉冲频率，使灯光有快慢闪动的效果灯，主要用于跳"迪斯科"时加强节奏感；⑥扫描灯：有 1、2、4 头之分，如 4 头扫描灯有 4 条彩色光在一定的平面角度上旋转，同时每个灯头也能上下旋转，改变俯仰角度，可形成扫描的灯光；⑦蘑菇灯：外形像蘑菇，单向旋转，能投射多股彩色光束的效果灯；⑧飞碟灯：在碟形灯体的周边排满投射出彩色光束的通光口，既能平面旋转又能 360°翻滚转，有与宇宙球灯不同翻滚光束的效果；⑨彩灯链：将同规格小彩泡串成长链状，通过程序光控制器使其在不同的时间间隔内循环亮这些灯泡；⑩喷水池效果灯：设置在喷水池水面下的一种可旋转或不旋转的水密式灯，有的能在音响控制下，使灯光的色彩与喷水的强弱同步变化。

（4）电脑灯。电脑灯光斑的大小、色彩转换、投射部位及角度变化等操作，都可以通过编程来完成，方便快捷、灵活易调。电脑灯是在大型电视晚会中最先开始应用的，近年来才广泛应用于舞台演出中。舞蹈、舞剧、杂技、话剧等演出形式，在完成灯光设计的艺术创造时都曾使用过电脑灯。在舞台演出中，安装在顶部聚光灯部位的电脑灯，可以加强表演区某个部位的亮度，一般是顶光或逆光的效果。这样在布光时，就可考虑少用重点投射的灯具。如果电脑灯安装得较多，也可以加强整个表演区的亮度，从而获得大面的顶光、顶逆光的亮度或色彩效果。在舞蹈或舞剧演出时，可以使用电脑灯突出需要表现的人物，也可利用电脑灯的色彩、闪动、流动等功能，与音乐节奏配合，通过光速的变动烘托舞台气氛。

除了上面所举各类灯具外，还有激光灯、走灯、紫光灯、烟雾机等，但是这些主要用于歌舞厅等场合，激光灯、烟雾机也常用于舞台效果。

（二）灯具光源（灯泡）

1. 白炽灯

白炽灯泡为最早成熟的人工电光源，它是利用灯丝通电发热发光的原理发光。一般而言，白炽灯泡的发光效率较低，寿命也较短（1000h 左右），但使用上较方便，显色指数可达 100。

2. 卤钨灯（卤素灯）

卤钨灯（halogen lamp）又常称石英灯，是发光体为钨丝及卤族元素或卤化物的充气白炽灯。氟、氯、溴、碘各种卤素都能产生钨的再生循环，卤钨循环的过程是这样的：在适当的温度条件下，从灯丝蒸发出来的钨在泡壁区域内与卤素物质反应，形成挥发性的卤钨化合物。由于泡壁温度足够高（250℃），卤钨化合物呈气态，当卤钨化合物扩散到较热的灯丝周围（高温）区域时又分化为卤素和钨。释放出来的钨部分回到灯丝上，而卤素继续参与循环过程。几种卤素之间的主要区别是发生循环反应所需的温度以及与灯内其他物质发生作用的程度有所不同，现在大量生产的是各种溴钨灯和碘钨灯，某些灯中还部分采用氯作为循环剂。

为了使灯壁处生成的卤化物处于气态，卤钨灯的管壁温度要比普通白炽灯高得多，普通玻璃外壳在此温度下会熔化并产生流动，所以用耐高温的石英玻璃或硬玻璃代替普通玻璃应用在卤素灯泡中，石英玻璃具有极低的热膨胀系数，由于普通玻璃可以隔断紫外光，但石英玻璃不能，所以卤素灯泡会发射出具有紫外光波段的不可见光。卤钨灯的泡壳尺寸要小得多，由于玻壳尺寸小、强度高，灯内允许的气压就高，加之工作温度高，故灯内的工作气压要比普通充气灯泡高得多。在卤钨灯中钨的蒸发受到更有力的抑制，同时卤钨循环消除了泡壳的发黑，灯丝工作温度和光效就可大为提高，而灯的寿命也得到相应的延长。

基于石英玻璃的特性，如果玻璃管壁上沾染了油污（例如用手触摸灯泡的玻璃壳），将导致上述再生循环过程不能良好完成，从而大大影响灯泡的寿命，需要用酒精进行清除。卤钨灯分为主高压卤钨灯（可直接接入 220～240V 电源）及低电压卤钨灯两种，低电压卤钨灯（需配相应的）具有相对更长寿命、安全性能更高等优点。色温稳定（可选取 2500～3500K）。

3. 金属卤化物灯（金卤灯）

金卤灯是交流电源工作的，在汞和稀有金属的卤化物混合蒸气中产生电弧放电发光的放电灯，金卤灯是在高压汞灯基础上添加各种金属卤化物制成的第三代光源。照明采用钪钠型金卤灯，金卤灯具有发光效率高、显色性能好、寿命长等特点，是一种接近日光色的节能新光源，广泛应用于体育场馆、展览中心、大型商场、工业厂房、街道广场、车站、码头等场所的室内照明。

金卤灯有两种：①石英金卤灯，其电弧管泡壳是用石英做的；②陶瓷金卤灯，其电弧管泡壳是用半透明氧化铝陶瓷做的。金卤灯是目前世界上最优秀的电光源之一，它具有高光效（65～140lm/W）、长寿命（5000～20000h）、显色性好（Ra65～95）、结构紧凑、性能稳定等特点。它兼有荧光灯、高压汞灯、高压钠灯的优点，克服了这些灯的缺陷，汇集了气体放电光源的主要优点，尤其是光效高、寿命长、光色好三大优点。因此金卤灯发展很快，用途越来越广。市场上的金卤灯同其他气体放电灯一样，灯内的填充物中有汞，汞是有毒物质，制灯注汞时，处理不慎，会造成对生产环境污染，有损工人的身体健康。电弧管排气时，有微量的汞蒸气排出，若处理不当，会直接排入大气，当使用的灯破损，皆会对环境造成污染。这类灯的相关色温 4000K 左右，显色指数 70，光效在 70lm/W 以上。

4. 荧光灯

荧光灯常见的是样子细长的，也有其他形状的。荧光灯两端各有一灯丝，灯管内充有微量的氩和稀薄的汞蒸气，灯管内壁上涂有荧光粉，通电之后由于放电而产生光，两个灯丝之间的气体导电时发出紫外线，使荧光粉发出柔和的可见光。荧光灯在工作时是不断闪烁的，只是人无法感觉，但人的眼在自动调节，使眼疲劳。

5. 三基色荧光灯（Three-band Fluorescent Lamp）

三基色荧光灯属于冷光源灯，由蓝、绿、红谱带区域发光的三种稀土荧光粉制成的荧光灯，三基色节能型荧光灯是一种预热式阴极气体放电灯，分直管形、单 U 形、双 U 形、2D 形和 H 形等几种。以 H 形节能荧光灯为例，它由两根顶部相通的玻璃管（管内壁涂有稀土三基色荧光粉）、三螺旋状灯丝（阴极）和灯头组成。其工作原理与普通荧光灯相似，既可配用电感型镇流器（要配有启辉器），也可配用电子镇流器（不配用启辉器）。所谓三基色是指红、绿、蓝三种基本色光，在经过混色组合后，可成为照明用的暖白色光。三基色荧光粉比之于传统的卤粉有很大的优点——显色性好、光衰小、光效高，但是它的价格昂贵。三基色柔光灯是由红、绿、蓝三色光所组成的色温（3000K），它的性质相对比较稳定，其光束完全符合摄像机所需要的色温要求；在调光过程中，其发光色温不会随亮度的变化而变化，因此拍摄出的画面色温稳定、细节清晰、色彩逼真；发光面积大，照度均匀，投射在被摄物体上，不会产生散乱的阴影，因此布光难度相对降低；光线柔和，照射在人物面部显得非常的细腻，令被摄对象感觉很舒适，拍摄出来的画面也具有一种更自然、更柔和、也更接近现实生活的效果。三基色柔光灯只发出可见光，几乎不发出红外线等其他频谱的光，所以几乎不发出热量，是名副其实的"冷光"。在同等照度下，三基色柔光灯的耗电量仅为热光源的十分之一左右。从上述特点看，三基色荧光灯属于冷光灯范畴。三基色柔光灯的光照距离较短，一般在 2.5～3m 之间，这样不利于大景别的拍摄。

6. 氙灯

氙灯利用氙气放电而发光的电光源，是一种在椭球形石英泡壳内充有 0.019～0.0266MPa 高压氙气、极间距离小于 10mm 的灯。由于灯内放电物质是惰性气体氙气，氙气是惰性气体中原子序数较大的元素（也就是较重的元素），原子半径较大。在弧光放电中，电子与气体发生弹性碰撞损失的能量同气体的原子量成反比，所以与其他惰性气体相比，氙气弧光放电时损失较小、发光效率高；同时，氙气的电离电势较低，放电时电极附近的电压降小，这样可以延长电极的寿命；又由于氙原子结构的特点，长弧氙灯发出的光谱和日光非常接近，这是氙灯的最大特点。

1）辐射光谱能量分布与日光相接近，色温约为 6000K。

2）连续光谱部分的光谱分布几乎与灯输入功率变化无关，在寿命期内光谱能量分布也几乎不变。

3）灯的光、电参数一致性好，工作状态受外界条件变化的影响小。

4）灯一经点燃，几乎是瞬时即可达到稳定的光输出；灯灭后，可瞬时再点燃。

5）灯的光效较低，电位梯度较小。

氙灯的工作温度很高，氙灯按其使用特点可分为自然冷却、风冷和水冷三种。小功率灯采用自然冷却，功率在 3000～5000W 的灯采用风冷，更大功率的灯采用水冷。超高压短弧氙灯具有几乎瞬态的光学启动特性———启动即辐射出灯的总光通量的 80%，1min 后达 90%，2.5min 后达到 100%。它需配备专用的启动器和直流电源，寿命约为 500～1500h。灯可水平或垂直燃点。1000W 以上的氙灯，水平点燃时需附加磁场稳弧装置。超高压短弧氙灯因充有高压氙气，储运、保存均应放在专用盒内，以防爆炸。使用时应采取必要的防爆及防紫外辐射措施。超高压短弧氙灯亮度高、发光区域小、显色性好，光色接近日光且光色稳定。

7. 镝灯

镝灯属高强度气体放电灯，是一种具有高光效（75lm/W 以上）、高显色性（显色指数 80 以上）、长寿命的新型气体放电光源，是金属卤化物灯的一种。它利用充入的碘化镝、碘化亚铊、汞等物质发出其特有的密集型光谱，该光谱十分接近于太阳光谱，从而使灯的发光效率及显色性大为提高，镝灯有球形、管形、椭球形等多种形状可满足不同用途的需要，使用时需相应的镇流器和触发器。

8. 高压钠灯

高压钠灯使用时发出金白色光，具有发光效率高、耗电少、寿命长、透雾能力强和不诱虫等优点。广泛应用于道路、高速公路、机场、码头、船坞、车站、广场、街道交汇处、工矿企业、公园、庭院照明及植物栽培。高显色高压钠灯主要应用于体育馆、展览厅、娱乐场、百货商店和宾馆等场所照明。

当灯泡启动后，电弧管两端电极之间产生电弧，由于电弧的高温作用使管内的钠、汞齐受热蒸发成为汞蒸气和钠蒸气，阴极发射的电子在向阳极运动过程中，撞击放电物质的原子，使其获得能量产生电离或激发，然后由激发态回复到基态，或由电离态变为激发态，再回到基态无限循环。此时，多余的能量以光辐射的形式释放，便产生了光。高压钠灯中放电物质蒸气压力很高，即钠原子密度高，电子与钠原子之间碰撞次数频繁，使共振辐射谱线加宽，出现其他可见光谱的辐射，因此高压钠灯的光色优于低压钠灯。高压钠灯是一种高强度气体放电灯泡。由于气体放电灯泡的负阻特性，如果把灯泡单独接到电网中去，其工作状态是不稳定的，随着放电过程继续，它必将导致电路中电流无限上升，最后直至灯管或电路中的零部件被过电流烧毁。在高压钠灯的工作电路中除了灯泡外，还必须按内触发高压钠灯或外触发高压钠灯分别选用相应的工作电路，如灯泡＋镇流器或者灯泡＋镇流器＋触发器的工作电路，方可达到高压钠灯正常工作的要求。电源电压的波动必将引起灯泡电参数的变化，如果电源电压上升将引起灯泡工作电流增大，促使电弧管冷端温度提高，汞、钠蒸气压增高，工作电压、灯泡功率随着增高，造成灯泡寿命大大下降；反之，电源电压降低，灯光不能正常工作，发光效率下降，还可能造成灯泡不能启动或自行熄灭。所以，要求客户在灯泡使用时，电源电压的波动不宜过大，一般要求在额定值＋6％～－8％范围内变化。

显色指数已提高到 $R_a=70\sim80$，发光效率可达 80lm/W 以上，最高发光效率 140lm/W。

9. 溴钨灯

溴钨灯又称为氘灯，是紫外－可见－近红外波段的理想光源，可对物质进行吸收光谱和荧光光谱分析，可与光谱仪配套使用，包括专用电源和控制系统。溴钨灯采用溴化氢工艺，比碘钨灯光效高、寿命长、光色更好，点燃后没有碘钨灯那种紫红蒸气，是一种新型使用广泛的一种灯。

溴钨灯里的溴化氢可以在 200～1100℃ 的玻壳壁温下进行正常的溴钨循环，所以可以用来制作大功率、高光效的电光源。溴钨灯能发出可见和近红外光（发光的波长范围：380～2500nm），色温：3000～3200K，常作为光谱分析仪的光源，也广泛应用于光学仪器、电影放映、光刻等方面。碘钨灯是卤素灯的一种，有直立式圆形和管形两种。它的外壳用耐高温石英玻璃做成，里面钨丝绕成单螺旋状，中间有若干钨丝圈支撑，以免灯丝下垂。灯管内抽成真空，充入氩气和适量的纯碘。碘钨灯由于应用了碘钨循环的原理，大大减少了钨的蒸发量，所以它的工作温度可提高到 3000℃，发光效率也提高很多。与普通白炽灯相比，照明用碘钨灯还具有体积小、光色好、寿命长等优点。例如，普通 220 伏 1000 瓦白炽灯的发光效率约为 16 流/瓦，平均寿命是 1000 小时；而照明用的 220 伏 1000 瓦碘钨灯的发光效率约为 21 流/瓦，平均寿命是 1500 小时。

10. LED 灯

LED（Light Emitting Diode）即发光二极管，是一种固态的半导体器件，它可以直接把电能转化为光能。LED 的心脏是一个半导体的晶片，晶片的一端附在一个支架上，一端是负极，另一端是正极，使用时两个极分别连接电源的正负极，整个晶片被环氧树脂封装起来。半导体晶片由两部分组成，一部分是 P 型半导体，在它里面多数载流子是空穴，另一端是 N 型半导体，其多数载流子是电子。当这两种半导体连接起来的时候，它们之间就形成一个 P-N 结。当电流通过这个 P-N 结的时候，电子就会被推向 P 区，在 P 区里电子跟空穴复合，然后就会以光子的形式发出能量，这就是 LED 发光的原理。而光的波长也就是光的颜色，是由形成 P-N 结的材料决定的。

当 P-N 结处于正向工作状态时（即两端加上正向电压），电流从 LED 阳极流向阴极时，半导体晶体就发出从紫外到红外不同颜色的光线，光的强弱与电流有关，高光效、低光衰。大功率 LED 灯，属于冷光灯的一种，效率高，已广泛应用于家用照明、路灯、工矿灯、隧道灯、射灯、舞台灯等诸多照明领域，深受业界一致好评。

LED 灯使用低压电源，根据产品不同而异，供电电压在 6～24V，所以它是一个比使用高压电源更安全的电源，特别适用于公共场所，消耗能量较同光效的白炽灯减少 80％；寿命可达 10 万 h，光衰为初始的 50％；效率高，50～200lm/W，而且发光的单色性好，光谱窄，无需过滤，可直接发出有色可见光；响应时间短，白炽灯的响应时间为毫秒级，LED 灯的响应时间为纳秒级；LED 灯使用低压直流电即可驱动，具有负载小、干扰弱的优点，对使用环境要求较低；LED 灯的显色性高，但是随通过电流大小会有变化。

（三）舞台灯光种类

（1）主光。也称面光，是照射人物或物体正面的光源，目的是突出正面效果，装在舞台大幕之外，观众厅顶部的灯，有第一道、第二道面光灯，后面的楼厢面光灯，中部聚光灯也有类似作用。多用聚光灯，可调焦距和光圈，少数采用回光灯，并有装置追光灯的可能。

（2）侧面光。一般安排在舞台的两侧，作为面光的补充，目的是增加层次感，一般采用聚光灯照射。在剧场楼上观众席两翼所装设的部分灯具，光线从两侧投向舞台表演区。

（3）耳光。分左右耳光，装在舞台大幕外左右两侧靠近台口的位置，光线从侧面投向舞台表演区。与面光相似，呈左右交叉地射入舞台表演区中心，用来加强舞台布景、道具和人物的立体感，是舞台必不可少的光，尤其作为舞台的追光，随演员流动。耳光应能射到舞台的每个部分，一般采用聚光灯、回光灯。

（4）顶光。安装在舞台或表演区的上方，是表演区的主要光源，可以产生各种效果。在大幕顶部的聚光灯具，一般装在可升降的吊桥上，也可装在吊杆上，主要投射于中后部表演区。从舞台檐幕向后顺序安装为一顶光、二顶光、三顶光、四顶光，主要用于需从上部进行强烈照明的场合，可分别由前部、上部和后部投射，根据不同的时间要求，决定方向、光柱、孔径。

（5）顶排光。位于舞台上部的排灯，装在每道檐幕后边吊杆上，形成一排排条灯，称为一排光、二排光、三排光等，给整个舞台以均匀照明，用于表演区或布景。为使照明均匀布置，其与顶光灯之间应保持一定距离。这是一种不可缺少的舞台灯，开会、报告、演出均需要，一般剧场装 3～4 排，特深舞台颗增加 1～2 排，采用泛光灯。

（6）柱光。在舞台大幕内两侧的灯具，装在"伸缩活动台口"上面或立式铁架上，光线从台口内侧投向表演区。按顺序可有二道光柱、三道光柱等，也称梯子光、内测光、内耳光。灯的投射距离较短、功率较小，一般用聚光灯，也可中间用少量柔光灯。

（7）脚光。装在大幕外台唇部的条灯，光线从台板向上投射于演员面部或照明闭幕后的大幕下部，可弥补面光过陡，消除鼻下阴影，也可根据剧情需要为演员增强艺术造型的投光，弥补顶光、侧光的不足。闭幕时投向大幕下方，也可用色光改变大幕色彩，歌舞剧可用来照射下身服装与足部，以增强效果。脚光采用球面、抛物面或椭圆形反射器的成排灯具均匀照明。

（8）侧光。在舞台两侧天桥上的灯，光线从两侧高处投向舞台，天桥由低向高顺序称为一道侧光、二道侧光、三道侧光，并有左右侧光之分，也称桥光。它是演员面部的辅助照明，并可加强布景层次，采用聚光灯。

（9）天排光灯。在天幕前舞台上部的吊杆上，是专门俯射天幕用的灯具，作为天空布景照明用，设在特制的天幕顶光桥上，一般距离天幕的水平距离为 2～6m，要有足够的亮度，功率较大，光色变换也要多（约 4～6 色），照明要求平行而且均匀，可装成一排、二排，排内还可分上下层。天排光灯采用泛光灯，要求照明均匀，投光角度尽可能大。

（10）地排光灯。设在天幕前台板上或专设的地沟内，如天幕用塑料，也可将灯具放在天幕后地面上打逆光。成排灯具均匀地摆放在舞台后面地板上或地沟内，距离天幕 1～2m，用来表现地平线、水平线、高山日出、日落等。在天空和地平线之间用地排灯照明，能显现出"无限距离"的效果。泛光灯具，如表现白天、黑夜、早晨、黄昏、四季、云彩变换等还应使用云灯、效果灯、幻灯等自下部照向天幕。

（11）背投光。一般安排在舞台的后侧，目的是创造出逆光的效果，一般采用聚光灯照射。

（12）追光。通常是为了突出演员个人表演配置的光源，通过追光产生凝聚感，一般采用聚光灯照射。

（四）常用的灯光控制设备

常用灯光控制设备简单的包括空气开关、多路开关板、走灯机，复杂的有硅箱、多路程序控制台、多路调光台，及专门与电脑灯配套的电脑灯控制器等。调光台又分模拟调光台和数字调光台（器）。另外还有换色器控制台、激光灯控制台、幻灯机控制台、烟机控制台等设备。它们各有特点，各自用于控制不同类型的灯具，适用于不同的场合。

（1）模拟调光器（台）。使用模拟调光技术，输出信号为 0～10V 一对一输出。一般模拟调光器设计简单、控制器路数较少、调光曲线差，但市场价格较低，易于学会掌握，为 20 世纪 70 年代末到 90 年代中期的主流产品。常见的有 3、6、9、12、18、24、60、120 路等，每路功率多为 8kW，但也有 2、4kW 等，小路数多为一体机，大路数为分体机。

（2）数字调光器（台）。数字调光台使用方便（特别是大回路），其调光功能、备份功能、编组功能、调光曲线等均优于模拟调光台、性能价格也比较合理，很受用户欢迎。常见的有 12、36、72、120、240、1000 路等，每路多为 2、4、6、8kW 等。

（3）电脑灯控制器。主要特点是：最新升级版本可用 U 盘输灯库，输入电压为 90～265V 可调，三相五线制 45～65Hz，输入信号为 DMX-512，独立调光功能，可设置预热电平和最大亮度限制，硅路可设为直通方式，断电保护功能，不黑场。每个调光单元电路各自独立，可独立调光且具有断电保护功能。LED 直观显示调光回路亮度、最大/最小亮度、故障/过热指示、DMX 信号正常/差错、电源通断指示，并具有独立的测试开关。组合式智能风扇箱冷却系统，每台调光立柜设有总进线开关和数字电压、电流指示表。

（4）硅箱。硅箱是一种调光设备，主要是用于 PAR 灯、观众灯等灯具的调光设备，大功率输出，使用晶闸管来控制电流强度达到灯具的明暗调节、闪烁等，常规是采用 DMX512 信号控制。硅箱提供多种模具化背板，给用户提供标准输出的不同选择，可以预设通道线性调光模式、预热等功能

（5）DMX512 是围绕工业标准 EIA485 接口设计的。EIA485 属于接口、电压、电流等的"电"端。DMX512 协议最先是由 USITT（美国剧院技术协会）发展成为从控制台用标准数字接口控制调光器的方式。DMX512 超越了模拟系统，但不能完全代替模拟系统。DMX512 的简单性、可靠性以及灵活性使其迅速成为资金允许情况下选择的协议，除了调光器外，一系列不断增长的控制设备就是证据。DMX512 仍然是科学上的一个新领域，具有在规则基础上产生的各种奇妙技术。

DMX512 控制线采用 5 针 XLR（有时候是 3 针）连接设备（如表），母接口适用于发送器，而公接口适用于接收器。

XLR 连接器的针口分配见表 11-4。

表 11-4　　　　　　　　　　XLR 连接器的针口分配

针	线	信　号
1	屏蔽	地/0 伏
2	内部导体（黑）	数据－
3	内部导体（白）	数据＋
4	内部导体（绿）	备用数据－
5	内部导体（红）	备用数据＋

（6）剧场、礼堂晶闸管调光回路容量选择见表 11-5。

表 11-5　　　　　　　　　剧场、礼堂晶闸管调光回路容量选择推荐

剧场、礼堂种类	舞台尺寸/m			观众席位数	可调光回路容量/个
	宽	高	深		
大型剧场	>30	>35	>25	2000～2500	180～240
中型剧场	>16	>25	>16	1500～2000	120～180
小型剧场	<16	<25	<16	1500 以下	60～90

附录 音响技术术语英汉对照

AAC automatic amplitude control 自动幅度控制

AB AB制立体声录音法

ABC auto base and chord 自动低音和弦

Abeyance 暂停，潜态

Abort 终止、停止

A-B repeat A-B重复

Absolute Music 绝对音乐，纯音

Absorption 声音被物体吸收，吸声

ABSS auto blank section scanning 自动磁带空白部分扫描

ABTD automatic bulk tape degausser 磁带自动整体去磁电路

A-B test AB比较试听

ABX acoustic bass extension 低音扩展

AC alternating current 交流电，交流

AC audio center 音乐中心

AC audio coding 数码声，音频编码

AC-3 杜比数码环绕声系统

AC-3 RF 杜比数码环绕声数据流（接口）

Accent 重音、音调

Accompaniment 伴奏，合奏，伴随

According 手风琴

ACE audio control erasing 音频控制消磁

A-Channel A(左)声道

Acoustical 声的，声音的

Acoustic coloring 声染色

Acoustic image 声像

Across frequency 交叉频率，分频频率

Active 主动的，有源的，有效的，运行的

Active Bias 有效偏磁

Active crossover 有源分频，电子分频

Active loudspeaker 有源音箱

Activity （线圈）占空系数，动作

Adagio 柔板（从容地）

A/D analog to digital 模拟/数字变换

ADD address 地址

Adder 加法器，混频器

A. DEF audio defeat 音频降噪，噪声抑制，伴音静噪

ADJ adjust 调整，调节

ADP(T) adapter 适配器，转接器

ADRES automatic dynamic range expansion system 动态范围扩展系统

A. DUB audio dubbing 配音，音频复制，后期录音

ADV advance 送入，提升，前置量

AE audio erasing 音频(声音)擦除

Aerial 天线

AF audio fidelity 音频保真度

AF audio frequency 音频频率

AFC acoustic field control 声场控制

AFC automatic frequency control 自动频率控制

Affricate 塞擦音

AFL after fader listen 衰减后(推子后)监听

A-fader 音频衰减器

Afterglow 余晖，夕照时分音响效果

AGC automatic gain control 自动增益控制

AHD audio high density 音频高密度唱片系统

AI amplifier input 放大器输入

A-IN 音频输入

ALC automatic level control 自动电平控制

Align alignment 校正，补偿，微调，匹配

Al-Si-Fe alloy head 铁硅铝合金磁头

Allegretto 小快板，稍快地

Allegro 快板，迅速地

Allocation 配置，定位

All rating 全音域

ALM audio level meter 音频电平表

ALT-CH alternate channel 转换通道，交替声道

AM amplitude modulation 调幅(广播)

Ambience 临场感，环绕感

Ambiophonic system 环绕声系统，立体混响系统

401

Ambiophony 现场混响，环绕立体声

AMIS automatic music locate system 自动音乐定位系统

Amorphous head 非晶态磁头

AMP amplifier 放大器

AMS 跳曲播放

AMS automatic music sensor 自动音乐传感器

AMSS automatic music select system 自动音乐选择系统

Analog 模拟的，模型，类似

Analog cueing track 模拟提示轨迹

Analog audio master tape 模拟原版录音带

Analog cassette tape 模拟盒带录音机

ANC automatic noise canceller 自动噪声消除器

ANL automatic noise limiter 自动噪声抑制器

ANRS automatic noise reduction system 自动降噪系统

ANT antenna 天线

Anti-hum 哼声消除

AOM acoustic optical modulator 声光调制器

AP automatic pan 自动声像控制

APC automatic phase control 自动相位控制

APCM adaptive PCM 自适应脉冲编码调制

Aperture distortion 孔径失真

APLD automatic program locate device 自动选曲，自动节目逻辑装置

APN allochthonous 声像漂移

APPS automatic program pause system 自动节目暂停系统

APS automatic program search 自动节目搜索

APU audio playback unit 音频重放装置

AR audio response 音频响应

ARC automatic record control 自动录音控制

ARP azimuth reference pulse 方位基准脉冲

Arpeggio 琶音

Articulation 声音清晰度，发音

Arpeggio single 琶音和弦，分解和弦

ASC automatic sensitivity control 自动灵敏度控制

ASK Amplitude Shift Keying 振幅键控

ASP audio signal processing 音频信号处理

ASSEM assemble 汇编，剪辑

Assign 指定，转发，分配

AST active servo technology 有源伺服技术（一种超低频重放技术）

A Temp 回到原速

AT attenuator 衰减器

ATC automatic timing correction 自动定时校准器

ATC automatic tone correction 自动音调调整

ATD automatic tape degausser 磁带自动去磁器

ATF automatic track finding 自动寻迹

ATRAC adaptive transform acoustic coding 自适应转换声学编码

ATS automatic tuning system 自动调谐系统

Attack （压限器）启动时间

Attack delay 预延时

AHD audio high density 音频高密度唱片

AU adapter unit 适配器

Audible sound 可闻声

Audience area 听众区

Audio 音频，音频的，音响

Audition 试听发音，播音前试音

Aural Exciter 听觉激励器

Auricle effect 耳廓效应

Auto match 自动匹配

Auto Punch 自动补录

Auto reverse 自动翻转

Auto select 自动选择

Auto space 自动插入空白信号（乐曲间）

Auto sweep 自动扫描，自动搜索

Auto tune 自动调谐

AUTP auto punch 自动穿插录音

AUX auxiliary 辅助

AV audio/video 音视频，音像系统

AVC automatic voluma control 自动音量控制

Average value 平均值，平衡，抵消

A-weighting A-计权

AWM audio wave form memory 音频波形记忆

AWM automatic writing machine 自动写入机

Azimuth loss 方位损失

B band 频带

B bit 比特，存储单元

B button 按钮

Back 返回

Back drop　交流哼声，干扰声

Background noise　背景噪声，本底噪声

Back koff　倒扣，补偿

Back tracking　补录

Back up　磁带备份，支持，预备

Back wand　快倒搜索

Balanced　已平衡的

Balancing　调零装置，补偿，中和

Balun　平衡——不平衡转换

Banana plug　香蕉插头

Band　频段，频带，波段

Band pass　带通滤波器

Bandwidth　频带宽，误差，范围

BAR barye　微巴

Base　低音，基础，底层

Bass　低音，倍司（低音提琴）

Bass drum　低音鼓、大鼓

Bass tube　低音号，大号

Bassy　低音加重

BATT battery　电池

BB base band　基带

BBD bucket brigade device　斗链器件（效果器）

BCD Binary Coded Decimal　二—十进制

BCH band chorus　分频段合唱

Beat　拍，脉动信号

Beat cancel switch　差拍干扰消除开关

Bel　贝尔

Bend　弯曲，滑音

Bender　滑音器

BF back feed　反馈

BF back feed flanger　反馈镶边

BGM back ground music　背景音乐

Bias　偏置，偏磁，偏压，既定程序

Bi-directional　双向性的，8字形指向的

Big bottom　低音扩展，加重低音

Binaural effect　双耳效应，立体声

Binaural synthesis　双耳合成法（三维立体声）

Bit binary digital　字节，二进制数字，位，比特

Bit SYNC　位同步

Bit yield　存储单元

BK break　停顿，间断

Blamp　两路电子分音

Blaster　爆裂效果器

Blend　融合（度），调和，混合

Block Repeat　分段重复

Block up　阻塞

Bloop　（磁带的）接头噪声，消音贴片

BNC bayonet connector　卡口电缆连接器

Body mike　小型话筒

Bongo　双鼓

Boom　混响，轰鸣声

Boomy　嗡嗡声（指低音过强）

Boost　提升

Booth　控制室，录音棚

Bottoming　底部切除，末端切除

Bounce　合并

Bourclon　单调低音

Bowl　碗状体育场效果

BPC basic pulse generator　基准脉冲发生器

BPF band pass filter　带通滤波器

BPS band pitch shift　分频段变调

Break　中止（程序），减弱

Breathing　喘息效应

Bridge　桥接，电桥，桥，（乐曲的）变奏过渡

Bright　明亮（感）

Brightness　明亮度，指中高音听音感觉

Brilliance　响度

BTB bass tuba　低音大喇叭

BTL balanced transformer-less　无平衡变压器（功放），（功放）桥接输出

BTM bottom　最小，低音

Bus　母线，总线

BUT button　按钮，旋钮

BW band width　频带宽度，带宽

BY bypass　旁路

BZ buzzer　蜂鸣器

B/C type Dolby System　杜比 B/C 型系统

C clear　清除

CAC coherent acoustic coding　相干声学编码

CAL calando　减小音量，渐弱

CAL calibrate　校准，分度

Calibrate　校准，定标

Call　取回，复出，呼出，调出

Can　监听耳机，带盒

Cancel　取消，清除，删去

Cannon　卡侬插口，平衡连接

Canon　规则，测弦器

Capacitance Mic 电容传声器

Capsule （传声器）音头

Cardioid 心形的

Cardioid pattern 心形指向性

Cartridge 盒式存储器，盒式磁盘

Cassette 盒式的，卡式的

CAV constant angular velocity 恒角速度（LD 唱机的速度类型）

CC contour correction 轮廓效应

CCIR Weighting CCIR（国际无线电通讯咨询委员会）计权

CCW Counter ClockWise 反时针

CD Compact Disc 激光唱片，激光唱盘

CD-E Compact Disc Erasable 可抹式激光唱片

CDG Compact Disc plus Graphic 带有静止图像的 CD 唱盘

CDH Constant Directional Horn 恒指向号筒

CD-DA Compact Disc Digital Audio 小型数字化音频唱片，镭射唱碟

CD-I Compact Disc Interactive 可对话数字式激光唱片

CD-R Compact Disc Recordable 可录音激光唱片

CD-ROM CD-read only memory CD 只读存储器

CDS CD-single 单曲激光唱片

CDV compact -disc video 带有 5 分钟图像和声音内容以及 20 分钟无图像的声音内容的激光唱片，静止图像激光唱片

Cellar club 地下俱乐部效果

Cello 大提琴

Cent 音分

CF center frequency 中心频率

Cross fade 软切换

CH channel 声道，通道

Chain play 连续演奏

Chamber 密室音响效果，消声室

Chapter 章，章节，曲目

Chapter skip 跳节（节目定位方式）

CHAR character 字符，符号

Characteristic curve 特性曲线

Chase 跟踪，追踪

Check 校验，抑制，停顿

Choke 合唱

Choose 选择

Chord 和弦效果

Chorus 合唱效果、和声

Chromatic 色彩，半音阶

Church 教堂音响效果

CI cut in 切入

CIC cross interleave code 交叉隔行编码

CIRC circulate 循环

CIRC Cross Interleave Reed-Solomon Code 交叉交织里德-索罗门码

CKW clockwise 顺时针，顺时针旋转，右旋的

CL cancel 取消，消除

CL control logic 控制逻辑

Clarinet 单簧管

Clarity 清晰度

Classic 古典的（音乐风格）

Clean 净化，纯净

Clean start 即可播出

Clearness 清晰度

Click 滴哒声，节奏点，开关噪声

Clip 削波，限幅，接线柱

CLK clock 时钟，时钟信号，时值

Clocking 时钟脉冲，同步

Close 关闭，停止

Close-talking microphone 近讲传声器

CLR clear 归零，清楚，清零

CLS control listen 控制室监听

Cluster 音箱阵效果

CLV constant linear velocity （LD 机）恒线速度

CMP compact 压缩

CMPT compatibility 兼容性

CMRR common mode rejection ratio 共模抑制比

CNT count 计数，计数器

CNTRL central 中心，中央，中间

CO carry out 定位输出

CO cut-off 切断，截止

Coarse 粗调

Code 码，编码

Coefficient 系数

Coincident 多信号同步，同相信号集合

Cold 冷的，冷端，单薄的

Color　颜色，色彩，染色效果

Coloration　声染色

COM comb　梳状（滤波）

COM commutator 转换器，整流器

COMB combination 组合，组合音色

Combining　集合，结合

Command　指令，操作，信号

COMP comparator　比较器

COMP compensate　补偿

COMP component　元件，成分

COMP composition　混合，合成

COMP　compressor　压缩器

COMP　compound composition　复合的，复合信号，合成器

Compact　压缩，组合

Compander　压缩扩展器，压扩器

Compatibility　兼容

Complex tone　复音

Composer　作曲者，创意器

Compression sustainer　压缩延音器（效果处理装置）

COMP-EXP compressor-expander　压缩-扩展器，压扩器

Compromise　（频率）平衡，折中

Concert　音乐厅效果

Condenser Microphone　电容传声器

Cone type　锥形（扬声器）

CORR correct　校准，补偿，抵消

Console　调音台

Consonant　辅音

CONT continuous　连续的（音色特征）

CONT control　控制，操纵

Continue button　（两录音卡）连续放音键

Contra　次八度，逆，对抗

Contrast　对比度，比较器

Constant directivity　恒指向性（号筒）

CONV converter　变换器

CONV convertible　可变换的

CORR correct 校准，调整，补偿，调校

Copy　拷贝，复制

Correlation meter　（相位）相关表

COSM(Composite Object Sound Modeling)　组合目标声音模型

Count-in　预备拍

Couple　耦合

Counteracting proximity effect　近讲传声器

Counter-clock wise　逆时针

Coverage　覆盖范围，有效范围

CP clock pulse　时钟脉冲

CP control program　控制程序

CRC cyclic redundancy check 循环冗余校验

Crescendo　渐强或渐弱

Crispness　清脆感、脆声

CRN crunch　嘎吱失真效果声

Cross fade　软切换

Crossfader　交叉渐变器、交互推杆

Cross-MOD　交叉调制

Crossover　分频器，换向，切断，跨线桥

Cross talk　声道干扰，串音

Crunch　摩擦音，嘎吱失真效果声

CST case style tape　盒式磁带

Cue　提示，选听，衰减前监听，插入（某声部），快速检索

Cue clock　故障计时钟

Cursor　显示窗口中的星标，指示器，光标

Curve　（特性）曲线

CUT　切去，硬切换，剪辑，终止键，复位开关，分割

Cut-in　断-通（控制）

Cut-off　切去，取直、截止频率

Cut-out　中断

Cut-over　开通，转换

CV converters　变换器，变频器

CW continuous wave　连续波

CW ClockWise　顺时针

CX cancel　删除，消除噪声

CX complex　综合的，复合的

Cyele play button　双卡连续放音器

Cyelelog　程序调节器

D double　双重的，对偶的

D drum　鼓，磁鼓

DA delayed action　延迟作用

DAC　digital to analog converter　数模转换器

Damp　阻尼，衰减

Damper　延音器，滞音器

Damping　衰减的，稳定的

DASH digital audio stationar head　数字固定磁头（录音机）

DASH-F 快速 DASH

DASH-L 慢速 DASH

DASH-M 中速 DASH

Dashpot 缓冲器，减震器

DAT digital audio tape 数字音频磁带，数字录音机

Data 数据

Data card 音色扩展卡

Data transfer 数据传输

Datatron 数据处理机

Date 日期

dBA decibel absolute 绝对分贝

dBA decibel, A-weight 加权值分贝，A 计权

dBA decibel adjusted 调整分贝(等于 82dBm)

DBB dynamic bass boost 动态低音提升

DBD double delay 重延时

dBm decibel above one milliwatt in 600ohms 毫瓦分贝

DBX 压缩扩展式降噪系统

DCC digital compact cassette 数字卡式录音机、数字微型音频磁带

DCF digital comb filter 数字梳状滤波器

DCH decade chorus 十声部合唱

DD dolby digital 数字杜比

DDRP(Dynamics Detection Recording Processor) 动态检测录音处理器

DDS digital dynamic sound 数字动态声

DDSC dynamic discrete surround circuit 动态分离环绕声电路

Dead 具有强吸声特性房间的静寂

Dead room 消声室

DEC decay 衰减，渐弱，余音效果

Decipherer 解码器

Decoder 解码器

Deemphasis 去加重

Deep reverb 纵深混响

De-esser 去咝声器

DEF defeat 消隐，静噪

DEF definition 清晰度

DEL delay 延时，延迟，延时时间

DEMO demodulator 解调器

Demo 自动演奏

Density 密度，声音密度效果

Detune 音高微调，去谐

DepFin 纵深微调

Denoiser 降噪器

Deutlichkeit 清晰度

DEX dynamic exciter 动态激励器

DF damping factor 阻尼系数

DF dynamic filter 动态滤波器

DFS digital frequency synthesizer 数字频率合成器

DI data input 数据输入(接口)

Dial 调节度盘

Diaphragm 膜，振膜

DIFF differential 差动，差分

Diffraction 衍射，绕射

Diffusion 扩散，声音在空间扩散效果

Digital Ping Pong 数字乒乓

DIM diminished 衰减，减半音

Direct from Disk Play 随读随放

DISC discriminator 鉴相器

Disc 唱盘，唱片，碟

Disco 迪斯科，迪斯科音乐效果

Discord 不谐和弦

Disk 唱盘，碟

Dispersion (音箱)频散特性，声音分布

Displacement 偏转，代换

Distortion 失真，畸变

Distributer 分配器，导向装置

Dim 变弱，变暗，衰减

Dither 颤抖

DIV divergence 发散

Divide Pickup 分弦拾音器

DJ Disc Jocker 唱片骑士，从事专业扩声调音工作的人

DL delay 延迟

DLD dynamic linear drive 动态线性驱动

DLT(Digital Linear Tape Technology) 数字线性磁带技术

DMX data multiplex 数据多路(传输)

DNL dynamic noise limiter 动态噪声抑制器

DNR dynamic noise reduction 动态降噪电路

DO dolly out 后移

DO dropout 信号失落

DOL dynamic optimum loudness 动态最佳响度

Dolby 杜比，杜比功能

Dolby Hx（Headroom Expansion）杜比动态余量扩展，峰值储备扩展

Dolby Hx Pro dolby Hx pro beadroom extension system 杜比 Hx Pro 动态余量扩展系统

Dolby NR 杜比降噪

Dolby Surround 杜比环绕

Dome loudspeaker 球顶扬声器

DOP doppler 多普勒（效应）

Double 加倍，双，次八度

Double speed 倍速复制

DPL dolby pro logic 杜比定向逻辑

D. Poher effect 德·波埃效应

Dr displacement corrector 位移校准器，同步机

Drama 剧场效果

Dr. Rhythm 节奏同步校准器

drop-frame TC 失落帧时间码

Drum 鼓

Dry 干，无效果声，直达声

DS distortion 失真

DSL dynamic super loudness 低音动态超响度，重低音恢复

DSP digital signal processor 数字信号处理器

DSP digital sound processor 数字声音处理器

DSP digital sound field processor 数字声场处理器

DSP dynamic speaker 电动式扬声器

DTS digital theater system 数字影剧院系统

Dubbing mixer 混录调音台

Duck 按入，进入，潜入

DUP Duplicate 复制（品）

Duty cycle 占空系数，频宽比

DVC digital video cassette 数字录像带

DVD digital video disc 数字激光视盘

Dynamic filter 动态滤波（特殊效果处理）器

Dynamic range 动态范围

EFM Eight to Fourteen Modulation 8-14 调制

Envelope 波封、包络

EX exciter 激励器

EXB expanded bass 低音增强

EXP expendcr 扩展器，动态扩展器

Expression pedal 表情踏板（用于控制乐器或效果器的脚踏装置）

EXTN extension 扩展，延伸（程控装置功能

单元）

F fast 快（速）

Fade in-out 淡入淡出，慢转换

Fader 衰减器

Fade up 平滑上升

Failure 故障

Fall 衰落，斜度

FAS full automatic search 全自动搜索

Fat 浑厚（音色调整钮）

Fattens out 平直输出（指频响特性曲线为一条直线时的信号输出）

Fault 故障，损坏

Fading in 渐显

Fading in-out 淡入淡出，慢转换

Fading out 渐隐

False 错误

FatEr 丰满的早期反射

FBO feedback outrigger 反馈延伸

FD Fde Depth 衰减深度

FeCr 铁铬磁带

Feed/Rewind spool 供带盘/倒带盘

Ferrite head 铁氧体磁头

FF Fast Forward 快进

Field pickup 实况拾音

Filter 滤波器

Final 韵母

Fine 微调

Fingered 多指和弦

Finger 手指，单指和弦

Fire 启动

Fix 确定，固定

Fizz 嘶嘶声

FL fluorescein 荧光效果

Flange 法兰音响效果，镶边效果

Flash 闪光信号

Flat 平坦，平直

Flat noise 白噪声

Flat tuning 粗调

Flute 长笛

Flutter 一种放音失真，脉冲干扰，颤动

FM fade margin 衰落储备

FM frequency modulation 调频广播

FO fade out 渐隐

Focus 焦点，中心点

Foldback　返送，监听

Foot（board）　脚踏板(开关控制)

Fomant　共振峰

FR frequency response　频率响应

Frame　画面，（电视的）帧

Frames　帧数

Free　剩余，自由

Free echoes　无限回声(延时效果处理的一种)

FREEQ frequency　频率

F. Rew　fast rewind　快倒

Freeze　凝固，声音骤停，静止

Frequency shifter　移频器，变频器

Frequency Synthesizer　频率合成器

Fricative　擦音

FS frequency shift　频移，变调

FS full short　全景

FSK Frequency Shift Keying　移频键控

FTS faverate track selection　最佳声迹选择

Full　丰满，饱和

Full auto　全自动

Full effect recording　全效果录音

Full range　全音域，全频

Fullness　声音的丰满度

Function　功能，作用

fundamental tone　基音

Fuzz　杂乱声

FX　effect　效果

Gain　增益，提衰量

Gamut　音域

Gated Rew　选通混响(开门的时间内有混响效果)

Gear　风格，格调

General　综合效果

Girth　激励器的低音强度调节

Glide strip　滑奏条(演奏装置)

GLLS-sando　滑降(演奏的效果)

GM general MIDI　通用乐器数字接口

Graphic equalizer　图示均衡器

Group　（调音台）编组，组

GTR gate reverb　门混响

Guitar　吉他

Gymnasium　体育馆效果

Hall　厅堂效果

Hard knee　（压限器）硬拐点

Harmonic distortion　谐波失真

Harmonize　（使）和谐，校音

Harmony　和谐

Harp　竖琴

Hass effect　哈斯效应

HDR（Hard Disk Eecorder）　硬盘录音机

Head　录音机磁头，前置的，唱头

Head azimuth　磁头方位角

Head gap　磁头缝隙

Headroom　动态余量，动态范围上限，电平储备

Headphone　头戴式耳机

Heavy metel　重金属(声)

Hearing　听到，听觉

HF high frequency　高频，高音

High cut　高切，低通

High pass　高通

Hi-Fi high fidelity　高保真，高保真音响

Hiss　咝声

Hi-Z　高阻抗

HLR hall reverb　大厅混响

Hoisting　提升

Hold　保持，无限延续，保持时间

Howling　啸叫声

Howlround　啸叫

HPA haas pan allochthonous　哈斯声像漂移

HPF high pass filter　高通滤波器

Hum　交流哼声，交流低频(50赫兹)噪声

Hum and Noise　哼杂声，交流噪声，哼声和噪声

HX headroom extension　动态余量扩展（系统）（一种杜比降噪系统），净空延伸

Hyper Condenser　超心型的

IF intermidiate frequency　中频的

I/F interface　接口

I/O input / output　输入/输出

IMD intermodulation distortion　互调失真

IMP impedance　阻抗

Improper　错误的

IN inverter　反演器，倒相器

Inactive　暂停，失效的

Indicator　显示器，指示器

Increase　增加

Initial Delay　早期延时，初次延时

Instrument 乐器

INT intensity 强度，烈度

Intelligent Arranger 智能型自动伴奏器

Intelligibility 可懂度

Interactive Song Files 互动式歌曲档案

Inter cut 插播

Interface 接口，对话装置

Interference 干扰，干涉，串扰

Intermodulation distortion 互调失真

Interval 音高差别

Intimacy 亲切感

Intonation 声调

INTRO scan 曲头检索(节目搜索)

INTRO sensor 曲头读出器(节目查询)

Inverse 倒相

Inverseve Rew 颠倒式混响效果，反混响效果

IV interval 间隔搜索

IWC interrupted wave 断续波

Jaff 复干扰

Jagg club 爵士乐俱乐部效果

Jam 抑制，干扰

Jamproof 抗干扰的

Jazz 爵士

Karaoke 卡拉 OK，无人伴奏乐队

Kerr 克耳效应，(可读写光盘)磁光效应

Key 键，按键，声调

Key control 键控，变调控制

Kick Drum 底鼓、底通鼓

Kill 清除，消去，抑制，衰减，断开，杀毒

Knob 按钮，旋钮，调节器

KX key 键控

Labial 唇音

L left 左(立体声系统的左声道)

L line 线路

L link 链路

L long 长(时间)

Lacth 踩下开启再次踩下关闭型脚踏开关

Lag 延迟，滞后

Lap dissolve 慢转换

Lapse switching 通断切换

Large hall 大厅混响

Larigot 六倍音

Latch 脚踏开关的一种

Layer 层叠控制，多音色同步控制

LCR left center right 左中右

LD laser vision disc 激光视盘，影碟机

Legato 连奏

Lento 慢板

Lesion 故障，损害

Leslie 列斯利(一种调相效果处理方式)

Level 电平，水平，级

LF low frequency 低频，低音

LH low noise high output 低噪声高输出磁带

L hall large hall 大厅效果

Lift up 升起

Light down 降下

Limiter 限制器

Linear 线性

Line driver 线路激励器

Link 连接，链路，耦合线，网络线

Listen 监听

Live 现场、活跃

Liveness 临场感

Live studio 现场录音室

LN low noise 低噪声磁带

LO lock-on 上镜

LOC location 位置

Local 地方的，区域

Local On/Off 决定 MIDI 键盘本身是否发音，对输出无影响

Locate 找出，确定位置，位置，定位

Lock 锁定，同步

Loop 回路，环接，循环录音，环线开线，循环乐段

Loudness 声音响度

Low 低，低频，低音

Low cut 低切

Low Pass 低通

LPF low pass filter 低通滤波器

L / R left/right 左/右

LTO(Linear Tape-Open Technology)线性开放式磁带技术

MADI musical audio digital interface 音频数字接口

Main 主要的，主线，主通道，电源

Magnetic type recorder 磁带录音机

Major chord 大三和弦

Manual 手动的，人工的，手册，说明书

March　进行曲

Margin　（电平）余量

Masking　掩蔽

Master　总音量控制，标准的，主的，总路

MAT Matrix　矩阵，调音台矩阵（M），编组

Match　匹配，适配，配对

Matrix quad system　矩阵四声道立体声系统

MAX maximum　最大，最大值

MC manual control　手控，手动控制

MCH multiple chorus　多路合唱

MCR multiple channel amplification reverberation　多路混响增强

MD Mini Disc, Micro Disc　磁光盘唱机，小型录放唱盘

MDL　modulation delay　调制延时

Measure　乐曲的，小节

Meas edit　小结（节）编辑

MED medium　适中，中间（挡位）

Medley　混合

Mega bass　超重低音

MEM memory　存储器，存储，记忆

Menu　菜单，目录，表格

MEQ mono equalizer　单声道均衡器

Mel　美（音调单位）

Metal　金属（效果声）

Metal tape　金属磁带

Metronome　节拍器

MF middle frequency　中频，中音

MFL multiple flange　多层法兰（镶边）效果

MFX　多重效果器

MIC microphone　话筒，麦克风，传声器

Micing　拾音

MID middle　中间的，中部的，中音，中频

MIDI music instrument digital interface　电子乐器数字接口

MIN minimum　最小，最小值

MIN minute　分钟

Minitrim　微调

Minor chord　小三和弦

Mismatch　失配

MIX　混合，音量比例调节

Mixdown　缩混、混录，混合纪录

Mixer　调音台，混音器

MO magneto optical　可抹可录型光盘

MOD mode　状态，方式，模式，（乐曲的）调式

MOD modulation　调制

Modeling　模拟

Moderato　中速

Modulator　调制器

Momentory　暂时型脚踏开关

Monkey chatter　串音，邻频干扰，交叉失真

Mono　单声道，单一

Movie theater　影剧院

MPEG motion picture coding experts group　行动图像编码专家组，数字声像信息压缩标准

MPO music power output　音乐输出功率

MPR muster pre return　主控前返回

MPS manual phase shifter　手控相移器

MPX multiplex　多路传输，多次重复使用，多路转换，复合

MQSS music quick select system　快速音乐选择系统

MR Magneto-Resist element，magnetoresistor　磁敏电阻

MR Magneto-Resist head　磁阻型磁头

MS manual search　手动检索

MS middle side　一种叠合录音技术

MSSS multi space sound system　多维空间声系统

MT multi track　多轨

MTC MIDI Time Code　MIDI 时间编码

MTD multiple delay　多次延时

MTR magnetic tape recorder　磁带记录器

MTV music TV　音乐电视（节目）

Multiband　多频段

Multimbral　多重音色

Multi-echo　多重回声

Multiple channel　多通道

Multiple effects　综合效果处理装置

Multisound　原始音色

Mush　噪声干扰，分谐波

Music　音乐，乐曲

Music center　音乐中心，组合音响

MUT mute　静音，哑音，噪声抑制

Mutual Biasing　互偏磁

MV mean value　平均值

MXE mono exciter　单声道激励器

N negative 阴极，负极

Name 名称，命名

Natural 自然的，天然的，固有的

NC needle chatter 唱针噪声

Nazard 三倍音

Near field 近场

NEP noise equivalent power 噪声等效功率

News 人声广播音响效果，新闻

Noise 噪音

Noise gate 噪声门，选通器

Noise suppressor 噪声抑制器

NOM nominal 标称的，额定的

None Non-direction 全向的，无指向性的

Nonieme 九倍音

Normal frequency 简正(共振)频率

Note 符号，注释，音调，音律，记录、音符

NR noise reduction 降噪，噪声消除

Null 空位，无效的

Oboe 双簧管

OCK operation control key 操作控制键

OCL output capacitorless 无输出电容功率放大器

OCT octave 倍频程，八度音

OD over drive 过激励

Off 关闭，断开

Omni MIDI 器材工作状态，on 时接受所有信号，off 时只接受某一频道信号

Omnidirectional 无方向性的

On 开，接通

One-way relay play 单向替换放音

OP over pressure 过压

Open 打开，开启

Opera 歌剧

ORC optimum recording current 磁头最佳记录电流

Orchestra 管弦乐器

Organ 风琴，元件

OSS optimal stereo signal 最佳立体声信号

OTL 无输出变压器功率放大器

Outage 中断

Out of Phase 相位抵消

Out phase 反相

OVDB 重叠录音

Overcut 过调制

Over drive 过激励

Overdubs 叠录

Overeasy 半生熟，软拐点

Overflow 信号过强

Overhang (激励器)低音延伸调节

Overhearing 串音

Over sampling 过取样

Overtone 泛音

OVWR overwrite 覆盖式录音

P positive 正极、阳极

PA power amplifier 功率放大器

PA preamplifier 前置放大器

PA public address 扩声

PAD 定值衰减，衰减器，(打击乐大按键的)鼓垫

Panning 声像

Panotrope 电唱机

Parallel 并联，平衡

PAR(PARAM) parameter 参数，参量，系数

Part 声部数，部分

Partial tone 分音，泛音

Pass 通过

Passive 被动，被动分频，功率分频

Patch 临时，插接线，用连接电缆插入、音色

Patch Finder 音色搜寻

Pause 暂停，间歇，停顿

PB playback 播放，重放

PCC phase correlation cardiod microphone 相位相关心形传声器

PCM precision capacitor microphone 精密电容传声器

PCM pulse code modulation 脉冲编码调制

PDP plasma display panel 等离子显示板

Peak 峰值，削波(灯)

Pentatonic 五声调式

PEQ parameter equalizer 参量均衡器

PERC percussion 打击乐器

Permalloy head 坡莫合金磁头

Perspective 立体感

PFL per fader louder speaker 衰减前监听，预监听

PGM program 节目，程序

Pamno / Step 节目号码/步骤

Pgmtime　节目时间

Phantom　幻像电源，幻象供电

Phase　相位，状态

Phase REV　倒相（电路）

Phaser　移相器、相位效果器（类似 Flanger）

Phon　方（响度单位）

Phone　耳机，耳机插口

Phoneme　音素

Phono（phonograph）　唱机

Phono Connector　莲花插座

Phrase Preview　乐句预听

Physiological acoustics　生理声学

Pianotron　电子钢琴

Piano　钢琴

Piano whine　钢琴鸣声

Piccolo　短笛

Pick-up　拾音器，唱头，传感器

Pilot　指示器，调节器

Pilot jack　监听插孔

PIN　position indercator　位置指示器

Ping　爆鸣声，声响

Pink noise　粉红噪声

Pipe　管，笛

Pitch　音高，音调

Pitch shifter　变调器，移频器

Place　置入，起作用

Plate　金属板效果，板混响器

Play　播放，重放，弹奏

Playback　播放

PLL phase locked loop　锁相回路，锁相环

PLR plate reverb　金属板混响

Plug　插头

Plunge　切入

PMPO peak music power output　音乐峰值功率输出

Point　接点，位置，交汇点

Point source　点声源

Pointer　指示器，指针

Polarity　极性

Polyphony　复音

Pop　突然，爆破音，（传声器近讲时的）气息噗噗声

Pop filter　噗声滤除器

Pops　流行音乐，流行音乐音响效果

Portamento　滑音

Position　位置，状态

POSITVE positive　阳极、正极

POST posterior　后，后面，之后

POT potentiometer　电位器，电位计

P．P．panoramic potentiometer　全景电位器

P-P peak-peak　峰—峰值

PPD pingpong delay　乒乓延时

PPI peak program indicator　峰值显示器

PPL peak program level　峰值音量电平

PPM peak program meter　峰值节目表，峰值音量表

Pre　前置，预备，之前

Pre-delay　预延迟

Pre echoes　预回声

Pre emphasis　预加重

Preselection　预选

Presence　临场效果，现场感

Preset　预置，预调

Press　按，压

Preview　预演

Prime　同度音

PRM parameter　参量

Program Change　音色切换

Program set indicator　电脑选曲节目选定指示

Prosody　韵律

Proximity effect　近距离效果

Prwsnt　突出感

PSK　Phase Shift Keying　移相键控

PSM　pitch shift modulation　交频调制

Psychological acoustics　心理声学

PU　pickup 拾音

Pull　拉，趋向

Pull-in　接通，引入

Pumping　抽气效应、泵效应

Punch　补录

Punch In/Off　切入/切出录音

Pure tone　纯音

Purging　净化

Push　推，按钮，压

PZM pressure zone microphone　压力区传声器

Q quality factor　品质因数，Q 值，频带宽度

QIC Quarter Inch Cartridge　1/4 英寸盒式带

Quack　嘈杂声

Quadraphony　四声道立体声

Quality　音质，声音

Quantize　拍子较正、拍点调整

Quantizing　量化

Quaver　八分音符

Quench　断开，抑制

Quint　五度，次三倍音

Quiver　颤动声

RAN random　随机的，任意的，无规则的

Range　范围，最大提衰量，幅度

Rate　比率，速率，变化率，频率

Ratio　压缩比，扩展比，比，系统

RCA jack　莲花接口

R-DAT rotary head-DAT　旋转磁头式数字录音机

RE　reset　复位

Ready　预备，准备完毕

Rear　背面，后部，后置

Recall　招回，调出，重显

Record　记录，录制，唱片

Recorder　录音机

Recovery　恢复，复原

Reduce　减少，降低，缩小

Reduction　压缩，衰减，形成

Reecho　回声

REF Reflection　反射

REGEN regeneration　再生（混响声阵形成方式），正反馈

Rehearsal　排练，预演

Rejection　抑制

Release　恢复时间，释放，断路器

Remain　保持，剩余，余量，状态保持

Remote　遥控的，遥远的，远距离的

Repeat　重复

Repeat mode　双面反复放音（录音机）

Replacing　替换，置换，复位

Reset　复位，恢复，归零，重复，重新安装

Resolution　分辨度，分析

Resonance　共振，回声、共鸣、共鸣度、谐振

Rest　休止符，静止，停止

RET　return 返回，回送

REV　reverse 混响，残响

Reverb depth control　混响深度控制

Revcolor　混响染色声

Reversal　反相，相反，反转，改变极性

Reverse　回复，翻转，反混响

REW rewind　快速倒带

RFI RF interferece　射频干扰

RIAA recording industry association of America　美国录音工业协会

Ribbon microphone　铝带传声器，压力带传声器

Rechness　丰满度

Rhythm　节奏

Right　右声道，垂直的，适当的

Ring　环，大三芯环端，冷端接点，振铃

Ring mode　声反馈临界振铃振荡现象

Rit　渐慢

Rms　root mean square　有效值

RND　random　随机的

Rock　摇滚乐，摇滚乐音响效果

Rolloff　高低频规律性衰减，滚降

Rotary Head　旋转磁头

RT60 Reverberation time　混响时间

Rough　粗的，粗糙的，近似的

RPS（Real-time Phrase Sequencer）　即时乐段编曲器

RSS Roland sound space processing system　罗兰声音空间处理系统

RTA real time analyzer　实时分析(仪)，频谱分析(仪)

Ruby stylus　红宝石唱针

Rumba　伦巴

Rumble　（低频）隆隆声

RV　rendezvous　会聚点

RVS　reverse shift　反向移动

Samba　桑巴

Sampling　抽样，脉冲调制

SAT　saturate 饱和效果处理

Save　存储，保存

Saxophoneb　萨克司管

Scale　音阶，刻度尺标

Scale unit　标度单位，分频器

Scan　搜索，记录，扫描

Scattering　散射

Scene　实况，场面、场景记忆

SCH stereo chrous　立体声合唱

SCMS successive copy manage system 连续复制管理系统（DAT 设备中防止多次转录节目的系统）

Scoring 音乐录音

Scraper 刮声器

SD space division 空间分布

S-DAT stationary head DAT 固定磁头 DAT 机

SDDS sony dynamic digital sound 索尼动态数字环绕声系统

SDF (Standard Delay Format) 标准延时格式

SE sound effect 音响效果

Search 搜索，扫描

Seek 搜索

Select 选择

Self Biasing 自偏磁

Semibreve 全音符

Remioctave 半个八度音

Semit 半音

Send 送出，发送，发射

Sense 分辨率

Septieme 七倍音

Sequence 排序，序列、编曲器

Sequencor 音序器

SES spatial effect system 立体声空间效果系统

Session 跟随自动伴奏

Set 调整，设定，装置，定位，接收机

Setup 设定，构成，菜单，组合，调整、安装

SFL stereo flange 立体声镶边

SFS sound field synthesis 声场合成

S-hall small hall 小型厅堂效果

Shake 震动

Share drum 小军鼓

Sharpness 清晰度，鲜明度，锐度

Shelving 滤除，滤波处理、坡形（均衡）、搁架式均衡曲线

Shift 转换，变调，移频，漂移

Shock 冲击

Short 短的

Short gate 短时选通门（混响效果）

SHUF Shuffle 随机顺序节目播放

SHUTT shuttle 变速搜索，往复

SI sneak in 淡入

Sibilance 齿音，咝音

Sibilant 咝音

Sibilation 咝音，高频声畸变

Side 边，面，侧面，方面

Side chain 旁链、边链

Signature 特征，音乐的调号

Simple tone 纯音

Simulate 模拟的

Single 单，单次，单独的，单碟

Siren 旋笛

Skip 跳跃，省略

Slap 拍打效果

Slap back 山谷回声

Slap reverb 山谷混响效果

Slave 从属的，从机，从动的

Sleep 睡眠定时开关，静止

Sleeve(SLE) 接地点，袖端，套

Slew rate 瞬态率

Sliding tone 滑音

Slow 慢速

S / M speech / music 语言/音乐

S / N signal-to-moise ratio 信噪比

Small club 小俱乐部效果

Smear 曳尾，拖尾，浑浊不清

Smear correction 拖尾校正

SMF Standard MIDI File 标准 MIDI 格式文件

Snare drum 响弦小鼓、军鼓、小军鼓、小鼓

SO sneak out 淡出

Soft 软的，柔和的

Soft click 柔性箝位

Soft knee 软拐点（压限器），缓变

Solo 独唱，独奏

Sone 宋（响度单位）

Song 乐曲，歌曲

Sound image 声像

Sound Palette 音色调色盘

SOS sound on sound 叠加录音

SP speed 速度

SP standard-play 标准走带速度录放（23.39mm/s）

Space 间隙，空间效果

Spaciousness 空间感

Spatial capability 空间解析力

Spatializer 声场定位技术

SPDIF sony/philips digital interface 索尼/飞利浦数字接口

Spectrum 音域，频谱

Speech 语言，语音

SPL sound pressure level 声压级

Spot effects 现场效果

Spring 弹簧效果，弹簧混响器

SPS stereo pitch shift 立体声变调

Sport 运动场效果

Square 广场音响效果

Squeal 啸叫

Squib drivers 电爆激励器

SR-D Dolby SR-Digital 杜比数字频谱纪录

SRL standard recording level 标准录音电平

ST start 启动，开始

ST stereo 立体声

Stadium 露天体育场效果，大型露天场所

Stage 舞台效果，级，阶段、舞台

Stand-by 等待，准备，备用、待机

Standing wave 驻波

Start 启动，开始，始端

Static doubling 静态双声

Steel drum 钢鼓

STD stereo delay 立体声延时

STP shielded twisted pnir 屏蔽双绞线

Strike note 击弦音，撞击声

String instrument 弦乐器

Strong 有力的

STU Studio 演播室效果

Subgroup 副，（调音台的通道集中控制网络）编组

Suboctave 次八度

Subsonic 次声，超低音

Subwoofer 超低音扬声器

Sum 和，总和，总数

Super bass 超低音

Super over drive 超激励

Suppressor 抑制器

SUR Surround 环绕声，环绕，包围

Swell 增音器

Swing 摆幅，摇摆舞

Swishing 飕飕声

SXE stereo exciter 立体声激励器

Symphobass 调谐低音系统

Symphonic 交响，谐音

Symphony 交响乐，交响乐效果

SYN synthesizer 合成器

SYNC synchronizer 同步器

Symphon 和谐音

Tab 防误抹挡片

Tabor 长型小鼓

TADI time assigument digital tnterpolation 时分数据插空（技术）

Take 实录、从按下录音到停止间的片段

Takeover 恢复，话音叠入，商议

Talkback 对讲，联络

Tally 播出，提示，插入

Tambourine 铃鼓

Tam-Tam(Tom-Tom) 锣、印度手鼓

Tape 带，磁带

Tango 探戈

TBC time base corrector 时基校正器

TC time code 时间码

TEMPO（Tempo) 节奏，速度、节拍速度

Tenor drum 中型小鼓

THD total harmonic distortion 总谐波失真

Theater 剧场效果，现场

Thick 浓重，厚重度

Thin 单薄声音

Thinness 薄(打击乐)

THRESH threshold 阈值，阈，门限

Thresh（thrash) 多次反复

Three dimension 3D 音响，三维立体声音响系统

Trump 键击噪声，低频噪声，开机砰声

Thrust 插入，强行加入

THX tom holman's eXperiment 汤·霍尔曼实验，家庭影院

Tick 比拍更小的单位

Tierce 第三音，五倍音

Tight 硬，紧，硬朗

TIM Transient Intermodulation Distortion 瞬态互调失真

Timber 音质，音色

Timbre 声部

Time 时间，倍，次，定时的

Timer 定时器，计时器

Tininess 单薄

Tint 色调

Tip 头端，热端、顶端、尖端

TL track loss 轨迹丢失

Tom Drum 通通鼓

Tompani 宝音鼓

Tone 音调，调子，纯音、音色、音质

Tone burst 猝发音

Tone color 音色

Tone quality 音色，音品

Tonic 律音

Total tune 整体协调，总调谐

Touch sens 键盘乐器指触的触感

Track 曲目号，磁迹，音轨

Transient distortion 瞬态失真

Transient response 瞬态反应、瞬态响应

Transponder 转调器，变换器

Treble 高音，三倍的，三重的

Tremold tremor 颤音

Tremolo 震音、颤音

Tremor 颤音，振音装置

Trim 调整，微调，调谐，削波

Trumpet 小号

TRS（Tip-Ring-Sleeve） 尖-环-套（三芯插头）

Tuner 调谐器

Tunnel reverb 隧道混响效果

Turbo 变速

Turbo distortion 涡轮失真效果，变速失真效果

Twin-DASH 复式-DASH，包含 DASH-S 和 DASH-M

Two way mode 双面轮流放音模式（录音机）

Typical 标准的，典型的

UNBAL Unbalance 非平衡（连接），不平衡度

Uni-directional microphone 单方向性传声器

Uniform quantizer 均匀量化器

Unlatch 踩下开启、抬起关闭型开关（同 momentary 型）

Unlson 谐音，调和

Unpitched sound 噪声，无调声

Variation 变化，参数调节，变奏

Vaviphrase 可独立调节音高、时间、音质的技术

VC vocal cancel 原歌声消除

VCR video cassette recorder 录像机

VDF 音色亮度

VGA Video Graphics Array 视频图形矩阵

VHS Very High Sensitivity 高灵敏度（磁带录像机）

Vibration 振动

Vibrato 抖音

Video 视频，图像，电视的

Village Gatage 小音乐厅效果

Violin 小提琴

Virtual Dolby Qsurround 虚拟杜比环绕声

VMAX（Virtual Multi-Axis sound） 虚拟多轴声

Vocal 声音的，声乐的，发音的，歌声

Voice 语言，人声，音频

Voicing 声部，（钢琴）琴键触感硬度一致性调整

Vowel 元音

VTR video tape recorder 磁带录像机

VTS video tape splicer 录像剪辑机

VU volume unit 音量单位表，VU 表

VU Vibrato 颤音

Walk-man 袖珍盒式放音机，随身听（俗称）

Waltz 华尔兹圆舞曲

Warble tone 啭声

Warm 温暖的，丰满的

WE weighting 计权，加权

Weak 弱的

Wheel 调节旋轮

Wet 湿，效果声信号

WF Waveform 波形

Whispern 沙沙声

Whisper 低语，耳语，私语

Whistle 啸叫声，哨声

White noise 白噪声

Wiping head 消磁头

Wireless mic 无线传声器

Wole Tone 不协和调、不和谐调

Wow / flutter 抖晃率

XLR 卡侬接口

Yellow 黄色

Zing 尖啸声

Zip 尖啸声

Zoop 调制噪声

参 考 文 献

［1］ 程振芝，杨文良，高维忠，邹伟胜，高雨春．音响调音员（初级、中级、高级）．北京：中国劳动与社会保障出版社，2000．

［2］ 高维忠．录音技术基础．北京：中国劳动与社会保障出版社，2011．

［3］ 陈永旭．音响系统设计参考手册．北京：电子工业出版社，1990．

［4］ 中国建筑科学研究院建筑物理研究所．建筑声学设计手册．北京：中国建筑工业出版社，1991．

［5］ 高维忠．扩声系统中扬声器系统与功率放大器的功率配接．演艺设备与科技．2007(5)：32～35．

［6］ 高维忠．扩声系统中产生啸叫的机理和抑制措施．电声技术．2006(8)：11～14．

［7］ 高维忠．扩声系统中几种信号处理设备的应用探讨．电声技术．2008(增刊)：60～66．